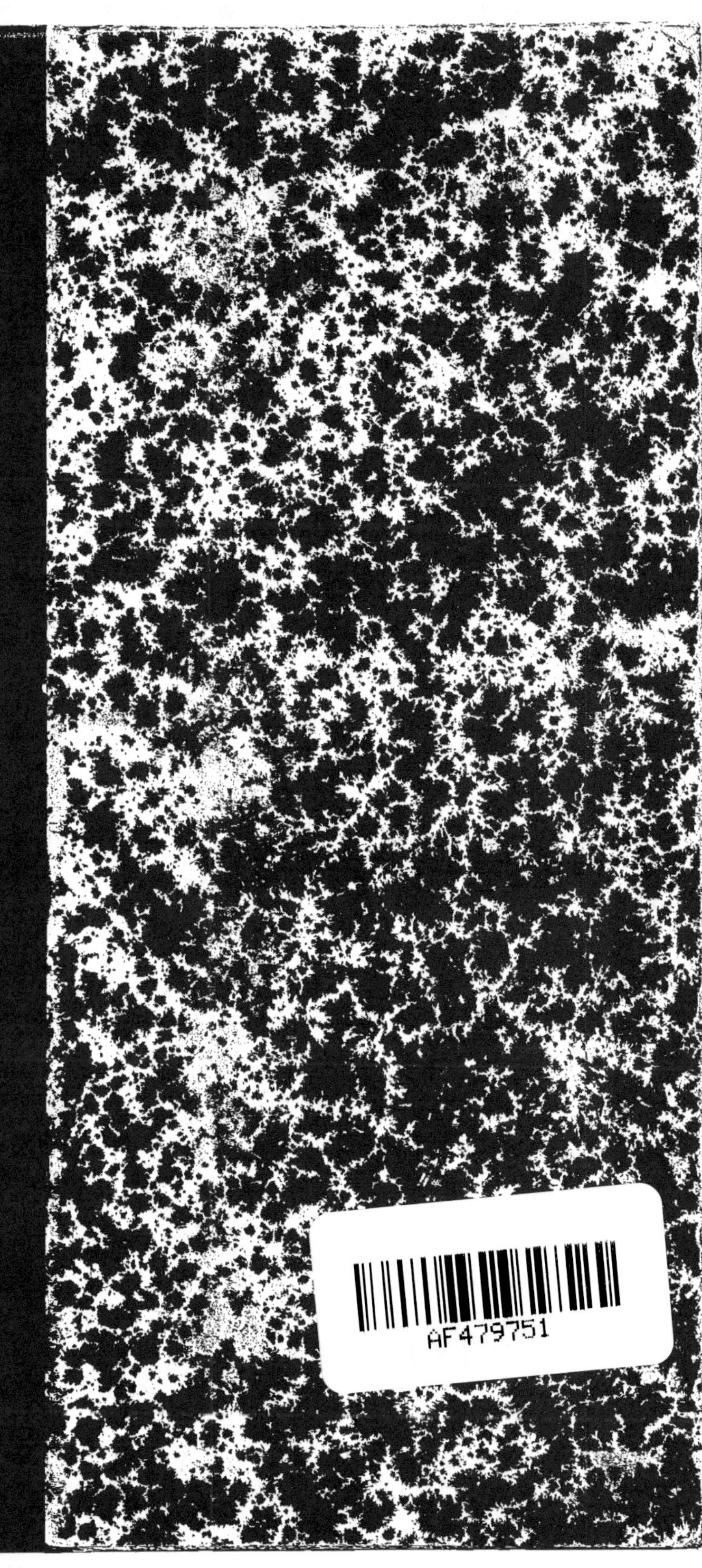

AF479751

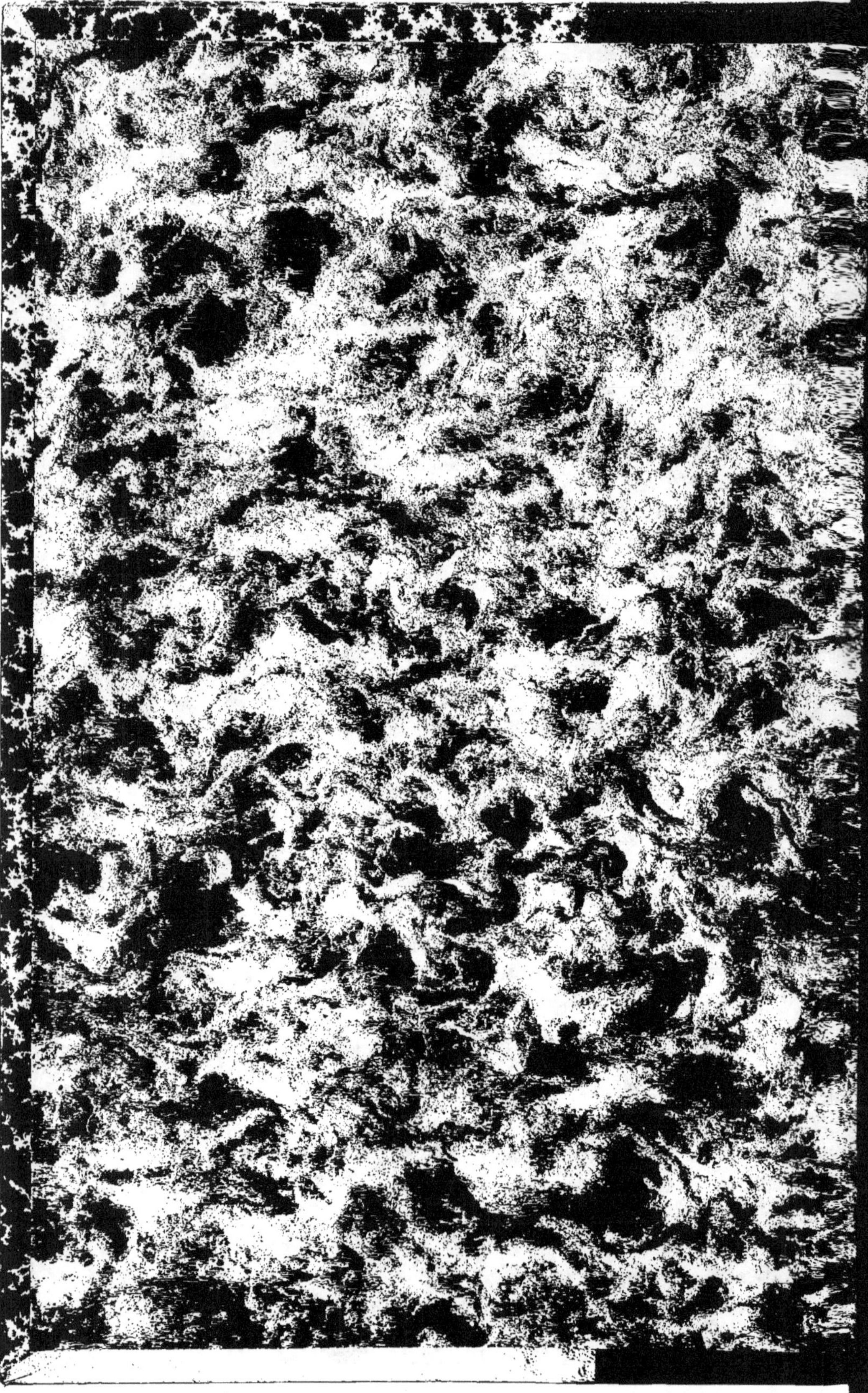

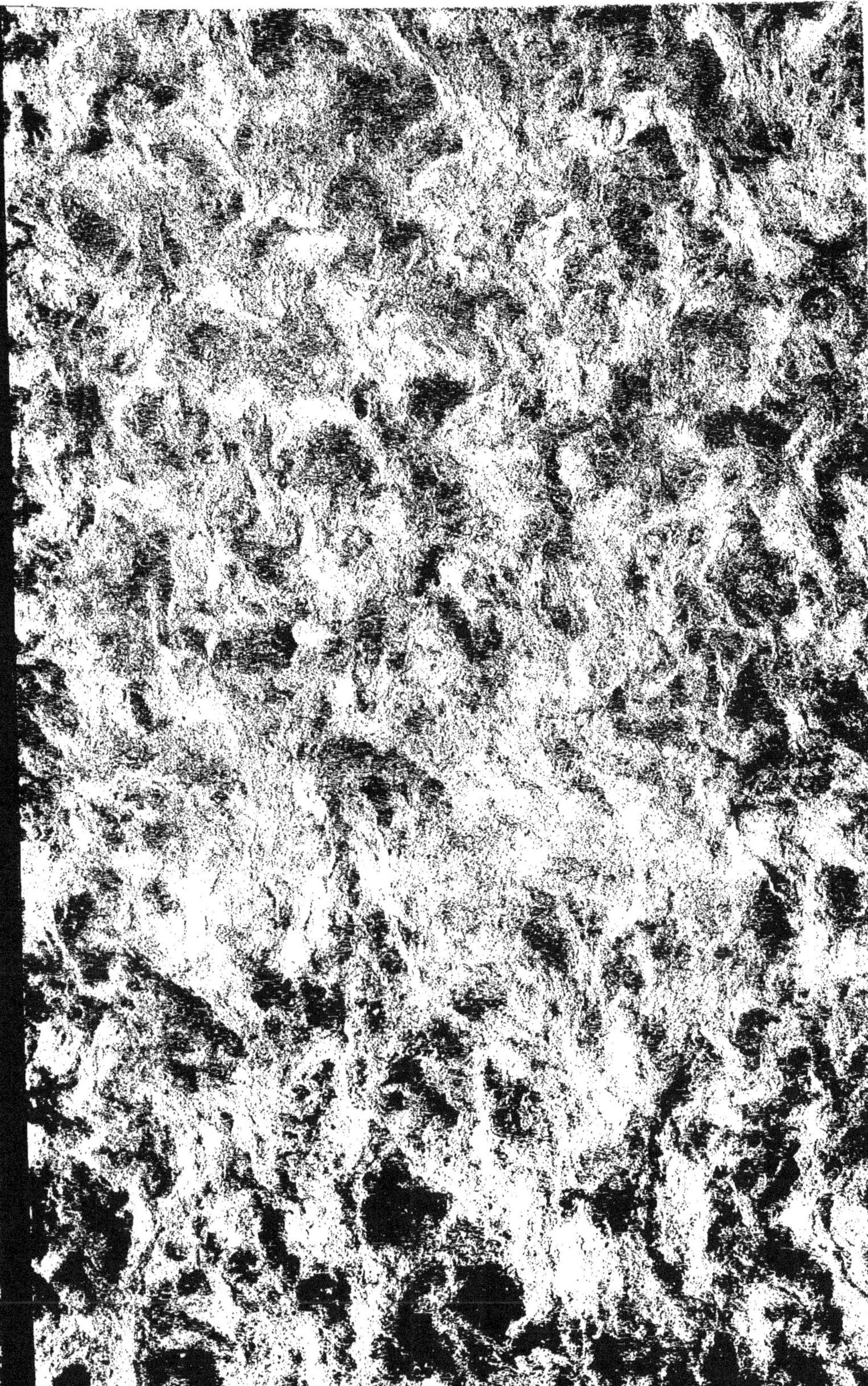

OEUVRES COMPLÈTES

# DE BUFFON

## XIV

—

## CORRESPONDANCE

II

granits soient mal nommés, ou qu'ils fassent un ordre de pierres différent de celui des vrais granits. Mais ce sont des choses sur lesquelles il serait difficile de s'entendre par lettres, et que nous examinerons ensemble lorsque j'aurai le plaisir de vous revoir.

Vous ne pouvez m'en faire un plus grand que de voir souvent mon fils ; je voudrais bien qu'il profitât de vos leçons et de vos sages conseils. Je lui ai demandé ces jours-ci quelques feuilles de son ouvrage (1), et je vous serai obligé de l'exhorter à ne pas abandonner ses études. Il ne sent pas le grand tort qu'il se fait par la perte de son temps. Vous avez bien employé le vôtre, mon très cher ami, et vous en recueillez aujourd'hui le fruit.

Mille compliments très humbles et tendres amitiés à vos dames.

BUFFON.

(Publiée par François de Neufchâteau et Flourens.)

## LETTRE CCCXCVI

### A DAUBENTON (2).

Montbard, ce 23 juillet 1780.

Je vous remercie, mon très cher monsieur, de m'avoir mis en état de répondre à M. le prince de Porentrui, qui m'avait fait présent de cette dent d'éléphant trouvée dans ses États ; j'aurai l'honneur de vous communiquer sa lettre, et le petit mémoire qui est relatif à cette dent. Il existe encore, en effet, des éléphants qui ne sont pas tout à fait si gros, mais dont les défenses ont sept pieds de longueur, et dont les mâchelières peuvent bien avoir environ un pied.

Faites-moi l'amitié de m'envoyer la suite de vos leçons (3) dont vous trouverez ici les dernières feuilles que vous aviez bien voulu me communiquer.

J'ai l'honneur d'être avec tout attachement, mon très cher monsieur, votre très humble et très obéissant serviteur.

BUFFON.

(Inédite. — A appartenu à M. Le Serrurier, conseiller à la Cour de Cassation.)

(1) Le fils de Buffon, qui avait seize ans, avait quitté le collège du Plessis et habitait l'hôtel du Jardin du Roi avec M. Guillebert, son précepteur, qui lui faisait suivre les cours du collège. Pendant ses absences de Paris, Buffon se faisait rendre exactement compte du travail de son fils, et on lui envoyait ses devoirs.

(2) Louis-Jean-Marie Daubenton, garde et démonstrateur du Cabinet du Roi, collaborateur de Buffon, plusieurs fois nommé (voir t. I<sup>er</sup>, p. 52, note 1<sup>re</sup>), était son cadet de neuf ans et lui a survécu douze ans. Il a fini avec le siècle, le 31 décembre 1799, à une heure du matin. Après la mort de Buffon, ses collègues et ses élèves lui ont décerné la qualification de *Nestor des naturalistes*, qui lui est restée. Cette lettre et celle du 18 juillet 1874, communiquée par le D<sup>r</sup> Vaussin d'Orléans, sont les seules que nous connaissions de Buffon à son premier collaborateur.

(3) Les leçons d'histoire naturelle de Daubenton au Collège royal, depuis Collège de France, où il enseignait depuis 1778.

PARIS. — IMPRIMERIE V<sup>ve</sup> P. LAROUSSE ET C<sup>ie</sup>

19, RUE MONTPARNASSE, 19

BUFFON.

à l'âge de soixante-quinze ans.

1707 — 1788.

# OEUVRES

## COMPLÈTES

# DE BUFFON

### NOUVELLE ÉDITION

ANNOTÉE ET PRÉCÉDÉE D'UNE INTRODUCTION SUR BUFFON
ET SUR LES PROGRÈS DES SCIENCES NATURELLES DEPUIS SON ÉPOQUE

PAR J.-L. DE LANESSAN

Professeur agrégé d'histoire naturelle à la Faculté de médecine de Paris

SUIVIE DE LA

## CORRESPONDANCE GÉNÉRALE DE BUFFON

RECUEILLIE ET ANNOTÉE PAR M. NADAULT DE BUFFON

OUVRAGE ILLUSTRÉ
DE 160 PLANCHES GRAVÉES SUR ACIER ET COLORIÉES A LA MAIN
ET DE 8 PORTRAITS GRAVÉS SUR ACIER

—◇—

## TOME QUATORZIÈME

### CORRESPONDANCE

### II

## PARIS

### LIBRAIRIE ABEL PILON

A. LE VASSEUR, SUCCᴿ, ÉDITEUR

33, RUE DE FLEURUS, 33

# CORRESPONDANCE

## ANNOTÉE

# DE BUFFON

### (1780 à 1788)

---

## LETTRE CCCLXXII

### A LA COMTESSE DE GENLIS (1).

Montbard. janvier 1780.

Je ne suis plus amant de la nature, je la quitte pour vous, madame, qui faites plus et méritez mieux. Elle ne sait que former des corps, et vous créez des âmes. Que la mienne n'est-elle de cette heureuse création ! J'aurais ce qui me manque pour plaire, et vous jouiriez avec plaisir de mon infidélité.

Pardonnez ce moment de délire et d'amour. Je vais maintenant parler raison.

Votre charmant *Théâtre* (2), madame la comtesse, me fait autant de plaisir que si j'étais encore dans l'âge auquel vous l'avez consacré (3). Vieux et jeunes, grands et petits, tous doivent étudier ces tableaux touchants, où les vertus données par l'éducation triomphent des vices et des ridicules. Pris

(1) Déjà nommée p. 406, note 3, lettre du 9 septembre 1778, à l'abbé Bexon.

(2, *Théâtre à l'usage des jeunes personnes* ou *Théâtre d'éducation*, contenant 30 pièces en prose. 1re édition, Paris, 1779-1780, 4 vol. in-12; 2e édition, Berlin, 1785, 4 vol. in-12; 3e, 4e et 5e éditions, Paris, 1799, 1813 et 1823, 5 vol. in-12.

Palissot a dit du *Théâtre* de Mme de Genlis que c'est « le titre qui doit donner à son auteur le plus de droits à l'estime de son siècle et peut-être de la postérité.

« Entre tous les compliments que Mme la comtesse de Genlis a reçus au sujet de son *Théâtre pour les jeunes personnes*, celui qui l'a le plus flattée est la lettre de M. de Buffon, qu'elle répand avec complaisance et qui mérite d'être conservée, comme marquée à un point d'originalité rare. » (Mémoires de Bachaumont, 13 mai 1780.)

(3) Mme de Genlis avait fait construire, dans son hôtel de la Chaussée-d'Antin, un théâtre sur lequel elle faisait jouer ses pièces par ses deux filles, dont une devint Mme de La Westine, et par sa fille adoptive, Paméla, depuis lady Fitz-Gerald. Mlle Sainval leur enseignait la tragédie; Mme de Genlis, la comédie. Les vers de La Harpe et du chevalier de Chastellux

dans la société, chaque trait porte l'empreinte de votre âme céleste. Vous l'avez peinte à chaque scène sous un emblème différent. Un tact exquis, une philosophie saine, la morale la plus pure (1), une connaissance parfaite du monde, toutes les grâces de l'esprit et du style ont conduit, animé vos pinceaux.

Quoique vous n'ayez pas parlé du bon Dieu, je crois néanmoins fermement aux anges ; vous êtes un de ceux qu'il a le mieux doués.

Recevez, en cette qualité, toutes mes adorations ; nul mortel ne peut vous en offrir de plus sincères et de mieux senties.

Le C<sup>te</sup> DE BUFFON.

(Publiée, avec des variantes, dans la *Correspondance* de Grimm, t. X, p. 279, édition de 1830.)

—◇—

# LETTRE CCCLXXIII

## A LA COMTESSE DE GRISMONDI.

Montbard, le 1<sup>er</sup> janvier 1780.

Je reçois aujourd'hui, madame la comtesse, votre aimable lettre, et la belle traduction que vous avez faite de l'ode de M. Lebrun (2). Personne ne m'a donné d'étrennes plus agréables, et mon cœur nagerait dans le plaisir, si je ne voyais par votre lettre même que vous n'êtes pas encore parfaitement rétablie de la cruelle maladie que vous venez d'essuyer.

Avec une âme divine et un corps angélique, on est donc encore sujet à souffrir ?

Je m'irrite contre cette nature que j'aime, quand je vois qu'elle n'épargne

avaient mis à la mode les représentations du théâtre de M<sup>me</sup> de Genlis, où il était très difficile d'être admis. Lorsque la comtesse de Genlis venait à Montbard, elle amenait ses filles. M<sup>me</sup> Daubenton et sa fille, Betzy, et la gracieuse M<sup>me</sup> Nadault se joignaient aux filles de M<sup>me</sup> de Genlis et on jouait ses pièces ; Guéneau de Montbeillard, organisateur de toutes les fêtes, s'occupait de la mise en scène et faisait la musique des couplets quand il ne faisait pas les couplets eux-mêmes.

(1) Le *Théâtre d'éducation à l'usage des jeunes personnes*, d'où les rôles d'hommes sont soigneusement bannis, ainsi que les intrigues d'amour, fut immédiatement traduit en plusieurs langues, notamment en russe et en allemand. « C'est, dit Grimm, la morale présentée avec toutes les grâces de l'imagination la plus heureuse et de la sensibilité la plus douce. Il est impossible de rendre la vertu plus aimable et d'intéresser le cœur par des impressions plus pures et plus innocentes. »

(2) Cette traduction a paru, deux ans après, en brochure sous le titre : « Ode del signor Lebrun, al conte di Buffon, tradotta in ottava rima dalla contessa Paolina Secco Suardo Grismondi. Fra le pastorelle Arcadi Lesbia Cidonia. » Bergama, 1782, in-4°, 59 pages avec le texte français en regard de la traduction italienne, les lettres de Buffon, de Lebrun, de la comtesse de Grismondi, et un portrait de Buffon gravé par Cristoforo Dall'Acqua Vittentino, d'après Drouais.

# LETTRE CCCLXXIX

## A L'ABBÉ BEXON.

Montbard, le 20 janvier 1780.

J'ai reçu, mon très cher monsieur, votre lettre du 14 de ce mois, et je désirerais bien que votre santé fût meilleure. M. Panckoucke, qui vient de passer un jour ici, m'a dit que votre rhume continuait, et j'en suis inquiet. Vous me ferez donc grand plaisir de m'en écrire un mot. Je vous conseillerais même de cesser tout travail.

J'ai presque été obligé de discontinuer le mien pour un seul accès de fièvre ; ainsi ménagez-vous, je vous en prie ; nous aurons toujours de quoi occuper l'Imprimerie royale.

Je vous envoie ci-joint l'avertissement qui doit être mis à la tête de notre septième volume des Oiseaux ; je crois que vous serez content de la manière dont j'y parle de vous (1) ; cependant voyez, mon cher monsieur, si vous désirez encore quelque chose de plus. M. Guéneau de Montbeillard a vu cet avertissement, et c'est par cette raison qu'il ne faudrait y rien changer. Cependant, dites-moi naturellement si vous êtes aussi content que je le désire.

Vous trouverez aussi dans ce paquet votre article du paille-en-queue, avec assez peu de corrections ; c'est un de ceux que vous avez le mieux écrits, et je m'aperçois de plus en plus que chaque jour vous vous perfectionnez, et que la belle imagination (2) ne vous abandonne guère.

J'ai fait part à M. Panckoucke de l'ennui que me donne ce malheureux

(1) Cet avertissement est ainsi conçu :

« Depuis quarante ans que j'écris sur l'histoire naturelle, mon zèle pour l'avancement de cette science ne s'est point ralenti ; j'aurais voulu la traiter dans toutes ses parties, ou du moins ajouter à ce que j'ai déjà fait l'histoire des oiseaux et celle des insectes ; mais comme ces deux objets sont d'un détail immense, j'ai senti que j'avais besoin de coopérateurs, et j'ai engagé mon très cher et savant ami, M. de Montbeillard, l'un des meilleurs écrivains de ce siècle, à partager ce travail avec moi ; il a rempli une partie de cette tâche pénible jusqu'au sixième volume de cette histoire des oiseaux : et désirant aujourd'hui s'occuper assidûment de celle des insectes, à laquelle il a déjà beaucoup travaillé, il m'a prié de me charger seul de ce qui restait à faire sur les oiseaux : ce septième volume, et les deux suivants qui termineront l'ouvrage, seront donc tous trois sous mon nom ; néanmoins, ce qu'ils contiennent ne m'appartient pas en entier, à beaucoup près. M. l'abbé Bexon, chanoine de la Sainte-Chapelle de Paris, déjà connu par plusieurs bons ouvrages, a bien voulu m'aider dans ce dernier travail ; non seulement il m'a fourni toutes les nomenclatures et la plupart des descriptions, mais il a fait de savantes recherches sur chaque article, et il les a souvent accompagnées de réflexions solides et d'idées ingénieuses que j'ai employées de son aveu, et dont je me fais un devoir et un plaisir de lui témoigner publiquement ma juste reconnaissance..... »

(2) Nous avons mis en relief, dans les notes de la 1re édition de la *Correspondance* et dans nos diverses études sur Buffon, le prix qu'il attachait à l'imagination à laquelle il donne la première place à la tête des facultés maîtresses de l'esprit.

pas ses chefs-d'œuvre, et que tout ce qu'elle a produit de plus beau est sujet, comme le reste, à de tristes infirmités. Je n'ai eu le bonheur de vous voir que quelques heures, mon adorable amie; mais votre image m'est présente avec tout son éclat, et mon cœur vous a suivie sans vous avoir quittée.

J'ai eu l'honneur de vous écrire pour vous remercier, madame, de l'accueil que vous avez fait à mon fils pendant votre séjour à Paris; je vous ai ensuite envoyé l'ode manuscrite de M. Lebrun, que je fis recommander à M. Caccia, votre banquier (1); et ensuite, j'ai eu l'honneur de vous écrire une troisième fois en vous envoyant cette même ode imprimée. Je n'ai point eu de réponse que votre charmante lettre d'aujourd'hui, qui m'a été envoyée par M. Sellonf, banquier; mais il ne me dit pas si c'est vous, madame la comtesse, qui la lui avez adressée directement, ou si c'est M. Caccia qui la lui a remise, et je vois par la date de Bergame, 13 décembre, que c'est la dernière de toutes celles que vous avez pu m'écrire, et que la première ode que vous m'avez envoyée a été perdue. Je vous supplie donc, ma respectable et tout aimable amie, de ne vous plus servir de cette voie des banquiers, lorsque vous me ferez l'honneur de m'écrire. Vous pouvez m'adresser vos lettres directement à Paris, comme je prends le parti de vous adresser celle-ci directement à Bergame.

Je voudrais être meilleur juge que je ne le suis des beautés de votre langue, pour vous rendre le tribut d'éloges et de reconnaissance que je vous dois, ma noble amie; car il me semble que vous avez réuni toutes les grâces à la force et à la noblesse des expressions, et je suis plus flatté d'avoir reçu cette couronne de votre main, que de toute autre louange (2). Il n'y a que les sentiments de votre amitié qui me soient encore plus précieux; j'ose vous en demander la continuation au renouvellement de cette année, en vous offrant, madame la comtesse, les vœux ardents que je ferai toute ma vie pour votre parfait bonheur, et surtout pour l'entier rétablissement de votre brillante santé.

Au reste, ma sublime amie, ne craignez pas de faire imprimer votre ode; je suis sûr qu'elle vous fera encore plus d'honneur qu'à moi-même, et, si vous le voulez, je la ferai imprimer à Paris en me consultant d'abord avec M. Lebrun (3), et ensuite avec quelques Italiens, car ni lui

(1) Fils de Ferdinand Caccia, architecte et écrivain, né à Bergame le 31 décembre 1689, mort le 8 janvier 1778.

(2) La comtesse Fanny de Beauharnais, que Buffon nommait parfois sa *chère fille*, en même temps que la comtesse de Genlis, venait de lui adresser une pièce de vers : *Aux Incrédules*. On peut la lire au tome II de la première édition de la *Correspondance*, page 337. La comtesse Fanny de Beauharnais devint l'alliée de Buffon par le mariage de son fils, en 1784, avec Marguerite-Françoise de La Motte de Bouvier de Cepoy, petite-fille d'Anne de Beauharnais, femme de Guillaume de Bouvier, marquis de Cepoy. Elle était une des habituées du Jardin du Roi.

(3) On trouve aux pages 340 et 342 du tome II de la 1re édition de la *Correspondance* les lettres de Lebrun à la comtesse de Grismondi, et de la comtesse de Grismondi à Buffon.

ni moi n'entendons peut-être pas assez bien toutes les finesses de votre charmant langage. Et d'ailleurs, M. Lebrun a changé deux ou trois strophes qui étaient les moins belles de son ode, et, dans la nouvelle édition qu'il doit en publier, ces strophes sont sans comparaison plus belles et plus riches. J'aurai l'honneur de vous en envoyer un exemplaire à mon retour à Paris, dans le mois de mars prochain.

Recevez les respects de mon fils, qui brûle de faire le voyage d'Italie ; mais, quoiqu'il ait cinq pieds quatre pouces de taille, ce n'est encore qu'un grand enfant de quinze ans. Recevez aussi tous les hommages de mon âme et les tendres élans d'un cœur qui vous est à jamais dévoué.

LE C<sup>te</sup> DE BUFFON.

(Publiée en 1782 à la suite de la traduction italienne de l'*Ode* de Lebrun.)

—◇—

# LETTRE CCCLXXIV

## AU DOCTEUR MESMER (1).

Montbard, ce 3 janvier 1780.

..... Je serai très enchanté de vous revoir, monsieur, et d'entendre de vous-même le récit des découvertes que vous avez faites sur l'électricité... ; cette matière est encore neuve à bien des égards, et je suis charmé que vous l'ayez prise pour l'objet de vos travaux.

Recevez, monsieur, tous mes vœux au renouvellement de cette année, et les assurances de l'attachement sincère et respectueux avec lequel j'ai l'honneur d'être votre très humble et très obéissant serviteur.

LE C<sup>te</sup> DE BUFFON.

(Le Journal l'*Autographe* du 15 octobre 1864.)

—◇—

# LETTRE CCCLXXV

## A L'ABBÉ BEXON.

Montbard, ce 7 janvier 1780.

Mon très cher abbé, vous avez fait surnager nos plongeons, car j'ai trouvé cet article plus correctement écrit que le précédent ; vous en jugerez par le

___

(1) François-Antoine Mesmer, né en 1733, mort en 1815, auteur de la *Doctrine du magnétisme animal*, fixé à Paris depuis 1778 où il faisait un grand bruit avec son *baquet magnétique* employé comme moyen curatif. Le gouvernement français offrit de lui acheter, en 1784, moyennant une rente de 20,000 livres, sa découverte sur laquelle s'était favorablement prononcée une commission de savants dont faisaient partie Bailly, Lavoisier, Franklin, de Jussieu. On a de Mesmer : *Mémoire sur la découverte du magnétisme animal* (1779), *Précis des faits relatifs au magnétisme* (1781) et un *Mémoire sur ses découvertes* (1799).

peu de ratures que vous trouverez dans la copie que je vous envoie. J'y
joins les notes de M. Baillon (1) sur les vanneaux, et je vous prie de les disposer vous-même, car je n'ai plus entre les mains les cent premières pages
de notre huitième volume ; je les ai envoyées il y a plus de quinze jours à
M. Mandonnet, qui m'a demandé de la copie pour ce huitième volume.

Le premier article, comme vous le savez, est celui de l'ibis, ensuite les
courlis, le corlieu, le vanneau, les pluviers, l'échasse, l'huîtrier ; et nous
continuerons par le merle d'eau, la grive d'eau, etc., ainsi que nous en avons
noté les articles ensemble. Vous pouvez donc, mon cher monsieur, prendre
auprès de M. Mandonnet l'article du vanneau, et y interposer tout ce que
vous jugerez à propos de tirer des notes de M. Baillon.

Je désirerais bien aussi que vous eussiez la bonté de voir M. de Sève,
pour savoir où il en est de nos dessins et gravures du septième volume. Au
reste, je suis très aise de ce que vous approuvez mon plan de rejeter au dernier volume les cygnes, oies, canards, etc., et je crois que nous aurons tout
à fait assez des autres oiseaux, dont la physionomie n'est pas si plate. Il me
semble que le seul article des mouettes doit être considérable et qu'il en
est de même des fous, frégates, etc.

A l'égard du supplément aux quadrupèdes, j'en suis plus ennuyé que je
ne puis vous le dire ; je suis forcé de le refondre pour ainsi dire en entier,
et je ne sais si le temps que j'ai encore à rester ici me suffira pour cette insipide besogne.

Mon projet est bien de réserver tous les amphibies pour en faire un volume séparé en les joignant aux cétacés ; mais je ne sais s'il y aura alors
assez de discours relativement aux dessins dont le nombre trop grand fera
encore crier M. Panckoucke. Néanmoins, c'est le meilleur parti, et je tâcherai d'y tenir. Vous pouvez donc, mon cher monsieur, garder les fragments
que vous avez sur les phoques, etc., jusqu'à ce que je vous les demande.

Je ne doute pas, mon cher ami, de la sincérité des sentiments que vous et
vos dames avez la bonté de m'offrir au renouvellement de cette année ; je
vous supplie de leur en faire tous mes remerciemens en leur présentant mes
tendres et respectueux hommages.

(1) Emmanuel Baillon, naturaliste, né en 1722, mort en 1803, a entretenu une correspondance scientifique avec Buffon, qui lui avait fait conférer le brevet de correspondant du
Jardin du Roi. Il le cite avec éloge dans l'*Histoire naturelle*, notamment dans celle des
oiseaux de mer et de rivage. Baillon, qui a fait à Buffon de nombreux envois d'oiseaux
vivants, a écrit l'histoire de la *bernache*, pour laquelle il était en désaccord avec lui et a
donné au Muséum un très grand nombre d'espèces d'oiseaux de mer et de rivage des
côtes de l'Océan préparés par lui avec une rare perfection. Il a laissé deux importants
mémoires sur les *Causes du dépérissement des bois et le moyen d'y remédier* et *sur les
sables mouvants des côtes du Pas de Calais et les moyens de s'opposer à leur invasion* (1791).
Le goût des sciences naturelles s'est perpétué dans cette famille aujourd'hui représentée
par l'éminent botaniste H. Baillon, professeur de botanique à la Faculté de médecine
de Paris et au Muséum.

J'ai écrit au sieur Lucas de vous porter 750 livres dont vous voudrez bien m'envoyer votre reçu conçu dans la forme ordinaire pour jusqu'au 1er avril 1780. Si vous aviez besoin de plus, je vous prie de ne pas me le laisser ignorer, et je ferai ce qui dépendra de moi pour vous obliger ; je crois que vous n'en doutez pas et que vous êtes bien persuadé de toute l'amitié et de tout l'attachement que je vous ai voué.

Je vous prie, mon cher monsieur, de remettre les deux feuilles d'épreuves et la lettre qu'elles renferment à M. Mandonnet.

BUFFON.

(Inédite. — Communiquée par M<sup>lle</sup> Lefebvre.)

---

# LETTRE CCCLXXVI

## A GUÉNEAU DE MONTBEILLARD.

Montbard, le 7 janvier 1780.

Mon intention, cher bon ami, est de garder M. Guillebert (1) encore au moins deux ans, et quatre s'il est possible. Je ne sais d'ailleurs s'il voudrait entreprendre une autre éducation. J'ai quelques raisons d'en douter ; au reste, il est assez avancé en mathématiques et très instruit en littérature. Si M. le comte de Bissy attend cinq ou six mois, les circonstances pourront peut-être changer.

Vous trouvez donc, mon très cher ami, que je n'ai pas mal pétri ma terre végétale ? Elle était vierge et en valait la peine. Ce que vous m'en dites me fait le plus grand plaisir, et je vous remercie mille fois de l'attention avec laquelle vous avez la bonté de me lire (2).

BUFFON.

(Communiquée par M. Léon de Montbeillard.)

---

# LETTRE CCCLXXVII

## AU PRÉSIDENT DE RUFFEY.

Montbard, le 12 janvier 1780.

C'est depuis environ soixante ans que nous nous aimons, mon très cher Président, et j'espère que nous signerons encore 1800 comme 1780. Votre

---

(1) Jacques Guillebert, ancien professeur au collège du Plessis, dernier précepteur du fils de Buffon, qui fut pourvu l'année suivante, à dix-sept ans, d'un brevet d'officier aux gardes françaises. On trouve cette mention à la page 2 du *Livre manuel*, tenu par Buffon : « J'ai donné à M. Guillebert deux milles livres de gratification lorsqu'il a quitté mon fils, et je lui ai fait une pension de six cents livres pendant sa vie. » Les titulaires des pensions faites par Buffon étaient aussi nombreux que ses filleuls.

(2) Allusion aux *Époques de la nature*.

santé est bien plus ferme que la mienne. Cependant je vais; et tout homme sage doit croire qu'il vivra cent ans : il vaut mieux se tromper de cette façon que de toute autre. Ce que j'en sais de plus certain, c'est que je ne cesserai d'avoir pour vous les mêmes sentiments que vous m'avez toujours connus.

J'ai cru vous avoir marqué que M. et M^me Necker n'avaient pas voulu acheter la terre de Montfort, parce qu'ils auraient été forcés d'y bâtir.

La mort de M^me de Bouzonville (1) ne change-t-elle rien à votre projet pour cette vente? Êtes-vous toujours décidé à vouloir plus de cent mille écus? Je crois que vous aurez de la peine à trouver ce prix.

A propos de M. Necker, il vient de jouer un assez bon tour aux Anglais. Il a pris en emprunt des Hollandais 40 millions en effets sur la banque d'Angleterre. Les Anglais n'ont pas osé ne pas payer, crainte de faire banqueroute; c'est, comme vous le voyez, tirer de l'argent de ses ennemis. Dieu veuille qu'on l'emploie avantageusement contre eux!

Mille tendres respects à M^me de Ruffey, et recevez les assurances de l'éternel attachement avec lequel j'ai l'honneur d'être, mon très cher Président, votre très humble et très obéissant serviteur.

Le C^te DE BUFFON.

(De la collection du comte de Vesvrotte.)

—◇—

# LETTRE CCCLXXVIII

## BILLET A MADAME NECKER.

A Montbard, ce 17 janvier 1780.

Je m'empresse, ma grande amie, de vous envoyer mon témoignage pour M. Moultou (2), parce qu'il peut en être pressé. Je me réserve de vous dire une autre fois combien j'ai été touché de votre aimable lettre; j'en veux jouir mille fois avant que d'y répondre.

Je vais écrire un mot à M. Daubenton au sujet de M. Moultou.

BUFFON.

(Inédit. — Appartient à M. le duc de Broglie.)

(1) M^me de Bouzonville, fille cadette de la baronne de La Forest de Montfort, belle-sœur du président de Ruffey.

(2) Fils de Jacques Moultou, né en 1711, mort en 1788, pasteur protestant, à Genève, correspondant de Rousseau et de Voltaire, ami d'enfance de M^me Necker, avec laquelle il a entretenu une correspondance de trente années; Moultou, que M^me Necker avait vainement cherché à attirer près d'elle en le faisant nommer ministre de Genève à Paris, à la place de son mari, venait d'y passer quelques mois avec son fils, et M^me Necker demandait à Buffon d'y fixer celui-ci afin de disposer d'un nouveau moyen pour y attirer le père.

—◇—

volume des quadrupèdes, qu'il faut refondre en entier. Quatre mois de mon séjour ici me suffiront à peine pour cette sotte besogne, et, après cette perte de temps, l'ouvrage ne vaudra encore rien ; car ce ne seront que des compilations, des copies de choses déjà données, et qui auraient été toutes neuves si je les eusse publiées il y a quatre ans. Je suis convenu avec M. Panckoucke qu'on imprimerait ce volume d'abord après mon retour à Paris. Nous avons compté qu'il y entrerait soixante-dix planches ; et, comme M. de Sève nous lanternerait peut-être pendant plus d'un an pour les faire graver, je suis convenu avec M. Pan-ckoucke d'envoyer à M. Plassan (1) vingt-huit dessins qu'il donnera à M. Besnard (2) pour les faire graver à l'insu de M. de Sève, auquel je vous prie de n'en rien dire. C'est le seul moyen de pouvoir publier promptement ce volume qui n'aura guère que trois cent soixante pages de discours ; et j'enverrai en effet incessamment ces vingt-huit dessins à M. Plassan.

Quand vous irez à l'Imprimerie royale, demandez, je vous prie, mon cher abbé :

1° Les bonnes feuilles du septième volume, qui me manquent depuis la page 424.

2° Dites à M. Mandonnet d'envoyer à M. Guéneau de Montbeillard les épreuves de la table des matières du sixième volume, comme il lui envoyait précédemment les épreuves des articles de sa composition.

3° De m'envoyer à moi-même les épreuves de la table du septième volume et celles de l'avertissement et de la table des chapitres. Il faudrait être entièrement quitte de ce septième volume avant de commencer le huitième. Ne négligez pas, je vous supplie, de voir M. de Sève, pour que les gravures de ce septième volume ne nous retardent pas trop longtemps, et vous me ferez plaisir de me mander où nous en sommes à cet égard.

Lucas m'a envoyé votre récépissé ; ainsi cette petite affaire est en règle.

Je vous embrasse, mon très cher monsieur, et je voudrais bien vous embrasser ici.

Voilà aussi une lettre qu'on m'a adressée pour vous.

BUFFON.

Voilà une lettre de M. Baillon, que je vous prie, mon cher monsieur, de lire avec M. Daubenton le jeune, et de lui faire de concert une très honnête réponse.

(Publiée par François de Neufchâteau et Flourens.)

(1) Plassan fut, avec Panckoucke, un des éditeurs de l'*Histoire naturelle*.

« Je viens de terminer avec M. Plassan, écrit le 18 septembre 1790, le notaire Boursier au fils de Buffon ; il m'a dit qu'il s'était présenté chez lui le porteur d'un bon de monsieur votre père, pour se faire délivrer gratuitement un exemplaire complet in-4° de ses ouvrages ; ce porteur est M. l'abbé Miller..... M. Verniquet m'a témoigné le désir qu'il avait de compléter son édition in-4°, qu'il a reçue de monsieur votre père..... » En 1796, Plassan et son associé Besnard font hommage au conseil des Cinq-Cents du premier volume d'une nouvelle édition de Montesquieu et de son buste.

(2) Graveur des planches de l'*Histoire naturelle*.

# LETTRE  CCCLXXX

## A MADAME NECKER.

Montbard, 21 janvier 1780.

Je viens de lire l'arrêt des fermes (1).

Grande spéculation qui prévient les inconvénients de l'avenir en rectifiant les abus du présent.

Vue sublime du bien public, partant de l'œil du génie.

Amour de la patrie sortant du fond du cœur. Voix de justice et d'équité que tous entendront.

Sentiment d'ordre jusque dans la bienfaisance qui, sans cela, cesserait d'être vertu.

Voilà, ma noble amie, ce que je vois dans ce nouveau monument de la gloire de votre illustre époux.

BUFFON.

(Inédite. — Archives de Coppet. — Communiquée par le vicomte d'Haussonville.)

---

# LETTRE  CCCLXXXI

## A LA MÊME.

Montbard, ce 23 janvier 1780.

Ma très respectable amie,

Je n'ai reçu qu'aujourd'hui 23 l'arrêt des fermes et l'édit des hôpitaux que M. Coindet m'a adressés de votre part ; je dois donc ajouter des remerciements au petit mot que j'ai eu l'honneur de vous écrire le 21, sur la lecture du premier de ces ouvrages dont un de mes amis de Paris qui allait à Lyon m'avait donné un exemplaire en passant chez moi.

J'en étais transporté et j'ai eu un souverain plaisir à vous faire part de mon transport que je n'ai sûrement pas exprimé tout entier.

Je vais aussi lire l'édit des hôpitaux avec d'autant plus d'intérêt que je crois qu'il est autant votre ouvrage, ma noble amie, que celui de notre

---

(1) L'arrêt des fermes, qui a précédé de quelques mois le *Compte rendu Roi*, avait soulevé contre Necker les rancunes et les inimitiés qui devaient amener sa chute. C'est un des nombreux édits par lesquels il cherchait à simplifier la perception de l'impôt et à réaliser des économies par la suppression de rouages aussi dispendieux qu'inutiles.

grand homme (1). Recevez tous deux mes hommages les plus tendres et les plus respectueux.

BUFFON.

Permettez, madame, que je joigne ici un billet de remerciement pour M. Coindet.

(Inédite. — Collection du duc de Broglie.)

---

## LETTRE CCCLXXXII

### AU PRÉSIDENT DE RUFFEY.

Montbard, le 30 janvier 1780

Je viens d'écrire, mon cher Président, pour recommander instamment votre protégé, le sieur Fleury, que vous dites devoir être présenté avec deux autres pour la place de receveur de la ville de Saint-Jean-de-Losne, et j'espère que ma prière pourra être exaucée. J'en tirerai au moins l'avantage d'avoir reçu de vos chères nouvelles, et d'avoir fait ce que vous désirez; et ce dernier sentiment sera toujours un des premiers dans mon cœur.

BUFFON.

M. Dupleix vient d'être nommé conseiller d'État, et l'on me marque que vous aurez un charmant jeune intendant, actuellement intendant du Berry (2).

(Appartient au comte de Vesvrotte.)

---

## LETTRE CCCLXXXIII

### A L'ABBÉ BEXON.

Ce 7 février 1780.

Puisque vous êtes content de ce que je dis de vous, mon cher coopérateur, je vous envoie une nouvelle copie de l'avertissement qui doit être à la tête de notre septième volume; je n'y ai rien changé de ce qui vous regarde,

---

(1) Autre édit de Necker, proposant une mesure réalisée sous le second Empire, la vente d'une partie des immeubles des hospices, afin d'accroître leurs revenus en dégrevant l'État de l'immobilisation des biens de mainmorte. Necker propose en même temps des améliorations dans le régime des hôpitaux. C'est à cette partie de l'édit que Buffon suppose que M<sup>me</sup> Necker a collaboré.

(2) Charles-Henri de Feydeau, marquis de Brou, né le 25 août 1754, mort le 10 décembre 1802, fils d'un intendant de Rouen, maître des requêtes en 1775, à vingt et un ans intendant du Berry la même année, intendant de Bourgogne de 1780 à 1783, intendant à Caen de 1783 à 1787, à cette date conseiller d'État, et, en 1798, président de la cour des aides. Il avait remplacé, en Bourgogne, Dupleix de Bacquencourt, et eut pour successeur Antoine-Léon Amelot de Chaillou, fils du ministre de Paris, lui-même intendant de la province de 1764 à 1774. Le marquis de Brou avait été élu à l'Académie de Dijon le 20 juillet 1780.

mais j'ai seulement parlé plus modestement de moi dans le commencement, et c'est ainsi qu'il faut toujours faire ; je vous prie donc de faire imprimer sur cette dernière copie que je vous envoie. Il faudra employer un beau caractère italique et placer cet avertissement en avant de la table des chapitres dont vous voudrez bien m'envoyer les épreuves, ainsi que celles de la table des matières de ce même septième volume. Vous me marquez que M. de Sève est à son dernier dessin pour ce septième volume ; cela me prouve que toutes les gravures ne sont pas encore faites, et c'est à quoi il faut veiller de plus près, pour que la publication n'en soit pas trop retardée. Je lui ai écrit ces jours passés au sujet des dessins de mon second volume de supplément aux animaux quadrupèdes ; il y aura 70 planches, et le remaniement de ce volume, qu'il a fallu refondre, m'a pris et me prend encore tout mon temps ; il faudra bien aussi qu'il vous vole du vôtre ; c'est un partage d'ennui que je ne crains pas de proposer à votre amitié.

J'ai ici les dessins qui sont déjà faits pour le huitième volume des oiseaux ; mais je crois que vous serez d'avis comme moi d'y en ajouter quelques-uns, et vous me ferez plaisir de me les indiquer. Voici la liste de ceux que j'ai entre les mains, qui sont au nombre de dix-huit ; mais il doit y en entrer trente-six, comme vous le verrez par la liste générale ci-jointe, que je vous prie de communiquer à M. de Sève, afin qu'il fasse les dessins qui peuvent manquer dans cette liste.

J'ai reçu de l'Imprimerie royale les bonnes feuilles du septième volume jusques et compris la page 496. M. Mandonnet y a joint un billet par lequel il me marque avoir envoyé à M. de Montbeillard les épreuves de la table du sixième volume. Comme M. de Montbeillard doit venir me voir demain, je saurai où il en est.

M. Mandonnet me marque aussi que vous avez retiré de l'imprimerie les cahiers par où commence le huitième volume ; vous ferez bien, mon cher monsieur, de leur remettre promptement ces cahiers, afin de leur ôter tout prétexte de lenteur ; il faudra m'adresser les épreuves de ce huitième volume et celles de la table du septième volume.

J'ai souffert du froid qui a été ces jours passés jusqu'à près de 9 degrés ; nous avons le dégel depuis hier et il tombe aujourd'hui beaucoup de pluie ; il y a plus de quinze jours que je n'ai pu sortir de ma chambre ; mais, quoique le froid m'ait donné des coliques, je n'ai point eu de fièvre, et j'espère que le reste de l'hiver se passera bien ; ménagez aussi votre santé, et donnez-moi souvent de vos nouvelles, vous ne pouvez douter du plaisir qu'elles me font.

Je joins encore ici quelques remarques de M. Hébert sur les oies, canards et sarcelles.

Je ne vous dis rien de vos hirondelles de mer, parce que je n'ai pas encore eu le temps de les lire.

Le départ précipité du messager ayant retardé celui de cette lettre, j'ai eu le temps de lire et de corriger, et faire copier les hirondelles de mer que j'ai l'honneur de vous renvoyer.

Je reçois une lettre de M. de Sève que je vous renvoie ci-joint, monsieur, avec le dessin du paon de mer qu'il demande.

Le C<sup>te</sup> de Buffon.

(Inédite. — Communiquée par M<sup>lle</sup> Lefebvre.)

---

# LETTRE CCCLXXXIV

## AU PRÉSIDENT DE RUFFEY.

Montbard, le 9 février 1780.

Je vous envoie, mon cher Président, la réponse de M. Sylvestre, chef du bureau auquel ressortissent les affaires des villes et des communautés. Vous verrez que votre protégé de Saint-Jean-de-Losne pourra bien obtenir ce qu'il demande lorsqu'il sera présenté. Je serais très aise d'avoir réussi dans cette petite affaire, puisque vous vous y intéressez.

Vous connaissez depuis longtemps, mon très cher Président, mon zèle pour tout ce qui peut vous être agréable, et les sentiments du tendre et respectueux attachement avec lequel je ne cesserai d'être votre très humble et très obéissant serviteur.

Buffon.

(Appartient au comte de Vesvrotte.)

---

# LETTRE CCCLXXXV

## AU MÊME.

Montbard, le 16 février 1780.

Je vous envoie, mon cher Président, la nouvelle du succès de votre protégé, M. Fleury. Vous verrez par la lettre ci-jointe que M. Amelot l'a nommé à la place de receveur de la ville de Saint-Jean-de-Losne et je suis enchanté d'avoir contribué à ce que vous désiriez, mon cher Président, étant de tous les temps et pour tous les temps le plus dévoué de vos amis et de vos serviteurs.

Buffon.

(Collection du comte de Vesvrotte.)

---

## LETTRE CCCLXXXVI

### A L'ABBÉ BEXON.

Montbard, ce 22 février 1780.

Voilà, mon très cher abbé, les trois premières épreuves de notre huitième volume des oiseaux que je viens de corriger, mais que je vous prie de relire avant de les remettre à l'Imprimerie royale. Vous savez que je me dispense de lire les nomenclatures; je ne puis donc que les recommander à vos bons soins.

Je vous envoie aussi une lettre que je viens de recevoir de M. de Sève, à laquelle je vous avoue que je n'entends goutte; faites-en l'usage que vous voudrez.

Comment vous trouvez-vous de ces vilains temps? Nous avons ici .une grande épaisseur de neige depuis plusieurs jours et je souffre d'être si long-temps retenu dans ma chambre.

Je vous embrasse et fais mille compliments à vos dames.

BUFFON.

Je reçois dans ce moment des notes de M. Hébert sur les canards; je viens de les lire et je vous les envoie, parce qu'il me semble que vous pourrez en tirer parti.

Je ne sais si M. Panckoucke est de retour à Paris; je serais bien aise d'en être informé, et je vous prie instamment de voir de ma part M. Plassan et de lui dire que je viens de recevoir les feuilles du débit de l'*Histoire naturelle* pour le mois de janvier, mais que celles du mois de décembre me manquent et qu'on a apparemment oublié de me les envoyer, et qu'il me fera plaisir de réparer cette omisson. Vous lui demanderez aussi des nouvelles des dessins que je lui ai adressés et qu'il a dû donner à M. Besnard pour les faire graver; on ne m'a pas accusé la réception de ces dessins, j'en suis inquiet.

(Inédite. — Communiquée par M<sup>lle</sup> Lefebvre.)

---

## LETTRE CCCLXXXVII

### AU MÊME.

Montbard, le 1<sup>er</sup> mars 1780.

Voici deux nouvelles épreuves du tome VIII des oiseaux, mais je n'ai pas encore entendu parler de la table des matières du tome VII, ni des dernières bonnes feuilles depuis la page 496, ni de l'avertissement que vous avez approuvé, ni de la table des chapitres, et cependant il faut que je voie tout cela (1).

Vous ne m'écrivez pas assez souvent, mon très cher abbé, et je crains toujours que votre santé n'en soit la cause.

J'aurais été bien aise d'être instruit promptement de l'arrivée de Panckoucke à Paris ; je vous prie de lui communiquer la lettre de de Sève que je viens de recevoir et que je vous renvoie. Comme c'est M. Panckoucke qui le paye, il lui fera mieux entendre raison qu'un autre.

BUFFON.

(Inédite. — Communiquée par M<sup>lle</sup> Lefebvre.)

## LETTRE CCCLXXXVIII

### A MADAME NECKER.

Montbard, ce 7 mars 1780.

Vos lettres, ma très respectable et douce amie, ont seules fait mon bonheur et ma consolation depuis deux mois ; car j'ai assez souffert de la mauvaise saison et j'ai été tracassé de plusieurs affaires désagréables que je ne peux terminer qu'en importunant un peu notre grand homme. Je compte me rendre à Paris dans le courant de la semaine sainte ; mon plus grand jour de fête sera celui où vous me permettrez de vous offrir de nouveau mes tendres hommages.

En vérité, vous êtes trop bonne, ma généreuse amie, de me remercier de ce que j'ai fait pour M. Moultou et de ce que j'ai dit de M. Necker.

Il ne voulait pas que je l'appelle grand homme !

Eh bien ! l'Europe entière lui donne ce titre aujourd'hui et il le mérite de tout le monde, puisqu'il fait du bien dans tous les ordres de la société.

Son édit des hôpitaux aura de bons effets si l'on tient la main à son exécution. Mais les administrateurs ne consentiront guère à vendre que quand on les y contraindra ; du moins, c'est ainsi que pensent ceux qui gouvernent les hôpitaux de nos provinces, et il est aisé d'en deviner la raison.

L'administration de votre hospice de charité (2) est un modèle qu'on devrait imiter partout ; mais où se trouverait-il des âmes comme la vôtre ? Quelle modestie, quelle simplicité où tant d'autres mettraient de l'amour-propre et de la vanité.

C'est vous, ma noble amie, qui savez mieux que moi prendre le style convenable à la chose, et j'ai eu plus de plaisir à lire ce que vous appelez

(1) Nous avons déjà eu maintes fois occasion de faire remarquer que Buffon, en recourant à des collaborateurs, ne s'était entièrement désintéressé d'aucune des parties de son grand ouvrage, et que, sans se laisser absorber par les vues et les travaux d'ensemble qui tentaient son génie, il continuait à en surveiller et à en revoir minutieusement les moindres détails.

(2) L'hôpital Necker.

des comptes de ménage, que tous nos livres de commerce, d'économie et de morale, sans en excepter même les *Contes moraux* (1).

Faire du bien par la voie la plus simple et sans intérêt personnel, est le plus haut comble de la vertu; mais, pour y arriver, il faut un cœur très sensible, un esprit excellent, tous deux guidés par l'âme la plus honnête, chose si rare qu'on ne peut en montrer aujourd'hui que deux grands exemples.....

Mais, ma très modeste amie, vous me gronderiez peut-être si je m'expliquais davantage.

Buffon.

(Inédite. — Archives de Coppet. — Communiquée par le vicomte d'Haussonville.)

---

## LETTRE CCCLXXXIX

### A GUYTON DE MORVEAU.

Le 9 mars 1780.

Mon cher Monsieur,

Je vous recommande avec la plus grande instance M. Dugas (2), neveu de M. de Tolozan, mon ami particulier, et avec lequel j'espérais que vous vous trouveriez ici pendant la quinzaine de Pâques. Je vous aurai la plus grande obligation de ce que vous aurez la bonté de faire pour M. Dugas dont le procès doit se juger incessamment.

Par malheur pour moi, il faut que je vous annonce en même temps que je suis forcé de partir pour Paris le 18 ou 19 de ce mois, et que j'ai été forcé de remettre au mois de juin prochain nos expériences sur l'acier (3). Ainsi, je n'ose plus me flatter de vous voir avant mon départ.

Adieu, mon très cher ami; aidez M. Dugas de vos bons conseils et offices.

Buffon.

(Inédite. — Communiquée par le comte de Fontenet.)

(1) Allusion aux *Contes moraux* de Marmontel, que Buffon n'aimait pas et que Marmontel, de son côté, n'aimait guère, malgré leur commune intimité avec les Necker.

(2) Jean-Louis-Marie Dugas de Bois-Saint-Just, né en 1743, mort le 23 mai 1820, officier aux gardes-françaises et ensuite diplomate. Petit-fils de Laurent Dugas, fondateur de l'Académie de Lyon en 1700, prévôt des marchands en 1724 et littérateur, a lui-même laissé divers écrits dont *Paris, Versailles et les provinces au* xviiie *siècle* en 1809, qui a eu 5 éditions successives. Il réunissait les gens de lettres et les gens de cour à sa belle résidence du Plessis-Piquet, qui a depuis appartenu au premier commis de Vaisnes et à l'éditeur Hachette.

(3) Si les expériences de Buffon sur le fer et l'acier, ses persévérantes et coûteuses recherches pour trouver des mines de houille sur notre sol sont moins connues que ses premières expériences, c'est parce qu'elles n'ont pas occupé comme celles-ci toute son activité scientifique, et parce que, absorbé par son grand ouvrage, il n'y consacrait que ses loisirs sans songer à les publier. Cependant, si Buffon n'eût pas été l'illustre fondateur du Jardin des Plantes et du Muséum, et l'immortel auteur de l'*Histoire naturelle*, il eût occupé le premier rang parmi les métallurgistes qui ont favorisé le développement de nos industries nationales.

---

# LETTRE CCCXC

## A MADAME NECKER.

Montbard, ce 28 mai 1780.

En m'occupant de vous, ma belle et noble amie, comme je le fais sans cesse, je me suis rappelé que vous étiez dans l'intention de me donner une copie des papiers relatifs à vos illustres et honorables naissances (1); cela m'aurait déjà servi vis-à-vis quelques étrangers, qui ne vous connaissent que par vos vertus et auxquels j'aurais été bien aise de les lire pour détruire jusqu'à la racine de la calomnie, qui cependant n'a fait que très peu d'impression dans la province. Mais je veux que le grand homme et ma grande amie soient honorés comme ils le méritent.

Ma voix sait seconder mon zèle, et je n'ai pas de plaisir plus vif que de les célébrer tous deux, si ce n'est celui de vous protester, ma tendre amie, que je vous adore de loin comme de près.

BUFFON.

(Inédite. — Collection du duc de Broglie.)

(1) M. le vicomte d'Haussonville a reconnu, dans son étude sur Mme Necker, qu'elle avait la vanité de la naissance, travers qu'ont au surplus partagé avec elle de grands esprits.

Elle était fille d'un ministre protestant du pays de Vaud, Louis-Antoine Curchod. Sa mère, d'Albert de Nasse, appartenait à une ancienne famille d'origine française, et, lors de son premier voyage à Paris, Mlle Suzanne Curchod avait bien recommandé à ses amis de Lausanne d'adresser leurs lettres à Mlle d'Albert de Nasse. Ses lettres sont toutes signées de Nasse-Necker.

Après l'avènement de son mari, elle produisit à Chérin ses papiers de famille, sans doute les mêmes que ceux dont parle Buffon, qui établissent que les Curchod, de Curchod ou Curchodi, avaient été attachés aux ducs de Savoie; qu'il y avait, dans la ville d'Avenches, brûlée en 450 par Attila, une famille Curchodi; qu'un Batardo Curchodi était, en 1436, écuyer du duc de Savoie, et que, en 1536, le duc Charles écrivait familièrement à Jean Curchodi.

Mais l'intègre généalogiste, considérant ces papiers comme insuffisants pour motiver un arrêt du Conseil, les avait renvoyés à Mme Necker, qui ne lui en avait pas conservé rancune.

Necker, fils d'un professeur de droit à Genève, avait reçu des lettres de bourgeoisie le 28 janvier 1726.

M. et Mme Necker sont ainsi qualifiés au contrat de mariage de leur fille avec l'ambassadeur de Suède : « Messire Jacques Necker, ancien directeur des finances, noble baron de Coppet, seigneur de Bière, Bérole et autres lieux, membre du conseil des Soixante de la République de Genève, et noble dame Louise Curchodi de Nasse, son épouse. »

---

# LETTRE CCCXCI

## A LA MÊME.

Montbard, ce 3 juin 1780.

Comme vous voulez, ma bonne amie, lire tout ce qui sort de ma plume, bien ou mal taillée, et que vous avez déjà vu ma réponse au procès que me fait la Sorbonne (1), je vous envoie un mémoire que j'ai été forcé de composer au sujet du procès que m'a fait M. Lambert (2).

Voilà, ma grande amie, mon bel emploi du temps depuis que je suis de retour.

Rien n'est plus injuste, et je puis dire plus malhonnête, que le procédé de M. Lambert, et je me suis fait violence, en écrivant ce mémoire, pour adoucir mon style. Malheureusement, il y a bien des Lambert dans l'administration (3), et je ne sais si l'on me rendra justice entière. J'envoie copie de mon mémoire à M. de Fourqueux (4), président de la commission, et à M. de Monthyon (5); ceux-là sont éclairés et honnêtes, et je compte beaucoup sur eux. Cependant un mot de votre part, lorsque vous aurez lu le mémoire et que vous verrez M. de Monthyon, ne pourrait que me faire du bien et hâter la décision de cette affaire, qui tous les jours me cause des pertes nouvelles.

(1) La Sorbonne n'ayant pas cru devoir donner suite à son projet de censure, la réponse de l'abbé Bexon n'a paru qu'en 1860, avec les objections de la Sorbonne, dans le volume des *Manuscrits de Buffon*, par M. Flourens, qui avait trouvé ce projet dans les papiers de l'abbé Bexon, cédés à la bibliothèque du Muséum.

(2) Charles-Guillaume Lambert, né en 1726, mort le 27 juin 1793 sur l'échafaud révolutionnaire, conseiller honoraire au Parlement de Paris le 21 août 1748, maître des requêtes en 1767. Premier commis du bureau de M. de Beaumont, intendant des finances, chargé des bâtiments et domaines de la Couronne, il avait suscité des difficultés à Buffon, seigneur engagiste du domaine du Roi, à Montbard. Il devint un instant contrôleur général des finances, en 1787, à la retraite du comte de Villedeuil.

On trouvera plus loin une lettre du 5 mai 1787 de M. Lambert à Buffon et la réponse de Buffon, à propos du sens grammatical du verbe *échapper*.

(3) Après cinq changements de régime et sept ou huit révolutions, les mœurs administratives ne se sont pas modifiées dans notre pays, et depuis cent ans révolus, sous la République comme sous Louis XVI, la Restauration et l'Empire, « *il y a encore*, suivant l'expression de Buffon, *bien des Lambert dans l'administration.* »

(4) Bouvard de Fourqueux, conseiller d'État depuis 1768. Son père, membre du conseil des finances sous la Régence, s'était signalé, en 1716, par son énergique résistance au système de Law. Sa femme, sœur de Monthyon, qui a occupé une place distinguée dans la société du dix-huitième siècle, a publié des romans sous le voile de l'anonyme.

(5) Antoine-Jean-Baptiste-Robert Auget, baron de Monthyon, administrateur, écrivain et philanthrope, né le 26 décembre 1733, mort le 29 décembre 1820. Successivement intendant de l'Auvergne et de l'Aunis, chancelier du comte d'Artois, conseiller d'État en 1775, a publié à Londres, en 1812, un livre d'un grand intérêt sur les *Ministres des finances*, mais ce sont ses fondations philanthropiques qui ont popularisé son nom. Il paraîtrait, toutefois, que le baron de Monthyon se serait attiré la haine de ses vassaux par son âpreté et ses rigueurs.

Au reste, ma noble amie, ne vous en occupez qu'à vos plus grands moments de loisir, et quand vous serez pleinement convaincue, par la lecture du mémoire, des injustices qu'on me fait.

Permettez-moi de vous embrasser avec toute la tendresse et tout le respect que je vous ai voués pour la vie.

BUFFON.

Turgot-principe et Lambert-conséquence : voilà tout l'argument de mon affaire, argument *in baroco ;* ma grande amie entend la langue de la logique comme toutes les autres langues.

(Archives de Coppet. — Communiquée par la baronne de Staël.)

—◇—

# LETTRE CCCXCII

## A L'ABBÉ BEXON.

Montbard, ce 9 juin 1780.

Je renvoie tout de suite les feuilles que je viens de me faire lire et dans lesquelles il n'y a que très peu de corrections. Je n'ai pas encore eu le temps, mon très cher abbé, de voir les additions que vous avez faites à l'article des granits (1), mais je suis persuadé davance qu'elles seront parfaitement bien, et qu'elles jetteront encore plus de lumière sur cette matière qui jusqu'à ce jour était restée obscure.

Depuis mon retour ici, j'ai été beaucoup plus occupé de procès et d'affaires économiques que de méditations philosophiques, et quoique la grande chaleur ne m'ait pas rendu malade, elle m'a empêché de travailler et vous avez très bien fait, mon cher ami, de suspendre aussi votre travail, jusqu'à ce que votre santé soit rétablie.

Mes jardins sont cette année plus tristes que je ne les ai jamais vus ; le printemps a été si mauvais que tous nos fruits à noyaux sont perdus et que plusieurs arbres sont morts. Du reste, la campagne va bien et le produit des vignes dédommagera de la perte des autres fruits.

Vous êtes bien heureux d'avoir vu l'adorable Sophie (2) ; mais je la trouve

(1) Pour l'histoire des minéraux.

(2) Marie-Thérèse Richard de Ruffey, marquise de Monnier, fille du président de Ruffey, connue sous le nom de Sophie par ses retentissantes amours avec Mirabeau, à la fois « le grand éclat et le grand scandale de sa vie, » traversait à cette date de 1780 une des périodes les plus troublées de son existence agitée et romanesque. Arrêtée le 14 mai 1777, à Amsterdam, avec Mirabeau, elle était enfermée au couvent de Gien, loin de sa mère mourante, tandis que Mirabeau était détenu au donjon de Vincennes, d'où il ne devait sortir que le 13 décembre de cette même année. La nature des rapports de Buffon avec le président de Ruffey et sa femme explique comment l'abbé Bexon a pu, lui aussi de l'intimité de Buffon, être à cette date en rapport avec la maîtresse de Mirabeau.

bien malheureuse dans la situation où vous me la peignez. Je sais qu'elle aime tendrement sa mère : jugez de l'état de son âme si elle craint de la perdre.

J'adresse ce paquet à M. Guillebert, en l'absence de Lucas, et je lui recommande de mettre mon fils à portée de vous voir plus souvent.

Adieu, je n'ai que le temps de vous renouveler les sentiments du tendre attachement que je vous ai voué. Mes hommages à vos dames, je vous prie.

BUFFON.

(Inédite. — Communiquée par M^{lle} Lefebvre.)

—◇—

# LETTRE CCCXCIII

## A M. AMELOT.

Montbard, ce 26 juin 1780.

Monseigneur,

J'ai l'honneur de vous faire tous mes remerciements de l'ordre que vous avez eu la bonté de donner de me délivrer un exemplaire en 42 cahiers des planches enluminées, et des cinq volumes in-folio de l'*Histoire des oiseaux*, pour l'Impératrice de Russie (1).

M. le Noir (2) doit conférer avec vous, Monseigneur, au sujet d'une cession

---

(1) Catherine II, impératrice de Russie, née en 1729, morte le 9 novembre 1796, surnommée la *Sémiramis du Nord*, célébrée par Voltaire, d'Alembert, Grimm et Diderot, et dont Rivarol a dit : « Le seul grand homme qu'il y ait aujourd'hui en Europe depuis la mort de Frédéric II est la femme **extraordinaire** qui gouverne la Russie. » — Mariée de force, en 1745, à Pierre III mort étranglé dans sa prison en 1762, proclamée à sa place la même année, elle a ajouté à la Russie Varsovie et la Crimée, et en a été la civilisatrice après Pierre le Grand. Admiratrice de l'esprit français, elle a comblé de ses prévenances et de ses dons les grands écrivains du xviii^e siècle, les a pensionnés, les a attirés à sa cour et a laissé dans notre langue des comédies, des *Mémoires* et une remarquable *Correspondance*. On trouvera plus loin deux lettres de Buffon à Catherine II et les réponses de l'impératrice.

(2) Jean-Charles-Pierre Lenoir, né en 1732, mort en 1807. Conseiller au Châtelet en 1752, lieutenant particulier en 1754, lieutenant criminel en 1759, maître des requêtes en 1760, intendant à Limoges en 1765, lieutenant criminel et lieutenant de police de 1774 à 1790, conseiller d'État en 1775, rapporteur en cette qualité du procès du procureur général de Bretagne La Chalotais, bibliothécaire du Roi en 1783, président de la Commission des finances, a joué un rôle important dans l'histoire de Paris pendant sa magistrature de seize années. On lui doit les premiers travaux d'assainissement de Paris, la suppression des cimetières dans l'intérieur de la ville, la consolidation des Catacombes, l'éclairage des rues et la construction de nombreux marchés et établissements d'utilité publique. Il a travaillé avec Necker à l'établissement du Mont-de-Piété, à la réforme des prisons et à l'amélioration des hôpitaux, et avec le garde des sceaux Miromesnil à la suppression de la question et de la torture. Son esprit de justice, son intégrité égale à sa fermeté, son humanité et sa philanthropie l'ont rendu populaire. On a de lui : *Détails sur quelques Établissements de la ville de Paris demandés par Sa M. I. la reine de Hongrie, à M. Lenoir* (1780). Retiré à Vienne pendant la Révolution, Paul I^er venait de l'appeler à Saint-Pétersbourg lorsqu'il mourut. Il s'était marié pendant l'exil à une jeune et jolie femme qui a entouré ses derniers jours d'affection et de tendresse et lui a fermé les yeux.

de terrains appartenant à la Ville de Paris et qui convient parfaitement au Jardin du Roi (1). Je suis bien persuadé que vous accueillerez favorablement ses propositions et que vous voudrez bien engager les administrateurs de la Ville à ne pas se refuser à un arrangement qui ne peut que contribuer à l'embellissement de cette capitale.

Vous connaissez notre projet, Monseigneur, j'en ai remis les plans à M. le Noir, et leur exécution ne pourra que faire honneur à votre Ministère et démontrer l'amour que vous avez toujours eu pour le bien public.

J'ai l'honneur d'être avec tout attachement et tout respect, Monseigneur, votre très humble et très obéissant serviteur.

DE BUFFON.

(Inédite. — Collection du comte Cosilla, syndic de la ville de Turin.)

# LETTRE CCCXCIV

## A M. RIGOLEY.

Montbard, le 1er juillet 1780.

C'est en effet, monsieur, le chef des brochets (2), et vous me feriez grand plaisir d'en venir manger demain dimanche 2, avec toute votre maison, et surtout M<sup>lles</sup> vos filles, à la forge de Buffon, où j'irai dîner et où je serai très aise de vous recevoir (3).

Recevez mes remerciements et les assurances du très sincère attachement avec lequel j'ai l'honneur d'être, monsieur, votre très humble et très obéissant serviteur.

BUFFON.

(Appartient à M<sup>me</sup> Morel.)

(1) Le terrain qui séparait encore à cette époque le Jardin du Roi du quai Saint-Bernard. Cette lettre marque une recrudescence dans les grands travaux du Jardin du Roi, commencés depuis sa mort et qui continuèrent sans interruption pendant un intervalle de huit ans jusqu'à la mort de Buffon ; sa correspondance avec André Thouin, qui commence cette même année, permettra de constater une fois de plus son patriotisme, l'énergie de sa volonté, sa persévérance et son désintéressement dans une entreprise d'utilité publique et d'intérêt national, qu'il payera au prix de sa fortune et de sa vie et dont la récompense sera, après sa mort, la calomnie et la diffamation.

(2) La Brenne et l'Armançon, qui coulent à Montbard et à Buffon, aujourd'hui dépeuplées comme toutes nos rivières, étaient alors très poissonneuses. On y pêchait des truites, des carpes, des brochets et des écrevisses d'une dimension extraordinaire. On peut encore voir, dans la galerie d'anatomie du Muséum, des mâchoires de brochets monstrueux pêchés à Montbard et à Buffon.

(3) Buffon, très aimé de tous ses voisins, entretenait avec eux les meilleures relations. Il écrivait, l'année précédente, à un autre maître de forges, M. Humbert :

« Je n'ai pu trouver que des truites que je viens d'adresser, pour vous être remises, à M. le curé de Saint-Remy ; mais comment pouvez-vous, dans une occasion où l'on a besoin de toutes ses ressources, m'envoyer un beau pâté et une longe de chevreuil ? Je les accepte néanmoins avec plaisir, en vous priant seulement de venir un jour de cette semaine avec M. votre fils et vos nouveaux mariés. »

# LETTRE CCCXCV

## A L'ABBÉ BEXON.

Montbard, le 9 juillet 1780.

Fort bien et de mieux en mieux, mon très cher abbé; car vous ne trouverez guère plus, ou peut-être moins de changements et de corrections dans ces deux articles que je vous renvoie, que dans celui de l'anhinga. J'ai cru devoir supprimer le nom de coupeur-d'eau, qui n'est pas bien connu, et qui d'ailleurs a été donné par Cook à un oiseau qu'il dit être un pétrel. J'ai cru de même devoir rejeter celui de stercoraire, autant par sa mauvaise odeur que par sa mauvaise application, et je crois que vous serez content des corrections que j'ai faites sur le bec-en-ciseaux. Toutes les fois que l'on traite un sujet dans un point de vue général, il faut tâcher d'être court et précis; cet article et celui de l'anhinga figureront très bien parmi ces tristes oiseaux d'eau dont on ne sait que dire, et dont la multitude est accablante.

Je suis surpris de ne point recevoir de nouvelles épreuves de l'Imprimerie royale. On vient de m'envoyer les bonnes feuilles jusqu'à la lettre Y; mais il y a douze ou quinze jours que je n'ai vu d'épreuves, et à ce train le volume ne sera pas imprimé avant mon retour à Paris; car je compte toujours aller vous revoir sur la fin de septembre, et je trouve déjà que mon temps s'avance, surtout relativement à mon ouvrage des minéraux, quoique j'en perde le moins qu'il est possible. Mais l'histoire des métaux est une affaire encore plus difficile, et peut-être aussi longue que celle des autres matières toutes prises ensemble, et j'entrevois que ce volume me donnera encore plus de peine et de travail que le premier. Cependant, je ne me décourage pas, et j'espère en venir à bout avec le temps.

Je n'ai point pris de parti au sujet du schorl (1), et, quoique tous les granits de Danemark (2), de Suède et des autres provinces du Nord en contiennent, et qu'en même temps ils ne contiennent point de mica (3), il se peut que ces

(1) Schorl, nom collectif des minéraux fusibles au chalumeau. « Le schorl est un verre spathique, c'est-à-dire composé de lames longitudinales comme le feldspath. » (Buffon.)

(2) Le Muséum possède une belle collection de granits et de minéraux de Danemarck, grâce à la libéralité de Buffon. En effet, lors de son premier voyage en France, en 1768, le roi de Danemark lui avait rendu visite et lui avait offert une riche collection de minéraux que Buffon avait, suivant sa coutume, déposée au Cabinet d'histoire naturelle. Le roi de Danemark fut un des premiers souverains du Nord qui visitèrent la France au xviii° siècle ; et ces visites de souverains venus pour étudier nos arts et notre civilisation et voir de près la nation alors la plus policée étaient un éclatant et glorieux hommage rendu à la prépondérance de l'esprit français.

(3) Mica, pierre qui se divise en feuillets minces, élastiques et flexibles, dont les couleurs sont variées, et qui se rencontrent dans tous les terrains. Les Russes l'emploient au même usage que le verre.

# LETTRE CCCXCVII

## A MADAME NECKER.

Montbard, ce 30 juillet 1780.

Vous avez, ma très respectable amie, fait plus que je ne vous demandais dans cette affaire injuste que m'a suscitée M. Lambert. Je n'aurais pas manqué de vous en faire mes remerciements plus tôt, si je n'eusse pas été incommodé, et qui pis est découragé (1); car on m'a encore suscité une affaire plus odieuse au tribunal même de notre grand ministre des finances (2), et pour laquelle j'ai eu l'honneur de lui envoyer un long mémoire, en le priant de le lire.

Je n'ai pas voulu, ma noble amie, vous importuner à ce sujet, parce que je suis très persuadé que votre illustre époux me rendra justice et rejettera avec indignation les mensonges qu'on a osé mettre sous ses yeux. J'espère aussi qu'il ne me refusera pas la faveur que je sollicite depuis près d'un an. Il verra par ce Mémoire que j'ai réduit ma demande à ce qu'il y a de plus simple et de plus facile ; c'est de m'accorder aujourd'hui des coupes de bois aux mêmes conditions qu'elles m'ont été accordées il y a cinq ans, et à peu près au même prix. Tout gît à ce que notre grand homme puisse prendre le temps de lire mon Mémoire avec son attention ordinaire; car je ne doute pas de sa bonne volonté, et je doutais fort de celle de son prédécesseur d'il y a cinq ans (3), qui néanmoins ne m'a pas refusé, ayant senti la nécessité où je me trouve de soutenir l'établissement de mes forges.

Mais je ne veux pas, ma grande et respectable amie, vous ennuyer plus longtemps de mes tristes affaires. Je suis de plus si fort incommodé des yeux (4), que je ne puis écrire depuis un mois. Ce mal m'est venu pendant

(1) Le découragement n'est cependant pas le propre de la grande âme de Buffon; car, ni la longueur, ni l'aridité d'une tâche qui devait absorber toute sa vie, ni les interruptions de la maladie, ni la douleur, ni les procès, ni les chagrins domestiques, ni les difficultés inhérentes à toute création, qui ne furent pas ménagées à l'auteur de l'*Histoire naturelle*, au fondateur du Jardin des Plantes et du Muséum, ne parvinrent jamais toutefois à ébranler son courage.

(2) Il s'agissait d'une nouvelle chicane de la grande maîtrise des eaux et forêts, qui rentrait dans les attributions du contrôle général des finances. Durant toute sa carrière, Buffon eut constamment à lutter tour à tour comme savant, et grand propriétaire de bois, et maître de forges, et comme seigneur engagiste du domaine du Roi à Montbard, contre les vexations, tracasseries, prétentions et revendications de la grande maîtrise, qui était alors armée de droits rigoureux.

(3) L'abbé Terray, que Turgot avait remplacé le 24 août 1774. (Voir t. Ier, p. 199, note 4.)

(4) Ce n'est pas la première fois que nous entendons Buffon se plaindre de ses yeux. Il était myope, avait l'œil droit plus faible que l'œil gauche, et c'était pour lui une fatigue que de lire ou d'écrire. Il semblait que la nature eût refusé à ce grand observateur l'instrument matériel de l'observation : la vue; mais il y suppléait par ce qu'il a nommé lui-même la *Vue de l'esprit*.

les grandes chaleurs ; cependant elles commencent à diminuer, quoique la sécheresse continue dans ce pays-ci et que tous nos jardins soient brûlés ; mais la récolte des grains est abondante et de bonne qualité. Nos vignes promettent aussi beaucoup, et le peuple est à son aise. Je vous le dis, parce que cela vous touche, ma noble amie, et que votre propre bonheur est de faire et voir des heureux. Je le suis moi-même (1) en me pénétrant de vos sentiments et en vous assurant de tous ceux de mon cœur.

BUFFON.

Je joins ici la jolie lettre de M. de Monthyon que vous aviez eu la bonté de m'envoyer et dont je lui ai fait mes remerciements, quoique cette affaire ne soit pas encore terminée ni peut-être commencée. Il faut bien prendre patience, car je me console de tout à la vue de vos bontés ; mon âme prend des forces par la lecture de vos lettres sublimes, charmantes. Toutes les fois que je me rappelle votre image, mon adorable amie, le noir sombre se change en un bel incarnat.

(Archives de Coppet. — Communiquée par la baronne de Staël.)

—◇—

# LETTRE CCCXCVIII

## A L'ABBÉ BEXON.

Montbard, le 11 août 1789.

Je serais très fâché, mon très cher abbé, si cette inflammation aux yeux vous était venue d'un excès de travail ; ménagez-vous, je vous prie, car je crois d'ailleurs que nous avons de quoi suivre l'imprimerie, qui ne va pas trop vite, puisque je ne reçois que deux feuilles par quinze jours. Cependant, comme il faut qu'il y ait toujours d'avance une certaine quantité de copie, je me presse de vous renvoyer l'article qui contient la description des goëlands et des mouettes, dans lequel je n'ai fait que de très légères corrections.

J'ai mis à part votre manuscrit, parce que ce paquet aurait été trop gros, et je vous le rendrai à mon retour à Paris, ou je vous le renverrai par un autre ordinaire.

J'ai aussi beaucoup souffert des yeux, surtout pendant les grandes chaleurs, et peut-être votre mal a-t-il eu la même cause. J'en souffre encore,

---

1 (1) Si Buffon est heureux lorsque « *le peuple est à l'aise,* » on le voit, au contraire, s'affliger de sa misère et chercher à l'alléger, tantôt en envoyant son argenterie à la Monnaie, et tantôt par des dons volontaires à l'État, mais surtout en multipliant ses aumônes et en donnant constamment du travail à de nombreux ouvriers au Jardin du Roi, et dans ses terres et ses forges à Montbard et Buffon. Sa correspondance témoigne que, s'il fut un grand philosophe, un grand savant, un penseur et un écrivain illustre, il a été aussi un grand philanthrope.

ce qui m'oblige à me faire lire beaucoup de choses, et à en dicter d'autres, procédé qui, comme vous le savez, n'avance pas le travail.

Vous trouverez ci-joint une lettre que je reçois de M. Daubenton le jeune avec un mémoire de M. Lottinger, sur les habits d'hiver et d'été de vos gobe-mouches de Lorraine. Je vous prie de le lire, d'en extraire ce qui est bon et de me marquer ce que je peux répondre à ce docteur gobe-mouche.

Je n'ai pas encore vu mon ami M. de Montbeillard; les chaleurs l'ont fort incommodé pendant son voyage, et il n'a pu venir encore ici. Je sais seulement qu'il se loue infiniment des marques d'amitié que vous lui avez témoignées, et je ne suis pas surpris qu'il vous aime, car il ne faut pour cela que vous connaître.

Adieu, mon cher ami; mes tendres respects à vos dames

BUFFON.

(Inédite. — Communiquée par M<sup>lle</sup> Lefebvre.)

—◇—

# LETTRE CCCXCIX

## A LA COMTESSE DE GRISMONDI (1).

A Montbard, ce 13 août 1780.

Vous devez, madame la comtesse, me regarder comme l'homme du monde le plus négligent d'avoir passé tant de temps sans répondre aux deux lettres charmantes que vous m'avez fait l'honneur de m'écrire. Mais vous saurez, ma toute aimable amie, que ce n'est pas ma faute; M. Le Brun m'a fait attendre jusqu'à présent les corrections qu'il voulait faire à sa première ode et à une autre que vous trouverez ci-jointe. Vraiment, ma noble amie, cette première ode est devenue sous votre plume plus belle en italien qu'elle ne l'est en français, et j'ai admiré en plusieurs endroits l'élégance et la finesse dont vous avez embelli les idées de l'auteur.

J'ai fait contre-signer ce paquet pour en éviter les frais de port jusqu'à nos frontières.

Je n'ai pas reçu le marasquin que vous m'aviez annoncé et qui m'aurait

---

(1) Nous devons à l'obligeante communication de M. le marquis Camposi d'avoir pu enrichir la galerie des correspondants féminins de Buffon de la physionomie intéressante de la comtesse de Grismondi. Buffon écrivait peu aux femmes; il chargeait généralement de ce soin M<sup>me</sup> Nadault, sa sœur, et le style des lettres de Buffon à M<sup>me</sup> Daubenton, à M<sup>me</sup> Necker, à M<sup>me</sup> Guéneau de Montbeillard, à la comtesse de Genlis, à la comtesse de Grismondi, etc., témoigne qu'avec les femmes il changeait de ton pour s'abandonner entièrement à l'effusion de l'intimité. Il est regrettable que sa correspondance avec sa sœur, M<sup>me</sup> Nadault, n'ait pas été conservée, et qu'on n'ait retrouvé que deux lettres, rendues publiques, à la comtesse de Genlis, et qu'on n'en connaisse aucune à la comtesse Fanny de Beauharnais, qu'il nommait, comme M<sup>me</sup> de Genlis, sa fille. Nous recommandons au lecteur délicat la lettre du 30 juin 1783 à la comtesse de Grismondi.

été bien précieux, puisque vous aviez eu assez de bonté pour l'arranger de votre propre main. Mais ce qui me ferait encore bien plus de plaisir, ce serait de savoir si votre santé est bien rétablie; je le désire de tout mon cœur, puisque vous ne m'en dites rien par votre dernière lettre en date du 19 juin.

Le prince de Gonzague est actuellement à Marseille, où il a ramené sa femme; j'ai été très fâché de ce mariage peu convenable et je crois que Madame sa sœur l'est encore plus, et qu'il n'aura pas trouvé beaucoup d'agrément à Venise.

Mais je reviens à vous, mon adorable comtesse, en vous assurant que votre charmante image m'est toujours présente, en vous suppliant de me conserver un peu d'amitié en faveur du tendre respect que je vous ai voué et avec lequel je serai toute ma vie, madame la comtesse, votre très humble et très obéissant serviteur.

BUFFON.

(Publiée en Italie en 1833. — Communiquée par le marquis Camposi.)

—◇—

# LETTRE CCCC

## A L'ABBÉ BEXON.

Montbard, 1<sup>er</sup> septembre 1780.

Je suis, mon très cher abbé, si mécontent de l'évêque d'Autun (1) auquel vous sentez bien que ma demande sera renvoyée, que je ne puis prendre sur moi de faire ce que vous me demandez, malgré tout le désir que j'aurais de vous rendre ce service; il n'y a pas plus de quinze jours que j'ai été forcé de lui écrire d'une manière très sèche, car je crois que mon frère (2) sera forcé de prendre les voies de la justice pour se faire diminuer, au moins de moitié, la pension de 6,000 livres qu'il a mise sur son abbaye qui n'en vaut pas neuf. Vous voyez, mon cher ami, qu'en pareille circonstance je me garderai bien de demander ni faire demander la moindre grâce à cet évêque qui, malgré ses paroles très positives, ne rend pas même justice.

Voilà les deux nouvelles épreuves que je viens de corriger; pressez-les un peu plus, car ils n'en donnent jamais que deux en quinze jours.

(1) Yves-Alexandre de Marbeuf, évêque d'Autun depuis le 22 février 1767, et qui avait la feuille des bénéfices, avait nommé le frère de Buffon abbé commendataire de l'abbaye du Rivet; mais il avait exigé l'engagement de lui payer annuellement 6,000 livres sur le produit de son abbaye qui, d'après Buffon, n'en aurait pas rapporté neuf. (Voir t. I<sup>er</sup>, p. 419, note 4, lettre du 4 janvier 1779 à M<sup>me</sup> Necker.)

(2) Charles-Benjamin Leclerc de Buffon, second frère de Buffon, religieux de Cîteaux, abbé commenditaire de l'abbaye du Rivet, diocèse de Bordeaux, depuis le 15 juin 1779. (Voir même volume et même page, et lettre du 7 mai 1782 de Buffon à son fils.)

Je compte être de retour dans le courant de ce mois et je me fais un vrai plaisir de vous revoir et de vous embrasser.

Mille sincères et tendres compliments à vos dames.

BUFFON

(Inédite. — Communiquée par M<sup>lle</sup> Lefebvre.)

---

## LETTRE CCCCI

### A ANDRÉ THOUIN (1).

Montbard, le 15 septembre 1780.

C'est avec un très véritable chagrin, mon cher monsieur Thouin, que j'apprends la perte d'un honnête et digne homme auquel j'étais très sincèrement attaché, et que je ne remplacerai que difficilement. Je ne répondrai donc pas à la lettre de M. Brochet, ni à celle de plusieurs autres qui me deman-

(1) André Thouin, agronome et horticulteur, naquit au Jardin du Roi le 10 février 1747, et y mourut le 27 octobre 1824, à 77 ans.

Son père, jardinier en chef de cet établissement, était mort jeune en laissant six orphelins sans ressources. André Thouin était l'aîné; il avait quinze ans et demi. « Étant parvenu, dit Humbert Bazile, à intéresser à son sort Bernard de Jussieu, celui-ci vint trouver M. de Buffon et lui dit : « Ces orphelins, si vous le voulez, deviendront nos « enfants; ne nommez pas à la place de jardinier en chef, j'y pourvoirai pendant la « minorité de notre protégé. Je le prends avec moi, je l'instruirai et vous en serez satisfait, » et Buffon nomma, le 28 janvier 1764, André Thouin à la place de jardinier en chef du Jardin du Roi, vacante par la mort de son père; il n'avait que dix-sept ans.

Il a dirigé pendant vingt-neuf ans la culture du Jardin, en ajoutant à un enseignement pratique qui a formé de nombreux élèves, devenus à leur tour des maîtres, d'importants travaux insérés dans les *Annales du Muséum*, les *Mémoires de l'Académie des sciences et de l'Institut*, dans ceux de la Société d'agriculture et dans d'autres recueils; il a collaboré à l'*Encyclopédie méthodique*, au *Dictionnaire d'histoire naturelle* de Déterville, et au *Cours d'agriculture* de Rozier, et a publié à part, en 1820, la *Monographie des greffes*. Il était en correspondance avec Jean-Jacques-Linné Malesherbes.

Membre de la Société d'agriculture de France à sa fondation, il a été élu le 8 mars 1786 à l'Académie des sciences.

« Le 8 de ce mois, rapportent les Mémoires de Bachaumont du 25 mars 1786, l'Académie royale des sciences a élu, avec l'agrément du Roi, le sieur Thouin, jardinier en chef du Jardin du Roi, pour remplir la place de botaniste, vacante par la mort du docteur Guettard. Cette élection est fort critiquée dans le public; elle a essuyé de grands débats dans la compagnie et déplaît surtout à M. le comte de Buffon, qui voit ainsi son inférieur, une espèce de domestique, devenir son égal. »

Un sentiment aussi bas ne pouvait entrer dans la grande âme de Buffon, que l'on verra, au contraire, depuis comme avant l'élection de Thouin, lui prodiguer les marques de sa confiance et de son amitié, et lui donner même une sorte d'autorité sur son fils. Il lui écrira, le 27 septembre 1787 : « Soyez sobre, je vous supplie, à déférer aux demandes d'argent que mon fils pourrait vous faire, connaissant trop votre bonne volonté dont il pourrait abuser. »

« M. Thouin, dit M<sup>lle</sup> Blesseau (*), est un parfait honnête homme dont feu M. de Buffon

(*) Voir lettre de M<sup>lle</sup> Blesseau du 12 juin 1788 à Faujas de Saint-Fond, t. II, p. 642 de la 1<sup>re</sup> édition de la *Correspondance*.

dent ma nomination à la place du pauvre M. de La Touche (1); j'attendrai mon retour pour prendre un parti sur cela. Mais, en attendant, vous avez très bien fait de dire au sieur Lucas de garder le toisé et le plan de tous les travaux de maçonnerie qu'il a faits ces jours derniers, et vous pouvez lui ordonner de ma part de ne s'en pas dessaisir, et de vous remettre, à la fin de la quinzaine qui échoira le 24 courant, l'état de la dépense des travaux pendant ce temps (2), que vous lui payerez en tirant de lui quittance au bas du rôle des ouvriers qu'il aura employés. J'écrirai à M. Lucas de vous remettre l'argent nécessaire, tant pour le payement des ouvriers terrassiers que pour celui des maçons, tailleurs de pierre et autres, employés par M. Lucas, parce qu'il ne faut pas que nos travaux soient suspendus, et en même temps vous pouvez lui dire que je le conserverai pour conduire la suite de nos travaux.

m'a dit, dans les derniers jours de sa vie, qu'il était bien fâché de n'avoir rien fait pour assurer son sort afin de le rendre indépendant; mais malheureusement il n'en a pas eu le temps. »

« M. Thouin, chez qui je me plaisais à passer mes soirées, reprend Humbert Bazile, me faisait souvenir des sages de l'ancienne Grèce. D'une modestie sans égale, il s'abstenait par principes d'assister aux séances solennelles de l'Académie, et il vit, avec une sorte d'effroi, son nom inscrit à son insu sur la liste des premiers chevaliers de la Légion d'honneur; il ne portait pas sa croix, déplacée, disait-il, sur l'habit d'un jardinier. »

Il apportait à fuir les honneurs le soin que la foule met à les briguer. Son nom, qui a été donné à une rue de Paris, avait été acclamé en Angleterre et en Amérique le 23 septembre 1824; mais il avait défendu qu'on en parlât en France.

Il ne s'était pas marié pour rester le soutien de ses frères et sœurs dont il s'était fait le père adoptif et dont il a assuré le sort. Lorsqu'il devint, à la réorganisation du Muséum en 1793, professeur de culture et membre de l'Institut, il a eu la satisfaction de voir nommer jardinier en chef à sa place Jean Thouin, son frère, élu en 1790 membre du Conseil général du département de Paris, chargé, de 1794 à 1796, de missions en Hollande et en Italie dans un intérêt agricole; il fut professeur d'économie rurale à l'École normale avec Daubenton et fonda, en 1806, la première école d'agriculture pratique.

Du vivant de Buffon, tout le personnel du Jardin du Roi, les Thouin, les Daubenton, les Lucas, Faujas de Saint-Fond, Verniquet, formaient autour de lui comme une famille reconnaissante et dévouée à laquelle il confiait en sécurité, pendant ses longues absences de Paris, non seulement les affaires du Jardin et du Muséum, mais aussi le soin de ses intérêts domestiques.

Un instant, André Thouin se montra ingrat envers la mémoire de Buffon, son bienfaiteur, en permettant que son nom figurât parmi ceux des premiers membres de la Société Linnéenne fondée en 1788, rétablie en 1820 pour combattre l'école de Buffon, et qui manifestait son hostilité par de bruyantes promenades au Jardin des Plantes où le buste de Linné était porté triomphalement dans l'établissement créé par Buffon et tout rempli de sa gloire.

Nous avons rapporté, t. Ier, p. 357, note 2, lettre du 19 octobre 1777 à Amelot de Chaillou, l'énergique protestation de Geoffroy Saint-Hilaire contre ces manifestations antinationales.

(1) Le nom de de La Touche ne figure sur les états du Jardin du Roi ni pour cette année (1780) ni pour l'année précédente; mais il y a lieu de penser qu'ainsi que Guillotte, dont on rencontrera le nom dans les lettres qui suivent, La Touche occupait, dans l'administration du Jardin, un emploi subalterne. La façon dont Buffon en parle témoigne qu'il s'intéressait également à tous les employés sous ses ordres.

(2) Buffon, avec son ordre et sa méthode habituelle, réglait tous les quinze jours, avec Thouin, Lucas et Verniquet, les dépenses du Jardin du Roi, y compris les déboursés considérables nécessités par les travaux qu'il y a fait exécuter sans discontinuer pendant près de douze années consécutives.

Je reçois une lettre du sieur Mille, serrurier, qui me demande instamment du fer ; mais il n'est pas possible d'en faire arriver à Paris, faute d'eau, le coche d'Auxerre n'allant pas depuis la grande sécheresse qui dure toujours dans ce pays-ci. Vous pouvez donc lui donner ordre de ma part d'en acheter chez les marchands de fer de Paris, jusqu'à concurrence de trois mille à raison de 200 livres le millier. Ces fers ne sont pas trop bons ; mais, comme il ne s'agit que d'en fabriquer des barreaux, il n'y a point d'inconvénient à les employer. Peut-être même, en vous donnant la peine d'aller avec le sieur Mille chez les marchands de fer, et en payant comptant, les aurez-vous à quelque chose de moins. Mais quand on devrait les payer 200 livres, il ne faut pas que cela retarde les grilles du jardin, ni celles de ma cour; et j'espère qu'avec trois mille les serruriers auront le temps d'attendre qu'on puisse envoyer de mes forges les fers qu'on y a fabriqués (1).

Je vois par votre lettre précédente que, d'après la visite que M. Delaulne(2) a faite à M. Amelot et à MM. ses premiers commis (3), on est enfin revenu à mon premier avis, qui était de terminer l'échange avec Messieurs de Saint-Victor, avant de rien demander à la ville (4). Je suis persuadé que tout serait fini si l'on avait pris ce parti.

Mes affaires ne me permettent pas de quitter ce pays-ci avant le 5 ou 6 du mois prochain. Ainsi je compte vous rembourser moi-même les avances que vous pourrez faire pour la quinzaine qui échoira le 8 octobre. Comme M. Lucas, qui tient mon compte courant, m'a demandé la liberté de s'absenter pendant quelques jours, je lui ai marqué qu'il vous remettrait à son départ pour la campagne les fonds et les effets qu'il aura entre les mains, ainsi que la note de mon compte courant, et j'ai pensé, mon très cher monsieur Thouin, que vous voudriez bien vous en charger.

Je vous prie aussi de dire à M^me du Gage que j'ai reçu la lettre qu'elle m'a fait l'honneur de m'écrire, et que j'aurai celui d'en conférer avec elle à mon

(1) Presque toutes les grilles du Jardin des Plantes proviennent des forges de Buffon, qui les vendait au Roi à un prix inférieur au cours, ainsi que l'établit sa comptabilité. Cependant on trouvera plus loin un passage des Mémoires de Bachaumont où on en fait malicieusement la remarque.

(2) Claude-Louis-François Delaulne, prêtre, chanoine régulier chambrier, procureur et receveur général de l'abbaye de Saint-Victor, prieur de Bray, diocèse de Senlis, chargé de représenter sa communauté. (Lettre du 24 avril 1783 au baron de Breteuil.)

(3) Voir lettre à M. Amelot du 26 juin 1780, p. 20.

(4) Dès le premier jour de son entrée au Jardin du Roi, Buffon avait conçu le projet d'en reculer les limites. De vastes terrains bornaient le Jardin à l'ouest et le séparaient de la Seine ; mais ces terrains appartenaient à l'abbaye de Saint-Victor et ne pouvaient, conséquemment, être vendus, étant biens de mainmorte. Le Jardin était limité à l'est par des marais connus sous le nom de *Clos Patouillet*, dont Buffon s'était personnellement rendu acquéreur en 1778.

Il n'avait pas fallu moins de dix années de négociations, de prévenances, d'attentions et de soins, pour amener la communauté de Saint-Victor à entrer en arrangement et à accepter l'idée d'un échange. Les lettres de Buffon à Thouin, très nombreuses à la bibliothèque du Muséum, ont principalement trait à cette affaire.

retour. Vous direz la même chose à M. Brochet, dont vous m'avez envoyé la lettre, et, s'il voulait faire payer les ouvriers du sieur Lucas par la sœur de M. de La Touche, vous lui direz que vous avez ordre de les payer vous-même.

Vous connaissez, mon cher monsieur Thouin, tous mes sentiments d'estime et d'attachement.

BUFFON.

(Bibliothèque du Muséum.)

—◇—

# LETTRE CCCCII

## A L'ABBÉ BEXON.

A Montbard, ce 16 septembre 1780

Je commence, mon très cher abbé, par vous témoigner mon affliction de ce retour d'incommodité que vient d'essuyer M<sup>me</sup> votre mère, et je vous prie de lui témoigner et à M<sup>lle</sup> votre sœur toute la part que j'y prends.

Je vous renvoie la seconde épreuve de la feuille de l'éléphant; ce n'est que dans la feuille suivante qu'il doit être question de la planche du petit éléphant qui tette; ce sera une addition que je placerai à la fin de cet article de l'éléphant.

Je ne crois pas devoir modifier les assertions de M. Bless, parce qu'elles m'ont été confirmées par M. d'Obsonville et par M. Gentil (1), qui a vécu vingt-huit ans parmi les éléphants; ainsi cette feuille restera telle qu'elle est.

Je lirai à mon premier loisir les articles de tout mon peuple amphibie (2). Je vous embrasse en attendant que je puisse vous écrire plus au long.

LE C<sup>te</sup> DE BUFFON.

(Inédite. — Communiquée par M<sup>lle</sup> Lefebvre.)

—◇—

# LETTRE CCCCIII

## A M. GUYS (3).

A Paris, ce 30 octobre 1780.

Permettez-moi, monsieur, de vous prier de me rendre un petit service;

---

(1) Jean-Baptiste-Joseph Gentil, marin et voyageur, né le 25 juin 1726, mort le 15 février 1799, a séjourné dans l'Inde de 1752 à 1778. L'*Histoire naturelle* lui doit des observations et des communications aussi exactes qu'intéressantes.

(2) Expression piquante dans la bouche du grand naturaliste.

(3) Correspondant de Buffon depuis le 20 mars 1774. (Voir t. I<sup>er</sup>, p. 262 et 419.)

c'est de donner une somme de six cents livres à M. Sonnini de Manoncour, qui est actuellement en quarantaine sur la frégate du Roi *la Mignonne*. Vous aurez la bonté, monsieur, de tirer de lui un reçu de cette somme de six cents livres que vous voudrez bien m'envoyer, et de tirer en même temps sur moi une lettre de change à vue de cette même somme de 600 livres.

Cette occasion n'a rien d'agréable pour moi que de me procurer la satisfaction de recevoir de vos nouvelles, qui me seront toujours chères par les sentiments de la véritable estime et du respectueux attachement avec lequel j'ai l'honneur d'être, monsieur, votre très humble et très obéissant serviteur.

BUFFON.

(Inédite. — Collection Nadault de Buffon.)

—◇—

# LETTRE CCCCIV

## AU MÊME.

A Paris, au Jardin du Roi, ce 28 novembre 1780.

Je viens, monsieur, de faire payer à M. Courtois les 600 livres que vous avez eu la bonté de donner de ma part au sieur Sonnini de Manoncour; je vous prie, en vous faisant mes remerciements, monsieur, de ne lui en pas avancer davantage, car c'est par pure commisération et vu l'extrême dénuement où il se trouve que j'ai consenti à lui faire passer cette somme, qui pourrait bien être de l'argent perdu comme celui que lui a donné M. le baron de Tott (1).

Vous m'avez fait plaisir, monsieur, de me dire un mot du prince de Gonzague. Je me suis bien douté que les deux contractants (2) ne trouveraient ni l'un ni l'autre leur bonheur dans leur nouvel état, et je les plains de tout mon cœur d'avoir fait une chose si peu convenable; cependant, je n'ai pas cessé de l'aimer et, si vous avez occasion de le voir, vous me ferez plaisir de l'en assurer.

Pourquoi voudriez-vous, monsieur, supprimer les premières éditions de vos ouvrages, la dernière peut être plus parfaite, mais ne doit pas empêcher

(1) François baron de Tott, militaire, voyageur, diplomate et écrivain, né en 1733, mort en 1793, consul de France en Crimée en 1767. Il passa au service de la Porte et défendit les Dardanelles contre la flotte russe; il a fortifié la frontière turque, a organisé l'armée, mais n'a été payé que d'ingratitude. Nommé, par Louis XVI, inspecteur général des consulats dans les Échelles du Levant et en Barbarie, il avait emmené avec lui le naturaliste Sonnini. On lui doit des *Mémoires* estimés *sur les Turcs et les Tartares* (1784, 4 vol. in-8°).

(2) Parmi les folies de toute sorte qui ont rempli la vie du prince Louis de Gonzague en France et en Italie, son mariage à Marseille avec une fille du commerce ne fut ni une des moins piquantes ni une des moins funestes pour lui.

les autres de subsister (1) : pour moi, j'en fais grand cas et j'ai une vraie satisfaction à vous en assurer. Recevez en même temps les sentiments du très
sincère et respectueux attachement avec lequel j'ai l'honneur d'être, monsieur, votre très humble et très obéissant serviteur.

BUFFON.

(Inédite. — Collection Nadault de Buffon.)

-◇-

# LETTRE CCCCV

## A L'ABBÉ BEXON.

Au Jardin du Roi, ce 28 novembre 1780.

Comme nous sommes privés depuis trois jours du plaisir de vous voir, je
crains, mon très cher abbé, que vous ne soyez malade, et mes affaires ne
m'ont pas laissé un seul instant pour aller vous chercher ; priez donc votre
aimable sœur ou votre chère bonne maman de m'écrire un mot pour me tirer
d'inquiétude.

Je compte partir lundi prochain, et vous me ferez plaisir de me renvoyer
les livres de l'*Arioste* (2) et les cahiers que vous avez à moi, car il faut que
je les emballe demain, parce que mes gens partent samedi prochain. Je
tâcherai d'aller vous embrasser jeudi.

BUFFON.

(Inédite. — Communiquée par M<sup>lle</sup> Lefebvre.)

-◇-

# LETTRE CCCCVI

## A JACQUES VARENNE.

Montbard, ce 13 décembre 1780.

Je suis enchanté, monsieur et très cher ami, d'avoir reçu de vos nouvelles
et de voir que votre santé vous permet de sortir et d'agir tant pour vous que
pour vos amis. Le zèle avec lequel vous avez la bonté de me servir mérite

(3) Cette édition du *Voyage littéraire en Grèce* parut en 1783, en 4 vol. in-8°, avec de
nombreuses planches gravées. Pierre-Augustin Guys rassemblait depuis douze ans de nouveaux matériaux pour une troisième édition de son livre, lorsqu'il mourut à Zante en 1799.

(2) L'Arioste, un des plus grands poètes de l'Italie, né en 1474, mort en 1533, auteur
de *Roland furieux*. Parmi les nombreuses traductions françaises de l'Arioste, on doit citer
celle du comte de Tressan, en 1780, qui devait nécessairement se trouver dans la bibliothèque de Buffon, son confrère à l'Académie française et encore à cette date son ami.

toute ma reconnaissance et ne peut manquer de produire d'excellents effets
dans une affaire qui, quoique très injuste, n'en est pas moins difficile à réparer ; mais je suis persuadé que si M. Joly de Fleury (1) a la bonté de parler
à M. Lambert (2) avec cette force d'éloquence et de raison que vous lui connaissez comme moi, j'aurai, mon très cher ami, la douce satisfaction de vous
devoir à tous deux le rétablissement de mon droit, et ce ne sera pas la mil-
lième des obligations que je vous aurai, mon bon ami, car je n'ai jamais
craint de les multiplier, connaissant votre cœur et le jugeant par le mien, qui
est entièrement à vous.

Buffon.

Mille tendres amitiés à M. et M<sup>me</sup> de Fenille (3), sans oublier vos charmants petits-enfants.

    (Inédite. — Collection Nadault de Buffon.)

—◇—

# LETTRE CCCCVII

## A ANDRÉ THOUIN.

Montbard, le 24 décembre 1780.

Je suis très satisfait, mon cher monsieur Thouin, du compte que vous me

---

(1) Alors conseiller d'État, à la veille de succéder à Necker au contrôle général des
finances, Jean-François Joly de Fleury de La Valette, magistrat et administrateur, né le
8 juin 1718, mort le 3 décembre 1802, successivement conseiller au Parlement, maître des
requêtes, conseiller d'État, très bien en cour, successeur de Necker du 1<sup>er</sup> juin 1781 au
10 mars 1783. Il a cherché à combler le déficit par des emprunts et l'augmentation de l'impôt, ce qui le fit chansonner au théâtre dans des vaudevilles dont le refrain était : « Si c'est
du fleuri, ce n'est pas du joli. » Il était le troisième fils de l'avocat général Joly de Fleury,
collaborateur de d'Aguesseau.

Humbert Bazile rapporte cette anecdote relative aux relations de Buffon avec le
contrôle général des finances, sous le ministère de Joly de Fleury :

« Un jour que je m'étais présenté à l'hôtel du contrôleur général pour avoir de l'argent,
l'audience du ministre me fut refusée. J'insistai inutilement près de M. Charpentier, intendant des finances, mon introducteur ordinaire près de M. Joly de Fleury. Ayant rendu
compte à M. de Buffon de l'insuccès de ma démarche, il me dit : « Allez à votre bureau et
écrivez ». C'était une lettre à M. Amelot. Le soir même arriva de Versailles un courrier
extraordinaire informant M. de Buffon qu'il lui serait donné satisfaction, et, lorsque je me
présentai le lendemain, je fus immédiatement reçu et le ministre me remit un billet d'excuse
pour M. de Buffon. »

Les prévenances des ministres n'ont pas empêché que Buffon mourut créancier de l'État
d'une somme de plus de 300,000 livres.

(2) Charles-Guillaume Lambert, un instant contrôleur général des finances en 1787, précédemment nommé (voir t. II, p. 18, note 2, lettre du 3 juin 1780 à M<sup>me</sup> Necker).

(3) Philibert-Charles-Marie Varenne de Fenille, déjà nommé, second fils de Jacques
Varenne, qui s'appliquait à lui faire oublier, par sa tendresse et son dévouement, l'ingra-
titude et les persécutions de son frère aîné, Varenne de Béost ; il avait épousé, en 1771,
Claude-Agathe Fabry dont il avait eu : Jacques, mort à 17 ans ; Élisabeth-Edmée, mariée
à J.-B. Paulin du Bergier, et Jean-Charles-Bénigne, député de l'Ain, petits-enfants de
Jacques Varenne dont parle Buffon.

rendez du progrès de nos travaux, et je vois, par votre quittance, qu'il ne vous reste entre les mains qu'une somme de 177 livres 1 sou, qui ne suffira pas à beaucoup près pour le payement de la quinzaine qui échoira le 2, mais que vous serez peut-être obligé de payer le 31 de ce mois ou le 1er janvier. Dans ce cas, si vous n'êtes pas en état de faire l'avance nécessaire, vous prendrez auprès de M. Lucas ce qu'il pourra vous donner sur l'argent que j'aurai entre ses mains le premier de janvier prochain, et je crois qu'il pourra bien avoir alors 15 ou 1,600 livres. Si cependant vous pouviez faire attendre cinq ou six jours vos ouvriers, vous ne prendriez pas cet argent auprès de M. Lucas, parce que vous en pourriez toucher aux fermes au moyen des deux certificats que je vous envoie, et dont vous ferez bien de faire usage promptement.

Si vous pouvez découvrir le voleur ou le recéleur de nos arbrisseaux rares, je ne serais pas d'avis de les en tenir quittes pour 12 louis, ni même pour le double. Il faudra les faire connaître, et qu'ils soient au moins notés d'infamie. J'en porterai plainte, s'il est nécessaire, à M. le lieutenant de police et au ministre (1).

Je crois que vous avez eu raison de donner 30 pouces d'épaisseur aux fondations de notre nouveau mur. Il vaut mieux pécher par un peu d'excès que par défaut dans toutes constructions qu'on veut rendre durables.

Vous avez très bien fait de donner au jardinier de M. le comte de Maurepas les arbrisseaux qu'il vous a demandés; on ne peut pas les mieux placer pour l'avantage d'un établissement qu'il a toujours protégé.

Je n'ai point encore de nouvelles de Versailles au sujet de l'autorisation que j'ai demandée pour faire notre échange. Il se pourrait que les grandes affaires dont on y est occupé en aient retardé la décision. Un avocat au conseil, M. d'Argis (2), m'a écrit pour me représenter les pertes que feraient les demoiselles Bouillon (3) et me prier en même temps de laisser subsister tout

----

(1) M. Lenoir et le comte de Maurepas.

(2) Adolphe-Jean Boucher d'Argis, né en 1750, mort le 23 juillet 1794 sur l'échafaud, avocat au Parlement de Paris, conseiller au Châtelet en 1772, nommé en 1790 lieutenant civil sur la démission de Talon, mais non acceptant, rapporteur à l'Assemblée constituante de l'affaire des 5 et 6 octobre 1789, a payé son impartialité de sa tête. Il a écrit comme son père sur le droit et la jurisprudence. Il était fils de l'avocat de ce nom, mort cette même année 1780, auteur de nombreux ouvrages de droit et d'une édition du *Traité de la dissolution du mariage* par le président Bouhier.

(3) Les demoiselles Bouillon étaient locataires des moines de Saint-Victor, mais un arrêt du 21 octobre 1780 avait annulé leur bail pour inexécution des conditions. Le 26 octobre 1781, le terrain où elles avaient construit fut transmis à Buffon en échange d'une partie du clos Patouillet; et les demoiselles Bouillon, qui avaient réclamé devant le lieutenant de police, nommé commissaire pour régler les indemnités, furent déboutées de leurs oppositions. On lit dans une lettre de Buffon à Thouin, du 28 octobre 1781 : « Vous ne me dites rien du jugement de M. le lieutenant général de police, au sujet des indemnités prétendues des demoiselles Bouillon. » Il lui écrit encore le 4 décembre 1782 : « Les demoiselles Bouillon ne peuvent prétendre à aucune indemnité pour les deux bâtiments que nous allons détruire,

ce qui ne se trouverait pas absolument nécessaire à l'agrandissement du Jardin Royal ; je lui ai répondu que le terrain cédé par MM. de Saint-Victor, étant d'environ onze arpents, devait d'abord être absolument libre, et que, pour le reste, qu'il dit être encore plus considérable, c'était affaire qui ne regardait que MM. de Saint-Victor. Je n'ai pas cru devoir entrer dans d'autres détails sur ce que cet avocat me demandait, et je crois que M. Delaulne, avec sa bonne tête et ses louables intentions, viendra aisément à bout de faire lever les oppositions des demoiselles Bouillon, qui ont assez gagné à leur bail pour n'être pas fort à plaindre.

M. Verquinet (1) m'écrit qu'il ne laisse pas que d'y avoir beaucoup de

puisque d'abord ils ont été construits en contravention, et qu'en second lieu ils m'ont été cédés avec le reste du terrain ; ainsi elles n'ont rien à me demander, ni au Roi, et elles ne peuvent attaquer que MM. de Saint-Victor ; il y a donc tout lieu de croire que M. Lenoir mettra leur demande à néant. »

Les demoiselles Bouillon et leurs sous-locataires perdirent définitivement leur procès, le 17 avril 1783, par une sentence motivée sur un arrêt du conseil du 26 octobre 1671, qui, prévoyant dès ce temps l'extension du Jardin du Roi, interdisait, à peine de 3,000 livres d'amende, de bâtir aucune maison ni d'établir aucun chantier entre le Jardin et la rivière. A différentes époques, le Conseil avait déjà prescrit la démolition de constructions élevées contrairement à cette interdiction.

Cependant, à la mort de Buffon, les demoiselles Bouillon, soutenues par un sieur Verdier, maître de pension, locataire de l'hôtel Magny compris dans la nouvelle enceinte du Jardin, saisirent l'Assemblée nationale, l'administration et les tribunaux de réclamations et de pamphlets diffamatoires pour la mémoire de Buffon. Le résultat de ces manœuvres fut d'ajouter de nouvelles entraves au remboursement des 315,759 l. 27 s. 5 d. dus à Buffon par l'État. Pour faire honneur à la signature de son père, le fils de Buffon dut vendre des immeubles dans un temps de discrédit, et la Révolution, qui l'a décapité, n'ayant pas reconnu la dette, ce fut un coup irrémédiable porté à la grande fortune patrimoniale de Buffon, considérablement accrue par le travail et l'épargne.

(1) Edme Verniquet, architecte, né le 9 octobre 1727, mort le 26 novembre 1804, fit partie avec les Daubenton, Lucas et autres du groupe de Bourguignons que Buffon avait amenés à Paris pour les associer à sa fortune. Fils d'un architecte de Châtillon, il avait seize frères et sœurs. Après avoir fait ses études d'architecture à Paris, Strasbourg et Dijon, il s'était fixé à Châtillon, où son père mourut, en 1752, en laissant huit enfants vivants et des dettes. Edme Verniquet, devenu, comme André Thouin, chef de famille avant l'âge, parvint par sa capacité, son travail, son ordre et sa conduite à payer les dettes paternelles et à élever ses huit frères et sœurs, et il put acheter à Paris, en 1774, au prix de 100,000 livres, la charge de commissaire-voyer du bureau des finances, supprimée en 1790 ; et lorsqu'il maria sa fille, en 1785, il lui donna une dot de 300,000 livres. Buffon, consulté à cette date par la comtesse de Brionne, sur la fortune de Verniquet, l'évaluait à plus de 750,000 livres.

Architecte, de 1780 à 1793, du Jardin du Roi où il habitait depuis 1786, il a dirigé les grands travaux des dernières années de l'administration de Buffon, la construction du grand amphithéâtre, des serres, etc., et s'est généreusement associé aux sacrifices d'argent de Buffon. On trouve cette mention au *Livre manuel* des comptes de Buffon pour l'année 1787, à l'article *Dettes courantes :* « Au 16 juin 1789, il faudra payer à M. Verniquet la somme de 30,000 livres suivant le billet que je lui en ai fait. » Pendant que le fils de Buffon réclamait vainement à l'État le remboursement des patriotiques avances de son père, Verniquet et après lui sa fille demandaient inutilement, de leur côté, le remboursement d'une avance de 100,000 livres.

Verniquet était, de plus, créancier de 375,000 livres de la ville de Paris pour le vaste plan dont il avait conçu la pensée dès 1774, qui lui a demandé vingt-cinq années de travail,

réparations à faire au petit logement de M. Spaëndonck (1); qu'il y en avait même une essentielle occasionnée par la faute qu'on a faite de rogner une poutre pour faire une cheminée; mais que cette faute est réparée au moyen d'un tirant de fer qui retiendra l'écartement des murs. Je lui écrirai qu'il ne faut faire dans ce logement que les choses absolument indispensables, vu la grande dépense que nous sommes forcés de faire ailleurs.

Vous connaissez, mon cher monsieur Thouin, tout mon attachement pour vous.

BUFFON.

(Bibliothèque du Muséum.)

---

## LETTRE CCCCVIII

### FRAGMENT DE LETTRE A GUÉNEAU DE MONTBEILLARD.

Janvier 1781.

.... Je ne pourrai mettre sous presse le dernier volume de l'*Histoire des oiseaux* que dans six mois, parce qu'il exige encore beaucoup de travail, et que d'ailleurs je fais imprimer un second volume de supplément à l'*Histoire des animaux quadrupèdes*. Tout cela me recule beaucoup pour mes chers minéraux (2), auxquels je voudrais travailler uniquement; mais cela n'est pas possible quant à présent.

BUFFON.

(Publié par Bernard d'Héry.)

de dépenses et de soins, qu'il a publié en 1796 en 72 feuilles grand atlas, et qui est encore aujourd'hui consulté avec fruit par l'administration municipale. Ne pouvant opérer que la nuit sur le terrain, à cause de l'encombrement de la voie publique, il travaillait à la lueur des torches avec 60 ingénieurs et 80 aides.

(1) Gérard Van Spaëndonck, peintre et miniaturiste, né le 23 mars 1746, mort le 11 mai 1822, nommé en 1774, par la protection de Vatelet, peintre en miniature du Roi, et appelé la même année par Buffon au Jardin du Roi comme survivancier de M^lle Basseporte, à laquelle il succéda en 1780. Il a continué la riche collection des vélins du Muséum, a été nommé, à sa réorganisation, titulaire de la chaire d'iconographie naturelle, et a été reçu à l'Institut en 1795. « Il peignait les plantes dans le lieu même où de Jussieu en parlait; il les peignait, a dit Cuvier, à côté de Buffon, cet autre brillant peintre. Il a ennobli le genre qu'il avait choisi, et, dans ses tableaux étonnants, l'imagination se croit toujours prête à trouver autre chose que des fleurs. »

Le Louvre possède plusieurs tableaux de fleurs de Van Spaëndonck, et le musée Sauvageot deux miniatures de fleurs sur des tabatières en or encadrées de perles provenant de Montbard, le château de Fontainebleau, une branche de lilas.

(2) Le premier volume des *Minéraux* ne parut en effet que deux ans après, en 1783.

# LETTRE CCCCIX

## A ANDRÉ THOUIN.

Montbard, le 3 janvier 1781.

Je ne suis point d'avis, mon cher monsieur Thouin, du moins quant à présent, de rien faire de plus dans l'appartement de M. Spaëndonck. Nous verrons à mon retour si on peut faire élever sa fenêtre; mais c'est à lui de payer les cloisons qu'il demande pour sa commodité.

Ce sont les grandes affaires dont vous me parlez qui nuisent à toutes les petites, et en particulier à la nôtre; car je vois, par des lettres que je reçois de Versailles, que nous n'aurons pas de sitôt une décision au sujet de notre échange. Il faut prendre patience et espérer que les honnêtes gens seront conservés (1).

Je reçois un livre que je vous destine et qui a pour titre : *Genera plantarum vocabulis characteristicis definita* (2), imprimé à Dantzig en 1780. Ce livre, bien conditionné pour la reliure, m'a été envoyé par l'auteur, dont j'ignore le nom, sous le couvert de M. de Vergennes (3).

Vous connaissez, mon très cher monsieur Thouin, tous mes sentiments d'attachement pour vous.

BUFFON.

(Bibliothèque du Muséum.)

---

(1) Buffon fait allusion à Necker, contre lequel ses réformes avaient ameuté une cabale puissante, et qui était menacé d'une disgrâce imminente.

(2) 3ᵉ édition de l'ouvrage de Linné : *Genera plantarum vocabulis definita*, dont la première avait paru à Stockholm en 1762.

(3) Charles Gravier, comte de Vergennes, diplomate et ministre, né à Dijon le 28 décembre 1717, mort le 13 février 1787, d'une ancienne famille de robe qui comptait plusieurs membres au Parlement de Bourgogne. Après s'être signalé au congrès de Hanovre et à Mannheim en 1753, et avoir été ambassadeur à Constantinople de 1755 à 1768, et en Suède en 1771, il fut nommé à son retour conseiller d'État d'épée avec un survivancier, le comte de Flahaut de La Billardrie d'Angiviller, déjà survivancier de Buffon, et qui semble avoir eu la spécialité d'accaparer toutes les survivances des grandes charges; appelé au ministère des affaires étrangères par Maurepas à l'avènement de Louis XVI, en 1774, le comte de Vergennes devint à la mort du premier ministre président du conseil des finances, et hérita de toute la faveur dont avait joui Maurepas. Il a combattu l'Angleterre, a signé l'alliance franco-américaine en 1778, l'alliance avec les cantons suisses et le traité de Versailles en 1783.

# LETTRE CCCCX

## A L'ABBÉ BEXON.

Montbard, ce 4 janvier 1781.

Voilà, mon cher monsieur, l'article du macareux avec les changemeuts que j'ai cru nécessaires : j'en ai gardé une copie et vous me ferez plaisir de me renvoyer celle de l'article des guillemots, à laquelle il y a quelques additions à mettre. Je crois que nous n'avons encore que ces deux articles de faits pour le neuvième volume.

J'ai reçu dans son temps les phoques et leurs familles, qu'il a fallu presque remanier en entier, aussi bien que l'article des lamantins qui n'était que projeté. Je suis maintenant assez content du tout et je pourrais dès aujourd'hui livrer à l'impression le restant de ce volume du supplément aux quadrupèdes ; mais cette impression va si lentement qu'en un mois elle n'a fourni que deux feuilles et n'en est qu'à la trente-deuxième page.

J'ai écrit à Lucas de vous donner 750 livres sur l'argent qu'il doit recevoir pour moi avant le 15 de ce mois : vous voudrez bien m'envoyer quittance à l'ordinaire pour jusqu'au premier avril prochain.

Recevez les vœux très sincères que je fais pour votre bonheur au renouvellement de cette année et partagez-les, je vous supplie, avec madame et mademoiselle Bexon : donnez-moi aussi de leurs nouvelles et des vôtres et soyez bien persuadé du véritable attachement avec lequel j'ai l'honneur d'être, monsieur, votre très humble et très obéissant serviteur.

BUFFON.

(Inédite. — Communiquée par M^lle Lefebvre.)

---

# LETTRE CCCCXI

## AU MÊME.

A Montbard, ce 8 janvier 1781.

Mon très cher petit grand chantre (1),

Je commence par vous embrasser et je ne crois pas que personne vous

---

(1) L'abbé Bexon, chanoine de la Sainte-Chapelle depuis le 15 mai 1778, venait d'être élevé à la dignité de grand chantre sur la présentation unanime des chanoines ; il était de très petite taille, ce qui explique la plaisanterie amicale de Buffon : *Mon cher petit grand chantre.*

L'abbé Bexon était redevable à Buffon de cette nouvelle dignité comme de la première,

lasse compliment de meilleur cœur, si ce n'est l'aimable M. de Perthuis (1) auquel je crois que vous devez beaucoup dans cette affaire, en même temps que vous avez mérité par votre caractère doux et liant l'estime et les suffrages de MM. vos confrères : ce choix de leur part me donne une bonne opinion d'eux et je vous félicite d'avoir à vivre avec ces honnêtes gens.

Je vous envoie les deux épreuves corrigées ; j'ai fait une addition à la première au sujet du dessin de l'éléphant qui tette ; il y a dans la seconde quelques corrections qui m'ont embarrassé, parce que vous ne m'avez pas renvoyé mon manuscrit avec les feuilles : il ne faut pas y manquer dorénavant pour les épreuves suivantes.

Adieu, mon très cher monsieur ; mille tendres amitiés et très humbles compliments à madame et à mademoiselle Bexon, qui *doivent chanter* de bon cœur avec vous.

Le C<sup>te</sup> de Buffon.

(Inédite. — Communiquée par M<sup>lle</sup> Lefebvre.)

—◇—

# LETTRE CCCCXII

## BILLET AU MÊME.

A Montbard, ce 24 janvier 1781.

Bonjour, mon très cher grand chantre ; je renvoie sur-le-champ ces deux épreuves pour ne pas retarder encore cette imprimerie qui ne fournit qu'une feuille en quinze jours au lieu de quatre comme on l'avait promis.

Je vais incessamment goûter de votre oie (2) et je crois d'avance qu'elle sera de mon goût : mille tendres compliments à vos dames.

Buffon.

(Inédit. — Communiqué par M<sup>lle</sup> Lefebvre.)

mais Humbert Bazile fait une confusion de date ou de lieu lorsqu'il raconte ainsi la manière dont l'abbé Bexon apprit sa promotion : « Un jour, à un dîner auquel j'assistais, l'abbé Bexon, en levant sa serviette, trouva le brevet qui lui conférait la charge de grand chantre de la Sainte-Chapelle dont la rétribution était de 8,000 livres. M. de Buffon, qui avait connu la vacance par la mort du titulaire, avait obtenu la nomination de l'abbé Bexon à son insu. Il serait impossible de rendre la satisfaction de M. le comte, qui avait fait trois heureux, et la surprise et la reconnaissance de l'abbé. »

(1) Nicolas de Perthuis, « maître de chœur dans les églises cathédrales, collégiales et grands monastères, » titre aujourd'hui remplacé par celui de *maître de chapelle*. Le sujet du *Lutrin* de Boileau est la dispute entre le trésorier et le grand chantre de la Sainte-Chapelle de Paris.

(2) On lit en marge du manuscrit de l'abbé Bexon, de la main de Buffon : « L'oie nous « fournit cette plume délicate sur laquelle la mollesse se plaît à reposer, et cette autre plume, « instrument de nos pensées, avec laquelle nous écrivons ici son éloge. » M<sup>me</sup> Necker dit à ce propos : « Quand on est obligé de dire une chose commune, il faut tâcher d'y jeter un peu d'intérêt. C'est ainsi que M. de Buffon, dans son *histoire de l'oie*, ne nous a pas appris platement qu'elle donne les meilleures plumes ; mais il dit : Cette plume avec laquelle j'écris son histoire. » (*Mélanges*, t. II, p. 342.)

—◇—

# LETTRE CCCCXIII

## A M. RIGOLEY.

Montbard, le 26 janvier 1781.

M. Dumorey (1) est arrivé ce soir, et j'ai l'honneur, monsieur, de vous en informer, en vous priant à dîner pour samedi ou dimanche si cela vous convient mieux.

Je serai toujours très aise de vous recevoir et de vous renouveler les sentiments du véritable et sincère attachement avec lequel j'ai l'honneur d'être, monsieur, votre très humble et très obéissant serviteur.

LE C<sup>te</sup> DE BUFFON.

(Appartient à M<sup>me</sup> Morel.)

# LETTRE CCCCXIV

## A L'ABBÉ DODUN.

Montbard, ce 1<sup>er</sup> février 1781.

Il y a quelque temps, monsieur, que j'ai reçu la lettre que vous m'avez fait l'honneur de m'écrire le 15 janvier, et je vois avec peine que ces gens de cour ne se pressent pas de vous rendre justice ; il me semble cependant que vos raisons sont péremptoires, et je crois qu'en insistant auprès de M. Lenoir, qui est un magistrat très équitable, il pourra vous être d'un grand secours.

J'attendais aussi des réponses de M. le marquis de La Billardrie, mais je n'ai pas entendu parler de lui, et je ne sais même pas s'il est encore à Paris.

Je vous ferai payer quand vous voudrez le prochain quartier d'avril de la pension de l'abbé de Saint-Belin ; j'ai fait recevoir à Nismes le semestre de 525 livres qui était échu au premier janvier dernier.

J'ai l'honneur d'être avec un sincère et respectueux attachement, monsieur, votre très humble et très obéissant serviteur.

LE C<sup>te</sup> DE BUFFON.

(Inédite. — Archives nationales.)

(1) Thomas Dumorey, ingénieur en chef de la province de Bourgogne, déjà nommé.

## LETTRE CCCCXV

### A FAUJAS DE SAINT-FOND.

Montbard, le 2 février 1784.

J'ai reçu, monsieur, avec toute reconnaissance, les deux caisses de matiè-res volcaniques dont vous avez eu la bonté d'enrichir le Cabinet du Roi (1); mais, comme je me trouve absent de Paris, et que je ne compte y retourner qu'au commencement d'avril, je viens d'écrire qu'on mette ces deux caisses en lieu sûr, avec défense de les ouvrir avant mon retour. Je vois avec le plus grand plaisir que vous y viendrez à peu près dans le même temps, et, si vous vouliez me traiter avec toute amitié, monsieur, vous vous détermineriez à passer par Montbard, où je résiderai constamment jusqu'au 8 ou 10 d'avril. Je serai, je vous le proteste, très enchanté de vous recevoir chez moi, de vous garder quelques jours, et de conférer à fond du feldspath et des diffé-rents granits, sur lesquels vous verrez, monsieur, que j'ai fait un assez bon travail que je ne craindrai pas de vous communiquer, étant pour ainsi dire assuré que mes recherches confirmeront vos observations.

Il n'y a nul inconvénient à prendre la route que je vous propose ; la poste passe à Montbard ainsi que la diligence, et de Montbard l'une et l'autre peuvent vous conduire à Paris. Ainsi, monsieur, lorsque vous serez arrivé de Montélimar à Lyon, prenez la route de Bourgogne, et venez d'abord à Dijon, dont Montbard n'est plus qu'à quinze lieues. J'espère que vous serez assez

(1) Nous avons maintes fois signalé le noble désintéressement de Buffon, qui abandonnait généreusement au Cabinet du Roi tous les dons qui lui étaient faits personnellement. Les rois de Suède et de Danemark, l'empereur Joseph II, Frédéric le Grand, l'impératrice Catherine, lui envoyèrent à l'envi de riches présents qu'il remit tous également au Cabinet du Roi, sans bruit et sans permettre qu'on en parlât. (Voir notamment note de la lettre du 2 novembre 1783 à l'abbé Bexon.) Il arrivait des envois adressés par des expéditeurs incon-nus à l'*Historien de la nature*, et, pendant la guerre d'Amérique, les corsaires qui pillaient des caisses destinés au roi d'Espagne respectaient celles qui portaient le nom de Buffon. Comme le prince Henri de Prusse, frère du grand Frédéric, s'étonnait, dans la visite qu'il fit à Buffon, à Montbard, de ne pas trouver dans sa maison un cabinet d'histoire naturelle, il lui répondit : « Je n'en ai pas d'autre que celui de Sa Majesté. » D'autres fois, Buffon achetait pour le Jardin des cabinets et des collections que la pénurie du trésor empêchait l'État d'acquérir, et lorsque sa famille et ses amis lui en faisaient doucement reproche, il répondait : « Que voulez-vous ! C'est une manie, mais elle ne portera aucun préjudice à mon fils ; car je n'y emploie que mon superflu. » Il ajoutait : « Le Jardin du Roi est mon fils aîné. » Le fils de Buffon, dénonçant, le 20 juin 1790, au président de l'Assemblée nationale un pamphlet contre la mémoire de son père, disait avec une légitime fierté : « Mon père n'a jamais voulu avoir de cabinet d'histoire naturelle ni à Paris ni à Montbard. Cependant, on lui adressait de toutes les parties du monde des objets précieux qui lui étaient envoyés per-sonnellement et non pour le Cabinet. Il aurait pu, sans commettre aucune indélicatesse, se faire des collections d'une grande valeur. Il ne l'a pas voulu, parce qu'un seul sentiment l'inspirait, l'intérêt public. »

bon pour vous rendre à ma prière, et le plus tôt serait le mieux, parce que j'espérerais jouir de vous plus longtemps (1).

J'ai l'honneur d'être avec un très sincère et respectueux attachement, monsieur, votre très humble et très obéissant serviteur.

Le C<sup>te</sup> de Buffon

(Appartient à M. de Faujas de Saint-Fond.)

—◇—

# LETTRE CCCCXVI

## A ANDRÉ THOUIN.

Montbard, le 9 février 1781.

J'ai reçu, mon cher monsieur Thouin, vos deux lettres ensemble, et je réponds d'abord à cette grande affaire que vous me proposez, c'est-à-dire à l'acquisition de la maison des héritiers du père Lelièvre (2). Vous vous souvenez sans doute que cette maison m'a autrefois appartenu, et je crois ne l'avoir vendue que douze mille francs. On y a fait, à la vérité, plusieurs réparations depuis ce temps, ce qui me fait craindre que le prix n'en soit porté plus haut. Cependant, vous me feriez plaisir de suivre cette affaire et de tâcher de savoir s'il y a déjà des enchères, et dans le cas où personne ne se serait encore présenté, vous pourriez voir de ma part M. Aubert (3), notaire,

---

(1) Faujas de Saint-Fond se rendit à l'invitation de Buffon, et, de ce séjour à Montbard, date la liaison de plus en plus étroite qui l'unira désormais au naturaliste, en le faisant pénétrer dans toutes les intimités de sa vie. Lors du drame domestique qui, en 1787, séparera violemment le fils de Buffon de sa jeune femme, ce sera Faujas de Saint-Fond que le père de famille outragé chargera de porter l'expression de sa volonté à son fils ; lorsque Buffon mourant tentera de ressaisir sa survivance, ce sera encore à Faujas de Saint-Fond qu'il se confiera. A sa mort, il placera son fils sous sa tutelle et le désignera au baron de Breteuil pour diriger une nouvelle édition de l'*Histoire naturelle,* avec la refonte des suppléments. Après sa mort, il lui léguera son cœur, et nous retrouverons Faujas de Saint-Fond réclamant vainement, aux côtés du fils de Buffon, le remboursement du découvert considérable occasionné par les généreuses et patriotiques avances de son père.

(2) Claude-Hugues Lelièvre, *un des héritiers du sieur Lelièvre,* né le 28 juin 1751, mort le 19 octobre 1835, inspecteur général des mines, membre de l'Institut. Le *Journal des mines* et les Mémoires de l'Institut renferment les comptes rendus de ses travaux et de ses découvertes en chimie.

(3) Jean-Louis Aubert, conseiller du Roi, notaire au Châtelet, né en 1718, mort en 1783, notaire de Buffon à Paris, du 11 juin 1776 au 22 octobre 1783, date de sa mort. Il a eu pour successeur Amable Boursier, dont nous avons publié, à la page 527 du tome II de la première édition de la *Correspondance* avec le fils de Buffon, une très intéressante correspondance. Le troisième successeur de M<sup>e</sup> Aubert a été M<sup>e</sup> Debierre, qui, après avoir conservé son étude pendant près de trente ans, l'a transmise à M<sup>e</sup> Pascal, qui l'a cédée à son tour à M<sup>e</sup> Tansard. L'étude, qui n'a été déplacée qu'une fois en cent ans de la rue de la Verrerie à la rue Grenier-Saint-Lazare, y est encore.

Si les archives du Muséum sont dépourvues des pièces relatives au Jardin du Roi durant l'administration de Buffon, les minutes de l'ancienne étude Aubert renferment de nombreux

rue de la Verrerie, et le prier de faire mettre une enchère de dix mille
livres, sans donner connaissance de mon nom, à moins qu'il ne le juge nécessaire pour dégoûter les autres enchérisseurs, en leur faisant entendre qu'on
pourrait bien prendre l'emplacement de cette maison pour augmenter ou
desservir le Jardin du Roi. Votre idée d'en faire une rue qui, depuis la rue
Censier, aboutirait au boulevard, est parfaitement bonne, mais n'en sera pas
plus vivement accueillie ; car je vois par les lettres que je reçois de Versailles
que l'affaire de Saint-Victor devient difficile, et M. Leschevin (1) lui-même
avoue qu'il aurait grand besoin d'aide et qu'il ne croit pas qu'on puisse rien
faire avant mon retour. Cela ne doit pas empêcher M. Delaulne de continuer
sa sollicitation ; il ne faut même pas le décourager en lui communiquant ce
que je viens de vous marquer, parce que, de quelque manière que la chose
tourne, je crois avoir trouvé un autre moyen de m'assurer des dix ou onze
arpents qui sont nécessaires à l'agrandissement du Jardin. Je vous en infor-
merai à mon retour.

Je suis bien aise que les arbres soient arrivés, et je suis bien persuadé
que vous n'aurez pas perdu de temps pour les planter (2). Comme le temps
doux a continué, vous en aurez profité.

Je ne connais pas M. Cels (3) ; mais, lorsque je serai à Paris, je lui ferai

et importants documents. Nous en possédons, nous-même, un certain nombre notamment
plusieurs actes et traités pour l'agrandissement du Jardin du Roi, rangés dans des cartons
classés et étiquetés par Buffon.

Ayant été autorisé, en 1859, par M. Pascal dont nous aimons à rappeler la gracieuse
obligeance, à faire des recherches dans une pièce où sont conservées les anciennes archives
de l'étude, nous avons dans une visite, qui n'a pu malheureusement être que superfi-
cielle, trouvé cependant plusieurs lettres de Buffon, des documents intéressants et le manuscrit sur l'art d'écrire. Ces archives renferment le testament olographe de l'abbé Terray.

(1) Jean-Matthieu Leschevin, premier commis du ministère de la maison du Roi, en relation familière avec Buffon, ami du comte d'Angivillcr, et que nous avons trouvé en correspondance avec Buffon, le 30 avril 1771, à propos de la question de sa survivance. (Voir
t. Ier, p. 202, note 1.)

(2) Buffon, avant Daubenton, a fait de l'acclimatation à Montbard et au Jardin du Roi.
Les platanes de Montbard sont les premiers qui aient été naturalisés en France, et du Jardin
du Roi sont sortis, parmi un grand nombre de plantes et d'arbustes, le chêne à gland doux,
le dahlia, l'hortensia, etc. (Voir lettre du 9 août 1785 à André Thouin.) Buffon trouvait un
précieux concours dans celui-ci, dont les leçons de culture pratique étaient très suivies et
qui était le centre d'une correspondance considérable. Chaque fois que Thouin envoyait par
ordre de Buffon des plantes en France et à l'étranger, il accompagnait ces envois d'instructions détaillées sur les soins à donner en route et sur le mode de culture.

(3) Jacques-Martin Cels, botaniste-horticulteur, né en 1743, mort le 15 mai 1806, débuta
par être receveur à une barrière de Paris. Mais son bureau ayant été pillé à la Révolution
et comme il appartenait à une ancienne famille de savants, dont Celsius Aurélius Corné-
lius a publié un livre de botanique en 1478, il revint à ses traditions de famille, s'adonna
exclusivement à cette science et à l'horticulture, et fonda à Versailles un jardin célèbre pour
la culture et le commerce des plantes. Il a écrit : *Coup d'œil éclairé à l'usage de tous les
possesseurs de terres* (1773) ; a collaboré à une édition d'*Olivier de Serres* et de *La Quintinie*,
et au *Projet de code rural*. Ventenat a publié : *Jardins de Cels* et *Choix de plantes tirées
de Cels* (in-folio avec gravures). Il était membre de l'Institut et de la Société centrale d'agriculture de France. François Cels, son fils, a donné, en 1817, le *Catalogue raisonné des*

des remerciements, ainsi qu'à M. Turgot (1), des arbres qu'ils ont bien voulu vous donner. Je pourrais même leur en écrire dès à présent, si je savais l'adresse et les qualités de M. Cels et celles de M. Turgot, qui a changé de maison et peut-être de quartier. Vous avez grande raison de dire qu'il convient mieux que le terrain de votre plantation soit en gazon qu'en terre cultivée; il faudra seulement un petit piochage d'un pied de diamètre autour de chaque arbre, afin qu'ils puissent jouir du bénéfice des pluies et des rosées; et dans la plus grande épaisseur du massif, le sentier sinueux et sablé, tel que vous le proposez, fera des merveilles. Vous ferez bien aussi de faire couper à plomb les tilleuls qui bordent cette plantation (2), en leur laissant néanmoins trois à quatre pieds d'épaisseur en dehors au delà de leur tige, afin de ne pas trop les affamer et d'éviter les abreuvoirs que les branches coupées trop près ne manqueraient pas d'y produire. Il en est de même des grands arbres épars dans la plantation; il faut les élaguer comme vous jugerez à propos.

Je vous remercie d'avoir songé aux arbres demandés par M. le maréchal de Biron (3), et vous me ferez plaisir d'en informer mon fils (4).

Il a dû arriver une voiture de fer que M. Lucas a probablement livrée au sieur Mille, et l'on doit envoyer dans huit ou dix jours deux autres voitures, chacune de deux mille sept ou huit cents pesant, comme la première, qui est toute en barreaux carrés de onze ou douze lignes; mais dans les deux voitures qui partiront, tout au plus tard le 20 de ce mois, il y aura moitié de fer en barreaux de dix ou douze lignes, et moitié en gros fer épais et plat qu'on doit poser sur les bornes tout le long de la grille de la cour. On pourrait donc tailler et poser dès à présent ces bornes. Je vais en écrire à

arbres, arbustes et autres plantes de serre chaude, d'orangerie et de pleine terre, cultivés dans son établissement.

(1) Anne-Robert-Jacques Turgot, ancien contrôleur général des finances, précédemment nommé.

Turgot, comme Malesherbes, avait dans sa jeunesse, en 1745, à 18 ans, écrit une critique de l'*Histoire naturelle* sous le titre de : *Lettre à Buffon sur les erreurs de la théorie de la terre contenues dans le prospectus de l'Histoire naturelle.*

(2) Les deux avenues de tilleuls plantées en 1740, et qui conduisaient de la cour de l'Intendance à la Pépinière, alors limitée par la Bièvre. Après le détournement de la Bièvre et le prolongement du Jardin jusqu'au quai Saint-Bernard, ces avenues ont été continuées jusqu'à la Seine. Buffon s'y promena souvent avec Mme Necker.

(3) Louis-Antoine de Gontaut, duc de Biron, fils du maréchal Charles-Armand, duc de Biron, né le 2 février 1701, mort en 1788, à 87 ans, colonel des gardes françaises en 1745, maréchal de France le 24 février 1757, était considéré comme le patriarche et le modèle de l'armée; il avait introduit dans le régiment des gardes françaises une discipline sévère dont l'oubli par le duc du Châtelet, son successeur, a eu pour conséquence l'insubordination de ce corps aux premières heures de la Révolution. Le maréchal de Biron a laissé un *Traité* manuscrit sur l'*Art de la guerre.*

Son neveu et héritier fut le trop fameux duc de Lauzun, mort sur l'échafaud le 31 décembre 1793. (Voir t. 1er, p. 287, note 1.)

(4) Le jeune fils de Buffon venait d'entrer comme enseigne aux gardes françaises, et son père tenait à ce que son colonel fût informé d'une attention qui venait de lui.

M. Verniquet, ainsi que sur quelques petites choses qu'il me représente au sujet de l'appartement de M. Spaëndonck. Je vais aussi marquer à M. Lucas de vous remettre l'argent que vous aurez avancé pour votre neuvième quinzaine (1). Adieu, mon très cher monsieur Thouin.

LE C<sup>te</sup> DE BUFFON.

(Bibliothèque du Muséum.)

## LETTRE CCCCXVII

### A MADAME NECKER.

Montbard, ce 9 février 1781.

Ma noble amie, vous dont les jours peuvent être comptés par vos bienfaits ; vous que j'aime et que j'estime beaucoup plus que moi-même, accordez-moi quelques-uns de ces instants qui font tout mon bonheur.

Après deux mois de silence, mon cœur a besoin d'effusion.

La tendre amitié veut, comme l'amour, jouir de temps en temps.

Votre lettre du 14 décembre est toujours sous mes yeux ; j'en jouis encore pleinement, et cependant je vous en demande une autre qui suffira pour me faire vivre heureux jusqu'à mon retour. La discrétion devient cruelle lorsqu'on la porte à l'excès, et néanmoins c'est par discrétion que je ne vous écris qu'à de si longs intervalles ou seulement lorsque vos bontés en font naître l'occasion.

Aujourd'hui même, je reçois une lettre de M. de La Billarderie (2), qui me pénètre en me faisant sentir tout ce que je dois à votre amitié ; permettez-moi de la copier ici parce que je crois pouvoir être garant de ce qu'elle contient et que j'aime à présenter à la plus noble des âmes les sentiments d'un cœur reconnaissant :

« Je puis enfin vous annoncer que mon affaire est finie et que je suis content. Mon-
» sieur Necker m'a fait accorder six mille francs de pension sur le trésor royal ; ce n'est
» que la moitié de ce que j'avais, mais je dois être content et je le suis. Je dois une
» grande reconnaissance à M<sup>me</sup> Necker, qui y a mis bien de l'intérêt, mais je vous en dois
» une infinie, mon respectable ami, puisque votre amitié pour moi a fait seul naître cet

---

(1) Buffon, qui comptait tous les huit jours pour les dépenses de sa maison, comptait tous les quinze jours pour celles du Jardin du Roi.

(2) Le marquis de la Billarderie, lié avec Buffon d'une amitié à laquelle n'avait pas porté atteinte la mauvaise action de son frère le comte d'Angiviller, qui devait se le substituer dans la survivance de Buffon à l'intendance du Jardin du Roi. Le marquis de La Billarderie ayant émigré aux premiers jours de la Révolution, son passage au Jardin du Roi n'a laissé aucune trace ; il a eu pour successeur Bernardin de Saint-Pierre, à qui Louis XVI avait dit : « Je nomme en vous un digne successeur de M. de Buffon ! »

» intérêt. C'est dimanche dernier que j'ai été informé de ce qu'on a fait pour moi ; le
» secret m'est recommandé, mais M<sup>me</sup> Necker, que j'ai vue hier, m'a prié de ne le pas
» garder avec vous, et de me contenter de vous le demander ; je l'ai bien assurée qu'il
» m'aurait été impossible de vous cacher l'effet de sa bonté ; elle m'a paru approuver
» cette disposition de mon cœur, et m'a chargé de mille choses pour vous.

    » Si vous lui écrivez, mon cher et respectable ami, j'espère que vous voudrez bien
» être caution de ma vive reconnaissance de l'intérêt qu'elle a bien voulu prendre à
» moi. »

Recevez mes actions de grâces avec celles de mon ami. Toute ma tendresse
et tout mon dévouement vous sont dus depuis longtemps et acquis à jamais,
ma très illustre amie.

DE BUFFON.

(Inédite. — Archives de Coppet. Communiquée par le vicomte d'Haussonville.)

# LETTRE CCCCXVIII

## A GUÉNEAU DE MONTBEILLARD.

Montbard, le 15 février 1781.

Je ne suis point étonné, mon cher bon ami, de toutes vos conquêtes, ni de
l'impression que vous faites sur le cœur de ceux qui vous voient (1).

Voici ce que m'écrit M. de La Billarderie (2) :

« Oserais-je vous prier de faire mille tendres compliments à M. de Montbeillard ? Je lui avais demandé, en le remerciant d'une lettre charmante, qu'il
m'a écrite au nouvel an, de me donner quelquefois de ses nouvelles ; mais
je n'en ai pas reçu. Voulez-vous bien lui dire aussi que j'ai encore entendu
mille éloges de M. son fils (3) ? il est un père bien heureux et bien digne de
l'être. »

(1) Le caractère aimable, gai, facile et enjoué de Guéneau de Montbeillard, son intelligence élevée, son talent d'écrivain, de poète et d'artiste, son cœur chaud, sa grande serviabilité lui assuraient la sympathie de tous ceux avec qui il se trouvait en rapport. Il était
digne de l'amitié de Buffon.

(2) Autre fragment de la lettre précédemment citée dans celle à M<sup>me</sup> Necker du 9 du
même mois.

(3) Guéneau de Montbeillard avait comme Buffon un fils unique, dont le nom reviendra
souvent dans cette correspondance, et on savait que la meilleure manière de se faire bien
voir de l'un et de l'autre, c'était de faire l'éloge de leur enfant.

François Guéneau de Montbeillard, né le 11 avril 1759, et qui avait alors 22 ans, méritait ce compliment par l'heureux ensemble de ses qualités physiques, intellectuelles, artis-
tiques et morales. Buffon écrivait déjà le 16 décembre 1772 à sa mère, quand il n'avait que
13 ans : « On trouve votre cher fils beau comme un ange et charmant ; » et Guéneau de
Montbeillard, alors à Paris occupé aux oiseaux, écrivait de son côté à sa femme le 24 janvier 1775 : « La fille de M. Diderot est mariée au fils d'un ancien ami de la maison ; c'était
un très bon parti. Il a vu mon fils et il m'a dit avec la chaleur que tu lui connais : « Je trouve
« votre enfant charmant, mais je serais au désespoir si, au lieu de treize ans, il en avait
« vingt-trois ; car je ne me consolerais pas d'avoir marié ma fille. » (Voir t. I<sup>er</sup>, p. 418, note 1.)

Rien n'est plus vrai, mon très cher ami, et j'applaudis de tout mon cœur à ce que l'on vous dit ici.

J'ai mis une personne discrète à la poursuite de l'affaire qui nous intéresse pour M^lle Lestre (1); je n'ai pas encore de réponse, mais j'espère toujours qu'elle viendra dans le mois de mars prochain, terme de la solution des affaires de la famille en question, et je désire bien sincèrement que nous puissions réussir.

Mille tendres respects à ma bonne amie. Je vous embrasse tous deux du meilleur de mon cœur.

BUFFON

(Appartient à la baronne de La Fresnaye.)

---

# LETTRE CCCCXIX

## A M. DE REPAS (2).

Montbard, ce 15 février 1781.

J'ai l'honneur de vous envoyer, monsieur, une lettre de M. Valletat que j'ai reçue hier et qui, par sa date, me paraît avoir été bien retardée. J'attendrai néanmoins pour y faire réponse le moment où vous voudrez bien en conférer avec moi; je crois d'avance qu'il n'y a d'autre parti à prendre que de continuer à tenir en prison cette femme de mauvaise foi (3).

---

(1) Marie Lestre, fille du docteur Louis Lestre, docteur en médecine, et de Marie-Françoise Bruzard.

Les Lestre et les Bruzard appartenaient aux plus anciennes familles de Semur. Le docteur Lestre qui avait dix enfants et une belle fortune, mais bien réduite pour chacun d'eux à cause de leur nombre, avait jeté les yeux pour une de ses filles sur le fils de M^me Charrault, un des plus riches partis de l'Auxois. N'osant s'adresser directement à la famille à cause de la différence des situations, il avait confié son projet à l'abbé de Piolenc et à Montbeillard, ses amis, et Montbeillard avait intéressé Buffon à une négociation qui était une bonne action. Or, pour ces actions-là, Buffon n'était jamais en retard! C'était, si nous avons bien compté, le dixième mariage auquel il collaborait avec Montbeillard, et ce ne sera pas le dernier.

Ce que nous avons dit de M^lle Lestre dans la première édition de cette *Correspondance* (t. II, p. 363) était inexact par suite d'une confusion de noms.

(2) Bénigne de Repas, procureur au Parlement de Dijon.

(3) La veuve Moleure au sujet de laquelle Buffon disait, le 8 avril 1779, dans une lettre à Rigoley : « J'ai écrit à M^e Duchemin que je le priais de faire arrêter la veuve Moleure et il faut espérer que sa détention nous produira quelque remboursement. » (T. I^er, p. 423, note 2.)

Nous nous sommes déjà expliqués sur le caractère de Buffon composé de bonté et de fermeté.

Tandis qu'il prodiguait de gros salaires aux ouvriers et ses charités aux pauvres, il se montrait inexorable envers ses débiteurs de mauvaise foi; comme il avait le respect de la justice, de l'ordre et de la parole donnée, ce n'était jamais impunément qu'on blessait en lui ce sentiment, et nous le verrons agir avec la même rigueur vis-à-vis de Laubérdière, fermier de ses forges, dont la mauvaise foi devait lui faire perdre des sommes considérables.

Je suis, monsieur, avec un très sincère attachement, votre très humble et très obéissant serviteur.

Le C<sup>te</sup> DE BUFFON.

(Inédite. — Collection Nadault de Buffon.)

—◇—

# LETTRE CCCCXX

## A MADAME NECKER.

Montbard, ce 21 février 1781.

Jusqu'ici, ma noble amie, je n'avais vu votre très illustre époux que comme on peint le génie, avec une auréole de gloire autour d'une tête du plus grand caractère et dont en même temps le corps, les bras, les mains, même les ailes et les organes agissants, sont dans un nuage qui nous dérobe le reste de sa nature divine, parce que les peintres ont craint qu'elle ne devînt trop humaine. Aujourd'hui, par cet écrit en lettres d'or, par ce *Compte rendu au roi* (1), je vois M. Necker, non seulement comme un génie, mais comme un dieu tutélaire, amant de l'humanité, qui se fait adorer à mesure qu'il se découvre.

J'en dirais bien autant d'une autre moitié de lui-même, mais vous me désavoueriez, mon adorable amie ; votre modestie, plus grande encore que vos hautes vertus, voudra toujours garder son voile, ne fût-ce que pour tempérer leur éclat et je ne puis que vous en louer encore.

Oui, je vous aime, je vous admire et respecte tous deux du plus profond de mon cœur ; je vous le dis en vérité et dans l'enthousiasme que je viens d'éprouver après la lecture de cet écrit sans exemple et à jamais mémorable, qui fera plus de bien et d'honneur à notre siècle que tous nos autres écrits mis ensemble.

BUFFON.

(Inédite. Archives de Coppet. — Communiquée par le vicomte d'Haussonville.)

—◇—

# LETTRE CCCCXXI

## A LA MÊME.

A Montbard, ce 26 février 1781.

Je n'ai reçu, ma grande amie, votre lettre du 21 que le 25 de ce mois, et j'avais reçu dès ce même jour 21 le superbe ouvrage de notre grand

---

(1) Le *Compte rendu au Roi*, paru ce même mois et qui fut le signal de la disgrâce de Necker.

homme sans avis de sa part, en sorte que j'imaginais que je devais cette faveur à votre amitié, et, ayant employé cette journée du 21 tout entière à la lecture de cet écrit si important et si intéressant, je n'avais pas eu le temps de l'achever lorsque, ne voulant pas manquer le courrier, je dictai la petite lettre que vous avez dû recevoir le 24.

Je n'en étais qu'aux droits de traite et péage; mais le lendemain, lorsque j'ai lu celui des hôpitaux et prisons auquel vous avez tant de part, des larmes d'attendrissement ont succédé aux élans de mon admiration. Il me semblait qu'en rendant justice à vos vertus, à vos lumières et à votre caractère sublime, l'âme de votre digne époux s'associait à la mienne et me pénétrait d'un sentiment inexprimable de tendresse. Cet article où il parle de vous est le plus parfait de tout l'ouvrage, quoiqu'en tout il soit d'une grande perfection et de la plus haute conception. Mais lorsque le cœur se réunit à l'esprit et que le sentiment est encore guidé par le génie, on s'exprime avec autant de grâce que d'énergie et l'on parle alors comme M. Necker a parlé.

Et dans le dernier morceau, quelle force de vérité! quel caractère imposant! quelle fierté de vertu! quel désespoir pour la méchanceté!

BUFFON.

(Inédite. — Collection Friedländer, conseiller intime, à Berlin. Nous en devons la communication à M. le chevalier Pertz, bibliothécaire en chef de la Bibliothèque de Berlin.)

---

# LETTRE CCCCXXII

## A ANDRÉ THOUIN.

Montbard, le 28 février 1781.

Je vois, mon très cher monsieur Thouin, par le récit que vous me faites du vol de nos arbustes et de vos bonnes démarches en conséquence, je vois, dis-je, que ce vol n'a pu être fait que par un homme instruit de ce qui se fait au Jardin du Roi, et qu'il y a grande apparence que cet homme est le même que celui qui a fait le premier vol et que vous avez chassé. Je ne doute pas qu'il n'ait conservé ou fait faire des clefs, et qu'il n'en ait abusé une seconde fois. Il faut donc faire l'impossible pour découvrir la retraite de cet homme et le faire arrêter, après quoi vous le conduirez avec M. Guillotte (1) chez l'acheteur de nos arbres qui, puisqu'il est de bonne foi, n'hésitera pas à le reconnaître, et sera même très aise de se justifier par ce moyen. Il me paraît

---

(1) « Guillotte, ainsi désigné sur les états du Jardin, ancien sous-officier dans les armées du Roi, pensionné sur la cassette privée de Sa Majesté », chargé de la surveillance et de la police du Jardin et du Cabinet.

que c'est le seul parti que vous ayez à prendre en attendant de nouvelles informations, dont je suis persuadé que vous et vos frères (1) devez vous occuper, parce qu'il est évident que de pareils vols ne peuvent être faits que par des gens qui connaissent bien les plantes et qui travaillent dans l'intérieur de vos écoles; et comme, je vous le répète, je suis persuadé que c'est ce premier voleur, ou peut-être un de ses camarades, qui a fait ce second vol, il est important de ne pas le laisser impuni.

Je vois par votre rôle quittancé de la dixième quinzaine de nos travaux, que la dépense monte à 1,770 livres 16 sous, et comme vous avez avancé cette somme (2), j'écris par ce même ordinaire à M. Lucas de vous la remettre, et il faut espérer que la dépense des deux quinzaines qui s'écouleront d'ici à mon retour ne sera pas si considérable.

Je vous prie de dire à M. Verniquet que j'approuve ce qu'il a fait faire à l'appartement de M. Spaëndonck, auquel vous pourrez fournir quelques plantes à dessiner dès qu'il aura pris possession de son logement. Vous voudrez bien dire aussi à M. Verniquet que, des deux plans qu'il m'a envoyés pour décorer le mur de ma maison, je préférerais celui qui a un grand fronton brisé en chevron, mais que je garderai les deux plans jusqu'à mon retour, parce que les ouvrages de nécessité sont plus pressés que celui-ci, qui n'est que de décoration, et que j'ai bien à cœur de finir avant toute chose la clôture entière du jardin en grilles de fer et le nivellement parfait du terrain (3).

J'ai reçu une lettre de M. Aubert, notaire, par laquelle il me marque que la maison du sieur Lelièvre n'est point encore en licitation (4), mais qu'il y veillera et qu'il m'en donnera avis.

Nous ne pourrons envoyer du fer que dans huit ou dix jours, lorsque les

(1) On se souvient qu'André Thouin, l'aîné de six frères et sœurs qui habitaient avec lui, s'en était fait le père adoptif et l'appui.

(2) Au Jardin du Roi, tout le monde faisait des avances, Buffon, Verniquet et jusqu'au jardinier Thouin; ce ne sont plus les usages d'aujourd'hui.

(3) Les grands travaux entrepris par Buffon au Jardin du Roi avaient commencé dès 1778; à sa mort, en 1788, ils duraient encore. On le voit dans cet intervalle de dix années multiplier ses soins, ses démarches, ses sacrifices d'argent, lutter contre les moines et les biens de mainmorte, contre l'indifférence de l'administration absorbée par d'autres intérêts, contre ses énervantes lenteurs, contre les prétentions, les exigences, les résistances et la mauvaise foi de ses voisins qui, profitant de la situation, l'attaquaient ou réclamaient des indemnités exagérées; il est en butte à des oppositions, à des procès, à des libelles. Cependant, sa tenace persévérance aura raison de tous les obstacles, et il pourra voir son œuvre achevée avant de mourir.

(4) Les achats et expropriations nécessités pour l'agrandissement du Jardin du Roi ont fourni à Buffon un nouveau moyen d'exercer sa bienfaisance et son humanité. A côté de la maison Lelièvre s'élevait celle d'un pauvre homme nommé Bernard, maison dont Buffon avait eu également besoin et que, suivant son habitude, il avait payée bien au delà de sa valeur. Bernard demanda qu'on voulût bien lui laisser emporter quelques matériaux pour se construire une autre maison. « Vous pouvez laisser enlever au sieur Bernard sa maison tout entière, puisqu'il veut l'emporter, écrit Buffon à Thouin, le 31 janvier 1783; cela ne fait pas une grande différence pour les intérêts du Roi, et cela peut faire du bien à cet homme. »

grandes eaux seront écoulées; nous avons eu ici cette nuit un vent si furieux qu'il a fait tomber plusieurs gros arbres dans mes bois, et qu'un pauvre sabotier a été tué dans sa loge et sa femme blessée par la chute d'un de ces arbres (1). Il y a eu aussi plusieurs cheminées d'abattues et des toits découverts, et quelques granges renversées; mandez-moi si vous n'avez eu aucun désastre dans le jardin.

Vous connaissez, mon très cher monsieur Thouin, mon estime et mon attachement pour vous.

BUFFON.

(Bibliothèque du Muséum.)

—◇—

## LETTRE CCCCXXIII

### A M. RIGOLEY.

Au Jardin du Roi, ce 12 avril 1781.

Je reçois, monsieur, les lettres ci-jointes de M. Duchemin (2) et du fils de la veuve Moleure (3). Je crois devoir vous les communiquer avant d'y faire une réponse positive. Marquez-moi, je vous prie, vos intentions, et je me ferai toujours un plaisir de m'y conformer.

C'est dans ces sentiments et avec tout attachement que j'ai l'honneur d'être, monsieur, votre très humble et très obéissant serviteur.

LE C<sup>te</sup> DE BUFFON.

(Inédite. — Appartient à M<sup>me</sup> Morel.)

—◇—

## LETTRE CCCCXXIV

### A GUÉNEAU DE MONTBEILLARD.

Au Jardin du Roi, le 12 avril 1781.

Je reçois à mon arrivée à Paris la lettre ci-jointe, par laquelle vous verrez, mon cher bon ami, que nous avons maintenant *deux abbés* (4), je veux dire

---

(1) Buffon secourut la veuve et les enfants du sabotier, car il ne laissait passer aucune occasion d'exercer sa bienfaisance.

(2) Maître Duchemin, procureur au bailliage d'Autun.

(3) Depuis plus d'un mois, Buffon avait fait mettre la veuve Moleure en liberté, et il ne s'occupera plus, désormais, de cette affaire au sujet de laquelle on peut consulter les lettres du 8 avril 1779 à M. Rigoley et du 15 février 1781 à M. de Repas.

(4) L'avocat Labbé, très considéré à Semur, s'était joint à l'abbé de Piolenc, dans les démarches pour obtenir le consentement de M<sup>me</sup> Charrault au mariage de son fils avec M<sup>lle</sup> Marie Lestre. C'est ce qui fait dire à Buffon, jouant sur les mots : « Nous avons maintenant *deux abbés.* »

deux cordes à notre arc. J'espère donc que l'affaire pourra réussir, puisque la bonne dame (1) n'a pas oublié la promesse qu'elle m'a faite, et qu'il ne s'agit que de rappeler à son fils la charmante image de la personne à laquelle nous nous intéressons (2). Je vais écrire à ce nouvel agent d'y donner ses soins, et je serai satisfait si nous pouvons mener le tout à bien et à un prompt succès.

Mes tendres respects à ma bonne amie. Aimez-moi toujours, et soyez sûr que personne ne vous est plus tendrement attaché que je le suis.

Buffon.

(Appartient à la baronne de La Fresnaye.)

―◇―

# LETTRE CCCCXXV

## A L'ABBÉ BEXON.

Ce mercredi matin.

Mon très cher abbé, je vous renvoie les feuilles à demi corrigées, parce qu'il y a un grand remaniement à faire et qu'il faut que l'article du *Kamichy* se trouve au haut d'une page. Il en est de même de celui du *Secrétaire* et de celui du *Cariama* dont les feuilles ne sont point encore tirées. Comme ces trois articles sont importants, il convient que chacun commence au haut de la page, et que le titre courant porte leurs noms. Cela vous donnera sans doute la peine, mon cher ami, d'aller prendre la feuille précédente à l'Imprimerie royale, et lorsque ce changement sera fait vous voudrez bien me les renvoyer toutes trois ou me les apporter demain jeudi en venant dîner.

Buffon.

(Inédite. — Communiquée par M<sup>lle</sup> Lefebvre.)

―◇―

# LETTRE CCCCXXVI

## A GUÉNEAU DE MONTBEILLARD.

Au Jardin du Roi, le 11 mai 1781.

Un peu de patience, mon cher bon ami, et tout ira bien.

Je viens d'écrire à M. Le Prieur de Précy (3), et ma lettre, qu'il doit com-

---

(1) M<sup>me</sup> Charrault.

(2) Buffon n'avait pas eu beaucoup de peine à obtenir d'une parente dont il possédait toute la confiance son consentement au mariage de son fils avec une jeune fille bien née, bien douée, bien élevée et jolie, et n'ayant contre elle que son peu de fortune.

(3) Le Prieur de Précy, frère de Louis-François Perrin, comte de Précy, né le 15 janvier 1742, mort le 25 août 1820, connu par sa défense héroïque de Lyon contre la Commune, en 1793.

muniquer, ne pourra que maintenir ou déterminer la bonne volonté de la mère, et augmenter l'empressement de son fils (1), jusqu'à la conclusion et consommation, qui ne tardera pas à s'effectuer après mon retour, dans les premiers jours du mois prochain.

Mon fils part demain pour son grand voyage (2), avec M. le chevalier de Lamarck, de l'Académie des sciences (3). J'ai été fort heureux de lui trouver un pareil compagnon.

Adieu, mon cher bon ami ; je vous embrasse du meilleur de mon cœur.

BUFFON.

(Appartient à la baronne de La Fresnaye.)

―◇―

# LETTRE CCCCXXVII

## A M. HÉBERT.

Au Jardin du Roi, le 15 mai 1781.

J'ai reçu, mon cher monsieur, au moment de la présentation, les 3,074 livres de votre traite sur M. de La Ballue ; je vous remercie de cette facilité, et je compte que l'effet que je vous ai remis en échange sera exactement payé à son échéance.

Vous faites bien, monsieur, d'habiter votre belle campagne de Mirande (4),

---

(1) A la suite du consentement de M^me Charrault, une entrevue avait eu lieu dans la famille de Précy, à la Maisonneuve, près de Précy-sur-Thil, où Buffon, qui se rendait en 1752 en Champagne pour son mariage, s'était réuni à Guéneau de Montbeillard, son témoin. (Voir lettre du 18 septembre 1752, de ce recueil.)

(2) Le fils de Buffon avait dix-sept ans ; ce voyage dans les Pays-Bas, avec le chevalier de Lamarck, paraît être le premier qu'il ait entrepris après ses excursions en Normandie avec son précepteur Laude, en Lorraine avec l'abbé Bexon, et en Suisse avec M. Guillebert, son dernier précepteur. Le projet de voyage en Italie, dont nous avons entendu Buffon entretenir la comtesse de Grismondi, semble avoir été abandonné.

(3) On a déjà pu juger de la sympathie et de l'estime que Buffon avait pour le chevalier de Lamarck, et de l'intérêt qu'il lui portait par ses démarches pour obtenir l'impression gratuite par l'Imprimerie royale de la *Flore française*. Buffon lui donnait une nouvelle marque de son estime en lui confiant son fils ; mais pour ceux qui le connaissent, il est permis d'ajouter qu'il avait recherché dans cette combinaison un nouveau moyen de venir en aide au savant et pauvre botaniste, sans blesser sa susceptibilité, en prenant à sa charge les frais de son premier voyage scientifique. « Le jeune Buffon, dit Geoffroy Saint-Hilaire, avait été confié au savant voyageur..... Buffon, qui accordait ses encouragements à tous les progrès scientifiques et à toutes les entreprises patriotiques, avait obtenu que le livre du chevalier de Lamarck fût imprimé aux frais de l'État, et que toute l'édition lui en fût remise. Le même entraînement d'estime a porté Lamarck à l'Académie des sciences. »

(4) Mirande, joli site à 1 kilomètre de Dijon, fait partie de la ville et doit à sa situation un grand nombre d'élégantes maisons de campagne ; celle de M. Hébert paraît avoir été détruite pendant la Révolution.

pendant le temps ennuyeux des cérémonies inséparables des grandeurs (1). Mais j'entends dire que la plupart de vos dames, même les plus jeunes et les plus jolies, ont pris le parti de s'absenter ; dès lors la ville sera plus triste que les campagnes.

Je retourne à la mienne sur la fin de ce mois, et je n'oublierai pas de vous donner le huitième volume des oiseaux, dès que j'en aurai des exemplaires ; on m'en promet pour le commencement de juillet. Je ferai aussi tirer pour vous, monsieur, un exemplaire en premières épreuves des quarante-neuf planches qui doivent entrer dans le sixième volume des suppléments à l'Histoire des animaux quadrupèdes.

Il y a, mon très cher monsieur, toute apparence que les receveurs généraux ne seront pas supprimés ; on vient même de donner celle d'Angers (2) ; mais il est vrai qu'on l'a réunie à je ne sais quelle autre place, et que des deux on n'en fait qu'une, dans la vue d'économie. Au reste, on est actuellement dans un moment de grande effervescence qui annonce une crise (3), et bien des gens assurent que l'on verra, dans peu, de grands changements dans le ministère des finances. Ce serait pourtant un grand malheur pour l'État si M. Necker nous quittait (4).

(1) Les fêtes à l'occasion de la tenue des états présidés par le prince de Condé, gouverneur de la province, et pendant lesquelles furent inaugurés le musée et le cabinet des gravures.

(2) Les receveurs généraux ne furent pas supprimés ; ce qui avait donné lieu à ce bruit était une simple mesure administrative, l'adjonction à la recette générale d'Angers des perceptions autrefois distinctes des traites et gabelles, des tabacs et des aides de l'Anjou.

(3) Buffon avait prévu la Révolution plus de huit ans avant 1789. Si sa haute raison s'affligeait des hésitations et des fautes du pouvoir, son patriotisme s'effrayait de la surexcitation des esprits, et il lui échappa parfois des mots prophétiques comme celui-ci : « Je vois venir un grand mouvement et personne pour le diriger. »

On rapporte qu'à une de ses dernières visites au Jardin du Roi, Marie-Antoinette s'arrêta longtemps devant la statue de Buffon et dit à haute voix : « Pourquoi tous ceux qui veulent conduire les affaires publiques n'ont-ils pas sa bonne tête ! »

(4) C'était la question que chacun se posait : « M. Necker restera-t-il ou donnera-t-il sa démission ? »

On savait que le premier ministre Maurepas, son ancien protecteur, blessé de sa prépondérance et inquiet de la faveur du Roi, s'était tourné contre lui, et qu'il le faisait sourdement attaquer dans des pamphlets, des chansons et des libelles. On chantait dans Paris :

<table>
<tr><td>

Pourquoi présenter un *Mémoire*<br>
    Qui fait sa fin ?<br>
Chacun glose sur cette histoire,<br>
    Sur ce Martin.<br>
C'est que dans cette œuvre célèbre,<br>
    Modestement<br>
Il fait son oraison funèbre,<br>
    De son vivant.

</td><td>

Il n'est point de cour étrangère<br>
    Qui pour de l'or<br>
Ne voulût dans son ministère<br>
    Un tel trésor.<br>
« Ah ! que n'est-il, dit l'Angleterre,<br>
    Mon chancelier ?<br>
— Ah ! que n'est-il, dit le saint-père,<br>
    Mon moutardier ? »

</td></tr>
</table>

A la suite d'un pamphlet plus violent que les autres, dont l'auteur, un sieur Bourboulon, était trésorier du comte d'Artois, ce qui semblait lui donner une origine gouvernementale, Necker avait demandé comme réparation et en témoignage particulier de la confiance du Roi, son entrée au conseil ; mais il n'avait reçu aucune satisfaction.

Si vous me faites l'amitié de venir à Montbard, je vous remettrai ma gravure encadrée (1) pour M^me de Saint-Marc (2), ou bien je vous l'enverrai lorsque j'y serai de retour. C'est un hommage que je rends bien volontiers à cette jeune et tout aimable dame. Mille tendres respects à sa maman.

Vous connaissez, mon très cher monsieur, tous les sentiments du sincère et respectueux attachement avec lequel j'ai l'honneur d'être votre très humble et très obéissant serviteur.

BUFFON.

(Communiquée par M. Boilly.)

---

## LETTRE CCCCXXVIII

### BILLET A L'ABBÉ BEXON.

Ce dimanche matin, au Jardin du Roi.

Il ne m'est pas possible d'aller demain dîner chez M. Amelot, et comme je serais bien aise de me trouver avec vous, mon très cher abbé, pour lui parler d'affaires, je pense qu'il conviendrait de différer de huit jours, à moins que l'invitation que M^me Amelot vous a faite ne soit précise pour demain lundi. Dans ce cas vous irez seul et vous m'excuserez auprès d'eux; faites-moi réponse sur le parti que vous prendrez.

Bonjour, mon très cher monsieur.

BUFFON.

(Inédit. — Communiqué par M^lle Lefebvre.)

---

## LETTRE CCCCXXIX

### A GUÉNEAU DE MONTBEILLARD.

Juin, 1781.

Je n'ai qu'un moment, mon bon ami, pour vous annoncer que M^me Charrault consent au mariage et désire même qu'il se fasse promptement. Prenez jour avec elle pour conclure; elle vous dira ses conditions qui me paraissent justes et raisonnables. Engagez-la à faire les articles avant de quitter Semur; elle a confiance en M. l'avocat Labbé.

---

(1) Son portrait, d'après la statue de Pajou, avec allégories. L'iconographie de Buffon que nous avons réunie ne comprend pas moins de 300 portraits gravés ou lithographiés.

(2) Femme de Colin de Saint-Marc, receveur général des fermes, parente de M. Hébert, qui dut à cette parenté la recette générale des fermes de Dijon, et d'autres emplois lucratifs de finance dont il a été titulaire jusqu'à la Révolution.

Bonsoir, mon cher et très cher ami (1).

Je suis éveillé par cette lettre; je vous l'envoie en diligence. Je vais aller causer un moment avec vous, monsieur et madame. Ne vaudrait-il pas mieux traiter cette affaire ou du moins l'ébaucher au Moulin à vent (2)?

Adieu bien vite, je souhaite que tout aille bien. Connaissez-vous M. l'avocat Labbé particulièrement?

BUFFON.

(Inédite. — A appartenu à M. Léon de Montbeillard.)

## LETTRE CCCCXXX

### AU MÊME.

Montbard, le 6 juin 1781.

La chaleur, la poussière et deux nuits blanches m'ont fatigué, et je n'ai pu, mon cher ami, vous écrire plus tôt. Je pense que M<sup>me</sup> Charrault ne tardera pas à me venir voir, car j'ai écrit à son fils qu'il était nécessaire de nous aboucher pour prendre des arrangements dont il me paraît très empressé. Si vous pouviez aussi venir dans le même temps ou plus tôt, j'en serais enchanté.

L'accident arrivé à M. votre fils m'a fort affligé; je croyais que vous l'ignoriez, et c'est ce qui m'a empêché de vous en parler.

Le mien est actuellement à Amsterdam, et il me semble que son compagnon de voyage est content de lui; c'est tout ce que je désirais, parce que c'est un homme sage.

Mille amitiés et respects à ma bonne amie et à votre cher et digne frère.

Je vous embrasse bien sincèrement et de tout mon cœur.

BUFFON.

(Appartient à la baronne de La Fresnaye.)

## LETTRE CCCCXXXI

### AU MÊME.

Montbard, le 17 juin 1781.

C'est à faire à vous, mon cher bon ami, surtout en choses utiles et convenables. Je suis enchanté que les articles soient signés, mais je ne suis pas.

---

(1) L'adresse porte : *en diligence* à M. ou à M<sup>me</sup> Lestre, à Semur; ce qui précède est d'un secrétaire, ce qui suit est de la main de Buffon.

(2) Joli moulin à vent sur la hauteur de Buffon. On voit figurer de nombreux moulins sur les comptes de la fortune territoriale de Buffon; les uns, comme les moulins à eau de Buffon et les moulins Saint-Thomas et de Poupenot, à Montbard, lui appartenaient en propre; il avait, sur les autres, des redevances seigneuriales.

trop content que celui qui les a écrits ait déjà débité comme au son du tambour tout ce qu'ils contiennent. Je n'en sais pas moins de gré à M. de Mussy qui les a rédigés, et je ne doute pas qu'ils ne soient faits avec équité et suivant les intentions de M^me Charrault, à qui j'ai bien promis qu'elle serait contente du caractère et des manières de la demoiselle.

Faites-lui mes amitiés et compliments et du plus près que vous pourrez, mon bon ami.

BUFFON.

(Appartient à la baronne de La Fresnaye.)

—◇—

# LETTRE CCCCXXXII

## A MADAME NECKER.

Le 22 juin 1781.

J'apprends dans l'instant l'indisposition de M. Necker (1); j'en suis très inquiet.

Hélas! ma noble amie, c'est un héros que le repos fatigue (2); c'est un père tendre de la patrie, affligé du regret de ne pouvoir continuer d'en faire le bonheur. Je crains que ces ennuis de l'âme n'influent sur la santé du corps; je crains encore plus leur influence sur votre cœur, mon adorable amie, vous qui, par amour autant que par devoir, partagez et au delà les peines intérieures d'un époux aussi cher. Unissez vos conseils et vos caresses à mes prières; persuadez-lui, comme il est vrai, qu'il jouit de la profonde

---

(1) Après avoir volontairement quitté le pouvoir, Necker n'avait pas tardé à le regretter, et une grave maladie fut la conséquence de ses fatigues, de ses préoccupations et de son chagrin. « Comme on l'avait prévu, M. Necker, rapportent les mémoires de Bachaumont, à la date du 13 juin 1781, rongé de chagrin de se voir arrêté au milieu de la carrière où l'avait fait entrer son ambition, vient de tomber malade; on juge qu'il l'est gravement, puisque le docteur Tronchin, ne pouvant l'aller voir à Saint-Ouen aussi fréquemment que l'exige son état, l'a déterminé à venir à Paris. Comme il n'a pas de logement arrêté en ce moment, son ancien ami M. Fournier, qu'il avait négligé durant ses projets de grandeur, lui a offert un asile et l'a reçu. On prétend que M. Tronchin, vu la cause de l'état fâcheux de M. Necker, craint qu'il n'y succombe, à moins qu'on ne vienne à bout de lui inspirer plus de résignation, plus de calme et de repos dans l'imagination. »

(2) Necker, qui avait donné il y a un mois sa démission de contrôleur général des finances, avait été remplacé par Joly de Fleury de La Valette.

Le *Compte rendu au Roi*, que nous avons entendu Buffon louer avec enthousiasme, et l'édit portant convocation des assemblées provinciales, furent les derniers actes du premier ministère de Necker. Ses réformes, qui l'avaient rendu populaire, lui avaient aliéné Maurepas, la Cour et le Parlement. Voulant sortir à tout prix d'une situation équivoque, il avait demandé un lit de justice pour l'enregistrement de l'édit, et son entrée au Conseil avec voix délibérative pour y défendre ses projets. Maurepas s'était contenté de répondre: « Que, s'il voulait avoir entrée au Conseil, il fallait qu'il changeât de religion. » Le roi avait hésité huit jours, Marie-Antoinette avait supplié Necker de patienter jusqu'à la mort désormais imminente de Maurepas; mais il n'avait pas voulu attendre, et le 25 mai il avait donné sa démission par une lettre retrouvée dans l'armoire de fer des Tuileries, lettre dont le ton ferme et haut laisse néanmoins deviner la profondeur et l'amertume des regrets.

estime de tous les gens honnêtes, qu'il s'est acquis le respect des nations ; et sa retraite, en effet, n'a-t-elle pas eu tout l'air d'un triomphe (1)? Ne nous laisse-t-elle pas autant et plus de regrets qu'à lui-même?

Qu'il vive donc de ses honneurs ; qu'il jouisse de ce bien qui n'appartient qu'à lui ; je le désire ardemment, je veux votre bonheur commun. Le mien en dépend, et dans ma solitude rien ne pourrait me troubler que mes inquiétudes sur votre tranquillité.

Adieu, ma très chère et première amie, je vous baise la main et en attends un petit mot de réponse.

BUFFON.

(Communiquée par M. Frion.)

—◇—

# LETTRE CCCCXXXIII

## A M. LESCHEVIN (2).

Montbard, ce 25 juin 1781.

J'ai, monsieur, l'honneur de vous envoyer la réponse de M. Joly de Fleury (3) qui me paraît dans de bonnes dispositions : ainsi j'espère que la Compagnie obtiendra ce qu'elle désire (4).

(1) A la représentation de la *Partie de chasse de Henri IV*, lorsque le roi, pardonnant à Sully, dit : *Les malheureux, ils m'ont trompé !* tout le parterre se leva pour crier: *Oui ! oui !* la représentation dut être interrompue. Il en fut de même à la représentation du *Misanthrope*, et sur les autres théâtres de Paris. On chantait dans les rues :

> North et Necker dans leurs puissantes mains
> De l'État soutiennent le destin :
> Voilà la ressemblance.
> North triomphant élève les Anglais,
> Necker tombant entraîne les Français :
> Voilà la différence.

(2) Jean-Matthieu Leschevin, premier commis du ministère de la maison du Roi, précédemment nommé (lettre du 9 février 1781 à Thouin).

(3) Jean-François Joly de Fleury de La Vallette, successeur de Necker au contrôle général des finances depuis le 1er juin, précédemment nommé.

(4) Une Compagnie fondée l'année précédente sous les auspices de Necker et du Gouvernement pour encourager en France la recherche et l'exploitation des mines de charbon de terre et son emploi aux usages domestiques et industriels, afin de remplacer le bois dont la pénurie commençait et se faisait sentir.

A cette date, le bois était devenu si rare que l'on se préoccupait de lui substituer un nouveau combustible.

« Le gouvernement, attentif et éclairé sur les besoins de l'État, rapportent, l'année précédente, les mémoires de Bachaumont des 2 et 6 février, a accueilli et encouragé la préparation du charbon de terre, comme un moyen d'arrêter la dégradation des forêts du royaume occasionnée par les coupes forcées qu'exige l'excessive consommation de bois dans les feux domestiques et des arts. Le sieur Ling a imaginé un nouveau combustible qui est un charbon épuré, pouvant suppléer à tous les autres.....

» M. Necker favorise beaucoup cette entreprise ; en conséquence, il y aura peu de droits..... »

Pendant les rigoureux hivers de 1780 et 1781, on dut rationner à Paris les particuliers,

Vous avez eu la bonté de me marquer que mon ordonnance de 35,000 livres était accordée et que vous alliez l'envoyer en finance; je serais bien aise de savoir si elle y est en effet, parce que j'aurai bientôt occasion d'écrire à M. Dufresne.

J'ai l'honneur d'être avec toute amitié et un respectueux attachement, monsieur, votre très humble et très obéissant serviteur,

BUFFON.

(Inédite. — Communiquée par M. Gabriel Charavay.)

—◇—

## LETTRE CCCCXXXIV

### A L'ABBÉ BEXON

Montbard, ce 2 juillet 1781.

Je suis venu ici, mon très cher abbé, pour chercher du loisir et je n'en ai point encore eu assez pour m'entretenir avec vous comme je l'aurais désiré. J'ai trouvé nombre de petites affaires en arrière et d'autres plus pressantes qui exigeaient d'aller en avant, de manière que j'ai eu peu d'heures dont j'aie pu disposer pour continuer mon travail sur les minéraux.

Je n'ai pu encore répondre à M. Sonnerat (1), mais je vous remercie d'avoir assisté à l'ouverture de ses caisses, et je ne sais pas si j'accepterai tout ce que vous avez mis à part parce que je crains que les armoires du cabinet ne puissent tout contenir (2).

Vous trouverez ci-joint, mon cher ami, votre concordance du quatrième

---

et il fallut faire protéger les chantiers par les gardes françaises; on fit des coupes forcées dans les bois de Boulogne et de Vincennes, et on parla sérieusement de renvoyer à leurs résidences tous les évêques et abbés signalés parmi les plus grands consommateurs de bois. A Rouen, on dut abattre les arbres des promenades.

Le patronage de Necker et le caractère d'utilité publique et presque scientifique de l'entreprise, la présence, dans la Compagnie, d'amis de Buffon et des premiers commis La Chapelle et Leschevin, avec qui il était continuellement en rapport d'affaires, l'avaient déterminé à y mettre près de 40,000 livres. Cette affaire, dont nous verrons Buffon se préoccuper dans la correspondance qui va suivre, tourna mal; il perdit son argent. (Voir lettre du 15 août 1785 à Faujas de Saint-Fond.)

Ce sera, au surplus, la seule affaire industrielle à laquelle nous verrons Buffon s'intéresser, car son extrême prudence en affaires l'avait constamment engagé à se tenir à l'écart des spéculations financières.

(1) Pierre Sonnerat, naturaliste et voyageur, né en 1745, mort le 12 avril 1814, parent de Poivre, intendant de l'île de France, correspondant et protégé de Buffon, a partagé sa vie en voyages et en séjours dans nos colonies, a enrichi la science de précieuses observations, s'est occupé avec succès d'acclimatation coloniale, et a publié *Voyage à la Nouvelle-Guinée* (en 1776) et *Voyage aux Indes orientales et à la Chine* (en 1782 et 1806) avec additions de Sonnini.

(2) C'était encore un don personnel à Buffon qui venait enrichir les collections du cabinet.

volume des oiseaux que Trécourt a copié aussi exactement qu'il a pu ; il est actuellement après votre cinquième volume. Je conçois bien l'ennui de cette besogne ; je l'ai éprouvé lorsque j'ai fait la concordance des quadrupèdes qui exigeait la lecture attentive de quinze volumes.

J'ai reçu des lettres de mon fils que je crois actuellement à Liège ou à Cologne, et j'ai eu, par le prince Gallitzin (1) et par plusieurs autres personnes des témoignages de sa conduite qui m'ont fait plaisir.

Je compte vous faire donner dans le courant de ce mois l'argent ordinaire pour d'ici au mois d'octobre ; j'espère être de retour à Paris avant ce temps, et je presse M. Verniquet de faire finir les réparations de mon logement pour qu'on puisse y replacer les meubles.

Faites, je vous prie, mes sincères et tendres compliments à vos dames, et soyez toujours bien persuadé des sentiments d'amitié et d'attachement que je vous ai voués.

BUFFON.

(Inédite. — Communiquée par M<sup>lle</sup> Lefebvre.)

# LETTRE CCCCXXXV

## A ANDRÉ THOUIN.

Montbard, le 13 juillet 1781.

Je vous envoie, mon cher monsieur Thouin, une lettre que je reçois de M. Vasseur, locataire actuel de la maison Lelièvre (2), pour que vous alliez lui faire réponse de ma part et voir en effet avec lui le prix que les propriétaires voudraient la vendre. Je ne connais pas cet homme et je ne sais si nous devons nous y fier, d'autant que, si j'achète la maison, il faudra qu'il en sorte, ce qui probablement est contre son intérêt. Cependant, je crois que nous ne risquons rien en lui disant que je lui ferai une *belle main* si par son son entremise je pouvais avoir cette maison au même prix que je l'ai vendue, c'est-à-dire pour 12,000 livres. Vous avez toute la prudence qu'il faut et vous traiterez bien cette petite négociation. Il faut aussi voir M. Aubert ; il m'a écrit aujourd'hui que la première enchère, qui, je crois, est la seule, est de 14,000 livres ; mais cette première enchère pourrait être fictive (3), et

(1) Alexandrevitch Dimitri, prince Gallitzin, diplomate et écrivain, né le 21 décembre 1738, mort le 17 mars 1803, ambassadeur de Russie en France en 1763 et en Hollande en 1773, s'était lié à Paris avec les gens de lettres et les philosophes, et avait connu Buffon par Helvétius dont il a traduit en russe le livre de *l'Esprit*, en y joignant un *Traité de l'homme et de ses facultés intellectuelles.* On lui doit une *Description de la Tauride* en langue russe, traduite en français en 1788 ; un *Traité de minéralogie,* en 1792 ; l'*Esprit des économistes,* en 1796.

Correspondant de Voltaire. Adonné à l'étude de l'histoire naturelle, il avait formé un riche cabinet de minéralogie qu'il a donné à l'Académie d'Iéna dont il était président.

(2) Il a déjà été question de la maison Lelièvre dans une lettre à Thouin du 28 février 1781.

(3) Il résulte d'une lettre du 20 juillet de Buffon au même que l'enchère était fictive.

comme je lui ai marqué que je ne lui donnais pouvoir que jusqu'à 15,000 livres, nous pourrions manquer la maison si cette enchère était réelle. Vous aurez le temps de prendre langue sur cela, et, quand j'aurai reçu votre réponse, je donnerai pouvoir à M. Aubert pour 100 ou 200 pistoles de plus ; mais il faut aller doucement, surtout dans un moment où j'ai moins d'argent que jamais.

Je suis et serai toujours dans les mêmes sentiments d'attachement pour vous, mon très cher Thouin.

Le C<sup>te</sup> de Buffon.

(Bibliothèque du Muséum.)

--◇--

# LETTRE CCCCXXXVI
## A GUÉNEAU DE MONTBEILLARD.

Montbard, le 13 juillet 1781.

Vous me dites, mon cher bon ami, que le père, la mère (1), et surtout la demoiselle (2), désirent de venir à Montbard. Ils me feront honneur et grand plaisir ; mais, comme avant la noce (3) il faut nymphes et paranymphes, engagez-les à amener la charmante Catau. Je compte bien aussi que vous, ma bonne amie, et votre aimable fils viendrez le même jour ; et, si cela vous convient, ce sera mercredi 18, pour dîner (4) et même pour coucher, ce qui me conviendrait encore mieux, et je crois que vous n'en doutez pas, mon cher bon ami.

Buffon.

(Communiquée par la baronne de La Fresnaye.)

--◇--

# LETTRE CCCCXXXVII
## A MADAME NECKER.

Ce 18 juillet 1781.

J'ai joui trop délicieusement de votre lettre, mon adorable amie, pour différer plus longtemps de partager avec vous ces délices de mon cœur.

Je n'ai pu me lasser de la lire et relire ; les hautes pensées et les sentiments profonds s'y trouvent à chaque ligne et sont exprimés d'une manière si noble et si touchante que, non seulement j'en suis pénétré, mais échauffé, exalté au point que j'en ai pris une idée plus élevée de la nature de l'amitié.

Ah ! Dieu, ce n'est point un sentiment sans feu, c'est, au contraire, une

(1) Le docteur Louis Lestre et Marie-Françoise Bruzard, sa femme.
(2) M<sup>lle</sup> Marie Lestre, leur fille.
(3) La célébration du mariage avait été fixée au 27 août.
(4) Voir, pour le dîner de Buffon, une autre lettre du 30 juillet 1779 à Guéneau de Montbeillard, t. I<sup>er</sup>, p. 428, note 3.

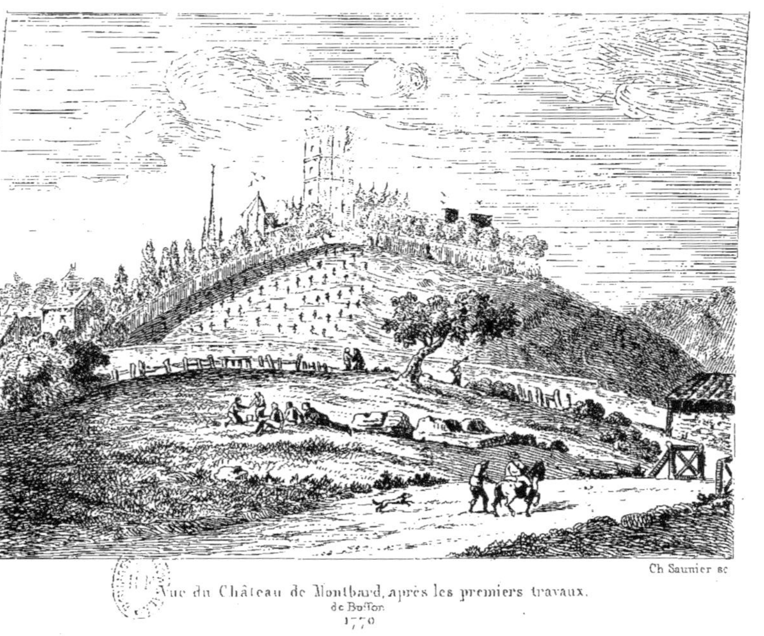



Vue du Château de Montbard, après les premiers travaux.
de Buffon
1770

vraie chaleur de l'âme, une émotion, un mouvement plus doux mais aussi vif que celui de toute autre passion; c'est une jouissance sans trouble, un bonheur encore plus qu'un plaisir; c'est une communication d'existence plus pure et néanmoins plus réelle que celle du sentiment d'amour. L'union des âmes est une pénétration, celle des corps n'est que de simple contact.

Pardonnez, bonne amie, ces expressions physiques, je suis dans ma vieille tour de nécromancien (1), je vous écris avec la même petite plume et du

(1) Buffon, en rasant l'ancienne forteresse des ducs de Bourgogne pour la convertir en jardins à terrasses dont il avait pris l'idée chez les princes Borromée, à l'Isola-Bella, sur le lac Majeur, n'avait conservé que deux tours, celles de l'Aubespin et de Saint-Louis. (Voir t. I<sup>er</sup>, p. 23, note 1.)

Le donjon, dit *Tour de l'Aubespin*, imposante construction du xi<sup>e</sup> siècle, inscrit aux monuments historiques, caché, du côté de la vallée, par les grands arbres qu'a plantés Buffon, apparaît imposant et majestueux à l'extrémité du vallon comme un des plus curieux monuments de l'architecture militaire du moyen âge.

Buffon, qui avait abaissé de deux étages la tour Saint-Louis, couronnée autrefois de créneaux comme la tour de l'Aubespin et qui avait substitué aux créneaux un toit en poivrière et qui avait ménagé à l'intérieur une cheminée et percé une large fenêtre dans l'épaisse muraille, dont il avait fait peindre la voûte, l'avait habitée dans sa jeunesse (voir p. 27, note 2). Il y eut quelque temps son cabinet et sa bibliothèque. Mais il n'a jamais travaillé dans la tour de l'Aubespin, qui conserve intactes, dans leur majestueuse nudité, ses quatre salles voûtées; et elle lui a seulement servi pour ses expériences sur le vent direct et le vent réfléchi.

Le véritable cabinet de travail de Buffon, celui où il a écrit ses immortels ouvrages, celui devant lequel le prince Henri s'est découvert comme devant un lieu consacré, dont Jean-Jacques a baisé le seuil sans vouloir le franchir, celui près duquel Buffon a sa tombe, se voit à l'autre extrémité de la plate-forme, au sommet des anciens murs d'enceinte, au milieu de la verdure et des lierres.

Entre le cabinet de travail de Buffon et sa sépulture, il y a son œuvre.

Hérault de Séchelles, visitant, en 1785, les jardins de Montbard, décrit ainsi la salle de la tour Saint-Louis et le pavillon où Buffon travaillait : « On monte un escalier, on entre par une porte verte à deux battants, mais on est fort étonné de la simplicité du laboratoire. Sous une voûte assez haute, à peu près semblable aux voûtes des églises et des anciennes chapelles, dont les murailles sont peintes en vert, il a fait porter un secrétaire au milieu de la salle qui est carrelée; devant le secrétaire, il y a un fauteuil, voilà tout. Pas un livre, pas un papier... Cependant, ce n'est pas là le cabinet où il a le plus travaillé; il n'y va guère que dans la grande chaleur de l'été, parce que l'endroit est extrêmement froid.

Il est un autre sanctuaire où il a composé presque tous ses ouvrages... Ce cabinet a, comme le premier, une porte verte à deux battants. Il y a intérieurement un paravent de chaque côté de la porte. Le cabinet est carrelé, boisé et tapissé des images des oiseaux et de quelques quadrupèdes de l'*Histoire naturelle*. On y trouve un canapé, quelques chaises antiques couvertes de cuir noir, une table sur laquelle sont des manuscrits, une petite table noire; voilà tous les meubles. Le secrétaire où il travaille est dans le fond de l'appartement, auprès de la cheminée. Il était ouvert, mais on n'y voyait que le manuscrit du *Traité sur l'aimant*; à côté était sa plume; au-dessus du secrétaire, un bonnet de soie grise. En face est le fauteuil où il s'assied, sur lequel était jetée une robe de chambre rouge à raies blanches; devant lui, sur la muraille, la gravure de Newton. »

Hérault de Séchelles nomme cette retraite un sanctuaire. On aimera sans doute à en connaître l'ameublement autrement que par la description fantaisiste qu'il en a faite; le voici d'après l'inventaire dressé à Montbard après la mort de Buffon.

PAVILLON DU CHATEAU. — Cheminée sur laquelle il y a une glace à trumeaux. — Un écran. — Un fauteuil de tapisserie à fleurs, en velours d'Utrecht. — Un tapis bleu et

même caractère que j'ai écrit l'*Histoire naturelle*, vous excuserez donc les défauts de l'écriture et les libertés d'expression en faveur de ma situation. Mais pour l'union intime de deux âmes, ne faut-il pas qu'elles soient de

blanc pour les pieds. — Six chaises en maroquin noir. — Une table. — Un meuble avec son dessus de marbre. — Deux pans de paravent à six feuilles. — Une console de marbre avec son pied sculpté et doré. — Un lit de repos de brocatelle à fleurs rouges, deux matelas, l'un doublé et couvert de toile rouge, l'autre de brocatelle; traversin de plumes aussi couvert de brocatelle.

Trois grands rideaux. — Entre les croisées, deux glaces composées chacune de trente-six petites glaces carrées surmontées d'un cintre aussi de glace. — Deux chaises. — Les portraits du grand-père et de la grand'mère de M. le comte de Buffon, disposés en panneaux au-dessus des portes. — Une table de nuit *avec soupir* de faïence (*).

*Cadres.* — Sur la boiserie du fond, en face de la cheminée, il y a :

1° Tout au-dessus, trois gravures dans des cadres dorés et sous verres, représentant des figures d'animaux, et deux autres gravures aussi sous verres, représentant divers personnages; 2° au-dessous, cinq dessins de couleuvres, deux dessins de grenouilles, deux dessins de fraisiers et d'autres plantes, en tout neuf dessins coloriés sur vélin dans des cadres dorés et sous verres; 3° deux dessins plus petits que les précédents, représentant, l'un, une espèce de rat, et l'autre, une production végétale; 4° deux autres dessins représentant différents personnages; 5° Deux autres très petits dessins, l'un la girafe, et l'autre le gnou; 6° deux paysages; 7° six dessins de quadrupèdes, d'oiseaux et de poissons; 8° deux grandes gravures représentant les colonnes de basalte appelées *Chaussée des géants* par les Anglais.

Sur les deux autres panneaux qui font face aux croisées, il y a :

1° Quarante-six grands dessins coloriés qui représentent des coquilles marines, des végétaux, des reptiles, des papillons, une marmotte, un orang-outang et un jeune couguard ou chat sauvage; ces dessins sont sur vélin ; 2° quatre-vingt-sept gravures en taille douce et un dessin d'oiseaux ; 3° trois dessins de papillons; 4° le dessin du sanglier du Cap avec huit autres dessins de quadrupèdes, de poissons et de tortues; 5° cinq autres petits cadres dorés avec leurs verres de différentes grandeurs, contenant les dessins coloriés de plusieurs animaux; 6° une petite gravure au bas de laquelle on lit : *Naturam quoque amplectitur omnem*; 7° un buste en bas-relief; 8° un autre buste plus petit; 9° une tête en bas-relief de biscuit de Sèvres; 10° cent petits cadres de différentes grandeurs, contenant des dessins à la plume, d'insectes, de poissons, d'oiseaux et de quadrupèdes sous verres.

Total des dessins, gravures, tableaux, portraits et bustes, en comptant les portraits des aïeuls de M. de Buffon............................................................... 276

Tel était le cabinet de travail de Buffon, à Montbard, au moment de sa mort.

Après l'hommage des contemporains, le cabinet de travail de Buffon a reçu celui des générations qui se sont succédé jusqu'à nous. Montbard, comme Ferney, est, depuis près d'un siècle, un lieu de pèlerinage pour tous les amis des sciences et des lettres, pour les admirateurs du génie de Buffon et pour tous ceux qui s'enorgueillissent des gloires de la France.

M^lle Cochelet nous a conservé dans ses mémoires le souvenir de la visite de la reine Hortense à Montbard, en 1813.

En 1814, pendant l'invasion, l'empereur Alexandre, le roi de Prusse Frédéric-Guillaume, et tous les généraux, princes et souverains des armées alliées ont visité avec recueillement le cabinet de travail de Buffon et ont rendu hommage à la gloire d'un grand écrivain, d'un grand savant, d'un grand Français et d'un bienfaiteur de l'humanité.

« S. M. l'Empereur, mon Souverain, écrivait, dans une proclamation, le généralissime prince de Schwarzenberg, m'ayant ordonné de pourvoir à la sûreté des lieux consacrés aux sciences, et de ceux qui rappellent le souvenir des hommes qui ont fait honneur au siècle dans lequel ils ont vécu..., la résidence de l'historien de la nature doit être sacrée aux yeux de tous les amis des sciences. C'est un domaine qui appartient à l'humanité. »

(*) Ce qu'on nomme aujourd'hui d'un nom qui ne s'imprime pas.

niveau, et puis-je me flatter que la mienne s'élève jamais aussi haut que la vôtre?

Je le crois quelquefois parce que je le désire, parce que vous êtes mon modèle, parce que je vous aime et respecte au delà de tout ce que j'ai jamais aimé. Je me le persuaderais encore plus, ma noble et tendre amie, en vous voyant penser comme moi sur les choses majeures et dans les circonstances les plus épineuses de la vie. Mais combien, grande amie, n'êtes-vous pas au-dessus de moi, au-dessus de tout le monde par le calme que je vous ai vu conserver au milieu du plus grand trouble. Votre lettre de ce moment me paraîtra toujours un monument divin de la plus haute fermeté d'âme. Continuez à communiquer à notre grand homme cette même tranquillité qui

« La demeure du grand naturaliste et écrivain Buffon, dont la célébrité est si universelle et si justement méritée, qui a été le berceau d'une grande gloire utile à l'humanité, doit être respectée dans tout le monde policé. » (*Proclamation du général comte Hardegg.*)

Le général comte Platow, hetman des Cosaques, redouté par sa violence, avait ajouté, à une sauvegarde analogue, cette sanction rigoureuse : « Il est ordonné très sévèrement à toutes les troupes sous mes ordres, de toutes les armes, et quel que soit le grade du commandant, de ne faire aucun dommage, ni de permettre qu'il s'en commette par d'autres au château de Montbard, illustré par Buffon. Ceux qui contreviendraient à cet ordre seront jugés et punis d'après les lois de la guerre. »

Parmi les nombreux visiteurs qui se succèdent chaque jour à Montbard, beaucoup ont tenu à laisser un souvenir de leur passage, et les murs sont couverts de dates, de noms, d'inscriptions et de vers, parmi lesquels on a recueilli ceux-ci :

> Passant, prosterne-toi : c'est devant cet asile
> Qu'aux pieds du grand Buffon tomba l'auteur d'*Emile*.

> Amant heureux de la nature,
> Buffon connut tous ses secrets.
> Je plaindrais la race future
> S'il eût été, par aventure,
> Au nombre des amants discrets.
>
> Armand Gouffé.

> Buffon, que ton ombre pardonne
> A ma témérité,
> D'ajouter une fleur à la double couronne
> Que sur ton front mit l'immortalité.

> De chanter un talent dont s'honore la France,
> Si ma Muse n'a le pouvoir,
> Elle peut être au moins l'écho de la science
> En disant qu'Aristote avait moins de savoir,
> Pline, surtout, moins d'éloquence.

> Ces arbres, ces jardins, cette tour, ce beffroi,
> Rappellent à l'esprit ton génie admirable.
> Ici, j'aurai du moins laissé mon grain de sable,
> Sinon des vers dignes de toi.
>
> Alfred de Musset.

Cette lettre de Buffon du 18 juillet 1781 à M^me Necker, où, lui parlant du lieu où il médite et compose, il lui dit : « Je suis dans ma vieille tour de nécromancien, » nous a fourni l'occasion de donner la description de son modeste cabinet de travail, placé comme un sanctuaire sur la plus haute terrasse des jardins de Montbard. Une autre lettre à la même, du 16 juillet 1782, où il lui parlera de nouveau de sa laborieuse solitude et de sa vieille tour, « à la voûte antique, où il réside et rêve huit heures chaque jour, » nous permettra de conduire Buffon à son cabinet, dont le lecteur connaît maintenant le site et l'aménagement intérieur, et de l'initier à la journée de travail de Buffon. (Voir lettre du 16 juillet 1782.)

ferait son bonheur. Se souciant peu ou point du tout d'avoir plus de fortune, n'a-t-il pas assez de gloire ? et cependant il peut encore en acquérir tranquillement en mettant par écrit ses idées et ses vues (1); il faut persuader à sa grande âme qu'il doit ce bienfait à la postérité.

Mais, ma généreuse amie, à mesure que mon cœur s'échauffe, mes yeux se lassent, et je ne puis continuer d'écrire, et je cesse sans cesser de vous adorer.

BUFFON.

(Inédite. — Archives de Coppet. — Communiquée par le vicomte d'Haussonville.)

—◇—

## LETTRE CCCCXXXVIII

### A ANDRÉ THOUIN.

Montbard, le 20 juillet 1781.

Vous me ferez plaisir, mon cher monsieur Thouin, de remettre vous-même la lettre ci-jointe à M. Dufresne (2); et comme c'est pour obtenir de l'argent, dont nous avons si grand besoin, il n'y aurait pas de mal de lui porter quelques fleurs et quelques arbustes (3); cela ne pourrait qu'augmenter sa bonne volonté.

Je lui demande les 35,000 livres qui restent dues sur les 75,000 livres pour la maison et le terrain qui est actuellement réuni au Jardin. Il ne sera pas nécessaire de lui parler des travaux que vous faites au delà du Jardin, ni de l'échange avec Saint-Victor, de peur d'effrayer par de nouvelles demandes ; mais vous pouvez lui exposer que nous sommes absolument sans argent, et qu'il nous ferait un grand bien s'il voulait nous faire donner, dans peu de temps, une partie de ces 35,000 livres. Vous sentez bien que cela me donnerait le moyen de continuer nos travaux; et je vous avoue que, sans cela, je serai peut-être forcé de les faire cesser bientôt, faute de pouvoir subvenir à la dépense; car je serai obligé d'emprunter l'argent qu'il faudra pour l'acquisition de la maison du sieur Lelièvre, et je ne sais pas encore où je le prendrai (4). A propos de cette maison, M. Lucas m'écrit que l'enchère

---

(1) Necker suivit le conseil de Buffon en faisant paraître, à quelques mois de la date de cette lettre, son livre de *l'Administration des finances de la France.*

(2) Premier commis au contrôle général des finances, précédemment cité.

(3) Nous avons déjà entendu Buffon féliciter Thouin d'avoir remis des plantes au jardinier du comte de Maurepas, et l'engager à en envoyer à Turgot. Nous le verrons aussi reconnaître, par des dons de tabatières avec son portrait et d'autres objets de prix, les services rendus au Jardin. C'est que Buffon, aussi habile politique que bon administrateur, ne négligeait aucuns moyens, grands ou petits, pour le succès de sa patriotique entreprise.

(4) Les traits multipliés du désintéressement de Buffon permettent d'opposer le noble et rare exemple d'un fonctionnaire employant sa fortune personnelle au profit de l'établisse-

de 14,400 livres a été mise par le propriétaire. Je me doutais, en effet, que cette enchère était fictive; et dès lors il ne faut pas que M. Aubert la couvre. Voyez-le, je vous prie, et dites-lui que ce sont les propriétaires mêmes qui ont mis cette enchère, et qu'il ne faut pas en être la dupe.

En relisant votre lettre, je vois que c'est vous-même qui m'avez donné avis que les propriétaires de la maison Lelièvre l'avaient portée à 14,000 livres, et vous pensez comme moi qu'elle pourrait être vendue au-dessous de ce prix. Mais c'est à M. Aubert à nous bien conduire dans cette affaire, pour l'avoir à meilleur marché; car, avec ces 14,000 livres, il en coûtera encore près de 3,000 pour les droits de vente, centième denier et frais de contrat, et je trouve que la maison serait très bien payée à ce prix de 14,000 livres.

Je n'ai pas le temps d'écrire aujourd'hui à M. Lucas; mais vous pouvez lui montrer ma lettre. Vous mettrez sur la dépense le port de cette grosse lettre, ainsi que de celles que vous pourrez recevoir de moi directement.

Je suis toujours, mon très cher monsieur Thouin, dans les sentiments de toute l'estime et de tout l'attachement que vous méritez.

LE C<sup>te</sup> DE BUFFON.

(Bibliothèque du Muséum.)

◇

# LETTRE CCCCXXXIX

## AU MÊME.

Montbard, le 5 août 1781.

Votre visite, mon cher monsieur Thouin, auprès de M. Dufresne, a fait un bon effet, car je viens de recevoir une lettre de lui par laquelle il me promet de me donner incessamment de l'argent; ainsi, nous pouvons faire l'acquisition de la maison Lelièvre. Vous voyez que mon soupçon était bien fondé lorsque je vous marquais en premier lieu que cette enchère de 14,000 livres me paraissait fictive, et je ne sais s'il ne vaudrait pas mieux traiter l'affaire à l'amiable par l'entremise du sieur Vasseur (1) que par la voie directe de M. Aubert, d'autant que, quand je deviendrais propriétaire de cette maison, je ne l'en délogerais pas de sitôt, et il sera content de moi si je le suis de lui.

Je pourrais donc déposer incessamment entre vos mains une somme de 10 à 12,000 livres, que vous feriez offrir aux créanciers par le sieur Vasseur,

_____

ment confié à ses soins, aux procédés de ces fonctionnaires si nombreux à toutes les époques et sous tous les régimes, qui ne voient dans leur emploi que la satisfaction d'une vanité ou un moyen de lucre.

(1) Propriétaire de la maison Lelièvre, dont il avait été exproprié par ses créanciers et dont il s'était rendu acquéreur par une surenchère fictive.

comme si c'était pour lui qu'il eût dessein d'acquérir la maison, et lorsqu'on serait convenu du prix, qui ne doit pas excéder 12,000 livres, vous conduiriez le sieur Vasseur chez M. Aubert, pour passer l'acte en mon nom. Je ne suis point dans l'intention d'aller au delà de 12,000 livres, et il faudrait bien faire en sorte, à cause du droit de vente et du centième denier, de l'avoir encore à moindre prix s'il était possible; mais il faut tâcher de ne pas manquer la maison Lelièvre, et, supposé que vous ayez besoin d'une procuration, je l'enverrais ou en votre nom ou à celui de M. Aubert, comme vous le jugerez à propos; il faut aussi insister pour ne point payer les frais de cette licitation.

Je suis très content du compte que vous me rendez du travail des carriers sous mon logement. Il faudra les suivre avec attention, car vous savez qu'ils avaient fait de bien mauvaise besogne sous la cour (1), il y a quelques années, et qu'ils avaient mis des fagots et des bûches au lieu de faire de bons piliers pour soutenir le terrain. J'ai écrit à M Verniquet d'y regarder de près, et j'espère que vous voudrez bien le faire aussi; je lui ai même marqué que, pour accélérer l'ouvrage, les ouvriers de M. Guillaumot pouvaient prendre des matériaux dans ceux que nous avons en réserve, et, supposé que le vide de la carrière s'étende également sous la maison Lelièvre, il serait bon d'y faire travailler aussi.

Je suis toujours, mon cher monsieur Thouin, dans les mêmes sentiments d'attachement pour vous.

Le C<sup>te</sup> DE BUFFON.

(Bibliothèque du Muséum.)

(1) La partie de Paris qui s'étend sous la montagne Sainte-Geneviève et les quartiers environnants est bâtie sur les catacombes. Dès les XVII<sup>e</sup> et XVIII<sup>e</sup> siècle de fréquents accidents avaient dénoncé le péril, et les journaux de 1774, de 1778 et de 1781 rapportaient de graves accidents dont le dernier avait coûté la vie à sept personnes. On a précédemment entendu Buffon se plaindre à Thouin d'un effondrement survenu en 1780, dans la grande cour. C'était cette fois son hôtel qui était menacé. Nous venons de l'entendre parler dans une lettre à l'abbé Bexon, du 2 juillet, des réparations nécessitées à son logement. Il lui écrira le 12 août : « On a découvert une carrière sous mon logement, » et le 14 septembre : « Je reçois de si tristes nouvelles de la situation de ma maison que je ne sais quand je pourrai l'habiter; » et à Thouin, le 23 septembre : « Il n'est pas possible que j'aille habiter cette maison qui est tout en l'air; » et à M<sup>me</sup> Necker le 1<sup>er</sup> octobre : « L'ouverture de la terre sous mon logement ne me permet pas de l'habiter; » et enfin à l'abbé Bexon le 2 novembre : « Je compte arriver le 18, et j'espère que je pourrai habiter mon logement sans aucun inconvénient. »

Le travail de consolidation avait été plus long et plus coûteux que Buffon ne l'avait supposé, et son livre de comptes mentionne, parmi ses créances sur le Roi pour l'année 1787, 17,437 livres 11 sols 8 deniers restant dus sur les fonds des carrières.

C'est au lieutenant de police Lenoir, qui y a fait transporter les ossements des cimetières supprimés dans l'intérieur de Paris et notamment du cimetière des Innocents, que sont dus les premiers travaux de consolidation des catacombes.

# LETTRE CCCCXL

## A MADAME CHARRAULT (1).

Montbard, ce 10 août 1781.

J'ai été enchanté, madame, de recevoir par votre lettre les témoignages de votre satisfaction (2), et je vous en fais ce compliment de tout mon cœur. Ce sera aussi avec le plus grand empressement que je vous recevrai, madame, lorsque vous me ferez le plaisir de venir, ainsi que M. de Chazelles (3) et la très chère maman (4), pour qui j'ai la plus tendre amitié et pour laquelle vous aurez certainement les mêmes sentiments. Je suis persuadé que vous l'aimez déjà et que plus vous la connaîtrez, plus vous l'aimerez.

Recevez l'assurance de l'intérêt que je prendrai toujours à votre bonheur et de l'attachement sincère et respectueux avec lequel j'ai l'honneur d'être, madame, votre très humble et très obéissant serviteur.

LE C<sup>te</sup> DE BUFFON.

(Inédite. — Appartient au comte Perrot de Chazelles.)

—◇—

# LETTRE CCCCXLI

## A GUÉNEAU DE MONTBEILLARD.

Montbard, le 12 août 1781.

Notre nouvelle mariée (5) vient de m'écrire (6), mon cher bon ami, et me pa-

---

(1) Belle-fille de la parente de Buffon.

(2) La négociation conduite par Buffon pendant plus de six mois avait abouti à un heureux résultat, et, trois jours avant la date de cette lettre, le 7 avril, M<sup>lle</sup> Marie Lestre, « fille de Louis Lestre, écuyer, secrétaire du Roi en la chancellerie près le Parlement de Metz et de dame Marie-Françoise Bruzard », avait épousé à Semur J.-B.-Marie Charrault, écuyer, gentilhomme de la grande vénerie du Roi, fils aîné de la parente de Buffon. A ce mariage comme à celui de Marie-Huberte d'Espoisses avec Pierre Charrault, ses père et mère, le 2 octobre 1740, assistent les principaux membres des familles Leclerc et Nadault : « M. le comte de Buffon, intendant du Jardin du Roi; M<sup>me</sup> Leclerc de Buffon, épouse de M. Nadault, conseiller au Parlement de Dijon; M. Daubenton, maire de Montbard, etc... »

(3) Pierre-Jean-Hubert Charrault, qui, suivant l'usage adopté dans les familles nobles, avait pris le nom de la terre de Chazelles pour laisser le nom patronymique à l'aîné de sa maison.

(4) M<sup>me</sup> Charrault d'Espoisses, parente de Buffon.

(5) Il avait bien le droit de l'appeler ainsi, surtout en écrivant à Guéneau de Montbeillard, son collaborateur dans ce mariage.

(6) Voir la lettre précédente.

raît fort contente. Elle me marque qu'elle viendra avec son mari et la maman. Je lui ai répondu que je les recevrais avec grand plaisir et tout empressement, et je compte bien sur l'espérance que vous me donnez de venir aussi ce même jour. Ayez la bonté de m'en prévenir ; c'est toujours une jouissance d'avance.

Je vous envoie une lettre où il est question des vers à soie, dont vous pourrez peut-être faire usage pour votre ouvrage (1) ; marquez-moi, je vous prie, ce que je peux répondre, car vous entendez ce sujet bien mieux que moi. Bonjour, mon très cher bon ami.

BUFFON.

(Appartient à la baronne de La Fresnaye.)


# LETTRE CCCCXLII

## A L'ABBÉ BEXON.

Montbard, le 12 août 1781.

J'ai reçu avec grand plaisir votre lettre, mon très cher abbé, et je vous ferai mon compliment quand vous serez tout à fait quitte de cette nomenclature et même de ces descriptions d'oiseaux qui sont bien ennuyeuses.

Je vous ai renvoyé les cahiers de concordances des tomes VI et VII ; mais Trécourt n'a pas encore eu le temps de transcrire celles du tome VIII. Le tout ensemble, même y compris le tome IX, ne fera guère que deux cent cinquante pages d'impression à deux colonnes ; ainsi nous avons de la marge pour placer les articles du cygne et des autres oiseaux d'eau qui doivent terminer l'ouvrage, et il faut tâcher de nous en débarrasser le plus tôt qu'il vous sera possible, car il ne reste guère que cent pages à imprimer dans le second volume du supplément aux quadrupèdes ; et il est nécessaire, pour

---

(1) Nous avons constaté, à propos de la lettre de Buffon à Guéneau de Montbeillard du 5 janvier 1779, la fin de sa collaboration à l'*Histoire naturelle*. A la différence de Daubenton, qui s'était éloigné par dépit, Guéneau de Montbeillard s'était retiré par lassitude avec l'assentiment de Buffon et sans que leur intimité en fût diminuée. Cette lettre montre qu'à cette date, deux ans après la cessation de la collaboration de Guéneau de Montbeillard aux oiseaux, il s'occupait des insectes qui figurent, en effet, au programme de l'histoire naturelle, publié en 1748, un an avant l'apparition des trois premiers volumes dans le *Journal des savants*, et que nous avons reproduit à la page 243 du t. Ier de la 1re édition de la *Correspondance*, programme dont Buffon ne devait parcourir qu'une partie. En effet, ce programme immense, qui embrasse l'histoire entière de la nature, devait comprendre, outre l'histoire de la terre et celle de l'homme, des quadrupèdes, des oiseaux et des minéraux qu'il a seuls traitées, les quadrupèdes amphibies, les cétacés, les reptiles, les poissons, les crustacés et coquillages, les insectes et animaux microscopiques, la botanique.

On n'entendra cependant pas Buffon parler une seule fois à Guéneau de Montbeillard de ses projets pour l'histoire des insectes, et il ne s'occupera plus désormais que des minéraux avec Faujas de Saint-Fond et l'abbé Bexon, et un peu de physique avec Lacépède.

C'est qu'il n'est pas donné, même à l'homme de génie, de réaliser entièrement ses projets, et que ni la volonté, ni l'activité, ni la persévérance, ni le génie, ne peuvent avoir raison de la fugacité du temps.

que l'imprimerie ne chôme pas, de livrer de la copie du neuvième volume des oiseaux tout au plus tard dans sept semaines ou deux mois. C'est donc l'article du cygne qui presse, parce qu'il doit précéder celui de l'oie, qui est déjà fait, après quoi viendront les canards, etc.

Lorsque vous aurez un article de fait, je vous prie de me l'envoyer ici, car j'aurais trop peu de temps pour m'en occuper autant que je le désirerais; et d'ailleurs je ne sais plus si je pourrai arriver, comme je le comptais, vers le 20 de septembre.

On a découvert une carrière sous mon logement, à laquelle on travaille pour le mettre en sûreté, et cet ouvrage sera peut-être plus long que je ne le voudrais. Il se pourrait donc que je fusse forcé de retarder mon départ jusqu'au 10 d'octobre, et le volume des quadrupèdes sera certainement achevé avant ce temps. Il suffirait que j'eusse l'article du cygne pour le livrer à l'impression avec celui de l'oie, et rien n'arrêterait.

J'ai eu un rhume qui m'a fort incommodé d'abord, et qui m'a duré près d'un mois; cependant, je n'en ai pas moins travaillé souvent plus de huit heures par jour (1), et vous verrez mes minéraux bien avancés. J'en ai maintenant deux volumes et demi, dont je suis assez content, mais sur lesquels vous pourrez me faire quelques bonnes observations.

Soignez donc votre santé. Ce n'est point le travail paisible qui l'altère; du moins je vois par mon expérience que la tranquillité du cabinet me fait autant de bien que le mouvement du tourbillon de Paris me fait mal.

J'ai reçu hier des nouvelles de mon fils, datées de Gottingue. Il s'est toujours bien porté, et aurait en effet dû vous écrire; mais la jeunesse ne pense pas à tout, et la paresse empêche plus de la moitié de tout ce qui serait convenable.

J'ai eu des nouvelles de la santé de M. et de M^me de La Billarderie, par une lettre qu'elle a écrite à M^me de La Rivière (2); s'ils sont toujours à Paris, faites-leur de ma part les amitiés les plus tendres et les respects les plus sincères. Je vous dis la même chose pour votre aimable sœur et pour votre chère maman; vous en prendrez aussi telle part qu'il vous plaira pour vous. Adieu, mon cher ami.

BUFFON.

(Publiée par François de Neufchâteau et Flourens.)

(1) Voir sur la journée de travail de Buffon la lettre du 16 juillet 1782 à M^me Necker.

(2) Femme de Charles-Gabriel, vicomte de La Rivière, chevalier, vicomte de Tonnerre et de Quincy, capitaine de gendarmerie, brigadier des armées du Roi, fils de Charles-Paul comte de La Rivière, vicomte de Tonnerre, brigadier des armées du Roi, et d'Anne-Marie de Montal, fille du lieutenant général, comte de Montal, que Vauban nommait le *Héros du Morvan*, et que Louis XIV oublia de faire maréchal de France. Le vicomte et la vicomtesse de La Rivière, qui habitaient le château de Quincy-le-Vicomte, à une très petite distance de Montbard, étaient comme leurs parents de l'intimité de Buffon et ont assisté comme amis au mariage de son fils.

# LETTRE CCCCXLIII

## A GUÉNEAU DE MONTBEILLARD.

Montbard, le 14 août 1781.

....De la pluie et de l'argent sont en effet deux bonnes choses, mon très cher monsieur, dans le moment présent. Je vous envoie, d'autre part, mon billet de 6,000 livres au profit de M$^{lle}$ Joly (1), pour le 1$^{er}$ janvier fixe. Cela produit 100 livres d'escompte que vous voudrez bien lui donner avec les 2,000 livres. Ainsi, je vous serai nouvellement redevable de 2,100 livres; et, en joignant cette somme à celle de 600 livres que je vous dois, cela fera 2,700 livres, dont nous arrangerons le payement à notre première entrevue (2).

Nous eûmes hier un bon dîner (3), mais vous y manquiez; il s'en fallait donc bien que la chère fût complète. Je dictai à M$^{me}$ Daubenton l'esquisse d'une lettre pour son père (4), sauf votre revision et correction. M$^{me}$ Guéneau fut adorable à son ordinaire (5) et *Fin-Fin* (6) sage et charmant. Je les embrasse tous et vous, mon bon ami, que j'estime et aime de tout mon cœur.

BUFFON.

(Communiquée par M. Léon de Montbeillard.)

―◇―

# LETTRE CCCCXLIV

## A ANDRÉ THOUIN.

Montbard, le 19 août 1781.

J'ai reçu votre dernière lettre, mon très cher monsieur Thouin (7), et il me

(1) Jeanne-Marie Joly de Saint-Florent, d'une ancienne famille de Semur qui a fourni à cette ville des maires et des échevins, fille du correspondant du marquis Pontus de Thiard-Bragny. (Voir t. I$^{er}$, page 308, note 3, lettre du 18 mars 1776 à Guéneau de Montbeillard.)

(2) Les lettres à Thouin font connaître pourquoi Buffon empruntait; c'était afin de pour suivre l'entreprise du Jardin du Roi.

(3) Voir sur le dîner de Buffon t. I$^{er}$, p. 428, note 3.

(4) François Boucheron, ancien conseiller-auditeur à la Chambre des comptes de Dôle, dont le marquis de Monnier, gendre du président de Ruffey, père de M$^{me}$ Duvaldaon, mari de Sophie, était premier président.

(5) La correspondance de Buffon a déjà permis de relever l'attrait et les qualités éminentes de la femme de Montbeillard, qui avait la beauté et le charme, l'intelligence, le savoir et le cœur, et qui inspirait un tendre et respectueux attachement à tous ceux qui l'approchaient, depuis Diderot jusqu'à Buffon; aussi Montbeillard fut-il vraiment un homme heureux.

(6) Son fils, ami et condisciple du fils de Buffon.

(7) Cette formule de : *Mon très cher M. Thouin* témoigne de la satisfaction de Buffon pour la manière dont André Thouin avait conduit la négociation relative à l'achat de la maison Lelièvre. Mais elle est de plus une nouvelle marque de l'extrême sensibilité de

semble, par le détail que vous avez pris la peine de me faire, que nous pouvons nous confier au sieur Vasseur. Aussi je suis déterminé à lui envoyer ma procuration; mais, comme les notaires de ce pays-ci ne connaissent pas bien les formes usitées à Paris, il faudrait me donner un modèle, que je ferai copier ici par mon notaire, après quoi je vous adresserai cette procuration.

J'écris par ce courrier à M. Lucas de vous remettre 6,000 livres, que vous voudrez bien garder jusqu'à ce que le sieur Vasseur soit obligé de consigner les offres réelles qu'il fera pour l'acquisition de cette maison.

En relisant attentivement votre lettre (1), je crains que ma procuration ne vous arrive pas assez tôt; mais le sieur Vasseur, qui a déjà offert 10,000 livres, peut être assuré que je ne le désavouerai pas et qu'il peut même aux enchères porter la maison jusqu'à 12, car je ne crois pas qu'il se trouve des enchérisseurs au-dessus. Mais, quand même il faudrait aller jusqu'à 13,000, pourvu que les frais de licitation en fussent séparés et que vous n'eussiez à payer que les droits seigneuriaux (2) et les frais de contrat, je trouverais encore l'acquisition bonne; enfin, je m'en rapporte bien volontiers à votre prudence.

Vous connaissez, mon cher monsieur Thouin, tout mon attachement pour vous.

BUFFON.

(Bibliothèque du Muséum.)

—◇—

# LETTRE CCCCXLV

### A LA COMTESSE DE GRISMONDI.

A Montbard, ce 1er septembre 1781.

Madame la Comtesse,

Je reçois la caisse de liqueurs (3) que vous avez eu la bonté de m'annoncer par votre lettre du 23 juillet dernier; mais en vérité, ma noble amie, vous êtes trop magnifique, car c'est pour la seconde fois que vous me

---

Buffon, qui ne tardait jamais longtemps à s'attacher à ceux qui l'entouraient dans les relations habituelles de la famille, de l'amitié ou même de la domesticité, et dans ses rapports littéraires ou scientifiques, ou pour le Jardin du Roi. Ce progrès est intéressant à suivre dans sa correspondance avec Faujas de Saint-Fond, l'abbé Bexon, André Thouin, etc.

(1) Il lui disait la même chose dans sa lettre du 20 juillet. C'est que, si Buffon ne lisait pas toujours les livres dont on lui faisait hommage, il relisait les lettres d'affaires.

(2) Les droits seigneuriaux attachés à la propriété avant 1789 consistaient en rentes ou redevances, en prestations annuelles ou casuelles. Il y avait pareillement des droits seigneuriaux et royaux sur les eaux courantes et concessions d'eau.

(3) Une caisse de marasquin et d'autres liqueurs d'Italie, dont plusieurs préparées par la comtesse de Grismondi.

comblez de vos dons, et ce n'est pas votre faute si le premier envoi ne m'est pas parvenu. Je suis donc presque honteux de vos générosités, et je ne puis les reconnaître que par ma sensibilité et par le prix que je mets aux marques de votre souvenir et aux témoignages de votre amitié. Ces liqueurs sont de la dernière excellence; nous les avons déjà goûtées en l'honneur de votre nom et à votre santé (1) avec plusieurs amis, et entre autres avec M. de Montbeillard, traducteur de votre beau sonnet *Sur les Alpes* (2).

Je me souviendrai tout le reste de ma vie de votre rare beauté, mon adorable amie, et de vos talents encore plus rares; combien n'ai-je pas regretté de n'être pas à portée de vous faire ma cour pendant votre séjour à Paris; combien d'autres ont regretté de même que votre séjour y ait été si court. Je n'ai qu'un seul moyen de dédommagement, et qui, bien qu'indirect, fera la satisfaction de mon cœur : ce sera de vous supplier de permettre à mon fils de vous porter ses respects et les miens; il est actuellement à Berlin (3) et pourra bien revenir de l'Allemagne en passant par le Tyrol, et s'arrêtera à Bergame, quelques heures ou quelques jours, suivant vos ordres. Il y a près de deux ans qu'il a été reçu officier dans le régiment des gardes françaises, et, quoiqu'il n'ait pas encore 18 ans, il est du moins en état de sentir, s'il n'est pas encore tout à fait en état de penser : il a été reçu avec grand agrément en Hollande et dans les cours d'Allemagne.

Indépendamment de votre lettre du 29 juillet, je conservais précieusement et j'ai encore sous les yeux celle que vous m'avez fait l'honneur de m'écrire le 29 janvier. La dernière m'est venue par la voie des banquiers et ne m'est arrivée que longtemps après sa date; je vous supplie donc, ma très aimable et très respectable amie, de m'écrire directement au Jardin du Roi, à Paris (4) : c'est la voie la plus courte et la plus sûre.

J'ose espérer, et je le désire de tout mon cœur, que vous êtes enfin quitte de cette longue et cruelle maladie, à laquelle j'ai pris toute la part possible, et vous ne pouvez me donner une plus grande marque d'amitié et une joie plus vive qu'en m'assurant de votre parfait rétablissement.

(1) A la manière bourguignonne.

(2) Guéneau de Montbeillard, qui ne savait rien refuser à Buffon, était devenu le traducteur en titre des poésies, odes et sonnets de la comtesse de Grismondi.

(3) Le fils de Buffon devait retourner à Berlin et à Vienne à moins d'une année d'intervalle, lors de son voyage en Russie. (V. la réception que lui firent Joseph II au camp de Prague et Frédéric le Grand à Postdam. Lettres des 14 décembre 1781 à Catherine II, 23 janvier 1782 à la comtesse de Grismondi, 10 juin de Buffon à son fils et 12 juillet à M^me Necker.)

(4) La grande renommée de Buffon avait fait du Jardin du Roi un centre de correspondance universelle où il arrivait des lettres « à l'*Historien de la nature* » comme à M. *de Voltaire en Europe*. Il écrira le 12 juillet 1782 à M^me Necker : « Je ne cherche pas la gloire; je ne l'ai jamais cherchée, et, depuis qu'elle est venue me trouver, elle me plaît moins qu'elle ne m'incommode. Elle finirait par me tuer pour peu qu'elle augmente. Ce sont des lettres sans fin et de tout l'univers, des questions à répondre, des mémoires à examiner. » En 1786, il se déchargea de ce soin sur Faujas de Saint-Fond, qu'il fera nommer adjoint au Cabinet attaché à la correspondance.

J'ai remis dans le temps à M. Le Brun la lettre que vous lui aviez adressée, et j'ai eu l'honneur de vous transmettre sa réponse ; mais, comme vous ne m'en parlez pas dans votre dernière lettre du 29 juillet, je crains, Madame la Comtesse, que vous n'ayez pas reçu cette lettre que j'avais jointe à la mienne. Tous nos connaisseurs ont trouvé que vous aviez ajouté mille grâces et des traits d'une finesse exquise à son ode dans votre traduction, et vous êtes, ma noble amie, non seulement digne de converser avec les muses, mais même de leur commander. Je joins ici une seconde ode qui m'a été adressée par M. Le Brun, et dans laquelle je crois que votre Apollon trouvera encore des beautés dignes de votre charmante lyre ; cette ode n'est point imprimée, et l'auteur voudrait y faire encore quelques additions et changements. Il dit qu'il serait trop heureux si vous vouliez lui donner vos conseils ; comme ce bonheur rejaillira sur moi, je crois, mon adorable amie, que vous ne vous y refuserez pas.

Honorez-moi, je vous supplie, d'un mot de réponse sur l'état de votre santé, et recevez les tendres sentiments du respect et de la haute estime qui vous est due et que je vous ai consacrée, Madame la Comtesse, pour toute la vie.

Le C<sup>te</sup> de Buffon.

(Publiée en Italie en 1883. — Communiquée par le marquis Camposi.)

LETTRE CCCCXLVI

A L'ABBÉ BEXON.

Ce 14 septembre 1781.

Je vous ai renvoyé précédemment, mon très cher grand chantre, la concordance du huitième volume, et vous trouverez ci-joint celle qu'il faut interposer dans tous les volumes. J'ai reçu par le dernier courrier votre travail sur les canards, qui est en effet fort étendu.

Je ne puis encore m'en occuper, étant depuis un mois entièrement absorbé dans mon laboratoire (1) avec M. de Morveau à faire des expé-

---

(1) Buffon, qui avait eu ses forges comme laboratoire pour ses premières expériences avec Guytou de Morveau, de 1750 à 1765, avait, dans son âge mûr, installé sa bibliothèque et son laboratoire à Montbard, dans une ancienne construction du moyen âge, le *petit Fontenet*, dépendance de l'abbaye de ce nom, attenante à ses écuries, à quelques pas de son habitation, dont elle n'était séparée que par une grille et une rue.

On vient de lire, à la note 2 de la page 62, la description du cabinet de travail de Buffon à Montbard. Son laboratoire est ainsi décrit dans l'inventaire dressé à sa mort. On trouvera la description de la bibliothèque de Buffon, qui précédait le laboratoire de chimie, à la lettre du 2 août 1783 à Faujas de Saint-Fond.

*Laboratoire de chimie.* — A droite en entrant, on trouve trois rayons. — 1<sup>er</sup> *rayon* ou

riences sur le platine, qui nous démontrent de plus en plus que ce n'est point un métal simple, mais un alliage principalement composé de fer et

du dessus. — Neuf petits flacons de verre, dont huit sont fermés de leur bouchon. Un de ces flacons contient du mercure, un autre du sel alcali sous forme concrète, trois autres des liqueurs qui paraissent être des dissolvants.

*2e rayon*. — Un régule métallique; une poire à poudre en chagrin noir; un petit marteau, un petit étau de fer et une petite équerre de même métal, avec une machine de cuivre qui a la forme d'un 8, et enfin un marc de cuivre d'une demi-livre contenant tous ses poids.

*3e rayon*. — 1° Une petite boîte contenant quatorze petits blocs de différentes substances minérales 2° Une autre boîte contenant des petits poids de cuivre, des petits plateaux de même métal, un petit fléau et des cordons de soie pour suspendre les plateaux. 3° Une autre boîte contenant une petite balance hydrostatique composée d'un pied de cuivre où s'introduit un pivot de même métal au-dessus duquel il y a une espèce de mortaise où se pose le milieu du fléau, qui est en fer; des cordons de soie pendants après le fléau et soutenant de petits plateaux de cuivre; trois petites pièces de cuivre en forme de plateaux ronds, ayant chacune un petit cylindre de même métal qui sort du milieu, un petit seau de verre dans lequel on met les corps que l'on soumet à l'expérience, renfermant quatorze poids, qui sont des grains, et d'autres poids de cuivre jaune plus forts; enfin un morceau de verre en forme de poire.

En suivant, et toujours du même côté, on trouve un dressoir composé de six rayons.

*1er rayon au-dessus*. — Huit grands vases d'une substance gris noirâtre semblable au molybdène, non compris un autre vase semblable, qui est sur le sol du laboratoire, ce qui fait en tout neuf vases.

*2e rayon*. — 1° Deux demi-bouteilles bouchées contenant de l'alcali fixe; 2° quatre autres petits flacons de verre avec leurs bouchons, dont l'un contient du sel alcali, deux autres des liqueurs qui paraissent être des dissolvants; 3° un petit pot de faïence; 4° quatre fioles de verre vides; 5° un petit bocal, un gobelet et un verre à pied; 6° six soucoupes de porcelaine et de terre de pipe; 7° six pièces d'argile durcie ou de pierres tendres qui font partie de quelque modèle.

*3e rayon*. — 1° Une corbeille d'osier renfermant différents minéraux; 2° Un flacon de verre avec son bouchon contenant du vitriol liquide; 3° seize petits creusets de terre cuite de différentes grandeurs pour servir aux expériences par la voie sèche; 4° quatorze autres creusets de différentes grandeurs, dont les quatre plus grands paraissent être de molybdène, et les autres d'une substance grisâtre à peu près semblables aux quatre autres; 5° une chèvre d'étain pour tirer des liqueurs; 6° une jatte de cristal; 7° un bocal de bois contenant un vase d'agate bleuâtre, extérieurement taillé à facettes, et un autre morceau d'agate rougeâtre qui est un pilon.

*4e rayon*. — Un morceau de plomb peint en rouge, du centre duquel sortent deux branches ramifiées aussi de même couleur rouge.

*5e rayon*. — Deux vases de bois en forme d'égrugeoir.

*6° rayon*. — 1° Deux cadres de fer d'environ huit pouces de diamètre; 2° six poids de fonte avec leurs anneaux en fer, dont le plus gros est de douze livres, et le plus petit d'une livre.

Sur le carrelage, au devant de ces rayons, il y a cinq sacs contenant des minéraux.

Quatre grands pots ou cruches de terre, couchées, contenant du baume du Pérou sous la forme solide.

A côté des six rayons mentionnés ci-dessus, il se trouve deux pièces de fer façonnées et divisées par le bas en deux branches, servant à supporter une romaine pour peser et un cylindre creux de fer-blanc dans lequel il y a un cylindre de bois pour servir à des expériences de physique.

Au devant des rayons, il y a une grosse balance n'ayant qu'un plateau de cuivre, avec ses chaînes de fer et le cordeau qui la tient suspendue au plancher.

Au-dessus de la cheminée une tapisserie ornée de fleurs et d'oiseaux.

Sous la cheminée, un fourneau de chimie avec sa soupape de fonte de fer et sa grille.

d'or (1); nous avons fait aussi une belle expérience sur la cristallisation de la fonte de fer (2).

Ce travail est bien différent de celui que je voudrais faire sur les oiseaux; mais avant d'examiner vos canards, j'attendrai que vous m'ayez envoyé le cygne, parce que le cygne et l'oie doivent précéder, comme de raison, cette nombreuse cohorte de canards, dont les espèces distinguées par le nombre ne le sont peut-être pas réellement ou du moins ont des nuances intermédiaires entre elles.

Je renvoie aujourd'hui à l'imprimerie la fin de l'article des phoques et le commencement de celui de l'ours marin, page 336; je compte donc qu'il ne reste plus guère que 50 ou 60 pages à imprimer pour finir ce volume de supplément aux quadrupèdes, et je demanderai à M. Mandonnet des doubles épreuves des feuilles qui ne sont pas tirées pour commencer tout de suite la table des matières de ce volume. J'espère que cela vous donnera le temps de m'envoyer l'article du cygne, et, dès que je l'aurai reçu, je m'en occuperai afin que l'imprimerie ne s'arrête pas.

Vous avez très bien fait, mon cher ami, d'aller passer quelque temps à la campagne; je regrette seulement que ce ne soit pas à Montbard où l'air est encore meilleur qu'à Passy.

Je reçois de si tristes nouvelles de la situation de ma maison à Paris, que je ne sais quand je pourrai l'habiter. Cependant, je ne voudrais pas pour toute chose être forcé de retarder plus tard que le 8 ou 10 d'octobre.

Donnez-moi, je vous prie, des nouvelles de notre cher bon Marquis (3). On a débité ici que son frère s'était marié il y a huit ou dix jours (4); je voudrais savoir si cette nouvelle est vraie. Mille tendres amitiés et très humbles compliments à vos dames.

BUFFON.

(Inédite. — Communiquée par M<sup>lle</sup> Lefebvre.)

Une forge, avec un cuiller de fer, une pelle dont le plateau est en forme de gril; trois, tant crochets que baguettes de fer pour le service de la forge, et un très gros soufflet.

Quatre sacs de peau lisse remplis de quinquina en écorce. Une caisse contenant des coquilles marines.

Entre les deux croisées, un second dressoir composé de six rayons, sur l'un desquels il y a un modèle de fourneau en pierre tendre ou argile, et une feuillette contenant des minéraux.

Deux chaises de paille. Un gradin de bois à deux marches.

(1) Guyton de Morveau, déjà nommé, était à cette date avocat général au Parlement de Dijon. (Voir sa notice t. I<sup>er</sup>, p. 124, note 1.)

(2) On a pu constater, par la correspondance de Buffon avec Guyton de Morveau, le chevalier de Grignon, Rigoley, etc., l'importance qu'il attachait à ses expériences sur le fer et l'acier, expériences qu'il a poursuivies jusqu'à la fin de sa carrière scientifique.

(3) Le marquis de La Billarderie, frère du comte d'Angiviller, dans l'intimité duquel Buffon avait introduit l'abbé Bexon, sa mère et sa sœur.

(4) Le comte d'Angiviller avait en effet épousé, le 4 septembre, M<sup>me</sup> de Marchais, la première passion de sa jeunesse, et la première amie de M<sup>me</sup> Necker à Paris. On entendra Buffon rire de ce mariage suranné dans une lettre à M<sup>me</sup> Necker, du 4 octobre.

# LETTRE CCCCXLVII

## A M. JUILLET (1).

Montbard, le 14 septembre 1781.

Monsieur,

J'ai été informé que, par votre ordonnance du 25 août dernier, vous avez annulé le dernier rôle des habitants de Montbard au sujet du payement des réparations de l'ancien presbytère de cette ville, avec injonction de faire un nouveau rôle, dans lequel tous les propriétaires forains, possesseurs de biens-fonds dans l'étendue de la paroisse de Montbard, autres néanmoins que les bois du Roi, seront compris.

J'ai l'honneur de vous représenter, monsieur, qu'il me paraît difficile de concilier cette nouvelle décision avec une ancienne Ordonnance qui assimile les seigneurs particuliers, possesseurs de bois (2), à cette même prérogative de Sa Majesté, et même tous les particuliers qui possèdent des bois contigus à différents finages.

Je m'étais fondé sur cette Ordonnance, qui, dans le fait, est très équitable, lorsque j'ai refusé de payer l'imposition faite sur mes bois dans le rôle des habitants de Montbard, et je ne crois pas que la jurisprudence du Conseil ait dû varier sur cet article. Les bois que je possède à Montbard en toute jus-tice (3), et comme seigneur de Buffon, avec la Mairie, sont contigus à plu-sieurs finages, savoir : aux finages de Montbard, Marmagne, Le Jailly, Étaye, Savoisy, Planay, Rochefort et Saint-Remy (4); ils sont donc bien dans le cas de jouir de la prérogative accordée par cette Ordonnance sur laquelle je fon-dais mon refus. D'ailleurs, dans trois mille arpents de bois que je possède, il y en a 780 qui m'ont été délaissés par le Roi en 1755, moyennant une redevance annuelle, en sorte que je ne suis pour ainsi dire que le fermier de ces bois. Il paraît donc de la dernière justice de les assimiler à ceux que le Roi s'est réservés, et que vous déclarez exempts par votre ordonnance. Dans les 2,200 arpents qui complètent ma possession, il y en a 1,500 qui ont été acquis il y a près de cent vingt ans par mes prédécesseurs et par contrat du 1er avril 1665. Ces bois appartenaient alors à la Communauté de Montbard,

(1) Nicolas Juillet, lieutenant général de la grande maîtrise des eaux et forêts, à Dijon.
(2) C'était précisément le cas de Buffon.
(3) Buffon, seigneur de Montbard et Buffon, la Mairie, les Arens et autres lieux, avait, dans toute sa seigneurie, droit de haute, basse et moyenne justice. Il en nommait les ma-gistrats et la justice y était rendue en son nom. François Guéneau de Mussy, aïeul des deux médecins connus de ce nom, élu aux états généraux de Bourgogne et le dernier maire de Montbard avant la Révolution avait été juge châtelain du comté de Buffon.
(4) Localités où se trouvent les bois les plus importants de la contrée.

qui fut obligée de les vendre pour payer ses dettes, et, à l'égard des 600
arpents de plus (1), ce sont des plantations que j'ai faites sur tous les finages
contigus ou voisins (2). Je croirais donc, monsieur, être dans le cas de
l'exemption; cependant, comme j'ai toute confiance en votre équité, j'ai dit
à M. de Morveau que je me soumettrais à votre décision après que vous
aurez pesé mes raisons.

C'est dans ces sentiments que j'ai l'honneur d'être avec respect, monsieur, votre très humble et très obéissant serviteur.

LE C<sup>te</sup> DE BUFFON.

(Archives de la Côte-d'Or.)

## LETTRE CCCCXLVIII

### A ANDRÉ THOUIN.

Montbard, le 23 septembre 1781.

Je vous suis obligé, mon très cher monsieur Thouin, de la peine que vous
avez prise de me faire l'exposé de la situation de nos travaux. Il n'est pas
possible que j'aille habiter actuellement cette maison qui est tout en l'air, et
je me détermine, assez malgré moi, à rester ici jusqu'à la Toussaint, dans
l'espérance que tout sera terminé pour ce temps. Si cependant les travaux
exigeaient huit ou dix jours de plus, je pourrais, à tout prendre, retarder
encore et ne partir qu'à la Saint-Martin. Mais nos grandes affaires souffriront
d'autant plus que je tarderai davantage; ainsi, il ne faut pas perdre de temps,
sans cependant trop presser les travaux, pour ne pas nuire à leur solidité.

Je vais écrire à Lucas de vous remettre la somme de 3,000 livres, et lorsqu'il faudra consigner de l'argent pour le prix principal de l'acquisition (3),
vous voudrez bien m'en donner avis quelques jours d'avance.

M. Aubert m'a écrit une grande lettre d'excuses, dans laquelle il avoue que
son procureur n'a pas été assez vigilant; je vais lui répondre un mot, parce
qu'il me paraît très contristé et que je ne puis douter de son zèle personnel.

Vous trouverez ci-jointe une longue lettre de M. le vicomte de Querhoënt (4),

---

(1) Cette lettre permet de déterminer l'étendue considérable de bois possédés par
Buffon, tant en propre qu'à son titre de seigneur engagiste du domaine du Roi à Montbard,
et qui comprenaient 5,800 arpents, plus de 200 hectares.

(2) Buffon était sylviculteur en même temps que chimiste et naturaliste, et il a continué
toute sa vie à s'occuper des questions d'agriculture, d'arboriculture, d'horticulture et d'acclimatation qui avaient fait l'objet de ses premières études et expériences.

(3) L'acquisition de la maison Lelièvre.

(4) Buffon écrit de nouveau à Thouin le 28 octobre 1782 : « Lorsque vous pourrez
envoyer des graines à M. le vicomte de Querhoënt, je vous prie de lui écrire au Croisic, en
Bretagne, et de lui demander où il veut que vous les lui adressiez et par quelle voiture. »

Le nom du vicomte de Querhoënt est plusieurs fois cité avec éloge dans l'*Histoire
naturelle des oiseaux*.

que je vous prie de lire, et auquel je ne puis refuser une petite collection de
graines, parce qu'il m'a fourni plusieurs observations pour mon ouvrage sur
les oiseaux. Examinez aussi l'insecte qui est renfermé dans ce morceau
de papier, et, si vous ne le connaissez pas plus que moi, voyez au Cabinet
et consultez MM. Daubenton; après quoi vous me marquerez ce que je puis
répondre et sur l'insecte et sur les graines, et vous me renverrez aussi la
lettre de M. de Querhoënt.

Je suis toujours dans les mêmes sentiments d'estime et d'attachement
pour vous, mon cher monsieur Thouin, et je vous prie de me donner dans
huit ou dix jours des nouvelles de la situation et du progrès des travaux.

Le C<sup>te</sup> DE BUFFON.

(Bibliothèque du Muséum.)

---

## LETTRE CCCCXLIX

### A M<sup>me</sup> CHARRAULT.

Montbard, ce 30 septembre 1781.

J'ai, ma chère madame, l'honneur de vous envoyer la réponse
que je reçois de M. Leschevin (1) au sujet de la charge de M. votre
fils (2); vous verrez qu'elle n'a point été comprise dans la suppression et
que vous devez être très tranquille sur ce sujet.

J'espère qu'à votre retour des vendanges (3), vous me ferez le plaisir de
vous arrêter à Montbard, et je serai charmé, madame, de vous y recevoir
ainsi que M. votre fils et votre aimable jeune dame (4).

Recevez toutes les assurances de mon amitié et celles de l'inviolable et

---

(1) Premier commis du ministère de la Maison du Roi, ministère de l'intérieur,
cité à plusieurs reprises. Buffon, pour les affaires du Jardin du Roi, pour ses affaires personnelles et celles de ses amis, dont il s'occupait comme des siennes, avait des rapports
obligés et nombreux avec les premiers commis des différents ministères; et comme son
expérience de l'administration lui avait appris que les affaires se traitent en général mieux
et plus vite par les commis que par le ministre, il avait mis les premiers commis dans
ses intérêts en les comblant d'attentions et de présents. « Ce qui assurait le succès de Buffon
vis-à-vis le pouvoir, dit Geoffroy Saint-Hilaire, furent ses assiduités courtoises près des
ministres et de leurs premiers commis, mais surtout sa réputation méritée de désintéressement. » (*Fragments biographiques*, p. 94.)

(2) La charge de lieutenant de la grande vénerie, dont Jean-Baptiste-Marie Charrault était
titulaire.

(3) On a précédemment vu que la grande fortune de M<sup>me</sup> Charrault comprenait des
vignobles dans les grands vins de Bourgogne. C'est une habitude bourguignonne que de
se rendre dans ses vignobles pendant les vendanges.

(4) La femme de Jean-Baptiste-Marie Charrault, née Marie Lestre.

respectueux attachement avec lequel j'ai l'honneur d'être, ma très chère madame, votre très humble et très obéissant serviteur.

Le C<sup>te</sup> DE BUFFON.

(Inédite. — Communiquée par le comte Perrot de Chazelles.)

---

# LETTRE CCCCL

## A M<sup>me</sup> NECKER.

Montbard, ce 1<sup>er</sup> octobre 1781.

Depuis votre lettre du 20 août, ma très chère et tendre amie, j'ai perdu mon bonheur.

Après les larmes qu'elle m'a fait répandre, je ne pouvais y répondre que par mes gémissements sur les douleurs atroces que vous avez souffertes. Le cœur oppressé et l'esprit en écharpe, la stupeur succédait aux sentiments trop vifs dont j'étais affecté. Je craignais, hélas ! avec raison, le retour de ces cruels accès de nerfs (1), et quoique votre dernière lettre me rassure l'esprit, mon cœur tremble toujours.

J'aurais voulu voler auprès de vous (2), et je serais en effet arrivé dès le 12 de septembre, si le ciel et la terre ne s'y étaient opposés. J'ai pris un rhume dont je ne suis pas encore entièrement quitte ; j'ai eu de la fluxion sur les yeux, et l'ouverture de la terre sous mon logement ne permettait pas de l'habiter ; on m'avait d'abord flatté que cette réparation pourrait être faite le 20 de septembre ; je différai donc encore de vous écrire, comptant avoir le bonheur de vous voir ces jours-ci. Mais aujourd'hui même je reçois une lettre de l'architecte qui demande encore quinze jours pour mettre la maison en sûreté, et je suis désolé de ce surcroît de délai et d'absence forcée.

---

(1) M<sup>me</sup> Necker, d'une santé délicate qu'elle ne ménageait pas, et qui avait donné à sa vie une activité fiévreuse, était atteinte d'une pénible maladie de nerfs. Lors de la disgrâce de Necker, elle s'était jointe à sa fille pour soutenir le moral d'un mari et d'un père tendrement aimé ; mais à peine Necker était-il rétabli, grâce à leurs soins, qu'elle tomba gravement malade à son tour.

(2) Si Buffon regrette de ne pouvoir *voler* près de M<sup>me</sup> Necker malade, à sept ans d'intervalle, M<sup>me</sup> Necker, dont l'impressionnabilité nerveuse se sera encore aggravée, n'hésitera pas cependant à assister à la terrible agonie de Buffon. Leurs procédés réciproques témoignent de la nature et de l'étendue du sentiment moral qui les unit. On remarquera, d'un autre côté, que l'activité de leur correspondance redouble aux heures de disgrâce.

<table><tr><td>II.</td><td align="right">6</td></tr></table>

Je vous le répète, chère amie que j'adore, je voudrais être auprès de vous, je le voudrais pour un double motif. Je suis fâché de vous entendre dire que vous abandonnez à la voracité du temps ou à son inconstance vos liaisons, vos goûts et vos penchants. Oh! ma noble et trop vertueuse et trop courageuse amie, les affections profondes que vous êtes sûre de lui dérober sont en effet le fond de notre bien; mais les goûts et les penchants en sont le revenu; et le bonheur consiste à ne rien perdre de ce dont on a joui.

Et quelle personne au monde mérite plus que vous d'être parfaitement heureuse; qui jamais eut plus de droits à la reconnaissance de toutes les âmes sensibles; qui ne vous élèverait pas des autels si tout le monde vous connaissait comme moi?

Je me trompe ici par trop de sentiment, car vous avez en effet des autels dans le cœur de tous les gens honnêtes, et le mien a de plus que les autres le désir ardent de vous voir jouir en paix et en santé de tout ce que vous avez acquis par vos hautes vertus. Il a de plus un sentiment qui tient à votre personne. Je ne pouvais me représenter cette maigreur, cette perte de votre embonpoint d'albâtre, sans pleurer de désespoir; ce n'est donc pas votre âme seule que j'aime!

Vous serez généreuse pour me pardonner cet aveu, j'en ai pour garant les vœux que vous avez la bonté de faire pour la conservation de mon triste corps.

Je reprends pour vous dire, après avoir relu et baisé vos lettres, que comme vous avez trop de vertu, vous avez aussi trop d'esprit.

Que d'ingénieuses images, quelle tournure charmante dans votre dernière lettre, et sur des choses désagréables, quel vernis de beauté! quel fond de bonté! que je vous dois donc aimer! mais aussi combien donc je vous aime!

Chaque jour je vous vois plus aimable et tous les jours également spirituelle et sensible; les miens vous sont consacrés, et tous ensemble ne m'acquitteront pas de ce que je dois à la tendresse de ma divine amie. C'est en le lui protestant que j'ose l'embrasser.

BUFFON.

(Inédite. — Archives de Coppet. Communiquée par la baronne de Staël.)

# LETTRE CCCCLI

## A FAUJAS DE SAINT-FOND.

Montbard, le 3 octobre 1781.

J'ai reçu dans son temps, monsieur, votre lettre du 28 juillet, et je reçois aujourd'hui celle du 11 septembre.

J'ai lu avec plaisir les feuilles qui y étaient jointes de votre *Histoire du Dauphiné* (1). J'ai fait passer à leur destination à Paris les feuilles pour MM. Adanson (2) et Pazumot (3). Je suis persuadé qu'avec vos bons yeux vous verrez les granits tels que je les ai vus, et, si vous m'eussiez fait l'honneur de venir à Montbard, je vous aurais communiqué mes observations et mes idées, que vous eussiez trouvées d'accord avec les vôtres.

Les granits de l'abbé Soulavie (4) ne sont en effet que des grès à gros grains,

(1) L'ouvrage parut en 1782, en deux volumes in-folio.

(2) Michel Adanson, botaniste, naturaliste et voyageur, né le 7 avril 1727, mort le 3 avril 1806, membre de l'Académie des sciences en 1759; partit à ses frais en 1748, à vingt et un ans, pour le Sénégal encore inexploré, et y séjourna cinq ans. Il fit paraître, en 1757, son *Histoire naturelle du Sénégal* (coquillages), *avec la relation de son voyage de 1749 à 1753.* 1 vol. in-4°.

Élève de Bernard de Jussieu et hostile aux méthodes de Tournefort et Linné, il a publié, en 1763 *Familles des plantes*, 2 vol. in-8°, et, en 1759, sous le pseudonyme de Ruga Carafa, une *Lettre à Buffon sur les propriétés de la tourmaline.* Adanson a laissé un nombre considérable de travaux sur la botanique et le Sénégal. Il a fait des dons importants au Cabinet du Roi. Buffon le cite dans l'*Histoire naturelle;* Cuvier a prononcé son éloge.

(3) François Pazumot, minéralogiste et antiquaire, né à Beaune le 30 avril 1733, mort le 10 octobre 1804, ingénieur-géographe, professeur de physique et de mathématiques, un des rédacteurs du *Journal de physique* de l'abbé Rosier. Chargé, en 1756 et 1780, d'une mission sur les volcans de l'Auvergne, il a publié, en 1779 et 1782, le résultat de ses recherches insérées en partie par Faujas de Saint-Fond dans son ouvrage : *Des volcans éteints du Vivarais.*

(4) L'abbé Jean-Louis Giraud Soulavie, naturaliste et historien, né en 1751, mort le 20 mars 1813, a publié, en 1780, en huit volumes in-8°, l'*Histoire naturelle de la France méridionale*, comprenant dans la première partie les minéraux, et dans la seconde l'histoire des plantes distribuées par climats, depuis les sommets alpins et glacés des Pyrénées, des Cévennes et des Alpes jusqu'aux climats de la basse Provence, ouvrage dénoncé à la Sorbonne par l'abbé Baruel. Il avait publié cette même année 1781 : *Œuvres du chevalier Hamilton, avec des commentaires sur les phénomènes communs aux volcans agissants de l'Italie et aux volcans éteints de la France,* 1 vol. in-8°, et c'est certainement à cet ouvrage que Buffon fait allusion dans sa lettre à Faujas. L'abbé Soulavie a encore écrit, comme naturaliste, *Éléments d'histoire naturelle*, imprimés à Saint-Pétersbourg. Ayant prêté serment à la constitution du clergé en qualité de curé de Severet, vicaire général du diocèse de Châlons, et s'étant marié, il devint un instant, en 1793, résident de la République française à Genève; mais il est surtout connu par ses *Mémoires historiques et politiques :* Mémoires du duc de Richelieu (1790), du comte de Maurepas (1792), du duc de Choiseul (1796), de Barthélemy (1799), et par des *Mémoires historiques* sur les règnes de Louis XIV, Louis XV, Louis XVI (1790 à 1801). Il était de l'Académie des inscriptions.

et même très impurs. Mais c'est la moindre des bévues de ce jeune vicaire, qui n'est qu'un écolier et qui écrit d'un ton de maître.

J'ai quelques regrets que vous n'ayez pas lu, dans mes notes sur les *Époques de la nature*, ce que j'ai dit du roi géant Theutobocus (1), et de la dispute de Riolan (2) et d'Habicot (3).

Comme je suis obligé de rester encore ici jusqu'à la Toussaint, je pourrai y recevoir les nouvelles feuilles dont vous me parlez.

J'ai admiré votre enthousiasme physico-poétique au-dessus des montagnes (4); ce morceau fera grand plaisir, et j'attends impatiemment votre

(1) « Les os du prétendu roi *Theutobocus* trouvés en Dauphiné, dit Buffon, ont fait le sujet d'une dispute entre Habicot, chirurgien de Paris, et Riolan, docteur en médecine, célèbre anatomiste. Habicot a écrit dans un petit ouvrage qui a pour titre : *Gigantostéologie* (Paris, 1613, in-12), que ces os étaient dans un sépulcre de briques à 18 pieds en terre, entouré de sablon; mais il ne donne ni la description exacte, ni les dimensions, ni le nombre de ces os; il prétend que ces os étaient vraiment des os humains, d'autant, dit-il, qu'aucun animal n'en possède de tels. Il ajoute que ce sont des maçons qui, travaillant chez le seigneur de Langon, gentilhomme du Dauphiné, trouvèrent, le 11 janvier 1613, ce tombeau, proche les masures du château de Chaumont; que ce tombeau était de briques, qu'il avait 30 pieds de longueur, 12 de largeur et 8 de profondeur en comptant le chapiteau au milieu duquel était une pierre grise sur laquelle était gravé : *Theutobocus rex*; que ce tombeau ayant été ouvert, on vit un squelette humain de 25 pieds et demi de longueur, 10 de largeur à l'endroit des épaules, et 5 pieds d'épaisseur... La même année (1613), le docteur Riolan publia, contre la découverte d'Habicot, un écrit sous le nom de : *Gigantomachie...* Un an ou deux après parut une nouvelle brochure sous le titre de : *L'imposture découverte des os humains supposés et faussement attribués au roi Theutobocus...* En 1618, le docteur Riolan répondit à ces différentes attaques par un écrit ayant pour titre : *Gigantologie...* Au reste, Riolan et Habicot, l'un médecin et l'autre chirurgien, se sont dit plus d'injures qu'ils n'ont écrit de faits et de raisons; ni l'un ni l'autre n'ont eu assez de sens pour décrire exactement les os dont il est question; mais tous deux, emportés par l'esprit de corps et de parti, ont écrit de manière à ôter toute confiance. Il est donc très difficile de se prononcer affirmativement sur l'espèce de ces os... » (Note des *Époques de la nature*, 6ᵉ époque.)

(2) Jean Riolan, médecin et botaniste, né en 1577, mort le 19 février 1657, fils d'un médecin doyen de l'Académie de médecine de Paris en 1586, fut à son tour premier médecin de Marie de Médicis; a publié en 1610 une édition des ouvrages de son père; en 1608, un *Abrégé d'anatomie;* en 1614, un *Traité d'ostéologie*, de nombreux mémoires de médecine en latin, et, en 1618, son *Anthropologie*, qui a fait sa réputation. Sa querelle avec Nicolas Habicot sur les prétendus os du géant Theutobocus rapportés à Paris et conservés au garde-meuble de la couronne, dans laquelle il nomme son contradicteur *Péché mortel vivant, Esprit moisi*, etc., a donné lieu à la *Gigantomachie* (1613) et à la *Gigantologie* (1618). Il fut un des fondateurs, en 1626, sur le terrain donné par Gui de La Brosse, du Jardin botanique des plantes médicinales, aujourd'hui le Jardin des Plantes.

(3) Nicolas Habicot, médecin anatomiste, né en 1565, mort le 17 juin 1624, a écrit, en 1607, un *Traité de la peste*, qu'il avait eu trois fois l'occasion d'observer à Paris, en 1580, 1596 et 1606 ; un Mémoire sur les fouilles du château de Langon, en Dauphiné ; à propos du géant Theutobocus, *Gigantostéologie*, 1 vol. in-8° (1613), et *Antigigantologie* (1618); une *Satire* contre le docteur Riolan ; *Problèmes médicinaux et chirurgicaux, Questions chirurgicales, Recherches sur l'origine de la chirurgie, Pratique anatomique* (1620), 2ᵉ édition en 1660, citée par Portal dans son *Histoire de l'anatomie*.

(4) A propos de son *Histoire du Dauphiné*. On a vu que Faujas de Saint-Fond avait été poète avant de devenir un savant.

préface et votre dernier mémoire sur les granits (1). J'aurais un si grand nombre de choses à vous dire sur cet article, que je ne puis les insérer dans une lettre.

Je crois que vous perdrez bien du temps pour la publication de votre ouvrage, si vous demandez des commissaires à l'Académie (2). On est actuellement en vacance; on ne rentrera que dans six semaines, et les commissaires qu'on pourra vous nommer garderont votre livre plus de six autres semaines. Ainsi je crois que M. Adanson vous conseillera comme moi de prendre un privilège à la librairie, d'autant que lui-même peut être votre censeur (3).

A l'égard de la correspondance avec l'Académie (4), je pense, monsieur, que vous êtes du petit nombre des hommes auxquels on devrait non seulement l'accorder, mais même l'offrir. J'en parlerai sur ce ton; mais M. Andanson pourra vous dire que le nombre des correspondants est limité, et qu'il faut attendre qu'il vaque des places par mort, et je suis persuadé qu'il pourra vous faire inscrire comme expectant, parce que vos ouvrages sont bien connus de l'Académie.

Vous ne me dites pas dans votre dernière lettre si vous vous rendrez bientôt à Paris; vous seriez sûr de me trouver encore ici jusqu'à la fin de ce mois, et je serais enchanté de vous recevoir et de vous renouveler les sincères assurances de toute l'estime et de tout l'attachement avec lesquels j'ai l'honneur d'être votre très humble et très obéissant serviteur,

LE C<sup>te</sup> DE BUFFON.

(Communiquée par M. de Faujas de Saint-Fond.)

—◇—

# LETTRE CCCCLII

## A MADAME NECKER.

Montbard, ce 4 octobre 1781.

Vous avez toujours, ma grande et noble amie, soit en parlant ou écrivant, des pensées sublimes et des expressions du plus haut caractère, et je tâche

---

(1) Le mémoire sur les granits a été refondu dans les *Essais de géologie* (1803-1809).

(2) Faujas de Saint-Fond sollicitait le privilège que l'Académie des sciences avait accordé l'année précédente à l'abbé Soulavie, pour son *Histoire naturelle de la France méridionale,* traitant, elle aussi, des montagnes du Vivarais.

(3) Adanson avait été nommé censeur royal en 1759, la même année que son élection à l'Académie des sciences.

(4) Faujas de Saint-Fond obtint par le crédit de Buffon le brevet de correspondant de l'Académie des sciences; mais, malgré ses découvertes, ses nombreux et importants ouvrages et son professorat au Muséum, il ne devint ni titulaire de l'Académie des sciences ni membre de l'Institut.

de vous imiter en ne m'exprimant pas d'une manière ignoble. Mais il faut que vous me pardonniez aujourd'hui si je vous dis en termes plus que populaires ce que je viens d'apprendre, que *mon grand successeur* (1) vient de réchauffer ses vieilles et sèches amours dans le lit nuptial (2).

Je ne crois pas vous l'annoncer, mais je crois vous l'avoir prédit, et je crois de plus n'être ici qu'un prophète de malheur ; j'aurais donc mieux aimé me tromper.

BUFFON.

(Inédite. — Archives de Coppet. Communiquée par la baronne de Staël).

—◇—

# LETTRE CCCCLIII

## A M. JUILLET.

Montbard, le 22 octobre 1781.

Monsieur,

L'honnêteté et la confiance avec laquelle vous avez la bonté de me faire part de votre avis au sujet de la répartition des impositions pour les presbytères mérite assurément toute ma reconnaissance, et, de quelque manière que le Conseil puisse décider, je n'en resterai pas moins persuadé que votre avis est de la plus grande équité. Je ne conçois pas même qu'on puisse en avoir un autre.

Les bois appartenant au Roi, soit qu'ils soient dans sa main ou aliénés avec redevance, doivent être imposés comme les autres terres du domaine, ou bien les terres et les bois des particuliers ne doivent pas l'être. Je suis persuadé, monsieur, que si vous insistez, cet avis si juste et si raisonnable prévaudra. Je voudrais même, s'il était possible, y joindre mes faibles sollicitations. Je vais à Paris dans trois semaines ; j'en parlerai pour mon compte, et sans m'autoriser de votre lettre, à M. Joly de Fleury (3) et à M. de Forges (4). La décision contraire n'est venue, comme nombre d'autres, que du zèle des administrateurs des domaines, qui, ayant malheureusement part au produit des revenus domaniaux, cherchent à les augmenter par tous les moyens ; cependant la justice réclame, et je vois avec la plus grande satisfaction que vous en êtes ici l'organe.

(1) On sent derrière ces mots *mon grand successeur* l'amertume d'un regret. *Mon grand successeur*, c'est le comte d'Angiviller, survivancier de Buffon.

(2) Le comte d'Angiviller, veuf, venait d'épouser, le 4 septembre, à 59 ans, Julie de Laborde, veuve de Julien de Marchais, premier valet de chambre du Roi. (Voir, page 77, lettre du 14 septembre à l'abbé Bexon.)

(3) Jean-François Joly de Fleury, ministre des finances, dans les attributions duquel rentrait, comme aujourd'hui, l'administration forestière.

(4) Débonnaire de Forges, conseiller d'État, membre du conseil des finances.

Cette haute qualité m'inspire les sentiments de la plus grande estime, et c'est avec le respect le mieux fondé que j'ai l'honneur d'être, monsieur, votre très humble et très obéissant serviteur.

LE C<sup>te</sup> DE BUFFON.

(Archives de la Côte-d'Or.)

## LETTRE CCCCLIV
### A L'ABBÉ BEXON.

Montbard, ce 2 novembre 1781.

Je reçois, mon cher monsieur, votre lettre du 27 et je suis très fâché d'apprendre que vous êtes malade et souffrant. Vous ne devez pas douter du plaisir que j'aurai de vous revoir surtout si je vous trouve en parfaite santé.

J'ai aussi reçu la quittance de 750 livres que je vais imputer sur votre dette en mettant la mienne de pareille somme au dos de votre billet, nous nous arrangerons à mon retour pour ce qui me reste dû ; il est inutile que vous fassiez un emprunt pour l'acquitter (1).

Je compte arriver le 18, et j'espère que je pourrai habiter mon logement sans aucun inconvénient.

Comme j'ai reçu les dernières épreuves du sixième volume de mes suppléments et qu'il est nécessaire d'envoyer de la copie pour commencer à imprimer le neuvième volume des oiseaux (2), j'adresse, par ce même ordinaire, à M. Mandonnet l'article du cygne et celui de l'oie qui font ensemble 92 pages ; ainsi l'imprimerie ne chômera pas ; je marque à M. Mandonnet de vous faire passer les épreuves afin que vous ayez la bonté de les relire comme vous l'avez fait pour le huitième volume, et vous voudrez bien m'envoyer ces épreuves par la voie de M. de Juvigny (3) lorsque vous les aurez corrigées.

L'article du cravant doit suivre celui de l'oie et ensuite celui de la bernache (4) et celui de l'eider ; ces trois articles sont intermédiaires entre l'oie et le canard ; il est donc nécessaire de s'occuper de la bernache et de l'eider avant les pingouins et les pétrels.

Adieu, mon très cher monsieur, mille tendres amitiés et respects à vos dames.

LE C<sup>te</sup> DE BUFFON.

(Inédite. — Communiquée par M<sup>lle</sup> Lefebvre.)

(1) C'est toujours la même générosité dont on pourrait relever des traits presque à toutes les pages de cette correspondance.

(2) Buffon faisait marcher de front les Suppléments à l'Histoire naturelle, les époques de la nature, les oiseaux et les minéraux.

(3) Rigoley de Juvigny, ami de Buffon, frère de Rigoley d'Ogny, surintendant général des postes dont Buffon employait l'entremise pour avoir la franchise postale.

(4) L'article de la bernache dans l'*Histoire naturelle* a valu à Buffon une rectification d'Emmanuel Baillon dans un mémoire imprimé. (Voir la notice Baillon, t. II, p. 4, note 2.)

# LETTRE CCCCLV

## A MADAME NECKER.

Montbard, ce 9 novembre 1781.

Non, ma noble amie, je ne passerai pas tout l'hiver à Montbard ; ce serait une saison de mort si je n'avais pas le bonheur de vous voir, et je compte arriver le 18. J'ai eu l'honneur de vous en faire prévenir avant d'avoir reçu votre dernière lettre, lettre encore plus charmante que toutes les précédentes, et qui a répandu la joie dans mon cœur parce que vous m'y paraissez plus gaie et moins mécontente de la vie.

Que de grâces, que d'expressions sensibles et spirituelles dans tout ce que votre cœur vous dicte ! Je m'en glorifie, je vous en remercie et je ne soupire que pour le moment de vous revoir.

J'ai eu le plaisir de m'entretenir de vos bontés avec M. de Tolozan (1) qui est encore ici, et qui conserve pour vous et M. Necker tous les sentiments qui vous sont dus à tant de titres. Les miens, ma tendre amie, sont ces affections profondes dont je ne crains pas plus que vous d'user le capital ; j'emprunte de vous-même cette expression si touchante en vous assurant du plus inviolable et du plus tendre respect.

Buffon.

(Inédite. — Archives de Coppet. Communiquée par la baronne de Staël.)

—◇—

# LETTRE CCCCLVI

## A L'IMPÉRATRICE CATHERINE II (2).

Au Jardin du Roi, le 14 décembre 1781.

Madame,

J'ai reçu, par M. le baron de Grimm (3), les superbes fourrures (4) et la

(1) Jean-François de Tolozan, inspecteur général du commerce, ami de Buffon et un des plus dévoués collaborateurs de Necker.

(2) Catherine II, impératrice de Russie, déjà nommée. (T. II, p. 20, note 1.)

(3) Frédéric Melchior, baron de Grimm, critique et diplomate, né le 26 décembre 1723, mort le 19 décembre 1807. Ministre et correspondant en France du duc de Saxe-Gotha en 1776, et de Catherine II en basse Saxe en 1795, auteur en 1753 du *Petit prophète*, en faveur de la musique italienne, et, en collaboration avec Diderot, de la *Correspondance philosophique, littéraire et critique de 1753 à 1790*, publiée en 1812-1813, occupe une place considérable dans l'histoire littéraire, anecdotique et philosophique du xviii<sup>e</sup> siècle.

(4) Ce présent de fourrures, qui comprenait plusieurs caisses de martres, hermines et zibelines, était, en effet, de la plus grande richesse. Buffon s'en fit garnir plusieurs vête-

très riche collection de médailles et grands médaillons (1) que Votre Majesté Impériale a eu la bonté de m'envoyer.

Mon premier mouvement, après le saisissement de la suprise et de l'admiration, a été de porter mes lèvres sur la belle et noble image (2) de la plus grande personne de l'univers, en lui offrant les très respectueux sentiments de mon cœur.

Ensuite, considérant la magnificence de ce don, j'ai pensé que c'était un présent de souverain à souverain, et que, si ce pouvait être de génie à génie, j'étais bien au-dessous de cette tête céleste, digne de régir le monde entier, et dont toutes les nations admirent et respectent également l'es-

ments, et, au mariage de son fils, il mit les plus belles dans la corbeille de sa belle-fille. Ce qui reste des fourrures de l'Impératrice appartient aujourd'hui à M^me de Vaulgrenant, née Nadault de Buffon.

La munificence de l'Impératrice donna lieu à de nombreuses pièces de vers, publiées dans les feuilles du temps, et notamment à celle adressée : *A M. de Buffon par M. de La Ferté, avocat au Parlement, sur le présent de fourrures que lui a envoyé S. M. I. de Russie, accompagné des médailles frappées sous son règne, et sur la demande qu'elle lui a faite de son buste*; pièce insérée par Grimm dans sa *Corresponadnce littéraire* et que nous avons reproduite à la page 381 du tome II de la première édition de la *Correspondance*.

(1) On a vu par la lettre de Buffon à M. Amelot, du 26 juin 1780, qu'il était, à cette date, en correspondance avec Catherine II et qu'il lui envoyait ses ouvrages.

Les mémoires de Bachaumont annonçaient ainsi, le 5 février 1782, les présents et la lettre de l'impératrice : « M. le comte de Buffon ayant eu l'occasion d'envoyer ses œuvres à la czarine, cette magnifique souveraine lui a fait donner en échange la collection des médailles de son règne en or, présent d'environ 40,000 livres. Elle y a joint une lettre charmante, et le philosophe très galant a répondu par une de remerciement, dans le genre de celle qu'on a vue il y a un an adressée à M^me la comtesse de Genlis, mais proportionnée à l'illustre héroïne. »

« C'était, dit Humbert Bazile, un superbe présent où le travail de l'art ne le cédait en rien à la richesse du métal. Lorsque la caisse fut apportée au Jardin du Roi, M. de Buffon me chargea de l'ouvrir sous ses yeux. Les médailles étaient renfermées dans deux boîtes de maroquin vert à filets d'or. L'intérieur était garni de velours écarlate. Elles étaient au nombre de cinquante, d'inégale grandeur; le voyage en avait altéré quelques-unes, mais elles furent immédiatement remplacées. »

En effet Catherine II écrivait à Grimm, le 15 février :

« Je suis bien fâchée que le médaillier de M. de Buffon soit arrivé en mauvais état. Si je savais quelles médailles ont souffert, j'en enverrais les doubles. Vous trouverez ci-jointe ma réponse à la lettre de cet homme illustre. Si elle est bien selon vous, vous la donnerez. Le buste sera le bienvenu, et le fils de M. de Buffon aussi. »

(2) Catherine II avait joint à cet envoi son portrait sur une tabatière d'or enrichie de diamants.

« En 1794, dit encore Humbert Bazile, je devins possesseur de ce précieux bijou. Voici dans quelles circonstances : Le comte de Buffon fils étant mort sur l'échafaud, ses biens avaient été confisqués par la Nation, et ses meubles vendus révolutionnairement. A Montbard, un sieur Touzet avait été délégué par le district de Semur pour présider à la vente. J'y assistai, le cœur navré, et je vis disperser et adjuger à bas prix et payer en assignats des meubles et des objets d'art d'une grande valeur. Je me rendis acquéreur de quelques meubles qui avaient plus particulièrement appartenu à M. de Buffon et que je ne voulais pas voir profaner : son fauteuil, son secrétaire, quelques livres. Dans un tiroir qui n'avait pas été ouvert se trouvait la tabatière de l'impératrice. Mais, en 1815, alors qu'un état-major russe occupait la forge de mon père, je commis l'imprudence de faire voir le portrait à un officier; il prit la boîte, la mit dans sa poche et partit. »

prit sublime et le grand caractère. Sa Majesté Impériale est donc si fort élevée au-dessus de tout éloge que je ne puis ajouter que mes vœux à sa gloire.

Cet ouvrage en chaînons (1), trouvé sur les bords de l'Irtisch (2), est une nouvelle preuve de l'ancienneté des arts dans son Empire.

Le Nord, selon mes *Époques*, est aussi le berceau de tout ce que la nature, dans sa première force, a produit de plus grand, et mes vœux seraient de voir cette belle nature et les arts descendre une seconde fois du Nord au Midi, sous l'étendard de son puissant génie (3).

En attendant ce moment qui mettra de nouveaux trophées sur ses couronnes, et qui ferait la réhabilitation de cette partie *croupissante* de l'Europe, je vais conserver ma trop vieille santé sous les zibelines et les hermines (4), qui dès lors resteront seules en Sibérie, et que nous aurions de la peine à habituer en Grèce et en Turquie.

Le buste auquel M. Houdon travaille (5) n'exprimera jamais aux yeux de

(1) Avec les médailles, les fourrures et le portrait, l'impératrice avait envoyé à Buffon une chaîne en or massif, trouvée dans des fouilles en Sibérie. « Les cultures, les arts, les bourgs épars dans cette région, dit Pallas, sont les restes encore vivants d'un empire ou d'une société florissante dont l'histoire même est ensevelie avec ses cités, ses temples, ses armes, ses monuments, dont on déterre, à chaque pas, d'énormes débris. »

(2) Fleuve de l'Asie méridionale qui sort des monts Altaï, parcourt 6,900 kilomètres et se jette dans l'Obi.

(3) La correspondance de Voltaire avec Catherine II renferme des vœux analogues.

(4) Le public parisien put voir, dans les premiers jours d'avril 1788, Buffon, soutenu par deux laquais, faire sa dernière promenade au Jardin du Roi, enveloppé dans les chaudes fourrures de l'impératrice.

(5) Jean-Antoine Houdon, statuaire, membre de l'Institut, professeur à l'École des beaux-arts, né le 20 mars 1741, mort le 15 juillet 1828, élève de Pigalle qu'il a surpassé, auteur de la statue de saint Bruno à Sainte-Marie des Anges à Rome, statue qui faisait dire au pape Clément XIV que « si la règle de son ordre ne lui prescrivait pas le silence, elle parlerait; » de l'Écorché, d'une Diane chasseresse pour l'impératrice Catherine II, de la belle statue de Voltaire au foyer des Français, de celle de Tourville et de Washington, dont il avait été l'hôte à Philadelphie, des bustes de Rousseau, Glück, Franklin, d'Alembert, du prince Henri de Prusse, Mirabeau, Napoléon, l'impératrice Joséphine, le maréchal Ney, etc. Il a fait le buste de Catherine II en même temps que celui de Buffon. Sa femme, connue par sa beauté et son esprit, a traduit en français le roman anglais de *Dalmour*.

« Le buste de Buffon par Houdon, dit Hérault de Séchelles, est celui qui me paraît le plus ressemblant; mais le sculpteur n'a pu rendre ces épais sourcils qui ombragent des yeux noirs, très actifs, sous de beaux cheveux blancs. Il était frisé lorsque je le vis, quoiqu'il fût malade... Je vis une belle figure, noble et calme. Malgré son âge de soixante-quatorze ans, on ne lui en donnerait que cinquante, et, ce qu'il y a de plus singulier, c'est que, venant de passer seize nuits sans fermer l'œil, il était frais comme un enfant et tranquille comme en santé. On m'assura que tel était son caractère; jamais d'humeur, jamais d'impatience; toute sa vie il s'est appliqué à paraître supérieur à la douleur. »

« J'ai vu, avant qu'il fût envoyé en Russie, dit à son tour Humbert Bazile, le buste de M. Houdon. C'est ce qui, soit du vivant de M. de Buffon, soit depuis sa mort, a été fait de plus ressemblant; mais le sculpteur n'a pu traduire l'harmonie de cette noble physionomie avec ces vastes sourcils noirs arqués, ces yeux toujours en mouvement, ces cheveux blancs et soyeux. »

ma grande Impératrice les sentiments vifs et profonds dont je suis pénétré; soixante et quatorze ans imprimés sur ce marbre ne pourront que le refroidir encore. Je demande la permission de le faire accompagner d'une effigie vivante. Mon fils unique, jeune officier aux gardes, le portera aux pieds de son auguste personne. Il revient actuellement de Vienne et du camp de Prague (1), où il a été bien accueilli; et, puisqu'il ne m'est pas possible d'aller moi-même faire mes remerciments à Votre Majesté Impériale, je donnerai une portion de mon cœur à mon fils, qui partage déjà toute ma reconnaissance; car je substitue ces magnifiques médailles dans ma famille (2) comme un monument de gloire respectable à jamais. Tout Paris vient chez moi pour les admirer, et chacun se récrie sur la noble magnificence et les hautes qualités personnelles de ma bienfaitrice; ce sont autant de jouissances ajoutées à ses bienfaits réels. J'en ressens vivement le prix par l'honneur qu'ils me font, et je ne finirais jamais cette lettre, peut-être déjà trop longue, si je me livrais à toute l'effusion de mon âme, dont tous les sentiments seront à jamais consacrés à la première et à l'unique

Nous avons inutilement recherché, en Russie, le buste de Buffon. La galerie de M. Gatteau, de l'Institut, en partie détruite par les incendies de la Commune, en possédait un fort beau. Il a été moulé à quelques exemplaires seulement pour sa famille et ses amis. Nous possédons celui que s'était réservé Buffon, et devant lequel M^me Nadault, épanchant sa douleur dans une lettre à M^me Necker du 29 avril 1788, lui disait : « C'est aux pieds de son image chérie que je vous écris. »

M^me Necker écrivait de son côté à M^me Nadault : « J'ai mis son buste dans un lieu solitaire; j'y recueillerai ses dons et ses précieuses lettres; et là, si le poids des années et les dérisions de la jeunesse viennent à m'humilier dans mes derniers jours, j'irai m'y rappeler que je fus cependant aimée de M. de Buffon, et les larmes que je verserai sur ce marbre, vivant pour moi, m'assureront trop, hélas! que ma gloire ne fut point un songe. »

Outre les bustes de Houdon et de Pajou et ceux placés à l'Institut et à l'École normale supérieure, à la Bibliothèque nationale et dans presque toutes les bibliothèques de Paris, au musée de Dijon, etc., il a été fait, dans ces derniers temps, un très grand nombre de bustes et statuettes de Buffon de toutes les dimensions, en marbre, ivoire et bronze, notamment pour décorer des pendules, encriers et presse-papiers.

(1) Voir sur l'accueil fait par Joseph II au fils de Buffon la lettre du 23 janvier 1782 à la comtesse de Grismondi.

(2) La volonté de Buffon n'a pas été respectée. A sa mort, le médaillier de Catherine II ne s'est retrouvé ni à Paris ni à Montbard, et il ne figure sur aucun des inventaires dressés à cette date à Montbard et au Jardin du Roi. On a soupçonné sans preuves le fils de Buffon d'avoir échangé en Angleterre ces riches médailles contre des chevaux de sang. « Après la mort tragique du fils de mon bienfaiteur, dit Humbert Bazile, ces médailles disparurent et on le soupçonna d'en avoir disposé. N'est-il pas plus vraisemblable que, si ce riche écrin ne s'est pas retrouvé à la levée des scellés apposés révolutionnairement à son domicile, c'est que, dans ces temps de rapt, de désordre et d'impunité, une main étrangère s'en sera emparée. J'aurais voulu les voir figurer au cabinet des médailles de la Bibliothèque du Roi. »

personne du beau sexe qui a été supérieure à tous les grands hommes (1).

C'est avec le plus profond respect et j'ose dire avec l'adoration la mieux fondée, que j'ai l'honneur d'être,

   Madame,

     De Votre Majesté Impériale, le très humble, très obéissant et très dévoué serviteur.

          LE C^te DE BUFFON.

(Ministère des affaires étrangères de Russie; publiée avec des variantes par Grimm.)

—◇—

# LETTRE CCCCLVII

## A M. TRÉCOURT (2).

       Au Jardin du Roi, le 21 décembre 1781.

M. Royer vous remettra, monsieur Trécourt, un paquet en toile cirée qui contient la table des concordances des noms des oiseaux, qu'il faut transcrire et arranger par ordre vraiment alphabétique, suivant que les lettres se succèdent, comme M. l'abbé Bexon l'explique dans une page que vous trouverez au-dessus de ces mêmes feuilles. Je ne doute pas que vous ne l'exécu-

---

(1) Catherine II répondit à Buffon.

Sa lettre, insérée par Grimm dans la *Correspondance littéraire*, nous a également été conservée par Humbert Bazile.

La copie que nous donnons ici a été prise aux archives du Ministère des affaires étrangères de Russie :

          ⁎ Saint-Pétersbourg, le 5 février 1782.

   « Monsieur le comte de Buffon,

  Je viens de recevoir, par M. le baron de Grimm, la lettre que vous avez bien voulu m'écrire, en date du 14 décembre de l'année passée.

  « Personne n'était plus en droit que vous, monsieur, d'être revêtu des fourrures de la Sibérie. Vos *Époques de la nature* ont donné à mes yeux un nouveau lustre à ces provinces dont les fastes ont été si longtemps plongés dans l'oubli le plus profond. Il n'appartient qu'au génie, orné de si grandes connaissances, de deviner pour ainsi dire le passé, d'appuyer ses conjectures de faits indiscutables, et de lire l'histoire des pays et celle des arts dans le livre immense de la nature.

  « Les médailles frappées du métal que nous fournissent ces contrées pourront un jour servir à constater si les arts ont dégénéré là où ils ont pris naissance. Ce qu'il y a de sûr, c'est que, lorsqu'on les frappait, le chaînon qui est en votre possession n'a point trouvé d'imitateurs ici.

  « Que les zibelines conservent votre santé, monsieur, jusqu'au temps où elles s'habitueront aux climats modérés; que votre buste, travaillé par Houdon, vienne dans ce Nord où vous avez placé le berceau de tout ce que la nature, dans sa première force, a produit de plus grand et de plus remarquable; que M. votre fils l'accompagne, il sera témoin de la renommée de son illustre père et de l'estime très distinguée que lui porte

           « CATHERINE. »

(2) Jacques Trécourt, secrétaire et homme d'affaires de Buffon, déjà nommé.

tiez bien (1) et, pour en être plus assuré, vous n'aurez qu'à me renvoyer la lettre A, dès que vous l'aurez transcrite et arrangée.

Vous avez toute raison dans ce que vous me marquez au sujet du recépage ; il faut, en effet, faire couper les jeunes chênes entre deux terres et au-dessous des doubles et triples tiges, comme vous l'avez fait dans l'échantillon que vous m'avez envoyé (2) : vous pouvez donner cet ordre de ma part à tous mes ouvriers (3), et vous ferez bien de les suivre aussi souvent et d'aussi près que vous pourrez.

Vous pourrez demander à M. Guérard, dans les premiers jours de janvier, le payement de votre mois de décembre, et, si vous avez fait quelques autres frais, vous lui fournirez mémoire et quittance du tout.

Ne doutez pas de mes bonnes intentions à reconnaître vos services et à vous en rendre, si l'occasion s'en présente.

Le C<sup>te</sup> de Buffon.

Vous mettrez sur votre état le port de cette lettre.

(Collection Nadault de Buffon.)

(1) L'abbé Bexon, renvoyant à quinze jours d'intervalle, le 4 janvier 1782, cette Table à Trécourt, le loue sur la manière dont il l'a exécutée.

« Je fais mes sincères compliments et souhaits de bonne année à M. Trécourt en lui renvoyant, de la part de M. le comte de Buffon, le cahier A de la Concordance. Il est en général très bien, et M. Trécourt a conçu à merveille l'ordre complètement alphabétique, d'abord pour la première, puis la seconde, puis la troisième lettre, et ainsi jusqu'à la dernière de chaque mot, qu'il est essentiel d'y observer. Il ne reste qu'à mettre la plus scrupuleuse attention ainsi que la plus grande exactitude à coter sur chaque mot le volume et la page, parce qu'une faute échappée là-dessus serait irréparable. Au reste, dans ce genre de travail, le second cahier est plus facile que le premier, et le troisième encore plus, et le premier doit servir comme d'étude aux suivants. Voilà ce que j'avais à dire à M. Trécourt au sujet de ce travail, et je finis par répéter qu'on ne pouvait le mieux confier qu'à son intelligence et à son exactitude. »

(2) Buffon, possesseur d'une grande étendue de bois et qui avait débuté dans sa carrière scientifique par des expériences sur leur force et leur durée, s'est occupé toute sa vie de sylviculture, et a fait faire à cette science de sérieux progrès ; après avoir été reçu comme botaniste à l'Académie des sciences, ce fut dans la classe de sylviculture qu'il fut nommé membre de la Société royale et centrale d'agriculture de France, fondée en 1761 par Louis XVI et Turgot, et ce sont ses travaux sur les bois que Bressonnet, secrétaire perpétuel de cette Compagnie, a surtout mis en relief dans son éloge prononcé le 28 novembre 1788.

Son petit-neveu, l'ingénieur hydraulicien Benjamin Nadault de Buffon, écrivain, inventeur et savant, a été membre, après lui, de la Société d'agriculture, dans la section d'hydraulique agricole.

(3) On sait que Buffon avait des chantiers permanents d'ouvriers dans ses forges, ses bois et ses jardins, afin que les travailleurs de bonne volonté qui s'adressaient à lui ne manquassent jamais de travail.

# LETTRE CCCCLVIII

## BILLET A L'ABBÉ BEXON.

Au Jardin du Roi, ce jeudi soir.

Je vous prie, mon cher monsieur, de m'attendre demain le matin chez vous ; j'irai vous prendre à dix heures pour commencer une opération importante et nous reviendrons ensuite ensemble.

Je vous embrasse bien sincèrement.

BUFFON.

(Inédit. — Communiqué par M<sup>lle</sup> Lefebvre.)

---

# LETTRE CCCCLIX

## A DAUBENTON LE JEUNE (1).

Montbard, ce 28 décembre 1781.

Je vous suis obligé, mon très cher monsieur, de m'avoir donné avis qu'il y avait encore de l'odeur de peinture à l'huile dans la chambre voisine de la mienne ; je viens de donner ordre de faire racler toute cette huile, et je retarde mon départ de huit jours pour être à l'abri de cet inconvénient que je redoute beaucoup.

Nous avons eu ici quelques casse-noix après les sécheresses, mais il nous est arrivé un plus grand nombre de becs-croisés, et on en a tué plusieurs sur les épicéas de mes jardins. Ces oiseaux sont à peu près aussi bons à manger que les grives ; les casse-noix, au contraire, ne sont pas mangeables.

Mille tendres respects à M<sup>me</sup> Daubenton (2) ; je serai enchanté de vous revoir tous deux et de vous renouveler les sentiments de tout l'attachement avec lequel j'ai l'honneur d'être, mon très cher monsieur, votre très humble et très obéissant serviteur.

BUFFON.

(Inédite. — Communiquée par M. de Sainte-Marie, président de la Société académique d'Orléans.)

(1) Edme-Louis Daubenton, précédemment nommé.
(2) Adélaïde de La Ferté de Boutevilain, fille d'un avocat au Parlement de Paris, femme d'Edme-Louis Daubenton.

---

## LETTRE CCCCLX

### FRAGMENT A GUÉNEAU DE MONTBEILLARD.

Le 1er janvier 1782.

... J'ai reçu, en effet, un magnifique présent de l'impératrice de Russie. Ce sont toutes les médailles en or qu'elle a fait frapper depuis son avènement au trône. Il y en a trente-neuf, dont trois ou quatre pèsent chacune cinquante louis (1). Vous les verrez, mon cher monsieur, et je compte les emporter à Montbard. Elle me promet de plus les médailles qu'elle fera frapper dans la suite et me demande pour cela matière bien plus légère, c'est-à-dire les volumes que je dois faire imprimer. Elle a aussi commandé à M. Houdon de faire mon buste en marbre. Il y travaille actuellement.

BUFFON.

(Publié par Bernard d'Héry.)

—◇—

## LETTRE CCCCLXI

### A MADAME NECKER.

Ce 2 janvier 1782.

C'est pour vous et pour vous seule, ma noble et tendre amie, que mes sentiments n'ont point de mesure, puisque je ne peux vous les exprimer et que les hauts motifs sur lesquels ils sont fondés sont eux-mêmes sans mesure, et qu'en grandeur d'âme, bonté de cœur et lumières de l'esprit, on ne peut vous comparer qu'à vous-même.

Si cela n'était pas universellement consenti et reconnu, j'aurais quelque mérite à vous le dire. Mais, mon adorable amie, il ne me reste que celui de sentir, mieux que tout autre le bonheur de vous aimer, et tous mes vœux seront remplis si vous me conservez une place dans votre cœur.

BUFFON.

(Inédite. — Archives de Coppet. Communiquée par le vicomte d'Haussonville.)

—◇—

## LETTRE CCCCLXII

### A L'ABBÉ D'ANJOU.

Ce 3 janvier 1782.

J'ai l'honneur d'envoyer à M. l'abbé d'Anjou la réponse de M. Rey, qui n'est de retour que depuis deux jours d'un voyage qu'il a fait à Dreux; il

(1) Voir p. 87, note 5.

est fâcheux qu'il ne soit plus le maître de faire ce que désirait M. l'abbé d'Anjou, auquel je souhaite le bonjour et la bonne année.

Buffon.

(Inédite. — Collection du comte Cosilla, syndic de la ville de Turin.)

―◇―

## LETTRE CCCCLXIII

### A MADAME NECKER.

Le 20 janvier 1782.

Quelle bonté! quelle attention!

Hé bien, ma très respectable amie, je ne sortirai pas de deux jours et je vous dirai confidemment que cela convient encore plus à mon projet qu'à ma santé.

Je ne veux pas me trouver jeudi à l'élection de l'Académie (1), et je pense que vous ne me désapprouverez pas, car je n'ai pas d'autre moyen d'éviter

---

(1) L'élection pour remplacer Saurin. Buffon, fort lié avec Bailly, dont il honorait particulièrement le caractère, le savoir et les écrits, l'avait désigné comme son candidat. Il avait vu ses amis et s'était assuré du nombre de voix nécessaires à son élection. Mais la défection du comte de Tressan assura le succès de Condorcet, qui fut élu par seize voix contre quinze.

« L'élection de M. le marquis de Condorcet à la place vacante à l'Académie française par la mort de M. Saurin, dit Grimm, est une des plus grandes batailles que M. d'Alembert ait gagnées contre M. de Buffon. Ce dernier voulait absolument qu'on donnât la préférence à M. Bailly; M. de Chamfort, à la dernière élection, ne l'avait emporté sur lui que de trois ou quatre voix..... Il n'en est pas moins vrai que M. d'Alembert a eu besoin de toute l'adresse de son esprit, de toute l'activité de sa politique, on l'assure même, de toute l'éloquence de ses larmes pour décider le triomphe de son client; et sans une petite trahison de M. de Tressan, tant d'efforts, tant de soins étaient encore perdus; car M. de Condorcet n'a qu'une seule voix de plus que M. Bailly, seize contre quinze. Et voici l'histoire assez curieuse de cette voix, bien digne assurément d'être contée. M. de Buffon, à qui M. de Tressan doit sa place à l'Académie, crut bonnement pouvoir se fier à la parole qu'il lui avait donnée de servir M. Bailly. M. d'Alembert avait obtenu de lui la même promesse en faveur de M. de Condorcet; mais beaucoup meilleur géomètre que le Pline français, il jugea très bien qu'une promesse verbale du comte de Tressan n'était pas une démonstration assez rigoureuse; en conséquence, il se fit donner la voix dont il avait besoin dans un billet convenablement cacheté, et ce petit tour de passe-passe a décidé le succès d'une des plus illustres journées du conclave académique. »

« On ne se souvient pas, de mémoire d'académicien, — dit de son côté La Harpe, — qu'il y ait jamais eu pour une élection une assemblée si nombreuse, ni un semblable partage de voix. Nous étions trente et un; Bailly a eu quinze voix, et M. de Condorcet seize. « Il a frisé la corde », disait M. d'Alembert; et l'on peut juger de l'intérêt qu'il y mettait par ces propres paroles qu'il dit tout haut après le scrutin : « Je suis plus content d'avoir gagné « cette victoire que je ne le serais d'avoir trouvé la quadrature du cercle. » Un géomètre ne peut rien dire de plus fort. »

La défection du comte de Tressan fut extrêmement sensible à Buffon :

« ... Depuis l'échec de M. Bailly, — dit M^{lle} Blesseau dans les mémoires intimes qu'elle a laissés sur son maître (*), — M. de Buffon ne voulut plus retourner à l'Académie, parce

---

(*) Voyez première édition de la *Correspondance*, t. II, p. 641.

beaucoup de choses désagréables (1). Je serai donc enrhumé pour ces deux ou trois jours (2) ; mais vendredi ou samedi j'irai vous remercier mille fois et vous porter tous les sentiments de mon cœur.

BUFFON.

(Archives de Coppet. — Communiquée par la baronne de Staël.)

# LETTRE CCCCLXIV

## A MADAME DAUBENTON.

Au Jardin du Roi, le 22 janvier 1782.

On fait au premier jour de l'an un nouveau contrat avec la vie ; mais avec une ancienne amie il n'est pas besoin de faire un pacte nouveau, et tous les jours sont égaux quand les sentiments sont toujours les mêmes. Aimer constamment est une rare vertu ; apprenez de bonne heure cette morale à la jolie Betzy (3). Vous m'avez fait grand plaisir de me donner de ses nouvelles ; je la baise et vous embrasse bien sincèrement.

que M. le comte de Tressan, qui lui avait promis sa voix, l'avait donnée à M. de Condorcet. M. de Buffon avait d'autant plus droit d'y compter que M. de Tressan disait partout qu'il était son ami depuis quarante-cinq ans (*). »

Buffon l'ayant rencontré quelques jours après l'élection, celui-ci vint à lui en se plaignant de s'être présenté au Jardin du Roi sans avoir été reçu : « J'étais chez moi, répondit sèchement Buffon, mais j'ai donné ordre que ma porte vous fût désormais fermée. »

Jean-Sylvain Bailly, astronome et naturaliste, élève de Buffon, né le 15 septembre 1736, mort le 12 novembre 1794, fils de Jacques Bailly, peintre et garde des tableaux du Roi, avec qui on trouve Buffon en rapport dès 1739 (**), avait hérité de son père du titre de garde honoraire des tableaux du Roi. Il entra à l'Académie française en 1784 ; il était de l'Académie des sciences depuis 1763, et devint membre de celle des inscriptions en 1785. Il a écrit une *Histoire de l'astronomie ancienne et moderne* (de 1775 à 1787) et les *Lettres sur l'origine des sciences* et l'*Atlantide de Platon* (1777). Président de la réunion du Jeu de paume, maire de Paris en 1789, il fit cette fière réponse à ceux qui le menaient au supplice. « Si je tremble, ce n'est pas de peur, mais de froid. »

(1) L'élection de Condorcet était de nature à être tout particulièrement désagréable à Buffon, ami de Necker, Condorcet s'étant constamment posé en adversaire de Necker, qu'il avait attaqué dans un pamphlet violent : *Lettres d'un laboureur*, en réponse à l'écrit sur *la Législation et le commerce des grains*. Le hasard, qui devait faire de Condorcet le panégyriste de Buffon en 1787, devait également l'appeler à recevoir en 1784, comme directeur de l'Académie française, Bailly, succédant au comte de Tressan, qui lui en avait fermé les portes en 1782.

(2) Ce n'est pas la première fois que nous entendons Buffon prétexter un rhume pour ne pas se trouver mêlé aux intrigues académiques.

« L'Académie, suivant l'usage de tous les corps, dit Grimm, est partagée en deux partis ou factions... Il y a aussi de ces âmes fières et libres qui dédaignent d'être d'aucun parti, comme M. de Buffon, par exemple, et que leur neutralité expose à la calomnie des deux factions. »

(3) Élisabeth-Georgette-Betzy Daubenton, filleule de Buffon, comme son père Georges-Louis Daubenton, depuis comtesse de Buffon. (T. I, p. 300, note 1.)

(*) Tome 1er, p. 285, note 3. Lettre du 3 mai 1775 au comte de Tressan.
(**) Voir, t. I, p. 29, note 1, lettre du 8 février 1739 au président Bouhier.

La fête d'hier (1) s'est passé sans tumulte et sans accident, grâce aux grandes précautions qu'avait prises M. le lieutenant de police (2). La reine est embellie de sa couche, un Dauphin (3) produit gloire et santé. Sa première couche avait un peu flétri sa beauté, mais celle-ci paraît l'avoir augmentée.

J'écrirai dans quelques jours à mon frère (4). Faites-lui mes amitiés ainsi qu'à M. (5) et à M<sup>me</sup> Nadault (6). Mon fils vous assure tous de son respect.

(1) Les fêtes données par la ville de Paris à Marie-Antoinette, à la naissance du Dauphin, dont on trouvera le détail Tome II, page 375 de la première édition de la *Correspondance*.

(2) Le souvenir de la catastrophe de la place Louis XV, lors des fêtes célébrées à Paris, en 1770 à l'occasion du mariage de Louis XVI, alors duc de Berry, avec Marie-Antoinette, avait engagé les autorités à redoubler de précautions ; et cette fois le lieutenant général de police Lenoir, le maréchal duc de Biron, colonel des gardes françaises, le comte d'Affry, colonel des cent-suisses, le chevalier Dubois, commandant du guet, avaient si bien pris leurs mesures qu'on n'eut à déplorer aucun accident.

(3) Le Dauphin, né le 22 octobre 1781.

(4) Le chevalier de Buffon, alors lieutenant-colonel des gardes lorraines.

(5) Benjamin-Edme Nadault, seigneur de La Berchère, des Bordes, des Berges, etc., co-seigneur de Montbard avec Buffon, son beau-frère, fils de l'avocat général Jean Nadault, de l'Académie des sciences, né à Montbard le 22 janvier 1748, mort le 17 février 1804, seulement âgé de cinquante-six ans. Conseiller au Parlement de Bourgogne pendant vingt ans, du 23 mai 1770 jusqu'à la suppression des Parlements, il a laissé, durant les troubles qui agitèrent les Parlements dans les dernières années de leur existence, le souvenir d'un magistrat aussi sage qu'éclairé, ferme et indépendant ; il avait épousé, le 24 juillet 1770, avec dispense de parenté sa cousine germaine, Catherine-Antoinette Leclerc, sœur de Buffon.

Peintre, musicien et écrivain, savant à ses heures de loisir, il a encouragé de ses conseils, de son crédit et de sa bourse les débuts de ses illustres compatriotes Greuze et Prud'hon, et a laissé des paysages estimés dont plusieurs, peints avec le paysagiste Lallemand, ont mérité de figurer au musée de Dijon, dont il fut un des fondateurs en 1780. Il a collaboré à la collection académique et a laissé un traité manuscrit de l'art de peindre ; il a secondé Buffon dans la création et la décoration de ses jardins de Montbard. On visitait dans son hôtel, décoré de stucs, de bas-reliefs, de sculptures et de tableaux, le riche cabinet d'histoire naturelle formé par son père. « On voit, — dit l'abbé Courtépée, — chez M. Nadault, conseiller au Parlement, une collection de toutes les curiosités naturelles du pays et de presque tous les marbres étrangers et nationaux rassemblés par son père, savant laborieux, correspondant de l'Académie des sciences. »

L'hôtel Nadault, qui joignait l'habitation de Buffon, n'en était séparé que par une chapelle, la chapelle Saint-Jean, où les Nadault avaient leur sépulture, et où Buffon et son beau-frère pouvaient assister aux offices religieux dans une tribune attenante à leurs appartements. Leurs jardins communiquaient par une porte dont chacun avait une clef, et Buffon, qui venait souvent surprendre son beau-frère dans son atelier, lui disait en lui frappant amicalement sur l'épaule : « *Pardieu*, mon cher beau-frère, vous peignez trop bien pour un conseiller. » Le chevalier Aude a dit dans sa *Vie privée de Buffon* : « Ceux qui préfèrent une raison solide aux éclairs de l'esprit, un cœur loyal, un heureux caractère à la séduisante frivolité des gens du bel air, sont dignes d'apprécier ce conseiller prudent et sage. Il était de la société intime de M. de Buffon. » Buffon disait de son beau-frère que c'était, avec Guéneau de Montbeillard, l'homme dont la manière de voir et de sentir était le plus conforme avec la sienne. Benjamin Nadault était de l'Académie des beaux-arts de Paris, et comme son père, son petit-fils et son arrière-petit-fils, membre de l'Académie de Dijon ; son portrait a été gravé par Portier de Beaulieu.

(6) Catherine-Antoinette Leclerc, sœur aînée de Buffon, précédemment nommée. (T. 1<sup>er</sup>, p. 237, note 4.)

BENJAMIN EDME NADAULT

CONSEILLER AU PARLEMENT DE BOURGOGNE

Beau-frère de Buffon

1748-1804

Adieu, ma très chère amie, je crois que je ne tarderai pas plus de six semaines à jouir du plaisir de vous revoir.

J'oubliais de vous dire que les observations sur les cygnes me sont arrivées trop tard. Je n'ai pas répondu dans ce temps à votre cher oncle (1) parce que j'espérais pouvoir les employer; mais malheureusement les bonnes feuilles de cet article du cygne étaient entièrement tirées. Au reste, ses observations s'accordent assez bien avec celles que j'ai recueillies d'ailleurs. J'écrirai au premier jour au cher oncle, pour le remercier d'une lettre charmante qu'il a eu la bonté d'écrire à mon fils. Adieu, très chère amie; dites quelque chose pour moi à votre chère tante, qui est aussi une bonne amie (2).

BUFFON.

(Collection Nadault de Buffon.)

—◇—

# LETTRE CCCCLXV

## A LA COMTESSE DE GRISMONDI.

A Paris, au Jardin du Roi, ce 23 janvier 1782.

Madame la Comtesse, ma très aimable et respectable amie, c'est malgré moi que j'ai différé si longtemps la réponse que j'étais empressé de faire à votre charmante lettre du 8 octobre dernier, mais j'étais incertain si mon fils, qui était alors en Hongrie, pourrait passer en Italie et vous faire sa cour à Bergame; les circonstances ne lui ont pas permis de faire ce voyage cette année, et j'en ai bien du regret. Il a été retenu trois mois à Vienne par les bontés particulières et les marques de bienveillance qu'il a reçues de l'Empereur (3), et il n'est de retour auprès de moi que depuis quelques jours, ce ne

(1) Guéneau de Montbeillard, à qui certains critiques, et notamment M. Flourens, n'en ont pas moins attribué l'article du Cygne.

(2) M<sup>me</sup> Guéneau de Montbeillard, une des femmes de l'intimité de Buffon dont il faisait le plus de cas et à qui il adressera l'avant-dernière lettre de ce recueil.

(3) Buffon écrivait, au sujet du premier voyage de son fils à Berlin et à Vienne, le 1<sup>er</sup> septembre 1781 à la comtesse de Grismondi (p. 73) : « Il est actuellement à Berlin et pourra bien revenir d'Allemagne par le Tyrol... Il a été reçu avec grand agrément en Hollande et dans les cours d'Allemagne; » et le 14 décembre 1781 à Catherine II (p. 90) : « Il revient de Vienne et du camp de Prague, où il a été bien accueilli. »

Le fils de Buffon avait, en effet, reçu de l'empereur Joseph II, à Vienne, un accueil aussi flatteur que celui que devait lui faire Frédéric le Grand, à Berlin, et Catherine II, à Saint-Pétersbourg, et qui était de la part des grands souverains du Nord un hommage rendu à la renommée de son père, qui ne paraît pas s'en apercevoir. François Barthélemy, successivement ministre de la république à Bâle, membre du Directoire, déporté à Cayenne, sénateur, pair de France et marquis sous la Restauration, neveu de l'abbé Barthélemy et qui était alors premier secrétaire d'ambassade à Vienne, écrivait à Buffon, le 3 octobre 1781,

sera donc que sur la fin de l'été prochain, ou peut-être plus tard encore qu'il pourra se rendre en Italie (1), et je ne manquerai pas, Madame la comtesse, de vous en prévenir d'avance.

J'ai vu le cher M. Le Brun qui est enchanté de votre traduction ; tous nos connaisseurs en poésie l'ont admirée, et vous pouvez, ma très illustre amie, faire imprimer, à la suite de l'ode, la lettre de M. Le Brun et la mienne (2). Cela ne peut que nous faire honneur, et les grâces que vous avez répandues dans cette traduction ne peuvent que vous en faire infiniment à vous-même.

Rien ne pouvait me donner plus de joie, mon adorable amie, que la nouvelle du rétablissement de votre santé après un aussi long temps de souffrances

en l'absence du comte de La Torre, ambassadeur : « Le prince de Kaunitz a parfaitement bien accueilli M. votre fils, et l'Empereur l'a distingué, au camp de Prague, d'une manière qu'il est impossible qu'il l'oublie jamais... L'Empereur l'a reçu et traité avec toute la bonté et toutes les grâces imaginables ; et il est très satisfaisant pour les Français employés au dehors d'avoir à produire leurs compatriotes quand ils réunissent, comme M. votre fils, les avantages qui méritent et donnent les succès. » Il ajoutait, dans une lettre au fils de Buffon du 16 février 1782 : « Ce début dans vos voyages est d'un bon augure ; vous trouverez les mêmes avantages partout où vous porterez les attentions et les prévenances que vous avez marquées ici. »

Le général comte de Burckauss écrivait, de son côté, le 3 septembre 1782 : « J'ai pris sur moi de le décider à retourner sur ses pas pour aller à Prague y voir manœuvrer, par S. M. l'Empereur, 45,000 hommes... Il a été comblé de grâces et de faveurs par Sa Majesté ; il a eu l'honneur de diner à sa table ; et, à toutes les manœuvres, l'Empereur s'est constamment entretenu avec lui. Il est revenu du camp après avoir mérité les éloges de tous les généraux à qui je l'avais adressé : tous lui prédisent une brillante carrière (*). »

Si Joseph II « *avait prodigué ses bontés particulières et les marques de sa bienveillance* » au fils de Buffon à Vienne, il avait également comblé Buffon des plus éclatants témoignages de son estime. Pendant son séjour en France, il venait seul le surprendre, le matin, au Jardin du Roi, s'asseyait près de sa table de travail et s'entretenait longtemps avec lui. Buffon a reçu de Joseph II de riches présents en bijoux, objets d'arts et curiosités naturelles qui font aujourd'hui partie, comme tout ce qui lui a été personnellement donné, des collections du Muséum (**).

Joseph II, empereur d'Allemagne, fils de Marie-Thérèse d'Autriche, né en 1741, mort en 1790, connu par la part qu'il a prise à la guerre contre les Turcs comme allié de Catherine II, par sa lutte contre les Pays-Bas révoltés, et par la formation de la première coalition contre la France pour secourir son infortunée sœur Marie-Antoinette.

(1) Dans la seule lettre qui nous ait été conservée de la comtesse de Grismondi à Buffon, avec qui elle entretenait une correspondance suivie, elle témoigne de son impatience de voir en Italie celui qu'elle nomme « le plus aimable des enfants. » — « Je souhaite, dit-elle, que les ailes du temps redoublent de vitesse, pour hâter le jour où j'aurai le bonheur de le voir en Italie. » Mais ce projet de voyage fut définitivement abandonné pour le voyage en Russie.

(2) C'est ce qui eut lieu, en effet, et la brochure in-4° de la traduction italienne de l'ode de Lebrun, imprimée avec luxe à Bergame, en 1782, comprend les lettres de Buffon du 1er janvier 1780, et de Lebrun du 30 juillet. On trouvera aux pages 340 et 343 de la première édition de la *Corespondance* les lettres de la comtesse de Grismondi et de Lebrun.

(*) Voir, page 366 du tome II de la première édition de la *Correspondance*, les lettres diplomatiques relatives au voyage du fils de Buffon en Allemagne.
(**) Voir la lettre du 10 juin 1786 à André Thouin.

et de langueur. Comme elles n'ont point flétri votre âme et votre esprit, je suis persuadé que votre personne a conservé de même son incomparable beauté (1). Votre image ravissante est toujours dans ma mémoire ; je vous adresse souvent mes sentiments et mes vœux, et j'en parle à mes amis en leur offrant le délicieux rossolis et marasquin (2) que vous m'avez envoyé avec profusion et dont je vous réitère mes remerciements.

Recevez aussi, Madame la comtesse, tous les sentiments du dévouement et du tendre respect avec lesquels je serai toute ma vie votre très humble et très obéissant serviteur.

LE C<sup>te</sup> DE BUFFON.

(Publiée en Italie en 1883. — Communiquée par le marquis Camposi.)

---

# LETTRE CCCCLXVI

## A M. DE TOURNAY (3).

Paris, au Jardin du Roi, ce 4 février 1782.

J'ai eu, Monsieur, le plaisir de voir M. votre fils (4) à son passage à Paris et je lui ai bien recommandé de continuer à mériter, par son zèle et son application, l'estime de ses supérieurs. J'en ai fait mes remerciements à M. de Tolozan, qui vous considère, Monsieur, comme vous le méritez.

Je suis fort sensible au sentiment que vous voulez bien me conserver, et je vous prie d'être persuadé de tous ceux du véritable attachement avec lequel j'ai l'honneur d'être, Monsieur, votre très humble et très obéissant serviteur.

LE C<sup>te</sup> DE BUFFON.

(Inédite. — Communiquée par M. Léon de La Sicotière, sénateur.)

(1) Ce compliment dut être particulièrement sensible à une jeune et jolie femme, qui écrivait à Buffon, le 14 février 1780 : « Je vous écris toujours de mon lit ; c'est depuis une année que je n'ai que des maux à endurer, et que je ne puis retrouver une santé indispensable à notre félicité. Jamais je n'eus plus besoin de philosophie, car je sens d'être encore dans l'âge des plaisirs et qu'il est bien dur d'y renoncer si tôt. »

(2) Buffon offrant des petits verres de liqueur à ses amis est un aspect sous lequel il ne paraîtra pas souvent.

(3) Jean-Baptiste-François-Joachim Nioche de Tournay, littérateur et savant, né en 1736, mort le 27 mai 1816, d'abord inspecteur des manufactures, et en 1782 secrétaire perpétuel de la Société royale des beaux-arts et d'agriculture du Mans, dont il a publié les bulletins et procès-verbaux ; c'est en cette qualité que Buffon lui écrit. Ses travaux sont cités dans la *Bibliographie du Maine*, par Desportes.

(4) Matthieu-Jean-Baptiste Nioche de Tournay, littérateur et vaudevilliste, fils du précédent, né le 30 décembre 1767, mort le 7 février 1844, a écrit en collaboration avec Désau-

# LETTRE CCCCLXVII

## BILLET A MADAME NECKER.

Ce 10 février 1782.

Voilà la souscription pour l'*Encyclopédie* (1); j'ai payé les 36 francs, vous ne pouvez, mon adorable amie, vous dispenser de porter cette dépense sur votre grande liste de bienfaisance, puisque vous ne donnez cet argent que par bonté pour moi.

BUFFON.

(Inédite. — Archives de Coppet. — Communiquée par la baronne de Staël.)

—◇—

# LETTRE CCCCLXVIII

## AU PRÉSIDENT DE RUFFEY.

Paris, le 14 février 1782.

Mon cher Président, mon très ancien ami, les marques de votre souvenir me font en tout temps le plus sensible plaisir, et je voudrais que votre terre de Montfort vous obligeât plus souvent à venir dans notre canton. Je compte retourner à Montbard avant Pâques; j'y passerai le printemps et peut-être l'été. Ne puis-je espérer de vous y recevoir pendant ce long espace de temps?

Ma santé, moins ferme que la vôtre (2), ne me permet pas de voyager aussi facilement que vous pouvez le faire; car vous avez en force dix ans de moins que moi.

Vos fêtes (3), dont j'ai lu la relation, paraissent avoir été mieux ordon-

giers, Gouffé, etc., de nombreux vaudevilles et pièces de circonstances dans les loisirs que lui laissait un emploi de chef de division à la Banque de France : *Les Avant-postes ou l'Armistice* (1801); *Marmontel* (1802); *Monsieur Seringa ou la Fleur des apothicaires* (1803); *Monsieur Vautour ou le Propriétaire sous le scellé* (1807), etc.

(1) L'*Encyclopédie méthodique*, éditée par Panckoucke, qui en avait publié le programme l'année précédente, en 1781, sous le titre de : *Plan d'une encyclopédie méthodique par ordre de matières*.

(2) En effet, le président Richard de Ruffey, bien qu'étant l'aîné de Buffon d'un an, et comme le président de Brosses, son compagnon et son ami au collège et à l'École de droit, n'est mort que six ans après lui, en 1794, à quatre-vingt-huit ans.

(3) On aime à trouver, dans le programme des fêtes données à Dijon à la naissance du Dauphin, une pensée de bienfaisance. Les états dotèrent, à cette occasion, douze jeunes filles pauvres, et on frappa une médaille pour en conserver le souvenir.

nées que celles de l'Hotel de ville de Paris, où il y a eu beaucoup de confusion (1).

Les impôts dont vous me parlez menacent tout au plus de loin; car le ministre des finances se conduit à merveille (2). Les emprunts se remplissent avec empressement, et il est certain que pendant toute l'année il ne sera pas forcé à mettre de nouveaux impôts, malgré cette guerre ruineuse qui engloutit tant de millions dans la mer (3).

Vous me demandez, mon cher Président, des nouvelles de mes travaux.

Il va paraître dans un mois un second volume de supplément aux animaux quadrupèdes, et dans quatre mois le neuvième et dernier volume de l'*Histoire des minéraux*.

Adieu, mon très cher Président, mille tendres respects à M^me de Ruffey.

BUFFON.

(Collection du comte de Vesvrotte.)

(1) On lit dans les feuilles du temps : « Le bal qui a eu lieu cette nuit à la ville était détestable par la difficulté d'y aborder en voiture, et par la cohue immense et par l'espèce de monde, dont la plus vile canaille de Paris faisait une très grande partie... Leurs Majestés se sont trouvées elles-mêmes si pressées que la Reine a crié un moment : « J'étouffe! » et que le Roi a été obligé de se faire place à coups de coude. Malgré cela, ils ont paru s'amuser... On leur a servi une table de soixante-dix-huit couverts, où il n'y avait que le Roi et ses deux frères en hommes... les ducs et pairs ont dîné avec du beurre et des raves, parce que Sa Majesté étant sortie de table promptement, il a fallu lever toutes les tables. On jugera cependant de la profusion de ce jour par la viande de boucherie, dont il a été consommé cent deux mille milliers. »

(2) Jean-François Joly de Fleury, contrôleur général des finances depuis 1781, successeur de Necker, prédécesseur de d'Ormesson, déjà nommé. (T. II, p. 34, note 1.)

(3) La guerre avec l'Angleterre pour l'indépendance américaine, déclarée en 1778, terminée, par le traité de Versailles, en 1783.

# LETTRE CCCCLXIX

## A M. TRÉCOURT.

Au Jardin du Roi, le 7 mars 1782.

J'ai adressé, monsieur Trécourt, une caisse et un mannequin pour le sieur Lavoignat, qui arriveront à Montbard dimanche matin par la diligence, c'est-à-dire aussitôt que cette lettre. Le mannequin contient des pattes d'asperges et des graines pour mon potager (1); mais il y a dans la caisse, un paquet de papiers et quelques brochures que vous demanderez à Lavoignat. Vous trouverez dans le paquet de papiers les cahiers manuscrits suivants :

| | | |
|---|---|---|
| 1° deux cahiers de l'or. . . . . . . . . . . | 107 pages. |
| 2° un cahier de l'argent . . . . . . . . . . | 53 |
| 3° un cahier du cuivre. . . . . . . . . . | 79 |
| 4° un cahier de l'étain. . . . . . . . . . | 44 |
| 5° un cahier du plomb. . . . . . . . . . | 47 |
| 6° un cahier du mercure. . . . . . . . . | 65 |
| 7° un cahier de l'antimoine . . . . . . . . | 14 |
| 8° un cahier du bismuth. . . . . . . . . | 10 |
| 9° enfin un cahier du zinc . . . . . . . | 20 |
| | 439 |

Vous y trouverez aussi assez de papier de Comte pour faire une nouvelle copie (2) de ces neuf cahiers, que je vous prie de faire le plus exactement qu'il sera possible.

Et à l'égard des brochures, vous verrez s'il n'y a rien que vous puissiez extraire, et vous les remettrez dans mon cabinet.

Je ne crois pas que je puisse arriver avant Pâques à Montbard; mais voilà, ce me semble, plus d'ouvrage que vous n'en ferez d'ici à ce temps.

Je suis toujours dans les mêmes sentiments pour vous, monsieur Trécourt.

Vous mettrez le port de cette lettre sur ma dépense.

Le C<sup>te</sup> DE BUFFON.

(Collection Nadault de Buffon.)

(1) On a vu plus haut quelle était l'importance des potagers de Buffon, dépendances de ses immenses jardins.

(2) Buffon revoyait et corrigeait sans cesse ses manuscrits, et les faisait recopier par ses secrétaires lorsque les surcharges et ratures en rendaient la lecture difficile. Le manuscrit des *Époques de la nature*, dont la bibliothèque du Muséum possède un exemplaire, aurait été recopié jusqu'à dix-huit fois.

# LETTRE CCCCLXX

## A MADAME NECKER.

Au Jardin du Roi, le lundi 19 avril 1782.

Non, ma tendre et généreuse amie, vous n'avez pas manqué hier à votre parole, et je n'allais pas vous demander à dîner, mais seulement vous voir un instant et vous communiquer la lettre dont je charge mon fils pour l'impératrice de Russie.

Comme j'y dis un mot de M. Necker(1), je voulais vous la montrer, et j'en joins ici la copie(2). Comme mon fils part demain matin, je serai libre et je pourrai aller dîner ce même jour rue Bergère, ou à Saint-Ouen. Ainsi je me rendrai demain à votre hôtel à deux heures, et je poursuivrai mon chemin pour Saint-Ouen, si vous n'êtes pas arrivée.

J'avoue, ma noble amie, que j'ai un peu le cœur en presse, mais il se dilatera par le plaisir de vous voir, et votre charmante lettre me produit déjà ce bon effet. Je vous en remercie, mon adorable amie.

BUFFON.

Si M. Necker ne se souciait pas de ce que je dis dans ma lettre, il serait encore temps de le supprimer en me la renvoyant ce soir.

(Archives de Coppet. — Communiquée par la baronne de Staël.)

(1) Dans la première phrase de la lettre qui suit, du 23 avril à l'impératrice.

(2) Cette copie se trouve aux archives de Coppet avec la correspondance de Buffon; une autre copie de la lettre de Buffon à Catherine II a été conservée par M. Humbert Bazile, secrétaire de Buffon. Elle diffère un peu de celle donnée par Grimm, et de celle que nous publions et qui a été copiée sur la lettre originale, au ministère des Affaires étrangères de Russie.

# LETTRE CCCCLXXI

## A S. M. L'IMPÉRATRICE CATHERINE II.

Au Jardin du Roi, le 23 avril 1782.

Voilà le buste (1) avec mon fils (2), et peu s'en est fallu que je ne sois parti avec M. Necker, qui a comme moi la plus haute admiration et le plus profond

(1) Voir t. II, p. 89, note 3, lettre du 14 décembre 1781 à Catherine II.

(2) Le jeune comte de Buffon partit le 25 avril, avec le buste de son père.

« L'Impératrice des Russies, rapportent les *Mémoires de Bachaumont* à la date du 19, a répondu à la lettre du comte de Buffon en remerciement des médailles dont elle l'avait honoré. Dans cette réponse d'une page d'écriture, tout entière de la main de cette souveraine, en français excellent et du meilleur goût, l'impératrice témoigne à ce grand homme le désir qu'elle aurait de posséder son buste. En conséquence, demain dimanche, le fils unique de M. de Buffon part pour la Russie; il doit avant passer à Berlin. Ce jeune homme, de la plus jolie figure et de la plus grande espérance, est officier aux gardes; il n'a pas dix-huit ans. »

Le comte de Vergennes, ministre des Affaires étrangères, qui avait prévenu les représentants de la France à l'étranger du passage du fils de Buffon, écrivait le 15 avril à Buffon, son compatriote :

« J'ai fait expédier, monsieur, le passeport que vous m'avez demandé pour M. votre fils, que vous vous proposez de faire voyager dans le Nord; j'ai l'honneur de vous l'envoyer. Quoique je ne doute pas de l'accueil qu'il recevra de la part des ministres chargés des affaires du Roi dans les différentes résidences où il aura à séjourner, j'ai cependant fait ajouter au passeport les lettres que vous avez désirées. J'y engage particulièrement les ministres chargés des affaires de Sa Majesté à procurer au jeune voyageur les facilités dont il pourra avoir besoin pour remplir les vues d'instruction qui font l'objet de son voyage... »

L'impératrice annonça à Buffon l'arrivée de son fils par ce billet écrit de sa main :

« Monsieur le comte de Buffon, je m'empresse de vous annoncer, par un courrier, l'arrivée de votre fils à Pétersbourg. Je le recevrai comme l'enfant d'un homme célèbre, c'est-à-dire sans cérémonie. Il soupe ce soir tête à tête avec moi.

« CATHERINE. »

« Le jeune comte de Buffon, — dit Humbert Bazile, — était accompagné du chevalier de Contréglise (*), son ami de régiment. Lorsqu'ils approchèrent de Saint-Pétersbourg, ils trouvèrent, à quarante lieues, un détachement de gardes du corps. Le chef de l'escorte avait reçu l'ordre de veiller à ce que rien ne leur manquât et de payer toutes les dépenses de la route (**). A Pétersbourg, ils furent salués par deux salves d'artillerie. L'état-major de la place vint à leur rencontre, et le Gouverneur les invita à monter dans les voitures de la cour; le Grand Maréchal les présenta à l'impératrice, et son premier mot fut pour s'informer de la santé de Buffon. Pendant un séjour de six mois à la cour de Russie, le comte de Buffon et le chevalier de Contréglise accompagnaient constamment l'impératrice dans ses réceptions, aux revues et aux spectacles. Le buste fut déposé à l'Hermitage, dans une salle consacrée aux grands hommes. Les voyageurs reçurent les mêmes honneurs à leur départ, et Catherine II remit au jeune envoyé une lettre pour son père, comme les précédentes, entièrement écrite de sa main. Elle le complimente sur la conduite que son fils a tenue à

(*) Étienne-Gabriel Aymard de Contréglise, né en 1745, mort en 1794, était, à la Révolution, capitaine au régiment d'Angoumois, chevalier de Saint-Louis. Il mourut à Cadix pendant l'émigration.

(**) D'après le récit de Buffon, dans une lettre du 18 juillet 1782 à l'abbé Bexon, la réception de son fils sur le territoire russe aurait été moins solennelle bien qu'aussi cordiale.

respect pour la personne de Votre Majesté Impériale. Mais mes soixante et quatorze ans et ses travaux, même dans son loisir, ne le permettent pas, et ne nous laissent que des regrets.

Mon fils n'est encore qu'un enfant de dix-huit ans. Avec toute la candeur de son âge il en a la légèreté et le peu de tenue. J'ose supplier ma généreuse Impératrice de le faire avertir et même frapper de quelque disgrâce, s'il ne se conduit pas bien. Sa bonté me pardonnera cette inquiétude paternelle causée par la crainte que ce trop jeune envoyé ne fasse quelque faute.

La lettre tracée de la main de Votre Majesté Impériale (1) m'a transporté et a ravi tous ceux auxquels j'en ai fait la lecture. Elle est écrite du plus beau style en notre langue; c'est un morceau sublime qui, dans quatre

sa cour et lui renouvelle ses regrets de ce que le grand âge de Buffon l'ait privée du plaisir qu'elle aurait eu à le recevoir. »

A sept années d'intervalle, le chevalier de Contréglise, compagnon de voyage du fils de Buffon, qui avait assisté à l'accueil flatteur de l'impératrice, fut de nouveau témoin du prestige qu'exerçait le nom de Buffon, à la fois sur les souverains et sur le peuple.

« Je suis parti de mon régiment avec le chevalier de Contréglise, capitaine de grenadiers, écrira le fils de Buffon, le 18 août 1789. Nous fûmes arrêtés aux portes de Bordeaux par la milice bourgeoise... J'envoyai mon domestique au Comité des 90 électeurs des communes de l'Hôtel de ville. Comme il tardait à revenir, je priai M. de Contréglise d'y aller. Il ne fut pas plus tôt dans la salle, que tout retentit d'applaudissements... Ces messieurs m'envoyèrent prier de me rendre à l'Hôtel de ville. Je fus extrêmement applaudi, et ils me firent asseoir à côté du président... Je tirai la boîte sur laquelle est le portrait de M^me Necker (*), avec cette légende :

AU FILS CHÉRI DE M. DE BUFFON<br>PAR L'AMIE INCONSOLABLE DE SON ILLUSTRE PÈRE.

» La salle retentit d'applaudissements, et je demandai qu'il me fût permis d'offrir à MM. les électeurs un buste de mon père.

» A quatre heures et demie, ces messieurs m'apportèrent des lettres de bourgeoisie.

» Ils me conduisirent ensuite au spectacle et, lorsque nous entrâmes, tout le vestibule retentit de vivats. Je pris place dans la loge de la Ville, et, à l'instant, toute la salle se tourna vers la loge en applaudissant et en criant bravo. Je saluai le public, je tirai les lettres de bourgeoisie, je les portai sur mon cœur, les bravos recommencèrent. On jouait *Le siège de Calais;* il y avait beaucoup de monde dans la salle; à la fin du spectacle, je fus de nouveau beaucoup applaudi en sortant, et le corps de ville me reconduisit chez moi, où je montai en voiture pour continuer ma route. Pendant la représentation, une actrice avait chanté des couplets, dont celui-ci (**) :

Écoutez-moi. Pour l'honneur de la France<br>Le ciel, sans doute, a fait naître Buffon.<br>Génie, esprit et vaste connaissance,<br>Tout est compris dans cet auguste nom.<br>Eh bien, son fils, son image chérie,<br>Et de Necker le plus intime ami;<br>Toujours sensible au bien de la patrie,<br>Eh bien, son fils, messieurs, il est ici.

(1) La lettre du 5 février 1782 de Catherine II à Buffon, publiée à la note 3 de la page 90 de ce volume.

(*) Voir note de la lettre du 11 avril 1786 à M^me Necker.

(**) On trouvera les autres couplets et diverses pièces relatives à la réception faite à Bordeaux au fils de Buffon à la page 402 et suivantes du Tome II de la première édition de la *Correspondance.*

lignes, renferme l'essence de mes ouvrages et dans tout le reste annonce la grandeur et la bonté jointes à la supériorité des lumières.

Cette lettre est mon trésor. C'est mon plus noble laurier. Je dois donc à Votre Majesté Impériale ma gloire et ma santé ; les zibelines l'ont conservée tout cet hiver, et je compte qu'elles me feront la même faveur pendant vingt ans. Ce terme est assez long pour que j'aie le plaisir de les voir s'habituer aux climats modérés (1).

(1) Catherine II répondit de sa main à la seconde lettre de Buffon, comme elle l'avait fait pour la première ; mais, tandis que nous avions pu comprendre dans la première édition de la *Correspondance* la première lettre, conservée par Humbert Bazile et publiée par Grimm, celle-ci nous était inconnue. Nous en devons la communication au ministère des Affaires étrangères de Russie, par l'obligeante entremise de notre grande tragédienne, M<sup>me</sup> Pasca, émule de Rachel, que le public s'étonne de ne pas applaudir au Théâtre-Français.

« Saint-Pétersbourg, le 6 novembre 1782.

« Monsieur le comte de Buffon, si vous étiez venu ici accompagné de M. Necker, non seulement vous m'auriez causé une très agréable surprise, mais aussi j'aurais joui de la satisfaction rare de voir deux personnes dont le génie et les talents se sont acquis l'estime et la considération la plus générale ainsi que la mieux méritée.

« Privée de l'agrément de vous connaître, Monsieur, mais en possession de vos ouvrages, de votre buste que M. votre fils m'a remis dès son arrivée, et dont je vous remercie infiniment, je contemple, presque tous les jours, les traits de l'historien de la nature, que j'ai placé dans l'endroit que je nomme mon *hermitage*.

« J'aurais envie, souvent, de lui dire :

« Vous qui jetez des rayons de lumière sur l'ouvrage de la création, vivez cent ans et » plus, et continuez à instruire les êtres raisonnables dont vous illustrez la race. »

« J'espère que le retour de M. votre fils calmera vos inquiétudes. Rendu à vos soins paternels, il ne manquera pas de vous remettre, Monsieur, la médaille qui appartient à votre collection. Mon intention était d'y ajouter une boîte d'une pierre qui prend différentes couleurs, et qu'on a trouvée parmi celles dont on pave un grand chemin à l'entour de cette ville, mais l'envoi de cette bagatelle a été retardé par la maladie de la personne qui en était chargée.

« Les louanges que vous donnez, Monsieur, à ma première lettre, je les attribue à votre indulgence et à celle de ceux qui en ont pris lecture. Il est difficile de bien écrire quand on ne sait la grammaire d'aucune langue, voilà mon cas.

« Puissiez-vous avoir un hiver moins rude, cette année, que le nôtre. Mais, si vos prédictions s'accomplissent, nos fourrures pourront devenir utiles à bien des climats prétendus modérés.

« En attendant, je vous prie d'être persuadé de la considération et de l'estime de

« CATHERINE. »

La correspondance de Buffon avec Catherine II a certainement compris d'autres lettres, ainsi qu'en témoignent Hérault de Séchelles et le chevalier Aude.

« Il me montra, dit le premier, plusieurs lettres de l'impératrice de Russie, écrites de sa main, pleines de génie, où cette grande femme le loue de la manière qui lui a été la plus sensible, puisqu'il est clair qu'elle a lu ses ouvrages et qu'elle les a compris en savant. Elle lui mandait : « Newton avait fait un pas, vous avez fait le second... ; » elle ajoutait : « Vous n'avez pas encore *vidé votre sac au sujet de l'homme*, » en faisant allusion au système de la génération, et Buffon s'applaudissait d'avoir été plus entendu par une souveraine que par une Académie. Il me montra aussi des questions très épineuses que lui proposait l'impératrice sur les *Époques de la nature*. Il me confia les réponses qu'il y faisait... Cette

LE COMTE DE BUFFON

Major du Régiment d'Angoumois.

1764 — 1793.

J'ai l'honneur d'être, avec la plus vive reconnaissance et le respect le plus profond, madame, de Votre Majesté Impériale, le très humble, très obéissant et très dévoué serviteur.

LE C<sup>te</sup> DE BUFFON.

(Ministère des affaires étrangères de Russie.)

—◇—

# LETTRE CCCCLXXII

## AU COMTE DE BUFFON.

### OFFICIER AUX GARDES FRANÇAISES (1).

Montbard, le 7 mai 1782.

Je reçois, mon cher fils, la lettre que vous m'avez écrite de Strasbourg et

admiration des souverains me touchait comme un hommage bien au-dessus de tous les honneurs. »

Le chevalier Aude ajoute : « J'ai eu le bonheur d'entendre quatre ou cinq fois, à Montbard, la lecture de cette rare correspondance. On la trouvera, j'espère, dans ses œuvres posthumes. »

(1) Georges-Louis-Marie Leclerc, comte de Buffon, que son père entourait d'une tendresse dont les lettres qui précèdent révèlent l'étendue, était né à Montbard, le 22 mai 1764. Il est mort sur l'échafaud révolutionnaire, à Paris, à l'âge de vingt-neuf ans, le 10 juillet 1794 (22 messidor an II), neuf jours avant le 9 thermidor. Son père lui avait donné pour parrain et marraine, comme à sa sœur, morte en bas âge, — par *esprit de charité*, disent les registres de la paroisse, — deux pauvres de la ville. Tout enfant, ayant à peine connu sa mère, il s'était fait remarquer par une exquise sensibilité et sa tendresse exaltée pour son père, dont nous avons rapporté un trait touchant (*). Son éducation fut très soignée, et son père, qui lui destinait la survivance de sa charge d'intendant du Jardin et du Cabinet du Roi, l'avait dirigé du côté des sciences. Mais une intrigue de cour ayant détruit ses espérances, le fils de Buffon entra au service. A seize ans, il était enseigne aux gardes françaises, sous le vieux maréchal de Biron, qui le traitait en fils. Il voyagea de bonne heure, d'abord en 1781, en Suisse, où il vit Voltaire, et la même année, en Hollande, avec le botaniste Lamarck; en Allemagne, où l'empereur et le roi de Prusse lui firent un accueil distingué; et en 1782, en Russie, où l'impératrice Catherine devait le combler d'attentions, de prévenances et de soins.

Capitaine au régiment de Chartres en 1786, démissionnaire l'année suivante à la suite du drame domestique dont on trouvera plus loin le récit (**), il rentra presque immédiatement au service par la volonté de Louis XVI, sous le patronage du maréchal de Ségur, et fut nommé, le 22 juillet 1787, capitaine de remplacement au régiment de Septimanie, et promu, le 4 avril 1788, à la veille de la mort de son père, major en second du régiment d'Angoumois.

C'était un bel avancement pour une carrière militaire qui comptait à peine six années de service, mais il était justifié par la noble conduite du père et du fils.

Ayant embrassé avec ardeur les principes de la Révolution, il fut le premier maire élu de Montbard, de 1789 à 1793, après en avoir été, tout jeune, gouverneur au nom du roi (***). Élu colonel de la garde nationale de cette ville et de la légion du 6e arrondissement de Paris, nommé électeur à l'assemblée électorale du département de la Côte-d'Or, il commanda à Dijon, en 1790, avec le titre de général, l'armée de la première fédération des cinq

(*) Voir, Tome I<sup>er</sup>, p. 332 note 2, la lettre du 29 novembre 1776, à M. Guillebert, son précepteur.
(**) Voyez note 2 de la lettre du 22 juin 1787 de Buffon à son fils.
(***) Voir notes de la lettre du 24 février 1783 à l'abbé Bexon.

que vous avez oublié de dater. M<sup>lle</sup> Blesseau (1) a de même reçu ici, le 4 de ce mois, la lettre que La Rose (2) lui a écrite de Vitry-le-François pour lui demander la clef de votre nécessaire, la carte des postes d'Allemagne et l'atlas géographique que vous avez également oubliés. Cette lettre est, comme vous le voyez, arrivée bien trop tard, et d'ailleurs vous n'avez pas laissé la clef du nécessaire dans votre chambre ; car avant mon départ de Paris, c'est-à-dire trois jours avant le vôtre, on a eu soin de bien visiter votre appartement et d'enfermer tout ce qui y était resté, et cette clef ne s'est pas retrouvée. Ainsi vous n'aurez pas eu d'autre parti à prendre que de faire ouvrir de force cette caisse du nécessaire, au risque de casser quelque chose.

Vous m'avez fait plaisir de m'apprendre que vous êtes arrivé à Strasbourg

départements de l'ancienne province de Bourgogne, fédération dont il avait refusé la présidence. Lieutenant-colonel du 9<sup>e</sup> régiment de chasseurs à cheval, ci-devant Lorraine, à la réorganisation de l'armée, en septembre 1791, il devint, en 1792, colonel du 58<sup>e</sup> régiment d'infanterie, ci-devant Bourgogne. Il avait vingt-six ans.

Son portrait, peint par Sauvage, a été gravé par Rosotte. Cette *Correspondance* renferme de nombreuses notes sur l'enfance, l'éducation, les voyages du fils de Buffon, sur les graves difficultés que lui créeront le patriotique désintéressement de son père et sur le drame domestique qui attristera sa vie. On trouvera aussi, à la fin de ce volume, le récit de son arrestation injustifiable, de ses derniers moments et de sa mort ; mais nous avons tenu à donner sa biographie à l'heure où il entre dans sa vie d'homme.

(1) Marie-Madeleine Blesseau, gouvernante de la maison de Buffon, déjà nommée. (T. I<sup>er</sup>, p. 239, note 3, lettre du 26 juillet 1773 à Guéneau de Montbeillard.)

(2) La Rose, valet de chambre de confiance de Buffon, était un valet de chambre modèle. Il l'avait attaché au service de son fils pendant son voyage en Russie. La Rose avait été au service du marquis de Saint-Belin. Voici son portrait d'après une lettre insérée aux notes de la première édition de la *Correspondance* : « Il coiffe fort bien, a servi dans les troupes, a voyagé en Angleterre, au Portugal, etc. Il a été en Amérique avec M. le comte de Lauberdière, aide-maréchal général des armées ; il monte supérieurement à cheval et est bien pris dans sa taille, qui est de cinq pieds deux pouces ; il a vingt-huit ans. Il est adressé par M. le vicomte de Rochambeau et recommandé par M. de Mailly. »

Tandis que le fils écrivait à son père, La Rose écrivait à M<sup>lle</sup> Blesseau, en envoyant chaque semaine un bulletin de la santé du jeune voyageur, que des vœux si tendres accompagnaient. Le journal du valet était attendu avec autant d'impatience que les lettres du maître.

Buffon avait de nombreux domestiques à qui M<sup>lle</sup> Blesseau commandait souverainement et qui la détestaient à cause de son intégrité et de son dévouement aux intérêts de son maître. Dans la maison de Buffon, les vieux serviteurs étaient les plus nombreux, et il avait encore à cette date, à son service, le valet chargé, dans sa jeunesse, de le réveiller malgré lui dès le matin pour le contraindre à se mettre au travail (*), et un autre vieux serviteur octogénaire qu'il conserva jusqu'à sa mort, bien qu'il sût qu'il n'était pas honnête.

« Il avait dans sa maison, dit le P. Ignace, un ancien domestique qui avait servi M. son grand-père et M. son père, et qui lui était très attaché. Il était établi à Montbard et retournait tous les soirs chez lui. Les domestiques, jaloux, firent connaître à M. de Buffon qu'il ne manquait pas de décorer, chaque soir, sa maison de quelque chose de nouveau appartenant à son maître. M. de Buffon se contenta de leur répondre : « Que voulez-vous que j'y « fasse ? c'est une vieille habitude qu'il a prise ; à son âge, il lui en coûterait trop de se « corriger ! »

(*) T. I<sup>er</sup>, p. 34, note 1.

en parfaite santé, que la vache (1) n'a occasionné aucun accident, et que la malle pourra aller jusqu'à Pétersbourg sans être déballée. Sans doute vous aurez mis à la broderie les 36 livres que je vous avais données pour avoir une autre malle.

Comme vous comptez prendre de l'argent à Francfort, vous m'en aurez sans doute donné avis, ainsi que des autres endroits où vous pourrez en prendre afin que je puisse donner des ordres pour satisfaire M. Tourton (2), à mesure que vous tirerez sur lui.

Je trouve, mon cher ami, que vous avez très bien fait d'employer cinq jours au lieu de quatre pour aller de Paris à Strasbourg, et je serai très content si vous ne faites en effet que vingt lieues chaque jour; c'est le moyen le plus sûr pour arriver frais et bien portant à Pétersbourg.

Je vous adresse cette lettre un peu au hasard à Berlin, parce que je pense que vous y ferez quelque séjour, et que vous ne manquez pas de donner votre adresse au bureau de la poste, dans les principaux endroits où vous passez, afin que les lettres qui y arriveraient après votre départ puissent vous être envoyées, car, sans cette précaution, il arrivera, comme l'année passée (3), qu'il y aura des lettres perdues.

Vos oncles, le chevalier de Buffon et le chevalier de Saint-Belin, ainsi que votre petite tante Nadault et son mari vous font mille amitiés et désirent avec moi que vous fassiez un heureux voyage. Le chevalier de Buffon vient de partir pour en faire un de deux cents lieues. Il va à Brest, où son régiment est en garnison, et il fait encore ici, comme en Alsace, un temps affreux. La végétation est retardée de cinq ou six semaines; les vignes sont encore dans leur habit d'hiver, et le vin de cette année sera de la plus médiocre qualité, car le raisin n'aura pas le temps de croître et de mûrir.

Les chevaux de poste de notre route de Montbard à Joigny ont été mandés ces jours-ci pour attendre M. le comte et M^me la comtesse du Nord (4), sur la

(1) Sorte de malle plate couverte en cuir, qui se boucle sur le sommet des chaises de poste.

(2) Tourton, chef de l'importante maison de banque Tourton et Baur, connu par des mémoires publiés en 1787 dans un procès où figurent Mirabeau et l'abbé d'Espagnac.

(3) Lors du voyage du fils de Buffon, en 1781, en Allemagne, en Hollande et dans les Pays-Bas.

(4) Paul Petrovitz, depuis Paul I^er, fils de Catherine II, et Marie Federowna, sa femme, grand-duc et grande-duchesse de Russie, voyageaient en France sous le nom du comte et de la comtesse du Nord. Ils avaient été rejoints à Lyon par le duc et la duchesse de Wurtemberg, sœur de la comtesse du Nord, qui voyageaient de leur côté sous le nom de comte et comtesse de Justin, et ils s'étaient séparés à Dijon.

A Lyon, le comte du Nord dit, en visitant les hôpitaux, à M. de Tolozan, prévôt des marchands, frère de l'ami de Buffon : « Plus les grands sont éloignés des misères humaines, et davantage ils doivent chercher les occasions de s'en rapprocher. »

Paul I^er, né en 1754, mort le 12 mars 1801, empereur de Russie le 7 novembre 1796, à la mort de Catherine II. Éloigné des affaires pendant tout le règne de sa mère, sa politique consista après elle à détruire ce que Catherine avait fait. Tour à tour chef de la seconde

route de Dijon à Auxerre, et, comme ces chevaux ne sont pas encore de retour, il y a apparence que ce prince n'arrivera que le 8 et peut-être le 10 à Paris.

Je vous adresserai dorénavant toutes mes lettres à Pétersbourg, où je compte que vous pourrez arriver dans un mois. Vous trouverez encore probablement de la neige avant d'arriver dans cette capitale, où votre principale attention sera de témoigner de ma part la plus vive et la plus respectueuse reconnaissance à la Grande Souveraine, à laquelle vous ferez aussi ma cour de votre mieux.

Adieu, mon très cher fils, je vous embrasse du meilleur de mon cœur.

Le C<sup>te</sup> DE BUFFON.

(Collection Nadault de Buffon.)

---

# LETTRE CCCCLXXIII

## BILLET A M<sup>lle</sup> HÉLÈNE BEXON (1).

Montbard, le 26 mai 1782.

Mon cher abbé ne me donne pas signe de vie : je sais cependant qu'il n'est pas mort ; mais je suis dans l'inquiétude, et je crains vraiment qu'il ne soit malade ou incommodé au point de ne pouvoir écrire. Dans ce cas, je supplie ma belle Hélène de me donner de ses nouvelles ainsi que des siennes et de celles de madame sa mère, et je les prie tous trois de recevoir les assurances de mon fidèle attachement.

BUFFON.

(Publiée par François de Neufchâteau et Flourens.)

---

# LETTRE CCCCLXXIV

## AU COMTE DE BUFFON FILS.

Montbard, le 27 mai 1782.

Vous avez dû, mon cher fils, recevoir une de mes lettres à Berlin, en réponse à celle que vous m'avez écrite de Strasbourg : j'ai reçu, depuis, vos

coalition contre la France et allié de Bonaparte, il ne se signala que par ses inconséquences, son despotisme et ses violences, et mourut étranglé dans une conspiration de palais, ourdie par le comte de Pahlen, gouverneur de Saint-Pétersbourg.

Marie Federowna, princesse de Wurtemberg, née en 1758, morte le 15 novembre 1828, mariée en 1776 au czarewitch Paul Petrowitz, couronnée impératrice le 7 novembre 1796, en même temps que Paul I<sup>er</sup>, contrastait par sa douceur et son humanité avec le caractère emporté du czar.

(1) Sœur de l'abbé Bexon, dont on a trouvé la notice Tome I<sup>er</sup>, page 371, note 2.

deux lettres datées de Francfort le 5, et de Gotha le 9 de ce mois. Je n'aurais pas eu le temps nécessaire pour vous faire parvenir ma réponse à Riga, et je vous adresserai dorénavant mes lettres directement à Pétersbourg, où j'espère que vous pourrez arriver vers le 15 de juin.

Je vous ai bien plaint, mon cher ami, à cause du mauvais temps qui dure encore; car, depuis près d'un mois que je suis à Montbard, nous n'avons pas eu un seul jour de beau, et je suis obligé de garder le coin du feu comme en hiver. Je crains donc que vous n'ayez beaucoup souffert, et j'attends impatiemment de vos nouvelles.

J'ai fait rembourser à MM. Tourton et Baur (1) les 1,500 livres que vous avez tirées à Francfort. Je ne sais si cette somme vous aura suffi pour gagner Pétersbourg; mais en tout cas je ferai honneur à vos traites à mesure qu'elles arriveront.

Je n'entends pas dire qu'il y ait encore aucune promotion de faite dans votre régiment; mais je vais écrire à M. Daldarc pour en être informé, et peut-être l'ami Guillebert (2), qui est sur les lieux, pourra le savoir mieux que moi par M. Turgot (3) ou par quelque autre de vos camarades. Votre colonel, le bon maréchal, m'a fait dire qu'il était enchanté des tulipes que vous lui avez envoyées de Hollande l'année dernière (4); elles sont très belles et ont parfaitement réussi. Il a demandé en même temps de mes nouvelles et des vôtres, et je crois que, si notre grande impératrice vous disait quelque chose d'agréable pour lui, vous feriez bien de le lui écrire, sans augmenter ni diminuer sur ce qu'elle vous aura dit.

(1) Baur, associé du banquier Tourton, frère de Frédéric-Guillaume Baur, né en 1735, mort le 4 février 1783, lieutenant général au service de la Russie.

(2) Le dernier précepteur du fils de Buffon, pensionné par Buffon et resté l'ami de la maison.

(3) Étienne-François Turgot, marquis de Cousmont, frère de l'économiste, né le 16 juin 1721, mort le 21 octobre 1789, d'une attaque de goutte comme son père et ses deux frères, brigadier des armées en 1764, et la même année gouverneur de la Guyane française, il avait formé le projet de fonder, sous le nom de *la France équinoxiale*, une colonie dont les premiers colons furent des Alsaciens-Lorrains. Mais, ayant échoué dans son entreprise, il fut arrêté à son retour en France, sur la dénonciation calomnieuse de l'intendant Chauvalon. Cependant il rentra promptement en faveur, et refusa une pension de 12,000 livres en disant « qu'il n'avait pas eu le temps de la mériter. » Associé libre de l'Académie des sciences en 1762, membre de la Société d'agriculture de France depuis 1760, donateur d'échantillons précieux au Cabinet du Roi, auteur de mémoires sur son frère, le contrôleur général des finances, publiés par Soulavie, et de travaux sur l'agriculture et l'histoire naturelle, insérés dans les Mémoires de l'Académie des sciences et de la Société d'agriculture, dont il était avec son frère un des fondateurs.

Buffon a dit de lui : « M. le chevalier Turgot, gouverneur de la Guyane, est maintenant bien à portée de cultiver son goût pour l'histoire naturelle et de nous enrichir non seulement de ses dons, mais de ses lumières. »

(4) La tulipe, fleur nouvelle, dont les plus beaux produits se trouvaient en Hollande, était à la mode, et Buffon, qui connaissait le goût du duc de Biron pour les fleurs, avait chargé le chevalier de Lamarck, bon connaisseur, de choisir en Hollande une collection de tulipes et de la lui envoyer au nom de son fils, attention à laquelle le vieux maréchal s'était montré sensible.

M. le comte et M^me la comtesse du Nord sont arrivés le 18 à Paris (1), et ont été le 20 à la cour de Versailles (2).

J'ai un véritable regret de n'être pas à portée de les voir. Ils assisteront aujourd'hui 27 à une séance de l'Académie française (3), où j'aurais été très à portée de leur faire ma cour ; mais je suis éloigné de soixante lieues, et j'ai seulement donné des ordres pour qu'ils soient prévenus et bien reçus tant au Cabinet qu'au Jardin du Roi. Tout le monde se loue de leur honnêteté et de leurs bonnes attentions.

Tâchez, mon cher ami, de vous bien conduire et de ne pas déplaire à la grande princesse que vous avez le bonheur de voir. Témoignez-lui surtout ma vive et respectueuse reconnaissance, et combien je suis flatté de son estime. Vous savez que sa lettre a été admirée de tout Paris ; cependant j'ai cru devoir, par respect, n'en point donner de copie, non plus que des miennes.

Vos oncles et tante (4) sont en bonne santé et me chargent de vous faire toutes leurs amitiés ; M^lle Blesseau vous remercie de votre souvenir. Elle a reçu deux lettres de La Rose, mais c'était seulement au sujet de ce que vous aviez oublié. Je suis fort aise que vous ayez retrouvé la clef du nécessaire, et, à l'égard des cartes, je crois que vous aurez pu en retrouver de semblables en Allemagne.

Ayez soin, je vous prie, de vivre en paix avec vos gens et de les payer toutes les semaines ; c'est une des choses que je vous ai le plus essentiellement recommandées ; et, pour votre santé, ne buvez ni liqueur forte ni eau-de-vie (5) et ménagez-vous sur le grand mouvement que vous aimez à

(1) Le comte et la comtesse du Nord furent accueillis, à leur arrivée sur les boulevards où était l'hôtel de l'ambassade, par les vivats sympathiques de la foule. Le czaréwitch fit mettre les chevaux au pas et répondit : « Braves Français, je suis pénétré de l'accueil que vous me faites, et je n'en perdrai jamais la mémoire. »

(2) Le prince Bariatinski, ambassadeur de Russie en France, présenta le 20 mai le comte du Nord à Louis XVI. La comtesse du Nord ne vit pas le Roi, mais elle fut présentée à la reine et aux princesses par la comtesse de Vergennes.

(3) « A cette séance, rapporte Grimm, M. de La Harpe lut une pièce de vers adressée à M. le comte du Nord, où il le compare assez gauchement au czar, avec lequel il n'a rien de commun que ses voyages. M. l'abbé Arnaud lut ensuite un portrait de Jules César, où le comte du Nord se reconnut encore moins. Enfin, M. de La Harpe a terminé la séance par la lecture de son épître au comte de Schowaloff. Les illustres voyageurs prirent plus de plaisir à contempler les portraits des académiciens. L'Académie en a profité pour leur demander le leur. Il sera joint à ceux de la reine Christine, du roi de Suède et du roi de Danemark, possédés par cette compagnie... »

Lorsque d'Alembert présenta Malesherbes au grand-duc, il lui tendit la main en disant : « C'est apparemment ici que monsieur s'est retiré. »

Diderot, qui n'était pas de l'Académie, ayant voulu le voir, était venu l'attendre au sortir de la messe : « Vous ici, lui dit le prince. — On a bien vu, répondit Diderot, Épicure au pied des autels. »

(4) Benjamin Nadault, sa femme Antoinette Leclerc de Buffon et le marquis de Saint-Belin.

(5) On a vu que la sobriété que Buffon conseille à son fils était pratiquée par lui comme par tous les grands travailleurs et les hommes qui sont parvenus à une verte vieillesse en conservant l'usage de leurs facultés physiques, intellectuelles et morales.

vous donner. Continuez aussi à me donner de vos nouvelles de huit jours
en huit jours, et je ne manquerai pas de vous répondre de quinzaine en
quinzaine.

Je crois que votre voiture aura besoin de réparation à Pétersbourg, et je
vois bien que les mauvais chemins vous ont obligé de prendre souvent plus
de quatre chevaux, et qu'il vous a été impossible de faire même vos vingt
lieues par jour. Comme la saison est retardée cette année de plus d'un mois,
je crains que vous n'ayez trouvé beaucoup de neige, et peut-être des glaces,
surtout de Riga à Pétersbourg.

Vous m'avez fait grand plaisir en m'apprenant que vos couleurs reviennent.
Je vous assure, mon cher ami, qu'il ne tient qu'à vous de conserver la plus
belle fleur de la santé, mais c'est en suivant les conseils que je vous ai
donnés.

Si vous n'avez pas écrit de Gotha à M. le baron de Grimm, il ne faut pas
manquer de lui écrire depuis Pétersbourg. Vous lui devez de la reconnaissance pour l'intérêt qu'il a pris à votre voyage, et je n'aurais pas été fâché
que vous vous fussiez arrêté plusieurs jours à Gotha, où vous savez qu'il est
aimé et où je crois qu'il vous avait recommandé.

Vous me direz si toutes les choses dont vous étiez chargé sont arrivées en
bon état. Je suis encore plus inquiet du tableau (1) que du buste.

Mᵐᵉ Necker et nos autres amis de Paris me demandent tous de vos nouvelles ; vous devriez en donner à votre oncle le chevalier de Buffon, qui est à
Brest avec son régiment.

L'abbé du Rivet (2) est obligé de plaider contre l'évêque d'Autun (3) ; et
son premier moyen est de dire que le Roi ne lui a pas donné une abbaye

(1) Le *tableau* devait être le portrait de Buffon par Boucher. Ce portrait, qui
figure jusqu'à cette date sur les inventaires de Montbard, cesse d'y paraître à partir
de 1782.

(2) Charles-Benjamin Leclerc de Buffon, déjà nommé, prieur et vicaire général de
Cîteaux et, depuis le 15 juin 1779, abbé commendataire de l'abbaye du Rivet, diocèse de
Bazas, aujourd'hui de Bordeaux, où il avait succédé à Jean-Joseph de La Malatie, mort en
1778. On trouve dans cet intervalle, sur les comptes de l'abbaye, des achats de pâtis-
series, pralines, huîtres, ortolans, un abonnement à la *Gazette de France* et les gages de
deux domestiques. L'abbé de Buffon était remplacé comme abbé du Rivet, en 1790, par Thomas d'Orves, sans doute à la suite d'une démission antérieure à cette date et que la correspondance de Buffon laisse pressentir. « Messire Charles-Benjamin de Buffon, rapporte une
notice sur l'abbaye du Rivet dans la *Revue catholique de Bordeaux* de 1881, avait succédé
à La Malatie. On ne connaît de lui qu'un acte contre les fermiers de l'abbaye qui n'avaient
pas payé leurs fermes. On nous a parlé d'un portrait de cet abbé où il était représenté en
costume laïque..... Il ne paraît pas qu'il ait résidé assidûment au Rivet, car les reçus et
autres pièces d'administration portent la signature de Dom Dejols. »
L'abbaye du Rivet, qui n'était plus habitée à cette date que par l'abbé, le prieur et un
moine, n'aurait pas rapporté plus de 8,000 à 9,000 livres. (Tome Iᵉʳ, page 418, note 2 ;
tome II, page 27, note 2, et lettre du 14 novembre 1782.)

(3) Yves-Alexandre de Marbeuf, évêque d'Autun, puis archevêque de Lyon, chargé de
la feuille des bénéfices, déjà nommé. (Tome Iᵉʳ, page 418, note 1.)

pour le faire mourir de faim; vous devriez aussi écrire à ce bon oncle; ce serait une grande consolation pour lui.

Adieu, mon très cher fils, je vous embrasse du meilleur de mon cœur.

LE C<sup>te</sup> DE BUFFON.

(Collection Nadault de Buffon.)

—◇—

## LETTRE CCCCLXXV

### A M. DE TOLOZAN (1).

Montbard, ce 3 juin 1782.

Monsieur,

C'est peut-être mésuser de vos grandes bontés et abuser un peu de votre respectable nom que de vous charger, Monsieur, de ma procuration pour passer contrat d'échange de mon terrain avec MM. de Saint-Victor (2).

C'était bien assez de vous devoir tout le succès de cette affaire, sans vous embarrasser encore des misérables détails qu'elle exige; je ne puis vous en exprimer assez ma vive reconnaissance, et c'est un sentiment que je joins avec joie à ceux de l'attachement et du respect que je vous ai voués et avec lequel j'ai l'honneur d'être, Monsieur, votre très humble et très obéissant serviteur.

DE BUFFON.

(Inédite. — Collection Nadault de Buffon.)

—◇—

## LETTRE CCCCLXXVI

### AU COMTE DE BUFFON FILS.

Montbard, le 10 juin 1782.

J'ai reçu, mon cher fils, votre lettre datée du 10 mai de Potsdam, et ensuite de Berlin du 20 du même mois de mai, et je suis fort content du détail circonstancié que vous me faites.

Vous avez très bien répondu à Sa Majesté Prussienne (3), et vous ne

(1) Jean-François de Tolozan, maître des requêtes, intendant du commerce, ami de Buffon, déjà nommé.

(2) M. de Tolozan figure comme fondé de la procuration de Buffon, absent de Paris, au contrat d'échange, reçu par maître Boursier, le 30 août 1782. (Voir lettre du 30 septembre 1782 de Buffon à son fils.)

(3) Frédéric le Grand, roi de Prusse, déjà nommé (*), aimait l'esprit français, alors même qu'il combattait la politique et les armes de la France. Il avait, à l'exemple de

(*) Tome I<sup>er</sup>, page 72, note 1.

pouviez guère en dire plus au sujet de mes ouvrages. Mais, mon cher ami,
vous avez oublié une chose qui était essentielle : c'était de mettre un grain

Catherine II, multiplié les attentions et les prévenances près des écrivains, des philosophes et des savants du XVIII<sup>e</sup> siècle, avait placé un Français, Maupertuis, à la tête de
l'Académie de Berlin et avait appelé à sa cour Voltaire, d'Alembert, Diderot, La Mettrie,
dont il a écrit l'éloge. Il correspondait avec Buffon, Voltaire, Rousseau, etc., et a écrit
dans le meilleur français : l'*Anti-Machiavel*, des *Mémoires*, les *Poésies du philosophe Sans-
Souci*, les *Matinées royales ou l'Art de régner*, etc.

On trouvera dans une lettre qui suit, du 12 juillet, de Buffon à M<sup>me</sup> Necker, le récit de
l'accueil courtois et bienveillant fait par le roi de Prusse à son fils. Rigoley de Juvigny et
Humbert Bazile confirment le récit de Buffon.

« J'étais instruit de l'accueil flatteur que vous avez reçu du roi de Prusse et de la manière dont vous vous êtes conduit dans cette circonstance, écrit le 26 juillet Rigoley de Juvigny. Vous avez senti, au peu de mots que vous a adressés ce grand prince, bon juge en fait
de mérite, l'estime qu'il fait de monsieur votre père. »

« Le jeune comte de Buffon, dit à son tour Humbert Bazile, fut présenté à Frédéric II le
même jour que l'abbé Raynal ; le roi de Prusse le reçut à merveille, il l'entretint des travaux de son père, discutant ses systèmes, mais lui parlant avec chaleur de son admiration
pour son génie. Il l'engagea à prolonger son séjour et le fit assister à de grandes manœuvres de troupes. »

Nous croyons inutile, après ces témoignages, de relever l'inexactitude de certains biographes, suivant lesquels Frédéric II, présentant le fils de Buffon à sa cour, aurait dit :
« Mesdames, je vous présente le fils du sublime Buffon ; mais je ne vous le donne pas
comme son meilleur ouvrage. »

Nous avons mentionné parmi les écrits de Frédéric II les *Matinées royales ou l'Art de
régner*, bien que ce petit écrit, réputé apocryphe, ait été rejeté de la grande édition offi-
cielle des œuvres de Frédéric II publiée à Berlin de 1840 à 1857 sous la direction de
l'éminent docteur Preuss, historiographe de la couronne, ministre de l'instruction publique.

Cependant lorsque les *Matinées royales*, que signalent Grimm, les *Mémoires de Bachaumont* et toutes les feuilles du temps, parurent en 1766, l'ouvrage fut bien considéré comme
l'œuvre de Frédéric II, et seulement désavoué après l'impression fâcheuse qu'il produisit.
Un officier français avait même été arrêté en Prusse et enfermé dans la forteresse de Spandau,
où il est mort.

Suivant les *Mémoires de Bachaumont*, les *Matinées du Roi de Prusse* auraient paru pour
la première fois en 1753. Imprimées de nouveau en 1766 sous le titre d'*Entretiens sur l'art
de régner, divisés en cinq soirées*, et traduites la même année en hollandais, elles reparurent
en 1767 sous le titre de *Matinées royales ou Entretiens sur l'art de régner*, et l'année suivante, en 1768, sous le titre des *Six matinées du roi de Prusse à son neveu*. Il en a été donné
une traduction allemande à Boston en 1782, une traduction espagnole en 1788, et trois éditions françaises en 1797, 1801 et 1825, et une nouvelle édition à Londres en 1863 d'après
un manuscrit qui aurait été rapporté de Sans-Souci par le baron de Menneval, secrétaire de
Napoléon.

Mais leur authenticité était restée incertaine jusqu'au jour où nous en avons donné à notre
tour une nouvelle édition dans la *Correspondance inédite et annotée de Buffon* (*) en 1860.
Le savant docteur Preuss, nous ayant fait l'honneur de nous répondre et les journaux
allemands nous ayant attaqué avec vivacité dans une polémique à laquelle ont pris part deux
membres éminents du Parlement anglais, nous avons publiés en 1864 dans la *Revue britan-
nique* (numéro d'avril) et ensuite en brochure, sous le titre : *Un Épisode de la vie littéraire
de Frédéric le Grand*, un article qui démontre l'authenticité des *Matinées du roi de Prusse*
et auquel nous renvoyons le lecteur en nous contentant de rapporter ici le témoignage
décisif d'Humbert Bazile, qui y est cité :

« Le roi, dit-il aux pages 199 et 221 de ses *Mémoires*, remit au jeune comte de Buffon,
au moment de son départ, un manuscrit sur lequel il voulait avoir l'opinion de son illustre

(*) Tome II, pages 423 à 438.

d'encens dans la lettre que vous lui avez écrite pour lui demander la permission de lui faire votre cour (1). Je suis persuadé que vous auriez été encore

père ; ce manuscrit avait pour titre : *Les Matinées de Frédéric II, roi de Prusse, à son neveu Frédéric-Guillaume, son successeur à la couronne.....* L'étourderie du jeune comte de Buffon me valut, à ce propos, un grand désagrément. Il était venu me prendre pour voir un tableau à l'atelier du célèbre peintre Julien de Parme... M. de Buffon était allé passer la journée à Saint-Ouen. Le portier me prévient à mon retour que M. le comte est rentré et qu'il a témoigné un vif mécontentement de mon absence. Je cours à son appartement, il me reçoit très froidement.

« — M. Necker, me dit-il, est venu à Paris pour voir les présents de l'impératrice, ses lettres et le *manuscrit du roi de Prusse*, que je vous ai donné à copier. Qu'en avez-vous fait?

« — J'ai renfermé les lettres et le manuscrit dans le meuble où je range les ouvrages que vous voulez revoir. En voici la clef. Je ne pensais pas que M. le comte fût de retour avant moi. Au reste, je ne sors que rarement, et j'apporte le plus d'exactitude possible à bien remplir mon emploi ; je ne suis sorti aujourd'hui que dans la crainte de désobliger son fils.

« — C'est bien, me dit-il en se promenant dans son cabinet, c'est fini, mais ne recommencez pas. »

Après ce témoignage, dont la naïveté atteste l'exactitude, témoignage émanant d'une personne entièrement désintéressée et absolument étrangère à la question, qui affirme avoir reçu de Buffon et avoir eu à sa disposition le manuscrit original de Frédéric II et qui en a pris une copie qu'elle a communiquée à M. Isidore Geoffroy Saint-Hilaire, qui en a donné un extrait en 1832 dans le *Constitutionnel*, copie qui s'est retrouvée dans les papiers du secrétaire de Buffon après sa mort, en présence d'une pareille démonstration, et alors que celui dont elle émane n'y attache d'autre importance que de se justifier d'un reproche qu'il croit immérité, l'origine et l'authenticité des *Matinées royales* ne pouvaient plus être sérieusement mises en doute, malgré les protestations de la Prusse : aussi toutes les nouvelles éditions qui en ont été données depuis cette date en France, en Angleterre et en Amérique, et notamment celle de l'éditeur Dentu en 1867, se sont-elles toutes prévalues avec autorité de notre publication.

Mais pourquoi, dira-t-on, le roi de Prusse aurait-il envoyé à Buffon, en 1782, un petit écrit composé et imprimé depuis plus de vingt-sept ans, et qui avait déjà donné lieu à cinq éditions, à trois traductions et à autant de démentis?

Peut-être que Frédéric II, revoyant à la fin de sa carrière les ouvrages en assez grand nombre qu'il avait d'abord désavoués, aurait eu un instant l'intention, après avoir consulté Buffon, de comprendre dans ses œuvres un opuscule qu'il en avait d'abord rejeté. Mais il ne nous appartient pas de rechercher ici les intentions de Frédéric II ; nous avons seulement voulu constater un fait et ajouter à une polémique littéraire qui dure depuis plus d'un siècle un irrécusable témoignage jusqu'alors inconnu.

Nous ignorons ce qu'est devenu le manuscrit du roi de Prusse confié par Buffon à son secrétaire.

(1) L'audience du roi avait été annoncée au fils de Buffon par cette lettre du premier ministre :

« Berlin, le 17 mai 1782.

« Monsieur le comte,

« Le Roi ayant vu, par la lettre que vous lui avez écrite, le désir que vous avez de lui faire votre cour, m'a chargé de vous dire qu'il dépendait de vous de vous rendre pour cet effet demain à Potsdam et de vous adresser au général comte de Goœtz, qui a ordre de vous présenter à Sa Majesté. Je m'empresse, monsieur, de vous en informer et de vous assurer en même temps de la considération parfaite avec laquelle j'ai l'honneur d'être, monsieur le comte, votre très humble et très obéissant serviteur,

« Comte FINCK DE FINKENSTEIN. »

Charles Guillaume Finck de Finkenstein, diplomate et homme d'État, né en 1714, mort en

bien mieux reçu, si vous lui eussiez fait un petit compliment dans cette lettre sur son mérite très supérieur et sur la grande gloire qu'il s'est acquise en tous genres. Je vous donne cet avis pour que vous le mettiez à profit dans une autre circonstance par exemple auprès du roi de Suède et auprès du roi de Prusse lui-même, si vous repassez par Berlin.

Vous serez certainement auprès de notre grande Impératrice lorsque vous recevrez cette lettre ; renouvelez à Sa Majesté mes protestations de ma plus haute et de ma plus respectueuse estime pour sa personne.

M. le comte et M^me la comtesse du Nord ont fait une première visite au Jardin du Roi le 28 de mai (1), et ils doivent y retourner ces jours-ci (2). Ils ont eu assez de bonté pour témoigner quelques regrets de ne m'y pas trouver, et ils ont même dit qu'ils seraient venus prendre leur logement chez moi à Montbard s'ils eussent été informés de mon séjour. Je regrette moi-même infiniment d'avoir ignoré leur intention et de n'avoir pu les prévenir. Ils se font aimer et respecter partout où ils vont ; mais ils sont arrivés à Paris dans une triste circonstance. Notre armée navale, composée de trente-deux vaisseaux de ligne, aux ordres de M. de Grasse (3), a été battue avec perte de plus de 2 à 3,000 hommes, et sept de nos plus beaux vaisseaux. Celui de la *Ville-de-Paris* entre autres, de 110 canons de bronze, que montait M. de Grasse, a été pris avec lui-même et 800 hommes d'équipage. Il a livré ce combat aux Anglais pour faire passer les vaisseaux de transport sur lesquels étaient embarqués 15,000 hommes de nos troupes de terre. Ils ont en effet passé à Saint-Domingue pour y joindre les Espagnols, qui sont au nombre de 11,000, et qui doivent attaquer ensemble les possessions des Anglais à la Jamaïque (4). Le Roi vient d'ordonner la construction de douze

1800, élève de Samuel Formey, parlait très correctement le français et a laissé dans cette langue des mémoires très estimés sur la diète de 1738, alors qu'il était ministre de Prusse à Stockholm. Membre de l'Académie de Berlin en 1744, ministre des Affaires étrangères de Prusse pendant plus de cinquante ans, de 1749 à 1799.

(1) A cette première visite, le comte et la comtesse du Nord, qui étaient accompagnés du comte de Vergennes, ministre des Affaires étrangères, avaient été reçus au bas du grand escalier par le comte d'Angiviller, survivancier de Buffon.

(2) La seconde visite du prince et de la princesse au Jardin du Roi avait eu lieu le 8 juin avec un caractère plus intime. Les deux Daubenton et le personnel du Jardin leur en avaient fait les honneurs au nom de Buffon.

(3) François-Joseph-Paul comte de Grasse-Tilly, marin français, né en 1723, mort le 11 janvier 1788, a pris une part glorieuse à toutes les batailles navales de la guerre de l'indépendance américaine. Attaqué les 12 et 13 avril 1782, après la perte d'un de ses vaisseaux, par lord Rodney avec des forces supérieures, il résista bravement, mais fut battu, pris sur son vaisseau désemparé et resta deux ans prisonnier à Londres où le peuple anglais s'honora en rendant hommage au courage malheureux. A son retour à Paris, à la paix de 1784, le comte de Grasse ne reçut pas le même accueil : il passa à Brest devant un conseil de guerre qui l'acquitta, mais le public le chansonna et des petites croix d'or, alors à la mode, dont on avait ôté le cœur, ne furent plus désignées que sous le nom de *Jeannettes à la Grasse*. Il a écrit sa justification.

(4) La France et l'Espagne avaient projeté la conquête de la Jamaïque, et le comte de Grasse était sorti de Brest avec trente-deux vaisseaux escortant un convoi de cent cinquante

nouveaux vaisseaux de premier rang. Notre province de Bourgogne en donne un de 110 canons (1). Mais il faut du temps pour les faire, et pendant toute cette campagne nous ne pourrons être que sur la défensive dans les mers de l'Amérique.

Je viens d'écrire à Paris pour qu'on remette à MM. Tourton et Baur les 1,500 livres que vous avez tirées sur eux à Berlin. Je crois que vous aurez reçu dans cette même ville la lettre que je vous y ai adressée dès le commencement du mois de mai ; je vous en ai écrit une seconde le 27 du même mois, à Pétersbourg.

Votre petit journal de voyage (2) a fait grand plaisir ici à tous vos parents et amis. M. et Mme de Montbeillard surtout en ont été enchantés. Vous feriez bien de leur écrire, ou du moins de leur faire des compliments, ainsi qu'à vos autres amis, dans les lettres que vous m'écrivez. Le vicomte et la vicomtesse de La Rivière sont ici et vous font leurs amitiés.

Le mauvais temps a enfin cessé, et voilà quatre ou cinq beaux jours de suite. Vous avez dû être bien ennuyé et bien fatigué des mauvais chemins, et vous ferez bien de vous reposer à Pétersbourg aussi longtemps qu'on vous le permettra ; car il faut que Sa Majesté Impériale voie que vous n'avez fait ce voyage que pour elle, et il faut subordonner à sa volonté tous vos

voiles. Il avait ravitaillé les îles françaises et allait rejoindre la flotte espagnole à Saint-Domingue et la Martinique ; mais sa marche était embarrassée par un convoi de munitions, lorsqu'il rencontra, le 12 avril, dans la mer des Antilles, près des Saintes, la flotte anglaise forte de trente-six vaisseaux, commandée par l'amiral Rodney. L'action, commencée à huit heures du matin, durait encore à six heures du soir. Les Français perdirent sept vaisseaux de ligne, et le vaisseau amiral la *Ville-de-Paris*, de cent canons, qui sombra avant d'arriver dans les ports d'Angleterre.

(1) Au commencement de la guerre, la Bourgogne avait offert au roi un vaisseau de haut bord, qui portait le nom de la province, et les états avaient voté des remerciements au chef d'escadre, de Charité, qui avait fait figurer glorieusement ce vaisseau dans les combats livrés aux Anglais.

« La Bourgogne est heureuse, dit la délibération des états, pour l'offre du second vaisseau, de pouvoir faire servir ses dons au soutien de la plus belle et de la plus noble cause qu'aient jamais défendue les armes françaises. »

Les élus avait souscrit personnellement pour cent mille livres.

(2) Ce *journal* ne nous est pas parvenu, pas plus que la correspondance du fils de Buffon avec son père, pendant son voyage et son séjour en Russie.

« Les lettres du jeune comte de Buffon, dit Humbert Bazile, étaient lues en famille, au salon. J'étais chargé d'envoyer prévenir M. et Mme Nadault et Mme Daubenton ; un domestique partait pour aller chercher à Semur M. et Mme Guéneau de Montbeillard, et la lettre était ouverte en leur présence. Si un courrier arrivait sans nouvelles, M. de Buffon tombait dans une grande préoccupation. Il comptait les jours et interrompait ses travaux. »

« Nous lisons vos lettres avec le plus tendre intérêt, écrivait, le 13 août 1782, Guéneau de Montbeillard ; le grand homme a la bonté de nous les communiquer et c'est une marque d'amitié qui nous est bien chère. Nous voyons avec enchantement que votre voyage est un tissu d'agréments, d'accueils distingués et de tout ce qui peut flatter une âme sensible et élevée ; nous voyons avec un plaisir plus intime que vous méritez tout cela par vos sentiments nobles et justes, par votre excellente conduite, par le désir constant que vous montrez de donner de la satisfaction au meilleur des pères... »

autres projets. Rien n'est si juste et plus convenable ; d'ailleurs, vous dépenserez certainement moins à Pétersbourg que sur les chemins avec six ou huit chevaux à votre voiture

Songez, mon très cher fils, à ne point accepter d'argent, si cette grande princesse vous en offrait, sous le prétexte de payer les frais du voyage du buste, ou sous tout autre prétexte ; ne recevez point d'argent. Je crois même qu'elle pense assez grandement et assez délicatement pour ne vous en point offrir ; mais si elle vous offre son portrait ou autre cadeau en bijoux, etc., vous pouvez l'accepter en y mettant toute la modestie possible. Le plus grand cadeau qu'elle puisse vous faire serait de marquer sa satisfaction au bon maréchal de Biron, et, si elle ne voulait point lui écrire, elle pourrait lui faire dire quelque chose, même avant votre départ, par son ambassadeur, M. de Baratinsky, que je crois avoir vu chez M. le maréchal de Biron.

Je ne crois pas que les promotions de votre régiment soient encore arrangées. J'ai écrit à Paris pour en être informé, et j'espère le savoir et vous en donner avis dans la première lettre que je vous écrirai.

J'ai fait passer à votre ami Guillebert la copie de votre dernière lettre, qui lui aura fait autant de plaisir qu'à moi.

Continuez, mon cher ami, à ménager votre santé et à bien traiter vos gens (1) ne craignez pas que vos lettres soient trop longues : on ne s'ennuie jamais de lire ou d'entendre les personnes qu'on aime tendrement, et je crois, mon très cher fils, que vous ne doutez pas que je n'aie ces sentiments pour vous.

Le C<sup>te</sup> DE BUFFON.

(Collection Nadault de Buffon.)

—◆—

# LETTRE CCCCLXXVII

## BILLET A L'ABBÉ BEXON.

Montbard, vendredi 14 juin 1782.

Je suis enchanté d'avoir reçu de bonnes nouvelles de la santé de M. l'abbé Bexon, mais je n'ai pas le temps de lui répondre aujourd'hui en détail. Je lui recommande seulement la correction des deux feuilles ci-jointes, qui sont bien brouillassées.

---

(1) Buffon appliquait ses instincts d'ordre et son génie d'administrateur aux moindres détails de son administration domestique. Juste, généreux et bon envers tous ceux qui le servaient, il demande à son fils de bien traiter ses gens, après lui avoir recommandé, dans une lettre précédente, de les payer exactement par quinzaine, suivant la méthode qu'il avait adoptée pour les dépenses du Jardin du Roi. Buffon, bon payeur, aimait qu'on fît de même dans sa famille et dans l'administration qu'il dirigeait.

Il me fera aussi plaisir de m'envoyer le reste de ses extraits (1) sur les sels, auxquels je n'ai pas encore commencé de travailler; tout mon temps a été employé à donner la dernière main aux articles des métaux et minéraux métalliques.

BUFFON.

(Publiée par François de Neufchâteau et Flourens.)

—◇—

# LETTRE CCCCLXXVIII

## AU MÊME.

Montbard, le 18 juin 1782.

Vous pouvez, monsieur et cher abbé, disposer le sixième volume des oiseaux comme vous le proposez, et je crois en effet que l'ordre ne sera guère interrompu par cette disposition.

A l'égard de la petite caisse qui vous a été remise par M. Houdon (2), je vous prie de la remettre au sieur Lucas, auquel j'ordonne de la serrer dans mon cabinet en attendant mon retour, car elle peut contenir des choses qu'il faut que j'examine, et, réflexion faite, je vais écrire à Lucas de me l'envoyer ici.

Mon fils n'est pas encore à Pétersbourg, et n'y sera probablement que le 24 ou le 30 de ce mois. Il a passé quelques jours à Gotha, huit jours à Berlin, et le roi de Prusse lui a fait un accueil très distingué (3). M. Guillebert peut vous en communiquer le détail.

J'ai commencé la lecture de l'article des pétrels, et j'en suis fort content; cependant vous y trouverez encore un assez bon nombre de corrections. Je pense qu'il faut en effet écrire *pétrels*, et non pas *pétérels*, d'autant qu'il

---

(1) Buffon n'avait pas le temps de lire tous les mémoires et ouvrages qui lui étaient envoyés: pour ceux qui l'intéressaient, il se contentait d'en parcourir les tables. Il donnait les autres à dépouiller à ses secrétaires ou à ses collaborateurs, et nous l'avons maintes fois vu envoyer à Guéneau de Montbeillard et à l'abbé Bexon des traités d'histoire naturelle et des récits de voyages, en leur demandant d'en extraire ce qui se rapportait au sujet dont il s'occupait. A côté de ses collaborateurs principaux, il avait des collaborateurs subalternes qu'il n'employait qu'à ce travail. Il écrivait cette même année de Paris le 7 mars à Trécourt : « A l'égard des brochures, vous verrez s'il n'y a rien que vous puissiez extraire, et vous les remettrez dans mon cabinet. »

« M. de Buffon s'est beaucoup fait aider, dit Hérault de Séchelles : on lui fournissait des observations, des expériences, des mémoires, et il combinait tout cela avec la puissance de son génie... Buffon a raison. Il y a mille choses qu'il faut laisser à des manœuvres, autrement on serait écrasé et on n'arriverait jamais à son but. »

(2) Houdon envoyait à Buffon son buste en plâtre avec les moules. Il en a été tiré un très petit nombre d'exemplaires; aussi sont-ils très rares. Nous n'en connaissons que trois : celui conservé par Buffon et qui est en notre possession, un autre donné à M<sup>me</sup> Nadault, sa sœur, et un autre au chevalier de Buffon, son frère.

(3) Voir, sur la réception faite par Frédéric II au fils de Buffon, la lettre du 12 juillet 1782 à M<sup>me</sup> Necker.

est dit en deux endroits différents que pétrel vient de *Peter* (Pierre) (1), qui se prononce *pêtre*. Au reste, j'ai rayé l'un de ces deux endroits, qui n'était que l'exacte répétition de l'autre.

Panckoucke vient de m'écrire, et ne me parle ni de vous, monsieur, ni de votre ouvrage sur les quadrupèdes (2). Il m'apprend seulement, en gémissant, qu'il vient d'essuyer une banqueroute de 100,000 livres (3), et je suis vraiment fâché de n'être pas actuellement dans la possibilité de l'aider ; mais les dépenses du Jardin du Roi absorbent non seulement tous mes fonds, mais me forcent même à emprunter (4).

Je remercie ma chère et belle Hélène de sa bonté pour mon image (5). La sienne est souvent présente à mes yeux. Vous ne me dites rien de M<sup>me</sup> votre mère ; cela me fait penser qu'elle est en bonne santé.

Recevez tous trois les assurances de ma tendre amitié et de mon inviolable attachement.

BUFFON.

(Publiée par François de Neufchâteau et Flourens.)

(1) « Pourvus de longues ailes, munis de pieds palmés, les pétrels, dit Buffon, ajoutent à la légèreté du vol, à la facilité de nager, la singulière faculté de courir et de marcher sur l'eau, en effleurant les ondes par le mouvement d'un transport rapide, dans lequel le corps est horizontalement soutenu et balancé par les ailes, et où les pieds frappent alternativement et précipitamment la surface de l'eau; c'est de cette marche sur l'eau que vient le nom *pétrel*; il est formé de *peter, pierre*, ou de *pétrille, pierrot* ou *petit-pierre*, que les matelots anglais ont imposé à ces oiseaux, en les voyant courir sur l'eau comme l'apôtre saint Pierre y marchait. »

(2) Les extraits des documents précédemment envoyés par Buffon à l'abbé Bexon pour le quatrième volume des *Suppléments*.

(3) Panckoucke manqua, à cette date, une belle occasion de réparer la perte d'argent qu'il venait de faire. Il avait, avec l'assentiment et l'appui de Buffon, sollicité de Catherine II l'autorisation de lui dédier une édition complète des œuvres de Voltaire. Mais la réponse s'était faite attendre, il traita de cette édition avec Beaumarchais en s'engageant à lui remettre tous les papiers qu'il tenait de la famille de Voltaire. L'acceptation de l'impératrice de Russie arriva le lendemain de la signature du traité; elle était accompagnée d'un bon de 150,000 livres pour les premiers frais. Cette édition fut l'édition de Kehl.

(4) Buffon devait mourir créancier de l'État de la somme de 315,959 livres 27 sols 15 deniers, qu'il avait avancés en se privant et en empruntant; dette d'honneur qui n'a jamais été remboursée à sa famille. (Voir lettre du 23 septembre 1787 à André Thouin.)

(5) Son portrait gravé par Hubert, dessin de Bounieu d'après Houdon. Ce portrait fait partie de la collection des *Hommes illustres vivants*, publiée en 1782. Le buste de Houdon a été nombre de fois reproduit par la gravure comme la statue et le buste de Pajou et le portrait en pied de Drouais.

# LETTRE  CCCCLXXIX

## A  M.  SIGUY (1).

Montbard, le 24 juin 1782.

J'ai reçu, monsieur, les épreuves de la vue de Montbard (2) ; je vous en fais tous mes remerciements, ainsi que de la dédicace (3).

La vue a été bien prise et la gravure bien exécutée ; elle fait l'effet d'un beau paysage. Seulement ce point de vue ne développe pas assez l'étendue du terrain ; mais ce n'est pas votre faute, monsieur, et tout cet ouvrage est très bien.

Recevez les sentiments de reconnaissance et ceux de l'estime et de l'attachement avec lesquels j'ai l'honneur d'être, monsieur, votre très humble et très obéissant serviteur.

Le C<sup>te</sup> de Buffon.

(Communiquée par M. Boilly.)

(1) Louis-Auguste Siguy, architecte connu par plusieurs constructions importantes dans Paris.

(2) Il a été gravé de nombreuses vues de Montbard du vivant de Buffon et depuis sa mort. L'aspect pittoresque d'une ville embellie par les magnifiques jardins de Buffon a souvent tenté le crayon et le burin des artistes. Il existe d'anciennes vues de Montbard, aujourd'hui très rares, par Israël Sylvestre et d'autres graveurs. Nous avons donné, en 1855, dans une étude sur *Montbard et Buffon, Buffon et Jean Nadault*, dans la *Revue archéologique* de Leleux, deux reproductions de la vue de Montbard par Sylvestre et Siguy, et nous avons joint, en 1882, aux mémoires de Jean Nadault, une vue ancienne de la ville, une vue gravée de Montbard au xviii<sup>e</sup> siècle par Benjamin-Edme Nadault, beau-frère de Buffon, et une vue générale de l'ancien château, dessinée par nous d'après les plans et les vestiges actuels rapprochés des anciens titres. Des copies de notre dessin ayant circulé avant sa publication, plusieurs auteurs le citent comme la reproduction d'une ancienne vue du château de Montbard, qui existerait au Cabinet des estampes de la Bibliothèque nationale.

(3)                    VUE DE MONTBARD, EN BOURGOGNE.
Dédiée à monsieur le comte de Buffon,
Intendant du Jardin du Roi. De l'Académie française et de celle des sciences, etc.

A Paris, chez l'auteur,                     Par son très humble et très
    rue Montmartre,                              obéissant serviteur,
Vis-à-vis la rue de la Jussienne.          Louis Siguy, architecte.

Avec armes, couronne de comte et supports, deux sauvages de carnation avec leurs massues. Nous avons donné les armes de Buffon à la note 5 de la lettre du 10 janvier 1776 à M<sup>me</sup> Daubenton (t. I<sup>er</sup>, p. 300). Il a été dédié d'autres gravures à Buffon, avec ses armes, par Lebas en 1773 ; par Martini, Le Tellier et d'autres graveurs, notamment *les Chasses de Rubens*.

# LETTRE CCCCLXXX

## A L'ABBÉ BEXON.

A Montbard, ce 26 juin 1782

Mille bonjours à M. l'abbé Bexon.

Je le prie de corriger les notes de ces deux feuilles que je n'ai pas relues. Voilà le cahier des pétrels bien relu et corrigé : j'en garde une copie. J'ai aussi celles du macareux et du guillemot que je renverrai quand on voudra.

Il me semble que ces pauvres oiseaux volent bien lentement, car je ne reçois pas une feuille par quinze jours, et les minéraux ne vont pas trop vite.

Lucas pourra rendre une visite à M. l'abbé Bexon avec un petit sac d'argent vers le 10 de juillet (1).

BUFFON.

(Inédite. — Communiquée par M<sup>lle</sup> Lefebvre.)

-◇-

# LETTRE CCCCLXXXI

## FRAGMENT A M. HÉBERT.

Montbard, ce 30 juin 1782.

... M<sup>me</sup> de Saint-Marc (2) doit être accoutumée à recevoir des éloges, mais je ne crains pas de dire à son cher papa qu'elle les mérite autant par son caractère et son esprit que par sa figure charmante. Faites-lui mention de de moi, je vous supplie, ainsi qu'à sa chère maman.

On m'écrit aussi de Paris que la paix est prête à se conclure (3) ; je le désire encore plus que je ne l'espère. Ce qu'il y a de sûr, c'est que le siège de Gibraltar inquiète cruellement les Anglais, parce qu'il y a toute apparence que la place sera forcée de se rendre peut-être avant six semaines ou deux mosi (4).

(1) Buffon aimait à faire de ces surprises à l'abbé Bexon, qu'il savait pauvre et l'unique soutien de sa famille.

(2) Fille de M. Hébert, mariée à André Colin de Saint-Marc, directeur général des fermes, déjà nommée dans une lettre de Buffon au même du 15 mai 1781. (V. t. II, p. 54.)

(3) La paix ne fut signée que l'année suivante, en 1783.

(4) Gibraltar ne fut pas pris. Le siège dura trois ans ; et on y vit paraître, pour la première fois, les batteries flottantes inventées par l'habile ingénieur chevalier d'Arçon.

Je vous renouvelle mes remerciements avec ma reconnaissance et tous les sentiments de l'inviolable et respectueux attachement avec lequel j'ai l'honneur d'être, monsieur, votre très humble et très obéissant serviteur.

Le C<sup>te</sup> DE BUFFON.

(Publiée en 1855 par M. Louis Pâris dans le *Cabinet historique*.)

—◇—

# LETTRE CCCCLXXXII

## AU COMTE DE BUFFON FILS.

Montbard, le 4 juillet 1782.

Je reçois, mon très cher fils, votre lettre datée de Memel du 9 juin, et j'ai reçu il y a douze jours celle datée de Dantzick le 31 mai. M<sup>lle</sup> Blesseau a aussi reçu celle de La Rose (1), et je suis très content de votre exactitude à nous donner et faire donner souvent de vos nouvelles. Je vois, par le détail que vous me faites, combien la dépense de la route doit augmenter; mais, mon cher ami, si vous vous conduisez bien, je n'aurai regret à rien.

C'est surtout à Pétersbourg où vous devez faire votre réputation; d'ailleurs, je crois que vous dépenserez beaucoup moins que sur les grands chemins, et je vous conseille d'y rester aussi longtemps que vous vous y trouverez bien et que Sa Majesté Impériale vous le permettra. Vous pourriez seulement faire un voyage à Moscou et revenir ensuite à Pétersbourg. Je n'insiste point du tout sur le projet d'aller en Suède et en Danemark, et j'aime encore mieux que l'Impératrice voie par votre long séjour dans ses États que vous n'avez fait ce voyage que pour lui faire votre cour et la mienne.

Vous pourrez même vous dispenser d'aller à Arkangel, et, si vous êtes bien accueilli, comme je l'espère, et que Sa Majesté ne s'ennuie pas de vous voir, vous ferez bien de rester à Pétersbourg jusqu'à la fin de septembre. Après quoi vous pourriez revenir tout doucement en passant par un autre chemin, c'est-à-dire par la Pologne, si vous ne voulez pas passer par la Suède. Mais j'aimerais encore mieux que vous restassiez à Pétersbourg jusqu'à la fin d'octobre, car je voudrais concilier votre retour avec ma marche.

Je compte retourner à Paris vers la fin de septembre, et revenir à Montbard au commencement de décembre. Je serai enchanté de vous y recevoir pour mes étrennes dans le mois de janvier; arrangez-vous pour cela, et, comme je vous le dis, donnez le plus de temps que vous pourrez à notre grande Impératrice.

M. le comte et M<sup>me</sup> la comtesse du Nord sont actuellement à Brest. Ils ont

(1) Voir p. 109, note 2 de la première lettre du 7 mai 1782 de Buffon à son fils pendant son voyage en Russie.

emporté les regrets de tous ceux auxquels ils ont permis de les approcher ;
il n'y a sur cela qu'une voix à Paris, en province et à la cour. Ils ont fait en
plusieurs endroits des actes de bienfaisance qui leur font beaucoup d'honneur. M. le comte du Nord s'est entretenu de l'augmentation des glaces des
Alpes et de quelques autres sujets qui prouvent ses connaissances en bien
des genres, et Madame la comtesse s'est acquis le respect et l'estime de tout le
monde par sa grande affabilité (1).

On parle de paix, et je crois que c'est avec quelque fondement : Gibraltar
ne peut plus tenir depuis qu'il est assiégé du côté de la mer, et il est presque
certain que les assiégés seront obligés de se rendre sous moins de six semaines ou deux mois. Vous savez peut-être que M. le comte d'Artois (2) est parti
pour cette belle expédition que l'on dirige sur les plans de notre ami le
marquis de Saint-Auban (3).

Je viens de recevoir une lettre de M. Schowaloff (4), datée de Pétersbourg

(1) Le grand-duc et la grande-duchesse avaient quitté Paris le 20 juin, après avoir visité
le Palais de Justice où on jugea devant eux une cause solennelle, Notre-Dame que la
comtesse du Nord trouva aussi imposante que Saint-Pierre de Rome, la Sorbonne où on
rappela au czaréwitch le mot de Pierre le Grand devant le tombeau du cardinal de Richelieu : « O grand homme ! que ne vis-tu encore ! je donnerais la moitié de mon royaume
pour m'apprendre à gouverner l'autre ! » Le prince aurait répliqué : « Ah ! monsieur, cela
n'aurait pas duré longtemps ! »
Le roi et la reine avaient pris congé du comte et de la comtesse du Nord au château de
Choisy, en leur remettant de riches présents en tapisserie des Gobelins et en porcelaines
de Sèvres. Mais la magnificence de la réception du duc de Bourbon à Chantilly fit dire que
le roi les avait reçus en ami, le duc d'Orléans en bourgeois, le prince en souverain.
(2) Le comte d'Artois avait quitté Paris le 3 juillet, et le czaréwitch étant allé le voir
avant son départ, le prince lui avait offert une épée. « Je n'accepterai, avait répondu le fils
de Catherine, que celle qui prendra Gibraltar. » De retour d'Espagne, le comte d'Artois
disait en riant à Marie-Antoinette que la batterie qui avait fait le plus de mal pendant le siège
était sa batterie de cuisine.
Charles-Philippe, comte d'Artois, quatrième fils du Dauphin, fils de Louis XV, frère de
Louis XVI et de Louis XVIII, né en 1757, mort en 1836, a eu de son mariage avec Marie-
Thérèse de Savoie, les ducs d'Angoulême et de Berry, dont le duc de Bordeaux, comte de
Chambord, mort en 1883. Chef de l'émigration avec le prince de Condé, successeur de
Louis XVIII, en 1824, sous le nom de Charles X. Après avoir fait voter par les Chambres,
en 1825, le milliard d'indemnité aux émigrés, assuré, la même année, l'indépendance de la
Grèce par la bataille de Navarin et conquis Alger le 6 juillet 1830, il fut détrôné à la suite
des journées des 27, 28 et 29 juillet, et mourut en exil.
Le comte d'Artois était cité pour sa bonhomie et la parfaite urbanité de ses manières.
On a dit de lui qu'il fut le dernier gentilhomme français.
(3) Le marquis de Saint-Auban, lieutenant général, inspecteur général de l'artillerie, né
en 1708, mort le 5 septembre 1783. Moins connu par la part qu'il prit au siège de Gibraltar
que par le procès des officiers généraux de Bellegarde et de Monthieu, condamnés à mort
pour malversation. Il avait formé un musée d'artillerie que sa famille offrit au roi, et qui,
après avoir été longtemps exposé à Versailles dans la galerie réservée depuis aux produits de
la manufacture de Sèvres, devint l'origine de notre Musée d'artillerie, dont le premier conservateur fut le Bourguignon Régnier. (Voir lettres des 1er août 1783 à Faujas de Saint-
Fond, et 18 octobre 1786 à Thouin.)
(4) André, comte de Schowaloff, déjà cité, surnommé le *Mécène de la Russie*, et à qui
est adressée la *Correspondance littéraire* de La Harpe. (T. Ier, p. 381, note 4.)

le 15 de février; cette lettre a été remise avec une petite boîte à M. Houdon (1) et m'a été envoyée ici. J'y ai trouvé trois superbes morceaux de malachite, l'un cristallisé, l'autre soyeux, et le troisième en mamelons; nous n'avons rien d'aussi beau dans ce genre au Cabinet du Roi, et je vous prie d'en faire mes remerciements à M. de Schowaloff, car je suis encore plus flatté de son bon souvenir que du beau présent. C'est un homme si digne et si respectable, que vous ferez bien de le voir souvent et de lui lire cet article de ma lettre, en l'assurant de tous mes sentiments de respect et de reconnaissance.

M. de La Billarderie m'a mandé que vous lui aviez écrit, et vous avez bien fait. Vous devriez écrire aussi à notre ami M. Guéneau de Montbeillard et à votre oncle le chevalier de Buffon, qui est avec son régiment à Brest pour jusqu'au commencement d'octobre. Votre bon ami Guillebert travaille auprès de M. de Tolozan, et celui-ci travaille auprès de l'évêque d'Autun (2) pour votre oncle l'abbé du Rivet, et je crois qu'ils viendront enfin à bout d'obtenir la diminution qu'ils demandent. Je travaillerai moi-même pour M. Guillebert auprès de M. Gojard, auquel j'ai déjà écrit; mais il faut un peu de patience dans toute affaire.

Celles du Jardin du Roi ne sont pas encore à beaucoup près finies; mes premières lettres patentes ne sont pas même enregistrées, et il y a eu des obstacles de toute nature (3). M. Verniquet est actuellement ici et retourne dans deux jours à Paris pour faire continuer les travaux.

Tous les gens qui peuvent vous intéresser ici se portent bien.

Adieu, mon très cher fils, portez-vous bien vous-même, ménagez votre santé et votre bourse, mais sans lésine. J'attends incessamment un troisième avis de M. Tourton, car je crois que vous aurez tiré de l'argent à Riga, et sans doute vous allez encore en tirer à Pétersbourg.

Je vous embrasse du meilleur cœur.

Le C<sup>te</sup> DE BUFFON.

Cette lettre est la troisième que je vous écris à Pétersbourg. Je reçois dans ce moment des billets de mariage d'un de vos camarades, le marquis d'Ancourt avec M<sup>lle</sup> de Marizy, fille de M. de Marizy, grand maître des eaux et forêts de notre province.

(Collection Nadault de Buffon.)

(1) Le portrait de Catherine II sur une boîte en or.

(2) Yves-Alexandre de Marbeuf, évêque d'Autun, chargé de la feuille des bénéfices. (Voir sur son différend avec l'abbé du Rivet, frère de Buffon, t. I<sup>er</sup>, p. 418, note 4; t. II, p. 27, note 1, et p. 114, note 2.)

(3) Ce ne sont pas les difficultés qui manquaient à Buffon, mais il parvenait toujours à en avoir raison par sa tenace volonté et l'argent qu'il prodiguait aux dépens de sa propre fortune.

# LETTRE CCCCLXXXIII

## A MADAME NECKER.

Montbard, le 12 juillet 1782.

Je pourrais chaque jour, et plusieurs fois par jour, écrire des billets ravissants à mon adorable amie, puisque, toutes les fois que je pense à ses tendres bontés, mon cœur est ravi et mon âme enivrée de plaisir.

« Tout ce qu'il dit, je le sens. »

Ah Dieu! ce mot plus que ravissant suffit à mon bonheur; mais ne m'impose-t-il pas la loi de n'en pas dire davantage? Et comme je ne veux ni me répéter ni déchoir, ma généreuse amie me pardonnera et ne m'en aimera pas moins, si je ne lui écris aujourd'hui qu'une pauvre gazette.

Ce que vous me marquez, ma noble amie, au sujet du comte et de la comtesse du Nord, m'a fait d'autant plus de plaisir que je crois être bien assuré que vous aurez encore contribué à la bonne opinion qu'ils ont de moi, et j'avoue que j'ai quelque regret de ne les avoir pas vus, surtout à cause de mon fils qu'ils trouveront peut-être à Pétersbourg (1). D'ailleurs j'ai reçu de leur part des témoignagnes directs d'estime et de bonté. Je vous les transcris, parce que je pense que rien de ce qui me regarde n'ennuie ma tendre amie.

« M. le comte et M^me la comtesse du Nord, m'écrit le chevalier de Buffon, sont partis ce matin 29 juin de Brest, où ils ont passé deux jours. Ils m'ont choisi pour leur Ministre Plénipotentiaire auprès de vous, mon cher frère, et m'ont chargé « de vous témoigner tous leurs regrets de ne vous « avoir point trouvé à Paris pendant le séjour qu'ils y ont fait. Votre buste, « qui les attend à Pétersbourg, ne les dédommagera que faiblement de n'avoir « point vu le modèle immortel auquel ils désiraient de rendre hommage. »

Voilà, mon cher frère, ce que m'a dit pour vous M. le comte du Nord, avec toute l'énergie de Pierre le Grand; et Madame la comtesse y a ajouté quelques mots avec toutes les grâces de son sexe. J'ai répondu en ambassadeur; c'est à vous à présent à répondre en monarque. J'ai reçu ma mission en présence de cent cinquante officiers de la garnison assemblés pour leur faire leur cour. Le suffrage a été général. J'ai eu un moment d'orgueil, j'en conserve encore en m'acquittant de ma mission. Elle est remplie, et je redeviens modeste par un juste retour sur moi-même.

M. le comte du Nord n'est ni grand, ni beau, ni bien fait (2), mais il a du

(1) Le fils de Buffon avait quitté Pétersbourg lorsque le comte et la comtesse du Nord y arrivèrent.

(2) Le comte du Nord n'était, en effet, *ni grand, ni beau, ni bien fait*, et il lui arriva plus d'une fois pendant son séjour en France d'entendre s'élever de la foule cette exclamation :

nerf dans l'esprit; il est instruit, il cherche à s'instruire; il est poli sans affectation, affable sans rien perdre de sa dignité, et il paraît déjà fort avancé dans l'art de comparer les hommes et les choses. Madame la comtesse est grande, blonde, fraîche et brillante comme une rose, sans être jolie. Son embonpoint, un peu trop fort pour son âge, n'empêche point que sa démarche et son maintien ne soient très nobles. Elle cherche à plaire par ses manières et par ses discours et elle y réussit. Entre autres propos spirituels ou obligeants qu'elle a tenus à tous ceux qui lui ont été présentés, elle a dit à M. le comte d'Hector, commandant la marine (1), et à M. le comte de Langeron(2), commandant les troupes de terre, en les remerciant, au moment de son départ, des attentions et des louanges qu'ils ont reçues à Brest : « Je ne sais pas trop bien encore, messieurs, qu'elles sont les bornes » que la politique peut prescrire aux liaisons de la Russie avec la France; » mais ce dont je suis certaine et ce dont je vous assure avec grand plaisir, » c'est que M. le comte du Nord et moi nous aimons beaucoup et nous ai- » merons toujours les Français.

» Vous conviendrez avec moi, mon cher frère, que ce trait de coquetterie est d'un genre très noble. »

Pour moi, ma noble amie, comme je n'ai nulle coquetterie, je ne suivrai pas le conseil de mon frère, et je ne leur écrirai pas, parce que, ne les ayant pas vus, je ne pourrais leur dire que des choses vagues et leur faire des compliments communs dont ils doivent être excédés.

D'ailleurs, je ne cherche point la gloire; je ne l'ai jamais cherchée, et, depuis qu'elle est venue me trouver, elle me plaît moins qu'elle ne m'incommode. Elle finirait par me tuer, pour peu qu'elle augmente. Ce sont des lettres sans fin et de tout l'univers, des questions à répondre, des mémoires à examiner. J'ai passé mes journées hier et avant-hier à faire des observations sur un long projet présenté au Roi pour les plantations de cent mille sapins pour la mâture de la marine(3). Je n'aurai pas regret à mon temps si

« Ah! mon Dieu! qu'il est laid! — Assurément, disait le prince, si j'avais été jusqu'ici à l'ignorer, les Français me l'eussent appris. »—« C'est du ton le plus naturel, dit Grimm, qu'il l'a conté lui-même fort gaiement au premier souper qu'il fit avec le Roi en ajoutant que la nation française était douée d'autant de franchise que d'urbanité. »

(1) Le comte d'Hector, intendant général de la marine, passa dès les premiers jours de la révolution en Angleterre où il prit le commandement d'un corps d'émigrés.

(2) Le comte de Langeron, lieutenant général du 2 mai 1744, gouverneur de la Franche-Comté en 1788. Son fils, émigré en Russie, y est devenu lieutenant général russe, gouverneur de province; il fut, en 1814, le premier général ennemi qui parut sous les murs de Paris.

(3) Ce projet a été réalisé du vivant même de Buffon par la plantation des Landes de Gascogne au moyen d'un procédé aussi simple qu'ingénieux, qui a permis d'arrêter les sables envahissants du golfe et de métamorphoser ces plaines mouvantes en de vastes forêts de sapins. L'ingénieur Brémontier, inventeur d'un nouveau procédé de plantation et à qui la reconnaissance publique a élevé une statue à La Teste, a attaché son nom à cette métamorphose. Les plantations de pins de Brémontier ont commencé en 1786. Les derniers travaux des dunes de Gascogne sont dus à l'ingénieur Nadault de Buffon, dont on exécute en ce

mes avis pouvaient être utiles; mais, dans ce haut pays où vous n'avez pas voulu rester (1), on consulte quelquefois les gens instruits, et on se détermine toujours par l'avis des ignorants.

N'en parlons plus; mon cœur se repose en conversant avec vous.

J'aurais encore bien des choses à vous dire; mais cette gazette n'est déjà que trop longue. Adieu donc, mon adorable amie; je vous proteste que je vous aime et vous aimerai toujours au delà de toutes expressions, quelque énergiques qu'elles puissent être.

BUFFON.

Encore une petite gazette, puisqu'il reste de la place. Mon fils a été bien accueilli du roi de Prusse.

« Je connais beaucoup votre père de réputation; c'est l'homme qui a le mieux mérité la grande célébrité qu'il s'est si justement acquise.

— Sire, rien ne le flattera davantage que d'apprendre l'opinion que Votre Majesté a de lui.

— Oui, quand vous lui écrirez, dites-lui et faites-lui tous mes compliments; mais dites-lui aussi que cependant je ne suis pas totalement de son avis sur tous ses systèmes.

— Sire, il ne fait que les offrir. »

Cette conversation était en public, et finit par un propos encore plus gracieux :

« Enchanté de vous avoir vu (2), » etc.

(Archives de Coppet. — Communiquée par la baronne de Staël.)

—◇—

# LETTRE CCCCLXXXIV

## AU COMTE DE BUFFON FILS.

Montbard, le 12 juillet 1782.

Je n'ai pas reçu de vos nouvelles, mon cher fils, depuis votre lettre datée de Memel le 19 juin; cependant, comme vous n'aviez d'argent que bien juste

moment un autre grand projet d'intérêt public pour arracher d'intéressantes populations aux fièvres paludéennes et ajouter à la population et à la richesse territoriale de la France par la transformation en terres arables de première qualité, prés et vignes, du désert insalubre et stérile de la Crau.

(1) C'était, en effet, volontairement que Necker avait quitté les affaires en juin 1781 par une démission qu'il n'avait pas voulu reprendre malgré les pressantes instances de Marie-Antoinette, mais qu'il regretta ensuite d'avoir donnée. Son second ministère, que Buffon ne devait pas voir, n'a duré que du 25 avril 1788 au 12 juillet 1789, et le troisième du 23 juillet 1789 au 15 septembre 1790.

(2) Voir, sur l'accueil fait par Frédéric II au fils de Buffon et sur la remise du manuscrit des *Matinées royales*, page 115, note 3, lettre du 10 juin de Buffon à son fils.

pour vous rendre à Riga, je m'attendais à recevoir dès le commencement de juillet un avis et une lettre de change remboursable à M. Tourton, et je crois toujours que cela ne tardera pas.

Je ne vous écris donc aujourd'hui que pour le plaisir de m'entretenir avec vous, et pour vous dire encore combien j'ai de regrets de n'avoir pu faire ma cour à M. le comte et à M<sup>me</sup> la comtesse du Nord.

Voici ce que m'en écrit M<sup>me</sup> Necker :

« Jugez, mon sublime ami, du plaisir que j'ai dû goûter en apprenant les marques d'admiration que le comte et la comtesse du Nord vous avaient données à la séance de l'Académie française du 27 mai dernier (1). La comtesse dit tout haut avec chagrin : « Puisque j'ai le malheur de ne pas voir » ce grand homme, j'irai du moins lui faire ma cour en visitant le Cabinet » qu'il a formé. »

Elle m'a parlé longtemps de ses regrets sur votre absence dans une course qu'elle a daigné faire à Saint-Ouen avec le comte du Nord (2). « Les *Époques de la nature* ont été, me dit-elle, non seulement le sujet de » toutes les conversations, mais celui des disputes les plus vives et les plus » continuelles. » Vous voyez que même dans le Nord l'on ne peut vous aimer » modérément. »

Vous comprenez, mon cher fils, combien je dois être désolé de n'avoir pu leur faire ma cour.

Ils ont vraiment enlevé tous les suffrages et se sont fait adorer partout où ils ont passé.

Faites bon usage de tout ceci auprès de notre grande Impératrice.

Je serais fort d'avis que, quand vous aurez fait le voyage de Moscou, vous revinssiez à Pétersbourg, et que vous y attendissiez l'arrivée de ce prince et de cette princesse, quand même ils retarderaient leur retour jusqu'à la fin de septembre. Je n'ose leur écrire, malgré tous les témoignages de bonté que vous venez de voir ; vous me feriez grand plaisir de leur montrer, par vos assiduités respectueuses, combien j'y suis sensible. M. le comte du Nord

(1) La Harpe confirme le témoignage de M<sup>me</sup> Necker : « Le jour que la comtesse du Nord nous a fait l'honneur de venir à une séance de l'Académie, elle a demandé si M. de Buffon était à Paris, et sur ce qu'on lui dit qu'il était dans ses terres : « J'irai donc, a-t-elle dit, faire la cour à son Cabinet, ne pouvant pas la faire à lui-même. » Une femme d'esprit de la cour de France ne s'exprimerait pas plus ingénieusement. » (*Correspondance littéraire.*)

La visite au Jardin du Roi eut lieu dès le lendemain 28 mai, le grand-duc et la grande-duchesse y retournèrent le 8 juin. (Voir lettre de Buffon à son fils du 10 juin, p. 117.)

(2) Le grand-duc et la grande-duchesse, qui avaient tenu à visiter, rue de Sèvres, l'hospice de la *Charité*, depuis hôpital Necker, fondé par M<sup>me</sup> Necker, étaient allés surprendre le lendemain Necker et sa femme dans leur retraite de Saint-Ouen. Leur fille, depuis baronne de Staël, touchée des attentions du prince et de la princesse pour son père, se mit à fondre en larmes. « Ma fille, dit M<sup>me</sup> Necker, ose seule exprimer toute la sensibilité que nous inspirent vos bontés. — Nos bontés, madame ! reprit avec vivacité le czaréwitch ; dites, ma vénération pour M. Necker. »

est déjà un homme et deviendra un grand homme, du moins il en a bien l'étoffe, puisqu'il tient cette étoffe de la plus grande des femmes. Renouvelez-lui toutes mes adorations et ma reconnaissance ; je ne me lasserai jamais de les lui témoigner.

Adieu, mon très cher fils, je vous embrasse du meilleur de mon cœur.

LE C<sup>te</sup> DE BUFFON.

(Collection Nadault de Buffon.)

## LETTRE CCCCLXXXV

### AU COMTE DE BARRUEL (1).

Montbard, ce 13 juillet 1782.

J'ai reçu, monsieur le comte, et j'ai fait lire en bonne compagnie, quoique en province, votre *Lettre* sur le poème des *Jardins* (2).

Nous autres habitants de la campagne, et qui ne nous piquons pas d'être poètes, l'avions jugé comme vous pour le fond, et nous avons admiré votre manière d'analyser la forme.

Cette critique est non seulement de très bon goût, mais d'un excellent sens ; et, si vous ne savez pas encore faire des vers mieux que M. l'abbé, votre prose vaut mille fois ses vers. Ce petit écrit est plein d'esprit ; le style est naturel et facile, et la plaisanterie est du meilleur ton.

Je vous en fais mon compliment, en attendant l'honneur de vous recevoir à Paris. C'est peut-être de moi que vous aurez à dire que je suis meilleur a connaître de loin que de près.

J'ai l'honneur d'être, avec un respectueux attachement, votre très humble et très obéissant serviteur.

LE C<sup>te</sup> DE BUFFON.

(Correspondance littéraire de Grimm.)

(1) Antoine-Joseph, comte de Barruel-Beauvert, littérateur et critique, cousin de Rivarol, dont il avait l'esprit, né le 17 janvier 1756, mort en 1817, avait quitté l'armée avec le grade de capitaine de dragons. A la Révolution, il s'offrit comme otage de Louis XVI et redigea en 1791 la feuille monarchique *les Actes des apôtres*, ce qui motiva contre lui une condamnation à la déportation.

(2) *Les Jardins ou l'art d'embellir les paysages*, poème en quatre chants. (Paris, 1780 ; Londres, 1800, et Paris, 1802.) Le *Poème des Jardins* a été écrit dans les conditions que voici à la Malmaison, chez M<sup>me</sup> Lecouteux Du Molé. L'abbé Delille, son hôte, avait pris l'habitude de lui offrir au déjeuner les vers composés dans sa promenade du matin ; M<sup>me</sup> Lecouteux, les ayant conservés, les lui remit à la fin de son séjour, et l'abbé Delille en forma son poème. Un ami lui écrivait à propos des critiques soulevées par son livre : « Vos censeurs n'en sont qu'à leur septième critique, mais vous en êtes à votre onzième édition. » Le comte de Barruel en avait signé une parue au mois d'août 1782 sous le titre : *Lettre de M. le président de…. à M. le comte de…*, mais dont le véritable auteur était Rivarol. Voir, page 440 du tome II de la 1<sup>re</sup> édition de la *Correspondance*, les curieux documents que nous avons publiés sur cette critique qui fut extrêmement sensible à l'abbé Delille.

# LETTRE CCCCLXXXVI

## A MADAME NECKER.

A Montbard, ce 16 juillet 1782.

Je n'écris jamais de sang-froid dès qu'une fois mon cœur a prononcé le nom de ma grande amie ; mais aujourd'hui c'est une émotion, un transport, par l'espérance qu'elle me donne d'une faveur prochaine qui mettrait le comble à mon bonheur.

« J'irai en pèlerinage à cette tour (1). »

Mais quand, mon adorable amie?

Bientôt sans doute.

Fixez, de grâce, mon âme incertaine qui vole au-devant de votre volonté. Je voudrais, par ma prière ardente, vous dédommager un peu de ma froide gazette de lundi dernier.

Je vous supplie donc à genoux, ma divine amie, de venir en effet illuminer de vos rayons célestes de gloire et de vertu cette voûte antique où je réside

---

(1) L'avocat général Jean Nadault, de l'Académie des sciences décrivait ainsi en 1750 la tour de Montbard :

« Cette tour est encore actuellement aussi entière que si elle venait d'être bâtie ; elle est coupée à pans du côté de la campagne et carrément du côté du donjon. Sa hauteur est de 130 pieds ; elle a cinq étages avec une grande salle voûtée à chaque étage. Ces hautes voûtes servaient à resserrer en temps de guerre les effets des habitants de cette ville et des villages qui y avaient droit de retraite. La salle du rez-de-chaussée ne tirait de jour d'aucun côté et on ne pouvait y descendre que par une ouverture d'environ deux pieds, pratiquée dans le milieu de la voûte de sorte qu'il y a lieu de juger qu'elle servait autrefois de cachot. Cet étage et l'étage suivant sont actuellement enfouis dans les terres qu'on a rapportées. L'escalier, pris dans l'épaisseur du mur, conduit d'étage en étage à la plate-forme dont le parapet est formé par des créneaux avec meurtrières et mâchicoulis. L'eau s'écoule par des gargouilles très saillantes qui ont la forme de couleuvres... Le château de Montbard était l'un des plus vastes de la province et peut-être le plus fort avant l'invention de la poudre... M. Leclerc, comte de Buffon, en est actuellement possesseur à titre de cens. Il l'a démoli, mais il en a conservé les murs qui sont encore très entiers ; il a aussi conservé la grande tour qui est au septentrion, et celle dite de Saint-Louis, qui est au levant, mais qu'il a abaissée d'un étage. La grande tour du nord, dont la construction remonterait au ix^e siècle, est appelée dans une charte de Philippe le Hardi, en 1376, la *Tour de l'Aubépin.*

(Mémoire pour servir à l'histoire de la ville de Montbard, par Jean Nadault, publié en 1882 par Louis Mallard et Nadault de Buffon, pages 53 et 58.)

Le savant Jean Nadault a prédit que la tour de Montbard, élevée sur un rocher qui repose lui-même sur un massif de glaise sans cesse miné par les infiltrations glissera quelque jour dans la vallée. Ce jour ne paraît pas encore venu, car la tour de Montbard, qui a vu passer saint Bernard et Aleth de Montbard, sa mère, les ducs de Bourgogne de la première et de la seconde race, Louis XI, Henri IV, Louis XIV, Buffon et sa gloire, est encore aujourd'hui, sauf quelques blessures faites par la foudre à ses mâchicoulis, telle qu'elle est sortie des mains de son architecte inconnu.

et rêve huit heures chaque jour (1). Elle n'a rien de recommandable que sa

(1) La voûte antique où Buffon réside et rêve huit heures chaque jour, c'est l'imposant donjon féodal qui domine sa retraite de Montbard, et dont l'aspect majestueux avait frappé la vive imagination de M^me Necker, qui aimait à l'en entretenir et à ce que Buffon lui en parlât.

Elle lui écrit, dans une lettre publiée dans ses *Mélanges :* « Puissiez-vous respirer en liberté dans votre tour enchantée! Puisse mon image se mêler quelquefois aux grandes idées qui vous occupent! » Et dans la lettre à laquelle Buffon répond : « J'irai en pèlerinage à cette tour. » — « A ma tour de nécromancien, » ajoutait Buffon le 18 juillet 1781.

Il lui dira encore le 16 avril 1783: « Je vais maintenant à ma tour rêver quelques heures par jour. » Le 1^er novembre, remerciant M. Necker de sa visite à Montbard, il datera sa lettre « de sa vieille tour et de sa trop vieille main ». Il dira encore, le 29 juillet 1784, à M^me Necker : « Je puis enfin m'occuper plusieurs heures par jour, et les plus heureuses sont celles que je passe en solitude dans cette tour antique. »

Cependant on a vu, page 62, que Buffon n'a jamais travaillé dans la grande tour de Montbard, mais seulement dans les premières années de sa jeunesse dans la tour Saint-Louis, dont il fit ensuite sa bibliothèque, et que depuis longtemps il travaillait dans le pavillon qu'il s'était construit du côté de la vallée sur une ancienne tour, à l'autre extrémité de la terrasse.

Maintenant que le lecteur connaît le cabinet de travail de Buffon, le site et jusqu'à l'ameublement de la pièce, le moment est venu de donner la journée de travail de ce grand travailleur, qui répondait à un prince étranger, lui demandant comment il était parvenu à une si grande renommée : « En passant cinquante années de ma vie à mon bureau.» Mais, au lieu de nous charger de décrire la journée de travail de Buffon, nous laisserons parler les contemporains, d'abord parce que leur récit aura un caractère plus authentique, et ensuite parce qu'il n'entre pas dans notre plan de donner ici une biographie de Buffon; notre seul but étant de rassembler autour de sa correspondance les documents authentiques, jusqu'ici épars ou inconnus, pour servir à ceux qui écriront à l'avenir son histoire.

Le chevalier de Buffon, Hérault de Séchelles, Humbert Bazile, M^lle Blesseau, le Père Ignace, tous contemporains de Buffon, nous ont laissé le récit détaillé de sa journée de travail.

Chaque matin, à six heures, il franchissait la distance qui séparait son habitation de son cabinet de travail, et gravissait seul, d'un pas rapide, les cinq terrasses qui y conduisaient, et dont chacune était munie d'une grille de fer qu'il refermait avec soin derrière lui.

« Dans sa jeunesse, — dit M^lle Blesseau, — il travaillait quatorze heures par jour... Depuis quarante ans, M. de Buffon se levait en été à cinq heures, se faisait accommoder très promptement et montait à son cabinet à sept heures; à neuf heures, un domestique lui apportait son déjeuner; il descendait à une heure trois quarts ou deux heures pour dîner. Lorsqu'il avait des personnes dont la conversation lui plaisait, il restait une partie de l'après-midi avec sa compagnie; quand il s'en trouvait avec qui il ne pouvait pas converser ou qui l'ennuyaient, il remontait à son cabinet à trois heures ou trois heures et demie et se remettait au travail jusqu'à huit heures; il ne soupait pas et se couchait à dix heures. »

« Chaque matin, à une heure qui ne varia jamais, dit à son tour Humbert Bazile, on lui apportait son premier déjeûner. C'était sur un plateau d'argent un petit pain, un carafon d'eau et un carafon de vin. De neuf heures jusqu'à deux, il travaillait sans s'interrompre; assis près de lui, j'écrivais sous sa dictée... A deux heures, il quittait le travail pour dîner... Après son dîner, qui durait une heure, quelquefois deux, il rentrait dans sa chambre, prenait quelques instants de repos et faisait seul une promenade dans les allées de son parc... A cinq heures, il rentrait, se remettait à l'étude jusqu'à neuf et descendait au salon. »

« Voici, écrit de son côté Hérault de Séchelles en 1785, comment il distribuait sa journée, et on peut même dire comment il la distribue encore. A cinq heures, il se lève, s'habille, se coiffe, dicte ses lettres, règle ses affaires. A six heures, il monte dans son cabinet, qui est à l'extrémité de ses jardins, ce qui fait presque un demi-quart de lieue, et la distance est d'autant plus pénible qu'il faut toujours ouvrir des grilles et monter de terrasses en terrasses. Là, ou il écrit dans son cabinet, ou il se promène dans les allées qui l'environnent, défense à qui que ce soit de l'approcher; il renverrait celui de ses gens qui viendrait le troubler... A neuf heures, on lui apporte à déjeûner dans son cabinet; quelque-

situation et la pureté de l'air (1); mais elle deviendra le plus noble des tcmples, si vous daignez vous y arrêter.

Vous rirez sans doute, en y entrant, de ma pauvre simplicité.

fois il le prend en s'habillant. Il travaille ensuite jusqu'à une ou deux heures; il revient alors dans sa maison et il dîne. Après son dîner, il ne s'embarrasse guère de ceux qui habitent son château ou des étrangers qui sont venus le voir; il s'en va dormir une demiheure dans sa chambre, puis il fait un tour de promenade, toujours seul, et, à cinq heures, il retourne à son cabinet pour se remettre à l'étude jusqu'à sept heures. Alors il revient au salon, se fait lire ses ouvrages ou corrige les productions qu'on lui présente... A neuf heures, il va se coucher et ne soupe jamais... Telle a été sa vie pendant cinquante ans. »

« Jamais, dit le Père Ignace, il ne quittait son laboratoire qu'à ses heures marquées et personne n'avait le droit d'y pénétrer que lui. »

« Aucun homme, — ajoute le chevalier de Buffon, son frère, — n'a mieux connu le prix du temps; aucun homme n'a employé plus constamment ni avec un zèle plus uniforme toutes les heures de sa vie. A la campagne, il se levait très matin, se retirait aussitôt dans ses jardins et y restait enfermé jusqu'à une heure après-midi; alors il revenait dans sa maison recevait sa compagnie et se mettait à table... Au sortir de table, il passait encore quelque temps avec sa compagnie et faisait lire, mais seulement quand on le lui demandait, ceux de ses écrits prêts à être imprimés, et ne dédaignait pas les critiques des personnes les moins instruites... Il ne soupait pas et se couchait de très bonne heure pour obtenir un sommeil qui ne se prolongeait jamais plus de quatre à cinq heures... Telle a été la distribution constante de tous les jours de sa vie, soit à la campagne, soit à Paris, à l'exception des trois derniers mois, pendant lesquels ses infirmités l'ont obligé de changer son genre de vie. »

Buffon ne se mettait au travail qu'après s'être fait coiffer et habiller.

Il aimait le luxe du vêtement, sans toutefois aller jusqu'à la légende *des manchettes de M. de Buffon*, inventées par le prince de Monaco, ce qui faisait dire au *Figaro*, à propos d'un sauvetage accompli dans l'hiver de 1861 par l'arrière-petit-neveu de Buffon, qu'en se jetant tout habillé dans la Saône il n'avait pas craint de mouiller les manchettes de la famille. Humbert Bazile atteste qu'il a constamment vu Buffon vêtu comme Drouais l'a peint: avec un habit de velours rouge à brandebourgs d'or, une veste en drap d'or, culotte courte, bas de soie, souliers à boucles, l'épée au côté, jabot et manchettes de dentelles.

« Personne à son âge, dit le Père Ignace, n'était plus soigné que lui. Recherché dans ses habits et sa parure, il fallait qu'il fût bien malade pour rester un jour sans se faire accommoder. Il pasait une heure à sa toilette, qu'il regardait comme un délassement. »

M^lle Blesseau et le Père Ignace, parlant de la toilette de Buffon, ont protesté contre cette autre légende du perruquier de Buffon lui racontant chaque matin la chronique scandaleuse de la ville de Montbard et du grand écrivain s'en amusant.

« La toilette de M. de Buffon, dit la première, était bientôt faite. Chaque fois qu'il ne se trouvait près de lui personne à qui il pût parler, il faisait venir son secrétaire, et tout le temps que sa toilette durait, il était occupé à penser. Lorsqu'il avait fini, il allait à son bureau et écrivait ce qu'il venait de méditer. Il avait dans un tiroir une feuille courante, sur laquelle plusieurs fois dans la journée il inscrivait ses pensées; le lendemain, il l'emportait à son pavillon. »

« C'est ici le moment, dit de son côté le P. Ignace, de réfuter l'anecdote du perruquier. Il est vrai de dire que le valet de chambre de M. le comte de Buffon ne l'a pas toujours coiffé; mais, durant les trente-huit ans que j'ai eu l'honneur de faire société avec cet homme immortel, j'avais l'habitude de me rendre deux ou trois fois la semaine à l'ordre qu'il m'avait donné. Mon heure était celle de sa toilette. Je le trouvais toujours un manuscrit à la main, et, pendant que je lui parlais, il me recommandait de ne rien dire devant son coiffeur qui fût de nature à être rapporté, ajoutant que tous les mauvais propos ne viennent que de pareilles gens. »

(1) Buffon écrivait, le 5 janvier 1779, à Guéneau de Montbeillard : « Dès que l'air s'adoucira, j'irai le respirer sur la montagne de Montbard. » (T. 1er, p. 418.)

Il n'y a que les quatre murs (1) ; mais, à cinq cents pas de distance, j'ai une maison où notre grand homme aura un appartement commode, et un autre pour ma noble amie, sa très chère fille et M<sup>lle</sup> Geoffroy (2). Il y a aussi de quoi loger vos gens. J'y suis seul et libre, je vous ferai hommage de ma liberté ; vous serez la maîtresse, et j'aurai le bonheur de l'*esclave romain*, car je sentirai tout ce que vous direz.

La poste peut vous amener, en prenant à Joigny la route de Tonnerre ; il ne faut que deux jours, ou plutôt deux nuits, si la chaleur est trop grande.

Que ne puis-je, comme vous le dites, faire des talismans ! je vous éviterais au moins la fatigue du voyage (3) ; je cherche aussi ce qui pourrait le déterminer. Vous irez peut-être de Montbard à votre terre en Suisse (4) ?

Voilà Genève en paix ou en servitude (5), ce qui est égal pour ses grands voisins.

Enfin je suis à vos pieds et à ceux de M. Necker en vous suppliant tous deux d'exaucer ma prière.

Connaissez-vous, ma trop indulgente amie, une assez bonne et plaisante critique du *Poëme des Jardins*, par le comte de Barruel ? Je n'y trouve qu'une méprise, c'est qu'il met Saint-Lambert (6) fort au-dessus de l'abbé

« M. de Buffon, dit M<sup>me</sup> Necker dans ses *Mélanges*, pense mieux et plus facilement dans la grande élévation de sa tour de Montbard, où l'air est plus pur ; c'est une observation qu'il a faite souvent. »

(1) Voir Tome II, page 62, note 2 de la lettre du 17 juillet 1781 à M<sup>me</sup> Necker, la description et l'inventaire du cabinet de travail de Buffon à Montbard et de la tour Saint-Louis.

(2) M<sup>lle</sup> Geoffroy, gouvernante de Germaine Necker, dont M<sup>me</sup> de Staël parle dans ses *Mémoires*.

(3) Ce projet de visite des Necker à Montbard ne s'est réalisé que l'année suivante, et nous entendrons Buffon, dans sa prochaine lettre à M<sup>me</sup> Necker y renoncer avec tristesse pour cette année. Mais son fils étant tombé assez gravement malade, et Buffon ayant essuyé une crise de son terrible mal, M<sup>me</sup> Necker, M. Necker et sa fille arriveront à l'improviste à Montbard avec le jeune comte de Buffon à la fin d'août 1783, et Buffon remerciera en termes émus M<sup>me</sup> Necker, le 10 septembre, « d'une visite qui a été pour lui un jour de délices, dont le doux souvenir influera sur le bonheur de sa vie. »

(4) Coppet, somptueuse résidence, à la porte de Genève, dont les grands arbres baignent dans le lac, séjour de Bayle, retraite de Necker, exil de M<sup>me</sup> de Staël.

(5) Le triomphe du parti aristocratique sur le parti populaire venait de modifier une fois de plus la forme du gouvernement de la république de Genève. En 1801 Genève, jusqu'alors gouvernement indépendant allié des cantons, est devenu canton suisse.

(6) Charles-François, marquis de Saint-Lambert, déjà nommé (tome I<sup>er</sup>, p. 189), plus connu par sa liaison avec la marquise du Châtelet et M<sup>me</sup> d'Houdetot, que par sa collaboration à l'*Encyclopédie*, son *Catéchisme philosophique*, écrit sous l'inspiration d'Helvétius et ses poésies. Le poème des *Saisons*, publié en 1765, fut très vivement attaqué par le Bourguignon Clément, surnommé par Voltaire l'*Inclément*, et qui adressait en 1770 ces vers à Saint-Lambert du For-Levêque, où il l'avait fait enfermer par une lettre de cachet :

Pour avoir dit que tes vers sans génie
M'assoupissaient par leur monotonie,
Froid Saint-Lambert, je me vois séquestré.
Si tu voulais me punir à ton gré,

Delille (1) et de Roucher (2), tandis que tous trois me paraissent être de niveau.

Je ne suis pas poète ni n'ai voulu l'être, mais j'aime la belle poésie ; j'habite la campagne, j'ai des jardins, je connais les saisons, et j'ai vécu bien des mois ; j'ai donc voulu lire quelques chants de ces poèmes si vantés des *Saisons*, des *Mois* et des *Jardins*.

Eh bien, ma discrète amie, ils m'ont ennuyé, même déplu jusqu'au dégoût, et j'ai dit dans ma mauvaise humeur : « Saint-Lambert, au Parnasse, n'est qu'une froide grenouille, Delille un hanneton, et Roucher un oiseau de nuit. » Aucun d'eux n'a su, je ne dis pas peindre la nature, mais même présenter un seul trait bien caractérisé de ses beautés les plus frappantes.

« Quel blasphème ! » dirait l'ami Chabanon (3).

Je me recommande néanmoins à M^lle Necker, pour lui faire passer ce doux jugement. Il sera furieux et cela l'amusera, et s'il se fâchait tout de bon, et pour toujours, nous pourrions aussi habiller sa muse d'une forme voisine, mais au-dessous de celle de la grenouille.

BUFFON.

( Archives de Coppet. — Communiquée par la baronne de Staël.)

—◇—

# LETTRE CCCCLXXXVII

## A L'ABBÉ BEXON.

Montbard, ce 18 juillet 1782.

Je vous renvoie, mon cher monsieur, votre morceau d'érudition ornithologique avec la transcription, parce que j'ai fait quelques corrections dans le commencement. Il ne me reste plus entre les mains que l'article du guillemot

Point ne fallait me laisser ton poème ;<br>
Lui seul me rend mes chagrins moins amers,<br>
Car de nos maux le remède suprême<br>
C'est le sommeil... Je le dois à tes vers.

(1) L'abbé Jacques Delille déjà nommé (t. 1^er, p. 284, note 2). Le roi n'ayant pas ratifié, en 1772, son élection à l'Académie française à cause de son âge, il n'y fut reçu que deux ans après, en 1774, à la place de La Condamine, ami de Buffon. Ayant suivi le comte de Choiseul-Gouffier dans son ambassade à Constantinople, c'est d'Athènes qu'il adressa à M^me de Vaisne la lettre dont il a été parlé t. I^er, p. 279. Il fut, dans les dernières années de sa vie, professeur de belles-lettres à l'Université, et de poésie latine au Collège de France.

(2) Jean-Antoine Roucher, poète et littérateur, né en 1745, mort sur l'échafaud le 7 octobre 1793. Rivarol a dit du poème des *Mois*, paru en 1779 : « C'est en poésie le plus beau naufrage du siècle. »

(3) Anatole Denis de Chabanon, littérateur et musicien, précédemment cité. (Tome I^er, page 363, note 2.) Il était de l'intimité des Necker.

et celui du macareux auquel j'ai ajouté en note une assez bonne description qui m'a été envoyée par un M. Geoffroy de Valognes (1). Je vous enverrai ces deux articles dès que vous me le demanderez. Mais j'attends les pingouins et les manchots qui peut-être vous auront donné autant de peine que les pétrels.

Je ne vous envoie point les titres des extraits des sels, parce que ce travail serait inutile et que j'ai ici les livres de Macquer (2) et des autres chimistes d'où ces extraits sont tirés ; mais je crois vous avoir laissé quelque chose des leçons de M. Daubenton (3) sur les minéraux ; si cela est entre vos mains, vous me ferez plaisir de me les renvoyer.

La manière dont le comte et la comtesse du Nord ont eu la bonté de parler de moi augmente mes regrets de n'avoir pas été à portée de leur faire ma cour. Voici ce que m'en écrit le chevalier de Buffon ; vous l'aimez et vous ne serez pas fâché, tant à cause de lui qu'à cause de moi, de lire ce fragment de sa lettre (4).

Vous êtes bien discret, mon cher abbé, car vous ne me dites rien d'un mariage que j'ai appris indirectement et qui néanmoins me fait grand plaisir ; c'est celui de M<sup>lle</sup> de La Billarderie l'aînée qui doit se faire incessamment (5). Vous savez combien je m'intéresse à tout ce qui touche notre respectable marquis et toute sa famille (6).

(1) Robert-Étienne-Louis Geoffroy, médecin et naturaliste, né en 1725, mort le 8 août 1810, a enrichi l'*Histoire naturelle* de ses observations, et a fait à Buffon d'importantes communications sur les oiseaux de rivage.

(2) Pierre-Joseph Macquer, chimiste, déjà nommé. (Voir Tome I<sup>er</sup>, page 7.)

(3) Les leçons de Daubenton au Collège royal, aujourd'hui Collège de France, où il occupait la chaire d'histoire naturelle depuis 1778.

(4) Cet extrait se trouve dans la lettre du 12 du même mois à M<sup>me</sup> Necker.

(5) La fille du marquis de La Billarderie épousa, le 25 août, le marquis de La Valette, lieutenant général de l'Auxerrois, de l'Auxois et de l'Autunois, commandant en second la province de Bourgogne sous le marquis de La Tour du Pin. (Voir lettre du 7 août 1782 de Buffon à son fils.) Buffon, qui avait fait tant de mariages, prenait un intérêt direct à ceux qui se faisaient près de lui.

(6) Nouveau témoignage de l'amitié qui unissait Buffon au marquis de La Billarderie, que la ressemblance du nom a fait souvent confondre avec le comte de La Billarderie d'Angiviller, son frère, pour qui Buffon avait des sentiments bien différents, ainsi que le montre sa lettre du 4 octobre 1781, p. 84, à M<sup>me</sup> Necker sur le second mariage du comte d'Angiviller et sa protestation, à la fin de sa vie, au sujet de sa survivance.

Depuis que Buffon avait introduit l'abbé Bexon, sa mère et sa sœur, dans l'intimité du marquis de La Billarderie, celui-ci les recevait fréquemment à sa table et conduisait l'abbé dans sa voiture au Jardin du Roi. Une lettre en réponse à une invitation à dîner, lettre publiée par M. Flourens dans son volume des *Manuscrits de Buffon*, donnera un échantillon du style de l'abbé Bexon lorsqu'il n'était pas corrigé par Buffon et sera une réponse aux critiques qui n'ont pas craint d'avancer que les plus beaux passages de Buffon, ses morceaux classiques, sont l'œuvre de ses collaborateurs.

« Je vais aujourd'hui, mon cher abbé, écrit, le 18 mars 1782, le marquis de La Billarderie, dîner chez M. de Buffon, je me suis chargé de vous faire dire qu'il dîne chez lui et je vous offre d'être votre fiacre. Je désire infiniment que vous acceptiez ma proposition : j'y gagnerai quelques moments que je passerai de plus avec vous, et vous savez que j'en connais le prix. »

« Eussé-je le droit d'être porté sur le char de la gloire, répond l'abbé Bexon, je préfére-

J'ai reçu aujourd'hui une lettre de mon fils datée de Riga du 18 juin. Il a dû arriver à Pétersbourg cinq jours après; au moment où il est entré sur les terres de l'Impératrice, il a trouvé un sergent aux gardes et un soldat qui parlaient français et qu'elle a envoyés au-devant de lui pour le précéder et l'accompagner partout. Le gouverneur de Livonie lui a fait les plus grands honneurs à Riga; enfin, écrit-il, on ne peut pas être plus content que je le suis de l'honnêteté avec laquelle on me traite (1).

Adieu, mon cher ami, mille hommages à madame votre mère et à la charmante sœur; je voudrais bien être à portée de lui rendre ce qu'elle a la bonté de donner à mon buste (2).

LE C<sup>te</sup> DE BUFFON.

(Inédite. — Communiquée par M<sup>lle</sup> Lefebvre.)

---

## LETTRE CCCCLXXXVIII

### AU MÊME.

Ce 21 juillet 1782.

Le sieur Salbreux, qui imprime mes ouvrages in-12 (3), vient de m'écrire au sujet de la coupe du premier volume in-4° des minéraux pour en faire deux volumes in-12 à peu près égaux; je viens, mon cher monsieur, de lui marquer qu'il faut terminer ce premier volume in-12 par l'article de l'albâtre et commencer le second par l'article du marbre, et je vous serai obligé de tenir la main à ce que cela soit exécuté.

Je compte mettre une table à la fin de chaque volume in-4°; cette table des matières ne laissera pas que d'être fort étendue, et je vais y travailler incessamment; mais je veux auparavant tâcher de finir les sels, qui m'occupent fortement depuis six semaines et dont les acides ont si bien fermenté sous ma main que j'ai déjà un volume d'écriture fort considérable dont je ne suis pas parfaitement content et qu'il me faudra encore plus d'un mois pour perfectionner.

Cette matière, quoique maniée par tous les chimistes, n'en est pas plus claire aux yeux du naturaliste : néanmoins, vous verrez que je l'ai fort

---

rais de monter dans celui de l'amitié. Il faut arriver au bonheur, et ici je le trouve en route. A deux heures donc, j'attendrai d'être conduit par l'honneur chez le génie. »

(1) On a trouvé, à la note 1 de la lettre du 23 avril 1782 de Buffon à l'impératrice Catherine, le récit un peu différent de celui-ci donné par Humbert Bazile de l'arrivée du fils de Buffon en Russie. (Voir aussi les lettres des 20 janvier et 24 février à l'abbé Bexon et du 6 février à M<sup>me</sup> Necker.

(2) Un baiser.

(3) Un des imprimeurs qui ont, avec Panckoucke, édité les éditions de l'*Histoire naturelle* imprimées ailleurs qu'à l'Imprimerie royale.

heureusement réunie, ainsi que toutes les autres, à mon système général.

L'article des matières volcaniques que j'ai laissé à l'Imprimerie royale (1) et qui devait terminer le premier volume commencera le second, et j'ai jugé ce changement nécessaire après avoir bien remanié les articles de ce second volume.

Je vous envoie ci-joint l'article de la pyrite martiale, qui doit suivre celui des bitumes et qui terminera ce premier volume in-4° des minéraux ; il sera plus gros qu'il ne faut avec la table des matières. Je vous prie donc de retirer ou de faire mettre à part, par M. Vercaven (2) l'article des matières volcaniques, et de lui dire que c'est par cet article que doit commencer le deuxième volume dont j'enverrai la copie dès qu'il sera nécessaire, et même vous pouvez dire à M. Vercaven qu'il la recevra sous moins de quinze jours ; ainsi l'imprimerie ne pourra pas chômer.

J'ai l'honneur d'être, avec tout attachement, mon cher monsieur, votre très humble et très obéissant serviteur.

LE C<sup>te</sup> DE BUFFON.

Je voudrais bien retrouver la grande carte de l'empire de Russie que vous avez fait réduire pour faire celle de mes *Époques de la Nature;* je crois qu'elle est restée entre les mains du graveur, car je l'ai cherchée partout et n'ai pu la retrouver. Vous me ferez donc plaisir de m'en informer, et si vous la retrouvez je vous serai obligé de la remettre à M. Le Clerc (3), chevalier de Saint-Michel, auquel je l'ai promise, parce qu'il en a besoin pour son histoire de Russie.

(Inédite. — Communiquée par M<sup>lle</sup> Lefebvre.)

# LETTRE CCCCLXXXIX

## AU MÊME.

Ce 30 juillet 1782.

Je ne sais, mon très cher abbé, comment va cette malheureuse imprimerie, et je ne conçois pas pourquoi il y a plus de cinq semaines que je n'ai reçu

---

(1) Les derniers volumes des minéraux ont été imprimés à une imprimerie particulière. (Voir la lettre du 15 décembre 1787 au ministre Amelot et, même page, la lettre d'Anisson-Duperron, directeur de l'Imprimerie royale.)

(2) Un des nombreux auxiliaires subalternes de Buffon dans la surveillance matérielle de l'impression de ses ouvrages, de la correction des épreuves, de la gravure, du tirage des planches, etc. Le premier dont on l'ait entendu parler est Jacques Mandonnet, enfant de Montbard, qui lui devait, sans doute, comme tant d'autres de ses compatriotes, sa position à Paris et sa fortune.

(3) Antoine-Honoré Le Clerc ou Clerc, fils du médecin de ce nom, né le 31 août 1751, mort le 21 octobre 1816, a servi en France jusqu'à l'émigration, et s'est fait connaître par son dévouement à la cause royaliste. Il est un des auteurs de l'*Histoire moderne de Russie.*

une seule épreuve du volume des oiseaux et que depuis douze jours j'attends inutilement la suite des épreuves du volume des minéraux.

Il me semble que la visite que vous avez faite à cette lente machine ne l'a pas rendue plus active : c'est peut-être, à l'égard des oiseaux, parce qu'ils n'ont pas devant eux beaucoup de copie. Je viens de corriger les deux derniers cahiers qui me restaient et je vous les envoie ci-joints en attendant que vous m'envoyiez vous-même les articles qui doivent enfin terminer cette longue histoire des oiseaux, qui, du train dont on va, ne pourrait pas être imprimée pour cet hiver.

Cependant cela est important et il est très nécessaire aussi de presser l'impression des minéraux; l'article des sels, réduit autant qu'il m'a été possible, sera néanmoins de deux cents pages in-4°. Il faut donc nécessairement faire notre premier volume un peu plus gros et je reviens à mon premier avis : il faut imprimer l'article de la pyrite martiale que je vous ai envoyé et terminer ce volume par l'article des matières volcaniques qui aurait commencé le second; mais je vois qu'alors trois volumes n'auraient pas suffi pour contenir tous les minéraux; ainsi vous voudrez bien, mon cher monsieur, suivre cet arrangement, et, pour faire un peu plus de place dans ce troisième volume, nous ajouterons la table des matières au premier, qui dès lors sera un peu trop gros; mais je ne vois pas qu'il soit possible de faire autrement.

Mon fils est arrivé à Pétersbourg en bonne santé et a été parfaitement bien accueilli par l'Impératrice, qui l'a fait dîner avec elle et l'a entretenu très longtemps (1). Il me marque qu'il serait bien satisfait si, le 30 de juin, il n'y faisait pas plus froid qu'au 30 janvier à Paris; il est obligé de porter avec son habit de drap un manteau, et dit que l'on est bien persuadé de mon système et que les glaces chasseront quelque jour les habitants de Pétersbourg.

J'attendais ces jours-ci de vos nouvelles et vous savez, mon cher monsieur, que c'est toujours avec un grand plaisir que j'en reçois.

BUFFON.

(Inédite. — Communiquée par M<sup>lle</sup> Lefebvre.)

(1) Nous renvoyons de nouveau aux notes de la lettre de Buffon du 23 avril 1782 à l'impératrice de Russie pour tous les détails du voyage de son fils.

# LETTRE CCCCXC

## BILLET A M. RIGOLEY.

Montbard, dimanche soir, 1er août 1782.

M. de Buffon a reçu la belle truite (1), et en fait tous ses remerciements à M. Rigoley; il le prie de venir dîner à la forge de Buffon, demain lundi, non pas pour manger la truite, car elle a été mangée ce matin, et elle était excellente, mais pour manger une carpe. M. l'intendant (2) y sera, et nous causerons du procès-verbal des expériences (3).

BUFFON.

(Appartient à M^me Morel.)

(1) Les truites de la Brenne et de l'Armançon sont aussi renommées que les chevreuils de Montbard.

(2) Charles-Henri de Feydeau, marquis de Brou, précédemment nommé, était fils de Paul-Esprit Feydeau de Brou, doyen des conseillers d'État au Conseil du Roi et beau-frère de François-Marie Bernard de Sassenay, président à mortier au parlement de Dijon. Il fut intendant de la province de Bourgogne de 1780 à 1783. (Voir t. II, p. 11, note 2.)

(3) Expériences comparatives entre les fers nationaux et étrangers, faites le mois précédent aux forges de Buffon, par Buffon et le chevalier de Grignon. On en trouve le compte rendu dans le *Journal de physique*, de septembre 1782, et le *Journal des observations sur la physique, l'histoire naturelle et les arts*, de novembre, et dans le *Journal de Paris*, du 5 du même mois.

« Nous nous croyons obligés de rendre hommage au zèle et aux vues de M. de Grignon, chevalier de l'ordre du Roi, correspondant de l'Académie des sciences de Paris. Pénétré de la nécessité de fonder en France des manufactures d'acier fin, pour enlever aux étrangers une branche de commerce d'importation qui est si onéreuse à la nation, et voyant que Nérouville était la seule manufacture en grand d'acier fin par cémentation, et qu'encore elle n'employait que des fers de Suède; assuré enfin, d'après plusieurs essais, qu'il était possible de convertir nos fers français en bon acier fin, il a présenté à l'administration plusieurs mémoires sur cet objet. Le gouvernement, attentif à procurer aux arts et aux manufactures nationales des motifs d'émulation et les moyens de faire fleurir le commerce, autorisa en novembre 1779 M. de Grignon à faire les expériences nécessaires pour constater les propriétés relatives que les meilleures espèces de fers français ont pour être convertis en acier fin par la cémentation.

» M. le comte de Buffon a bien voulu partager le sacrifice que le gouvernement faisait à l'utilité publique. Il a offert ses forges et un fourneau qu'il avait fait construire à grands frais pour reprendre la suite de ses expériences sur l'acier. Ces offres si généreuses ayant été acceptées par l'administration, M. de Grignon fit venir à Buffon, des différentes provinces du royaume, les fers des meilleures qualités. Nous nous contenterons de dire que le résultat de ces expériences est qu'il est très possible de faire d'excellents aciers fins, par cémentation, avec les fers des différentes provinces du royaume; qu'il suffit de choisir, parmi ceux qui ont le plus de propriétés à devenir acier, les fers les mieux fabriqués, et de les traiter suivant leur caractère particulier. Il serait à désirer, ajoute M. de Grignon dans son rapport, qu'il se fondât plusieurs manufactures en ce genre dans le royaume, afin de fournir aux arts les aciers dont ils font une très grande consommation, laquelle forme une branche immense de commerce d'importation qui enrichit nos voisins. »

--◇--

# LETTRE CCCCXCI

## AU COMTE DE BUFFON FILS.

Montbard, le 7 août 1782.

J'ai reçu, mon très cher fils, votre lettre datée de Riga, et peu de jours après deux autres datées de Pétersbourg. J'attendais que M. Tourton m'eût envoyé votre lettre de change de 2,300 livres, mais jusqu'à présent il ne m'en a pas demandé le remboursement. Je n'en suis pas inquiet ; mais peut-être a-t-il trouvé que vous aviez eu les ducats à trop bon marché.

Je vois que votre dépense est fort considérable, et je sens en même temps que vous ne pouvez guère faire autrement ; je ferai donc en sorte d'y subvenir et, supposé que votre lettre de crédit de 12,000 livres ne vous suffise pas pour vous ramener ici (1), vous m'en avertirez d'avance, afin que je puisse vous envoyer une lettre de crédit en supplément sur telle ville que vous jugerez à propos.

Mais il ne faut pas, comme vous le projetez, arriver en France avant le commencement de janvier, ou tout au plus tôt sur la fin de décembre. Je vais à Paris passer les mois d'octobre, de novembre, et peut-être jusqu'à Noël ; je reviendrai alors à Montbard, où je compte avoir le plaisir de vous recevoir, et où il ne faut pas arriver à moins que je n'y sois ; et si vous arriviez directement à Paris, vous ne pourriez venir à Montbard, parce que vous seriez obligé de reprendre votre service.

J'adresse cette lettre à M. le marquis de Vérac (2), en le priant de vous la faire passer, ainsi que celles que je vous écrirai dans la suite. Je lui témoigne toute la reconnaissance que je lui dois pour les bontés dont il vous a comblé ;

(1) Le voyage de son fils en Russie coûta à Buffon plus du double, soit environ 24,000 livres.

(2) Joseph-Raoul, marquis de Vérac, diplomate, successivement ministre de France à Copenhague et Saint-Pétersbourg, à qui le ministre Vergennes annonçait en ces termes, le 15 avril 1782, le voyage du fils de Buffon :

« Cette lettre vous sera remise, monsieur, par M. de Buffon fils, officier au régiment des gardes françaises, que M. son père se propose de faire voyager dans le Nord pour son instruction à la suite de ses premiers voyages en Italie, en Hollande et dans une partie de l'Allemagne.

» Le nom et la réputation du père me sont d'avance un garant de l'accueil que le fils recevra de votre part. M. de Buffon a cependant désiré que le jeune voyageur eût cette lettre à vous présenter de ma part ; je vous prie, monsieur, de lui procurer, pendant son séjour dans votre résidence, les agréments qui peuvent dépendre de vous et les facilités nécessaires pour remplir utilement l'objet de son voyage. »

Le marquis de Vérac suivit à la lettre les instructions de son ministre, et, pendant toute la durée de son séjour à Saint-Pétersbourg, le fils de Buffon reçut la plus cordiale et la plus affectueuse hospitalité à l'hôtel de l'ambassade où il logeait.

je suis persuadé que vous vous serez fait une bonne réputation, et que, quand vous prendrez congé de notre grande Impératrice, vous pourrez obtenir un mot pour M. le maréchal de Biron (1); ce serait le plus grand bienfait qu'elle pût nous faire.

Je vois que vous voyagez actuellement dans l'intérieur de son empire, et vous auriez bien fait d'aller jusqu'à Tobolsk, puisqu'elle a paru approuver votre projet. Je joins ici une petite lettre de remercîments pour M. le baron de Campen-Hausen (2), au sujet des hirondelles gelées (3); vous aurez soin de la lui faire passer.

J'attends vos réponses aux dernières lettres que je vous ai adressées à Pétersbourg. Mlle Blesseau vous a aussi écrit une longue lettre, il y a douze jours, et elle a reçu celle de La Rose, qui nous a fait plaisir.

Tâchez de vous défendre du froid et des fluxions; restez le plus longtemps que vous pourrez dans les États de Sa Majesté, en finissant par Pétersbourg, où il serait très important de vous trouver après le retour de M. le comte et de Mme la comtesse du Nord, qui se sont fait partout également aimer et je puis dire adorer. J'aurai toute ma vie regret de ne pas les avoir vus; mais ma santé ne me l'a pas permis. Elle se soutient assez, en prenant beaucoup de ménagements et de précautions contre l'intempérie des saisons; nous avons eu grand froid pendant tout le mois de mai, et des pluies continuelles jusqu'au 10 de juin, après quoi des chaleurs excessives, qui ont occasionné beaucoup de maladies. Cela n'a pas fait grande place dans votre régiment, et l'on m'écrit que la promotion n'est pas encore faite; je verrai souvent M. le maréchal (4) à mon retour, et je tâcherai d'entretenir sa bonne volonté pour vous.

M. Guillebert est bien content, et entrera au 1er octobre prochain dans son nouveau bureau; j'en ai écrit une lettre de remercîments à M. Gojard. Toutes les personnes que vous connaissez se portent bien. Mlle de La Billarderie l'aînée doit se marier sur la fin de ce mois avec M. de La Valette (5), âgé de trente-six ans, et affligé de cent mille livres de rentes. C'est une très grande fortune, et j'en suis bien aise; car c'est une bonne personne qui fera le bonheur de son mari, et le bonheur vaut encore mieux que la fortune.

Adieu, mon très cher fils, je sens que je vous aime de plus en plus, et je voudrais que vous m'aimiez autant.

(1) La constante préoccupation de Buffon de satisfaire le colonel de son fils est une nouvelle manifestation de sa tendresse et de sa sollicitude paternelles.

(2) Le baron de Campen-Hausen, savant distingué, ancien président de l'Académie de Saint-Pétersbourg.

(3) On croyait généralement alors que les hirondelles se plongeaient dans les lacs en hiver pour en sortir au printemps. Buffon a combattu cette fable malgré l'envoi des hirondelles gelées.

(4) Le maréchal duc de Biron, colonel du régiment des gardes françaises.

(5) Voir la lettre du 18 juillet 1782, p. 138, note 5.

M^me Nadault entre auprès de moi; elle aime son neveu, et elle mérite que vous l'aimiez.

LE C^te DE BUFFON.

(Collection Nadault de Buffon.)

--◇--

# LETTRE CCCCXCII

## A M. L'ABBÉ DODUN.

Montbard, ce 12 août 1782.

Vous pouvez, monsieur, prendre quand il vous plaira auprès du sieur Lucas le quartier de la pension de l'abbé de Saint-Belin (1); je vais lui écrire de vous remettre ces 150 livres dès que vous les lui demanderez.

J'ai l'honneur de vous envoyer ci-joint une lettre de M. l'abbé Meynier à qui l'abbé de Saint-Belin doit 48 livres par un billet qui est entre les mains du père procureur des Bénédictins de Nîmes. Je viens d'écrire au sieur Ponthier, receveur de l'Évêché, de payer ces 48 livres en retirant le billet que je le prie de me renvoyer; gardez cette lettre en attendant et prévenez l'abbé de Saint-Belin que nous avons payé cette dette.

Recevez les assurances de l'estime et de l'amitié que je vous ai vouées et les sentiments de tout l'attachement avec lequel j'ai l'honneur d'être, monsieur, votre très humble et très obéissant serviteur.

C^te DE BUFFON.

(Inédite. — Archives nationales.)

--◇--

# LETTRE CCCCXCIII

## A MADAME NECKER.

A Montbard, ce 13 août 1782.

Comme vous avez différé votre réponse, j'imagine, ma tendre et respectable amie, qu'il y a peut-être obstacle au voyage projeté (2). Quelque pressante qu'ait été ma prière, je m'en désiste si cela peut vous gêner.

---

(1) La correspondance de Buffon avec l'abbé Dodun établit qu'après avoir payé les dettes de son beau-frère, sans même l'en avoir prévenu, Buffon avait généreusement ajouté une pension à celle que l'abbé de Saint-Belin touchait sur le diocèse de Nîmes. Ce fut toujours, au surplus, la manière d'agir de Buffon, bienfaiteur de sa famille, comme il l'était, à Montbard et à Buffon, des ouvriers et des nécessiteux.

(2) La visite de M^me Necker à Montbard n'a eu lieu que l'année suivante.

D'ailleurs le temps s'est écoulé et je dois retourner à Paris vers le 20 septembre, comme j'ai eu l'honneur de vous le dire avant mon départ. Or mon bonheur est de vous voir, mon adorable amie, et le lieu n'y fait rien ; je ne veux donc plus vous demander de faire cent vingt lieues pour n'avancer ce bonheur que d'un mois. Je me réserve seulement la permission de renouveler mes instances pour le temps du long séjour que je dois faire ici l'année prochaine.

Je ne me console de la perte de mes espérances passées qu'en souffrant et me flattant du succès de cette espérance à venir.

En tous temps, en tous lieux je vous adore et vous adorerai le reste de ma vie.

BUFFON.

(Inédite. — Collection du duc de Broglie.)

―◇―

# LETTRE CCCCXCIV

## AU COMTE DE BUFFON FILS.

Montbard, le 18 août 1782.

J'ai reçu, mon très cher fils, votre gros mémoire de dépense, et, quelque forte qu'elle soit, je ne suis point du tout mécontent ; car M<sup>lle</sup> Blesseau m'ayant lu attentivement tous les articles, j'ai vu que vous n'aviez pas fait la plus petite fausse dépense, et je suis d'ailleurs très satisfait de l'exactitude avec laquelle vous avez fait ce mémoire (1) et de l'attention que vous avez eue de m'écrire ou de nous faire écrire tous les huit jours par La Rose.

Je consens très volontiers que vous repreniez vos 21 louis sur les 1,500 livres que vous venez de tirer à Pétersbourg, et de plus je vous permets d'en prendre encore 21 autres sur l'argent de la première lettre de

---

(1) L'esprit d'ordre de Buffon se révèle dans sa correspondance comme dans tous les actes de sa vie. Il se montre indulgent pour une dépense, même exagérée, en présence d'une comptabilité bien tenue. S'il ne manifeste aucun mécontentement de la grande dépense de son fils en Russie, c'est parce que M<sup>lle</sup> Blesseau, lui ayant lu ses comptes, il les a trouvés bien tenus et exacts.

« L'ordre admirable qu'il mettait dans la tenue de sa maison et de ses affaires, dit le P. Ignace, n'avait d'égal que celui de la personne à qui il avait donné sa confiance. Il avait la plus grande exactitude à écrire chaque semaine, avec M<sup>lle</sup> Blesseau, ses dépenses journalières, et il employait ses matinées du dimanche à payer les mémoires de sa maison, dont il voyait lui-même tous les détails ; car, s'il était exact à se faire payer, il était plus exact encore à payer les autres. Chaque année, à son retour de Paris, il faisait, avec M<sup>lle</sup> Blesseau, la visite de ses appartements pour savoir ce qui manquait et ce qui devait être remplacé, et il ne revenait jamais de Paris qu'il n'en rapportât nombre d'étoffes pour changer ses appartements, qu'il décorait avec une si noble simplicité, qu'elle équivalait au luxe. Aussi, sa maison de Montbard faisait-elle l'admiration de tous ceux qui la visitaient, et rien ne lui coûtait pourvu que tout fût en ordre. Il avait coutume de dire que « celui qui ne sait pas » compter avec lui-même apprend à manger son bien et ensuite celui des autres. »

change que vous tirerez ; ainsi ce sera 42 louis dont vous pouvez disposer pour acheter les choses qui vous plairont. Je vous donne ces seconds 21 louis comme une petite marque de ma satisfaction de votre bonne conduite. Je vous exhorte, mon très cher enfant, à continuer de même, et vous ferez le bonheur de ma vie et de la vôtre (1).

Vous ne me dites pas si vous avez remercié M. de Schowaloff des trois beaux morceaux de malachite qu'il a eu la bonté de m'envoyer dès le mois de février, et que je n'ai reçus qu'au mois de juin (2). Je vous ai mar-

(1) On doit cette justice au fils de Buffon, que sa conduite vis-à-vis de son père fut toujours parfaite, et qu'après l'avoir entouré de son vivant des marques de sa reconnaissance, de sa déférence et de sa vénération, il a honoré sa mémoire en respectant sa volonté, en tenant scrupuleusement ses engagements au prix du sacrifice de sa fortune, et en défendant la gloire de son père contre les attaques des pamphlétaires et des envieux.

Il écrira de Montbard à Faujas de Saint-Fond en 1783 : « Mon père me traite avec une bonté et une amitié qui me font mille fois plus de plaisir que tout le reste, je suis parfaitement heureux ; » et au marquis de Chastellux le 10 juin 1786 : « Si vous me trouvez quelque sensibilité, il n'y avait que la bonté du meilleur et du plus sublime des pères qui pût la développer dans son entier, car je lui porte toute tendresse. »

C'est à cette piété filiale du fils de Buffon que M^me Necker rendra hommage lorsqu'elle lui écrira après la mort de son père :

« Ce qui me frappe et ce qui m'intéresse, c'est votre respect filial et l'inquiétude qu'il vous inspire. Cette remarque, jointe à beaucoup d'autres, me laisse espérer la seule consolation dont je fusse susceptible dans mon malheur, celle d'entendre toujours parler avec estime du fils chéri de M. de Buffon, et de voir dans toute sa conduite un hommage perpétuel rendu à la mémoire de son illustre père. M^lle Blesseau me mande que votre conduite intérieure se rapporte parfaitement à celle que vous avez au dehors..... J'ai appris par elle quelle attention scrupuleuse vous avez apportée à ne faire aucun changement dans l'intérieur domestique ni dans les arrangements déterminés par M. de Buffon, et j'ai trouvé dans ces procédés, avec la preuve de votre respect pour sa volonté, celle d'un sens exquis au-dessus de votre âge. Nous avons vu trop souvent que les jeunes gens qui héritent croient mieux penser que ceux à qui ils doivent tout, et ne craignent pas d'outrager leur cendre et de se montrer ingrats en détruisant tous les établissements qui étaient chers à leurs parents. Si votre illustre père voit ce qui se passe, vous pouvez vous dire avec attendrissement qu'il jouit de vos soins. »

Elle lui dira encore :

« J'ai reçu avec attendrissement et reconnaissance les nouvelles preuves de votre respect filial pour votre excellent et sublime père. Votre lettre au président de l'Assemblée (*) honore également vos talents et votre caractère moral, et j'ai un plaisir infini à vous dire que la suite de votre conduite, tant dans cette occasion que dans les troubles de Dijon et de Montbard (**), a donné une nouvelle base à votre réputation..... C'est une grande satisfaction pour moi, que je ne puis m'empêcher cependant de mêler à quelques réflexions remplies d'amertume. Je me dis : Si ce grand homme était encore avec nous, quel serait son bonheur en apprenant que son fils marche sur ses traces et que tous les goûts honnêtes et raisonnables entrent dans son âme. »

(2) Buffon accuse réception de cet envoi dans sa lettre du 4 juillet précédent à son fils : « J'ai trouvé dans la boîte trois superbes morceaux de malachite, l'un cristallisé, l'autre soyeux et le troisième en mamelons ; nous n'avons rien d'aussi beau au Cabinet du Roi. »

(*) La lettre du fils de Buffon du 13 janvier 1790 au président de l'Assemblée nationale à propos du décret abolissant les noms de terre et les titres de noblesse. (Voir lettre du 26 décembre 1787 à Guérard.)

(**) On trouvera page 403, tome II de la 1^re édition de la *Correspondance*, les pièces et articles de journaux relatifs à cet événement.

qué, il y a six semaines ou deux mois, de lui témoigner tous mes sentiments de reconnaissance de son souvenir et le respect qui lui est dû. Je ne
pense pas que ce M. de Schowaloff soit le même que celui dont vous me
parlez dans votre dernière lettre du 22 juillet et que nous avons vu chez
M. le maréchal de Biron; je crois que c'est celui qui a demeuré plusieurs
années à Paris et qui a été rappelé il y a cinq ou six ans, et que j'ai
vu plusieurs fois, qui m'a même fait l'honneur de venir dîner au Jardin du
Roi (1).

Vous me ferez plaisir aussi de dire des choses obligeantes de ma part à
M. de Domacheneff, président de l'Académie (2), et à mes autres confrères
dans cette savante compagnie.

M. Euler (3) est, à ce qu'on m'a dit, aveugle et bien âgé; mais c'est encore
le plus grand géomètre de l'Europe; j'estime aussi beaucoup M. Pallas (4),

(1) Le comte Yvan de Schowaloff, chambellan de Catherine II, précédemment nommé.
Son frère, son émule, partageait son goût délicat et éclairé pour les arts et les lettres et
sa patriotique ambition de les faire pénétrer en Russie. (Voir t. Ier, p. 381, note 4.)

On rapporte que, pendant son dernier séjour à Paris, le comte Yvan de Schowalof
ayant voulu connaître Rousseau était allé à l'Hermitage, sous le prétexte de lui porter de la
musique à copier. Il se nomma en se retirant : « Je suis, dit-il, chambellan de l'Impératrice. — Tant pis pour vous, répliqua brusquement Rousseau ; dans ce cas, voici votre
musique et votre argent ; mais, comme vous m'avez fait perdre deux heures, je garde douze
livres pour mon temps. »

(2) Serge Domacheneff, ministre des beaux-arts, président de l'Académie de Saint-
Pétersbourg, que Buffon cite en même temps que le comte de Schowaloff. « Comme j'avais
déjà livré à l'impression toutes les feuilles précédentes de ce volume, j'ai reçu de la part de
M. le comte de Schowaloff, ce grand homme d'État que toute l'Europe estime et respecte,
j'ai reçu, dis-je, en date du 27 octobre 1777, un excellent mémoire composé par M. Domacheneff, président de la Société impériale de Pétersbourg, et auquel l'Impératrice a confié
à juste titre le département de tout ce qui a rapport aux sciences et aux arts. »

(3) Léonard Euler, illustre géomètre et mathématicien, né le 15 avril 1707, mort le
7 septembre 1783. Appelé à Saint-Pétersbourg par Catherine II dès 1727, il y a enseigné les
mathématiques, et, bien que frappé de cécité à cinquante-neuf ans, il a laissé un nombre
considérable d'ouvrages en latin et en français ; on lui doit d'importantes découvertes et
il a imprimé une impulsion puissante aux sciences mathématiques. Outre ses nombreux
ouvrages, il a rédigé, de 1727 à 1783, plus de la moitié des mémoires sur les mathématiques
insérés dans les 46 volumes in-4° des recueils de l'Académie de Saint-Pétersbourg. Turgot
a fait traduire en français la *Science navale* d'Euler, et Louis XVI lui a envoyé de riches
présents. Condorcet, qui a prononcé son éloge, a publié, en 1787, ses *Lettres à la princesse
d'Anhalt-Dessau*. Les trois fils d'Euler ont été à leur tour des savants distingués et se sont
montrés les émules et les pieux défenseurs de la gloire paternelle.

(4) Pierre-Simon Pallas, naturaliste et voyageur, né à Berlin le 22 septembre 1741, mort
le 8 septembre 1811. Appelé, comme Euler, en Russie par Catherine II en 1767, il accompagna, en 1768, les astronomes qui allaient observer en Sibérie le passage de Vénus sur le
soleil. Il a écrit en latin, en français et en allemand, ses *Voyages* et un grand nombre d'ouvrages, notamment : *Observations sur la formation des montagnes et les changements
arrivés à notre globe* (1777), *Eleuchus zoophytorum* (1766), *Miscellanea zoologica*, en 1767,
et la même année *Spicilegia zoologica*, travaux souvent cités par Buffon, dont Pallas a
rectifié, en même temps que chez Linné, plusieurs erreurs de conchyliologie. Buffon, parlant de lui dans ses *Suppléments*, dit : « Je ne puis que remercier M. Pallas de m'avoir
indiqué cette méprise. »—« M. Pallas, dit-il encore dans les notes des *Époques de la nature*,

M. Mayer (1) et plusieurs autres membres de cette Académie; vous me feriez plaisir de leur faire une visite pour le leur témoigner.

M. le duc de La Rochefoucauld (2) m'a communiqué une réponse aussi spirituelle que flatteuse pour vous et pour moi, qu'il a reçue de M. Caillard (3). Le bien qu'il dit de vous et de votre conduite m'a fait le plus grand plaisir, et je vous prie de l'en remercier de ma part en lui disant que votre oncle le chevalier de Saint-Belin (4) connaît M. son frère (5), qui demeure à Aignay-le-Duc (6) dans notre voisinage, et que je serais enchanté si je pouvais lui être de quelque utilité.

M. le marquis de Vérac a aussi écrit à M. le duc de La Rochefoucauld, et lui a marqué qu'il était très content de vous. Vous avez très bien fait, mon cher ami, d'avoir cherché à plaire et de vous être attaché à un aussi excellent homme qui a la plus grande réputation de noblesse d'âme et de bonté, et qui de plus est très spirituel et très aimable. Je lui ai écrit il y a quinze jours pour commencer à lui témoigner ma reconnaissance des bontés

est sans contredit l'un de nos plus savants naturalistes; et c'est avec la plus grande satisfaction que je le vois entièrement de mon avis sur l'ancienne étendue de la mer Caspienne, et sur la probabilité bien fondée qu'elle communiquait autrefois avec la mer Noire. »

(1) Jean-Christ-André Mayer, écrivain et savant, né le 1er décembre 1747, mort le 5 novembre 1801, professeur d'anatomie à la Faculté de Berlin en 1777, professeur de botanique et de matière médicale en 1787, médecin du roi en 1789, a publié de 1784 à 1794 un *Traité complet d'anatomie* en 10 volumes in-8°.

(2) Louis-Alexandre de La Rochefoucauld, duc d'Enville et de La Roche-Guyon, né le 11 juillet 1743, massacré le 14 septembre 1792, sous les yeux de sa mère, la duchesse d'Enville, et de sa femme, à Gisors où il s'était retiré après s'être démis de son mandat de député.

Pair de France, aimant les sciences et les arts qu'il cultivait avec succès et qu'il encourageait de sa fortune qui était considérable, élu de l'Académie des sciences en 1782, membre de l'Assemblée des notables, élu à l'Assemblée législative, il paya de sa vie sa courageuse dénonciation contre Pétion, maire de Paris, et Manuel, procureur de la Commune. Buffon, qui le cite dans l'*Histoire naturelle*, dit de lui : « Un de nos plus illustres et plus savants académiciens, qui non seulement s'intéresse au progrès des sciences, mais les cultive avec grand soin. »

(3) Antoine-Bernard Caillard, administrateur, diplomate et littérateur, né à Aignay-le-Duc, en Bourgogne, le 28 septembre 1737, mort le 6 mai 1807, avait débuté dans l'administration sous Turgot, intendant de Limoges. Successivement chargé d'affaires à Parme (1770), à Cassel (1773), à Copenhague (1775), il était en la même qualité à Saint-Pétersbourg en 1782; de Saint-Pétersbourg, il passa à La Haye (1785); ministre plénipotentiaire à Ratisbonne et à Berlin, en 1795, il fut un instant chargé de l'intérim du ministère des affaires étrangères. On a de lui des traductions, des mémoires et un catalogue raisonné de sa riche bibliothèque.

(4) Antoine-Ignace, chevalier, puis marquis de Saint-Belin, capitaine au régiment de Navarre, chevalier de Saint-Louis, beau-frère de Buffon, déjà plusieurs fois nommé. (Voir notamment t. Ier, p. 182, note 4, et p. 302, note 2.)

(5) Pierre-Paul Caillard, frère du précédent, secrétaire de l'École militaire.

« Antoine Caillard, dit Courtépée, secrétaire dans quatre ambassades, pensionné du roi, est d'Aignay, ainsi que son frère, secrétaire de l'École militaire, avec 1,500 livres de pension. »

(6) Aignay-le-Duc, connu par les ruines pittoresques d'une abbaye et d'un château qui était, après ceux de Montbard, Montréal et Vergy, la plus vaste forteresse des ducs de Bourgogne.

infinies dont il vous comble. Tâchez de vous faire un ami de M. son fils, et je ne doute pas que son digne père ne vous protège même à la cour de France où il jouit de la plus grande considération, et, puisqu'il est assez bon pour vous loger, prenez garde de souiller les meubles et n'oubliez pas de gratifier ses gens, et surtout n'abusez pas de ses grandes bontés. Je vous approuve lorsque vous dites qu'il ne faut pas être mesquin, et je ne regretterai jamais l'argent tant que vous ne le dépenserez pas mal à propos.

Je retourne dans un mois à Paris; j'y passerai octobre, novembre et décembre, et je reviendrai à Montbard au commencement de janvier, pour vous y attendre dans le courant de ce même mois ou au commencement de février, et je pourrai vous envoyer pendant mon séjour à Paris une nouvelle lettre de crédit de 4,000 livres sur telle ville que vous m'indiquerez. J'espère qu'avec ce supplément vous aurez assez pour achever votre voyage.

Vous trouverez ci-joint une lettre de mon ami M. Guéneau de Montbeillard (1) et une autre de M. de Lacépède (2), par laquelle vous verrez que

(1) Nous avons publié cette jolie lettre de Guéneau de Montbeillard dans les notes de la première édition de la *Correspondance*. (T. II, p. 456.)

(2) Cette mention détermine l'époque où ont commencé les rapports entre Lacépède et Buffon.

Bernard-Germain-Étienne de La Ville-sur-Illon, comte de Lacépède, naturaliste, écrivain, musicien, homme politique, né le 26 décembre 1756, mort le 6 octobre 1825, a débuté, en 1776, en composant la musique de l'opéra d'*Omphale.* Un mémoire sur l'électricité, publié en 1778 dans le *Journal de Physique*, le mit en relation avec Buffon, alors occupé à son *Traité sur l'aimant.* A la mort de Daubenton le jeune, en 1776, Buffon nomma Lacépède à l'emploi de garde sous-démonstrateur du Cabinet et du Jardin du Roi.

Membre de l'Institut à sa fondation, il devint, en 1793, à la réorganisation du Muséum, titulaire de la chaire d'erpétologie. Il a fait paraître, en 1780, du vivant de Buffon, son *Histoire des quadrupèdes ovipares et des serpents*, publication que Buffon n'aurait pas approuvée.

« Quant à l'ouvrage de M. de Lacépède, écrivait M^lle Blesseau à Faujas de Saint-Fond, le 12 juin 1788, personne n'en a mal parlé à M. de Buffon ; mais je lui ai entendu dire, après qu'il se l'était fait lire avant de retomber malade, que c'était un mauvais livre et qu'il regrettait que M. de Lacépède ne lui en eût pas parlé. » C'est à tort que Lacépède s'est présenté comme choisi par Buffon pour continuer son œuvre, tandis que celui-ci, après avoir songé à son frère le chevalier de Buffon, avait désigné Faujas de Saint-Fond (*). Après avoir publié sous son nom, au lendemain de la mort de Buffon, en 1789, l'*Histoire des reptiles*, ouvrage préparé par Buffon et qui devait paraître sous le nom de Buffon, comme les autres volumes de l'*Histoire naturelle*, il a successivement donné l'*Histoire des poissons* (1789-1803) et celle *des cétacés* (1804).

Comme homme politique, Lacépède a servi avec le même zèle et a trahi avec le même empressement la République, le Directoire, l'Empire et la Restauration. Député à l'Assemblée constituante et à l'Assemblée législative, membre du conseil des Cinq-Cents, grand chancelier de la Légion d'honneur en 1803, il a prononcé, en 1815, comme président du Sénat, la déchéance de Napoléon, à qui il protestait, en 1814, en la même qualité, de la fidélité de ce corps. La versatilité politique de Lacépède l'a fait surnommer le *roi des reptiles.*

Le 19 décembre 1819, sous la Restauration, alors qu'il était pair de France, il écrivait à la veuve du fils de Buffon :

(*) Voir aux notes de la lettre du 13 février 1788 au baron de Breteuil la protestation de Buffon du 1er avril.

M. le margrave d'Anspach (1) aurait bien désiré vous voir ; et vous feriez bien de passer dans ses États à votre retour.

En vérité, nous devons tous deux une reconnaissance éternelle à cette grande Impératrice, qui me donne des témoignages aussi éclatants de son estime et qui vous traite avec tant de bonté. Je ne mérite pas d'être mis au rang des grands hommes de son empire (2), si ce n'est par mon dévouement et par la connaissance intime que j'ai de ses hautes lumières et de son profond discernement.

Les questions qu'elle m'a faites (3) et la lettre dont elle m'a honoré me suffisent pour juger de la supériorité de son esprit et de l'admirable bonté de son cœur. Je suis persuadé qu'elle n'est point fâchée que vous restiez à Pétersbourg, et je veux, en effet, que Sa Majesté Impériale voie que vous n'avez fait ce voyage que pour lui faire ma cour et la vôtre. Je vous dirai même que je suis presque honteux de ses bienfaits, et que, quoique je serais bien aise d'avoir les minéraux (4), je ne voudrais pas que vous

« Je vais oser vous adresser, comme fils adoptif de Buffon et de Daubenton, une question que vous aurez la bonté de trouver naturelle, si vous m'accordez toujours un peu de l'amitié que la charmante Betzy avait pour moi.

» Consentiriez-vous à vous remarier ?...

» Nous avons à la Chambre des pairs des jeunes gens qui ne peuvent pas encore voter et des vieillards de quatre-vingts ans qui bientôt ne le pourront plus. Un de mes collègues, qui n'est ni des uns ni des autres, a eu l'honneur de vous voir, vraisemblablement à Paris ou à Montbard. Il a d'ailleurs beaucoup entendu parler de vous ; et, d'après la manière dont il m'en a parlé lui-même dans sa correspondance, j'ai vu que ses yeux étaient très bons et sa mémoire très fidèle, et qu'il a ressenti ce que vous savez si bien faire éprouver, et ce que vous m'avez fait éprouver plus qu'à personne. Il aurait un grand désir d'obtenir un bonheur que beaucoup d'autres ambitionneraient comme lui, celui de mettre à vos pieds son cœur, son rang, sa fortune. »

On se demandera, à la lecture de cette lettre à la comtesse de Buffon, âgée de trente-neuf ans, si Lacépède, qui en avait soixante-trois et était veuf, ne parlait pas pour son propre compte.

(1) Christian-Charles-Frédéric-Alexandre, duc de Prusse, marquis de Brandebourg, margrave d'Anspach-Bayreuth, né en 1736, mort en 1806, neveu du grand Frédéric et de la reine d'Angleterre. Marié malgré lui à une princesse de Saxe-Cobourg laide et difforme, il abandonna sa femme, voyagea en Italie, en France, en Angleterre, en Hollande, en Portugal, fit parler de lui dans ces divers pays et ramena en Allemagne la célèbre tragédienne Clairon, qui passa dix-sept ans à sa cour. Il épousa, en 1790, lady Craven, connue par sa beauté, son esprit, ses aventures, ses voyages et ses mémoires. Ayant vendu, en 1791, son margraviat à Frédéric-Guillaume de Prusse, il se retira avec sa femme en Angleterre.

(2) On a vu par les lettres précédentes que Catherine II avait fait placer le buste de Buffon dans la salle du palais de l'Hermitage consacrée aux grands hommes.

(3) On a pu lire, page 107, note 1 de la seconde lettre du 23 avril, de Buffon à Catherine II, un passage d'Hérault de Séchelles qui dit, en parlant des lettres de l'Impératrice : « Il me montra aussi des questions très épineuses que lui proposait l'Impératrice sur les *Époques de la nature*, et les réponses qu'il y faisait. » Buffon confirme ici le témoignage d'Hérault de Séchelles et du chevalier Aude, établissant qu'il y a eu entre lui et Catherine non pas seulement l'échange des quelques lettres parvenues à notre connaissance, mais une correspondance suivie pendant plusieurs années, correspondance que nous avons inutilement recherchée à Paris et à Saint-Pétersbourg.

(4) L'Impératrice n'en envoya pas moins ce nouveau et riche présent de minéraux à Buffon, qui en annoncera l'arrivée à Montbard à l'abbé Bexon, le 2 novembre 1783, en

insistiez sur cela auprès de M. de Schowalof. Au reste, je suis tranquille à cet égard comme à tous les autres, parce que je vois, mon très cher fils, que vous vous conduisez très bien et que votre âme ne peut prendre que des sentiments encore plus nobles et plus élevés en vivant avec M. le marquis de Vérac.

J'ai oublié de vous marquer, en parlant de buste et d'effigie, qu'on a mis par ordre du roi au bas de ma statue l'inscription suivante :

MAJESTATI NATURÆ PAR INGENIUM.

Ce n'est pas par orgueil que je vous l'envoie, mais peut-être Sa Majesté Impériale la fera-t-elle mettre au bas du buste (1).

Voici la quatrième lettre que je vous adresse à Pétersbourg ; il faudrait m'accuser réception de chacune en rappelant les dates.

Je vous ai déjà marqué que M. Gojard a donné une place à M. Guillebert, qu'il doit occuper au 1er octobre prochain ; ainsi, mon très cher ami, vous avez déjà la noble récompense que vous me demandiez et qui me fait l'éloge de votre bon cœur (2).

Je vous remercie de ce que vous avez fait pour M. de Virli ; il est un peu sérieux, mais il est instruit et peut vous aider dans la connaissance des minéraux (3). Vous ne me parlez pas du cabinet d'histoire naturelle de Pétersbourg (4) ; vous me feriez plaisir de m'en donner un aperçu. Je sais que M^lle Clairon (5) a envoyé d'assez beaux madrépores et, si je connaissais ce qui manque dans ce cabinet, je me ferais un devoir de l'offrir à Sa Majesté Impériale.

attendant qu'il le dépose, comme tous les autres cadeaux qui lui étaient faits, au Cabinet du Roi. On trouvera dans les notes de la lettre à l'abbé Bexon sa belle réponse au savant dom Gentil, prieur de Fontenet, son voisin et son ami, s'exclamant sur la grande valeur de ce présent, qui lui était fait personnellement.

(1) Ce n'était pas, en effet, par orgueil que Buffon envoyait cette inscription à Saint-Pétersbourg ; il voulait seulement prévenir le retour des fâcheuses polémiques de la nature de celles qu'avait provoquées la première inscription. (Voir t. Ier, p. 334, note 1, et billet à M^me Necker du 13 avril 1786.)

(2) Il est, en effet, touchant de voir avec quelle insistance le fils de Buffon presse son père d'assurer le sort de son ancien précepteur Guillebert ; c'est une nouvelle marque de la chaleur et de la sensibilité de son cœur.

(3) Cette observation de Buffon à son fils, rapprochée des lettres du comte de Vergennes et du baron de Breteuil à tous les représentants de la France dans les pays où il devait voyager, indique qu'il n'avait pas renoncé à l'espoir de le voir lui succéder un jour au Jardin du Roi, et explique la protestation du 1er avril 1788 qu'on trouvera plus loin.

(4) Le cabinet d'histoire naturelle de l'Académie de Saint-Pétersbourg, fondé, comme toutes les institutions littéraires, scientifiques et pédagogiques de Russie, par Catherine II, comprenait dès ce temps les collections de l'Académie des sciences, le musée zoologique, les cabinets de physique, de minéralogie, de botanique et un jardin botanique.

(5) Claire-Josèphe Leyris de La Tude, au théâtre M^lle Clairon, célèbre tragédienne, née en 1723, morte le 18 janvier 1803, débuta à l'Opéra en 1743 et aux Français en janvier 1764, et quitta le théâtre le 16 avril 1765, après s'y être fait applaudir pendant vingt-deux ans et avoir mérité le constant et chaleureux appui de Voltaire. Conduite au For-l'Évêque pour

Les honnêtetés que vous recevez de tous les grands méritent toute ma reconnaissance, et je vous prie de témoigner mes sentiments de respect à M. le prince de Potemkin (1), à M. le prince Repnin, grand chancelier (2); à M. le comte de Strogonoff (3), et à ce digne gouverneur de Livonie qui vous a reçu si amicalement à votre passage à Riga. Témoignez aussi à M. le baron de Copenzel ma respectueuse sensibilité pour le mot qu'il vous a dit si à propos au sujet de la belle boîte de pierre bleue que vous montrait l'Impératrice (4). Vous ne me dites pas si c'est un lapis-lazuli : je le crois, parce que les plus belles de ces pierres, qui sont du plus beau bleu et qui paraissent veinées d'or, se trouvent dans son empire (5).

La dernière lettre de change que j'ai payée à M. Tourton s'est trouvée de 2,372 livres 10 sous, au lieu de 2,300 livres, comme vous me l'aviez annoncé. Ainsi vous voyez que vous n'avez pas eu les ducats cordonnés de Hollande à aussi bon marché que vous pensiez. Je vais envoyer à Lucas les 1,500 livres que vous venez de tirer à Pétersbourg; cela fait déjà 6,872 livres que j'aurai payées sur votre lettre de crédit, et vous n'aurez plus que 5,200

s'être refusée à jouer avec l'acteur Dubois dans le *Siège de Calais*, elle s'écria, en s'adressant à l'exempt, que le roi ne pouvait rien sur son honneur. « Vous avez raison, mademoiselle ; là où il n'y a rien, le roi perd ses droits. » Après sa mise en liberté, elle se rendit à la cour du margrave d'Anspach-Bayreuth qui lui confia l'éducation de ses enfants, et ne rentra à Paris qu'en 1775. On cite, parmi ses meilleurs élèves, l'acteur Larive et M<sup>lle</sup> Raucourt. Elle a publié ses *Mémoires* en 1799.

(1) Grégoire-Alexandréwitch, prince Potemkin, né en 1736, mort le 15 octobre 1791, feld-maréchal, premier ministre et favori de Catherine II; un des auteurs du partage de la Pologne, conquérant de la Crimée. Brave général et habile diplomate, il avait formé le projet de chasser les Turcs d'Europe, et a contribué à la civilisation de la Russie. Son palais de la Tauride et les fêtes qu'il y donnait ont fait souvenir des merveilles des *Mille et une Nuits*. Sa fortune, lorsqu'il mourut, s'élevait à cent soixante-quinze millions de francs.

(2) Nicolas-Wasiliewitsch, prince Repnin, né en 1734, mort le 12 mai 1801, neveu du comte Panin, premier ministre de Catherine II, grand chancelier et feld-maréchal, rival de Potemkin, mêlé comme militaire et diplomate aux affaires de Pologne et de Turquie. Il jouit d'un grand crédit sous Catherine II; mais Paul 1<sup>er</sup>, après l'avoir nommé feld-maréchal, le disgracia à la suite de l'insuccès de sa négociation pour faire entrer la Prusse dans la seconde coalition contre la France.

(3) Alexandre, comte de Strogonoff, né le 3 janvier 1734, mort le 27 septembre 1811, président de l'Académie des beaux-arts de Saint-Pétersbourg, chambellan de Catherine II, a secondé les efforts patriotiques de Potemkin et des deux comtes de Schowaloff pour civiliser la Russie en y répandant le goût des lettres, des sciences et des arts. Il avait fait comme eux plusieurs séjours en France et avait formé une collection rare de tableaux, médailles et gravures et réuni une riche bibliothèque; il logeait dans son palais et pensionnait les artistes et les gens de lettres pauvres. Son neveu, général russe, connu, comme lui, par son goût pour les lettres et sa bravoure, mourut dans la campagne de France, en 1814, tué sous Laon.

(4) Catherine II, qui destinait cette boîte à Buffon, lui écrira le 6 novembre : « ... Mon intention était d'ajouter aux médailles une boîte d'une pierre qui prend différentes couleurs et qu'on a trouvée parmi celles dont on pave un grand chemin à l'entour de cette ville; mais l'envoi de cette bagatelle a été retardé par la maladie de la personne qui en était chargée. » L'impératrice profita du premier envoi qu'elle fit à Buffon pour joindre la boîte à ses autres présents.

(5) La pierre de la boîte n'était pas du lapis-lazuli, mais du *feldspath*, autrefois connu sous le nom de *pierre du Labrador*.

livres à tirer de cette lettre, et c'est pour cela que je vous enverrai une seconde lettre de crédit de 4,000 livres, que j'espère néanmoins que vous ne dépenserez pas en entier. Je m'en rapporte entièrement à vous; mais vous devez sentir combien cette dépense me gêne (1). Cependant je veux que vous preniez les 21 louis sur le premier argent que vous tirerez, afin que vous ayez les 42 louis dont vous ne me rendrez point de compte, pour acheter les mille choses dont vous avez envie.

Je vous ai parlé, dans mes dernières lettres, de M. le comte et de M^me la comtesse du Nord; ils ont laissé dans toute la France une excellente réputation et même beaucoup de regrets. Ils se sont répandus en éloges magnifiques sur mon compte, et je regretterai toute ma vie de n'avoir pu leur faire ma cour. M. le comte du Nord est un prince qui a non seulement beaucoup d'esprit et d'instruction, mais un grand caractère de fermeté et de bonté; tous ceux qui ont eu l'honneur de l'approcher et de converser avec lui m'en ont écrit sur ce ton, et vous ne pouvez pas mieux faire, mon très cher fils, que d'attendre son retour et de me représenter auprès de lui, en lui témoignant ma respectueuse sensibilité et les grandes obligations que je lui ai de la manière dont il a eu la bonté de parler de moi.

Notre ami M. de Tolozan me paraît un peu fâché de ce que M. Guillebert va le quitter, et le pauvre Guillebert paraît lui-même en être affligé; cependant, je lui conseille de prendre le plus utile et le plus certain, et il a donné sa parole à M. Gojard (2). Ainsi je regarde cette affaire comme terminée.

Il faut que j'envoie encore 1,000 livres à Paris pour achever de payer le prix de votre voiture au maître sellier, et je ne suis pas surpris qu'après un aussi long voyage elle ait eu besoin de réparations. Il faut que vous me fassiez une petite emplette qui ne sera pas fort chère : c'est un exemplaire de la grande carte géographique de l'empire des Russies, qui a été publiée en 1777 (3); c'est sur cette carte que j'ai réduit la petite carte polaire qui est dans mes *Époques de la nature;* mais le graveur m'a perdu cette grande carte, et je n'ai pu en trouver une autre à Paris. Vous me ferez donc plaisir de me la rapporter, et, si l'on avait publié à Pétersbourg quelque autre carte depuis 1777, il ne faut pas manquer de les acheter et de me les rapporter.

Tous vos parents et amis se portent bien et demandent chaque jour de vos nouvelles. Vous devriez au moins écrire à quelques-uns de vos parents;

(1) Il suffit, pour se rendre compte de la gêne que la grande dépense de son fils en Russie causait à Buffon, de se souvenir qu'il était dans la période de ses plus fortes avances et de ses emprunts les plus considérables pour le Jardin du Roi.

(2) Antoine Gojard, premier commis au contrôle général des finances, membre, cette même année, avec les conseillers d'État Magon, de La Ballue et Le Normand, d'un comité nommé par le contrôleur général Lambert pour étudier les difficultés financières du moment et rechercher le moyen d'y remédier.

(3) On l'a entendu se plaindre cette même année de la perte de cette carte dans une lettre du 21 juillet à l'abbé Bexon.

vous en serez quitte pour trois ou quatre lettres à vos oncles (1) et à l'ami Guéneau. Le pauvre abbé du Rivet est forcé de plaider au sujet de son énorme pension, et je crains fort que les inquiétudes au sujet de cette affaire ne lui soient funestes (2); il me paraît qu'il a envie de donner la démission de son abbaye; mais il ne veut point de celle pour laquelle vous aviez négocié auprès de la comtesse de Malain (3), et je ne·le désapprouve pas.

On m'a écrit hier que Gibraltar s'était enfin rendu le 2 de ce mois; cette nouvelle mérite confirmation, car elle n'est pas encore dans aucun papier public. J'ai vu sur la gazette que M. le comte de La Torre (4) est arrivé à Pétersbourg; je suis persuadé que cela vous aura fait plaisir, et je vous prie de lui faire mes hommages. J'ai pensé, mon cher fils, que je devais un bien plus grand hommage à M. le marquis de Vérac, et, ne sachant comment lui témoigner ma respectueuse reconnaissance, je voudrais que vous pussiez lui faire agréer un exemplaire de la nouvelle édition de mes œuvres complètes. Je vous envoie ci-joint le mandat sur M. Panckoucke, que vous donnerez à M. le marquis de Vérac, pour peu que vous croyiez que cela puisse lui faire quelque plaisir. Il retrouvera ces livres lorsqu'il reviendra en France, ou bien il les prendra à Pétersbourg, en donnant mon mandat au libraire qui a correspondance avec M. Panckoucke; mais je doute que ce libraire de Pétersbourg ait cette belle édition, qui, comme vous savez, n'est encore que de 16 volumes in-4°, et qui ne sera entièrement achevée que dans un an ou deux.

Voilà aussi une lettre de M<sup>lle</sup> Blesseau pour La Rose, qui lui a écrit bien régulièrement et qui fera bien de continuer. Le P. Ignace a peuplé de lapins la garenne de Buffon, et ils sont excellents dans ce terrain qui n'est couvert que de serpolet.

Adieu, mon très cher fils, je vous écrirai de nouveau dès que j'aurai reçu quelque autre lettre de vous. La dernière qui m'est arrivée hier est datée du 22 juillet, et c'est celle qui est venue en moins de temps.

L<sub>E</sub> C<sup>te</sup> <sub>DE</sub> B<sub>UFFON</sub>.

(1) Le conseiller Benjamin-Edme Nadault, le marquis de Saint-Belin et l'abbé du Rivet. Le chevalier de Buffon était à Brest.

(2) Le pressentiment de Buffon n'était que trop fondé; son frère, Charles-Benjamin Leclerc, abbé du Rivet, devait en effet mourir à quatre mois d'intervalle, le 13 novembre. Voir sur cette affaire, qui fut très sensible à Buffon, t. I<sup>er</sup>, p. 418, notes 2 et 6, et t. II, p. 27, 114 et 164 et notes 1, 2 et 2.

(3) De la famille de Saint-Belin-Malain.

(4) Jean-Antoine, comte de La Torre, diplomate, ministre de France à Vienne en 1780, remplaça en 1782, à Saint-Pétersbourg, le marquis de Vérac, rappelé sur sa demande. On trouvera au tome II, page 463, de la première édition de la *Correspondance*, une jolie lettre du comte de La Torre à Buffon, datée du 23 décembre 1781 de Vienne, d'où il était absent lors du premier voyage du fils de Buffon en Allemagne, qui fut reçu à sa place par François Barthélemy, premier secrétaire de l'ambassade. (Voir lettre du 23 janvier 1782 à la comtesse de Grimondi.)

Je dis un mot à M. le marquis de Vérac au sujet de l'hommage que vous lui ferez de ma part de la nouvelle édition de mes ouvrages.

(Collection Nadault de Buffon.)

—◇—

# LETTRE CCCCXCV

## A L'ABBÉ BEXON.

Montbard, ce 28 août 1782

J'écris à M. Mandonnet, mon très cher abbé, pour qu'il donne ordre à M. Vercaven de terminer le premier volume des minéraux par l'article du charbon de terre, dont il reste encore quarante-huit ou cinquante pages à imprimer; ainsi le second volume commencera par l'article du bitume, puis la pyrite martiale; ensuite, les matières volcaniques, et je vous enverrai les cahiers suivants dès qu'il sera nécessaire. Ce premier volume aura donc 560 pages au moins, et comme la table des matières en aura peut-être plus de 50, parce que les faits y sont en très grand nombre, ce volume sera plus que suffisamment gros. D'ailleurs, il me serait absolument impossible de comprendre tous les minéraux en trois volumes; j'ai actuellement sous la main trois volumes entièrement achevés, et je vois qu'il me reste de quoi en faire un quatrième qui sera tout aussi considérable que les trois premiers. Vous pourriez, mon cher monsieur, m'épargner la peine de faire la table de ce premier volume; j'ai voulu en faire un aperçu, et je vois que ce sera un travail assez considérable et que, si elle est faite avec soin, elle aura plutôt 60 pages que 50.

Marquez-moi, je vous prie, si vous voulez y travailler, mais surtout recommandez à MM. Mandonnet et Vercaven de terminer comme je viens de vous le dire le premier volume, et de commencer le second par l'article du bitume, de la pyrite martiale et des matières volcaniques.

Je compte arriver à Paris sur la fin du mois prochain, et je puis vous envoyer, s'il est nécessaire, les articles qui doivent suivre les matières volcaniques.

J'ai reçu le second envoi des leçons de M. Daubenton et vous me ferez plaisir de m'envoyer encore tout ce qui regarde les sels et les pierres en général, et surtout les jaspes et autres pierres fines.

Je vous embrasse, mon très cher abbé, et vous prie d'en faire autant pour moi à madame votre mère et à mademoiselle votre sœur.

LE C<sup>te</sup> DE BUFFON.

(Inédite. — Communiquée par M<sup>lle</sup> Lefebvre.)

# LETTRE CCCCXCVI

## AU COMTE DE BUFFON FILS.

Montbard, le 9 septembre 1782.

Je suis en général très content de vos lettres, mon très cher fils; mais la dernière du 13 août me satisfait encore plus que toutes les autres. Je vois que votre jugement et votre raison se perfectionnent, et ce que vous me dites de votre satiété du grand monde et de la vie que vous êtes forcé de mener me donne bonne opinion de votre esprit et de votre cœur. Vous verrez, mon cher ami, comme je vous l'ai toujours dit, que le vrai bonheur ne consiste pas dans le faste, et je ne suis pas fâché que vous ayez essayé de bonne heure de cette espèce de jouissance qui fait l'objet des désirs de tous ceux qui ne la connaissent pas.

Vous reviendrez donc avec plaisir auprès de moi, mon très cher fils, et je vous recevrai avec la plus grande joie.

Mais voici ma marche qui n'est décidée que depuis quelques jours, parce qu'il n'y a que quelques jours que ces malheureux moines, qui m'ont fait tant de chicanes, sont enfin enchaînés (1). Le contrat d'échange de mon ter-

---

(1) Buffon, après dix ans de démarches, de difficultés, d'oppositions, de procès, de persévérance et de soins, après des négociations habilement poursuivies avec l'abbaye de Saint-Victor, et après être parvenu à mettre dans ses intérêts l'abbé Delaulue, chambrier-receveur et procureur général de l'abbaye, venait enfin de terminer avec les moines de Saint-Victor, les plus récalcitrants après les génovéfains, et les travaux du Jardin du Roi avaient reçu une nouvelle impulsion.

On pouvait lire, à cette date, dans les nouvelles à la main (*Mémoires de Bachaumont*, du 12 septembre) : « Depuis que les travaux du Jardin du Roi, pour son agrandissement et embellissement, sont commencés, il devient un point de promenade des curieux. On admire l'immensité de fer qui s'y consomme, ce qui occupe merveilleusement les forges de M. le comte de Buffon. Sa statue, érigée depuis quelques années en ce lieu, attire aussi les regards. A la mauvaise inscription française dont on a parlé (*), on a substitué celle-ci en latin, plus noble et plus digne du personnage :

MAJESTATI NATURÆ PAR INGENIUM.

Parmi les innombrables vers qu'a inspirés la métamorphose du Jardin du Roi, nous citerons ceux-ci :

> Tu peux bien présider à ces vastes travaux,
> Toi par qui la Nature écrivit son histoire;
> Étendre le Jardin par des terrains nouveaux;
> Mais je te défirais d'ajouter à ta gloire, »

Deux mois auparavant, le 23 juillet, les *Mémoires de Bachaumont*, parlant des travaux du Jardin du Roi, disaient encore : « M. le comte de Buffon, intendant du Jardin et du Cabinet du Roi, s'occupe sans relâche de son agrandissement et de son embellissement... On parle d'y transporter la ménagerie de Versailles, et il est certain que cette partie d'his-

(*) Voir tome Ier, page 334, note 1.

rain vient enfin d'être signé; mais il reste beaucoup de formalités à remplir, tant au Parlement qu'au Conseil, avant de pouvoir toucher le prix de mon terrain (1), et le Parlement est en vacance jusqu'au 11 novembre.

Je partirai de Montbard dans quinze jours ou trois semaines au plus tard, afin d'avoir le temps de préparer les voies, et je resterai à Paris jusqu'au commencement de janvier. Si vous voulez donc arriver à Montbard, prenez vos mesures de manière à n'arriver que vers le 20 ou le 25 de ce même mois, car vous ne seriez pas sûr de m'y trouver auparavant. Dès que je serai arrivé à Paris, je vous enverrai à Pétersbourg une seconde lettre de crédit. Je croyais que trois ou quatre mille livres de supplément vous auraient suffi; mais puisque vous me demandez deux mille écus, je vous les enverrai, bien persuadé que vous ne les emploierez pas mal, et que vous en rapporterez peut-être quelque chose (2).

Depuis mes lettres du 4 et du 12 juillet, dont vous m'accusez la réception, vous devez en avoir reçu une de M^lle Blesseau et ensuite deux des miennes, que je vous ai adressées sous le couvert de M. le marquis de Vérac (3), comme il a bien voulu le permettre. Vous ferez très bien de gratifier ses gens; je m'en rapporte sur cela à votre prudence, car il ne faut pas faire aussi tout ce que pourraient faire des gens plus riches que nous, et il me semble que cent pistoles est une forte gratification, quelque grands seigneurs que soient les domestiques; cependant vous ferez comme vous jugerez à propos.

Je viens de recevoir une lettre de M. le baron de Grimm (4) qui me marque que vous lui avez écrit deux fois et que vous avez pris les plus grands soins possibles de ses paquets qui sont tous arrivés à bon port (5). Il a joint à sa

toire naturelle vivante sera beaucoup mieux jointe aux autres et d'ailleurs plus soignée, entre les mains d'un philosophe naturaliste, que sous la direction d'un suisse grossier et sans aucune connaissance. » Ce ne fut toutefois qu'à la réorganisation du Muséum, après la Révolution, qu'il fut donné suite à ce projet.

(1) Il en fut de ce payement comme de tous les autres; Buffon ne fut jamais remboursé.

(2) On l'a déjà entendu formuler le même vœu à propos de la multiplicité des lettres de crédit. Cependant, non seulement le fils de Buffon ne rapporta pas d'argent de son voyage, mais son père dut régler les comptes qu'il avait laissés en souffrance sur sa route.

(3) Ministre de France à Saint-Pétersbourg, précédemment cité.

(4) Frédéric Melchior, baron de Grimm, correspondant de Catherine II à Paris, déjà nommé. (T. II, p. 87, note 3.)

(5) Grimm, qui tenait à remercier directement le fils de Buffon de son exactitude, lui écrivit à quinze jours d'intervalle, le 25 septembre :

« Je réponds bien tard, monsieur le comte, aux différentes lettres dont vous m'avez honoré depuis votre départ; mais c'est mon sort de faire toujours à peu près banqueroute à mes correspondants, à force d'en avoir.

» Vous êtes le commissionnaire le plus exact qui existe sur la terre; car, lors même que vous avez remis vos paquets et rempli votre mission, vous daignez vous occuper encore de leur sort.

» Je suis bien charmé que le séjour de Pétersbourg vous plaise, et je vous prie de ne pas douter du grand et véritable intérêt que je prends à vos succès. L'impératrice m'a fait

lettre un fragment d'une lettre de Sa Majesté Impériale, datée du 29 juin, qui dit qu'elle vous a reçu comme le fils d'un homme illustre, c'est-à-dire sans aucune façon ; que vous avez dîné avec elle à Czarskozelo (1), et que mon buste est placé à l'Hermitage. Cette grande souveraine ajoute : « Vous pouvez dire à M. de Buffon que je ne trouve rien à reprendre à son fils, et que, par conséquent, je ne crois pas avoir l'occasion d'user des droits qu'il m'a donnés sur lui de le gronder. Remerciez-le en même temps de la continuation de ses ouvrages ; je serais bien fâchée s'il vérifie ce que M. son fils m'a dit qu'il ne voulait plus écrire. J'espère qu'il se ravisera (2). »

Mais, mon très cher fils, vous ne deviez pas lui dire que je ne voulais plus écrire. Vous m'avez peut-être entendu dire à moi-même qu'après avoir achevé l'histoire des minéraux, je pourrais cesser mes ouvrages ; mais cette histoire des minéraux, à laquelle je travaille assidûment, ne sera pas achevée de deux ans. On termine l'impression du premier volume, qui doit être suivie de trois autres, et cette besogne n'est pas moins difficile que toutes les autres. J'espère que j'aurai occasion de parler de notre grande Impératrice (3) lorsque je décrirai les minéraux de Russie et de Sibérie.

Vous prendrez telle route qu'il vous plaira pour revenir, et vous ne passe-

la grâce de me mander qu'elle vous avait traité comme le fils d'un homme célèbre, c'est-à-dire sans façon, en vous faisant dîner tête à tête avec elle. Vous avez rempli votre première jeunesse d'une manière si brillante et si intéressante, que, lorsque vous serez à l'âge de M. votre père, les premières scènes de votre vie vous paraîtront un songe, et lorsque la postérité s'entretiendra des merveilles du règne de Catherine II, vous pourrez dire : « Et » moi aussi, j'ai été assis vis-à-vis d'elle ; et je l'ai vue face à face, et mes oreilles ont entendu » le son de sa voix. »

» Cette destinée n'est pas commune.

» Ce qui ne l'est pas non plus, c'est mon attachement pour vous et les sentiments distingués avec lesquels j'ai l'honneur d'être,

» Votre très humble et très obéissant serviteur,

« GRIMM. »

« J'ose vous prier de présenter mes respects et hommages aux personnes qui m'ont conservé quelque part dans leur estime. »

(1) Une des résidences favorites de Catherine II avec le palais de l'Ermitage.

(2) L'impératrice aurait répondu au fils de Buffon : « Celui qui a ainsi parlé des coquilles et de l'homme civilisé n'a pas encore entièrement vidé son sac. »

(3) Buffon dit, dans son *Histoire des minéraux*, à propos de la colonne de Pompée : « De nos jours, on a remué des masses encore plus fortes, car le bloc de granit qui sert de piédestal à la statue du grand Pierre I<sup>er</sup>, élevée par l'ordre d'une Impératrice encore plus grande, contient trente-sept mille pieds cubes. » Et en note : « Catherine II, actuellement régnante, et dont l'Europe et l'Asie admirent et respectent également le grand caractère et le puissant génie. » Et en parlant du *feldspath*, autrefois connu sous le nom de *pierre de Labrador*, et dont on venait de trouver une grande quantité aux environs de Saint-Pétersbourg : « L'auguste impératrice des Russies a daigné elle-même me le faire savoir (*), et c'est avec empressement que je saisis cette légère occasion de présenter à cette grande souveraine l'hommage universel que les sciences doivent à son génie, qui les éclaire autant que sa faveur les protège, et l'hommage particulier que je mets à ses pieds pour les hautes bontés dont elle m'honore. »

(*) Lettre de Catherine II à Buffon, du 6 novembre 1782.

rez pas à Varsovie, puisque rien ne vous y attire. Mais une chose très essentielle, et dont je vous prie de ne pas vous dispenser, c'est d'attendre à Pétersbourg l'arrivée de M. le comte et de M^me la comtesse du Nord, et d'y rester même assez de temps pour leur faire votre cour et leur témoigner le regret infini que j'ai de ne leur avoir pas fait la mienne ; je leur dois d'ailleurs la plus respectueuse reconnaissance, car ils se sont répandus partout en grands éloges sur mon compte, et il faut que vous tâchiez de m'acquitter envers eux de toutes mes obligations. Si cela vous retardait de quinze jours ou trois semaines, vous auriez encore le temps d'arriver à Montbard vers le 15 ou le 20 de février ; vous serez encore plus sûr de m'y trouver, et je pense qu'il suffira que vous soyez rendu à votre régiment dans le courant de mars. Si même les circonstances ne vous permettent pas de faire le voyage de Moskou, vous pourrez vous en dispenser. Je tiens beaucoup plus à ce que vous preniez tout le temps nécessaire pour vous faire connaître à M. le comte et à M^me la comtesse du Nord.

Vous me parlez du gros jeu qu'on joue à Pétersbourg. Je suis persuadé que vous ne faites aucune de ces parties ; je crois même que vous êtes assez sage pour ne point jouer du tout. Les pauvres lettres de crédit n'auraient pas beau jeu, et la bourse serait bientôt épuisée ! Mais je vous en parle sans inquiétude, parce que je crois connaître votre façon de penser.

Votre oncle le chevalier de Saint-Belin (1) et M^me sa femme (2) entraient auprès de moi au moment que je dictais cette lettre ; ils vous font tous deux leurs amitiés, et attendent incessamment leur fils (3), qui doit arriver de son régiment dans huit ou dix jours ; je serai très aise de le revoir ; il se conduit à merveille, et vous le trouverez dans ce pays-ci, où il doit rester jusqu'au 1^er de mai. Le chevalier de Saint-Belin vous recommande La Rose ; vous savez qu'il l'a servi, et il y prend toujours intérêt (4).

Adieu, mon très cher fils, je vous embrasse avec toute tendresse.

Mille respects à M. le marquis de Vérac.

Le C^te de Buffon.

(Collection Nadault de Buffon.)

(1) Beau-frère de Buffon.

(2) Jeanne-Marie Poincelle, mariée en 1764 au marquis de Saint-Belin. (Voir tome I^er, page 182, note 4.)

(3) Georges-Louis-Nicolas, vicomte de Saint-Belin, neveu et filleul de Buffon, aide-major général de l'infanterie en 1788, servit en cette qualité au camp de Saint-Omer, précédemment nommé. (T. I^er, p. 302, note 2, et p. 403, note 4.)

(4) Valet de chambre de confiance de Buffon, attaché par lui au service de son fils pour son voyage, aussi déjà nommé. (T. II, p. 109, note 2.)

❖

# LETTRE CCCCXCVII

## BILLET A L'ABBÉ BEXON.

Ce vendredi 21.

J'espère, mon très cher abbé, me rendre à Paris jeudi 27 et avoir le plaisir de vous voir et de dîner avec vous le lendemain vendredi. Je vous embrasse en attendant et je vous prie de relire ces feuilles en recommandant de n'en plus envoyer à Montbard.

BUFFON.

(Inédite. — Communiquée par M<sup>lle</sup> Lefebvre.)

# LETTRE CCCCXCVIII

## AU COMTE DE BUFFON FILS.

Paris, le 30 septembre 1782.

J'arrive à Paris, mon très cher fils, et je me sers de la main de votre bon ami (1), pour vous annoncer les 6,000 livres que vous m'avez demandées; vous en trouverez ci-joint la lettre de crédit sur les villes de Pétersbourg, Riga, Berlin et Francfort, parce que vous m'avez marqué que vous préfériez de prendre la même route pour revenir que vous avez prise pour aller. Mais il ne faut pas arriver à Montbard au 1<sup>er</sup> de janvier, comme vous le projetez (2), il faut vous arranger de manière à retarder d'un mois, et je vous en dirai les raisons. Je ne veux pas que le maréchal de Biron sache que vous êtes de retour en France. J'aurai l'honneur de le voir au premier jour, et je lui dirai, comme je le dis à tout le monde, que vous n'arriverez qu'au mois de mars.

Ce n'est pas, mon très cher ami, que je ne sois bien sensible à l'empressement que vous me marquez de venir m'embrasser le premier jour de l'année; mais il y a une seconde raison, c'est que je ne suis point sûr que mes affaires

---

(1) Guéneau de Montbeillard écrit au bas de la lettre :

« Je suis bien fâché, mon tendre ami, de voir encore votre retour éloigné de quatre mois. J'aurais eu le plus grand plaisir à vous voir et à vous embrasser au 1<sup>er</sup> de janvier; mais malheureusement, les raisons de votre papa sont trop fortes pour qu'il soit possible de rien changer à ce qu'il vient de vous marquer. J'ai reçu votre dernière lettre, qui m'a fait, comme toutes les autres, le plus grand plaisir, et je vous en remercie. Continuez, je vous prie, à m'aimer et à m'écrire, et soyez persuadé, mon tendre ami, de toute l'amitié que j'ai pour vous, et c'est pour la vie. Je vous embrasse. »

(2) Le jeune comte de Buffon arriva à Montbard le 24 février; son père annonce son retour dans une lettre du même jour à l'abbé Bexon.

soient alors terminées (1), et il est très possible que je sois encore à Paris dans le mois de janvier, et dans ce cas vous seriez obligé d'y arriver vous-même et de reprendre votre service tout de suite, au lieu qu'en arrivant à Montbard au 1er février, vous êtes sûr de m'y trouver et vous y resterez avec moi jusqu'au 15 ou 20 de mars.

Une troisième raison, c'est que vous ne pouvez pas me faire plus de plaisir que de chercher à faire votre cour à M. le comte et à Mme la comtesse du Nord, qui ne doivent arriver à Pétersbourg que dans les derniers jours d'octobre, ou dans les premiers de novembre. J'aurai regret toute ma vie de ne leur avoir pas fait la mienne, car je leur ai de très grandes obligations des témoignages de leur estime, et ils se sont même répandus en éloges magnifiques sur mes ouvrages, en plusieurs occasions. Je vous prie donc de faire tout ce qui dépendra de vous pour leur témoigner ma vive et respectueuse reconnaissance.

Si vous faites le voyage de Moscou, vous ne pourrez pas être en meilleure ni plus honorable compagnie qu'avec votre excellent ami et protecteur, M. le marquis de Vérac, pour lequel moi-même j'aurai toute ma vie les sentiments du plus tendre respect et de la plus profonde reconnaissance des insignes bontés qu'il a eues pour vous.

Adieu, mon très cher fils, je laisse à votre bon ami un peu de blanc pour qu'il vous dise un mot pour son compte.

LE C<sup>to</sup> DE BUFFON.

(Collection Nadault de Buffon.)

(1) Cependant Buffon s'y prenait avec énergie pour hâter l'achèvement du Jardin du Roi. Il avait envoyé des ordres de Montbard pour que le terrain cédé par l'abbaye fût déblayé avant son arrivée à Paris. Les moines s'étaient refusés d'évacuer les bâtiments. Buffon leur accorda un nouveau délai; mais ils n'en tinrent pas compte, et il prit alors le parti d'envoyer de grand matin, un jour où une pluie torrentielle tombait sur Paris, une escouade d'ouvriers, avec ordre de démolir la maison en commençant par les toits. Le soir, les bâtiments sans toiture étaient évacués; trois jours après, la maison était démolie et les travaux commençaient. Toutefois, malgré cette résistance obstinée, les lettres patentes d'avril 1782, qui consacrent cet échange, louent les moines de Saint-Victor de s'être laissés pénétrer du sentiment d'intérêt public qui animait Buffon, et de lui avoir prêté un concours empressé. Il y est dit que : « le Roi a autorisé, dès l'année 1778, le comte de Buffon à traiter avec tous les propriétaires des terrains qui avoisinent le Jardin; mais que, de tous ces terrains, le plus important, le seul même qui pût remplir ses vues d'utilité publique, s'étant trouvé appartenir à la mense canoniale de l'abbaye de Saint-Victor, le comte de Buffon n'a pu se dissimuler que l'unique moyen d'en opérer l'incorporation à ce Jardin était la voie d'un échange avec les chanoines réguliers de cette abbaye; pour y parvenir, il s'est déterminé, après avoir obtenu notre agrément, à acquérir, en son nom et de ses propres deniers, une partie considérable des marais voisins, appartenant au sieur Dubois..... Il en a fait l'offre aux chanoines réguliers de l'abbaye de Saint-Victor, et nous avons vu avec la plus grande satisfaction que les mêmes vues de bien public et d'utilité générale qui le conduisaient dans cette opération ont également animé les chanoines réguliers de l'abbaye de Saint-Victor, et qu'ils se sont *empressés* d'accéder à la proposition de l'échange. »

Nous avons donné, à la page 523 du tome II de la première édition de la *Correspondance*, les principaux actes intervenus entre Buffon et l'abbaye les 5 et 26 mai 1781, et les 26 et 30 août 1782; nous y renvoyons le lecteur.

# LETTRE CCCCXCIX

## A M. TRÉCOURT (1).

*Du Jardin du Roi, ce 25 octobre 1782.*

J'ai reçu vos trois lettres, monsieur Trécourt, et comme je vois que l'argent vous manque pour payer mes ouvriers (2), j'ai écrit par ce même ordinaire à M. de Lauberdière (3) de vous remettre une somme de 238 livres 16 sous 6 deniers que j'ai payée ici pour lui et dont vous lui donnerez un reçu lorsqu'il vous remettra cet argent. Vous pourrez prendre sur cette somme votre mois d'appointement lorsqu'il sera échu.

Gardez, je vous prie, une note au sujet des journées que Carron et Daucher ont manqué de faire et je les leur retiendrai à mon retour (4). Vous avez eu grande raison d'y faire attention.

Si vous faites réparer le mur voisin de l'étang Saint-Michel (5), il ne faut

(1) Jacques Trécourt, homme d'affaires et quelque temps secrétaire de Buffon, précédemment nommé. (T. I⁰ʳ, p. 235, note 1.)

(2) Nous savons qu'une des formes de la charité de Buffon consistait à assurer du travail toute l'année à de nombreux ouvriers. Dans un intervalle de cinquante-six ans, de 1732, date de la création de ses jardins de Montbard, à sa mort, en 1788, il n'a pas cessé un seul jour d'avoir des ateliers d'ouvriers dans ses jardins, ses forges et ses bois, à Montbard, à Buffon et au Jardin du Roi. Les travailleurs sans ouvrage étaient assurés, en s'adressant à lui ou à ses représentants, de gagner, n'importe à quelle époque de l'année, un salaire rémunérateur.

(3) Jacques-Alexandre Chesneau de Lauberdière, fermier des forges de Buffon depuis le 1⁰ʳ mai 1775.

(4) Nouvelle marque de l'attention avec laquelle Buffon se faisait rendre compte des moindres détails et de l'ordre minutieux qu'il apportait dans le règlement de ses affaires. S'il s'imposait, par un sentiment d'humanité, de lourds sacrifices pour assurer constamment du travail aux ouvriers de bonne volonté, il se faisait un scrupule de ne pas encourager la paresse. Une stricte équité présidait à tous les actes de sa vie.

(5) Buffon possédait des étangs et des pêcheries à Montbard et dans sa banlieue, et notamment, dans Montbard, les étangs du Coire et du Pâtis en partie comblés, et sur la hauteur, de l'autre côté de la rivière, l'étang et les pêcheries Saint-Michel alimentés par la fontaine des Douies dérivée, en 1865, par son petit-neveu, l'ingénieur Nadault de Buffon, pour doter sa ville natale d'une distribution d'eau. Les fontaines publiques de Montbard ont été inaugurées le 8 octobre 1865, en même temps que la statue en bronze de Buffon, par le statuaire Dumont, de l'Institut.

« Le projet de ces fontaines, dit le compte rendu de cette inauguration, est dû à un descendant du grand naturaliste, à M. Nadault de Buffon, cet ingénieur d'élite qui a bien voulu consacrer gratuitement les loisirs que lui laissent d'importantes fonctions à être utile à sa ville natale. »

On lit au registre des procès-verbaux de l'hôtel de ville de Montbard :

« Le conseil municipal de la ville de Montbard, considérant que M. Nadault de Buffon, en faisant établir et exécuter les plans et devis d'un travail d'une importance capitale pour la ville, en dirigeant gratuitement la construction des fontaines publiques, a rendu un service de premier ordre à la cité et donné la preuve d'un désintéressement rare, à l'unanimité et au nom des habitants de la ville de Montbard, lui vote des remerciements et le don d'un objet d'art qui lui sera offert en témoignage de reconnaissance. »

employer que René Bachelet et son fils. Il ne faut pas déplacer le poêle qui est auprès du Petit-Fontenet (1) pour le mettre dans la nouvelle orangerie.

Voici bientôt le temps de penser à faire receper les jeunes bois, et il faut aussi faire recueillir des graines. Vous pourriez y employer les jardiniers comme vous jugerez à propos.

Je n'ai point actuellement de copie à vous envoyer, mais cela ne tardera pas.

Adieu, monsieur Trécourt, continuez à vous bien porter et à me donner de vos nouvelles. Vous connaissez tous mes sentiments d'affection et d'attachement pour vous.

LE C<sup>te</sup> DE BUFFON.

(Collection Nadault de Buffon.)

---

# LETTRE D

## A L'ABBÉ BEXON.

A Montbard, le 29 novembre 1782.

Voilà, mon cher abbé, les dernières feuilles corrigées de la table des matières du premier volume des minéraux; il faut que vous ayez la bonté de presser Vercaven d'achever d'en faire tirer les bonnes feuilles. Vous savez que M. Panckoucke est fort pressé de mettre ce volume en vente avant le mois de janvier. Je vous envoie aussi trois petits cahiers de la suite de mon ouvrage sur les pierres, et je ne tarderai pas à vous en adresser d'autres.

J'ai fait mon voyage en trois jours et j'ai beaucoup souffert du froid; cependant ma santé est assez bonne. Donnez-moi des nouvelles de la vôtre, mon cher ami, et de celles de vos dames.

LE C<sup>te</sup> DE BUFFON.

(Inédite. — Communiquée par M<sup>lle</sup> Lefebvre.)

---

(1) Antique construction du moyen âge où Buffon avait installé sa bibliothèque et son laboratoire, et dont on a donné la description aux lettres du 14 septembre 1781 à l'abbé Bexon, et du 2 août 1783 à Faujas de Saint-Fond.

# LETTRE DI

## AU MÊME.

Montbard, le 4 décembre 1782.

C'est avec joie, mon très cher abbé, que nous apprenons votre nouvelle dignité (1). J'aime cette bonne et si belle princesse (2), et j'ai regret de n'avoir pas eu occasion de lui faire ma cour. Vous ferez très bien de l'accompagner dans son voyage et de venir vous rabattre à Montbard, après avoir fait un tour dans vos grandes montagnes (3). Ce projet me fait grand plaisir, et nous en causerons plus d'une fois quand je serai de retour à Paris.

Je n'ai pu, depuis mon arrivée, m'occuper d'autre chose que de mes affaires économiques; j'ai seulement corrigé le texte des épreuves que j'ai l'honneur de vous envoyer ci-jointes; je n'ai pas lu les notes, que je renvoie à vos bons soins. Vous trouverez dans ce même paquet le reste de la copie de mon travail sur les pierres. Vous me ferez plaisir de faire un paquet des quatre cahiers de la copie du fer, et de le remettre à Lucas, pour qu'il ait l'attention de le faire contresigner lui-même et sans passer par les mains d'un autre commissionnaire ; je verrai avec satisfaction les observations que vous avez

(1) La nomination de l'abbé Bexon à la dignité de grand chantre de la Sainte-Chapelle, due, comme celle de chanoine, en 1778, à la sollicitation de Buffon.

Le lieu d'où est daté cette lettre et la manière dont Buffon félicite l'abbé Bexon témoignent qu'Humbert Bazile a fait une confusion en racontant comment l'abbé Bexon aurait appris cette nomination, et que l'épisode qu'il rapporte doit concerner une autre distinction également obtenue par le crédit de Buffon.

« Un jour, à un dîner auquel j'assistais, l'abbé, en levant sa serviette, trouva le brevet de la charge de grand chantre de la Sainte-Chapelle de Paris, dont la rétribution était de 8,000 livres tournois. M. de Buffon, ayant appris que le poste était vacant par le décès du titulaire, avait fait nommer l'abbé Bexon à son insu. On ne peut rendre ni la joie de M. le comte, qui avait fait trois heureux, ni la surprise et la reconnaissance de l'abbé. Ce fut un spectacle aussi noble qu'attendrissant (*). »

(2) La princesse Christine de Saxe, morte en 1786, abbesse de Remiremont, chapitre noble d'une extrême exigence pour l'admission des preuves, et auquel très peu de maisons souveraines étaient à même de prétendre. Le chapitre avait élu M$^{me}$ Élisabeth, sœur de Louis XVI; mais elle refusa, comme elle avait refusé précédemment des partis princiers pour ne pas quitter son frère, et fit élire à sa place la princesse Louise-Adélaïde de Condé, qui devint à la Restauration supérieure de la congrégation religieuse instituée en 1815 par Louis XVIII sur ce qui restait des anciens bâtiments du Temple.

(3) L'abbé Bexon était né à Remiremont, dans la partie la plus pittoresque des Vosges. François de Neufchâteau a célébré cette naissance dans de jolis vers.

(*) Voir t. Ier, p. 395, note 1, lettre du 21 mai 1778 au même.

jugées nécessaires. Je n'ai encore reçu aucune épreuve des matières volcaniques; il m'est seulement arrivé l'épreuve de la dernière feuille de la table
des matières du premier volume des minéraux, et j'ai eu l'honneur de vous
la renvoyer il y a huit ou dix jours.

Faites agréer à vos dames mes très humbles compliments et ceux du chevalier de Buffon; il a pris, comme moi, la plus grande part à la distinction
flatteuse qui ne peut en effet manquer de vous faire beaucoup d'honneur en
Lorraine et partout. Continuez à nous donner de vos nouvelles, et ne doutez
pas de mon tendre et très sincère attachement.

Le C<sup>te</sup> DE BUFFON.

(Publiée par François de Neufchâteau et Flourens.)

—◆—

# LETTRE DII

## AU MÊME.

Ce 9 décembre 1782.

J'ai reçu toutes les bonnes épreuves du deuxième volume des minéraux
jusqu'à la page 104; je les garde et vous me ferez plaisir, mon cher monsieur,
de dire à Vercaven qu'il m'envoie la suite de ces bonnes épreuves à mesure
qu'il pourra les tirer. J'attends incessamment les premières épreuves de
l'article du soufre et ensuite de ceux des sels.

Vous trouverez ci-joint le dernier article de mes oiseaux; il ne sera pas
nécessaire que l'on m'envoie les notices ni les concordances, il suffira que
vous les corrigiez, puisque vous avez si bien suffi jusqu'ici pour le faire.

Le C<sup>te</sup> DE BUFFON.

(Inédite. — Communiquée par M<sup>lle</sup> Lefebvre.)

—◆—

# LETTRE DIII

## A FAUJAS DE SAINT-FOND.

Montbard, le 16 décembre 1782.

Je ne pourrai, monsieur, terminer notre affaire pour le Cabinet qu'à mon retour à Paris, dans le courant de mars. Cela ne vous retardera pas pour le payement, car ce sera toujours de ce mois-ci en deux ans que je m'obligerai de vous faire payer la somme convenue; mais il faut auparavant que vous ayez la bonté de faire un inventaire exact et par numéros de tous les morceaux dont cette collection sera composée, et c'est au bas de cet inventaire que je mettrai mon estimation et que vous écrirez votre quittance. Cette forme est nécessaire pour ma comptabilité (1). Ainsi vous pouvez garder cette

(1) Buffon, qui tenait seul la comptabilité compliquée du Jardin du Roi, y apportait le même soin, le même ordre et la même méthode qu'il mettait dans la gestion de sa fortune personnelle.

Je possède un assez grand nombre de cartons où sont classés, dans l'ordre où Buffon les a lui-même rangés, les pièces et mémoires de cette comptabilité. Un des cartons porte cette mention de la main de Buffon :

« Cette boîte contient les mémoires et quittances des ouvriers qui ont travaillé pour le Jardin du Roi, depuis 1749 jusqu'en 1757, et qui n'ont pas été produits pendant le ministère de M. d'Argenson; tous ces mémoires et quittances peuvent être considérés comme inutiles, à moins qu'on ne recherche mes héritiers sur la dépense dont ils sont les pièces justificatives.

« Au Jardin du Roi, ce 1er juin 1762.

» DE BUFFON. »

« Il a été expédié en mon nom, en 1749, une ordonnance de 1,500 livres, pour achever de payer les curiosités naturelles achetées pour le Cabinet. Les pièces justificatives de l'emploi de cette somme de 1,500 livres sont les deux quittances ci-jointes du sieur de Romigny, huissier-priseur. »

« Dépense particulière pour le Cabinet, années 1747 et 1749, 2,700 livres. Il a été expédié, » en 1747, une ordonnance de 1,200 livres en mon nom, pour l'achat du singe d'Angole.

» La pièce justificative de cet emploi de 1,200 livres est la quittance ci-jointe du sieur » Nonfoux, propriétaire du singe. »

« J'ai reçu de M. de Buffon, intendant du Jardin du Roi, la somme de douze cents livres pour le prix d'un animal étranger, appelé singe d'Angole, que j'ai livré pour le Cabinet du Jardin du Roi.

» DE NONFOUX.

» A Paris, ce trente et un mai mil sept cent quarante-sept. »

Buffon avait un singe familier dont il rapporte ainsi l'origine dans le dernier volume des *Suppléments*, paru en 1789, après sa mort :

« M. Desfontaines, savant naturaliste et professeur au Jardin du Roi, a rencontré dans le royaume d'Alger un singe qu'il a reconnu pour le pithèque que j'avais indiqué; il l'a nourri pendant plusieurs mois en Barbarie, et, à son retour en France, il a bien voulu m'en faire hommage, et j'ai eu la satisfaction de pouvoir reconnaître tous ses caractères et ses habitudes naturelles, depuis plus d'un an que je l'ai vivant et sous mes yeux. Je l'ai fait dessi-

collection jusqu'à mon retour, ou, si vous l'aimez mieux, vous pourrez mettre tous les morceaux bien étiquetés et numérotés dans des caisses scellées de votre cachet et que vous remettriez au sieur Lucas auquel je donnerai ordre de les placer en lieu de sûreté, et vous m'enverriez dans ce même temps l'inventaire relatif à tout ce qui serait contenu dans ces caisses dont je vous accuserai la réception pour votre sûreté.

J'espère que vous serez de retour d'Angleterre (1) avant le mois d'avril. Je serai enchanté de vous revoir alors et de vous renouveler tous les sentiments d'estime et de respectueux attachement avec lesquels j'ai l'honneur d'être, monsieur, votre très humble et très obéissant serviteur.

Le C<sup>te</sup> de Buffon.

(Appartient à M. de Faujas de Saint-Fond.)

—◇—

# LETTRE DIV

## A L'ABBÉ BEXON.

Montbard, le 16 décembre 1782.

Je reçois les quatre cahiers du fer, et je remercie mon très cher abbé des courtes remarques qu'il a cru devoir y joindre et que je n'ai pas encore eu le temps d'examiner, mais que je crois bonnes comme tout ce qui vient de lui.

Je joins ici une lettre d'avis pour les cristaux qu'on voudrait vendre. Le Cabinet n'est pas trop en état d'acheter; néanmoins, si c'était chose unique ou très rare, je pourrais m'y déterminer. Faites-moi donc le plaisir, mon cher monsieur, d'aller à votre loisir voir ces morceaux, et de me dire ce que vous en pensez, ainsi que le prix qu'on en demanderait (2). Mes tendres amitiés et respects à vos dames.

Le C<sup>te</sup> de Buffon.

(Publiée par François de Neufchâteau et Flourens.)

ner dans deux attitudes de mouvement, c'est-à-dire debout sur ses deux pieds de derrière et sur ses quatre pieds... »

On conserve à Montbard le souvenir du singe de M. de Buffon aussi fidèlement que celui de son capucin. Il était très familier et s'emparait de tout ce qui tombait sous sa main et de ce que les visiteurs avaient l'imprudence de laisser dans les antichambres. On l'avait dressé à servir à table. Parfois on le voyait s'enfuir dans les jardins et grimper aux arbres, coiffé du chapeau de Buffon, tenant son épée sous le bras. D'autres fois, il sautait du balcon du château sur la place du marché, dans les larges corbeilles plates sur lesquelles les paysannes apportaient leurs légumes, œufs, volailles, lait, beurre, fruits, etc.; on peut juger de leur effroi et des dégâts que le singe causait, mais que son maître réparait avec sa libéralité ordinaire.

(1) C'était la première mission scientifique obtenue par Buffon à Faujas de Saint-Fond en Angleterre, en Écosse et aux Hébrides. Faujas de Saint-Fond en a publié le récit en 1797.

(2) Buffon achetait peu pour le Cabinet du Roi, et on serait surpris du chiffre minime

# LETTRE DV

## A M. CHARRAULT DE CHAZELLES.

Montbard, le 6 janvier 1783.

Vous m'avez fait un grand plaisir, monsieur, en m'apprenant la nouvelle de l'heureuse couche de votre aimable dame (1); je vous en fais à tous deux ainsi qu'à votre très chère maman (2) mon sincère compliment. Je partagerai toujours tous les événements qui pourront vous intéresser et je vous prie d'en être persuadé; assurez-en M^me votre épouse ainsi que M^me votre mère pour laquelle j'ai le plus tendre attachement; j'engagerai mon fils à vous aller voir à son retour de Russie, dans le mois de février prochain.

J'ai l'honneur d'être avec un sincère et respectueux attachement, monsieur, votre très humble et très obéissant serviteur.

Le C^te DE BUFFON

(Inédite. — Communiquée par le comte Perrot de Chazelles.)

---

# LETTRE DVI

## AU PRÉSIDENT DE RUFFEY.

Montbard, le 13 janvier 1783.

Votre vieille muse, mon cher Président, sera toujours jeune et fraîche dès qu'il s'agira de célébrer la vertu. L'âme, comme vous le savez, ne vieillit pas, et c'est dans la vôtre que vous puisez ces nobles sentiments si bien

que les collections du Muséum ont coûté à l'État du vivant de Buffon. Elles se sont constamment enrichies des dons généreux des particuliers, des envois des correspondants créés par lui, et de ceux faits par les savants, à qui son crédit faisait donner des missions scientifiques. Mais, on ne saurait trop le répéter à l'honneur de Buffon, la majeure partie des collections du Muséum est formée des dons particuliers qui lui étaient faits par les souverains, les naturalistes, les collectionneurs et les voyageurs de toutes les nations. Les seuls envois de la Russie représentent une valeur considérable.

La véritable origine de la richesse du Muséum, c'est, en réalité, la grande renommée et le désintéressement de Buffon.

(1) Marie Lestre, mariée, le 7 août 1781, par Buffon, à Jean-Baptiste-Marie Charrault, qui avait pris le nom de la terre de Chazelles, dont sa mère avait hérité de Jean-Baptiste Voisenet. M^me Charrault de Chazelles venait de donner naissance à une fille, Huberte-Marie-Louise. (Voir t. I^er, p. 289, notes 2 et 3, lettre du 26 juillet 1775 au président de Brosses.

(2) Marie-Huberte d'Espoisses, femme de Pierre Charrault, cousine germaine de Buffon

exprimés dans vos Stances (1) à notre digne Intendant (2), digne en effet de nos hommages par ses vertus, par ses lumières et le bon usage qu'il fait de son autorité.

Vous avez très bien fait d'envoyer cette pièce de vers à votre Académie ; elle la fera sans doute imprimer, sinon vous pourriez la donner pour le *Mercure* (3) ou à quelque autre journal. Cela ne peut pas blesser la modestie de M. de Brou, parce que rien n'y est exagéré, et en même temps cela peut faire grand bien et engager messieurs ses confrères intendants à imiter son exemple, et il aura toujours l'honneur de l'avoir donné, ce grand et bon exemple.

Quand viendrez-vous donc, mon très cher ami, visiter votre vieux château de Montfort (4), que vous ne voulez ni vendre ni garder ? Je reste ici jusqu'au 15 mars ; j'y reviendrai passer l'été. Prenez un moment pour y venir.

J'aurais la plus grande joie de vous renouveler, en vous embrassant, tous les sentiments de ma tendre amitié et du respectueux attachement que je vous ai voué pour la vie.

BUFFON.

(Appartient au comte de Vesvrotte.)

(1) Nous avons inutilement cherché les Stances du président de Ruffey dans le *Mercure* et les Mémoires de l'Académie de Dijon.

(2) Charles-Henri de Feydeau, marquis de Brou, intendant de la province de Bourgogne de 1780 à 1783, déjà nommé.

(3) Il ne devait pas être difficile à Buffon de faire recevoir les productions de ses amis au *Mercure*, dont Panckoucke, son obligé et son ami, était l'éditeur.

(4) La terre de Montfort, dont nous entendons souvent Buffon parler à son ami le président de Ruffey, possédait en effet un vieux château féodal dans un des sites les plus pittoresques de cette partie de la Bourgogne. Ses ruines se voient encore aujourd'hui sur une hauteur qui domine la route de Montbard à Semur ; l'horizon est borné par la lisière des bois; dans la vallée coule bruyamment l'Armançon. Une tour imposante, couronnée de créneaux et de mâchicoulis, et la façade du nord sont encore debout. La forteresse a sa légende, et, il y a quelques années encore, on voyait fréquemment s'acheminer vers la hauteur les habitants de la plaine pour consulter une vieille femme étrangère au pays, qui habitait les ruines. Avant de répondre, elle jetait une paire de canards dans un puits creusé à une grande profondeur. Ils reparaissaient à la rivière, à plusieurs kilomètres de distance; elle en tirait des présages et emportait les canards.

# LETTRE DVII

## A MADAME ET MADEMOISELLE NECKER.

Montbard, ce 20 janvier 1783.

Madame et Mademoiselle,

. Vous êtes toutes deux bien aimables et trop bonnes de me témoigner tant de satisfaction d'avoir reçu la gravure de mon portrait (1).

Je vous l'ai offerte comme un hommage que je devais à l'amitié que vous voulez bien m'accorder. ·

Je vous en demande la continuation au renouvellement de cette année en vous offrant les vœux sincères que je fais et que je ferai toujours pour votre bonheur.

Recevez-en les assurances et celle du tendre et respectueux attachement avec lequel j'ai l'honneur d'être, Madame et Mademoiselle, votre très humble et très obéissant serviteur,

LE C^te DE BUFFON.

(Inédite. — Collection du duc de Broglie.)

—◇—

# LETTRE DVIII

## A L'ABBÉ BEXON.

Montbard, le 20 janvier 1783.

J'attendais chaque jour, mon très cher abbé, les épreuves que je viens de recevoir et que j'ai l'honneur de vous renvoyer avec quelques corrections, et en vous priant de relire les notes que je n'ai pas corrigées. Je crois que vous serez satisfait ainsi que notre ami (2) de la petite addition que j'ai mise de ma main à la page 107 (3) et qui me paraît suffisante pour les gens même les plus délicats.

Vous ne m'avez pas envoyé les feuilles du manuscrit, et cependant j'en aurai besoin pour la suite et il me faudra une seconde épreuve de la feuille P.

(1) Portrait tiré de la galerie des hommes illustres vivants, dessiné par Bounieu d'après Houdon, gravé par Hubert. Le même jour, Buffon faisait le même hommage, à peu près dans les mêmes termes, à un assez grand nombre de personnes, notamment à M^me et à M^lle Verniquet, auxquelles il était lié par l'estime et l'amitié.

(2) Guéneau de Montbeillard, collaborateur à l'*Histoire des Oiseaux*. Ce fut le dernier hommage public que Buffon lui rendit.

(3) On trouve cet avertissement, dont Buffon soumettait le manuscrit à l'abbé Bexon trois ans auparavant jour pour jour, le 20 janvier 1780, t. II, p. 8, note 1.

Vous êtes le maître, mon cher monsieur, de faire placer à la tête du 7ᵉ volume in-folio des oiseaux l'avertissement où il est question de vous (1); ce que j'en dis ne peut être trop multiplié.

Mon fils doit arriver ici dans trois semaines ou un mois au plus tard, et je crois que huit ou quinze jours après nous nous rendrons à Paris. Lorsqu'il a pris congé de l'Impératrice, elle a daigné lui accorder une audience particulière et lui a fait donner ensuite comme une marque de sa bienveillance une boîte émaillée entourée de diamants (2).

Je ferai volontiers, lorsque je serai de retour, auprès de M. Phérès ce que vous voudrez; mais M. de Bonnard (3), qui a épousé sa petite-fille, aurait auprès de lui plus de crédit que moi.

Adieu, mon très cher abbé, mille tendres amitiés et respectueux hommages à vos dames.

Le Cᵗᵉ DE BUFFON.

(Inédite. — Communiquée par Mˡˡᵉ Lefebvre.)

## LETTRE DIX

### A MADAME NECKER.

A Montbard, le 6 février 1783.

Pardonnez-moi, ma généreuse amie, et même plaignez-moi.

Le silence en effet ajoute au mal de l'absence; je l'ai senti chaque jour jusqu'au moment que j'ai reçu cette lettre écrite avec tant de grâce et de vérité, votre lettre, mon adorable amie, toute remplie de bonté, de tendresse, de ces doux sentiments qui font les délices de ma vie!

J'aurais pu jouir plus tôt de ce bien qui m'est si cher en vous prévenant; mais j'avoue que depuis plus d'un mois je suis inquiet, et l'inquiétude remuant l'âme de tous côtés l'empêche de se fixer et même de se diriger vers aucun objet (4).

Voyez, ma divine amie, combien cette pauvre âme agitée est au-dessous de la perfection et du calme de la vôtre!

C'est de mon fils dont je suis inquiet. Il devrait être arrivé ou du moins je

---

(1) C'est ce qui eut lieu en effet.

(2) Voir sur la réception faite par Catherine II au fils de Buffon, t. II, p. 105, note 1.

(3) Le chevalier de Bonnard, poète et sous-gouverneur des enfants du duc d'Orléans avant Mᵐᵉ de Genlis, déjà nommé.

(4) Buffon avait donné les mêmes preuves de sensibilité, en 1769, à la mort de sa femme; sa douleur avait interrompu ses travaux pendant près d'une année. L'inquiétude que lui causèrent successivement le retour et une maladie de son fils renouvelle ses angoisses, et il perd de nouveau la faculté de se recueillir, de penser et de travailler.

Au culte de l'amitié, révélation d'une âme constante et sensible, Buffon a joint les manifestations les plus délicates de l'amour conjugal et de la tendresse paternelle.

devrais avoir de ses nouvelles, parce qu'il était assez exact à m'en donner toutes les semaines ; je n'en ai aucune depuis le 20 décembre qu'il est parti de Pétersbourg, le froid étant alors de 20 degrés. Il faut n'avoir que dix-neuf ans pour braver une telle rigueur de saison et croire en même temps qu'il serait superflu de donner des nouvelles de la route.

Courageux et étourdi, voilà mon jeune homme. Au reste, il est parti très satisfait ; l'Impératrice lui a donné comme marque de bienveillance une boîte émaillée entourée de diamants ; le grand-duc lui a remis une lettre pour M. le maréchal de Biron qui servira de *certificat de bien vivre;* il s'est, en effet, bien conduit pendant le temps de tout son séjour et je n'ai rien à désirer que de le voir arriver. Il restera ici avec moi jusqu'au 10 de mars, et nous retournerons ensemble à Paris où tous les mouvements de mon cœur me rappellent auprès de vous, mon adorable et tendre amie, que j'aime sans partage et que j'admire sans comparaison.

BUFFON.

Lucas m'a tenu compte des 300 livres provenant de la loterie (1) que vous avez, Madame, eu la bonté de lui remettre.

(Inédite. — Collection du duc de Broglie.)

—◇—

# LETTRE DX

## AU PRÉSIDENT DE RUFFEY.

Montbard, le 21 février 1783.

Je vous envoie, mon cher Président, la lettre d'un homme qui a confiance en moi et qui a quelque envie d'acheter votre terre de Monfort (2). Si vous

---

(1) Buffon s'associait aux charités cachées de M^me Necker, à la condition expresse que personne n'en sût rien. Ils avaient pris ensemble des billets de loterie dont le produit était destiné aux pauvres, et M^me Necker écrira au fils de Buffon, le 7 juin 1788 : « J'ai été tellement absorbée par les mouvements de mon cœur désolé, que j'ai absolument oublié de vous parler d'une petite affaire d'intérêt. Il y a un grand nombre d'années que nous prîmes, conjointement avec M. votre père, six billets d'une loterie qui se tire et se rembourse annuellement, jusqu'à un terme fixe. J'ai encore, je pense, deux époques à recevoir. Vous trouverez vraisemblablement dans vos comptes celles que j'ai acquittées, soit directement, soit sur les reçus de M. Lucas ; peut-être même trouverez-vous aussi un billet de M. Necker. Autant que ma mémoire peut me le rappeler, vous devez recevoir encore 600 livres au commencement de l'année prochaine, et 600 autres livres la suivante, si vous n'avez pas de lots. Je m'assurerai davantage de ces faits en voyant mes papiers. »

(2) La terre de Montfort, à laquelle Buffon avait un instant songé pour son propre compte et ensuite pour les Necker, et au sujet de laquelle il écrivait, le 13 janvier de cette même année, au président de Ruffey, qu'il ne savait se décider « ni à la vendre, ni à la garder, » ne fut vendue qu'après la mort du Président. Les derniers habitants du château de Montfort ont été les descendants de Françoise Nadault, fille de Jean III Nadault, maire de Montbard de 1663 à 1679, élu aux états généraux de la province en 1679, et de Henri Sylvestre de La

êtes toujours dans l'intention de la vendre, il faudrait dire votre dernier mot et me marquer en même temps si les bois sont compris dans le bail et combien en tout il y a d'arpents, et de quel âge. Je crois que je pourrai vous négocier cette affaire (1) pendant mon premier séjour à Paris, où je compte retourner peut-être avant quinze jours.

Je serai enchanté d'avoir cette occasion de vous servir et de vous donner une nouvelle marque de l'inviolable et tendre attachement avec lequel je serai toute ma vie, mon cher Président, votre très humble et très obéissant serviteur.

BUFFON.

(*Communiquée par le comte de Vesvrotte.*)

—◇—

# LETTRE DXI

## A L'ABBÉ BEXON.

Montbard, le 24 février 1783.

Mon fils vient d'arriver (2), et j'ai cru vous faire plaisir, mon très cher abbé, de vous en faire part. L'Impératrice et le grand-duc l'ont très bien traité, et nous aurons de beaux minéraux (3), dont on achève actuellement la collection.

Forest, à son tour maire de Montbard de 1710 à 1722, élu aux états généraux en 1725 à la place de Jean Nadault, son beau-frère, mort dans l'intervalle de son élection à la réunion des états.

(1) Nous ne pouvons nous lasser de relever sous la plume de Buffon, écrivant des lettres familières seulement destinées à l'amitié, les côtés attachants de son caractère. Il l'avait grand et généreux; il était désintéressé et patriote, aimant la science, aimant le travail, aimant l'étude, aimant les lettres, aimant la justice et la vérité. Il était bon, sensible, compatissant et bienfaisant, faisant la charité avec tact, en substituant le travail à l'aumône, de telle sorte que si la gloire de l'inventeur, du savant, du philosophe et de l'écrivain n'eût pas effacé tout le reste, Buffon eût eu sa place parmi nos grands philanthropes. De ces hautes vertus s'échappaient comme autant de chauds rayons, la bienveillance, l'obligeance, la serviabilité, qui le poussaient sans cesse à rendre service, et qui ont fait de lui le bienfaiteur de sa famille et de ses amis et le plus grand marieur de son temps.

(2) Le fils de Buffon était arrivé le même jour, 24 février. Ce fut à son retour de Russie, et pendant le séjour qu'il fit à Montbard, près de son père, qu'il fut reçu gouverneur de cette ville par le maire, Georges-Louis Daubenton, neveu du collaborateur de Buffon, filleul de celui-ci. Les archives de l'hôtel de ville renferment les procès-verbaux de cette réception et les discours. Nous en avons donné tome II, page 473 de la première édition de la *Correspondance*, un extrait qui témoigne de l'attachement que les habitants de Montbard avaient pour une famille qui a illustré leur cité, où elle a multiplié les monuments de sa libéralité et de sa bienfaisance.

Après avoir été, en 1783, maire et gouverneur pour le Roi de la ville de Montbard, le fils de Buffon en fut le dernier maire élu, de 1789 à 1793. Il était populaire à Montbard, et, s'il y fût resté pendant la Terreur, il n'eût certainement été ni arrêté ni décapité.

(3) Nouvelle libéralité de Buffon au Cabinet du Roi. (Voir lettre du 2 novembre 1783 à l'abbé Bexon.)

J'ai reçu votre lettre du 16, et je vous en remercie, mon très cher monsieur, ainsi que le chevalier de Buffon, qui m'a paru très sensible aux marques de votre amitié.

Ce ne sont pas de grandes lettres que je vous demande par mes billets instants; je ne voudrais que de petits mots, mais plus fréquents et uniquement sur les objets courants. Par exemple, j'ignore si vous et votre ami (1) avez trouvé bonne la petite addition que j'ai mise à la première page de l'article du soufre (2). J'ignore où en est l'impression du neuvième volume des oiseaux in-4°, et du septième volume in-folio. J'ignore si l'on doit bientôt mettre en vente le premier volume des minéraux (3). Je ne sais pourquoi on ne m'envoie ni bonnes feuilles ni bonnes épreuves du second volume, que l'on imprime actuellement.

Voilà ce que j'appelle les affaires courantes.

Je ne suis pas inquiet du travail à venir, et je suis persuadé que vos recherches sur les belles pierres les rendront encore plus brillantes; mais vous saurez que je ne m'en suis point du tout occupé. J'ai fait tout autre chose : c'est un article sur l'aimant (4), qui est encore imparfait, quoiqu'il m'ait pris beaucoup de temps; et d'ailleurs, j'avoue que l'inquiétude sur le retour de

(1) Guéneau de Montbeillard.

(2) L'addition dont parle Buffon est une sorte d'introduction en tête du chapitre du *Soufre*.

(3) « J'attends aussi avec impatience votre ouvrage sur les minéraux, écrivait M^me Necker à Buffon, dans une lettre conservée dans ses *Mélanges*, non que j'aie le moindre doute sur son succès, car j'ai appris à considérer les travaux de votre génie comme ceux de la nature; je n'en juge plus que par analogie. De cette hauteur de pensée où vous êtes parvenu, vous ne pouvez rien dire qui ne nous étonne. Jamais, jusqu'à présent, je n'avais regardé la matière morte avec intérêt et il me semble que vous allez m'ouvrir, dans ce palais de l'univers, des trésors qui m'étaient encore inconnus. Pour les esprits communs, la nature animée est la seule qui existe, car ils ne voient que les rapports prochains; mais, pour le grand homme, tout pense, parce que tout produit sa pensée et qu'il la fait jaillir de tous les objets. J'entrerai donc avec transport dans les routes bien éclairées de votre grand et beau système, et j'admirerai tous les monuments d'éloquence que vous érigez dans des terres inconnues; beaux titres de possession que personne n'osera jamais vous disputer... Puissiez-vous respirer en liberté dans votre tour enchantée (*)! Puisse mon image se mêler quelquefois aux grandes idées qui vous occupent, comme ces ombres légères qui venaient suspendre la marche du grand Hercule, lorsqu'il descendait aux enfers pour accomplir un de ses travaux immortels, et lorsqu'il voulait contraindre les prodiges de ce centre du monde à se montrer aux hommes et à recevoir la lumière du jour! »

*Les Minéraux* ont paru de 1783 à 1788.

(4) Le *Traité de l'Aimant*, dernier ouvrage de Buffon, publié en 1788, fort peu de temps avant sa mort, n'a pas été imprimé à l'Imprimerie royale (**). Aussi dut-il être soumis à la censure, les seuls livres sortis de l'Imprimerie du Roi en étant exempts. L'approbation du censeur est à la date du 28 mars, Buffon mourut le 16 avril. Le *Traité sur l'Aimant*, qui termine l'*Histoire des Minéraux*, est donc le dernier ouvrage de Buffon avec les quelques pages posthumes sur l'*Art d'écrire*, insérées t. I^er, p. 93.

(*) Voir t. II, p. 134, note I.
(**) Voir lettre du 15 décembre 1787 à M. Amelot.

mon fils m'avait ôté le sommeil et la force de penser. Il me charge de ses compliments pour vous et pour vos dames, et je ne crois pas que nous tardions beaucoup à nous rendre à Paris.

Je serai enchanté de vous revoir et de vous embrasser, mon très cher monsieur.

BUFFON.

(Publiée par François de Neufchâteau et Flourens.)

—⋄—

# LETTRE DXII

## A MADAME CHARRAULT DE CHAZELLES.

Montbard, ce 2 mars 1783.

Nous sommes, madame, infiniment sensibles, mon fils et moi, aux témoignages de votre amitié et aux bontés de votre très chère maman. Il désirerait beaucoup pouvoir aller à Chazelles vous rendre ses hommages; mais il n'est arrivé que depuis six jours (1) et ne peut se dispenser de partir dans six autres jours pour Paris. Je le suivrai de près, et ce ne sera que dans le mois de septembre que nous pourrons jouir de la satisfaction de vous voir.

Comme vous ne me dites rien de votre santé, madame, je pense qu'elle est parfaitement rétablie, et je vous félicite sur le plaisir que doit vous faire votre cher petit enfant. Je suis persuadé que votre bonne et respectable maman partage bien ce plaisir avec vous et avec M. de Chazelles, auquel nous vous prions de faire nos compliments en attendant que mon fils puisse aller chasser (2) avec lui à Chazelles; car on lui a déjà dit que c'était un bon pays pour le gibier.

Partagez, je vous supplie, madame, avec cette bonne maman, les sentiments de la tendre amitié et du respectueux attachement avec lequel j'ai l'honneur d'être votre très humble et très obéissant serviteur.

LE Cte DE BUFFON.

(Inédite. — Appartient au comte Perrot de Chazelles.)

(1) Le fils de Buffon était de retour de son voyage de Russie depuis le 24 février. (Voir la lettre précédente à l'abbé Bexon.)

(2) On verra plus loin, lettres des 2 et 10 août 1783 à Faujas de Saint-Fond, que la chasse était un des plaisirs favoris du fils de Buffon; qu'il s'y livrait avec passion, *avec fureur*, écrit Buffon à Faujas, au point de se rendre gravement malade, et qu'il était aussi adroit tireur qu'habile écuyer.

—⋄—

# LETTRE DXIII

## A L'ABBÉ BEXON.

Montbard, le 5 mars 1783.

J'ai l'honneur de renvoyer à mon très cher coopérateur les deux épreuves ci-jointes, en le priant de lire les notes, que je n'ai pas relues.

J'ai aujourd'hui reçu sa lettre, qui m'a fait un extrême plaisir. J'en ai fait part à mon fils, qui m'a chargé de ses compliments pour vous et de ses hommages pour vos dames. Il compte partir lundi pour Paris, et je le suivrai quelques jours après. Il a couru d'assez grands hasards dans son dernier voyage, et mes inquiétudes étaient assez fondées.

J'ai reçu de bonnes épreuves des minéraux, jusques et compris la page cent quatre-vingt-quatre.

Depuis l'arrivée de mon fils, ma maison ne désemplit pas de monde, et je n'ai que ce moment pour vous assurer de toute mon amitié et de la sienne.

BUFFON.

(Publiée par François de Neufchâteau et Flourens.)

---

# LETTRE DXIV

## AU BARON DE BRETEUIL (1).

Au Jardin du Roi, le 24 avril 1783.

Monseigneur,

L'opération du Jardin du Roi va se consommer par le moyen de l'enregistrement des lettres patentes qui autorisent l'échange de mon terrain avec celui que Saint-Victor cède.

(1) Louis-Auguste Le Tonnelier, baron de Breteuil, né en 1733, mort le 2 novembre 1807, successivement ambassadeur à Stockholm, à Saint-Pétersbourg en 1760, à La Haye en 1768, à Vienne en 1770, à Naples en 1771, appelé par Louis XVI au ministère de la maison du Roi, le 10 janvier 1784, en remplacement d'Amelot de Chaillou. N'approuvant pas la convocation des états généraux, il se retira en juillet 1788 et eut pour successeur le comte de Villedeuil. Rappelé en 1789, après le départ de Necker, il ne fit que paraître un instant aux affaires. Ses *mémoires* ont été publiés en 1859. Il avait une fille unique, M^me de Matignon, et nous entendrons Buffon féliciter, le 28 octobre 1786, André Thouin de lui avoir donné des arbustes et des plantes pour la serre chaude de son père.

Le baron de Breteuil avait continué à Buffon l'appui éclairé que lui avaient donné ses prédécesseurs, le comte de Maurepas et Amelot de Chaillou.

Je n'ai lieu que de vous en faire de nouveaux remerciements au nom de la Nation (1).

Mais il est un homme qui a singulièrement contribué à cet échange, à qui le gouvernement doit une récompense qui ne le chargera pas, et qui lui avait été promise par M. le comte de Maurepas (2). C'est M. Claude-Louis-François Delaulne, chambrier procureur général de l'abbaye royale de Saint-Victor, et prieur de Bray, diocèse de Senlis (3). Il s'est prêté très honnêtement à tous nos arrangements, par le désir qu'il avait de faire ce qui pouvait être agréable au gouvernement, et de favoriser une opération qui avait été vainement tentée depuis 1671 ; et, comme il est pourvu d'un bénéfice qui lui donne une subsistance honnête, il ne sollicite aucune récompense pécuniaire et se borne à demander un titre d'abbaye régulière *in partibus*, distinction bien méritée par les soins infinis qu'il s'est donnés pour cette affaire depuis quatre ans, et par une espèce de nécessité pressante de le mettre à l'abri des suites de la persécution et des reproches de ses confrères, quoique, en tout ceci, il ait fait le bien de l'abbaye.

Je crois donc, monseigneur, devoir vous supplier de faire au Roi la demande de cette grâce et de la solliciter vous-même auprès de M. de Vergennes, à qui j'ai l'honneur d'écrire en conséquence.

J'ai l'honneur d'être, avec tout attachement et respect, Monseigneur, votre très humble et très obéissant serviteur.

Le C<sup>te</sup> DE BUFFON.

(Collection Boutron.)

(1) Ce mot, qui se rencontre pour la première fois sous la plume de Buffon, est un symptôme du changement qui s'était opéré dans les esprits. Ce n'est plus au nom du Roi, de sa couronne, de sa gloire ou de son royaume que l'on parle, que l'on sollicite, ou que l'on remercie ; c'est au nom de la Nation. Au surplus, nous avons déjà, dans maintes occasions, relevé les témoignages du patriotisme de Buffon, qui aimait, d'un égal amour, son pays, la science, la justice, la vérité et l'humanité.

(2) Le ministre fit droit à la demande de Buffon, et l'abbé Delaulne reçut la dignité honorifique d'abbé de Bremkrem. Buffon y ajouta des présents et son portrait en grisaille par Sauvage, sur une tabatière d'or.

(3) Claude-Louis-François Delaulne est mort sur l'échafaud révolutionnaire le 2 avril 1794 (5 thermidor an II), trois jours seulement avant le 9 thermidor, seize jours après le fils de Buffon. Il avait été impliqué comme lui dans l'accusation en bloc dite de *la conspiration des princes*, imaginée par Fouquier-Tinville et le comité de Salut public pour vider en quelques semaines toutes les prisons de Paris. La *Gazette nationale* d'octidi, 18 thermidor an II (mardi 15 août 1794), p. 395, rapporte ainsi le chef d'accusation :

« ... C.-L.-F. Delaulne, âgé de cinquante-quatre ans, né à Paris, ex-religieux de Saint-Victor, et prieur de Bretle, rue du Mail. . . . . . . . . . . . . . . . . . . . . . .

. . . . . . . . . . . . . . . . . . . . . . . . . . . . .

« Convaincus de s'être déclarés les ennemis du Peuple, en participant aux conspirations de Capet, de sa femme, de ses Ministres, des chevaliers du Poignard ; aux crimes de Bailly, de La Fayette ; à la conspiration de l'Étranger, en tentant d'ouvrir la Maison d'Arrêt dite des Carmes, pour anéantir la Convention Nationale, ses comités de Salut public et de Sûreté générale ; en instruisant des procédures contre les patriotes pour servir Capet ; en entrete-

# LETTRE DXV

## A M. TRÉCOURT.

Paris, le 25 avril 1783.

J'ai reçu, monsieur Trécourt, votre lettre avec les rôles de la dépense, jusques et compris le 19 avril, et je vois qu'il ne reste entre vos mains qu'une somme de 16 livres 15 sous 6 deniers.

J'écris par cet ordinaire à M. Guérard de vous remettre encore 150 livres, afin que vous puissiez subvenir à la dépense de la prochaine quinzaine (1).

Je suis bien aise que vous ayez fait achever la plantation des pins (2) et que l'humidité de la saison ait déjà fait pousser tous nos jeunes arbres; il faut soigneusement recommander au sieur Caniant (3) de ne laisser entrer aucun bétail dans ces plantations, non plus que dans le jeune taillis de ce bois. J'écris aussi à M. Guérard qu'il est nécessaire d'aller avec vous aux bois et à la plantation d'Aigremont (4), et à ceux de Saint-Georges et de Lucenay (5); ainsi, prenez jour avec lui et menez avec vous le sieur Caniant et le garde de Buffon. Ce n'est pas mal employer votre temps que d'aller, le plan à la main, reconnaître les cantons de mes bois, et vous avez très bien pensé que pour plus de facilité il fallait avoir un plan réduit; je suis bien aise que vous l'ayez entrepris, persuadé que vous en viendrez à bout, et vous pourriez faire acheter à Semur les couleurs qui vous manquent pour enluminer vos plans.

Vous pouvez payer à Bréon les deux journées qu'il réclame, quoique je n'en aie aucune connaissance.

nant des intelligences avec les ennemis de l'État ; en conspirant contre l'unité et l'indivisibilité de la République, etc. Ont été condamnés à la peine de mort. » (Audience du Tribunal révolutionnaire du 5 thermidor. — 55 condamnés, 15 acquittés.) (Déjà nommé, t. II, p. 30, note 2.)

(1) Pour le payement des nombreux ouvriers que Buffon ne cessa jamais d'employer dans ses constructions, dans ses bois, dans ses jardins de Montbard et ses forges.

(2) A cette époque, Buffon s'occupait encore de sylviculture et d'arboriculture, science à laquelle il avait consacré ses premières études après la botanique, et qui a fait l'objet de ses expériences et de ses démêlés avec Duhamel du Monceau. (Voir t. Ier, p. 177, note 2.)

(3) Un des nombreux gardes forestiers de Buffon. Tous ont reçu une pension à sa mort, de même que les veuves de ceux qui étaient restés un certain temps à son service.

(4) Buffon, ennemi du déboisement et qui avait présenté au Conseil et au Roi d'importants mémoires sur cette question, avait considérablement augmenté son domaine forestier par des semis et des plantations. Il écrivait le 14 septembre 1781 à M. Juillet, lieutenant général des eaux et forêts à Dijon : « Dans ces 2,200 arpents de bois, il y en a 1,500 qui ont été acquis il y a près de cent vingt ans par mes prédécesseurs..., et, à l'égard des 600 arpents de plus, ce sont des plantations que j'ai faites. » (T. II, p. 77.)

(5) Lucenay-le-Duc, principal centre des bois appartenant à Buffon avec Saint-Georges et Aigremont pour dépendances, à 12 kilomètres de Montbard, à 16 de Semur.

Vous avez bien fait de planter dans votre jardin les deux poiriers et l'abricotier ; je souhaite qu'ils réussissent, et je veux que vous les gardiez pour vous.

Vous connaissez tous les sentiments d'attachement que j'ai pour vous, et je vous prie d'en être persuadé.

LE C<sup>te</sup> DE BUFFON.

(Collection Nadault de Buffon.)

---

# LETTRE DXVI

## A FAUJAS DE SAINT-FOND.

Au Jardin du Roi, le 29 avril 1783.

Je désirerais beaucoup, monsieur, m'entretenir avec vous. Il ne tiendra qu'à vous de me donner cette satisfaction dès demain, ou après ; car je rentre tous les jours à six heures ; vous pourriez même faire mieux : ce serait de venir dîner vendredi au Jardin du Roi (1). Je vous donnerai les feuilles de mon second volume des minéraux, qui n'est encore imprimé qu'au tiers.

Recevez les assurances de mon estime et de tout l'attachement avec lequel j'ai l'honneur d'être, monsieur, votre très humble et très obéissant serviteur.

LE C<sup>te</sup> DE BUFFON.

(Communiquée par M. de Faujas de Saint-Fond.)

---

# LETTRE DXVII

## A M. DE BEAUBOIS (2).

Au Jardin du Roi, le 7 mai 1783.

J'ai lu avec plaisir, monsieur, la lettre que vous m'avez fait l'honneur de m'écrire, et il serait fort à désirer que le gouvernement se prêtât à faire exécuter votre projet (3), du moins en partie.

(1) On a donné, t. 1<sup>er</sup>, p. 431, une note sur les heures des repas de Buffon à Montbard et à Paris. On trouvera plus loin, lettre du 27 février 1784, une invitation à Faujas de Saint-Fond en termes plus familiers. Buffon lui demande « de lui faire l'honneur de venir manger sa soupe. »

(2) Nicolas de Beaubois avait commencé par être avocat au Parlement ; mais, n'ayant pas réussi au Palais, il se fit architecte, et les archives de la Ville de Paris possèdent plusieurs de ses projets d'utilité publique avec les plans de Verniquet.

(3) Les Archives nationales conservent, avec l'original de la lettre de Buffon, un mémoire renfermant : le *Projet d'embellissement du quartier du Jardin du Roi et du faubourg Saint-*

Il a été question de la translation de l'hôpital de la Pitié sur le terrain des Capucins, et je ne sais si elle aura lieu. Si cela pouvait s'effectuer, cette première opération pourrait être suivie des autres.

Votre projet est vaste, bien conçu, et serait très utile ; mais c'est parce qu'il est grand que je n'ose en espérer l'exécution.

On sera certainement effrayé de la dépense, et on ne considérera pas assez les avantages qui résulteraient de cette belle entreprise.

Je ne puis, au reste, qu'applaudir à vos vues et vous assurer de tous les sentiments de la respectueuse considération avec laquelle j'ai l'honneur d'être, monsieur, votre très humble et très obéissant serviteur.

Le C<sup>te</sup> DE BUFFON.

(Archives nationales.)

✧

# LETTRE DXVIII

### A L'ABBÉ BEXON.

Montbard, le 23 juin 1783.

C'est avec toute sensibilité, mon cher ami, que j'ai reçu les tendres sentiments que vous avez partagés avec mon fils dans le moment de votre plus grande inquiétude sur l'état de ma santé.

Il est maintenant pleinement informé du cours et des circonstances de mon indisposition, qui, quoique accidentelle, m'a fait souffrir de grandes douleurs ; elles sont heureusement passées depuis plus de dix jours, et je vais sensiblement de mieux en mieux. Je rends encore quelques graviers, mais sans douleur, et, comme j'ai foi en ce que vous me dites des eaux de votre Lorraine (1), j'ai écrit à M. Lucas d'en prendre deux bouteilles au

---

*Marcel*, par M. de Beaubois, architecte, ancien avocat au Parlement. On y lit : « Depuis que Monsieur, frère du Roi, s'est déterminé à habiter son palais du Luxembourg, au grand contentement des habitants de la capitale, et que le Théâtre-Français en a été rapproché (*), grand nombre de bourgeois, ne se trouvant plus en état de supporter l'augmentation survenue des loyers des maisons circonvoisines, cherchent à se rapprocher du faubourg Saint-Marcel, même près du Jardin du Roi, où les loyers sont moins chers... Cette nouvelle rue, ainsi alignée, aboutissant du levant près de l'hôtel de M. le comte de Buffon, pourrait être nommée en conséquence la rue de Buffon, nom respectable et à jamais mémorable par les rares qualités et les ouvrages immortels de celui qui le porte. » Tous les terrains à droite de la rue de Buffon, de la rue Geoffroy-Saint-Hilaire au quai Saint-Bernard, étaient encore, à la Révolution, la propriété de la famille du naturaliste. La valeur qu'ils ont acquise aurait suffi à réparer les brèches faites à la fortune de Buffon par son patriotique désintéressement si son fils n'eût été contraint de les vendre à vil prix pour faire honneur aux engagements de son père.

(1) Les eaux de Contrexeville et de Vittel, dans les Vosges, dont la médecine a depuis longtemps reconnu l'efficacité pour les affections de la vessie.

(*) Le Théâtre-Français venait d'être transporté rue de l'Ancienne-Comédie.

magasin des eaux minérales à Paris, et de me les envoyer par la diligence, pour que je puisse les goûter et savoir si je pourrai en supporter le goût, après quoi je pourrai bien faire usage de la lettre que vous avez eu la bonté de m'envoyer pour en faire venir directement. Je vous remercie, mon cher abbé, de cette attention obligeante, et vous prie de remercier M^me votre mère et M^lle votre sœur de tout l'intérêt qu'elles ont bien voulu prendre à ma situation.

Vous voudrez bien aussi faire mention de moi au bon marquis (1) et à cette belle dame (2) dont les yeux suffiraient pour charmer les plus grandes douleurs.

Comme cet accident m'a déjà fait perdre trois semaines, et qu'il s'en passera bien encore autant avant que je puisse m'occuper de choses profondes, je prends le parti de remettre l'impression de l'article de l'aimant à la fin du troisième volume des minéraux, et je vous envoie ci-joint l'article de l'or, en deux cahiers de cent sept pages, par lequel je terminerai le second volume.

Plusieurs raisons me déterminent à ce changement.

1° Je veux donner à l'article de l'aimant toute la perfection dont je le crois susceptible, et cela demande du temps.

2° Cet article de l'aimant, avec les tables, contiendra plus de deux cents pages. Les seules observations tirées du dernier voyage de Cook (3), et que M. Banks (4) m'a envoyées, sont en si grand nombre et d'une si grande

(1) Le marquis de La Billarderie que Buffon semble avoir placé dans ses affections immédiatement après les amis de son enfance, de sa jeunesse et de son âge mûr les présidents de Brosses et de Ruffey, Varennes, Guéneau de Montbeillard.

(2) La fille du marquis de La Billarderie, aussi bien douée du côté des avantages physiques que du côté des qualités morales, dont Buffon a précédemment annoncé à son fils le mariage avec le comte de La Valette, lieutenant de Tavannes dans le gouvernement de Bourgogne. (T. II, 144, note 6.)

(3) Le troisième et dernier voyage de Cook, où il mourut massacré par les sauvages de l'île d'Hawaï, une des Sandwich, voyage qu'il avait entrepris en 1776 pour découvrir la communication entre l'Europe et l'Asie, par le nord de l'Amérique. Après avoir fait le tour du nouveau monde et gagné la côte nord-ouest de l'Amérique, il n'avait pu se frayer un passage à travers les glaces du nord du détroit de Behring, ni rallier la baie d'Hudson. Le troisième voyage de Cook a été publié en 1784 par King; mais Banks, qui avait accompagné Cook dans son premier voyage et qui avait communiqué à Buffon tous les documents relatifs au premier et au second voyage, fit de même pour le troisième.

(4) Baronnet Joseph Banks, naturaliste, collectionneur et voyageur, né le 13 décembre 1743, mort le 19 mars 1820, favori de George III, président de la Société royale de Londres le 2 janvier 1784, à la place de Pringle, pendant trente-six ans, fondateur de la Société d'horticulture de Londres et d'autres établissements utiles; est devenu naturaliste à la lecture des ouvrages de Linné et de Buffon. Lié avec le voyageur Jean de Montaigu, comte de Sandwich, et le savant docteur Solander, il a fait, en 1763, un voyage d'exploration au Labrador et à Terre-Neuve; a pris part au premier voyage de Cook autour du monde, du 26 août 1768 au 12 juin 1771, et a contribué au succès de l'expédition par son énergie et ses libéralités. A peine de retour, il entreprit, le 12 juillet 1772, un nouveau voyage à ses frais aux îles Hébrides et en Islande. Les matériaux qu'il avait rapportés étaient considérables; mais ils n'ont fait l'objet d'aucune publication importante, et il n'a été publié

importance, qu'on ne peut en négliger aucune; et je vois d'ailleurs qu'il sera nécessaire d'en reprendre encore beaucoup de celles que j'avais négligées dans les autres voyageurs récents. Ainsi toutes ces tables, avec cent vingt pages de texte, pourront peut-être faire deux cent soixante pages au lieu de deux cents, et il me faut un temps considérable pour arranger ces tables, que j'ai même dessein de faire représenter sur un globe ou sur deux hémisphères, etc.

Je vous prie de porter vous-même à l'Imprimerie royale ces deux cahiers de l'or, et de faire reprendre le travail pour achever le second volume des minéraux. Je vais travailler à faire la table des matières de ce second volume (1), dont je n'ai les bonnes feuilles que jusques et compris la feuille LI, page 272; encore me manque-t-il les trois bonnes feuilles L, M, N, c'est-à-dire depuis la page 80 jusques et compris la page 104, qui ne m'ont pas été fournies, et qu'il faut demander à M. Vercaven, pour me les envoyer le plus tôt que vous pourrez, ainsi que la suite des bonnes feuilles, à commencer par la feuille M*m*, et je ferai la table des matières à mesure que je les recevrai.

Je n'ai aussi sur les oiseaux que les bonnes feuilles jusques et compris C*cc*, page 392, et des concordances jusques et compris la feuille P, page 120. Il faut encore que vous ayez la bonté de me faire compléter les bonnes feuilles de ce neuvième volume des oiseaux; mais cela n'est pas aussi pressé que celles du second volume des minéraux, parce que vous avez bien voulu vous charger de faire la table de ce dernier volume des oiseaux.

Adieu, mon cher ami, écrivez-moi aussi souvent que vous le pourrez, et soyez bien assuré du plaisir que j'aurai toujours à recevoir les témoignages de votre tendre amitié.

BUFFON.

(Publiée par François de Neufchâteau et Flourens.)

par Dryander que le catalogue de sa riche bibliothèque, léguée par lui au British-Museum. Il s'est contenté de mettre libéralement ses riches collections à la disposition des savants de tous les pays.

Banks fut un homme heureux; car il eut la richesse, la considération, le bonheur domestique et de nombreux amis, et n'usa de sa grande fortune et de son crédit que pour faire le bien et servir la science.

(1) Malgré son goût pour les vues générales et les choses profondes, Buffon ne craint pas d'aborder, avec ses collaborateurs, les travaux les plus fatigants et les plus ingrats, tels que la préparation d'une table. On l'a précédemment vu dans sa correspondance avec l'abbé Bexon, dans le temps même où il avait atteint à l'apogée de sa gloire, ne pas hésiter à se réserver sa part de ce travail aride.

# LETTRE DXIX

## A LA COMTESSE DE GRISMONDI.

A Montbard, ce 30 juin 1783.

Pourquoi, mon adorable amie, ai-je pris des engagements avec toute la nature pour l'étudier et la peindre jusqu'à ce qu'elle fasse tomber de mes mains les faibles pinceaux qu'elle y a mis?

Si, plus sage et plus heureux, je ne me fusse attaché qu'à ce qu'elle a de plus aimable, de plus parfait et de plus beau, vous seule, amie charmante, eussiez occupé ma vie. Et ma plume, rivale de celles qui ont immortalisé Corinne (1), Lesbie (2) et Laure (3), n'aurait pas reçu moins de gloire de son aimable héroïne.

Voilà ce que je voudrais vous dire de mille manières, ma très spirituelle amie; et en même temps je suis huit et dix mois sans répondre à deux de vos charmantes lettres! Mais aussi comment vous parler au travers de ces froides Alpes, et comment bien s'exprimer de si loin, quand les yeux et le cœur avec leur touchant langage, ajoutés à toute l'énergie de la parole, rendraient à peine tout ce que vous inspirez et que vous méritez qu'on vous dise?

Et daignez croire qu'ici le sentiment a toute la part qui serait due à la reconnaissance, car combien ne vous en dois-je pas! Vous faites retentir mon nom aux échos de la savante et spirituelle Italie, et vous le gravez sur le Parnasse en caractères que les Muses mêmes aimeront à conserver.

Votre belle ode est lue et admirée ici par tout ce qu'il y a de personnes dont l'oreille et l'âme sont assez sensibles pour bien goûter toute la délicatesse de votre style et toute la beauté de votre poésie.

M. Le Brun est plus glorieux de se voir traduit par les Grâces que d'aucun autre de ses succès.

Mon fils répète ses études de langue italienne (4), sur cette noble et pré-

(1) Corinne, femme poète, élève de Myrthis, rivale de Pindare, née vers l'an 450 avant Jésus-Christ.

(2) Lesbie, chantée par Horace.

(3) Laure de Noves, née en 1308, morte en 1348, célébrée par Pétrarque. On a retrouvé son tombeau en 1533.

(4) La sollicitude paternelle de Buffon n'avait rien négligé pour l'éducation de son fils. Dans le but de lui former l'esprit, il l'avait fait voyager de bonne heure en Suisse, en Hollande, en Allemagne, en Russie, et il se proposait de lui faire visiter l'Italie. Il lui faisait apprendre à la fois l'anglais, l'italien et l'allemand. Le jeune comte de Buffon parlait l'anglais aussi facilement que le français; il apprenait en même temps les armes, l'équitation et tous les exercices du corps, de manière à devenir promptement un des cavaliers les plus accomplis de son temps; hélas! cette brillante éducation devait aboutir à l'échafaud à vingt-neuf ans.

cieuse production qui doit lui être chère à tant de titres. Il forme des vœux pour voir un jour cette terre fortunée qu'embellit ma sublime amie. S'il a jamais ce bonheur, il aura à mettre à vos pieds, madame la comtesse, son cœur et le mien pour hommage.

Cette lettre était écrite, il y a six semaines, et a été retardée par un accident qui m'est arrivé en voiture : j'ai été renversé et traîné sur le pavé de Paris, cette chute a été suivie d'une maladie dont je ne suis pas encore quitte (1). Cependant ma santé se rétablit peu à peu, et je n'en suis plus inquiet.

J'ai distribué à nos beaux esprits les exemplaires de votre belle ode.

Mon ami, M. de Montbeillard, m'a prié de vous envoyer les vers ci-joints (2) en vous assurant de ses respects.

(1) C'est la seconde chute en voiture dont la correspondance de Buffon rende compte. La première eut lieu en 1750, dans un voyage à Versailles; Buffon écrivait à l'abbé Leblanc le 21 mars : « J'ai été fort incommodé d'une chute que j'ai faite en allant à Versailles; » il avait alors quarante-trois ans. Ses médecins et ses amis ont attribué à cette chute l'origine de la maladie de la pierre dont les premiers symptômes n'avaient pas tardé à se déclarer. La seconde chute de Buffon en voiture paraît avoir eu des conséquences également fâcheuses et provoqué l'accident dont M$^{me}$ Daubenton rend compte à M$^{me}$ Necker, à cette date de juin 1783, crise supportée comme toutes les autres avec fermeté et résignation :

« Pendant toute cette cruelle maladie, dit M$^{me}$ Daubenton, j'ai eu souvent la pensée de vous instruire avec détail, de peur que vous ne fussiez mal renseignée par le public et dès lors très alarmée. Nous regardions votre silence comme un bonheur puisqu'il prouvait votre sécurité. Enfin, madame, réjouissez-vous, votre digne ami est bien, très bien; il a sa fraîcheur ordinaire, son appétit, son sommeil et presque toutes ses forces. Il s'est remis à la vie commune, reçoit du monde à dîner et il est à peu près comme avant le terrible accident. Il reste à présent à en prévenir le retour; mais quand il reviendrait, la maladie étant connue, on ne serait plus si inquiets. Il a ici un très habile médecin auquel il a confiance; mais, comme je connais M. Lory, son médecin de Paris, je lui écrivis un détail très circonstancié de l'état de M. de Buffon et nous avons eu la satisfaction de voir que son avis s'est rapporté en tout à celui du médecin d'ici, appelé M. Barbuot.

» Sa maladie est bien connue; c'est du gravier accompagné de fièvre, de frissons, de vomissements, suivis d'une fièvre bilieuse; cette complication était désespérante. Mais il a une force de tempérament qui le met au-dessus de tous les accidents et qui nous fait bien augurer de la durée de cette précieuse vie. On prétend aussi que la chute en carrosse qu'il a faite à Paris a contribué à cet accident; car il y a eu une perte considérable de sang pendant douze heures.

» Voilà, madame, tous les détails qui seraient affreux si la maladie existait encore, mais qui sont consolants, parce qu'ils nous prouvent la force de notre ami pour résister à tout. Je dois vous dire encore, madame, que le père de M. de Buffon, qui a vécu quatre-vingt-treize ans, a eu au même âge de M. son fils le même accident sans en avoir eu de retour. M. de Buffon a tout à fait le tempérament de son père.

» La douceur, la patience, le calme, l'égalité de caractère qu'il conserve au milieu des souffrances, le rendent aussi intéressant dans la vie domestique qu'il l'est dans le monde entier par l'élévation de son génie; il a été servi avec zèle, affection et même noblesse par M$^{lle}$ Blesseau qui mérite toute estime. »

(2) Ces vers ne nous sont pas parvenus. Je possède un nombre considérable de poésies inédites de Guéneau de Montbeillard adressées à Buffon ou inspirées par lui, et on peut presque dire que Guéneau de Montbeillard a écrit la vie de Buffon en vers et qu'il a ajouté aux titres de son ami, de son collaborateur et de son élève, celui de son poète.

Recevez les miens, ma noble amie, et les sentiments du tendre attachement et de la haute estime, avec lesquels j'ai l'honneur d'être, madame la comtesse, votre très humble et très obéissant serviteur.

LE C<sup>te</sup> DE BUFFON.

(Publiée en Italie en 1839. — Communiquée par le marquis Camposi.)

✧

## LETTRE DXX

### A ANDRÉ THOUIN.

Montbard, le 2 juillet 1783.

Vous trouverez ci-joint, mon cher monsieur Thouin, les deux certificats pour toucher vos appointements et les 1,000 livres pour la culture. Mais, comme je vous l'ai dit, il faut que vous preniez 300 livres de plus pour les six mois de vos appointements, que mon intention est de porter à 3,600 livres par an (1) à commencer du 1<sup>er</sup> janvier 1783. Ce qui vous restera servira pour les payements de la prochaine quinzaine, et, comme cela ne sera pas à beaucoup près suffisant, je manderai à M. Lucas de vous donner le surplus (2).

Je vous renvoie aussi le reçu que vous m'aviez laissé dans le temps de mon départ et les observations de MM. de Saint-Victor (3), auxquelles je ne puis

---

(1) C'était une surprise que Buffon aimait à faire à ses collaborateurs, à ses aides, aux employés et aux professeurs du Jardin du Roi. On l'a vu user du même procédé avec l'abbé Bexon. La générosité était une des qualités saillantes de sa noble nature. (Voir t. 1<sup>er</sup>, p. 207, note 3.)

(2) Tandis qu'André Thouin était chargé des comptes de l'administration et des travaux du Jardin du Roi, Lucas tenait le compte particulier de Buffon, et nous savons déjà que c'était Buffon qui avançait sur sa fortune personnelle toutes les dépenses du Jardin : culture, entretien, travaux, enseignement, appointements et gages des professeurs, fonctionnaires et employés, sauf à se faire rembourser par l'État. Sa correspondance avec Thouin, qui va suivre, nous apprendra qu'en 1787, six mois avant sa mort, ses avances atteignaient au chiffre de 315,959 livres 27 sols 15 deniers (*).

Lorsque Buffon manquait d'argent, il empruntait; car aucun sacrifice ne lui coûtait pour le développement et la prospérité du grand établissement qu'il dirigeait, et pour attacher à son enseignement d'illustres professeurs. Six mois avant cette lettre, le 19 décembre 1782, il écrivait à Thouin : « J'ai reçu votre lettre du 15 de ce mois, avec le mémoire de la dépense de la quinzaine échue le même jour; je vois par votre exposé qu'il n'est guère possible de la réduire autant que je l'aurais désiré, et qu'il aurait fallu supprimer en effet tous les ouvriers, si j'eusse voulu me trouver à mon aise et me libérer promptement des emprunts que j'ai été obligé de faire, mais j'aime mieux en retarder le payement et continuer nos travaux... »

(3) Il s'agissait sans doute d'une réclamation relative au procédé énergique auquel Buffon avait dû avoir recours pour contraindre les moines de Saint-Victor à lui livrer les bâti-

---

(*) Voir aussi lettre du 23 septembre 1783.

ni ne dois rien répondre, parce qu'il me paraît qu'il y a des faits dont je ne suis point informé et qui me semblent suspects. Vous me ferez grand plaisir de me donner franchement votre avis; vous pourrez dire en attendant à M. Mulot (1) que je ne puis lui répondre que quand j'aurai vu ce dont il est question, et que j'y donnerai mon attention dès que je serai de retour à Paris.

Je vous remercie des soins que vous avez pris de chercher les plantes du Pérou que désirait M. Banks (2); je lui ai marqué qu'à mon retour à Paris nous chercherions dans nos herbiers celles dont nous ne lui avons pas envoyé les échantillons.

Je suis bien aise que les passeurs d'eau puissent obtenir la permission d'établir un bac vis-à-vis le Jardin (3); mais il est à craindre que le bac de M. de Bercy (4) ne nuise à leur demande. Vous pourriez en parler vous-même à M. Lenoir comme de ma part (5), et je suis persuadé qu'il vous écoutera favorablement.

Je vois par la situation de nos travaux que l'emplacement de nos plantes aquatiques ne sera pas encore disposé de sitôt (6); aussi je ne comman-

ments de l'abbaye. Au surplus, si Buffon avait su mettre dans ses intérêts l'abbé Delaulne, il avait eu contre lui la communauté tout entière pour qui le déplacement d'un bien de mainmorte constituait une innovation dangereuse et un attentat aux privilèges de l'Église; notre législation n'avait pas encore admis le principe de l'expropriation pour cause d'utilité publique.

(1) François-Valentin, abbé Mulot, écrivain et commentateur, né en 1749, mort subitement aux Tuileries le 9 juin 1804, docteur en théologie, bibliothécaire, professeur de théologie, procureur général et prieur de Saint-Victor en 1789, compromis un instant dans l'affaire du Collier, membre de la Commune de Paris en 1789, de l'Assemblée législative, de la Constituante et de la Convention, mêlé aux troubles d'Avignon, commissaire du Directoire à Mayence, où il fit un cours de littérature. Il appartenait à la secte des théophilanthropes.

(2) Baronnet Joseph Banks, naturaliste et voyageur, élève de Buffon, précédemment nommé, p. 83, note 4.

(3) Ce bac fut établi à la place qu'occupe aujourd'hui le pont d'Austerlitz. La corporation des passeurs d'eau, nombreuse et puissante à Paris, exploitait un grand nombre de bacs pour traverser d'une rive à l'autre. Les seuls ponts alors existants étaient, après ceux de la Cité, le Pont-Neuf et le Pont-Royal à peine achevé et qui avait pris la place du bac des Tuileries dont la rue du Bac a conservé le nom.

(4) Aimar-Charles-François de Nicolaï, marquis de Bercy, né le 23 avril 1737, colonel de 1776 à 1788, premier président du grand Conseil, mort sur l'échafaud le 28 avril 1794 (9 floréal an II). Son frère, le président de Nicolaï, premier président de la cour des comptes, de l'Académie française en 1789, à la place du marquis de Chastellux, est mort comme lui sur l'échafaud.

Le bac occupait l'emplacement du pont actuel. Le château de Bercy, propriété de la branche aînée des marquis de Nicolaï, qui en portait le nom, a été démoli pour faire place à l'Entrepôt des vins.

(5) Jean-Charles-Pierre Lenoir, lieutenant général de police, déjà nommé. (T. II, p. 20.)

(6) Le président de Brosses écrivait de Padoue en 1739: « Il y a dans le grand jardin des pièces d'eau pour les plantes aquatiques, ce qui manque à celui de Paris. Quant aux serres, c'est fort peu de chose, surtout pour ceux qui ont vu celles de Paris. » Buffon avait fait creuser pour les plantes aquatiques un bassin que devait alimenter la Seine; mais il ne tarda pas à être abandonné et son emplacement ne forme plus maintenant qu'un bassin de verdure. Aujourd'hui, les plantes aquatiques placées en tête de l'école de botanique commencent la riche collection du Muséum.

derai point encore la fabrication des tôles pour soutenir les plates-bandes, d'autant que le sieur Mille vient de me faire une demande considérable de fer carré de 14 lignes, tant pour la grille entre les deux guérites (1) que pour les arcs-boutants de la grille qui regarde l'hôtel de Vauvrai. Je vais écrire à M. Verniquet au sujet de cette fourniture de gros fer, dont je viens d'ordonner la fabrication.

Ma santé se rétablit peu à peu, et mes forces reviendraient plus vite si l'air était plus pur (2) et la chaleur moins étouffante; mais depuis plus de douze jours nous avons un brouillard continuel, et ce brouillard me paraît général, car on m'écrit la même chose de tous côtés.

Recevez les assurances du sincère attachement que vous me connaissez et que vous méritez à bien des titres, mon cher monsieur Thouin.

Le C<sup>te</sup> DE BUFFON.

(Bibliothèque du Museum.)

—◇—

# LETTRE DXXI

### A L'ABBÉ BEXON.

Montbard, le 14 juillet 1783.

Je vous serai obligé, mon cher ami, de recommander ces feuilles de manière que les notes correspondent au texte, et de lire ces mêmes notes avec soin.

Comme je n'ai pas encore les forces nécessaires pour faire de bonne besogne, je ne me suis occupé qu'à faire la table des matières; et comme je n'ai pas les bonnes feuilles que je demande par la note ci-jointe, je vous serai obligé de les réclamer et de me les envoyer promptement.

Je crois que la grande chaleur que nous éprouvons depuis plusieurs jours retarde mon rétablissement; il ne m'est pas possible de dormir tranquillement, quoique très légèrement couvert d'un seul drap.

Je vois que vous avez été obligé d'abandonner votre petite tour (3), et

---

(1) La grille monumentale entre les deux guérites ou pavillons formant la principale entrée du Jardin sur le quai est encore telle qu'au temps de Buffon. Les deux belles allées de tilleuls, plantées par lui en 1740, encadraient noblement les anciens bâtiments remplacés par une construction récente. Entre les deux avenues se groupaient harmonieusement les collections des plantes élégamment distribuées en massifs, corbeilles et plates-bandes.

(2) Cependant Buffon était sur sa chère montagne de Montbard où, suivant l'observation de M<sup>me</sup> Necker, l'air est plus pur et où il respirait plus à l'aise, et qui lui faisait écrire le 5 janvier 1779 à Guéneau de Montbeillard : « Dès que l'air s'adoucira, j'irai le respirer sur la montagne de Montbard. »

(3) Le cabinet de travail de l'abbé Bexon était dans une tourelle formant l'angle de sa maison; le cabinet de Guéneau de Montbeillard à Semur était pareillement dans une an-

j'aurai quelque inquiétude sur votre santé jusqu'à ce que vous m'en ayez donné des nouvelles plus fraîches, car j'ai vu par votre lettre du 30 juin que vous étiez dans un état de souffrance. Je suis aussi inquiet pour M^me votre mère, car cette grande chaleur est très contraire aux personnes qui ont les nerfs délicats.

Nous avons eu du brouillard, mais beaucoup moins épais que vous ne le dépeignez; nous avons eu aussi un petit tremblement de terre, le 6 juillet, à neuf heures trois quarts du matin (1). Il n'y a eu qu'une seule petite secousse. J'étais dans mon fauteuil, et le mouvement s'est fait comme si on l'eût soulevé d'un demi-pouce avec le plancher. Cette légère commotion s'est aussi fait sentir à Dijon, à Beaune, à Châlon-sur-Saône, et peut-être plus loin du côté du midi; mais je ne crois pas qu'elle se soit étendue du côté du nord, c'est-à-dire de Montbard à Paris; du moins nous n'en avons point de nouvelles. A cette occasion, M. de Montbeillard, qui est galant même avec ses amis, m'a envoyé le petit papier que vous trouverez ici en original (2), parce que je serai bien aise que vous le donniez à M^me Necker, lorsque vous aurez occasion de la voir.

M. Vercaven avait raison de vous assurer qu'il m'avait expédié la suite des bonnes épreuves. Trécourt vient de les retrouver, et nous avons jusques et compris la feuille A*aa;* vous enverrez la suite quand il y en aura un certain nombre de plus.

Je ne compte pas vous renvoyer les cahiers sur l'aimant, car j'espère travailler sur cette matière dès que j'aurai repris mes forces; aussi, vous me ferez plaisir, mon cher ami, de m'envoyer vous-même ce que vous aurez fait sur le magnétisme animal (3), ainsi que votre travail pour le *Mercure* au

cienne tour, et Buffon, dans sa correspondance avec M^me Necker, parle souvent de la vieille tour où il écrit. C'est un rapprochement qui ne manque pas d'originalité.

(1) C'est la seconde fois que Buffon parle, dans sa correspondance, d'une secousse de tremblement de terre ressentie par lui. Déjà, le 24 décembre 1755, il écrivait au président de Ruffey : « On a ressenti ici une petite secousse de tremblement de terre, le 9 décembre, à deux heures et demie après midi; elle a été si légère que peu de personnes s'en sont aperçues. »

(2)                   **LE PUBLIC ET LE GLOBE.**

*Le Public.* — Globe que Buffon fît connaître,
A qui Buffon sembla donner un nouvel être,
Tandis que du gravier sourdement tourmenté,
Paisible en son fauteuil que la gloire environne,
    Au flambeau de la vérité
Ce second créateur t'achève et te façonne,
Tu manques sous ses pas, et ta témérité
Ébranle sans égards ce fauteuil respecté !

*Le Globe.* — Ami, c'est malgré moi que je suis agité ;
Tel un coursier fougueux frémit, tremble et frissonne,
    Sous l'écuyer qui l'a dompté !

(3) On commençait à parler du magnétisme que Mesmer pratiquait avec retentissement à Paris, depuis 1778. Buffon n'en dit que ces quelques mots dans son *Traité sur l'aimant.*

sujet du premier volume de mes minéraux ; je serai bien aise de le lire avant que vous le livriez à M. Panckoucke.

Adieu, mon cher ami, mille tendresses à vos dames ; je vous embrasse tous bien sincèrement et de tout cœur.

BUFFON.

Je ne sais comment je ferai pour témoigner ma reconnaissance à MM. Gentil (1) pour les richesses dont ils m'accablent ; aidez-moi, mon cher ami, à les remercier. Si je savais qu'un exemplaire de la nouvelle édition in-4° fût un présent agréable pour eux, je me ferais un plaisir de le leur offrir ; mais, en attendant, assurez-les de toute ma reconnaissance.

(Publiée par François de Neufchâteau et Flourens.)

—◇—

# LETTRE DXXII

## A MADAME DE CHAZELLES.

Montbard, le 15 juillet 1783.

Je ne doute pas, madame, de l'intérêt que vous avez eu la bonté de prendre à ma santé ainsi que votre très chère maman et M. votre mari ; je vous en fais à tous mes plus sincères remerciements

Je ne suis pas encore tout à fait rétabli, mais j'espère que le régime et le repos achèveront de me rendre mes forces.

« Les deux forces électriques et magnétiques ont été employées séparément, avec succès, pour la guérison ou le soulagement de plusieurs maux douloureux. Quelques physiciens, particulièrement M. Mauduit, de la Société royale de médecine, ont guéri des maladies par le moyen de l'électricité, et M. l'abbé Le Noble, qui s'occupe avec succès, depuis longtemps, des effets du magnétisme sur le corps humain et qui est parvenu à construire des aimants artificiels beaucoup plus forts que tous ceux qui étaient connus, a employé très heureusement l'application de ces mêmes aimants pour le soulagement de plusieurs maux. »

Mme Necker rapporte que l'abbé Le Noble avait remis à Buffon un aimant artificiel du poids de seize livres, qui en portait deux cent cinquante ; aujourd'hui, au moyen des électro-aimants cette force est quintuplée.

(1) Jean-Baptiste-Joseph Gentil, voyageur et collectionneur, né le 25 juin 1726, mort le 15 février 1799, colonel d'infanterie, chevalier de Saint-Louis, s'est signalé en 1752 dans l'Inde contre les Anglais. Après la reddition de Pondichéry et de Chandernagor, il passa au service des nababs du Bengale et d'Aoude et fit généreusement abandon à la Bibliothèque du Roi et à Buffon, qui les remit au Muséum, de ses collections de médailles et d'histoire naturelle dont l'Angleterre lui offrait 300,000 livres ; mais le colonel Gentil n'aimait pas les Anglais. Étant retourné dans l'Inde en 1764 avec le titre de résident français à la cour d'Aoude, il a formé de nouvelles collections, et, de retour en France en 1778, il les a remises comme la première fois à Buffon. Il a écrit un *Abrégé géographique de l'Inde*, une *Histoire des Mogols* et d'autres ouvrages. Son fils, qui a partagé ses goûts, ses voyages et ses aventures, a publié en 1814 : *Précis sur J.-B.-J. Gentil, ancien colonel d'infanterie.*

Ménagez les vôtres, ma belle dame, pour ce charmant enfant auquel vous donnez vos soins, et assurez votre chère maman de ma tendre et sincère amitié.

C'est dans ces mêmes sentiments et avec un respectueux attachement que j'ai l'honneur d'être, madame, votre très humble et très obéissant serviteur.

C<sup>te</sup> DE BUFFON.

(Inédite. — Appartient au comte Perrot de Chazelles.)

---

# LETTRE DXXIII

## A ANDRÉ THOUIN.

Montbard, le 19 juillet 1783.

J'ai reçu, mon cher monsieur Thouin, votre lettre avec les pièces quittancées de la quinzaine échue le 12 de ce mois et je vois par le détail de la situation des travaux que le bassin des plantes aquatiques est achevé de trois côtés; mais je voudrais savoir si les déblais de la ville viennent assez abondamment pour que vous puissiez faire bientôt le quatrième côté (1). Je crois que vous aurez eu soin d'en faire déposer partie dans mon marais (2) pour l'exhausser où il est nécessaire.

J'ai vu par un billet que m'a envoyé mon portier (3) les noms de M. le Prévôt des marchands (4) et de M. Moreau (5), et je soupçonne qu'il pourrait être

---

(1) Le terrain du Jardin des Plantes qui était, avant les travaux de Buffon, marécageux et inégal et en contre-bas du niveau de la Seine, est entièrement formé de terres rapportées.

(2) Le clos Patouillet, propriété de Buffon.

(3) Si le registre déposé chez le concierge de l'hôtel du Jardin du Roi nous eût été conservé, on eût pu y lire, avec les plus grands noms de France, ceux de toutes les illustrations du xviii<sup>e</sup> siècle dans toutes les écoles, toutes les sectes et tous les partis, parce que Buffon, qui n'appartenait à aucun, était considéré de tous; on y eût aussi rencontré des noms de souverains.

(4) Antoine-Louis Lefebvre de Caumartin, marquis de Saint-Ange, prévôt des marchands de 1778 à 1784, a contribué à l'embellissement de Paris dont une rue porte son nom suivant un usage continué jusqu'à nous, et dont ont bénéficié les trois derniers préfets de la Seine, de Chabrol, de Rambuteau et Haussmann. Antoine de Caumartin, qui succédait au prévôt des marchands Bignon, a eu pour successeur Lepelletier de Morfontaine, de la famille de Lepelletier d'Aunay et de Saint-Farjeau.

(5) Jacques Moreau, ingénieur en chef chargé du service municipal de Paris, un des prédécesseurs au siècle dernier des éminents ingénieurs Belgrand et Alphand; une rue de Paris, au faubourg Saint-Antoine, porte son nom. Son frère, Jean-Michel Moreau, graveur, successivement dessinateur du Cabinet du Roi en 1770, et professeur en 1797 aux écoles centrales de Paris, membre de l'Académie, était beau-père du peintre Carle Vernet.

venu pour me parler de ce terrain, que les Saint-Victor (1) disputent à la ville. Vous saurez en effet si leur prétention est fondée en consultant les archives de la ville.

M^lle Blesseau me prie de joindre sa lettre et une autre qu'elle adresse à La Rose (2), et qu'elle vous sera très obligée de lui remettre.

Je suis très sensible à toutes les marques d'attachement dont votre lettre est remplie, et vous pouvez être bien assuré, mon cher monsieur Thouin, du retour de tous mes sentiments pour vous.

Le C^te DE BUFFON.

(Bibliothèque du Muséum.)

—◆—

# LETTRE DXXIV

## AU MARQUIS DE GENOUILLY (3).

Montbard, le 30 juillet 1783.

Je suis très sensible, monsieur le marquis, à l'intérêt que vous avez eu la bonté de prendre à ma maladie ; je ne suis pas encore parfaitement rétabli, mais j'espère qu'avec du ménagement mes forces, que j'avais perdues, reviendront autant que mon âge le permet.

Mon fils est à Paris, et je ne crois pas qu'il puisse obtenir un congé, à cause du voyage du Roi à Fontainebleau, qu'on dit être décidé (4). Mille tendres respects à M^me la marquise de Genouilly et à vos aimables enfants.

Je voudrais bien que ma santé me permît d'aller vous voir tous à votre charmante habitation (5), mais je n'ose l'espérer, et je me borne à penser que

---

(1) L'expression de Buffon : *les Saint-Victor*, est une manifestation de son mécontentement contre les moines qui, après avoir résisté à un échange de terrain, en avoir contesté la légalité et s'être refusé d'exécuter le contrat, continuaient contre la ville les chicanes et les difficultés qu'ils n'avaient pas ménagées à Buffon. On l'a précédemment entendu parler avec le même sans façon du *sieur Mandonnet* et du *sieur Ponthier*, syndic de Nîmes, dont il croyait également avoir à se plaindre.

(2) Toujours au service du fils de Buffon.

(3) Étienne de Pampelune, marquis de Genouilly, chef des écuyers de Marie-Antoinette, voisin et ami de Buffon, déjà nommé. (T. I^er, p. 34, note 3.)

(4) Le voyage de Fontainebleau de septembre 1783 fut un des plus brillants du règne de Louis XVI ; un grand nombre de pièces nouvelles y furent représentées, et, pour la première fois, Marie-Antoinette, rompant avec l'étiquette qui défendait d'applaudir en présence du roi, donna le signal des applaudissements. « Toutefois, dit Grimm, Paris se plaît souvent à réformer les jugements de la Cour en matière de goût ; on l'a dit il y a longtemps : « Fontainebleau est le Châtelet, et le parterre de Paris est le Parlement qui casse souvent » ses sentences. »

(5) Le beau château de Genouilly, à peu de distance de Montbard.

vous voudrez bien me faire l'honneur de venir ici lorsque vos affaires vous le permettront, personne ne vous étant plus sincèrement et plus respectueusement attaché que je le suis.

BUFFON.

(Communiquée par M<sup>me</sup> Morel.)

—◆—

## LETTRE DXXV

### A FAUJAS DE SAINT-FOND.

Montbard, ce 1<sup>er</sup> août 1783.

Votre indisposition, mon cher ami (1), nous avait alarmés, et je suis dans la joie qu'elle n'ait pas eu de suite. Les alternatives de la grande chaleur du jour avec la fraîcheur humide de la nuit ne permettent pas de dormir les fenêtres ouvertes, et je présume que votre mal de gorge n'a pas eu d'autre cause.

J'ai une autre inquiétude, mon fils s'est si fort échauffé à la chasse (2) qu'il a fallu le saigner, émétiser, clystériser et qu'il n'est pas encore quitte de la fièvre qui ne s'est déclarée qu'au quatrième jour et qui n'est heureusement qu'intermittente.

Pour moi, je suis toujours au même état, rendant de temps en temps des graviers et ne pouvant recouvrer mes forces assez pour m'occuper de choses sérieuses.

(1) C'est la première fois que Buffon donne à Faujas de Saint-Fond, dans sa correspondance, le titre d'*ami*. Cependant, depuis plusieurs années déjà, il était admis dans l'intimité de Buffon et de sa famille, aux côtés de M. Nadault son beau-frère, de M<sup>me</sup> Nadault sa sœur, de M<sup>me</sup> Daubenton, de Guéneau de Montbeillard et de sa femme, et on verra désormais Buffon lui prodiguer de plus en plus les témoignages de sa confiance et de son amitié, dont M<sup>lle</sup> Blesseau lui attestera l'étendue en lui écrivant, le 24 mai 1788 : « Vous avez, monsieur, perdu dans M. de Buffon un véritable ami, sur lequel vous pouviez entièrement compter. Son amitié pour vous était profonde et sincère, parce qu'il avait trouvé en vous une franchise et une droiture de caractère qui lui plaisaient infiniment. Il vous en a, au surplus, donné des preuves, mais pas autant qu'il l'eût voulu, il me l'a répété bien souvent. »

(2) Le fils de Buffon, dont celui-ci annonçait le 2 mars de cette même année la visite à Chazelles dans le temps des chasses, était, en effet, un grand chasseur. Comme il avait reçu une éducation physique aussi soignée que son éducation intellectuelle, il était extrêmement habile dans tous les exercices du corps et le maniement des armes blanches et des armes à feu. A trois mois d'intervalle, le 1<sup>er</sup> novembre, il sera nommé lieutenant honoraire de la capitainerie des chasses de Fontainebleau, et le 25 décembre lieutenant titulaire à la résidence du Châtelet en Brie, sur la démission en sa faveur du comte de Maillebois, servira en cette qualité jusqu'à la Révolution sous les ordres du comte de Montmorin, *gouverneur, capitaine des chasses de la capitainerie royale de Fontainebleau, bois et buissons de la Brie*. L'office de lieutenant de capitainerie des chasses consistait à juger les affaires sommaires et les délits commis dans la juridiction de la capitainerie Le fils de Buffon était un juge bien jeune, il n'avait que dix-neuf ans. Une avenue de la forêt de Fontainebleau, l'ancienne forêt de Bierre, porte son nom.

Ne pouvant donc arranger mes pensées, je m'amuse à arranger celles des autres dans ma bibliothèque que j'ai agrandie (1). Je vous serai donc obligé si vous voulez bien, mon cher bon ami, de faire brocher, conformément au

(1) La bibliothèque de Buffon, à Montbard et au Jardin du Roi, était considérable.

A Montbard, il l'avait successivement installée dans la tour Saint-Louis, sur la plus haute terrasse de ses jardins, à quelques pas de son cabinet de travail; et dans les dernières années de sa vie, alors qu'il ne montait plus régulièrement à son cabinet, il l'avait transportée près de son habitation, dans un ancien édifice du moyen âge dépendant de l'abbaye de Fontenet, et il n'avait pour s'y rendre de sa chambre à coucher qu'à traverser une galerie, une terrasse, un parterre et une rue.

La bibliothèque du Jardin du Roi a été vendue, après la mort de Buffon, par son fils, à qui, cependant, le chevalier de Buffon écrivait, le 19 juillet 1788 : « Je ne crois pas que, dans le moment où vous avez des prétentions à la survivance du Jardin du Roi, vous deviez vendre la bibliothèque de votre père. »

La bibliothèque de Montbard a dû être comprise dans la vente nationale après la condamnation à mort du fils unique de Buffon. La bibliothèque de Buffon était suivie de son laboratoire. (T. II, p. 75, note 1.)

L'inventaire précédemment cité en donne cette description.

Petit-Fontenet. — Les bâtiments du Petit-Fontenet font face au parterre du dôme et n'en sont séparés que par la rue.

Bibliothèque. — Cheminée à droite en entrant sur laquelle il y a un trumeau de glace à bordure dorée. — Au-dessus du trumeau, deux gravures en taille-douce. Au-dessus de ces deux gravures, les portraits sur toile de M. et M^me Leclerc, dont les cadres sont sculptés et dorés.

Seconde cheminée, à gauche en entrant, sur laquelle il y a un trumeau de glace, dont la bordure est dorée. — Au-dessus du trumeau, deux tableaux à bordure dorée représentant des fruits, et plus haut, un troisième et ancien tableau dont la bordure est aussi dorée.

Quatre fenêtres garnies de huit largeurs de rideau en quatre pans à dessins bleus des fables de La Fontaine.

Un grand bureau en forme de table, avec trois tiroirs fermant à clef; le plateau bordé de cuivre façonné en corniche recouvert de maroquin noir encadré dans l'épaisseur du bois, les pieds garnis de cuivre et bien façonnés. — Un autre bureau avec huit tiroirs, y compris une petite armoire qui est dans le milieu; le tableau, le devant et les deux côtés couverts d'écaille posée sur bois et garnis de cuivre ciselé et à dessins incrustés dans l'épaisseur de l'écaille. Les pieds, au nombre de huit, réunis quatre à quatre par leur base au moyen d'une menuiserie en forme de demi-cercle, qui se croisent par leurs extrémités, aussi garnis de cuivre et d'écaille. — Un secrétaire fermant à clef et ayant intérieurement, dans le dessus, plusieurs tiroirs et, dans le bas, une petite armoire.

Trois fauteuils de tapisserie bleue et jaune à fleurs. — Quatre fauteuils de damas bleu. — Deux fauteuils couverts de maroquin couleur olive. — Un fauteuil dont le dossier et les côtés forment un cintre, et dont le coussin et le dossier sont recouverts de maroquin rouge. — Cinq chaises.

Deux globes anglais, de deux pieds de diamètre, l'un terrestre, l'autre céleste, montés sur leur bois, dont le pourtour, qui sert d'horizon, indique les signes du zodiaque; avec leurs boussoles, leurs grands méridiens de cuivre et leurs cercles horaires d'étain.

Le modèle des différents bâtiments des forges et hauts fourneaux de Buffon; la représentation des roues et du courant des eaux.

Un grand pan de bibliothèque du côté de la cour qui n'est interrompu que par la porte d'entrée; composé, dans le bas, d'une rangée de petites armoires fermant à clef et, dans le haut, de rayons. — Neuf autres pans de bibliothèque, tant à côté des cheminées que dans les retours d'équerre et les intervalles des croisées; pans de tapisserie de toile verte et raucoux derrière les rayons de bibliothèque, au-dessus desquels il y a des dessins d'animaux servant de tapisserie.

modèle, les volumes en feuilles que je vous envoie et dont vous trouverez la note d'autre part (1).

Je serais bien aise aussi d'avoir le globe scié en deux hémisphères (2) avec les méridiens et les parallèles de latitudes tracées de cinq degrés en cinq degrés, mais sans aucun numéro. Je crois que le sieur Régnier (3) pour-

(1)                    NOTE JOINTE A LA LETTRE :

| | |
|---|---|
| 1. Étoffe de soie............................................. | 1 |
| 2. Satin velours pour coton, étoffes de laine............ | 1 bon. |
| 3. Mines de charbon (table et planches)................. | 1 |
| 4. Charbon de terre........................................ | 2 |
| 5. Menuisier, tonnelier, ébéniste ........................ | 1 bon. |
| 6. Treillageur, vitrier, suite du menuisier .............. | 1 |
| 7. Construction des vaisseaux............................. | 1 bon. |
| No 73.        No 74.        No 67. | |
| 8. Savonnier, viticulteur, liquoriste, peinture sur verre... | 1 |
| Amidonnier s'est trouvé à la suite du savonnier. | |
| 9. Plombier-fontainier..................................... | 1 bon. |
| 10. Planches pour ces volumes ........................... | 1 |
| 11. Modèle pour la brochure de ces volumes ............. | 1 |

(2) Buffon adressait à la même date, par la plume de M^me Daubenton, une demande analogue à Guéneau de Montbeillard. Tout ce qu'il possédait, même ses livres, était à la disposition de ses amis, et on l'a précédemment entendu réclamer, le 13 septembre 1780, à l'abbé Bexon, les livres qu'il lui avait prêtés.

« M. de Buffon a passé une bonne nuit, mon cher oncle, écrit M^me Daubenton; il avait été hier un peu incommodé après avoir rendu beaucoup de gravier. Il a retrouvé votre lettre sur les Arts, et me dicte ce qui suit, en me disant d'y ajouter mille tendresses et mille excuses de la peine qu'il vous donne.

» Il demande si vous lui avez fait couper son globe, et il vous prie de lui envoyer, à votre aise, le catalogue des livres que vous avez à lui, parce que l'on vient de ranger sa bibliothèque comme la vôtre. On l'a fort agrandie, et à présent il va faire faire un catalogue des livres, et il faut y joindre, dans l'ordre, ceux que vous avez.

» Les nouvelles de son fils continuent d'être bonnes. J'en ai eu, hier, de M. de Malet (*), qui me charge de mille choses pour vous. M. de Lunoidun ne vient que sur la fin du mois.

» M. de Buffon prie son bon ami de ne pas faire brocher ce qui renferme les étoffes de soie. Ce qui manque au charbon de terre n'est nullement important. Ce n'est qu'un pathos du docteur Moreau. Il faudra aussi compléter l'*Art de l'ébéniste*. La première partie du *Tourneur* suffit pour faire un volume avec les planches. »

(3) Edme Régnier, mécanicien et inventeur, né à Semur le 15 juin 1751, mort le 10 juin 1825. Son habileté dans son art l'avait fait nommer mécanicien de la province de Bourgogne; il a construit les premiers paratonnerres employés par Buffon; à sa demande et à celle de de Guéneau de Montbeillard, qui désiraient faire des expériences comparatives sur la force des hommes et des animaux, il a inventé le dynamomètre, mais n'a fait connaître son invention qu'en l'an VII. En 1783, il avait présenté à Louis XVI un modèle du méridien sonnant fabriqué pour sa ville natale. A la Révolution, son compatriote Carnot lui fit confier par le comité de Salut public la direction de la fabrication des armes de guerre. Le nombre des inventions de Régnier, notamment pour les instruments de géodésie et d'astronomie dont il a rendu compte dans des notices et mémoires, est considérable. Il a été le premier conservateur de notre Musée d'artillerie, qu'il a considérablement enrichi et est parvenu à soustraire, en 1814 et 1815, aux armées alliées, et dont l'origine remonte

(*) Claude-François de Malet, né à Dôle en 1754, auteur d'une conspiration militaire contre l'Empire, fusillé le 9 octobre 1812.

rait tracer ces lignes sur le globe de M^me Barbuot (1) que j'accepte avec plaisir pourvu qu'il ait au moins deux pieds de diamètre.

Si vous n'avez pas besoin, mon ami, de quelques-uns des livres que je vous ai prêtés, vous pourriez me les renvoyer.

Adieu, mille tendresses à ma bonne amie (2), je vous embrasse tous deux du meilleur de mon cœur.

BUFFON.

(Inédite. — Collection Nadault de Buffon.)

---

# LETTRE DXXVI

## A L'ABBÉ BEXON.

A Montbard, ce 3 août 1783.

Je suis encore incommodé, rendant du gravier d'un jour à l'autre, et la chaleur s'oppose au retour de mes forces; cependant, je vais de mieux en mieux (3), et le lait dont je prends six fois par jour me fait beaucoup de bien.

Mon fils est malade, et quoique sa fièvre ne soit qu'intermittente, j'en suis inquiet, parce que je crains avec raison qu'il ne s'échauffe de nouveau en retournant à la chasse dès qu'il sera guéri.

à la libéralité de la famille du lieutenant général marquis de Saint-Auban, qui remit, à sa mort, sa riche collection d'armes et de modèles à l'État. (Voir page 126, note 1.)

(1) Mère du docteur Barbuot, médecin de Buffon à Montbard, plusieurs fois nommé.

(2) Marie-Marguerite Richon Desmarets, mariée en 1765 à Faujas de Saint-Fond, née le 15 mars 1746, morte le 9 novembre 1803.

Buffon, avec sa nature communicative, sensible et aimante, ne pouvait longtemps vivre dans l'intimité d'une personne sans finir par se lier avec elle, et le titre affectueux de *ma bonne amie* se retrouve sous sa plume à l'adresse de toutes les femmes, mères, sœurs et filles de ses collaborateurs : M^me Guéneau de Montbeillard, la mère et la sœur de l'abbé Bexon, M^me Verniquet et sa fille, M^me de Faujas de Saint-Fond.

(3) La lenteur de la convalescence témoigne de la gravité du mal; toutefois, Buffon écrivait le 23 juin à l'abbé Bexon : « Je vais sensiblement de mieux en mieux, » et le 30 à la comtesse de Grismondi : « Ma santé se rétablit peu à peu, je n'en suis pas inquiet. » Cependant il était obligé de reconnaître, le 14 juillet, « qu'il n'avait pas encore les forces nécessaires pour faire de bonne besogne. » Quinze jours après, le 30, il disait au marquis de Genouilly : « Je ne suis pas encore parfaitement rétabli; mais j'espère qu'avec du ménagement mes forces que j'avais perdues reviendront autant que mon âge le permet, » et à Faujas de Saint-Fond, le 2 août : « Je suis toujours au même état, rendant de temps en temps des graviers et ne pouvant recouvrer mes forces assez pour m'occuper de choses sérieuses. » Ce qui ne l'empêche pas de dire de nouveau, le 3 du même mois à l'abbé Bexon : « Je vais de mieux en mieux, » bien que treize jours après, le 16 août, « il dut se servir de la main de M^lle Blesseau, ayant encore de la peine à écrire. »

C'est que Buffon avait foi dans ses forces physiques autant que dans son génie.

Nous renvoyons le lecteur qui désirerait connaître les épreuves physiques auxquelles furent soumises les dernières années de Buffon, et la fermeté stoïque avec laquelle il a supporté la douleur, à une étude que nous avons publiée, en 1868, dans la *Gazette médicale* de Paris, et ensuite en brochure : *L'homme physique chez Buffon, ses maladies, sa mort*.

En vérité, mon cher ami, cet enfant me tourmente, et vous voyez qu'il n'a pas encore de raison.

Ce ne sera pas par de pareils excès que vous abuserez de votre santé, mais je crains pour vous celui du travail : donnez-moi de vos nouvelles et de celles de vos dames.

Voilà deux épreuves dont je vous prie de lire les notes avec soin et même le texte que je viens de corriger.

BUFFON.

(Inédite. — Communiquée par M<sup>lle</sup> Lefebvre.)

—◇—

# LETTRE DXXVII

## AU PRÉSIDENT DE RUFFEY.

Montbard, le 3 août 1783.

J'ai reçu vos deux lettres, mon très cher président, et j'ai l'honneur de vous renvoyer la petite malle que vous m'aviez laissée. J'ai des remerciements infinis à vous faire de l'exactitude avec laquelle vous avez eu la bonté de faire mes commissions et de toutes les marques d'amitié que vous m'avez témoignées pendant votre séjour à Montbard (1). Je désire que ces occasions de vivre avec vous se renouvellent souvent.

J'ai fait part de votre épigramme, qu'on a trouvée piquante et vraie, et tout ce que vous faites et dites portera toujours ce cachet de vérité.

Mes respects, je vous supplie, et ceux de M<sup>me</sup> Nadault à M<sup>me</sup> de Ruffey; nous regrettons fort qu'elle ne vous ait point accompagné dans votre petit voyage.

J'ai l'honneur d'être, avec un sincère et respectueux attachement, mon cher président, votre très humble et très obéissant serviteur.

BUFFON.

(Appartient au comte de Vesvrotte.)

(1) Dans toutes ses lettres au président de Ruffey, son ami d'enfance, Buffon l'engage à venir le voir. Il en est de même pour le président de Brosses, Guéneau de Montbeillard, Faujas de Saint-Fond, l'abbé Bexon, et toutes les personnes avec lesquelles il était en relation. Aussi Buffon mérite-t-il d'être cité pour son hospitalité.

—◇—

# LETTRE DXXVIII

## A FAUJAS DE SAINT-FOND.

Montbard, ce 10 août 1783.

Je vous prie, mon cher bon ami, de ne vous pas soucier de l'axe du globe (1); je ne veux pas le faire rouler : il faut au contraire le faire couper par l'équateur en deux hémisphères qui s'appliqueront solidement sur une table quelconque pourvu que la base en soit retenue par deux traverses.

Je vous envoie encore une suite à ces étoffes de soie dont les rats ont rongé les lisières et j'y joins deux volumes en feuilles des mémoires des savants étrangers qu'il faut aussi faire brocher en carton de couleur verte ou rouge; je ne trouve pas que votre relieur demande trop pour brocher les *Arts* conformément au modèle (2).

La fièvre n'avait cessé que pour revenir, mon fils en a eu deux nouveaux accès ; on l'a saigné une seconde fois et on assure qu'il est en bon train de convalescence; ce qu'il y a de certain, c'est qu'il est environné d'amis qui en ont le plus grand soin. Je sais que vous y prenez ainsi que ma bonne amie (3) un véritable et tendre intérêt, et lorsqu'il sera rétabli je vous prierai de lui écrire sérieusement (4) pour l'engager à se modérer davantage, car c'est par sa très grande faute qu'il s'est rendu malade et je crains que la fureur qu'il a pour la chasse ne lui occasionne une rechute.

Adieu, mon très cher bon ami, je vous embrasse de toute la tendresse de mon cœur.

BUFFON.

(Inédite. — Collection Nadault de Buffon.)

(1) Voir la lettre à Faujas de Saint-Fond, du 1er août, et celle de M^me Daubenton à Guéneau de Montbeillard. (P. 194 et 196.)

(2) Ces deux lettres et celle-ci nous apprennent que Buffon convalescent était alors occupé à ranger sa bibliothèque. Il écrivait, le 1er août, à Faujas de Saint-Fond : « Ne pouvant arranger mes pensées, je m'amuse à arranger celles des autres dans ma bibliothèque, que j'ai agrandie. »

(3) M^me de Faujas de Saint-Fond, précédemment nommée.

(4) Buffon, qui avait confié son fils au chevalier de Lamarck dans son premier voyage scientifique, et qui engageait Guéneau de Montbeillard et l'abbé Bexon à l'aller voir, le placera désormais sous la direction de Faujas de Saint-Fond. Dans le drame domestique qui attristera ses derniers jours, c'est à lui qu'il confiera sa douleur; ce sera encore lui qu'il associera aux démarches pour obtenir la restitution de sa survivance; c'est à lui enfin qu'il confiera son fils en mourant.

# LETTRE DXXIX

## A MADAME NECKER.

A Montbard, le 16 août 1783.

Madame et très respectable amie,

Je me sers de la main de M^lle Blesseau (1), ayant encore de la peine à écrire, et ne voulant pas me confier à mon secrétaire.

Je n'étais pas trop tenté de permettre à mon fils de venir ici, mais votre lettre achève de me décider ; ce n'est pas que je ne l'aime beaucoup, mais je crains sa vie bruyante, surtout dans un temps où j'ai encore très grand besoin de repos (2). Néanmoins je lui ai fait écrire que je le recevrais avec plaisir ; mais je vous supplie, madame, de lui dire que c'est à condition qu'il ne troublera pas la tranquillité de ma maison et qu'il se modérera pour tous les mouvements qu'il se donne à l'excès ; je suis persuadé, ma tendre bonne amie, que tenant cette grâce de vous, il ne manquera pas à ce que vous lui prescrirez.

Les médecins que vous avez eu la bonté de consulter ont très bien vu ma maladie, et le régime que je suis est à très peu de chose près conforme à ce que vous avez eu la bonté d'en écrire à M^lle Blesseau.

Ma convalescence a été très lente, mais cependant toujours de mieux en mieux jusqu'au 1^er de ce mois, que j'ai été saisi d'une colique d'estomac qui m'a ôté le sommeil et l'appétit, et dont j'ai attribué la cause aux inquiétudes que m'a données la sérieuse maladie de mon fils. Mais je suis

---

(1) Buffon écrivait de moins en moins de sa main, et M^me Nadault, M^me Daubenton, Guéneau de Montbeillard, M^lle Blesseau lui servaient de secrétaire pour les choses qu'il ne voulait pas confier à ses secrétaires ordinaires. Le mois précédent, le 19 juillet, il recourait à la plume de M^me Daubenton, qui écrivait à M^me Necker :

« J'ai vu M. de Buffon verser des larmes en lisant votre lettre, madame, j'ai craint cette émotion trop forte pour son état actuel, je l'ai même empêché de vous répondre. Pour le moment, il n'a encore écrit à personne. M. l'abbé de Buffon (*), en vous présentant ma lettre, vous présentera aussi, madame, une pensée de mon oncle (**) qui lui est venue le jour d'un tremblement de terre (***), et j'espère que vous l'honorerez de votre suffrage. »

(2) Cette crise, dont Buffon explique la cause, le 30 juin, à la comtesse de Grismondi : « J'ai été renversé et traîné sur le pavé de Paris, » fut une des plus longues et des plus douloureuses qu'il ait eu à subir depuis la maladie qui mit ses jours en danger, en 1771. Cependant sa correspondance le montre ne regrettant que le temps perdu et supportant la douleur avec une fermeté d'âme admirée de tous ceux qui en furent les témoins. Si Buffon, aux prises avec les difficultés de la vie, était un philosophe, en face de la douleur c'était un stoïcien. (T. II, p. 184, note 2.)

(*) Charles-Benjamin Leclerc, abbé du Rivet, frère de Buffon, mort le 13 novembre suivant.
(**) Guéneau de Montbeillard.
(***) Voir précédemment, p. 189, note 1.

infiniment mieux depuis deux jours; je commence à dormir un peu et à manger sans dégoût; je vais même à ma tour rêver quelques heures chaque jour, mais je n'y suis jamais seul, ayant toujours un domestique à ma portée pour me donner du lait et de la limonade dont je prends six fois par jour (1). Le gravier n'est pour ainsi dire plus rien, les urines passent très librement et très abondamment, il ne reste qu'un peu de faiblesse et de désagrément de ne pouvoir m'occuper d'études profondes ni des objets qui me seraient le plus agréables. Ce serait sans doute de vous écrire, mon adorable amie, avec ce feu et cette énergie de sentiment que je n'ai que pour vous.

Mille amitiés et respects à M. et à M^llo Necker.

J'ai l'honneur de vous renvoyer, madame, la lettre de mon fils en vous demandant la continuation de vos bontés pour lui, auquel vous feriez un grand bien ainsi qu'à moi-même si vous pouviez lui persuader de ménager sa santé et ma tranquillité.

Je compte retourner à Paris vers le 20 du mois d'octobre pour y passer l'hiver et vous y voir le plus souvent qu'il me sera possible; cette espérance est le point de vue le plus agréable de ma vie.

Donnez-moi de vos nouvelles, je vous supplie, et du sermon que vous aurez la bonté de faire à mon fils; il a tant de respect pour vous que je ne doute pas que ce que vous lui direz ne lui fasse la plus grande impression.

BUFFON.

(Inédite. — Collection du duc de Broglie.)

—◇—

# LETTRE DXXX

## A MONSIEUR AUBERT (2).

Montbard, le 19 août 1783.

Monsieur,

Le moment de payer la partie du prix de votre maison, rue du Jardin-du-Roi (3), qui n'est pas grevée de substitution, me paraît arrivé, et j'en juge par les procédures que je suis instruit que l'on exerce contre le sieur Levasseur, votre prête-nom. On ne m'a point encore remis toutes les pièces pour

---

(1) La lettre qui suit, à M. Aubert, montrera que Buffon, qui s'était sans doute mal trouvé de l'usage de la limonade, n'avait pas tardé à y renoncer.

(2) Notaire de Buffon à Paris, déjà nommé.

(3) Aujourd'hui rue de Buffon.

me mettre en état de juger si vous pouvez payer valablement et régulièrement les 8,657 livres 18 deniers ou environ qu'on vous demande actuellement en vertu des partages de famille faits entre les parties intéressées ; mais, à vue de pays, je ne crois pas qu'il s'y trouve beaucoup d'obstacles ; ainsi il serait convenable que vous eussiez la complaisance de marquer vos intentions à ce sujet aux sieurs Lucas et Thouin que j'en ai déjà prévenus (1).

Jusqu'à l'arrivée de votre réponse, je tâcherai de suspendre l'effet des poursuites et procédures dont je ne suis déjà que trop scandalisé, sans l'avoir caché à ceux qui les font (2). J'apporterai tous mes soins pour que votre payement se fasse bien en règle.

J'ai souvent de vos nouvelles par M. l'abbé Bexon dans lequel j'ai plaisir à retrouver une petite portion de vous-même en votre absence. Pour M. votre fils, je n'ai pas encore pu le joindre. Je me flatte cependant de l'avoir à dîner chez moi d'aujourd'hui en huit avec M. l'abbé, et c'est alors que je me croirai bien plus rapproché de vous.

Ce qui vous est arrivé avec la limonade m'en dégoûte pour la vie (3), et je crois, tout ignorant que je suis, que cet acide est en général trop mordant. Les sirops de vinaigre et de groseille peuvent avoir les mêmes propriétés sans être accompagnés des mêmes inconvénients.

Au surplus, soignez-vous bien ; et pour tout l'univers qui a tant besoin de

---

(1) Buffon a certainement entretenu avec les frères Lucas une correspondance aussi active qu'avec André Thouin. Mais c'est inutilement que nous avons recherché les représentants de cette famille ; aussi la correspondance de Buffon ne comprend-elle aucune lettre à leur adresse. Cependant, tandis qu'il oubliait André Thouin dans son testament, François Lucas y figure pour un legs de 3,000 livres. « Je donne et lègue au sieur Lucas, huissier de l'Académie des sciences, une somme de 3,000 livres une fois payée, en reconnaissance des services qu'il m'a toujours rendus. »

(2) Nous avons déjà eu l'occasion de faire ressortir que Buffon, mêlé malgré lui à de nombreux procès, n'aimait cependant ni les procès, ni les avocats, ni les procureurs, ni la procédure, et que son antipathie pour la chicane rejaillissait jusque sur la magistrature. On retrouvera plus loin la manifestation vive de ce sentiment à propos des procès qui éprouveront ses derniers jours. Buffon était de l'avis de Fénelon, qu'il lisait et aimait, et qui a dit dans l'*Éducation des filles* : « Montrez-leur l'agitation du Palais, la fureur de la chicane, les détours pernicieux et les subtilités de la procédure, les frais immenses qu'elle attire, la misère de ceux qui plaident, l'industrie des avocats, des procureurs et des greffiers pour s'enrichir en appauvrissant les parties ; ajoutez les moyens qui rendent mauvaise, par la forme, une affaire bonne dans le fond, les oppositions des maximes de tribunal à tribunal ; si vous êtes renvoyé à la grande chambre, votre procès est gagné ; si vous allez aux enquêtes, il est perdu. N'oubliez pas les conflits de juridiction, et le danger où l'on est de plaider au Conseil plusieurs années pour savoir où on plaidera. Enfin, remarquez le désaccord qu'on trouve entre les avocats et les juges sur la même affaire ; dans la consultation, vous avez gain de cause ; votre arrêt vous condamne aux dépens. »

(3) On vient d'entendre Buffon dire dans la lettre précédente à Mme Necker : « Je commence à dormir un peu et à manger sans dégoût. Je vais même à ma tour rêver quelques heures chaque jour. Je n'y suis jamais seul, ayant toujours un domestique à ma portée pour me donner du lait et de la *limonade*, dont je prends six fois par jour. »

vos lumières, et pour l'atome (1) qui prend la liberté de vous écrire, qui vous est si sincèrement attaché, et qui a l'honneur d'être votre très humble et très obéissant serviteur.

Le C<sup>te</sup> DE BUFFON.

Comme l'année du retrait est actuellement passée, et qu'il n'y a plus d'inconvénient de vous découvrir, faites-moi l'honneur de me marquer si vous voulez paraître en nom dans la quittance de payement; je crois que cela n'en serait que mieux pour toutes sortes de raisons.

(Inédite. — Collection Nadault de Buffon.)

# LETTRE DXXXI

## A L'ABBÉ BEXON.

Montbard, le 25 août 1783.

Je conçois, mon cher monsieur, toute l'étendue de votre douleur. Je ne connais personne qui aime autant ses parents, et je vois, par l'extrême tendresse que vous avez pour votre digne mère, combien la perte d'un bon père doit vous être sensible (2).

Votre lettre m'a touché jusqu'aux larmes, et je voudrais bien pouvoir vous donner quelque consolation.

La distraction vous serait peut-être nécessaire, et vous pourriez, mon cher ami, lorsque les oiseaux seront finis, venir passer quelque temps auprès de moi.

Je crois que mon fils pourra bien obtenir un congé pour y venir dans le mois prochain, et il serait peut-être possible de vous arranger avec lui pour faire le voyage, en le prévenant que vous payeriez votre portion pour la poste, car il est toujours ruiné (3).

---

(1) On n'a pas été sans remarquer l'extrême politesse des formules épistolaires employées par Buffon, formules où on trouve généralement le mot *respect*, alors même que c'est un grand seigneur, un homme illustre, un vieillard, qui écrit à une personne plus jeune ou d'un rang inférieur. Toutefois le mot *atome*, sous la plume de Buffon parlant de lui et s'adressant à son notaire, dépasse la mesure, et on ne peut s'empêcher de se demander s'il plaisante ou s'il parle sérieusement. Cette extrême politesse des formules épistolaires est encore aujourd'hui en usage chez les personnes haut placées par la naissance, l'éducation ou le rang, tandis qu'elle est rejetée par les autres comme humiliante pour l'amour-propre.

(2) L'abbé Bexon ne survécut que peu de temps à son père qu'il chérissait; il mourut l'année suivante, à peine âgé de trente-six ans.

(3) Cependant il disposait d'un opulent revenu. Voici, d'après le livre de comptes de Buffon déjà cité, la situation qu'il faisait à son fils :

« Je donne à mon fils 4,500 livres par quartier, ce qui fait 18,000 livres par an, et, de plus,

Je ne suis pas encore entièrement quitte des impressions d'une colique d'estomac qui m'a fort incommodé, et dont j'attribue la cause aux inquiétudes que m'a données la maladie de mon fils. Il ne faut pas le laisser partir avant qu'il ne soit parfaitement rétabli; il compte d'avance que ce sera pour le premier de septembre, mais tous mes amis me feront plaisir de l'engager à retarder de huit ou quinze jours.

En remettant à l'imprimerie (1) cette feuille, qui n'est venue qu'au bout de quinze jours, je vous prie de dire à Vercaven que je suis très peu content de ce qu'il va si lentement sur ce second volume des minéraux, qu'il faut tâcher de finir dans le courant d'octobre, et cela serait possible s'il voulait seulement donner deux ou trois feuilles par semaine (2).

je lui donne 11,000 livres en un seul payement au commencement de chaque année, et M^me la marquise de Castera lui donne 2,000 livres par chacun an et par quartier, ce qui fait en tout 31,000 livres. »

Cependant Buffon ne s'était engagé, au contrat du mariage de son fils, qu'à lui desservir une rente annuelle de 20,000 livres. Il faut ajouter à ce qu'il lui donnait le logement et la table, pour lui et ses gens, dans sa maison, toutes les fois qu'il lui convenait d'y venir, et aux 2,000 livres de la marquise de Castera, l'intérêt des 200,000 livres qu'il avait touchées sur les 400,000 livres déclarées au contrat de mariage de sa femme.

Il touchait encore les émoluments de sa place de capitaine de remplacement dans le régiment de Chartres et des charges de lieutenant des chasses de la capitainerie de Fontainebleau et de gouverneur de Montbard, évalués ensemble à 8,000 livres.

Il commençait la vie sous de riants auspices; mais, pour lui comme pour tant d'autres, l'avenir n'a pas tenu ses promesses. Sa fin tragique et prématurée, les épreuves de toute nature qui fondirent sur lui après la mort de son père, vinrent lui apprendre que c'est la plupart du temps, lorsqu'il s'est évanoui, que l'homme comprend le prix du bonheur!

(1) La grande édition princeps de l'*Histoire naturelle* et les éditions in-4° et in-12 ont été imprimées avec privilège du Roi à l'Imprimerie royale et à celle du Louvre, dite des Bâtiments du Roi. Nous en avons donné l'histoire. On trouvera, dans une lettre du 15 décembre 1787 au ministre Amelot, le récit de l'incident relatif à l'impression des minéraux en dehors de l'Imprimerie royale. Panckoucke, qui a été le premier éditeur de Buffon, a fait imprimer plusieurs éditions concomitamment avec celles de l'Imprimerie royale et du Louvre, et, en même temps que lui, d'autres éditeurs, notamment les éditeurs Plassan et Salbreux.

Si les éditions de l'*Histoire naturelle* se sont multipliées du vivant de Buffon, c'est parce qu'il surprenait et étonnait ses contemporains par la grandeur et la nouveauté du sujet, et qu'il les charmait par son style. Si les éditions de l'*Histoire naturelle* se multiplient depuis le commencement de ce siècle au point de faire de Buffon l'auteur le plus souvent réimprimé, et si elles trouvent toujours un placement facile, c'est parce que le xix^e siècle a salué, dans Buffon, à côté du grand écrivain, l'illustre savant, précurseur, par la seule intuition du génie, des grandes découvertes modernes.

(2) Fatigué des lenteurs de l'Imprimerie royale, Buffon, qui avait hâte de terminer son grand ouvrage en considérant ce qui lui restait à faire, avait pris le parti, malgré les avantages considérables qu'il retirait de l'impression à l'Imprimerie royale, de confier la suite des minéraux à une imprimerie particulière.

C'est en 1780 qu'il commence à se plaindre à l'abbé Bexon, à qui il écrit le 7 février : « Vous ferez bien de leur remettre promptement ces cahiers afin de leur ôter tout prétexte de lenteur. » Et le 11 août : « Nous avons de quoi suivre l'imprimerie qui ne va pas trop vite, puisque je ne reçois que deux feuilles en quinze jours. » Et le 1^er septembre : « Pressez-les un peu plus, car ils ne donnent que deux épreuves en quinze jours. » Et le 4 janvier 1781 : « Cette impression va si lentement qu'en un mois elle n'a fourni que deux feuilles. » Et le 24 : « Je renvoie sur-le-champ ces deux épreuves pour ne pas retarder encore cette

J'ai fait votre commission auprès de M^me Daubenton, qui vous fait ses compliments. Elle n'a pas encore reçu réponse de M^me Necker (1).

Au reste, mon cher ami, je n'insiste pas pour que vous veniez à Montbard parce que je sens que dans ces premiers temps votre respectable maman et votre aimable sœur ont besoin de se consoler avec vous; faites-leur mes plus tendres amitiés, et soyez sûr de la part sensible que je prends à votre commune affliction.

BUFFON.

(Publiée par François de Neufchâteau et Flourens.)

---

# LETTRE DXXXII

## AU COMTE DE BUFFON FILS.

Le 26 août 1783.

Venez, mon cher fils (2); mais, si vous m'en croyez, ne venez pas seul; engagez M. de Faujas ou M. l'abbé Bexon (3). Je ne serai pas tranquille si vous n'êtes pas accompagné de quelque personne raisonnable. Que deviendriez-vous seul, si vous tombiez malade en chemin? Ne vous pressez pas de partir; ne vous pressez pas dans la route; mangez peu, et ne mangez que

imprimerie, qui ne fournit qu'une feuille en quinze jours, au lieu de quatre comme on l'avait promis. » Et enfin le 30 juillet 1782 : « Je ne sais comment va cette malheureuse imprimerie, et je ne conçois pas pourquoi il y a plus de cinq semaines que je n'ai reçu une seule épreuve du volume des oiseaux, et que depuis douze jours j'attends inutilement la suite des épreuves du volume des minéraux. Il me semble que la visite que vous avez faite à cette lente machine ne l'a pas rendue plus active. »

Deux feuilles par mois, c'était en effet bien peu pour un ouvrage de l'importance de l'*Histoire naturelle* et un travailleur du caractère de Buffon. Il y a aujourd'hui des imprimeries qui fournissent une feuille par jour.

Si Buffon est pressé, c'est que le temps s'écoule et qu'il veut réaliser, autant qu'il le pourra, le plan immense qu'il s'est tracé au début de sa carrière scientifique lorsqu'il donnait, en 1748, dans le *Journal des savants*, le programme de l'*Histoire naturelle* qui devait paraître l'année suivante, programme que l'on trouvera à l'appendice de ce volume.

(1) A sa lettre du 19 juillet précédent, p. 200.

(2) Le jeune officier avait obtenu un congé de trois mois que le maréchal duc de Biron annonçait le 22 août à M. de Tolozan :

« Je n'avais pas besoin du certificat des médecins que vous m'envoyez pour me disposer à accorder à M. de Buffon le congé que vous me demandez pour lui. Il me suffit de ce que vous m'en dites et de l'intérêt que vous y prenez. Je sais qu'il a été très malade, et je consens d'autant plus volontiers qu'il aille passer trois mois auprès de M. son père, que c'est un bon sujet et que je désire le rétablissement de sa santé. »

(3) A peine arrivé, le fils de Buffon écrivait à Faujas de Saint-Fond : « Mon père va assez bien et est assez content de sa santé; il me traite avec une bonté et une amitié qui me font mille fois plus de plaisir que tout le reste, et je suis parfaitement heureux. »

des choses saines et peu de viande; encore moins de liqueur ou de vin trop fort.

Je ne vous attends que pour le 7; c'est le jour de ma naissance, et ce sera celui de mon bonheur, si je vous embrasse en bonne santé de corps et de tête, car vous avez besoin de rétablir tous deux (1).

BUFFON.

(Collection Nadault de Buffon.)

(1) La tête vive, la main prodigue, mais le cœur excellent, tel fut le fils de Buffon. Son père disait de lui, le 6 février 1783, à Mme Necker : « Courageux et étourdi, voilà mon jeune homme ! » On l'a entendu et tour à tour le louer et le reprendre; constamment lui prodiguer ses conseils, et multiplier les sacrifices pour son éducation, son bien-être, ses voyages. Nous avons assisté à son enfance et à son adolescence heureuses, à l'abri de la tendresse et de la gloire paternelles. Le fils de Buffon va avoir vingt ans. Il est officier; son éducation est terminée, il a achevé ses voyages; dans six mois, il se mariera, et les difficultés, les épreuves et les revers de la vie commenceront pour lui. On a pu lire sa notice à la page 108 de ce volume. On trouvera le récit de ses infortunes dans la suite de ces notes.

Voici au surplus comment Buffon parlait de son fils :

Le 29 novembre 1776, quand il n'avait que douze ans, il écrivait à M. Guillebert, son précepteur : « Je commence à espérer que nous en ferons un homme. »

Néanmoins, à quatre années d'intervalle, le 1er janvier 1780, il disait à la comtesse de Grismondi, qui nomme son fils « le plus aimable des enfants. » — « Quoiqu'il ait cinq pieds quatre pouces, ce n'est encore qu'un grand enfant de quinze ans. » Et le 1er septembre 1781 : « Quoiqu'il n'ait pas dix-huit ans, il est du moins en état de sentir, s'il n'est pas encore tout à fait en état de penser. »

Lors de son premier voyage, il écrit à l'abbé Bexon, le 11 mai : « Mon fils part demain avec le chevalier de Lamarck; j'ai été fort heureux de lui trouver un pareil compagnon. » Et les 2 juillet et 12 août : « J'ai eu, par le prince Galitzin et par plusieurs autres personnes, des témoignages de sa conduite qui m'ont fait plaisir. Il s'est toujours bien porté et aurait dû en effet vous écrire; mais la jeunesse ne pense pas à tout, et la paresse empêche plus de la moitié de tout ce qui serait convenable. » Il écrivait encore, le 6 juin, à Guéneau de Montbeillard : « Il me semble que son compagnon de voyage est content de lui; c'est tout ce que je désirais, parce que c'est un homme sage. » Et le 23 avril 1782 à l'impératrice Catherine II : « Mon fils n'est encore qu'un enfant de dix-huit ans. Avec toute la candeur de son âge, il en a la légèreté et le peu de tenue. J'ose supplier ma généreuse Impératrice de le faire avertir et même frapper de quelque disgrâce, s'il ne se conduit pas bien. Sa bonté me pardonnera cette inquiétude paternelle, causée par la crainte que ce trop jeune envoyé ne fasse quelque faute. » Mais l'impératrice n'ayant rien trouvé à reprendre, Buffon écrit à son fils le 27 mai : « Je vous assure, mon cher ami, qu'il ne tiendra qu'à vous de conserver la plus belle fleur de la santé, mais c'est en suivant les conseils que je vous ai donnés. » Dans une autre lettre du 18 août, il fait l'éloge de son bon cœur et ajoute : « Je vois, mon très cher fils, que vous vous conduisez très bien. Je vous exhorte à continuer de même, et vous ferez le bonheur de ma vie et de la vôtre. » Il lui dit encore, le 9 septembre : « Je vois que votre jugement et votre raison se perfectionnent, et ce que vous me dites de votre satiété du grand monde et de la vie que vous êtes forcé de mener me donne bonne opinion de votre esprit et de votre cœur. Vous verrez, mon cher ami, que le bonheur ne consiste pas dans le faste, et je ne suis pas fâché que vous ayez goûté jeune cette espèce de jouissance qui fait l'objet des désirs de tous ceux qui ne la connaissent pas. » Néanmoins, il dira l'année suivante, le 3 août 1783, à l'abbé Bexon : « En vérité, mon cher ami, cet enfant me tourmente, vous voyez qu'il n'a pas encore de raison. » Et le 10 août, à Faujas de Saint-Fond : « Je vous prierai de lui écrire sérieusement pour l'engager à se modérer davantage. Car c'est par sa très grande faute qu'il s'est rendu malade, et je crains que la *fureur* qu'il a pour la chasse ne lui occasionne une rechute. » Priant, le 16 août, Mme Necker de *faire un sermon* à son fils : « Je n'étais pas trop tenté, dit-il, de lui permettre de venir ici. Ce n'est pas

# LETTRE DXXXIII

## A MADAME NECKER.

Montbard, le 10 septembre 1783.

C'est vous, ma divine amie, qui avez su rassembler tous les dons du ciel pour les répandre sur la terre; c'est vous dont le caractère céleste aurait dû porter son empreinte sur toutes les âmes et les perfectionner par l'exemple, caractère bien supérieur au génie qui ne peut influer que sur l'esprit.

Ah! mon incomparable amie! combien je vous vois au-dessus de moi, au-dessus de toutes les personnes de ce monde et même au-dessus de nos plus beaux modèles de gloire!

Vous auriez pu comme moi faire consister la vôtre dans l'exercice des talents. Douée d'une imagination féconde et d'un discernement exquis, aussi vivement spirituelle que sérieusement raisonnable, vous pouviez tout faire et mieux que tout autre en ce genre de spéculations brillantes. Mais un

que je ne l'aime beaucoup; mais je crains sa vie bruyante... Je vous supplie, madame, de lui dire que c'est à condition qu'il ne troublera pas la tranquillité de ma maison, et qu'il se modérera pour tout le mouvement qu'il se donne à l'excès..... Vous lui feriez un grand bien, ainsi qu'à moi-même, si vous pouviez lui persuader de ménager sa santé et ma tranquillité. » Il écrivait à lui-même, le 27 mai 1782, en Russie : « Ménagez-vous sur le grand mouvement que vous aimez à vous donner. »

Buffon, qui avait prodigué les ducats, les louis à son fils pendant son voyage en Russie, n'avait cependant pas tardé à trouver qu'il les dépensait trop facilement. Il écrit, le 25 août 1783, à l'abbé Bexon : « Il est toujours ruiné, » et le 27 septembre 1787 à André Thouin : « Soyez sobre à déférer aux demandes que mon fils pourrait vous faire, connaissant trop votre bonté dont il pourrait abuser. »

Ce fils était tendrement aimé.

Le jour où il part, Buffon écrit à M<sup>me</sup> Necker : « J'avoue que j'ai le cœur en presse. » Pendant le voyage, « si un courrier arrive sans nouvelles, il tombe dans une grande préoccupation, compte les jours et interrompt ses travaux. » (Humbert Bazile.) « J'avoue, écrit-il à M<sup>me</sup> Necker le 6 février 1783, que depuis plus d'un mois je suis inquiet, et l'inquiétude remuant l'âme l'empêche de se fixer et de se diriger vers aucun objet.... C'est de mon fils dont je suis inquiet. » Et à l'abbé Bexon, le 24 février : « L'inquiétude sur le retour de mon fils m'avait ôté le sommeil et la force de penser. » Catherine II lui écrit le 6 novembre 1782 : « J'espère que le retour de M. votre fils calmera vos inquiétudes. » Mais son fils tombe malade et il fait savoir à M<sup>me</sup> Necker, le 16 août 1783 : « Qu'il a été saisi d'une colique d'estomac qui lui a ôté le sommeil et l'appétit et dont il a attribué la cause aux inquiétudes que lui a données la sérieuse maladie de son fils; » et à peu près dans les mêmes termes à l'abbé Bexon, le 25 : « Je ne suis pas encore entièrement quitte des impressions d'une colique d'estomac qui m'a fort incommodé, et dont j'attribue la cause aux inquiétudes que m'a données la maladie de mon fils. »

La correspondance de Buffon pendant la maladie et à la mort de sa femme a fait connaître l'époux; ces passages concernant son fils montrent ce que fut le père. La lettre du 22 juin 1787 de Buffon à son fils apprendra ce qu'était le chef de famille.

cœur inépuisable en bonté, une sensibilité profonde, la passion sublime de toute vertu, la plus tendre compassion pour les malheureux, une bienfaisance éclairée par l'amour du vrai bien, ont guidé tous les mouvements de votre grande âme et ont mis en action des spéculations plus utiles que celles du génie. Seule vous avez plus fait en diminuant les malheurs de l'humanité souffrante (1) que tous nos moralistes n'ont pu faire par leurs préceptes sur la recherche du bonheur. Que votre modestie me pardonne ces vérités.

Je m'arrête, car j'irais encore au delà et je ne veux pas que l'enthousiasme et la douce ivresse entrent pour rien dans l'expression des sentiments qui vous sont dus.

Votre visite, ma noble amie, les bontés de M. Necker et les tendresses de votre enfant (2) toute pleine d'esprit et de grâces sont non seulement un jour de délices, mais une époque dont les doux souvenirs influeront sur le bonheur de toute ma vie. J'en ai déjà joui en suivant chaque jour les pas de mon adorable amie; son image anime, embellit ces terrasses solitaires qu'elle a bien voulu parcourir avec moi ; je n'y suis plus seul, je serai toujours avec l'objet de mes plus tendres respects. Le grand contentement de mon cœur semble même avoir influé sur ma santé; j'ai plus de force et mon fils commence à mieux aller (3), il n'a plus de fièvre; et, s'il est bien rétabli avant la mauvaise saison, je pourrai l'emmener à Paris ; sinon je suivrai l'avis de ma noble amie et je passerai l'hiver à Montbard; ma petite sœur (4) et Mᵐᵉ Daubenton le désirent fort, elles vous offrent leurs respectueux hommages.

Ce parti néanmoins coûtera bien cher à mon cœur et je ne doute pas que le vôtre n'ait fait effort en me donnant ce conseil ; et cette somme d'argent dont je n'aurais eu besoin que dans deux ou trois mois me prouve que vous sacrifiez tout et même votre tendresse au maintien de ma santé.

J'admire en tout la grandeur de vôtre âme, la noblesse de vos procédés et surtout l'empire que vous avez sur vous-même et que vous n'étendez sur les autres que pour les obliger.

(1) Par la fondation de l'hôpital Necker, précédée de l'organisation au contrôle général d'un *bureau de charité*, origine des *bureaux de bienfaisance*. Les mémoires du temps louent unanimement la bienfaisance de Mᵐᵉ Necker à l'égal de sa vertu.

(2) Germaine Necker, depuis Mᵐᵉ de Staël.

(3) Cette maladie du fils de Buffon, dont on vient de voir son père s'inquiéter au point d'en perdre l'appétit et le sommeil et d'en tomber malade, semble avoir été, d'après la lettre qui précède du maréchal de Biron à M. de Tolozan, une maladie assez grave, la seule au surplus qu'ait eu à subir dans son enfance, son adolescence et sa jeunesse ce jeune homme d'une santé vigoureuse et d'une admirable constitution, qui eût certainement vécu son siècle comme son père, son grand-père et son aïeul si la hache révolutionnaire ne l'eût pas tué à vingt-neuf ans.

(4) Ma *petite sœur* est l'expression familière par laquelle Buffon nomme habituellement Mᵐᵉ Nadault, de très petite taille comme Mᵐᵉ Daubenton, tandis qu'il était d'une stature élevée, et nous l'entendrons, dans une lettre du 2 novembre 1783 à l'abbé Bexon, désigner par deux fois Mᵐᵉ Daubenton et sa sœur sous le nom de *nos petites dames*. Il écrivait d'elle, le 7 août 1782, à son fils à Saint-Pétersbourg : « Elle mérite qu'on l'aime. »

Aussi je vous adore comme je vous admire et je ne veux vivre que pour vous aimer toujours de plus en plus.

BUFFON.

(Inédite. — Archives de Coppet. — Communiquée par le vicomte d'Haussonville.)

✧

# LETTRE DXXXIV

## A M. AUBERT (1).

Montbard, le 5 octobre 1783.

J'ai reçu, monsieur, la copie que vous avez bien voulu me faire de la quittance du payement de la maison près le Jardin du Roi, et je vois que vous avez eu la bonté d'avancer pour moi 3,408 livres 7 sols 8 deniers; j'aurais voulu vous faire remettre sur-le-champ, monsieur, cette somme; mais n'ayant point, dans le moment présent, d'argent à Paris, je ne puis mieux faire que de vous envoyer par le sieur Lucas un billet de 3,000 livres payable au 20 de ce mois dont vous voudrez bien lui donner un reçu. Je ne tarderai pas à vous faire rembourser les 408 livres 7 sols 8 deniers ainsi que les frais dont vous voudrez bien me remettre l'état à mon retour au commencement du mois prochain.

Je crois que mon frère le chevalier, qui devait arriver à Paris avant le 30 septembre, a été retardé pour des arrangements de son régiment. Il ne manquera pas de vous voir, monsieur, et je ne doute pas que par amitié pour moi vous ne lui rendiez les bons offices qu'il vous demandera et dont je vous aurai toute obligation.

Mon fils est toujours malade, quoique la fièvre l'ait quitté depuis dix jours; mais il lui est survenu une douleur à la jambe qui l'empêche de marcher. Du reste, il va très bien et les médecins prétendent que c'est par des douleurs semblables que ces longues fièvres finissent. Je compte le ramener avec moi, et nous aurons tous deux l'honneur et le plaisir de vous voir et de vous renouveler les sincères assurances de l'inviolable attachement avec lequel j'ai l'honneur d'être, monsieur, votre très humble et très obéissant serviteur.

LE C<sup>te</sup> DE BUFFON.

(Inédite. — Collection Nadault de Buffon.)

(1) Notaire de Buffon à Paris, qui devait mourir le 22 octobre, dix-sept jours seulement après la date de cette lettre.

✧

# LETTRE DXXXV

## BILLET A L'ABBÉ BEXON.

A Montbard, ce 24 octobre 1783.

Recevez mes tendres regrets, mon très cher abbé, et ceux de M. Daubenton qui sort d'auprès de moi ; je crois que vous ne doutez pas de leur sincérité et de la crainte où nous sommes que la mauvaise voiture ne vous ait incommodé (1). Donnez-nous de vos nouvelles dès que vous serez reposé.

Voilà deux épreuves dont j'ai corrigé le texte ; je n'ai pas lu les notes et je vous prie de revoir le tout.

Je vous embrasse bien sincèrement de tout mon cœur.

LE C<sup>te</sup> DE BUFFON.

(Inédite. — Communiquée par M<sup>lle</sup> Lefebvre.)

—◇—

# LETTRE DXXXVI

## FRAGMENT A MADAME NECKER.

Montbard, le 28 octobre 1783.

... La voiture est arrivée ! Cette douce voiture où je dois prendre place (2) ; et quelle place ! celle de mon adorable amie.

Pourquoi l'espace, hélas ! ne conserve-t-il pas l'empreinte de sa personne ? Je serais avec elle ! J'y serai sans cela, car l'âme remplit l'espace, et depuis les moments trop courts de son séjour ici, je la vois partout, je suis plus

(1) L'abbé Bexon s'était rendu à l'appel de Buffon, qui l'invitait, le 17 août, à venir à Montbard pour se distraire de la perte de son père et se reposer de ses travaux ; nous ignorons s'il était venu en poste avec le fils de Buffon ; mais l'affectueuse sollicitude de Buffon et de Daubenton témoigne qu'il était reparti par le coche de terre qui faisait le trajet de Paris à Montbard en quatre jours. Aujourd'hui, l'express de Paris-Lyon-Méditerranée franchit la même distance en trois heures et demie.

(2) C'était une attention de M<sup>me</sup> Necker qui, émue de la grave atteinte que Buffon venait de subir, et connaissant l'extrême fatigue que lui causaient les cahots de la route, lui avait envoyé une voiture dont sa prévoyante amitié avait donné le modèle et dirigé la construction. On a vu au surplus Buffon se préoccuper, dès 1776, de se procurer une voiture à ressorts très doux pour lui éviter les cahots, et M<sup>me</sup> Charrault lui proposer la sienne. En 1779, le duc d'Orléans avait mis à sa disposition une litière, afin qu'il fît avec moins de fatigue le voyage, et nous entendrons, en 1785, M<sup>me</sup> Nadault entretenir Faujas de Saint-Fond de « la structure pleine d'art » de la voiture de son frère.

heureux; je jouis délicieusement de mes terrasses qu'elle a parcourues. Il n'y a pas un de mes arbres que je n'aime mieux (1)...

BUFFON.

(Communiquée par M. Boutron.)

—◇—

# LETTRE DXXXVII

## A M. NECKER (2).

Ce 1er novembre 1783.

Oui, monsieur, jamais ma très respectable amie n'a manqué de vous mettre de pair et souvent de moitié dans les sentiments qu'elle a eu la bonté de me témoigner; et cela me les a rendus d'autant plus précieux, car, dès les premiers temps que j'ai eu l'avantage de vous connaître tous deux, sans être plus vertueux qu'un autre, je suis devenu l'amant de la vertu.

J'ai d'abord admiré mes modèles et j'ai fini par les adorer; ma noble amie l'a senti et m'en a bien récompensé par les témoignages multipliés de son estime et de ses insignes bontés.

Vous venez, monsieur, de mettre le comble à ces grâces par votre honorable visite (3). J'étais content dans ma solitude et même heureux comme je l'ai toujours été depuis que je me suis accoutumé à souffrir de sang-froid les accidents de la vie, et à mépriser, peut-être par orgueil, les contrariétés que l'on regarde comme des événements malheureux. Mais de combien n'avez-vous pas augmenté mon bonheur!

Connaissant non seulement vos sublimes vertus, mais aussi vos talents supérieurs et votre grand génie, je n'ai jamais rien désiré plus ardemment que de vous approcher d'assez près et de vous voir assez longtemps pour vous montrer l'étendue de mon admiration et la sincérité de mon respect.

Aujourd'hui, je me persuade avoir atteint ce but si désiré, quelque courts qu'aient été les instants que vous avez bien voulu m'accorder, mais que je

---

(1) Les jardins que Buffon avait créés à Montbard en 1735, et dont les grandes dépenses se sont continuées jusqu'à la fin de sa vie, étaient alors dans toute leur beauté; l'ombre des grands arbres entretenait sur les pelouses, décorées de vases, de plates-bandes, de corbeilles et de statues, une continuelle fraîcheur. Buffon aimait les fleurs; son jardinier avait reçu l'ordre de les prodiguer dans la décoration de ses jardins, et partout la sombre verdure des arbres se mêlait au riant aspect des fleurs. C'était pour lui une grande dépense. « C'est ici, disait-il, que je viens dépenser les économies que je fais à Paris, et, pour cela je n'en suis pas plus mal en cour. » (Voir note sur les jardins de Montbard, t. Ier, p. 23, lettre du 13 juin 1735 à l'abbé Le Blanc.)

(2) Jacques Necker, ancien directeur général des finances, démissionnaire depuis 1781, précédemment nommé. (T. Ier, p. 244, note 1.)

(3) La première visite des Necker à Montbard.

me plais à prolonger par le sentiment doux de la plus tendre reconnaissance.

Votre lettre (1), monsieur, me confirme dans cette idée flatteuse; elle a fortifié mon cœur épanoui par l'espoir de la jouissance délicieuse d'une amitié qui fera l'honneur et le charme du reste de ma vie. Je ne me lasse pas de la relire cette lettre que je veux conserver comme un titre de gloire et un gage d'amitié aussi éloquemment qu'énergiquement présenté (2). Quelle élévation dans le style! quelle noblesse d'expression! et en même temps que de feu d'imagination! que de riantes images! et quel contraste gracieux d'illusion et de raison! Tout jusqu'aux questions métaphysiques que vous avez si grand tort de comparer trop humblement à nos biographies du *Mercure;* tout, dis-je, dans cet écrit porte la profonde empreinte du génie ornée des légères et brillantes couleurs de l'esprit. Il en est de vos questions comme de certains problèmes qui ne peuvent être résolus que par celui qui les énonce, et la manière dont vous les proposez, monsieur, me fait croire que vous en avez la clef et me fait encore mieux sentir que je me flatterais en vain de pouvoir y répondre.

Je vois seulement qu'un philosophe, un scrutateur de la nature, quel qu'il soit, n'a pas besoin pour déterminer son jugement d'autant de combinaisons intellectuelles qu'un grand homme d'État. La tête du premier est plus à l'aise, ses pensées portent sur une base fixe; il lui suffit de voir les choses telles qu'elles sont. Dès qu'une fois il les aura bien vues, il est assuré qu'elles ne changeront pas et il établit son opinion pour tous les siècles. Mais, avec le même génie, l'homme d'État a le désavantage de trouver dans les têtes humaines l'ouvrage le plus flottant de la nature. Il ne lui suffit pas de voir les choses telles qu'elles sont, il faut encore qu'il prévoie ce qu'elles peuvent devenir; il a les hasards à captiver, les erreurs à combattre, les préjugés à détruire, l'intérêt personnel à ménager, les résistances à vaincre et l'opinion publique à soumettre. D'après cette distinction bien sentie, et toute comparaison faite, ne pouvons-nous pas présumer que, dans l'homme d'État, la noblesse des sentiments, l'égalité de caractère, la touchante bonté et toutes les émanations d'une âme calme ne peuvent guère se manifester constamment; tandis qu'elles ne coûtent rien au philosophe solitaire qui ne doit pas s'en faire un mérite. Mais ce seraient des efforts surnaturels et un mérite miraculeux dans l'homme jeté parmi les autres hommes même pour les régir; car, malgré la puissance du génie et la force de l'autorité, il se trouve

(1) La lettre par laquelle Necker remercie Buffon de son hospitalité.

(2) On a déjà entendu Buffon exprimer le même vœu pour les lettres et le riche médaillier de Catherine II. Mais, ni les lettres de Necker et de sa femme, ni celles de l'Impératrice de Russie, de Frédéric le Grand, du prince Henri, de Joseph II, des rois de Suède et de Danemark, et de tous les grands personnages avec qui Buffon était en correspondance, lettres qu'il avait dû conserver, ne nous sont parvenues. Elles ont disparu dans la tourmente qui a dispersé sa fortune et assassiné son fils.

toujours ou trop fortement contrarié, ou trop mollement appuyé, et cela ne peut que diminuer en apparence la noblesse des sentiments et rompre par l'humeur l'égalité du caractère...

Mais j'oublie que je parle à M. Necker, qui seul nous a donné l'idée d'un grand homme d'État, qui seul nous a donné l'exemple unique de la noblesse des sentiments par un désintéressement absolu, de l'égalité de caractère par sa fermeté, et de la touchante bonté par le transport qu'il a fait d'une partie de sa volonté à son incomparable épouse dont la bienfaisance et la haute charité seront à jamais mémorables....

Adieu, mes grands et vertueux amis, je suis à vos pieds et vous êtes dans mon cœur.

De ma vieille tour et de ma trop vieille main, le 1er novembre 1783.

BUFFON.

Permettez un mot de tendresse pour ma jeune amie, qui déjà me présente le caractère de son papa, l'âme de sa maman et l'esprit de tous deux (1).

(Inédite. — Collection du duc de Broglie.)

---

# LETTRE DXXXVIII

## A L'ABBÉ BEXON.

Montbard, ce 2 novembre 1783.

J'ai reçu vos deux lettres, mon très cher abbé, et nous les avons lues avec la plus grande satisfaction.

Nos petites dames (2) ont bien ri de votre mésaventure à Fulvy (3) et nous

---

(1) Dans sa lettre du 10 septembre à Mme Necker, Buffon lui parle déjà « de son enfant toute pleine d'esprit et de grâce ; » et cette appréciation de Mme de Staël, qui n'avait alors que dix-sept ans, mérite d'être relevée.

Mme Nadault écrira de son côté à Mme Necker, à onze jours d'intervalle, le 12 du même mois : « ... Nous ne vous séparons pas de M. et de Mlle Necker. Vous ne deviez pas, madame, avoir un époux ordinaire ; il est digne de vous.

» Et cette charmante demoiselle !

» Je suis mère, et il faut qu'elle soit bien aimable pour que je puisse penser à elle sans jalousie.

» Comment se peut-il, madame, que si jeune, elle n'ait déjà plus rien à acquérir? C'est cependant une vérité qui est un nouveau sujet d'admiration. »

(2) Mme Nadault et Mme Daubenton, l'une et l'autre de petite taille.

(3) Le coche qui emmenait l'abbé Bexon avait versé à Fulvy, près d'Ancy-le-Franc (Yonne).

avons bien regretté que cette maudite voiture où vous avez été obligé
de vous gîter n'ait pas retardé d'un jour, car vous êtes parti le jeudi et
le lendemain vendredi j'ai reçu une lettre de M. de Maillebois (1) à
laquelle mon fils n'a pu résister, en sorte qu'il est parti pour se rendre
à Chartrettes (2), près de Fontainebleau, où il doit être arrivé dès le 28, et
il aurait eu le bonheur de faire le voyage avec un ami qu'il aime et que
j'espère il aimera d'autant plus qu'il vous connaîtra mieux. Je crois qu'il
n'aura pas besoin du remède de notre charmante amie (3) dont je vous
renvoie la lettre et la note pour que vous puissiez la communiquer à mon
fils; mais, en attendant, remerciez-la de ma part avec les grâces que vous
savez mettre à tout.

Vous trouverez dans ce paquet les feuilles dont j'ai gardé les doubles, une
lettre que je crois être de M$^{me}$ votre mère, et la mienne pour M. François
de Neufchâteau (4).

Je vous suis très obligé d'avoir bien voulu vous donner la peine de voir
M. de La Chapelle (5) qui vous a dit m'avoir écrit et cependant je n'ai point
encore reçu sa lettre. Nous verrons ses raisons et ses moyens; mais je
tâcherai de me tirer de cette société quand il devrait m'en coûter beaucoup (6).

(1) Il s'agissait d'une grande chasse à courre dans la forêt de Fontainebleau. Le comte
de Maillebois, petit-fils du maréchal, ami du fils de Buffon, aussi grand chasseur que lui,
lieutenant des chasses de la capitainerie de Fontainebleau au siège du Châtelet, dont le
jeune comte de Buffon était lieutenant honoraire, donna, le 25 décembre de cette même
année, sa démission en sa faveur.

(2) Chartrettes, joli hameau du département de Seine-et-Marne, près de Bois-le-Roi, canton
du Châtelet, arrondissement de Melun. L'année suivante, le jeune comte de Buffon acheta
dans le même département le château de Livry, près de Melun, dont le mobilier fut vendu au
profit de la nation après son exécution capitale, en 1794, en même temps que les riches
mobiliers de Montbard et de Paris.

(3) La comtesse de La Valette, fille du marquis de La Billarderie, chez qui l'abbé Bexon
était reçu dans l'intimité.

(4) François de Neufchâteau, déjà nommé, compatriote et ami de l'abbé Bexon, dont il
a publié en 1811, dans le journal *le Conservateur*, une partie de la correspondance avec le
naturaliste. Il avait profité de ses relations avec l'abbé pour entrer en rapport avec Buffon.
(T. I$^{er}$, p. 143, note 1.)

(5) Premier commis du ministère de la maison du Roi, souvent cité dans la correspondance de Buffon, qui avait fini par avoir avec lui des relations plus intimes que des relations
administratives. A sa mort, M. de La Chapelle devint l'ami de son fils.

(6) La Société pour l'exploitation et l'épuration du charbon de terre formée à Paris en
1780, où Buffon avait mis près de 40,000 livres et dont les premiers commis, La Chapelle,
Leschevin et Bergon étaient administrateurs. Il ne leur avait pas été difficile d'y intéresser
Buffon. En effet, celui qui a pressenti dans l'*Histoire des minéraux* l'avenir du charbon
de terre s'occupait, depuis longtemps, de rechercher et de mettre en exploitation des
mines de charbon sur notre territoire, notamment à Vassy. Mais cette société n'ayant pas
réussi, il y perdit une somme importante qui, avec l'insolvabilité du fermier de ses *forges*,
constitua pour lui un préjudice considérable dont le chagrin vint s'ajouter aux épreuves des
dernières années de sa vie. (Voir t. II, p. 59, lettre du 25 juin 1781 à M. Leschevin, et
lettres des 15 août, 18 janvier 1786 et 9 août 1787 à Faujas de Saint-Fond.)

M. Amelot a raison de tenir à sa place (1), car il l'a fait de manière qu'on n'a rien à lui reprocher.

Le chevalier de Buffon a grand regret de ne vous avoir pas vu ; vous auriez pu vous embrasser à Joigny où il a vu la voiture dans laquelle il ne se doutait pas que vous étiez.

Nos deux petites dames vous font mille compliments, ainsi que M. Nadault (2) qui est très bien rétabli. Le D^r Barbuot (3) me recommande aussi de vous faire mention de lui ; il est ici pour la dernière fois, car je compte que ma santé me permettra de me rendre à Paris sous moins de quinze jours.

M^me Necker a eu la bonté de m'envoyer sa douce voiture où je serai très à mon aise et de corps et de cœur (4).

Je suis vraiment désolé de la mort de ce pauvre M. Aubert (5) et j'ai regret à celle de M. d'Alembert (6) ; je crois que c'est Marmontel (7) qui lui succédera dans la place de secrétaire de l'Académie française et je pense qu'il la remplira mieux.

Il doit m'arriver ces jours-ci une boîte qui m'est envoyée par l'Impératrice de Russie ; je vous dirai ce que c'est lorsque je l'aurai reçue (8).

(1) Le ministre Amelot de Chaillou, dont l'incapacité était notoire et qui n'était soutenu que par sa parenté avec le comte de Maurepas, fut remplacé au ministère de la maison du Roi, le 10 janvier 1784, par le baron de Breteuil ; mais on lui conserva le titre de ministre d'État avec entrée au Conseil et certaines attributions, notamment l'Imprimerie royale.

(2) Benjamin-Edme Nadault, conseiller au Parlement de Bourgogne, artiste et écrivain, beau-frère de Buffon, précédemment nommé. (Voir sa notice, t. II, p. 98, note 5.)

(3) Médecin de Buffon à Montbard, déjà nommé, notamment dans une lettre du 26 juillet 1773 à Guéneau de Montbeillard. (T. I^er, p. 242, note 1.)

(4) Buffon remerciait, le 28 octobre, avec émotion, M^me Necker de sa délicate attention : « La voiture est arrivée ! Cette douce voiture où je dois prendre place, et quelle place ! celle de mon adorable amie. » M^me Nadault, lui annonçant le 12 novembre « la prochaine arrivée de son frère à Paris, bénit ses tendres soins qui lui procurent la certitude d'un heureux voyage. »

(5) Notaire de Buffon à Paris, mort le 22 octobre précédent.

(6) D'Alembert, déjà nommé, était mort le 29 octobre de la maladie de la pierre, dont Buffon devait aussi mourir (T. I^er, p. 79, note 5.)

(7) Marmontel, aussi déjà nommé, devint en effet l'année suivante secrétaire perpétuel de l'Académie française, à la place de d'Alembert. (T. I^er, p. 69, note 2.)

(8) Cet envoi fut un des plus magnifiques de Catherine II à Buffon.

Le savant dom Gentil, prieur de l'abbaye de Fontenet (*), voisin et ami de Buffon, qui se trouvait en visite à Montbard le jour où les caisses arrivèrent, ne put s'empêcher de s'exclamer sur leur richesse en supputant le prix que Buffon pouvait en tirer : *C'est*, dit-il, *un présent de souverain.*

— C'est, répondit Buffon, une nouvelle attention de cette souveraine, qui tient à honneur d'enrichir le cabinet du Roi.

(*) André-Antoine-Pierre Gentil, de l'ordre des bernardins, agronome et chimiste, né en 1731, mort en 1800, a écrit de nombreux mémoires sur l'agriculture et le vinage, et notamment un *Essai d'agronomie ou Diététique générale des végétaux*, et l'*Application de la chimie à l'agriculture* (1777) ; et un *Mémoire sur les substances fossiles propres à remplacer la marne* (1779). Membre de la Société d'agriculture de France et de l'Académie de Dijon, il a distribué ses manuscrits aux Sociétés savantes dont il était membre. Plusieurs sont écrits en chiffres.

Adieu, mon cher ami, continuez à me donner de vos nouvelles et de celles de vos chères dames auxquelles je présente mes hommages.

LE C<sup>to</sup> DE BUFFON.

(Inédite. — Communiquée par M<sup>lle</sup> Lefebvre.)

✧

## LETTRE DXXXIX

### A ANDRÉ THOUIN.

Montbard, le 8 novembre 1783.

Comme les jours sont déjà bien courts et que les finances le sont encore plus, il faut, mon cher monsieur Thouin, remettre après mon retour le payement des dépenses arriérées, et supprimer de l'aperçu que je vous renvoie les quatre ouvriers de bâtisse, le garçon charron, les trois niveleurs et les quinze terrassiers. Car il me semble que les huit garçons jardiniers et les deux régaleurs doivent suffire pour les plantations et l'arrangement des gravats, et que pour les travaux de maçonnerie il faut les faire cesser

« Il montrait, un jour à dom Gentil, rapporte le chevalier Aude, des morceaux de minéraux et autres présents que l'Impératrice de Russie lui avait envoyés pour lui seul, morceaux d'une grandeur et d'une rareté précieuse : — Voyez, lui disait-il, l'attention de cette souveraine ; elle enrichit le cabinet de Sa Majesté ! »

En effet, Buffon fit remettre les minéraux de Catherine II dans leurs caisses et les envoya à Paris, à l'abbé Bexon, chargé de les déposer au cabinet du Roi (*).

A en croire la mère de l'abbé Bexon, ce serait l'ouverture de ces caisses de minéraux qui aurait causé sa mort : « C'est, dit-elle, au milieu d'une vie si pure, à l'âge de trente-six ans, que l'impitoyable mort est venue m'enlever mon fils. Une suffocation occasionnée par l'ouverture d'une caisse de minéraux, dont la vapeur maligne tomba sur sa poitrine, lui fit endurer, pendant quinze heures, de violentes douleurs supportées avec la résignation d'un chrétien et d'un sage... Il n'a témoigné qu'un seul regret, celui de laisser sa famille sans ressources et ses dernières paroles ont été : « Je meurs... que deviendra ma pauvre mère ! »

« ... Je me disais : mon fils est jeune, il me fermera les yeux. O renversement de toutes les probabilités humaines ! c'est ma vieillesse qui lui a survécu ! »

L'abbé Bexon est mort le 5 février 1784, à trente-sept ans, et cette lettre est la dernière que nous connaissions de Buffon à son collaborateur.

On lit dans les *Mémoires* de Bachaumont du 3 avril 1784 : « M. l'abbé Bexon, grand chantre de la Sainte-Chapelle, mort le 5 février, était un philosophe économiste, auteur de plusieurs ouvrages en ce genre, tels que : *Système de la fertilisation*, le *Catéchisme de l'Agriculture* (**), l'*Histoire de Lorraine*, etc. ; mais il est plus particulièrement connu comme associé aux travaux de M. de Buffon, pour la partie de l'*Histoire naturelle* concernant les oiseaux ; et il en a si parfaitement imité le style, que bien des gens s'y trompent et la croient une continuation du même écrivain. »

(*) Voir sur cette habitude de Buffon, t. I<sup>er</sup>, p. 141, note 1.
(**) Attribué à tort à son frère Scipion Bexon.

absolument pendant l'hiver. Au reste, nous verrons ce qu'il me sera possible de faire après mon arrivée.

Le déplacement du ministre des finances (1) pourra retarder encore les remboursements qui me sont dus (2) ; il faut donc retrancher ce qui n'est pas indispensablement nécessaire, et réduire, s'il est possible, à cinq ou six cents livres la dépense de la quinzaine qui échoira au 15 de ce mois ; et comme je compte me rendre à Paris vers le 20 (3), j'arrangerai les affaires avec vous pour la suite. Vous prendrez auprès de M. Lucas l'argent jusqu'à concurrence de six ou sept cents livres pour le 15 de ce mois ; mais je vous prie de faire attendre le reste de nos dettes (4), au payement desquelles je ne puis pourvoir qu'après le recouvrement de quelques sommes qui me sont dues dans le mois de décembre.

Je serai bien aise de vous revoir et de vous renouveler mes sentiments d'attachement.

Le C<sup>te</sup> DE BUFFON.

(Bibliothèque du Muséum.)

(1) François Joly de Fleury avait été remplacé, le 29 avril, au ministère des finances, par Henri-François-de-Paule Lefèvre d'Ormesson d'Amboile, né en 1751, mort en 1807, petit-fils du premier président de ce nom, successivement conseiller au Parlement de Paris, maître des requêtes et conseiller d'État. Lorsqu'il fut nommé contrôleur général des finances, à trente et un ans, par la protection du garde des sceaux Miromesnil et du ministre Vergennes, Louis XVI lui dit pour le rassurer sur les difficultés de sa charge : « Je suis plus jeune que vous et j'occupe une plus grande place que celle que je vous donne. » On avait rétabli pour lui le titre de contrôleur général, supprimé depuis Necker afin de lui retirer l'entrée du Conseil à cause de sa religion. D'Ormesson, qui eut Calonne pour successeur, fut élu en 1792 maire de Paris ; mais il refusa. Il avait épousé la fille de Lepelletier de Morfontaine.

(2) A force d'être retardés, les remboursements des sommes avancées par Buffon n'ont jamais eu lieu ; on en trouvera, plus loin, la démonstration irréfutable. (Voir notamment lettre du 23 septembre 1787 à André Thouin.

(3) Buffon quitta Montbard le 22 novembre et arriva à Paris après trois jours de route fatigué par un voyage qui lui devenait chaque année plus pénible, ainsi qu'en témoigne la lettre qui suit à M<sup>me</sup> Necker. Une affaire importante hâtait son retour, un mariage avantageux pour son fils. Le contrat en fut passé, le 4 janvier 1784, devant M<sup>e</sup> Boursier *Junior* et son collègue, notaires au Châtelet de Paris. Le comte de Buffon épousait la fille unique du marquis de Cepoy, dont la veuve s'était remariée au marquis de Castera, maréchal des camps et armées du Roi. Marguerite de Cepoy, qui joignait la fortune aux avantages de la naissance, avait seize ans à peine, et était d'une remarquable beauté. Le comte de Buffon avait vingt ans. (Voir lettre de Buffon à son fils du 14 juin 1784.)

(4) *Nos dettes*, c'est la dette toujours grossissante contractée par Buffon pour l'agrandissement d'un établissement d'utilité publique dont il a assuré la prospérité en consommant sa propre ruine

# LETTRE DXL

## A MADAME NECKER.

Lundi, à midi, 3 décembre 1783.

Vous étiez malade hier au soir, mon adorable amie ; et le plaisir que j'ai eu de vous voir était mêlé de douleur ; je vous conjure de ne plus exposer ainsi votre santé plus précieuse que la mienne (1).

(1) Buffon, de retour à Paris depuis quatre jours, après un voyage fatigant, bien qu'il se fût servi de la voiture que M^me Necker avait eu l'attention de faire faire exprès pour lui, avait subi une nouvelle crise, et comme il n'avait pu rendre visite à son amie, elle était venue au Jardin du Roi. Cette même année, elle était allée le voir à Montbard, et les attentions dont elle l'entourait avaient touché toutes les personnes qui en étaient témoin. M^me Nadault, en correspondance suivie avec M^me Necker, qui lui a fait l'honneur de conserver ses lettres et d'en publier une, lui écrivait de Montbard, le 12 novembre, dix jours avant le départ de son frère : « Après m'avoir honorée de mille marques de bonté pendant votre petit séjour ici, j'ose me flatter que vous ne dédaignerez pas l'hommage de ma reconnaissance et de mon respect. Je devrais attendre le départ de mon frère, votre illustre ami ; il vous porterait ma lettre, et son entremise y ferait passer le mérite que je voudrais avoir à vos yeux, car lui seul, madame, peut s'élever jusqu'à vous et louer comme il convient votre âme céleste, les vertus qui en émanent, et l'esprit supérieurement cultivé qui fait le charme de ceux qui sont assez heureux pour vous entendre et vous lire. J'ai eu ce double avantage, madame.

« Depuis longtemps, j'admirais ces lettres uniques en sentiments et en élévation de style. Je vous ai vue et me suis étonnée davantage en trouvant une bonté, une indulgence, une prévenance même, en vous, madame, qui avez tant de lumières naturelles et acquises, et qui ne pouvez manquer de connaître votre grande supériorité.

« Jouissez, madame, du tribut que M. de Buffon met à vos pieds tous les jours, votre amitié pour lui prouve assez le cas que vous faites de ses sentiments. Il n'y a peut-être dans l'Univers que lui digne d'une telle amie. Puisse-t-elle, et cela doit être, en faisant le bonheur de sa vie, prolonger ses jours au delà de l'espérance humaine !

« Il part, madame, et nous bénissons vos tendres soins, qui lui procurent la certitude d'un heureux voyage (*) ; votre cœur veillera à sa sûreté. Je suis certaine que les vœux d'une femme comme vous doivent avoir une vertu puissante et bienfaisante sur un être aussi extraordinaire que lui. Permettez-moi cet instant d'orgueil, quand je m'élève à son rare mérite et que je retombe sur ma petitesse, je n'ose plus lui appartenir ; alors je puis le louer avec tout l'univers, et surtout avec vous, madame, qui l'aimez tant et si bien. Me permettrez-vous de penser à vous, de m'en entretenir avec M^me Daubenton et mon frère le chevalier? Ce trio, qui ne se séparera pas de tout l'hiver, trouvera dans cette douce occupation un dédommagement à la privation que nous fera éprouver l'absence de M. de Buffon, et vous serez assez bonne pour ne pas dédaigner l'hommage que nous vous rendrons.

« M. de Buffon m'a dit ce soir avoir reçu une charmante lettre de M^lle Necker. Il veut absolument qu'elle garde le baiser pour le recevoir elle-même sur le front ; je n'en sais pas davantage. Je suis aussi chargée d'avoir l'honneur de vous annoncer son arrivée à Paris pour les premiers jours de la semaine prochaine. »

(*) La lettre de Buffon à M^me Necker témoigne qu'il en avait été autrement.

J'ai encore eu une bien mauvaise nuit sans un instant de sommeil, et je sens qu'il faudra encore quelques jours pour me rafraîchir au point d'aller en mieux ; mais je suis presque sûr que ce mieux viendra, et je vous supplie, ma tendre amie, de le croire aussi.

Mille remerciements et tendresses, tant pour vous que pour M. Necker ; personne ne vous est plus véritablement dévoué.

BUFFON.

(Inédite. — Archives de Coppet. — Communiquée par le vicomte d'Haussonville.)

## LETTRE DXLI

### FRAGMENT A M...

Montbard, le 14 décembre 1783.

... Hier au soir, après le départ de tout mon monde, j'ai reçu la nouvelle très affligeante de la mort de mon frère abbé du Rivet, que j'aimais tendrement et qui meurt victime de l'injustice et de l'oppression (1). Je ne puis vous exprimer le chagrin que j'en ressens...

BUFFON.

(Collection d'autographes.)

(1) Charles-Benjamin Leclerc, frère puîné de Buffon, religieux bernardin, prieur et vicaire général de l'abbaye du Petit-Cîteaux, en Bourgogne et depuis le 15 juin 1779, abbé commendataire de l'abbaye du Rivet, diocèse de Bordeaux. On a fréquemment rencontré dans les lettres qui précèdent la manifestation du mécontentement de Buffon et de son chagrin de ce que l'évêque d'Autun, Marbeuf, qui avait la feuille des bénéfices et avait donné à son frère l'abbaye du Rivet, se fût réservé « une pension de 6,000 livres sur une abbaye qui, au dire de Buffon, n'en valait pas neuf. » Il ajoutait, dans une lettre à son fils du 27 mai 1782, « que le Roi n'avait pas donné une abbaye à son frère pour le faire mourir de faim, » et, dans une autre au même du 18 août, « que l'abbé du Rivet était forcé de plaider au sujet de son énorme pension ; qu'il avait envie de donner sa démission et qu'il était à craindre que les inquiétudes au sujet de cette affaire ne lui devinssent funestes. » (T. I<sup>er</sup>, p. 418, notes 2 et 6 et t. II, pages 27, 114 et 155, notes 1, 2 et 1).

# LETTRE DXLII

## AU CHEVALIER DE FLORIAN (1).

Ce 25 décembre 1783.

La douce, l'aimable, l'intéressante *Estelle* (2) a suspendu mes maux (3); l'intérêt qu'elle m'inspirait me faisait désirer d'arriver à la fin de chaque livre, et cependant je regrettais d'avoir un plaisir de moins à espérer. Mille grâces soient rendues à M. de Florian, de m'avoir procuré de si doux moments au milieu de mes souffrances.

Quand ma santé sera meilleure, je le prierai avec instance de venir recevoir mes remerciements et l'assurance des sentiments qu'il m'inspire.

LE C<sup>te</sup> DE BUFFON.

(Publiée en 1810, dans les *Nouveaux Mélanges* de Florian.)

(1) Jean-Paul-Claris de Florian, poète et fabuliste, né le 6 mars 1755, mort le 13 septembre 1794, à trente-huit ans, petit-neveu de Voltaire, neveu de M<sup>me</sup> de Florian que nous avons rencontrée à Semur dans l'intimité de Guéneau de Montbeillard et qui a négocié le rapprochement entre Voltaire et Buffon. Florian, à qui son caractère facile, aimable et doux avait fait de nombreux amis, eut une vie heureuse jusqu'à la Révolution. Page du duc de Penthièvre à la maison duquel il resta attaché, et qui l'honorait de son amitié, il avait servi quelque temps dans les dragons de Penthièvre.

Avec les fables qui ont illustré son nom, il a écrit une traduction libre de *Don Quichotte*, des pastorales, *Estelle*, *Galatée*, etc., des pièces de théâtre, notamment : *les Deux Billets*, 1779; *Jeannot et Colin*, 1780; *les Deux Jumeaux de Bergame*, *le Bon Ménage*, 1782; des poèmes en prose, et, en 1786, *Numa Pompilius*, qui donna lieu, à une réception du Jardin du Roi, à cette naïveté d'une mère qui en avait défendu la lecture à sa fille : « Je sais bien que Pompilius finit par épouser Numa; mais, c'est égal, c'est un mauvais livre. »

Florian, reçu à l'Académie française à trente-trois ans, en 1788, au lendemain de la mort de Buffon, profita de cette coïncidence pour rajeunir un à-propos de Guéneau de Montbeillard (*), ce dont La Harpe, qui n'aimait pas Buffon, le blâme en ces termes : « On peut reprocher à M. de Florian de l'exagération dans ce qu'il a dit de M. de Buffon, que sa vie peut être comptée au nombre des *Époques de la Nature*. L'auteur de l'*Histoire naturelle* a été un écrivain éloquent; il a fait honneur aux sciences et à notre langue par la beauté de son style; mais il n'a fait époque dans la nature en aucun sens, car il n'a point ajouté aux connaissances humaines. »

(2) Florian avait fait hommage à Buffon de sa pastorale d'*Estelle*, qui venait de paraître, et est considérée comme une de ses meilleures productions.

(3) Allusion à la crise qu'il venait de subir à la suite de son voyage de Montbard à Paris.

(*) Voir t. I<sup>er</sup>, p. 410, note 3.

# LETTRE DXLIII

## A MADAME NECKER.

Ce 26 décembre 1783.

Votre amitié fait ma gloire et votre tendresse mon bonheur.

Oui, ma grande amie je préfère à tous les éloges de l'univers ces mots de sentiments :

« Pourquoi vivez-vous si loin de nous ?... »

Pourquoi ?... Et ensuite : je ne vous écris jamais sans m'attendrir.

Je vous les rends ces mots non par écho, mais par unité de pensée, car je les ai moi-même prononcés mille fois.

Oserais-je, ma noble amie, vous proposer *un pacte de nouvelle année*, ce serait de m'écrire sans me louer. Il me semble que je vous en adorerais plus à mon aise et de plus près. Je serais plus rapproché de vous dès que vous m'auriez jugé digne de partager cette divine vertu, cette modestie qui augmente aux yeux du sage l'éclat de toutes les autres vertus et qui le tempère aux yeux des autres. C'est là, ma très illustre amie, la véritable égide qui garantit votre cœur sensible au milieu d'un monde toujours prêt à le blesser; c'est là ce qui fait qu'en citant les bienfaiteurs de l'humanité vous citez le nom de Marc-Aurèle (1) et supprimez celui de votre époux; c'est aussi cela qui me retient et m'empêche de vous rendre éloges pour éloges. Je craindrais de vous déplaire et je sens en même temps que toutes mes facultés intellectuelles ne me suffiraient pas pour exprimer dignement les grands caractères et les impressions profondes que votre âme a gravées sur la mienne.

C'est un bien que je vous dois et dont je jouis tous les jours, car j'ai aussi tâché de me faire une égide contre le mal de l'absence. J'ai senti qu'il fallait pour cela séparer autant qu'il est possible l'existence de son âme de celle de son cœur; les mouvements du cœur dépendent de l'action des sens et tendent tous à l'amour, ceux de l'âme se bornent à la tendre amitié. Les premiers ont besoin d'être nourris, entretenus par la présence de l'objet adoré, les seconds s'exercent avec plus de force et sont même plus purs dans l'absence. Mais, pour jouir pleinement de ce bonheur, il faut encore la solitude et se dire, je ne suis seul que pour mieux aimer, que pour unir à tout instant mon âme avec la sienne.

Voilà mon illusion la plus chérie, ne la faites pas évanouir; un seul

---

(1) Marc-Aurèle, né en 121, mort l'an 180 avant J.-C. Un des plus grands empereurs romains par ses victoires et la sagesse de son gouvernement, auteur de *Maximes* et de *Pensées* qui l'ont placé au premier rang des philosophes de l'antiquité. Son *Éloge* est un des plus remarquables de Thomas.

nouveau trait qui partirait du cœur suffirait pour percer ma pauvre égide et me rendre insipide tout le temps que je dois encore passer loin de vous.

Cette lettre ne sera donc remplie que des affections de mon âme qui est toute à vous, mon adorable amie, et je ne puis y joindre que mes *vœux* avec mes tendres et respectueux hommages pour Mademoiselle et M. Necker qui se moquerait de moi si vous lui faisiez part de ma mauvaise métaphysique sur le bonheur de l'absence.

Nous parlerons une autre fois de mes grands confrères et de leurs petits ridicules; comme ils ont besoin d'amis, ils ont partagé leurs faveurs. Néanmoins, ils ne devaient pas mettre *Adèle* (1) en compagnie si bourgeoise, mais faire concourir les autres dans la vue très utile et peut-être nécessaire, de couvrir de la laine des moutons les nullités d'*Épinay* (2) et de nourrir du pain de Parmentier (3) les pauvres contes de *Berquin* (4).

BUFFON.

(Inédite. — Archives de Coppet. Communiquée par le vicomte d'Haussonville.)

(1) M^me d'Épinay avait pour concurrent M^me de Genlis, avec son roman d'*Adèle et Théodore*, publié en 3 volumes in-8° en 1782, réédité en 1783. Son échec dut lui être d'autant plus sensible qu'elle avait fait faire de pressantes démarches par son cousin, le comte de Tressan. D'un autre côté, l'intimité de Buffon avec M^me de Genlis lui faisait regretter qu'elle n'eût pas remporté le prix. Celle-ci se vengea dans son roman des *Deux réputations*, publié, en 1784, dans le troisième volume des *Veillées du château*.

(2) Louise-Florence de La Live d'Épinay, née en 1725, morte le 15 avril 1783, connue par sa liaison avec les hommes de lettres et les philosophes, notamment Grimm, Duclos, Diderot, d'Holbach, d'Alembert, Buffon, Jean-Jacques, pour qui elle avait fait construire l'*Hermitage*, près de sa jolie terre des Charmettes, dans la vallée de Montmorency, mais qui ne l'a payée que d'ingratitude, et par des nouvelles, des mémoires et une correspondance souvent rééditée avec Rousseau, Voltaire, Buffon, d'Alembert, Diderot, l'abbé Galiani, Richardson, Necker, etc. Elle a fait paraître, en 1752, *Mes moments heureux*, et, en 1758, *Lettres à mon fils*. Son livre, *Conversations d'Émilie*, composé pour sa petite-fille, M^lle de Belzunce, depuis M^me de Beuil, publié en 1781, avec une cinquième édition en 1788, a partagé avec Berquin, le 16 janvier 1784, l'année même de la mort de M^me d'Épinay, le prix de la fondation Montyon.

(3) Antoine-Augustin Parmentier, né en 1737, mort le 17 décembre 1813, populaire pour avoir introduit en France l'usage de la pomme de terre, à qui la reconnaissance publique aurait dû donner, suivant la proposition du ministre de l'intérieur, François de Neufchâteau, le nom de *parmentière*. Prisonnier à l'armée de Hanovre en 1759, réduit à se nourrir de pommes de terre, il résolut de combattre le préjugé qui en avait fait bannir l'usage en France, où elle avait été introduite du Pérou depuis le xv^e siècle. En 1780, il convertit la plaine infertile des Sablons en champ d'étude, obtint l'appui du ministre de Paris, Amelot de Chaillou et de Louis XVI, et gagna la cause de l'alimentation du peuple le jour où le Roi et son ministre parurent au bal de la Reine avec une fleur de pomme de terre à la boutonnière. Successivement pharmacien en chef des Invalides, inspecteur général du service de santé des armées, il a inventé un nouveau système de mouture et de panification et obtenu du gouvernement la création d'une école de boulangerie. On lui doit de nombreux mémoires et ouvrages utiles, et en particulier : *Le parfait boulanger*, 1778; *Instructions sur le moyen de suppléer à la disette des fourrages*, 1785; une *Dissertation sur la nature des eaux de la Seine*, 1787; un *Traité d'économie rurale et domestique*, 1790, 8 vol. in-8°. Membre de l'Institut en 1796; administrateur des hospices, il a été créé baron de l'Empire.

(4) Arnaud Berquin, littérateur, né en 1749, mort le 21 décembre 1791, surnommé *l'Ami*

# LETTRE DXLIV

## A FAUJAS DE SAINT-FOND.

Au Jardin du Roi, le 27 février 1784.

J'aime à lire vos ouvrages, monsieur; mais j'aime encore mieux vous voir, et, si vous voulez que nous prenions un arrangement au sujet de la collection des matières volcaniques (1) que vous vous proposez de remettre pour le Cabinet du Roi, il est nécessaire que je puisse sans délai en conférer avec vous. Comme je dîne tous les jours chez moi, vous pourrez me faire l'honneur de venir manger ma soupe (2) tel jour qu'il vous plaira; je serai enchanté de vous renouveler tous les sentiments d'estime et d'attachement avec lesquels j'ai l'honneur d'être, monsieur, votre très humble et très obéissant serviteur.

Le C<sup>te</sup> DE BUFFON.

(Appartient à M. de Faujas de Saint-Fond.)

*des enfants*, du titre de son principal ouvrage couronné en 1784 par l'Académie française, et qui a partagé le prix avec M<sup>me</sup> d'Épinay. Il avait débuté par des idylles, des romances, des légendes, dont la plus populaire est *Geneviève de Brabant*, et a collaboré quelque temps au *Moniteur universel* de Panckoucke. Ses œuvres complètes ont été réunies en 20 volumes in-18 en 1803.

(1) « Nous avons recueilli et rassemblé pour le Cabinet du Roi, dit Buffon dans l'*Histoire des minéraux*, une grande quantité de ces productions de volcans; nous avons profité des recherches et des observations de plusieurs physiciens, qui, dans ces derniers temps, ont soigneusement examiné les volcans actuellement agissants et les volcans éteints... M. de Saint-Fond a observé que le fer est très abondant dans toutes les laves, et que souvent il s'y présente dans l'état de rouille, d'ocre ou de chaux. Il m'a remis, pour le Cabinet du Roi, une très belle collection en ce genre, dans laquelle on peut voir tous les passages du basalte noir le plus dur à l'état argileux. »

(2) Buffon, dans l'intimité, employait volontiers les expressions les plus familières, et sa franche bonhomie ne dédaignait pas le langage bourgeois. Hors de ses heures de travail, il évitait de s'occuper de choses profondes. Aimant à causer et parfois un peu à rire, sa conversation était familière sans devenir néanmoins jamais négligée. Il appelait cela mettre son esprit au repos.

« Ses mots favoris, dit Hérault de Séchelles, sont *tout ça, pardieu.* Sa conversation paraît n'avoir rien de saillant; mais, quand on y fait attention, on remarque qu'il parle bien, qu'il y a même des choses très bien exprimées et que, de temps en temps, il y sème des vues intéressantes. »

« La conversation de M. de Buffon, dit de son côté M<sup>me</sup> Necker, a un attrait tout particulier. Il s'est occupé toute sa vie d'idées étrangères aux autres hommes; en sorte que tout ce qu'il dit a le piquant de la nouveauté. »

En effet, si la conversation sortait des bornes que Buffon lui avait assignées, il s'animait et, suivant une expression qui lui fut, dit-on, également familière, c'était alors *une autre paire de manches*; mais, dès qu'il s'apercevait de l'attention dont il était l'objet, il s'arrêtait brusquement en disant : « Pardieu, messieurs, nous ne sommes pas à l'Académie. » Et la

# LETTRE DXLV

## A M. DE REPAS (1).

Paris, ce 5 mars 1784.

J'ai reçu, monsieur, votre lettre en date du 26 février par laquelle je vois que mon intervention et prise-en-main par mon maître de forges ont été reçues, et qu'il a été accordé quinzaine à M. de La Guiche (2) pour représenter ses lettres patentes. Je doute, en effet, qu'il en ait, et il se peut que les forges d'Aisy (3) soient plus anciennes que les ordonnances qui prescrivent cette formalité; mais, en ce cas, les propriétaires de la forge d'Aisy auraient dû obtenir des lettres patentes pour confirmation de leur établissement, et il y aura de quoi batailler sur ce point, et, en général, il sera bon de traîner le procès en longueur, parce que nous sommes en possession de l'extraction des mines à Étivey (4), et que, d'après votre bon avis, monsieur, j'ai écrit qu'on eût à acheter, en mon nom, cinq ou six journaux de terre à mine dans le finage d'Étivey (5), et, qu'étant une fois propriétaire de ce ter-

conversation reprenait le ton facile et léger dont il n'aimait pas à la voir s'écarter à ses heures de repos.

Toutefois, quelles que fussent sa bonhommie, sa simplicité et sa familiarité dans sa conversation intime, M. le comte de Buffon n'invitait pas tout le monde à manger *sa soupe*, et la notice du P. Ignace rapporte à ce sujet cette piquante anecdote :

« M. de Buffon, revenant de son laboratoire, trouva dans son salon un inconnu qui lui dit qu'il n'avait pas voulu traverser Montbard sans le voir et lui demander de partager *sa soupe*. — « Monsieur, répondit Buffon, je ne donne ma soupe qu'à mes amis ou aux personnes qu'ils me présentent. » Et, sonnant un valet et lui remettant deux louis : — « Conduisez, lui dit-il, monsieur à l'auberge, et recommandez qu'on y ait bien soin de lui. » Ayant appris que ce voyageur attendait de l'argent qu'il ne recevait pas, il lui envoya cinq louis pour continuer sa route, sans même songer à s'enquérir de son nom. »

(1) Procureur de Buffon près le Parlement de Dijon, déjà nommé.

(2) Amable Charles, marquis de La Guiche, seigneur du Rousset, Sévignon, etc., né le 13 septembre 1747, colonel du régiment de Bourbon-cavalerie en 1775, fils de Jean, comte de La Guiche, lieutenant général en 1759, commandant de la province de Bourgogne, mort en 1770, et de Henriette de Bourbon. Il était propriétaire des forges et hauts fourneaux d'Aisy, exploités par M. Rigoley, correspondant de Buffon.

(3) Aisy-sous-Rougemont, nommé aussi Aisy-les-Forges, canton d'Ancy-le-Franc, arrondissement de Tonnerre (Yonne). Il y avait aussi, à trois lieues de Semur, Aisy-sous-Thil, qui avait appartenu aux Clugny, et dont Buffon parle également dans sa *Correspondance*.

(4) Les mines d'Étivey, entre Rougemont et Buffon, produisaient du minerai de fer; le marquis de La Guiche contestait à Buffon le droit d'extraction sur une partie de ce territoire.

(5) On lit, à la page 61 du *Livre manuel* de Buffon déjà cité : « Il m'appartient, au finage d'Étivay, deux journaux de terre que j'ai achetés pour en tirer de la mine de fer; et il m'appartient de même deux autres journaux de terre au finage de Villers et de Montfort, dont j'ai ci-devant tiré de la mine. » Et, au-dessous, d'une autre main que celle de Buffon : « Ce terrain, en friche, ne rapporte rien et n'est pas propre à grand'chose, étant sur la montagne de Villers; il est d'ailleurs épuisé de mine. »

rain, M. de La Guiche ne pourra pas m'en disputer l'usage ni l'extraction de la mine (1), et que, dans six journaux de cette terre, il y aurait de la mine peut-être pour plus de cent ans.

Au reste, je ne crois pas que l'établissement des forges d'Aisy soit antérieur à l'ordonnance de 1520 de François Ier (2), que vous avez pris la peine de rechercher. Mais, quand cela serait, je suis persuadé qu'il fallait des lettres de confirmation, s'il n'y en a point, pour le premier établissement.

Remerciez, je vous prie, monsieur, avec toute affection, M. Virely (3) que j'aime et estime très particulièrement. J'avoue que j'ai été un peu affligé lorsque j'ai vu qu'il s'était déclaré contre moi, et je suis enchanté de ce que cela n'est arrivé que par erreur.

J'ai l'honneur d'être, avec toute estime et tout attachement, monsieur, votre très humble et très obéissant serviteur.

Le Cte DE BUFFON.

(Inédite. — Collection Nadault de Buffon.)

(1) Quelque confiance que Buffon eût dans son droit, il n'en prenait pas moins, suivant une habitude constante de sa vie, ses précautions pour le cas où il perdrait son procès, et, tandis qu'il achetait un terrain à mines à Étivey, il faisait rechercher du minerai de fer dans les environs de Montbard.

« Il en découvrit quelques amas dans les fissures des rochers situés dans la zone à *A. Arbustigerus*, au sommet des plateaux. Nous avons exploré les restes de ces exploitations au sommet des montagnes qui dominent le cours de la Brenne et de ses affluents sur le coteau de Villers, au sud de Montbard ; derrière la forêt de Montfort et au bois de Grange, près de Saint-Remy. Le minerai remplissait des crevasses, aujourd'hui fort étroites, parce qu'il n'en reste que la partie inférieure ; mais, antérieurement à la dénudation, elles devaient présenter une plus large ouverture, arasée depuis. Cependant ces fissures doivent être encore profondes, suivant Courtépée, qui prétend que les fouilles de Buffon descendaient jusqu'à quatre-vingts pieds. Le minerai de fer plaqué aux parois des crevasses est composé d'un agglomérat de grains de fer hydroxydé ordinairement ronds, variant de la grosseur du mil à celle du chènevis, plus rarement à celle d'un pois, et reliés par un ciment rouge très riche en fer. Cette gangue, paraissant magnésienne en divers points, est très effervescente avec les acides. Au contact des parois des fissures, il s'est formé de nombreux cristaux d'aragonite jaunâtre et même rougeâtre à la surface. » (*Description géologique de l'Auxois*, par M. Collenot.)

(2) François, comte d'Angoulême, né à Cognac le 12 septembre 1494, mort le 31 mars 1547, à 53 ans, fils de Charles d'Orléans et de Louise de Savoie, père de Henri II, arrière-petit-fils de Valentine de Milan dont il a passé une partie de son règne à revendiquer l'héritage. Rival de Charles-Quint, successeur, en 1515, sous le nom de François Ier, de Louis XII, mort sans enfants mâles. Illustré par la victoire de Marignan, en 1515, et son mot à sa mère : « *Tout est perdu fors l'honneur* » après la défaite de Pavie, en 1525, par sa captivité, sa bravoure chevaleresque, sa clémence et son goût éclairé des arts et des lettres ; introducteur de l'art de la Renaissance en France.

(3) Simon Virely, avocat au Parlement, conseil des états de Bourgogne. Sa fille unique épousa, le 14 août 1789, Nicolas Quérot de Poligny, conseiller au Parlement.

—◇—

# LETTRE DXLVI

## AU MÊME.

A Paris, au Jardin du Roi, le 3 mai 1784.

J'ai reçu votre lettre, monsieur, et j'ai l'honneur de vous en envoyer une pour M. Adrian, afin de me conformer à l'usage des clients et marquer à son juge les égards convenables; car, après les motifs et les raisons que vous avez si bien exposés pour ma défense, je n'ai rien à ajouter, et je ne puis croire que les prétextes dont se sert M. de La Guiche puissent l'emporter sur le droit accordé à tout propriétaire de forges de prendre de la mine de fer partout où il en peut trouver, en dédommageant le possesseur du terrain, surtout lorsqu'il y en a beaucoup plus que le plus près voisin ne peut en consommer.

D'ailleurs, monsieur, vous pouvez mettre en avant que M. de La Guiche a des mines de fer dans sa terre de Rochefort (1), particulièrement dans le territoire d'Anières (2), et dans deux autres endroits de ses bois de Rochefort qu'on lui désignera s'il est nécessaire, et que par conséquent on pourrait lui faire interdire l'usage de celles d'Étivey, auxquelles il a moins de droit que moi, puisqu'elles sont de notre province.

Mon maître de forges a déjà acheté pour moi un journal de terre à mine à Étivey, et nous tâcherons d'en acheter encore d'autres. Je me recommande à vos bons soins, monsieur, et je vous prie de prendre auprès de M. Hébert, receveur des fermes, l'argent qui vous est nécessaire pour la suite de cette affaire qu'il faut toujours traîner en longueur parce que je me persuade que M. de La Guiche pourra sentir avec le temps l'injustice de ses prétentions.

J'ai l'honneur d'être avec toute reconnaissance et le plus véritable attachement, monsieur, votre très humble et très obéissant serviteur.

LE Cᵗᵉ DE BUFFON.

On est toujours et de plus en plus content de M. de La Forest (3), et j'espère que ce jeune homme, que vous avez élevé, vous donnera, monsieur, bien de la satisfaction.

(Inédite. — Bibliothèque de Dijon, fonds Baudot.)

(1) « Rochefort-sur-Brevon, à trois lieues et demie de Châtillon, treize de Dijon; trois étangs, deux belles forges et fonderie; le fer y est bon. On tire les fontes du fourneau de Maisey, à deux lieues et demie. » (Courtépée, *Description du duché de Bourgogne.*)

(2) Anières-en-Montagne (Côte-d'Or), arrondissement de Châtillon, canton de Laignes.

(3) De la famille Sylvestre de La Forest, alliée aux Leclerc et aux Nadault, qui a fourni

# LETTRE DXLVII

## A M. DE LA CHAPELLE (1).

Au Jardin du Roi, ce 11 mai 1784,

Je vous prie, monsieur, d'avoir la bonté d'informer notre respectable ministre (2) que M. Daubenton le jeune, garde et sous-démonstrateur au Cabinet d'histoire naturelle, demande sa retraite à cause de ses infirmités (3) qui ne lui permettent plus de remplir avec la même assiduité les fonctions de sa place.

Comme il a servi avec beaucoup de zèle et depuis trente-cinq ans, il me paraît bien juste de lui conserver ses appointements, qui sont de 3,000 livres par an. Je l'ai engagé à servir encore cette année. Ainsi, monsieur, vous pourrez dater son brevet de retraite pour la jouissance des appointements, à commencer au 1<sup>er</sup> janvier prochain. Il est porté pour 2,200 livres sur l'état des dépenses du Cabinet, et il a de plus une ordonnance de 800 livres sur le Trésor royal (4). Vous voudrez bien retirer cette ordonnance de 800 livres,

un maire à Montbard, des élus aux états généraux, un maître particulier des eaux et forêts, etc.

Henri-Sylvestre de La Forest, conseiller du Roi, maître particulier des eaux et forêts de l'Auxois, maire de Montbard, élu aux états généraux de Bourgogne pour la triennalité de 1712 à la place de Jean Nadault, avait épousé le 17 juin 1686 Françoise Nadault, fille de Jean Nadault, bailli de Fontenet, élu aux états généraux de 1677, maire de Montbard de 1666 à 1672. Françoise Naudault, née le 30 septembre 1661, mourut en 1772, âgée de cent onze ans; l'auteur de l'*Histoire naturelle* aurait pu la citer dans ce qu'il a écrit sur la longévité humaine.

Buffon écrira de nouveau, le 11 janvier 1786, au même : « M. de Tolozan a accordé, à ma recommandation et au mérite de M. de La Forest, 200 livres d'augmentation. Ce jeune homme auquel vous vous intéressez est en effet un très bon sujet qui remplit avec assiduité ses devoirs. »

(1) Bernard de La Chapelle, premier commis du ministère de la Maison du Roi jusqu'à la Révolution, constamment dévoué à Buffon et, à sa mort, aux intérêts de son fils, déjà plusieurs fois nommé.

(2) Le baron de Breteuil, ministre de la Maison du Roi depuis le 10 janvier 1784.

(3) Edme-Louis Daubenton, cousin germain et beau-frère de Louis-Jean-Marie Daubenton, collaborateur à l'*Histoire naturelle*, dont on a fréquemment rencontré le nom dans cette correspondance. Il fut un des plus dévoués auxiliaires de Buffon au Jardin du Roi, mais était atteint d'infirmités précoces, puisque, né le 12 août 1730, il n'était alors âgé que de cinquante-quatre ans.

(4) Ce que la correspondance de Buffon a de caractéristique et ce que nous nous sommes principalement appliqué à mettre en relief dans la première édition de ce recueil, c'est qu'en feuilletant ces pages intimes qui n'étaient pas destinées à la publicité, on recueille presque à chaque lettre des témoignages de son esprit de justice, de sa bonté, de sa simplicité, de sa générosité et de sa bienfaisance. C'est ainsi qu'ayant appelé près de lui au Jardin du Roi, dès l'âge de dix-neuf ans, Edme-Louis Daubenton, fils d'un maître-chirurgien de Montbard sans

et, de mon côté, je supprimerai les 2,200 livres sur l'état du Cabinet. De sorte que cette retraite ne coûtera rien aux finances de Sa Majesté.

Et, à l'égard de la personne qui lui succédera dans cette place, il nous reste une somme de 2,600 livres sur les 3,000 livres de feu M. l'abbé Bexon (1), et cette somme de 2,600 livres suffira pour les appointements du successeur de M. Daubenton. Ainsi, cet arrangement se fera sans augmentation ni diminution de finances, et je vous serai obligé de m'envoyer ce brevet de retraite dès que le ministre y aura donné son agrément.

J'ai eu l'honneur de le voir hier, et je lui ai fait l'ouverture du projet dont je vous ai parlé, monsieur, et qu'il a reçu avec bonté et comme ayant envie de m'obliger.

Le chevalier de Buffon, mon frère, ira jeudi à Versailles pour en conférer avec vous, ne pouvant y aller moi-même. C'est un homme sage et auquel je vous supplie de donner confiance, parce que je suis sûr qu'il n'en abusera pas. Je me recommande en tout ceci à votre amitié, et je vous prie d'être persuadé de toute ma reconnaissance et des sentiments du véritable et respectueux attachement avec lequel j'ai l'honneur d'être, monsieur, votre très humble et très obéissant serviteur.

Le C<sup>te</sup> DE BUFFON.

(Inédite. — Communiquée par M. Auguste du Coin, de Rouen.)

fortune, il lui faisait obtenir après trente-cinq ans de services une honorable retraite de 3,000 livres et y faisait ajouter une pension de 680 livres sur la cassette du roi. Mais, ne croyant pas que ce fût encore assez, il avait assuré un mois auparavant à Edme-Louis Daubenton et à sa femme, sur sa fortune personnelle, par contrat reçu chez M<sup>e</sup> Amable Boursier, notaire à Paris, le 6 avril 1784, une rente viagère de 1,000 livres, et il résulte d'une réclamation du 24 novembre 1793 de sa veuve, contre l'imposition de 3,000 livres à laquelle l'avait taxée le représentant du peuple Dubouchu, qu'elle jouissait alors d'un revenu de 8,278 livres.

(1) L'abbé Bexon, mort le 15 février 1784, à trente-sept ans. Ses appointements de 3,000 livres étaient indépendants des honoraires que lui remettait personnellement Buffon et dont il est question dans sa correspondance. Si nous n'avons pas retrouvé pour la mère et la sœur de l'abbé Bexon, comme pour Edme Daubenton et sa femme, un acte authentique de la libéralité de Buffon, nous pouvons cependant attester qu'il leur a constitué également chez le même notaire une rente viagère de 1,000 livres.

# LETTRE DXLVIII

## AU COMTE DE BUFFON FILS (1).

Montbard, le 14 juin 1784

Je suis très aise, mon cher fils, que le remède de M. Bousquet ait

(1) Le fils de Buffon était marié depuis cinq mois; il avait épousé, le 4 janvier 1784, à vingt ans, la fille du marquis de Cepoy, âgée de moins de seize ans, dont la famille était attachée au parti d'Orléans.

Marguerite-Françoise de Cepoy, qui a joué un rôle retentissant au Palais-Royal aux premières heures de la Révolution, était fille unique de Guillaume-François Bouvier de La Motte, chevalier, seigneur-marquis de Cepoy, officier aux gardes-françaises, gouverneur, grand bailli et capitaine des chasses des ville, château, bailliage et capitainerie de Montargis, chevalier de Saint-Louis, et petite-fille d'Anne de Beauharnais. Sa mère, Elisabeth-Amarante Jogues de Martinville, était veuve en secondes noces de Jean-Baptiste marquis de Castera, chevalier, maréchal de camp, chevalier de Saint-Louis.

Les jeunes gens, qui ne comptaient pas trente-cinq ans à eux deux, entraient dans la vie par la porte dorée qui n'était pas, hélas! celle par laquelle ils en devaient sortir.

Tout leur souriait, la jeunesse, la fortune, l'avenir, l'amour.

En effet, si la fille du marquis de Cepoy était, malgré son jeune âge, déjà célèbre par sa beauté, le fils de Buffon était cité comme un des plus beaux hommes de son temps pour sa noble physionomie, l'élégance de ses manières, la distinction de sa tournure et son habileté dans tous les exercices d'adresse. De leur côté, les parents avaient fait largement les choses, et, en dehors des riches cadeaux déposés dans la corbeille et dont l'énumération ferait rêver les jeunes mariées d'aujourd'hui, la future recevait une dot de 400,154 livres représentant, au taux actuel de l'argent, plus de 800,000 francs, dont 200,154 livres étaient apportées au contrat par l'abbé Émilien Bourdon, prêtre, vicaire général du diocèse de Mâcon, prieur commendataire du prieuré royal d'Hérival, qui les avait reçus à titre de fidéicommis du marquis de Castera (*). Buffon avait assuré à son fils une rente de 20,000 livres, avec un équipage et la faculté du logement pour lui et ses gens au Jardin du Roi et à Montbard.

Tout ce que Paris et Versailles comptaient de notabilités à la Cour, dans la politique, la diplomatie, l'art et les lettres, avait assisté à ce mariage. On y avait vu : M. et Mme Necker et leur fille, la future baronne de Staël; le vieux maréchal duc de Biron, doyen de l'armée française, colonel du jeune comte de Buffon; M. Amelot, ministre d'État; Malesherbes, le lieutenant de police Lenoir, les marquis de Montalembert et d'Amezaga, familiers de la maison de Condé, le marquis de Chastelux; le baron de Grimm, reporter des cours du Nord, les Daubenton et Jacques Varennes, compatriotes et amis d'enfance de Buffon; Mme de Clugny, veuve du contrôleur général des finances, la comtesse de Loréac, la baronne de Messey, le comte de Bissy, le comte de Milly, le vicomte de La Rivière, cousins et cousines du futur; l'ancien contrôleur général de Boulongue de Préminville, la comtesse Fanny de Beauharnais, la comtesse de Rose, tantes, cousins et cousines de la future, etc.

Une lettre, écrite par le fils de Buffon le lendemain de son mariage à Guéneau de Montbeillard, le constant ami de sa famille, trahit la joie intime dont cette union de son choix, qui devait si tristement finir, avait rempli son cœur chaud, confiant et aimant:

« Je suis content et heureux ; je vous écris pour vous le dire. Si vous étiez plus près de

(*) On verra plus loin qu'il n'y eut en réalité que 200,000 livres de versées.

réussi (1), et j'espérerais que la fièvre vous quitterait pour toujours, si vous pouviez vous modérer sur le manger et régler les heures de vos repas sans en faire d'intermédiaires.

Pour moi, je suis toujours tracassé, et souvent douloureusement, par des graviers gros ou petits, et j'en ai rendu hier six qui m'ont fait beaucoup souffrir. Je continue l'usage du savon et je ne bois pas d'autres eaux que celles de Contrexéville (2); je ne vois cependant pas le bien que ces remèdes me font; mais il faut bien obéir aux conseils des médecins, et M. Barbuot, qui m'est venu voir, veut que j'ajoute à cette boisson du pareira-brava (3), dont il dit avoir vu des effets merveilleux.

Je crois, mon cher ami, que vous ferez bien d'aller, le plus tôt que vous pourrez, voir M. le baron de Breteuil (4), et parler du roi de Suède (5). Vous

nous, je vous le raconterais. Je suis fâché que vous n'ayez pas vu ma jeune amie, vous l'aimeriez. Quoiqu'elle n'ait que quinze ans et demi, sa raison en a davantage, et ses talents contribuent à la rendre très aimable; mais, en me recueillant sur mon bonheur, je ne puis pas ne point songer aux vôtres. Homme excellent, sage et plus sage que tous ceux qui s'en vantent... n'avez-vous pas près de vous... ces malheureux à qui vous faites du bien, vos amis, votre cabinet et surtout cette femme si rare que vous savez apprécier et aimer et qui ressemble si peu à toutes celles qu'on voit? Est-ce que vous ne chantez plus votre chanson ? Je vous avertis que nous la chantons, nous ; que les trois couplets que vous y avez joints pour les jeunes époux sont charmants ; et qu'à force de les chanter je crois que notre cœur saura la chanson tout entière... »

(1) Le docteur François Bousquet fut membre de la Convention, vota la mort de Louis XVI et devint sous l'Empire inspecteur des eaux minérales des Pyrénées.

(2) L'abbé Bexon avait conseillé l'usage des eaux de Contrexéville à Buffon, qui lui écrivait le 23 juin 1783 : « Comme j'ai foi en ce que vous me dites des eaux de votre Lorraine, j'ai chargé M. Lucas d'en prendre deux bouteilles au magasin des eaux minérales pour que je puisse les goûter et savoir si je pourrai en supporter le goût. »

(3) On verra Buffon recourir successivement, mais sans résultat, à la limonade, au savon, aux émulsions, au lait, à l'eau de chaux conseillée par Camper, au pareira-brava, etc., pour se procurer un soulagement à ses maux. On lui avait proposé de le tailler en lui garantissant le succès de l'opération, à cause de son tempérament vigoureux ; mais la mort du frère Cosme, célèbre pour ces sortes d'opérations, et l'insuccès de celles tentées sur le maréchal de Muy et La Condamine, son ami, qu'il avait assisté à ses derniers moments, avaient déterminé son refus. « Il avait essayé, dit le chevalier de Buffon, quelques moyens de soulagement qui lui avaient été conseillés ; mais l'inutilité des remèdes ne parut ni l'étonner ni l'affliger, » et le chevalier Aude écrit à Mᵐᵉ Necker, le 31 juillet 1786 : « Depuis qu'il a cessé tout remède, il jouit mieux de sa belle existence. »

(4) Le baron de Breteuil, successeur de M. Amelot, ministre de Paris, ayant dans ses attributions le Jardin du Roi, précédemment nommé. (T. II, p. 177, note 1.)

(5) Gustave III Wasa, roi de Suède, né le 24 janvier 1746, mort assassiné le 29 mai 1792, fit deux voyages en France. Il y était avec le prince Charles, son frère, lorsqu'il apprit, le 2 mars 1771, la mort de son père et son avènement au trône ; il y revint sans s'être fait annoncer, le 7 juin 1784, sous le nom de comte de Haga.

« Lundi 7 de ce mois, — racontent les *Mémoires de Bachaumont*, — lorsque le comte de Haga est arrivé, le Roi ne comptait pas sur lui, et Sa Majesté était allée à la chasse à Rambouillet, où elle devait donner à souper à vingt-cinq seigneurs. La Reine lui dépêcha un courrier ; il n'avait pas ses voitures, il se fit ramener par un palefrenier, et prévint Monsieur, qui était du voyage de n'avertir de son départ qu'au moment du souper dont il ferait les honneurs à sa place, au moyen de quoi sa garde-robe resta à Rambouillet. Le Roi, rentré dans son appartement, n'avait pas de clefs, n'avait point de valets de chambre ; il

lui direz que le comte et la comtesse du Nord (1) étaient accompagnés de M. de Vergennes (2) lorsqu'ils sont venus au Jardin du Roi, et, qu'en mon absence M. d'Angiviller en fit les honneurs (3), M. Amelot étant indisposé. Vous lui marquerez le désir que j'aurais qu'il voulût bien accompagner, comme M. de Vergennes, le roi de Suède, s'il vient voir le Jardin et le Cabinet; l'établissement étant dans son département, il me semble que c'est à lui à en faire les honneurs, et alors il vous présenterait; sinon, vous ferez bien de vous faire présenter par M. d'Angiviller.

Vous direz en même temps à M. de Breteuil que ma santé m'a forcé de quitter Paris, et que je suis venu ici prendre des eaux et du repos, et tâcher de finir mes ouvrages. Vous assaisonnerez tout ceci de quelques politesses flatteuses, et vous vous conformerez exactement à ce qu'il vous dira; car, s'il marquait quelque répugnance à ce que M. d'Angiviller vous présentât au roi de Suède, il ne faudrait pas insister sur cela, et vous vous passeriez de cette présentation.

Adieu, mon très cher fils, je vous embrasse du meilleur de mon cœur.

(Cette lettre est d'un secrétaire; ce qui suit est de la main de Buffon.)

C'est en effet à M. de Breteuil à donner des ordres au Jardin du Roi et non à M. d'Angiviller (4) qui n'est rien là tant que j'y serai.

BUFFON.

(Collection Nadault de Buffon.)

fallut un serrurier et l'on appela les premiers venus pour habiller Sa Majesté. Ceux-ci, peu au fait, s'en tirèrent comme ils purent et d'une façon fort ridicule; en sorte que, quand le Roi vint chez la Reine pour trouver le comte de Haga, chacun eut peine à s'empêcher de rire; la Reine lui demanda s'il donnait bal ce soir-là et s'il avait déjà commencé la mascarade, ou s'il voulait donner au comte de Haga une idée de l'élégance française. Il avait un soulier à talon rouge, un autre à talon noir; une boucle d'or, une autre d'argent, et ainsi du reste. »

On rapporte que Marie-Antoinette ayant chanté un soir devant le roi de Suède avec une de ses dames d'honneur, la marquise de La Roche-Lambert, le roi interrogé aurait répondu « qu'il avait trouvé la voix de M<sup>me</sup> de La Roche-Lambert fort agréable, mais que Sa Majesté chantait bien *pour une reine.* »

Le lendemain de la date de cette lettre, 15 juin, Gustave III assista à une séance de l'Académie française pour la réception du marquis de Montesquiou, dont on disait:

> Montesquiou-Fezensac est de l'Académie;
> Quel ouvrage a-t-il fait? Sa généalogie.

Le roi dit, en voyant les portraits des académiciens, qu'il préférait cette tenture à la plus belle tapisserie des Gobelins.

Gustave III ne visita pas le Jardin du Roi; mais le fils de Buffon lui ayant été présenté par le baron de Breteuil, il l'entretint de son admiration pour son père et lui annonça l'envoi d'une riche collection de minéraux qui fut déposée au Cabinet du Roi à côté de l'envoi de Catherine II.

(1) Paul I<sup>er</sup> Federowitch et Marie Federowna, empereur et impératrice de Russie, précédemment nommés. (T. II, p. 110, note 4.)

(2) Le comte Gravier de Vergennes, ministre des affaires étrangères, déjà nommé. (T. I<sup>er</sup>, p. 38, note 3.)

(3) Voir t. II, p. 118, note 1.

(4) Buffon ne voulait pas que le comte d'Angiviller, qui avait fait deux ans auparavant,

# LETTRE DXLIX

## A MADAME NECKER.

Montbard, ce 20 juin 1784.

Je ne veux vous parler que de mes sentiments, mon adorable amie, je me tairai sur mes misères, et je me trouve encore heureux de ce que mes souffrances me laissent la tête libre et ne font qu'augmenter la tendresse de mon cœur.

Il est tout entier à vous, ma noble amie, et le tout ne vaut pas la portion que vous m'accordez dans le vôtre, quelque petite qu'elle fût, car je ne prétends pas à un partage égal, je ne veux que l'excédent après M. Necker; et, comme vous êtes aussi riche en vertus qu'inépuisable en sensibilité, vous pouvez encore, sans lui faire aucun tort, m'accorder assez pour faire ma fortune morale et les délices de ma vie.

Dites à ce grand et excellent homme que je l'estime et respecte plus que personne; mais ne lui dites pas que je vous aime encore plus que je ne puis l'aimer.

BUFFON.

(Archives de Coppet. — Communiquée par le vicomte d'Haussonville.)

❦

# LETTRE DL

## A ANDRÉ THOUIN.

Montbard, le 27 juin 1784.

Voilà, mon cher monsieur Thouin, une lettre que je vous prie de lire, et même de voir celui qui me l'écrit, et dont je ne connais pas les talents, mais

en son absence, les honneurs du Jardin et du Cabinet du Roi au comte et à la comtesse du Nord, fils et belle-fille de Catherine II, remplit le même rôle auprès du roi de Suède, et le ton sec de ce post-scriptum témoigne que ni le temps, ni les faveurs, ni l'érection de sa terre en comté, ni l'hommage d'une statue de son vivant, n'avaient calmé l'irritation et l'amer chagrin que ressentait Buffon de s'être vu enlever sa survivance.

Tandis qu'il est uni par une étroite amitié au marquis de La Billarderie dont il aime à s'entretenir avec l'abbé Bexon et Mme Necker, il garde le silence sur le comte d'Angiviller, frère du marquis, et, s'il prononce par hasard son nom, c'est avec des expressions moqueuses ou piquantes, et nous allons bientôt l'entendre protester une dernière fois en demandant à son lit de mort qu'on rende sa survivance à son fils. (Lettre au baron de Breteuil, du 13 février 1788.)

dont la proposition me paraît honnête (1), pourvu que cela ne nous constitue pas en dépense trop forte, car je ne voudrais pas donner plus de cinquante louis pour contribuer à l'exécution.

M. Lucas a dû vous dire que j'étais bien satisfait du compte que vous m'avez rendu des travaux, et vous me ferez grand plaisir d'y donner les mêmes attentions, car vous seul pouvez achever ce que nous avons commencé.

Une autre chose plus importante est une lettre que je reçois de M. Guillotte (2), sur laquelle je vous prie de me parler aussi librement que si nous étions tête à tête. Je suis d'avance très décidé à ne point donner de second pavillon (3) pour corps de garde, et même à détruire celui qui est auprès du laboratoire de chimie, et qui ne sert que de retraite aux cavaliers pour jouer et pour boire. Je pense que deux ou trois hommes qui seraient à vos ordres, comme le sieur Guessin, garderaient mieux nos plantes que toute la maréchaussée de Paris; mais, en même temps, comme MM. Guillotte servent depuis longtemps au Jardin, mon intention n'est pas de leur faire du tort, et je les conserverai sur le même pied, tant pour les cours d'anatomie, chimie et botanique, que pour le Cabinet. Vous voudrez bien me dire ce que vous en pensez en me renvoyant la lettre de M. Guillotte.

Vous devriez engager l'abbé Delaulne à envoyer à M. de La Chapelle (4) une note qui contienne les nouveaux faits d'insubordination (5) dans Saint-Victor. Je suis sûr qu'il en fera bon usage, et qu'il ne compromettra pas M. l'abbé Delaulne, d'autant que je l'ai prévenu sur cela avant mon départ.

Bonjour, mon cher monsieur Thouin. Je rends toujours du gravier, mais cela ne m'empêche pas de m'occuper.

Le C<sup>te</sup> DE BUFFON.

(Bibliothèque du Muséum.)

(1) Il s'agissait d'un projet analogue à celui dont Buffon remerciait, le 7 mai de l'année précédente, l'architecte de Beaubois. Nous avons cité, t. II, p. 157, note 1, un passage des *Mémoires de Bachaumont* rapportant que les travaux du Jardin du Roi étaient l'actualité du moment, et que le public et les curieux s'y portaient en foule. Il n'en fallait pas davantage pour surexciter l'imagination des faiseurs de projet.

(2) Guillotte, chef des gardes du Jardin, déjà nommé.

(3) Les deux pavillons de chaque côté de la grande grille, sur la place Walhubert, ancien quai Saint-Bernard.

(4) Premier commis du ministère de la Maison du Roi, souvent cité.

(5) Les moines de Saint-Victor, qui ne pardonnaient pas à Buffon leur expulsion, gardaient rancune à l'abbé Delaulne, leur prieur, d'avoir secondé ses vues.

# LETTRE DLI

## A MADEMOISELLE LE MASSON LE GOLFT (1).

A Montbard, ce 8 juillet 1784.

Votre *Balance de la Nature* (2), mademoiselle, est une nomenclature mieux sentie que celles de la plupart de nos savants en *us*, Linnæus (3), Wallérius (4), etc. Je n'en suis pas surpris, car le sentiment a toujours été l'apanage du beau sexe.

Vous y avez joint beaucoup d'instruction, et quand même vous vous seriez trompée quelquefois en prenant des apparences pour des réalités, il faudrait mettre encore ces méprises sur le compte du sentiment, puisqu'il n'est affecté que de ce qui frappe nos sens.

Recevez mes remerciements, mademoiselle, du cadeau que vous venez de me faire de votre ouvrage, et les assurances de l'estime respectueuse avec laquelle j'ai l'honneur d'être, mademoiselle, votre très humble et très obéissant serviteur.

Le Cᵗᵉ DE BUFFON.

(Inédite. — Bibliothèque de Rouen.)

(1) Marie Le Masson Le Golft, artiste, littérateur et savant, née le 25 octobre 1750, morte le 3 janvier 1826, une des femmes remarquables de second ordre, dont la notoriété n'a pas franchi les limites de leur ville natale ou de leur province. Née au Havre, elle ne l'a jamais quitté et lui a consacré ses principaux écrits : *Entretiens sur Le Havre* (1781), *Coup d'œil sur l'état ancien et présent du Havre* (1778), *Annales du Havre* (1778 à 1779). Elle a aussi publié des ouvrages d'histoire naturelle et de philosophie : *Esquisse d'un tableau général du genre humain* (1786) et un ouvrage de pédagogie : *Lettres sur l'éducation* (1788). Elle écrira de nouveau à Buffon le 22 février 1786.

(2) *La Balance de la nature* (1 vol. in-8°, 1784).

(3) C'est la seconde fois que nous entendons Buffon parler, dans sa correspondance, d'une manière peu bienveillante de Linné. (Voir T. Iᵉʳ, p. 356, lettre du 19 octobre 1777 au ministre Amelot, à propos de la *Flore française* du chevalier de Lamarck.)

(4) Jean Gottschalk Wallérius, né le 11 juillet 1709, mort le 16 novembre 1785, naturaliste, chimiste et géologue, professeur de chimie, de pharmacie et de métallurgie à l'université d'Upsal en 1750, compatriote et émule de Linné, aurait commencé dès l'âge de cinq ans à s'occuper d'histoire naturelle. Ses travaux embrassent la géologie, la minéralogie, la métallurgie, la chimie appliquée à l'agriculture, l'hydrologie, etc. On cite parmi ses principaux ouvrages : *De Principiis vegetationis*, 1751 ; *Mineralogia*, 1747 ; *Chemia physica*, 1760 (2 vol. in-8°) ; *Elementa metallurgiæ*, 1770 ; *Éléments d'agriculture physique et chimique*, 1766. Mais Wallérius et Linné n'ont donné que des notions imparfaites sur la géologie, dont Pallas, Saussure et Werner doivent être considérés comme les véritables pères.

# LETTRE DLII

## A DAUBENTON (1).

Montbard, le 18 juillet 1784.

J'avais reçu avis, mon très cher monsieur, qu'on devait incessamment m'envoyer de Vienne une demande pour le cabinet de Sa Majesté Impériale (2), et j'ai attendu cette demande avant d'avoir l'honneur de vous répondre.

Vous trouverez ci-joint la copie de cette demande, et, si nous pouvons la remplir en entier, nous enverrons sans hésiter celle des minéraux que vous me désirez pour le Cabinet du Roi. Mais si nous ne pouvons satisfaire qu'en médiocre ou petite partie à cette demande, je crois, mon très cher monsieur, qu'il faudra diminuer à proportion sur celle que nous leur ferons. J'attendrai sur cela vos bons avis, après quoi nous ferons partir les caisses et les lettres des Ministres pour recommander cet envoi.

M. d'Amezaga (3) a assisté, ces jours derniers, à l'inauguration de votre buste (4), accompagnée d'un grand souper de toute votre famille qui a été

(1) Louis-Jean-Marie Daubenton, collaborateur de Buffon, alors âgé de 68 ans, déjà nommé. Voir sa notice t. Ier, p. 52, note 3.

L'éminent et regretté Dr Vaussin, d'Orléans, dernier représentant de la branche des Daubenton de Montbard, possédait l'intéressante collection des lettres de Buffon à Daubenton, égarée par suite de l'obligeante communication qu'il en avait faite, et cette lettre, avec celle du 23 juillet 1780, communiquée par feu M. Le Serrurier, ancien conseiller à la cour de cassation (t. II, p. 23), est la seule que nous connaissions de Buffon à Louis-Jean-Marie Daubenton.

(2) Cette demande était adressée à Buffon, à titre de réciprocité, après le riche envoi que lui avait fait l'empereur Joseph II.

(3) Marquis d'Amezaga, d'origine espagnole, maréchal de camp du 10 février 1759, beau-frère de M. Amelot, admis dans l'intimité de la maison de Condé. Buffon, qui dit de lui dans l'*Histoire naturelle* « qu'il joignait à beaucoup de connaissances l'expérience de la chasse », obtint par son crédit des dons et des échanges avantageux entre le riche cabinet d'Listoire naturelle de Chantilly et le cabinet du Roi. Le marquis d'Amezaga assista comme ami au mariage de son fils.

(4) C'était une inauguration intime, en famille, du buste de Daubenton exécuté cette même année, dont nous possédons un bel exemplaire, et qui devait être suivie d'une inauguration publique à l'Académie de Dijon.

Le buste de Daubenton a été également placé, au commencement de ce siècle, au Muséum d'histoire naturelle en vertu d'un vote des professeurs. Cuvier et Vauquelin écrivaient, le 9 mars 1808, à sa veuve :

« L'administration du Muséum désire exposer aux yeux du public, à l'entrée de sa galerie d'anatomie comparée, le buste de l'homme à qui cette collection doit son origine et qui a tant illustré notre établissement en faisant faire à la science des pas si nombreux et si marqués. Elle tiendrait à honneur de le recevoir de vous, madame, qui avez partagé si longtemps avec votre illustre époux notre dévouement et nos respects. Ce serait un double titre d'intérêt pour ce monument, qui témoignerait à la fois nos sentiments pour Daubenton et ceux que vous conservez à ses collègues. »

aussi contente de lui qu'il a paru l'être de votre nièce (1) et de votre neveu (2) qui doit le retrouver à Dijon. Il lui a promis toute recommandation auprès de M. le prince de Condé (3).

Il n'y a guère que huit jours que je suis quitte des grandes souffrances que m'occasionnaient les gros graviers ; ils sont devenus plus petits et même il paraît qu'ils se ramollissent. Cela augmente ma confiance au savon, que je n'ai pas interrompu depuis deux mois et demi que j'ai commencé d'en faire usage.

Donnez-moi des nouvelles de votre bénigne goutte (4) dont cependant je désirerais bien que vous fussiez délivré. Faites aussi mes hommages à Mᵐᵉ Daubenton (5), et recevez les sentiments du très ancien et très sincère attachement avec lequel j'ai l'honneur d'être, mon très cher monsieur, votre très humble et très obéissant serviteur.

Le Cᵗᵒ DE BUFFON.

Vous me feriez plaisir, mon très cher monsieur, de chercher dans les ichtyologies l'indication du poisson dont on demande le nom par la lettre

Le 30 frimaire an XII, le conseiller d'État Fourcroy, directeur du Muséum, écrivait à son tour :

« J'ai présenté de votre part, à l'assemblée des professeurs du Muséum, le buste du citoyen Daubenton ; elle l'a reçu avec reconnaissance et je vous en fais ses remerciements. Depuis longtemps elle désirait le posséder, et le portrait de cet homme célèbre devait, en effet, décorer cet établissement, auquel il a rendu tant de services par ses longs et utiles travaux et à la gloire duquel il a tant contribué. Elle a arrêté qu'il sera placé dans la salle de ses séances où tous les professeurs reverront, avec autant de respect que de plaisir, les traits d'un collègue dont le souvenir sera toujours présent à leur cœur. »

Il existe une grisaille de Daubenton par Sauvage en 1785, gravée par Saint-Aubin, et un très beau portrait à l'huile, peint en 1791 par le chevalier Roslin, et qui, après avoir décoré, pendant toute la vie de la comtesse de Buffon, née Daubenton, le grand salon du château de Montbard avec les porraits du comte et de la comtesse de Buffon par Drouais, est maintenant la propriété de Mᵐᵉ veuve Vaussin.

Le 13 novembre 1866 a été inaugurée au Jardin d'acclimatation la statue en marbre et en pied de Daubenton par Godin, sur l'initiative de M. Drouyn de Lhuys, président de la Société d'acclimatation, parmi les fondateurs de laquelle M. Nadault de Buffon figure avec Isidore Geoffroy-Saint-Hilaire.

(1) Anne-Marie-Madeleine-Marguerite-Bernarde Boucheron, mariée depuis le 25 février 1772 à Georges-Louis Daubenton, précédemment nommé. (T. Iᵉʳ, p. 206, note 1.)

(2) Georges-Louis Daubenton, fils du frère de Louis-Jean-Marie, maire de Montbard depuis 1776.

(3) Louis-Joseph de Bourbon, prince de Condé, né en 1736, mort en 1818, gouverneur de la province de Bourgogne à la mort de son père, chef de l'armée de Condé, constructeur du palais Bourbon, père du duc d'Enghien, déjà nommé.

(4) Cuvier nous montre, dans ses *Éloges historiques*, Daubenton : « à quatre-vingts ans, la tête courbée sur sa poitrine, les pieds et les mains déformés par la goutte, ne pouvant plus marcher que soutenu par deux personnes, mais se faisant cependant conduire chaque matin au cabinet pour y présider à la disposition des minéraux. »

(5) Marguerite Daubenton, auteur du roman de *Zélie dans le désert*, cousine germaine de son mari. (Voir sa notice, t. Iᵉʳ, p. 110, note 3.)

ci-jointe qui m'a été adressée par M. le maréchal de Castries (1), auquel je serais bien aise de faire réponse.

(Inédite. — Communiquée par feu le docteur Vaussin, d'Orléans.)

—◇—

## LETTRE DLIII

### A MADAME NECKER.

Montbard, 29 juillet 1784.

Je viens de voir votre signature, mon adorable amie, et j'y ai porté mes lèvres après avoir lu la lettre que vous avez eu la bonté d'écrire à M^lle Blesseau (2).

Que ne puis-je les porter sur vos mains! je les baignerais de mes larmes, si cette expression de ma tendresse pouvait contribuer à votre santé.

J'en suis mille fois plus inquiet que de la mienne, et la manière dont vous en parlez, loin de me rassurer, augmente mes alarmes. Cependant, si ce n'est qu'un temps critique, vous vous rétablirez plus promptement peut-être que vous ne l'espérez, ma tendre amie, parce que je vous connais plus de pa-

(1) Charles-Eugène-Gabriel de La Croix, marquis de Castries, né le 25 février 1727, mort le 11 janvier 1801, s'est signalé dans presque toutes les batailles de la guerre de Sept ans, par son bouillant courage et ses succès, et en a rapporté de nombreuses et glorieuses blesures. Mestre de camp général de la cavalerie en 1759, maréchal général des logis de l'armée en 1762, commandant en chef de la gendarmerie, gouverneur général de la Flandre et du Hainaut, ministre de la marine en 1780, maréchal de France en 1783, il a honoré son administration par son désintéressement, sa fermeté et les progrès qu'il a fait faire à la marine. Député à l'Assemblée des notables en 1787, il alla demander un asile au duc de Brunswick, qu'il avait battu pendant la guerre de Sept ans. Le prince l'accueillit avec une grande distinction et lui fit élever à sa mort un monument digne de lui. Le maréchal de Castries fut un des chefs de corps de l'armée de Condé. Son fils unique était pair de France en 1842.

(2) C'était une attention délicate de la part d'une femme dont le moindre billet était recherché comme une faveur que d'avoir pris l'initiative d'une correspondance avec M^lle Blesseau, une fille du peuple, sans instruction, ancienne servante élevée par son inté- grité, son dévouement et son mérite à la fonction de gouvernante de la maison de Buffon qui n'avait jamais voulu avoir d'intendant.

Après que M^me Necker l'eut vue dans la maison de Buffon à Paris et à Montbard, sim- ple, honnête, dévouée, désintéressée et tenant admirablement sa maison; après qu'elle l'eut vue lui prodiguer ses soins de jour et de nuit, malgré une faible santé, elle écrivait à M^me Nadault : « Je pouvais bien m'attacher à cette aimable fille comme à une personne au-dessus de son état puisqu'elle m'a paru même au-dessus de l'humanité. » Et dans le même temps au fils de Buffon : « M^lle Blesseau m'a écrit une lettre qui aurait encore ajouté à l'estime que j'ai pour elle si cela eût été possible. »

Voir notice de M^lle Blesseau, t. II, p. 239, note 2, et sa lettre à M^me Necker du 24 mars 1785, dans les notes de la lettre de Buffon à la même du 10 mars, p. 270.

tience et de courage qu'à qui que ce soit et même qu'à moi, que souvent la douleur impatiente (1). Toutefois mes souffrances sont diminuées ; les graviers durs s'amollissent et diminuent de volume ; j'ai moins d'agitation pendant la nuit et je puis m'occuper quelques heures pendant le jour ; les plus heureuses sont celles que je passe en solitude, dans cette tour antique où ma noble amie s'est arrêtée. Je m'en rappelle à tout instant l'image ; je suis ses pas sur mes terrasses, et ces doux souvenirs font les délices de mon cœur (2).

Pardonnez mon barbouillage ; mes yeux et ma main me servent mal et mon cœur vous parlerait mieux que ma plume.

Donnez-moi l'espérance de vous revoir ici dans votre voyage de retour ; je compte rester jusqu'au commencement de novembre et peut-être plus, si la voiture m'incommode toujours autant.

Surtout, ma très chère amie, donnez-moi des nouvelles de votre santé, qui dépérit, dites-vous ; ce mot m'a pénétré de douleur et me donne encore de cruelles insomnies (3).

Adieu, ma grande et très respectable amie : je désire votre bonheur plus que le mien ; mais y a-t-il du bonheur quand la santé manque ? Il n'y a qu'une âme aussi sublime que la vôtre qui pourrait n'être pas malheureuse en souffrant.

Buffon.

(Inédite. — Archives de Coppet. — Communiquée par le vicomte d'Haussonville.)

(1) Buffon se calomnie, sans doute afin de rehausser le mérite de M^me Necker ; car nous savons, par les témoins de ses longues souffrances, qu'il les supporta avec une patience, une résignation admirables, un courage héroïque, sans que l'égalité de son humeur, sa douceur et la sérénité de son caractère en fussent altérées.

« Venant de passer seize nuits sans fermer l'œil et dans des souffrances inouïes qui duraient encore, raconte Hérault de Séchelles, il était frais comme un enfant et tranquille comme en santé. On m'assura que tel était son caractère. Toute sa vie, il s'est efforcé de paraître supérieur à ses propres affections. Jamais d'humeur, jamais d'impatience. »

Il dit plus loin : « De vives douleurs de pierre lui étant survenues, il a été obligé de suspendre ses travaux. Alors, pendant quelques jours, il s'est enfermé dans sa chambre, seul, se promenant de temps en temps, ne recevant qui que ce soit de sa famille, pas même sa sœur, et n'accordant à son fils qu'une minute dans la journée. J'étais le seul qu'il voulût bien admettre auprès de lui. Je le trouvais toujours beau et calme dans les souffrances, frisé, paré même. Il se plaignait doucement de sa santé. Il prétendait prouver, par les plus forts raisonnements, que la douleur affaiblissait ses idées. Comme les maux étaient continus ainsi que l'irritation des besoins, il me priait souvent de me retirer au bout d'un quart d'heure, puis il me faisait rappeler quelques moments après. Peu à peu les quarts d'heure devinrent des heures entières. »

(2) C'était le second séjour des Necker à Montbard ; on sent dans cette lettre de Buffon la vivacité émue d'un sentiment exalté par la présence de son amie dans la retraite de son choix.

(3) Nous avons montré Buffon perdant l'appétit et le sommeil, et cessant de travailler lorsqu'il est inquiet sur la vie de sa femme, et étant près d'une année à se remettre du chagrin de sa perte, et tombant malade de l'inquiétude que lui donne son fils. Voici maintenant, après l'époux et le père, l'ami qui perd de nouveau le sommeil à cause de l'inquiétude que lui donne la santé de celle qui fut, après sa femme et son fils, le plus grand et le plus constant attachement de sa vie.

# LETTRE DLIV

## A MADAME CHARRAULT DE CHAZELLES, DOUAIRIÈRE

Montbard, ce 30 juillet 1784.

J'ai reçu, ma très chère madame, la lettre pleine d'amitié que vous m'avez écrite au sujet de la tenue de votre petit enfant avec M^me Guéneau de Montbeillard (1).

Je serai enchanté de vous donner, ainsi qu'à M^me de Chazelles et à M. votre fils, cette marque de mon attachement.

Vous savez, ma très chère madame, que je suis incommodé et qu'il ne m'est pas possible d'aller en voiture. Mais vous, qui jouissez d'une si bonne santé, vous devriez venir nous voir après les couches de votre aimable fille; j'espère qu'elles seront heureuses et que nous donnerons notre nom à un enfant aussi beau qu'elle.

J'ai l'honneur d'être avec un très sincère et respectueux attachement, madame, votre très humble et obéissant serviteur.

LE C^te DE BUFFON.

(Inédite. — Appartient au comte Perrot de Chazelles.)

--◇--

# LETTRE DLV

## A MONSIEUR MATHON DE LA COUR (2).

A Montbard, le 3 août 1784.

Vous savez, monsieur, mettre autant de bonté dans vos procédés que d'âme dans vos expressions.

(1) Voir plus loin la lettre de Buffon du 7 novembre 1784 à M^me Guéneau de Montbeillard (p. 254).

(2) Charles-Joseph Mathon de La Cour, né le 6 octobre 1738, mort sur l'échafaud le 15 novembre 1793, fils du mathématicien de ce nom, beau-frère du poète Lemierre, lauréat de l'Académie des inscriptions en 1767, lui-même financier et mathématicien, et, de plus que son père, littérateur et poète, fondateur de la Société philanthropique de Lyon et du lycée, auteur de l'*État des finances de la France* (1758), et d'ouvrages variés : l'*Opéra d'Orphée et d'Eurydice*, en 1765; *Lettres sur le Salon de 1763, Lettres sur les Rosières*, en 1781, etc. Il distribuait sa grande fortune aux pauvres et aux artistes ; quand elle était insuffisante, il empruntait pour donner.

Votre lettre m'a sensiblement touché, et j'étais bien éloigné de penser que vous aviez retenu un propos (1) sur lequel je n'ai point appuyé et dont je n'ai pas prétendu me glorifier.

Cependant, il est très vrai que je n'ai jamais demandé aucune place académique, et que j'ai été élu à l'Académie française sans avoir fait de visites et même sans y penser, car j'étais absent; et ce ne fut que quatre mois après ma nomination que je retournai à Paris, pour la réception.

J'entre dans ce détail afin que votre illustre compagnie ait moins de regret d'avoir changé son usage en ma faveur (2). Je voudrais pouvoir en

(1) Mathon de La Cour rappelait ce propos à Buffon dans une lettre du 23 juillet 1784 : « Je ne sais si vous vous souviendrez qu'un jour où j'avais l'honneur d'aller vous faire ma cour avec M<sup>me</sup> la comtesse de Beauharnais (*), cette dame, nouvellement associée à l'Académie de Lyon, vous demanda si elle n'était pas votre confrère ; vous lui répondîtes que non ; vous eûtes la bonté d'ajouter que vous auriez été flatté d'être associé à notre Académie, l'une des plus distinguées des provinces, et dont vous estimiez plusieurs membres ; mais que vous étiez de presque toutes celles de l'Europe et que vous ne l'aviez demandé à aucune, pas même à l'Académie française. »

(2) Buffon répondait à ce passage de la lettre de M. Mathon de La Cour : « L'Académie, vous jugeant au-dessus de toutes les règles, vous a élu d'une voix unanime. Elle m'a chargé de vous témoigner qu'elle aurait eu l'honneur de vous offrir ce titre plus tôt, si elle avait osé se flatter que vous voulussiez bien l'accepter. Depuis près d'un siècle que cette Académie existe, vous êtes le premier qui ayez été nommé son associé sans une demande expresse. » L'honnête et savant Dupont de Nemours, élu à la place de Buffon à l'Académie de Lyon, dit : « Je suis effrayé de succéder à un si grand homme dont le génie embrasse toute la nature. »

(*) Françoise-Marie de Chaban, comtesse de Beauharnais et des Roches-Baritaut, connue sous le nom de Fanny de Beauharnais, née en 1738, morte le 2 juillet 1813, a publié son premier recueil en 1772, des poésies et des pièces de théâtre : *l'Amour maternel* (1773), *l'Aveugle par amour* (1781), *les Amants d'autrefois* (1787), et la même année *la Fausse inconstance*, accueillie aux Français par une cabale puissante, qui ne lui permit pas de reparaître au théâtre, et une ode : *Aux Incrédules*, dédiée à Buffon, etc., qui l'appelait familièrement *sa fille*, comme la comtesse de Genlis.

« Le dimanche, dit Humbert Bazile, était jour de réception au Jardin du Roi. Un soir que je m'y trouvais, la porte s'ouvrit avec fracas, et l'huissier annonça la comtesse Fanny de Beauharnais. Elle avait une coiffure de plus de dix-huit pouces de haut avec plumes, pierreries, aigrettes et sujets en porcelaine. Sa robe, soulevée sur les hanches par un vaste panier, était couverte de dentelles. Elle agitait un éventail ; Lemierre et La Harpe la suivaient. M. de Buffon vint à sa rencontre et la conduisit à un divan, qui disparut sous l'ampleur de ses paniers. Elle parla des prix académiques pour lesquels elle allait concourir et des compliments qu'elle venait de recevoir pour des couronnes remportées à l'Académie de Lyon. Elle ne recevait à sa table que des gens de lettres ; mais ses dîners étaient servis avec parcimonie. » La liaison de la comtesse Fanny de Beauharnais avec Dorat et Cubières a fait dire qu'ils écrivaient ses livres et que sa douleur à la mort de Dorat lui avait fait perdre l'esprit.

Ni Rivarol ni Lebrun ne lui ont ménagé les épigrammes ; cependant Lebrun écrivait à Palissot, après avoir soupé avec elle au Jardin du Roi : « Le hasard m'a fait souper deux fois de suite avec M<sup>me</sup> de Beauharnais. Je l'ai trouvée la meilleure femme du monde, très élégante, mais sans prétention. Elle m'a très peu parlé de Dorat, m'a accablé de prévenances, et j'ai promis d'aller la voir. »

Ceux qui ont attaqué les travers de la comtesse Fanny de Beauharnais ont oublié sa bienfaisance ; en possession d'une grande fortune, elle l'employa constamment à faire le bien et à venir en aide aux artistes et aux gens de lettres pauvres.

Mariée en 1753 à l'oncle du général vicomte de Beauharnais, allié par la marquise de Cepoy, née Anne de Beauharnais, à la femme du fils de Buffon, tante de l'impératrice Joséphine, marraine de la reine Hortense, elle figure parmi les parents au mariage du fils de Buffon, et cette alliance avait rendu plus intimes ses relations avec le Jardin du Roi. Elle a connu à la cour de la reine Hortense le baron de Boucheporn, fils de l'ancien avocat général au Parlement de Metz, dernier intendant de la Corse, sur le point de devenir ministre de Louis XVI, et lui-même chambellan de la reine Hortense, préfet du palais de Napoléon I<sup>er</sup>, et la baronne de Boucheporn, sous-gouvernante des enfants de Hollande, première institutrice de Napoléon III, aïeul maternel de l'auteur de ces notes.

remercier tous les membres, chacun en particulier, et je les supplie de disposer de moi comme d'un confrère auquel ils ont fait une faveur signalée.

Recevez aussi, monsieur, tous mes remerciements et les assurances de la véritable estime et du tendre et respectueux attachement avec lequel j'ai l'honneur d'être, monsieur, votre très humble et très obéissant serviteur.

LE C<sup>te</sup> DE BUFFON.

Publiée dans l'histoire de l'Académie de Lyon.)

—◇—

# LETTRE DLVI

## A MADAME NECKER.

A Montbard, le 4 août 1784.

Ma noble amie,

Il faut que je renonce à vous écrire de ma main, car elle me tremble tant que votre image accompagne ma pensée, et je suis encore honteux du barbouillage de la lettre que j'ai essayé de vous écrire le 29 du mois dernier (1). Je l'ai encore adressée directement à Lausanne; mais j'ai vu par celle que vous avez eu la bonté d'écrire à M<sup>lle</sup> Blesseau, et qu'elle a reçue avant-hier, 2 de ce mois (2), qu'en passant par Paris, elles vous arrivent plus tôt. J'adresse donc celle-ci rue Bergère (3), pour vous remercier plus promptement de l'avis que vous me donnez du projet du prince Henri (4). Je serai enchanté de le recevoir. M. de Grimm en avait dit quelque chose à mon fils;

---

(1) Il lui dit en effet, dans sa lettre du 29 juillet, p. 236 : « Pardonnez mon *barbouillage*; mes yeux et ma main me servent mal, et mon cœur vous parlerait mieux que ma plume. »

(2) On a pu remarquer que six jours auparavant, le 29 juillet, Buffon parle déjà à M<sup>me</sup> Necker d'une lettre qu'elle a écrite à M<sup>lle</sup> Blesseau, lettre qui ne peut être la même que celle que M<sup>lle</sup> Blesseau a reçue le 2 août, ce qui semble indiquer une correspondance suivie, toute à l'honneur de M<sup>me</sup> Necker, entre la femme du premier ministre et l'ancienne servante, gouvernante de la maison de Buffon.

(3) L'hôtel des Necker était rue Bergère.

(4) Frédéric-Henri-Louis, prince de Prusse, troisième fils de Frédéric-Guillaume, frère de Frédéric le Grand, né le 18 janvier 1726, mort le 3 août 1802, se signala à la tête des armées prussiennes, notamment à Breslau en 1760, et à Freyberg en 1762. Aussi habile négociateur que grand capitaine, un instant désigné pour le trône de Pologne, il aimait la France, où il vint au mois de mai 1784, sous le nom de comte d'Oels, pour empêcher l'alliance avec l'empereur d'Allemagne Joseph II. Il revint en 1788 à Paris, avec l'intention d'y fixer son séjour, mais il en fut empêché par la Révolution.

Voir lettres du 18 août au président de Ruffey, et des 20 septembre 1784 et 1<sup>er</sup> juillet 1785 à M<sup>me</sup> Necker. (P. 214, 251 et 256, à la fin de ce volume.)

16

11.

mais j'attendais des nouvelles plus précises, et, sans doute, M. de Grimm m'avertira de son arrivée, car je crois qu'il doit l'accompagner jusqu'ici (1). Un prince spirituel et instruit, qui est en même temps le plus grand capitaine, est vraiment un phénomène rare, que je considérerai avec autant de plaisir que de respect, et, ce qui m'en plaira encore davantage, c'est que je m'entretiendrai de vous et que je dirai : « M<sup>me</sup> Necker est ma meilleure amie, et la personne de l'univers que j'estime le plus. » Je n'oserais dire que je vous adore, parce que je n'en suis pas assez digne.

Je voudrais que ce grand prince vînt dans le courant de ce mois, parce que je suis à peu près seul, et que mes enfants doivent m'arriver avec M<sup>me</sup> de Castera (2) dans le commencement de septembre. Mais, en quelque temps qu'il me fasse cet honneur, je tâcherai qu'il soit content de moi (3).

Vous avez la bonté, ma tendre amie, de demander si j'ai terminé avant mon départ quelques-unes des affaires dont je vous avais fait part.

Non, j'ai tout laissé ; et j'ai bien fait de tout sacrifier au désir que j'avais de rétablir ma santé, car je suis très sensiblement mieux, et je commence à espérer un presque entier rétablissement. D'ailleurs vous avez répandu la joie dans mon cœur, et ce sentiment est une source de vie.

Vous viendrez, dites-vous, chère amie, me voir dans ma retraite ; j'y resterais toute ma vie si je savais vous y posséder, et c'est encore à ce plaisir que je sacrifierais toute affaire.

On me mande de Dijon que j'aurai dans quelques jours la visite de l'abbé de Bourbon (4), et je n'en serai pas fâché, car j'aimais son père, qui, bien que roi, était un homme aimable. J'ai eu aussi des billets de visite et d'adieu du comte de Haga (5).

(1) C'est ce qui eut lieu en effet. Le baron de Grimm accompagna le prince à Montbard.

(2) Élisabeth-Amarante Jogues de Martinville, belle-mère du fils de Buffon, veuve du marquis de Cepoy, chevalier de Saint-Louis, et du marquis de Castera, maréchal de camp, également chevalier de Saint-Louis.

(3) On recueillera, dans une lettre de Buffon du 20 septembre à M<sup>me</sup> Necker, p. 251, des témoignages non équivoques de la satisfaction que le prince Henri rapportera de sa visite à Montbard.

(4) Louis, abbé de Bourbon, fils de Louis XV et de M<sup>lle</sup> de Romans, depuis M<sup>me</sup> de Cavanac, fut le seul des enfants de Louis XV qui fut autorisé à porter le nom de Bourbon par ce billet de la main du roi : « M. le curé de Chaillot, en baptisant l'enfant de M<sup>lle</sup> de Romans, lui donnera le nom de Louis de Bourbon. » Le visage de l'abbé de Bourbon, qui était très beau, rappelait celui de Louis XV ; admis dans l'intimité de la famille royale, on lui destinait le chapeau de cardinal, l'abbaye de Saint-Germain-des-Prés et l'évêché de Bayeux lorsqu'il mourut jeune, à Rome, de la petite vérole.

L'histoire de M<sup>lle</sup> de Romans, séduite par Louis XV à moins de quinze ans, est aussi touchante que romanesque. D'une rare beauté, mère à seize ans et ayant perdu en même temps la raison, on la rencontrait au bois de Boulogne, promenant dans une bercelonnette d'osier enrubannée son enfant, qu'elle entourait des honneurs royaux.

(5) Gustave III Wasa, roi de Suède, qui venait de quitter la France, où il voyageait sous le nom de comte de Haga, avait tenu à exprimer par écrit à Buffon ses regrets de ne l'avoir pas rencontré à Paris.

Je ne vous fais cette gazette que parce que vous prenez plus d'intérêt que moi-même à ma gloire, et j'en suis, je vous l'avoue, plus embarrassé qu'enorgueilli, et mon plus beau fleuron, c'est d'avoir fait la conquête de vos sentiments qui font et feront toujours le bonheur de ma vie.

Mille respects et tendresses à M. Necker et à votre charmante enfant. Je voudrais vous embrasser tous trois, ou du moins vous exprimer combien je vous suis dévoué.

BUFFON.

(Archives de Coppet. — Communiquée par la baronne de Staël.)

—✧—

# LETTRE DLVII

## A ANDRÉ THOUIN.

Montbard, le 4 août 1784.

Je vous suis obligé, mon cher monsieur Thouin, de vos utiles démarches auprès de M. Lenoir (1). Nous ne pouvons pas douter de sa bonne volonté; mais des trois choses dont vous lui avez parlé, celle de l'acquisition des terrains (2) est la plus pressée, et il faudra dans quinze jours le solliciter de nouveau, et faire dire à MM. les entrepreneurs des voitures de le solliciter aussi pour l'engager à rapporter cette affaire à M. le Contrôleur général (3). Je suis persuadé qu'il ne s'y refusera pas, et, cette décision une fois rendue,

(1) Jean-Charles-Pierre Lenoir, lieutenant général de police, déjà nommé. (T. II, p. 20, note 2.

(2) Les terrains qui longent la rue Cuvier, occupés alors par l'hôtel Magny, devenu un dépôt des fiacres de Paris.

(3) Charles-Alexandre de Calonne, né le 20 janvier 1734, mort le 29 octobre 1802, fils d'un premier président du Parlement de Douai, successivement avocat général au Conseil provincial d'Artois, procureur général au Parlement de Douai, maître des requêtes en 1763 et en cette qualité procureur général de la commission pour le procès de La Chalotais. Intendant de Metz en 1768 et ensuite de Lille, successeur de d'Ormesson au contrôle général des finances à la mort de Maurepas, du 3 novembre 1783 à mai 1787, auteur de la convocation des notables qui a causé sa disgrâce, il a eu pour successeur le cardinal de Loménie de Brienne. Soutenu par Vergennes, attaqué par Miromesnil, Breteuil et Necker, il fut accusé par l'opinion publique de déférer aveuglément aux caprices de la cour; on citait sa réponse à une demande de Marie-Antoinette : « Si c'est difficile, c'est fait; si c'est impossible, nous verrons. » Catherine II lui écrivit à Londres, où il s'était retiré après sa disgrâce : « Les ennemis de la France doivent se réjouir de votre retraite, ses alliés doivent s'en affliger; par cœur et par caractère, j'aime les grandes choses et les grands hommes. » Après avoir écrit sa justification, de nombreuses lettres et mémoires au Roi et des réfutations des opérations de ses successeurs Brienne et Necker, et *Considérations sur les finances de la France*, Calonne fut, à la Révolution, un des agents les plus actifs de l'émigration, et fit pour servir sa cause de nombreux et périlleux voyages en Allemagne, en Italie, en Russie.

je prendrai mes arrangements pour en obtenir le payement. Cependant il serait bon que le projet de l'arrêt du Conseil me fût communiqué d'avance, comme M. Guillemain a bien voulu vous le promettre.

A l'égard du procès (1) je ne doute pas que le jugement favorable n'intervienne dès que M. Lenoir voudra s'en occuper, et je trouve qu'il a bien fait de renvoyer le projet de M. de Beaubois (2) au temps où le nouveau prévôt des marchands (3), qui est en effet zélé pour le bien public, pourra le faire valoir.

Vous me donnez un très bon avis au sujet du puits qui est dans les caves de mon logement, et que j'ignorais. Il sera très utile, si on peut y appliquer une pompe pour faire monter l'eau dans les cuisines et offices. Je vous prie de concerter ce projet, qui est bien le vôtre, avec M. Verniquet, et le sieur Lucas pourra y faire placer cette pompe et les accessoires pendant qu'on y travaille.

J'ai reçu vos états de dépense, et je vois que vous conduisez nos travaux avec toute l'intelligence et la prudence possibles ; votre rendu compte de l'emploi du temps est si nettement présenté, que je vois les choses comme si j'y étais.

Je vous prie de remettre ou faire remettre à M. Dufourny de Villiers, architecte, la lettre ci-jointe, afin qu'il ne m'importune plus de ses beaux projets auxquels il n'est pas possible de penser surtout actuellement et auxquels même je ne dois concourir dans aucun temps. Je lui marque que, comme administrateur du Jardin du Roi, je ne dois y faire que ce qui m'est ordonné par Sa Majesté et approuvé par ses ministres et que je ne puis consentir à aucune dépense qui aurait trait à ma gloire personnelle, ne m'étant même point du tout mêlé de la statue (4) qu'on a bien voulu m'ériger. Et, en effet, je ne veux pas qu'on ait à me reprocher que j'aie rien fait pour moi personnellement, et c'est la vraie raison qui fait que je ne puis obtempérer aux demandes de M. Dufourny.

Ma santé va de mieux en mieux ; les graviers commencent à s'amollir, et cela me fait bien augurer de l'usage du savon, que je continuerai constamment. Il ne me reste que des maux de reins, mais assez sourds, et des irri-

(1) Le procès des demoiselles Bouillon.

(2) Voir la lettre du 7 mai 1783 à M. de Beaubois (p. 180).

(3) Joseph-Claude Lepelletier, petit-fils de Claude Lepelletier, prévôt des marchands en 1668, successeur de Colbert au contrôle général des finances de 1683 à 1689, auteur d'ouvrages de droit, devint à son tour prévôt des marchands en 1784. De la famille des Lepelletier de Saint-Fargeau, d'Aunay et de Morfontaine.

(4) Trois autres statues en pied ont été érigées à Buffon : une en bronze, due au ciseau de Dumont de l'Institut en 1854, élevée à Montbard par une souscription nationale le 8 octobre 1865 ; une autre par Deligrand en 1849, qui décorait l'aile nord de la façade de l'ancien Hôtel de ville, mais que le nouveau conseil municipal de Paris n'a pas cru devoir y maintenir ; une autre en 1855 par Oudiné, sur la façade du midi du nouveau Louvre, cour du Carrousel. (Voir sur les statues de Buffon, t. Ier, p. 334, note 1.)

tations plus supportables. Mon plus grand mal est l'insomnie; je n'ai pas une bonne nuit sur quatre (1), mais cela ne m'empêche pas de m'occuper pendant le jour.

Le roi de Suède est donc parti sans voir votre jardin, car j'ai reçu ses billets d'adieu, et j'aurai ici incessamment le prince Henri de Prusse.

Adieu, mon très cher monsieur Thouin, ne doutez pas, je vous prie, de tous mes sentiments d'attachement et d'amitié.

Le C<sup>te</sup> DE BUFFON.

(Bibliothèque du Muséum.)

# LETTRE DLVIII

## AU PRÉSIDENT DE RUFFEY.

Montbard, le 18 août 1784.

Votre muse est comme votre santé, mon cher Président; elles ne vieillissent pas, et je crois de bonne foi que vos vers étaient encore ce qu'il y avait de mieux dans cette séance académique où M. le comte d'Oels (2) s'est fait

---

(1) Le chevalier de Buffon et le bailli de Virieu, ministre de Parme en France, attestent l'un et l'autre que, dans les derniers temps de sa vie, Buffon avait presque entièrement perdu le sommeil. « Le sommeil, dit le premier, l'avait abandonné pendant les trois dernières années de sa vie. » — « Depuis un an surtout, rapporte le second, il avait perdu le sommeil au point de ne pouvoir fermer les yeux que quelques minutes, ce qui lui fit dire un jour : « Je commence presque à croire que le sommeil n'est pas nécessaire à la vie des « animaux. » (Voir à la fin de ce volume.)

(2) Le prince Frédéric-Henri-Louis de Prusse, connu sous le nom de prince Henri, s'était arrêté à Dijon à son retour de Montbard.

Pendant sa visite, il avait comblé Buffon de ses prévenances et des marques de son respect. Buffon, malade, n'ayant pu accompagner le prince dans la visite de ses jardins, en avait chargé M<sup>me</sup> Nadault, qui eut, au sujet des pièces d'artillerie provenant du château de Quincy et du canon se chargeant par la culasse inventé par Buffon l'heureux à-propos rapporté à la note 3 de la page 186 du tome I<sup>er</sup>.

Devant le cabinet de travail de Buffon, le prince se découvrit comme devant un lieu consacré, et, sans vouloir en franchir le seuil, il le baptisa du nom de *berceau de l'histoire naturelle*. M<sup>me</sup> Nadault ayant lu le soir au salon l'article du cygne, Buffon reçut l'année suivante un riche cabaret en porcelaine de Saxe, avec cuillers et plateau d'or, où était peinte l'histoire du cygne.

« Il était venu passer un jour à Montbard, dit Hérault de Séchelles; il avait traité M. de Buffon avec un grand respect, et, sachant qu'après son dîner il avait coutume de dormir, il s'était assujetti à ses heures. Il venait de lui envoyer un service de porcelaine dont lui-même avait donné les dessins et où les cygnes sont représentés dans toutes les attitudes. »

« Le prince Henri de Prusse, dit de son côté le chevalier Aude, après avoir dîné avec lui à Montbard, où il devait coucher s'il n'eût pas reçu de nouvelles qui l'obligèrent de partir, entendit la lecture de l'histoire du cygne; il en témoigna sa satisfaction..... et, de retour à Berlin, son premier soin fut d'envoyer à Montbard un déjeuner de porcelaine de

un plaisir d'assister. Cet homme, quoique du sang des rois (1), a plus d'esprit et de connaissances qu'il n'en faut pour faire la réputation de plusieurs particuliers, fussent-ils académiciens, et il a en même temps assez de gloire pour faire la célébrité de plusieurs princes. Joignez à cela une très grande amabilité, et beaucoup de zèle pour l'avancement de nos connaissances en tout genre.

Si vous êtes obligé de garder la terre de Montfort, j'en tirerai un produit que j'estime plus que la terre : c'est celui de vous voir souvent ici, et de vous renouveler à mon aise tous les sentiments de l'ancien et tendre attachement avec lequel je serai toute ma vie, mon cher Président, votre très humble et très obéissant serviteur.

BUFFON.

(Inédite. — Appartient au comte de Vesvrotte.)

—◇—

# LETTRE DLIX

## AU MARQUIS DE CHASTELLUX (2).

Montbard, 20 août 1784.

L'espérance que vous me donnez, monsieur le marquis, de venir visiter mes jardins solitaires me cause une véritable joie.

Saxe de la plus grande beauté, composé de plusieurs tasses et théières, etc., sur lesquelles sont peintes en émail toutes les attitudes du cygne. »

Buffon a légué à M<sup>me</sup> Necker, par son testament du 4 décembre 1787, le cabaret du prince Henri, qui est à Coppet avec ses lettres.

Lorsque le prince revint en France en 1778, sa première démarche publique fut pour assister à la séance de rentrée de l'Académie des sciences où Condorcet prononça l'éloge de Buffon.

« Le prince Henri de Prusse, après la messe rouge, dit un document diplomatique cité à la fin de ce volume, assista à la rentrée de l'Académie des sciences. M. le marquis de Condorcet, prévenu de son arrivée, trouva le moyen, en parlant de l'impératrice de Russie dans l'éloge de feu M. le comte de Buffon, de faire l'éloge du prince prussien qui, par modestie, feignit de croire que c'était un autre que lui que l'Académie louait. »

(Voir lettres des 4 août et 20 septembre 1784 et 1<sup>er</sup> juillet 1785 à M<sup>me</sup> Necker, p. 240, 251 et 286.)

(1) Cette expression : « Cet homme, quoique du sang des rois, » mérite d'être relevée, pour la rapprocher de celle que Buffon emploie quinze jours auparavant dans la lettre du 4 août, où il dit à M<sup>me</sup> Necker en lui annonçant la visite de l'abbé de Bourbon, fils de Louis XV : « J'aimais son père qui, bien que roi, était un homme aimable. » Cette réserve à l'égard des princes était de nature à mériter au naturaliste les éloges des philosophes ses contemporains, trop enclins à voir en lui un flatteur intéressé du pouvoir.

(2) François-Jean d'Aborche, chevalier, puis comte et marquis de Chastellux, militaire et littérateur, né en 1734, mort le 28 octobre 1788, petit-fils par sa mère du chancelier d'Aguesseau, appartenait à la famille de Claude de Beauvoir de Chastellux, maréchal de France en 1418. Après avoir fait avec distinction les campagnes d'Allemagne de 1756 à 1763,

Je m'empresse de vous remercier de cette bonne volonté, et de vous témoigner tout l'empressement que j'ai de vous posséder pendant quelques jours (1).

La description que vous m'avez envoyée suffit, en effet, pour présumer
que le jeune animal dont il est question provient d'un chien et d'une louve,
et j'en ferai mention, lorsque je donnerai la petite histoire de ces chiens, ou
loups mêlés dont j'ai suivi quatre générations successives pendant quinze
ans (2). J'admire et respecte de toute mon âme cette constance de zèle,

à la tête du régiment de son nom, il passa en 1780 avec La Fayette en Amérique, où il
servit trois ans comme major-général à l'armée de Rochambeau, et se lia avec Washington.
Il fut à son retour inspecteur général de l'infanterie, gouverneur de la place de Longwy.
Après s'être fait aimer à l'armée par l'aménité de son caractère, sa loyauté et sa bravoure, pour son goût éclairé, son esprit fin et délicat et son amour des lettres, il avait conquis les mêmes sympathies dans le monde des philosophes et des encyclopédistes, où il
était très recherché. On a de lui de jolies comédies de société, *les Prétentions, Roméo
et Juliette, Iphigénie en Aulide*, jouées à La Chevrette chez M^me d'Épinay et chez M^me de
Genlis sur son théâtre de la Chaussée-d'Antin; un *Essai sur l'union de la poésie et de la
musique et Sur l'opéra* (1765 et 1773), *De la félicité publique* (1772), 2e édition en 1822,
une *Préface* au livre d'Helvétius *Sur le bonheur* (1774), *Voyage en Amérique* (1780-1782),
*Discours sur les avantages et les désavantages qui résultent pour l'Europe de la décou-
verte de l'Amérique* (1787). Il a également donné des articles aux *Suppléments de l'Encyclopédie*.

Malgré une grande différence d'âge, il était étroitement lié avec Buffon depuis plus de
vingt-cinq ans, et, au mois de mai 1771, le premier commis Leroy écrivait à Buffon à propos
de la ténébreuse intrigue qui lui avait enlevé sa survivance : « Je voudrais bien que M. d'Angiviller, que j'aime et estime infiniment, pût obtenir votre amitié qu'il mérite à tous
égards; vous pouvez le demander aussi au marquis de Chastellux, qui est de ses amis et
qui vous est fort attaché (*). » Buffon, à qui il devait son élection à l'Académie française, lui
écrivait à propos de sa réception, le 27 avril 1775 : « que l'affliction causée par la mort
de son père ne lui avait pas laissé la faculté de composer un discours, mais qu'il lui aurait
été impossible de céder à un autre le droit de recevoir celui qu'il avait toujours considéré
comme son fils. »
Le marquis de Chastellux fut, avec Guéneau de Montbeillard, un des premiers à braver, à vingt et un ans, le préjugé contre la vaccine. Buffon le lui rappela dans son discours,
dont il disait en l'envoyant au président de Brosses, *qu'il ne valait pas trop la peine
d'être lu.*
On voit le marquis de Chastellux assister comme ami au mariage du fils de Buffon. Les
représentants de ce vieux nom, également distingués par leur caractère, leur savoir et
leurs écrits, sont tous sourds-muets. Deux d'entre eux ont écrit une histoire estimée de
leur famille. (Voir t. Ier, p. 150, 202, 283 et 404, notes 2, 1, 1 et 1.)
(1) Le marquis de Chastellux est venu plusieurs fois à Montbard, et son nom s'ajoute à
ceux des hôtes illustres de Buffon : le prince Henri de Prusse, les Necker, MM^mes de Staël
et de Genlis, Helvétius, le baron de Grimm, etc.
(2) Buffon a en effet rendu un compte détaillé de ses expériences sur le croisement de
la race du chien et du loup dans les *Suppléments à l'Histoire naturelle*. « J'en ai fait, dit-il,
élever et nourrir quelques-uns chez moi ; tant qu'ils sont jeunes, c'est-à-dire dans la première et la seconde année, ils sont assez dociles, ils sont même caressants et, s'ils sont bien
nourris, ils ne se jettent ni sur la volaille ni sur les autres animaux; mais, à dix-huit mois
ou deux ans, ils reviennent à leur naturel; on est obligé de les enchaîner pour les empêcher
de s'enfuir et de faire du mal. J'en ai eu un qui ayant été élevé en toute liberté dans une
basse-cour avec des poules pendant dix-huit ou dix-neuf mois ne les avait jamais attaquées;

(*) Lettre citée par extrait t. Ier, p. 202, et en entier à la p. 404 du t. Ier de la première édition de
la *Correspondance*.

qui vous porte avec tant de discernement à l'avancement de nos connaissances et de tout ce qui peut faire le bien en tout genre.

Recevez mes remerciements et les assurances du tendre respect avec
lequel je serai toute ma vie, monsieur le marquis, votre très humble et très
obéissant serviteur.

BUFFON.

(Inédite. — Communiquée par le comte de Chastellux.)

---

# LETTRE DLX

## A MADAME NECKER.

A Montbard, 25 août 1784.

Je crois en vérité, divine amie, que vous ne faisiez qu'un avec votre
bon ange ou quelque autre être céleste, au moment que vous m'avez écrit
cette lettre toute spirituelle dans laquelle vous m'annoncez le prince Henri.

Il n'y a pas une phrase qui ne soit au-dessus du sublime pour l'esprit,
au-dessus de l'humaine sensibilité pour le cœur. Plus je la relis, plus je
l'admire, et ma critique cette fois se trouve tout à fait en défaut; elle ne me
laisse qu'une question à vous faire. Comment se peut-il, mon adorable amie,
qu'à la fin de cette même lettre aussi brillante par la beauté des paroles que
par la netteté des idées, vous vous plaigniez de nuages autour de vos
pensées ?

La langueur de la santé doit affaiblir les sensations; mais, chez moi,
cette langueur augmente la tendresse, et chez vous, divine amie, j'ai toujours vu le sentiment commander aux sensations. Votre âme conserve
toute sa force et se peint dans vos expressions avec cette chaleur pure et
tout le feu dont elle est animée.

Vous l'avouez vous-même, noble et candide amie, en disant que ces nuages
et ces langueurs ne vous ôtent pas le goût et l'enthousiasme pour les belles
et grandes choses. Donnez-moi place, j'y consens, dans cet ordre d'idées;
mais auparavant prenez la vôtre, et que M. Necker prenne aussi la sienne,
car je vous estime tous deux autant et plus que moi, et je ne me placerai
jamais qu'après mes grands amis.

mais, pour son coup d'essai, il les tua toutes en une nuit sans en manger aucune. Un autre
qui ayant rompu sa chaîne à l'âge d'environ deux ans s'enfuit après avoir tué un chien avec
lequel il était très familier ; une louve que j'ai gardée trois ans, et qui quoique enfermée
toute jeune et seule avec un mâtin du même âge dans une cour assez spacieuse, n'a pu pendant tout ce temps s'accoutumer à vivre avec lui... Il n'y a rien de bon dans cet animal que
sa peau. »

« M^me Necker, m'a dit le prince Henri, est une personne excellente tant par l'esprit que par ses vertus ; M. Necker est un homme supérieur que tous les gens sensés doivent regretter comme ministre. »

Ces seules paroles ont suffi pour faire ma conquête. Mais, en même temps, il m'a comblé de bontés et même de caresses que je crois devoir à vos inspirations, car elles étaient trop amicales et trop tendres pour un prince et un héros.

Je jouis délicieusement de l'idée de pouvoir rapporter à ma noble amie tout le bien qui m'arrive, et je serais heureux dans le sein de son amitié, si ma santé ne me chicanait pas. Mon incommodité habituelle a paru diminuer par l'usage du savon, mais il m'est survenu un rhumatisme qui m'empêche de marcher, et un dérangement d'estomac qui m'ôte encore mes forces. N'en soyez pas inquiète, ma tendre amie ; je ne le suis pas moi-même (1), et M^lle Blesseau demande la permission de vous donner dans quelques jours des nouvelles de mon entier rétablissement (2). Je me trouve un peu mieux depuis hier, et encore mieux aujourd'hui, surtout dans ce moment où je m'occupe du plus digne et du plus cher objet de mes pensées.

Mille respects et tendresses à M. et à M^lle Necker.

BUFFON.

(Archives de Coppet. Communiquée par la baronne de Staël.)

(1) Buffon écrivait à M^me Necker plus de six mois auparavant, le 3 décembre 1783 : « Je suis presque sûr que le mieux viendra et je vous supplie de le croire aussi. » Cherchait-il à tromper son amie par un pieux mensonge afin de ménager sa sensibilité, ou bien se trompait-il lui-même ? On serait porté à penser, d'après ce qu'il dit de son état à ses autres correspondants et en voyant les crises qui vont se succéder ne pas ébranler sa confiance, que Buffon croyait réellement à la possibilité de son rétablissement.

(2) Nous n'avons pas eu connaissance de cette lettre de M^lle Blesseau.

# LETTRE DLXI

## A CARNOT (1).

Montbard, 20 septembre 1784.

J'ai lu avec grand plaisir, monsieur, le discours (2) que vous avez eu la bonté de m'adresser, et je suis enchanté d'avoir un compliment sincère à vous faire sur la manière dont il est écrit.

Le style en est noble et coulant et je suis persuadé qu'il enflammera le courage de nos jeunes militaires qui ne pourraient mieux faire que d'imiter Vauban (3).

(1) La suscription de cette lettre est : « A M. Carnot, capitaine au corps royal du génie, à Nolay, en Bourgogne. »

Lazare-Hippolyte-Marguerite Carnot, mathématicien et homme politique, né à Nolay le 13 mai 1753, mort le 2 août 1823, d'une ancienne et honorable famille de Bourgogne, était capitaine du génie et chevalier de Saint-Louis à trente et un ans. Il fut membre de l'Institut à sa fondation. Député à l'Assemblée législative et à la Convention, envoyé en mission à l'armée du Nord, il gagna avec Jourdan la bataille de Wattignies. Membre du comité de Salut public, il s'y occupa spécialement de la direction des affaires militaires et mérita qu'on dit de lui *qu'il avait organisé la victoire*. Membre du Directoire, proscrit, remplacé par François de Neufchâteau, il devint sous le Consulat ministre de la guerre, s'opposa à l'Empire et ne reparut qu'en 1813 pour se mettre à la disposition de Napoléon vaincu, défendre Anvers et retourner en exil. Le général Changarnier a renouvelé sous le second Empire l'exemple de Carnot en 1813.

(2) L'*Éloge de M. le maréchal de Vauban* (in-8°, 1784), couronné par l'Académie de Dijon, qui l'avait mis pour la seconde fois au concours. Carnot reçut le premier prix des mains du prince de Condé à une séance solennelle de l'Académie; Hugues-Bernard Maret, depuis duc de Bassano, ministre de l'Empire, obtint le second prix. Il est piquant de voir Carnot, qui immortalisera son nom en organisant nos armées, commencer sa carrière d'écrivain par l'*Éloge de Vauban*, son compatriote, comme lui écrivain, mathématicien et organisateur de la défense du pays. L'*Éloge de Vauban*, ayant été attaqué par Chanderlos de Laclos, Carnot, à la différence de Buffon, mais en suivant l'exemple de Montesquieu, répondit par une brochure très vive ayant pour titre : *Observations sur la lettre de M. Chanderlos de Laclos contre l'éloge de M. le maréchal de Vauban* (Dijon, in-8°, 1785).

(3) Sébastien Le Prêtre, maréchal de Vauban, ingénieur, économiste, mathématicien, écrivain, né le 15 mai 1633, mort le 31 mars 1707. Successivement ingénieur en 1655, brigadier des armées en 1674, commissaire général des fortifications en 1677, maréchal de France en 1703, promoteur en 1693 de la création de l'ordre de Saint-Louis. Vauban, blessé nombre de fois devant l'ennemi, portait à la joue une glorieuse cicatrice qui ajoutait à la martialité de son visage. Toutes les places fortes conquises sous Louis XIV l'ont été par lui, et jusqu'à la Révolution nos frontières ont été protégées par le génie de Vauban. Il était de l'Académie des sciences. Il a écrit de nombreux Mémoires et Traités, notamment *De l'importance dont Paris est à la France*, *Projets sur la navigation à établir dans les provinces du Nord*, *sur les canaux de Bourgogne, du Nivernais et du Charolais*, *Traité de l'attaque et de la défense des places*, un *Mémoire sur la révocation de l'Édit de Nantes*, et, sous le titre de *Mes oisivités*, un recueil digne d'être comparé aux *Essais* de Montaigne.

Vous aurez donc fait, monsieur, un ouvrage agréable et utile, et dès lors vous devez être satisfait.

J'ai l'honneur d'être, avec un respectueux attachement, monsieur, votre très humble et très obéissant serviteur.

Le C<sup>te</sup> de Buffon.

(Inédite. — Communiquée par M. Carnot, de l'Institut, sénateur, ancien ministre de l'instruction publique.)

## LETTRE DLXII

### A MADAME NECKER.

Montbard, 20 septembre 1784.

Ma grande amie,

M<sup>lle</sup> Blesseau n'a pu vous écrire sur ma santé parce qu'elle a beaucoup souffert d'un rhumatisme sur la poitrine qui l'a fort incommodée. Celui que j'avais sur les jambes est fort diminué, et le dérangement d'estomac a cessé dès que j'ai interrompu l'usage du savon. Cependant je l'ai repris depuis trois jours, parce que je suis presque assuré qu'il m'a fait du bien, et qu'il a diminué ou du moins ramolli les graviers qui sont maintenant en moindre quantité, et qui passent sans me causer de très grandes douleurs. Voilà où j'en suis.

Mais pour vous, ma tendre amie, j'ai vraiment de l'inquiétude ; vous lan-guissez, vous souffrez et vous ne vous plaignez pas ; vous craignez de m'af-fliger, et vraiment je le suis déjà bien assez de ce projet d'aller passer l'hiver dans les pays méridionaux (1).

Son livre de la *Dixme royalle*, inspiré par l'amour du bien public, imprimé en 1707 et trouvé trop hardi, fut condamné à être brûté par la main du bourreau.

Vauban fut l'honneur des hommes de guerre de son temps par son savoir, son courage, son habileté, sa fermeté et son indépendance, et son grand nom s'ajoute avec éclat à ceux de Carnot, Bossuet, saint Bernard, Buffon, Daubenton, Saumaise, Greuze, Proudhon, Rude, Rameau, Crébillon, Piron, Monge, Lamartine, Lacordaire, sur cette longue et glo-rieuse liste d'hommes illustres produits par une même province.

(1) Le célèbre Tronchin donnait comme origine touchante aux épreuves de santé de M<sup>me</sup> Necker l'étendue de la douleur qu'elle avait ressentie toute jeune de la mort de sa mère ; d'un autre côté, sa dévorante activité, et le contre-coup des émotions de la vie publi-que de son mari, en surexcitant sans cesse sa vivacité de sentiments et sa sensibilité nerveuse, avaient promptement épuisé sa frêle santé. D'après les conseils de ses médecins, elle avait quitté Saint-Ouen, et, après avoir séjourné à Marolles-sur-Seine, près de Fontainebleau, dans le voisinage de la terre de Livry nouvellement achetée par le fils de Buffon, elle était partie pour Montpellier où son mari, Moultou et Thomas vinrent la rejoindre. Les soins d'un habile médecin, le docteur Lamurre, et le charme d'une douce intimité avec les deux amis de sa jeunesse exercèrent une influence salutaire sur sa santé, dont l'amélioration toutefois ne fut que passagère.

Il s'est répandu ici que c'était à Nice; M. de Tanlay (1), premier president des monnaies dont je suis voisin, doit y aller aussi avec sa famille, et c'est à cette occasion qu'il a été dit que vous deviez y passer l'hiver.

Eh bien! ma très chère amie, que deviendrai-je pendant tout ce temps? Mes plus douces espérances sont toutes évanouies; ne pouvant m'attendre à vous voir à Montbard, comme je le comptais, dans votre retour à Paris, j'ai pris mon parti d'y aller moi-même un mois plus tôt, et je compte m'y rendre dans les premiers jours d'octobre. Je suis donc sur la fin de mon séjour ici; j'y ai actuellement mes enfants avec leur mère, et ils doivent s'en retourner dans huit jours. Ma belle-fille, sans être grosse, a été fort incommodée de maux de tête et d'estomac, et cela s'est terminé par une violente fluxion à l'oreille et sur le col, dont elle n'est pas encore absolument quitte. Je suis très content d'elle et je l'aime déjà beaucoup. Elle n'a point d'airs, et beaucoup de candeur; sa mère lui a rendu les plus tendres soins, et j'ai vu peu de filles aimer autant leur mère.

Le prince Henri, peu de jours après son arrivée à Paris, m'a écrit une lettre de sa main qui prouve, comme vous me l'avez marqué, qu'il a plus d'esprit qu'il n'en faut pour faire la réputation de plusieurs particuliers.

Voici un fragment par lequel vous pourrez juger du reste :

« Il doit vous être familier de recevoir les plus grands éloges sur la manière dont vous avez fait l'histoire de la nature, et je ne pourrais ajouter qu'un faible hommage à tous ceux que vous avez reçus. Mais je n'oublierai jamais l'homme doux, aimable et bienfaisant que j'ai vu à Montbard; si j'avais à désirer un père, ce serait lui; un ami, lui encore; une intelligence pour m'éclairer, eh! quel autre que lui? »

Cette lettre a croisé celle que j'écrivais à M. de Grimm pour le remercier de m'avoir procuré la visite de ce prince, et, comme vous ne dédaignez pas ma noble amie, les plus petites productions de ma pensée, voici encore un fragment de ma lettre :

« Aucun homme, quelque grand qu'il fût, ne m'a jamais fait une impression aussi douce et aussi profonde que l'illustre prince dont vous m'avez procuré la très honorable visite; je ne l'ai vu que pendant quelques heures et je l'aimerai toute ma vie. Ce petit temps m'a suffi pour reconnaître dans ses éminentes qualités personnelles la réunion si rare de l'héroïsme à la

(1) Étienne-Jean-Benoît Thévenin de Tanlay, conseiller au Parlement de Paris le 16 mars 1731, premier président de la cour des Monnaies en 1780, en remplacement de René Choppin d'Arnouville.

Le château de Tanlay, dont l'architecture rappelle celle de Chambord, à peu de distance de Tonnerre et conséquemment de Montbard, est, avec le château d'Ancy-le-Franc aux Clermont-Tonnerre, ceux d'Espoisses au comte de Guitaut, de Bourbilly au comte de Francqueville, et de Bussy-Rabutin au comte de Sarcus, une des plus belles et des plus intéressantes résidences de Bourgogne. Le père du premier président de Tanlay l'avait acheté de Philippe de La Vrillère. Il est encore possédé aujourd'hui par cette famille.

sagesse, de la noble modestie à la fierté de la gloire, du calme de la tête au feu du génie... »

Sur cela il m'a été répondu que, si j'étais déjà le Pline (1) de la France, j'en serai aussi le Tacite (2) quand il me plaira. Mais je crains de vous faire de plus longs détails ; je n'en ai pas même le courage ; l'idée de votre longue absence m'occupe si tristement, que je pourrais vous dire avec toute vérité qu'elle couvre toutes les autres de ce nuage sombre dont vous vous plaignez. J'arriverai à Paris comme dans un désert, puisque vous n'y serez pas. Je végéterai dans ma chambre pendant ce vilain hiver, et, si ma santé le permet, je reviendrai au mois de mars dans ma solitude de Montbard. Vous aurez de mes nouvelles dès que je serai de retour à Paris. M<sup>lle</sup> Blesseau fera le voyage avec moi à très petites journées et vous en rendra compte (3).

Adieu, mon adorable amie ; ce serait vous dire rien ou très peu de chose, que de vous assurer d'une tendresse à l'épreuve du temps et de l'absence.

BUFFON.

(Archives de Coppet. — Communiquée par la baronne de Staël.)

---

# LETTRE DLXIII

## A M. DE REPAS.

A Montbard, ce 27 octobre 1784.

Ma santé, monsieur, n'est pas mauvaise et je vous remercie de l'intérêt

(1) Pline le Naturaliste ou l'Ancien, né en l'an 23, mort sur le cratère du Vésuve lors de l'éruption qui ensevelit Pompéi et Herculanum, en l'an 79 après J.-C., victime de son amour pour la science. Homme public, historien, philosophe et naturaliste, ami de Vespasien et de Titus, auteur d'une *Histoire de Rome* et des *Guerres de Germanie*, du *Studiosus* et *Dubii sermones*, ouvrages qui sont perdus ; mais nous possédons son *Histoire naturelle* qui traite de toutes les branches du savoir humain : l'astronomie, la météorologie, la géographie, la zoologie, la botanique, la minéralogie et la théorie de la terre. Son neveu et fils adoptif, Pline le Jeune, né en l'an 61, mort en 115 après J.-C., a écrit l'histoire de son temps, des lettres et un panégyrique de Trajan dont il fut le conseil et l'ami, et a attaché son nom à la fondation d'écoles, de bibliothèques et établissements publics. Louis XVI fut le premier qui attribua à Buffon le nom de Pline français, qui lui est resté.

(2) Tacite (Cornelius), né en 54, mort en l'an 134 après J. C., ami de Pline le Jeune, le plus grand historien de l'antiquité, auteur d'une *Histoire de Rome* et des *Annales de l'empire*, d'Auguste à Néron, de *Poésies* et d'autres ouvrages qui ne nous ont pas été conservés.

(3) Buffon ne perdait pas son temps pendant ses voyages, « Quand il voyageait, dit M<sup>lle</sup> Blesseau, il était toujours occupé à penser ; il prenait des notes, et, le soir, à l'auberge, il les mettait au net... »

que vous y prenez et de la bonté que vous avez eue d'en écrire à M. Nadault (1) qui m'a communiqué votre lettre.

Je n'ai pas répondu à celle que vous m'avez fait l'honneur de m'écrire le 23 août, parce que vous me marquiez que vous aviez trouvé le moyen de retarder le jugement (2) jusqu'après les vacances.

Le fond de mon affaire est incontestable pourvu qu'on puisse faire entendre au juge que l'article de l'ordonnance ne donne au fourneau le plus voisin qu'un *droit de préférence* et non un *droit exclusif* de tirer de la mine de fer. Et, en effet, s'il n'y avait de la mine qu'autant qu'il en faut pour entretenir le fourneau d'Aisy, on serait fondé à en défendre la traite pour le fourneau de Buffon ; mais il y en a sur le territoire d'Étivey non-seulement assez pour le fourneau d'Aisy et celui de Buffon, mais encore peut-être pour dix autres fourneaux si on les établissait, et il serait bien absurde d'enfouir ces mines à jamais sous prétexte qu'elles appartiennent uniquement au fourneau d'Aisy à cause de sa plus grande proximité. Cela est si peu raisonnable que l'usage général est absolument contraire. Tous les fourneaux du bailliage de Châtillon, qui sont en grand nombre (3), prennent concurremment de la mine de fer dans tous les lieux où elle est assez abondante pour les fournir, et celle d'Étivey l'est au point d'être inépuisable pendant plusieurs milliers d'années.

Ce serait donc juger contre le bien de l'État que d'en défendre l'extraction pour mon fourneau et pour tous ceux qui pourraient s'établir dans la suite.

J'ai acheté deux journaux de terre à Étivey qui seuls suffiraient pour entretenir mon fourneau pendant un grand nombre d'années et dont on ne pourrait pas me disputer l'extraction puisque c'est un fonds qui m'appartient en propre et dont il m'est bien loisible de faire l'usage qu'il me plaira ; je les ai achetés parce que vous me l'avez conseillé, monsieur ; cependant je pense que nous ne devons pas en parler actuellement ; ce sera ma ressource si je suis mal jugé, et vous sentez bien qu'en ce cas nous interjecterons appel au Parlement.

On est toujours très content de M. de La Forest et je le recommanderai de nouveau à M. de Tolozan.

J'ai l'honneur d'être avec toute confiance et tout attachement, monsieur, votre très humble et très obéissant serviteur.

Le C<sup>te</sup> DE BUFFON.

(Inédite. — Bibliothèque de Dijon, fonds Baudot.)

(1) Benjamin-Edme Nadault, son beau-frère, conseiller au Parlement de Bourgogne, son confrère à l'Académie de Dijon. (T. II, p. 98, note 1.)

(2) Dans son procès avec le marquis de La Guiche.

(3) Les principaux hauts fourneaux du bailliage de Châtillon étaient la propriété de la famille du maréchal de Marmont, duc de Raguse.

# LETTRE DLXIV

## AU DOCTEUR HOUSSET (1).

Au Jardin du Roi, le 6 novembre 1784.

Votre lettre, monsieur, du 19 octobre vient de m'être renvoyée à Paris, et je ne puis que vous marquer ma reconnaissance de tous les sentiments que vous avez la bonté de me témoigner.

Je lirai avec empressement cet ouvrage que vous m'annoncez (2), persuadé que vous y aurez porté les lumières et le génie qu'il faut pour démêler dans la marche de la nature la cause de ses écarts.

J'ai l'honneur d'être avec une respectueuse considération, monsieur, votre très humble et très obéissant serviteur.

LE C<sup>te</sup> DE BUFFON.

(Publiée en 1747 dans les *Observations sur les écarts de la nature.*)

—◇—

# LETTRE DLXV

## A MADAME GUÉNEAU DE MONTBEILLLARD.

Au Jardin du Roi, le 7 novembre 1784.

Je suis enchanté, ma très chère et respectable commère (3), de notre nouvelle alliance.

(1) Étienne-Jean-Pierre Housset, docteur en médecine de la faculté de Montpellier, premier médecin des hôpitaux d'Auxerre et de la généralité de Bourgogne pour les épidémies, membre de la Société royale de médecine de Paris, correspondant de Haller, s'est spécialement occupé de l'irritabilité en physiologie, a publié des travaux sur la physique expérimentale, notamment, en 1770, *Dissertation sur les parties sensibles du corps.*

(2) *Observations historiques sur quelques écarts ou jeux de la nature, pour servir à l'Histoire naturelle de l'homme*, ouvrage dédié à Buffon, et formant le IX<sup>e</sup> chapitre des *Mémoires physiologiques et d'histoire naturelle*, du même auteur. 2 vol. in-8°, 1747.

(3) On sait, par la lettre du 30 juillet 1784 (p. 238) à M<sup>me</sup> Charrault de Chazelles, qu'il s'agit du baptême du second enfant de sa belle-fille, dont le mariage était dû à Buffon. Ce n'était pas au surplus la première fois que Buffon avait la femme de son ami pour marraine, et ses filleuls à Montbard, Semur, Buffon, Rougemont, Quincy, étaient innombrables. Aussi trouve-t-on presqu'à chaque page, sur les registres des naissances de ces municipalités pendant la vie de Buffon, les prénoms de Georges-Louis et de Georgette-Louise. Sa bonté, sa bonhomie, sa serviabilité l'empêchaient de refuser. Les marraines étaient,

Ce sont les seules noces qui conviennent à mon âge, et je vous promets fidélité pour le reste de ma vie. Le succès a été complet, puisque l'aimable accouchée et la bonne-maman désiraient un fils (1). Chargez-vous, je vous supplie, de mon compliment pour elle, et je prends en effet grande part à leur satisfaction.

La mienne serait complète, si je savais notre cher bon ami (2) en santé parfaite; mais, puisque cette toux si opiniâtre est fort diminuée, il y a toute espérance qu'elle cessera et qu'il sera rétabli tout à fait. Je le désire plus ardemment que personne, et je vous supplie de m'en donner de temps en temps des nouvelles.

J'ai bien soutenu la fatigue du voyage pendant les deux premiers jours; mais le roulement sur le pavé, depuis Fontainebleau jusqu'à Paris, m'a fait rendre du sang, et je vais rester dans ma chambre huit ou dix jours pour ne pas m'exposer à de pareils accidents sur le pavé de Paris, que je ne fréquenterai d'ailleurs qu'avec précaution et le moins souvent qu'il me sera possible.

J'ai signé hier, avec M. de La Rivière, le contrat d'acquisition de la terre de Quincy (3); je vous serai obligé, madame, d'en informer M. l'avocat Labbé, qui a pris part à cette affaire.

J'ai fait vos amitiés à mes enfants (4); ils m'ont chargé de vous en témoigner leur reconnaissance. Ma petite-belle-fille est toujours dans un état de langueur qui me fait peine, mais je ne crois pas qu'elle imite de sitôt les procédés de M^me de Chazelles.

Adieu, ma très chère et respectable commère, il m'est sans doute permis de vous embrasser aussi tendrement que je vous aime.

Le C^te de Buffon.

(Appartient à la baronne de La Fresnaye.)

le plus souvent, M^me Guéneau de Montbeillard, M^me Nadault ou M^me Daubenton, et chaque acceptation était l'occasion d'un cadeau. Le présent de Buffon à son filleul Georges-Louis Charrault de Chazelles fut un exemplaire in-folio richement relié de l'*Histoire coloriée des Oiseaux*.

(1) Georges-Louis Charrault de Chazelles, né le 5 novembre 1784, mort le 15 avril 1811, à vingt-sept ans, dans une partie de chasse où il fut mordu par une vipère.

(2) Guéneau de Montbeillard, alors âgé de soixante-quatre ans, devait mourir l'année suivante.

(3) Buffon avait acheté, au commencement de cette année, du vicomte de La Rivière, la terre et le château de Quincy, en remploi de la dot de sa belle-fille, qui vendit cette terre à M. Petit, procureur du Roi au bailliage d'Auxois, ancien élu aux états généraux, maire de Montbard en 1789, père et oncle d'Agathe-Charlotte Petit de Cruzil et de Philiberte-Philis Petit de Quincy, première et seconde femmes de Georges-Alexandre Nadault. (Voir plus loin lettre du 1^er juillet 1785 à M^me Necker, p. 286, note 1.)

(4) Son fils et sa belle-fille en ce moment à Montbard, dont il annonce l'arrivée pour le mois de septembre dans une lettre à M^me Necker, du 4 août précédent.

# LETTRE DLXVI

## A. M. CHARBONNEL (1).

Paris, au Jardin du Roi, ce 12 novembre 1784.

Je reçois, à Paris, monsieur, votre lettre du 31 octobre dernier, et je vous remercie bien sincèrement du zèle que vous mettez dans mon affaire, et de tous les autres sentiments que vous avez la bonté de me témoigner.

Il est très certain, monsieur, et j'en suis bien assuré, qu'il y a sur le territoire d'Étivey de la mine de fer en si grande quantité qu'elle peut fournir au fourneau d'Aisy pendant plusieurs siècles ; ainsi nous ne risquons rien de l'avancer, puisque c'est la vérité. Il y a même plus, c'est que les régisseurs de la forge d'Aisy se sont contentés de prendre la surface de ces mines et d'en négliger le fond, parce qu'il en aurait coûté quelque chose de plus pour leur extraction, et, par conséquent, ces mines bien loin d'être épuisées, ne sont pour ainsi dire qu'effleurées et sont, d'ailleurs, d'une si grande étendue et si fort dilatées que, quand il s'établirait encore d'autres fourneaux, elle suffirait à tous pendant plus de mille ans en les exploitant régulièrement.

D'ailleurs, monsieur, il y a des mines de fer dans les terres de M. de La Guiche et particulièrement sur le territoire du village d'Anières, que le maître de forges d'Aisy devrait exploiter de préférence, puisqu'elles sont dépendantes de la terre de Rochefort et situées en Champagne ainsi que la forge d'Aisy, tandis que le territoire d'Étivey, qui n'appartient point à M. de La Guiche, est situé en Bourgogne aussi bien que ma terre de Buffon, et, par conséquent, doit plutôt appartenir pour l'usage des mines à mon fourneau de Buffon qu'à celui d'Aisy.

Peu de temps après l'établissement de mes forges, je signai avec M. le président de Rochefort (2) un consentement réciproque de prendre des

(1) J.-B. Charbonnel, né le 16 novembre 1737, mort le 26 décembre 1824, avocat au Parlement en 1757, successivement échevin de Dijon, président du tribunal civil en 1812, conseiller à la Cour en 1816, officier de la Légion d'honneur. Il a eu de son mariage avec Marceline Finot, Joseph-Claude-Jules Charbonnel, comte de l'Empire, général de division, inspecteur général de l'artillerie, pair de France, grand'croix de la Légion d'honneur, connu par ses travaux sur l'artillerie.

L'avocat Charbonnel avait su mériter la confiance de Buffon, qui écrira le 13 avril 1785 à M. de Repas : « Je connais le mérite de M. l'avocat Charbonnel, et je suis persuadé que ma cause contre M. de La Guiche sera très bien entre ses mains. « Je suis très tranquille sur cela, et je vous prie de l'être aussi, monsieur, car je ne veux pas d'autre avocat que M. Charbonnel. »

(2) Jacques-Vincent Languet Robelin, chevalier, comte de Rochefort, baron de Saffres, né en 1707, mort en 1777, conseiller au Parlement de Dijon en 1724, président à mortier le 21 octobre 1729.

mines dans des endroits du territoire d'Étivey pour le fourneau de Buffon, différents des endroits où il en prendrait pour son fourneau d'Aisy (1). Je ne crois pas qu'il soit nécessaire de produire ce consentement, qui n'a été fait que pour éviter toute dispute entre nos maîtres de forges, et si M. de La Guiche le produit, il me semble que vous en pouvez tirer avantage, car c'est pour ainsi dire une reconnaissance que j'ai droit d'extraire aussi bien que lui de la mine de fer sur le territoire d'Étivey, et même je me croirais fondé à prétendre d'en tirer sur le territoire d'Asnières, quoique appartenant à M. de La Guiche, puisqu'il ne la tire pas lui-même, et que, par les lettres patentes de l'érection de mes forges, j'ai le droit d'en prendre partout où il s'en trouve en dédommageant le propriétaire du terrain.

Je ne crois pas que M. de La Guiche ait un pareil titre en aussi bonne forme pour l'établissement de sa forge d'Aisy, et il faut l'interpeller de produire ses titres quels qu'ils soient ; car, s'il n'a pas eu soin de se conformer aux règlements qui ont été faits pour les forges et s'il n'a pas pris des lettres patentes pour le maintien de celle d'Aisy, on pourrait, quelque anciennes qu'elles soient, en faire cesser le travail jusqu'à ce qu'il se fût mis en règle.

Je suis bien convaincu, monsieur, que vous userez de tous ces moyens, selon votre excellent discernement, et je me recommande en tout à votre amitié.

C'est dans ces sentiments que j'ai l'honneur d'être, monsieur, votre très humble et très obéissant serviteur.

Le C<sup>te</sup> de Buffon.

(Inédite. — Bibliothèque de Dijon, fonds Baudot.)

(1) Le consentement ou compromis passé entre Buffon et le président de Rochefort, écrit en entier de la main de Buffon, et dont nous possédons l'original, est ainsi conçu :

« Je soussigné déclare que, par déférence pour M. le président de Rochefort, je ne prendrai aucune mine de fer dans la partie du terrain du finage d'Étivey qui est à droite du grand chemin en allant à Paris, dans lequel terrain il fait tirer de la mine pour l'usage du fourneau de sa terre d'Aisy, et que, si j'ai besoin des mines de fer d'Étivey pour le fourneau que je compte établir dans ma terre de Buffon, je ne les prendrai que dans la partie du terrain qui est à gauche du même grand chemin, lequel nous servira de limite commune, ce qui a été accepté par M. le président de Rochefort et signé double entre nous.

« Fait à Rochefort, le 25 octobre 1767. »

# LETTRE DLXVII

## A M. DE REPAS.

Au Jardin du Roi, ce 19 décembre 1784.

Je ne suis pas fort affligé, monsieur, de la perte de mon procès (1), auquel je suis bien intimement persuadé que vous avez donné tous vos soins; il y a tout lieu de croire que nous serons plus heureux au Parlement, où la voix de l'équité doit se faire entendre; je vous prie donc, monsieur, d'interjeter appel sur-le-champ et de vouloir bien m'envoyer un état des frais et dépens dont je vous ferai toucher le montant par une rescription dès que je l'aurai reçu.

Il faut que vous ayez la bonté d'y comprendre non seulement tous les frais faits jusqu'à ce jour, mais même ceux que vous allez faire ainsi que vos vacations.

Au reste, je désire de traîner cette affaire en longueur le plus qu'il sera possible.

Je vous renouvelle les sentiments de ma reconnaissance et ceux du véritable attachement avec lequel j'ai l'honneur d'être, monsieur, votre très humble et très obéissant serviteur.

LE Cᵗᵉ DE BUFFON.

(Inédite. — Bibliothèque de Dijon, fonds Baudot.)

---

# LETTRE DLXVIII

## A MADAME NECKER.

Au Jardin du Roi, ce 30 décembre 1784.

Comme tout le monde connaît ma profonde estime pour M. Necker, et mon tendre respect pour vous, ma grande et noble amie, quantité de gens sont venus et viennent encore me demander à voir, à lire, à emprunter l'ouvrage qu'il vient de publier (2), et, quand je réponds que je ne l'ai pas, personne ne veut m'en croire.

(1) Son procès avec le marquis de La Guiche au sujet de l'extraction du minerai de fer sur le territoire d'Étivey.

(2) *De l'administration des finances de la France*, le premier ouvrage qu'ait écrit Necker depuis sa retraite. Accueilli avec curiosité par le public, qui enleva 80,000 exemplaires en quinze

Je viens de recevoir votre lettre du 20, elle m'enhardit à vous donner le moyen de me faire parvenir promptement cet ouvrage si désiré. Il faudra mettre les trois volumes brochés (1) dans une boîte de bois léger, enveloppés d'une feuille de papier sur laquelle on écrira : *Pour monsieur de Buffon, au Jardin du Roi;* couvrir ensuite avec de la toile cirée sur laquelle il faudra coudre une carte à l'adresse de M. Rigoley de Juvigny, conseiller honoraire au Parlement de Metz (2), à l'intendance générale des postes, à Paris. De

jours, il avait grandi Necker dans l'opinion en présentant l'exemple alors nouveau d'un ministre disgracié employant sa retraite, non à briguer son retour au pouvoir ou à écrire son apologie, mais consacrant ses loisirs à l'étude des questions financières et économiques, afin de contribuer comme particulier au bien public.

« M. Necker, rapportent les *Mémoires* de Bachaumont, à la date du 27 décembre, a employé utilement ses loisirs. Ne perdant pas de vue son objet, il a composé dans sa retraite un livre : *De l'administration des finances de la France*, en trois volumes, et il a chargé M. le maréchal de Castries de le présenter au Roi. M. Necker est actuellement à Montpellier, où il est allé conduire sa femme, dont la santé est en mauvais état, et qu'un médecin de cette faculté s'est chargé de rétablir. Il a été accueilli dans cette ville de la manière la plus flatteuse ; il voulait y louer un hôtel, mais personne n'a voulu de son argent; chacun s'est empressé de lui offrir sa maison. On croit cependant qu'il est passé aujourd'hui à Avignon, et qu'il est bien aise d'apprendre là quelle sensation son ouvrage aura produite. Quant à son livre, il ne se vend point encore, il est très rare. »

(1) Buffon n'aimait pas à induire ses amis en dépense, et cette recommandation de lui envoyer les trois volumes de M. Necker brochés rappelle le reproche qu'il adresse, le 3 mars 1777, à son ami le président de Brosses, de lui avoir offert les trois volumes de son *Saluste* richement reliés : « Je devrais vous gronder de ce qu'étant aussi bon par sa personne vous l'ayez encore si magnifiquement habillé. Il n'avait nul besoin de cette parure, surtout auprès de moi. » (T. I^er, p, 337.)

(2) Jean-Antoine Rigoley de Juvigny, magistrat et littérateur, né en 1709, mort le 21 février 1788, conseiller honoraire au Parlement de Metz, membre de l'Académie de Dijon, était de l'intimité de Buffon. Le fragment que nous avons cité, t. II, page 117, note 1, d'une lettre écrite par lui au fils de Buffon en Allemagne, lettre publiée en entier page 421, tome II, de la première édition de la *Correspondance*, témoigne de l'étendue de cette intimité.

Rigoley de Juvigny, qui n'aimait ni Voltaire ni les philosophes, ni les encyclopédistes, et qui ne se gênait pas pour le dire et l'écrire, a ameuté contre lui presque tous les écrivains de son temps :

« Écrivain inconnu, à force d'éloquence, de poésie, de philosophie et d'érudition, tant l'envie a été aux aguets avec ce grand homme, — dit Rivarol dans son *Petit Almanach de nos grands hommes*, — on se demande pourquoi la réputation de Voltaire baisse tous les jours. Ce problème est le sujet de toutes les conversations de Paris, et nous en étions nousmême tourmenté, lorsque M. Rigoley de Juvigny a daigné nous tirer de peine en nous confiant que c'était à lui seul qu'il fallait s'en prendre. »

« Il se croit sérieusement homme de lettres, ajoute La Harpe, d'abord parce qu'il est né en Bourgogne, patrie de Rameau et de Crébillon, ensuite parce qu'il est le familier de Buffon, tandis qu'il n'est connu que par ses ridicules et par sa prétention d'être l'ennemi de Voltaire et de la musique italienne. »

Voltaire, qui a d'ordinaire la réplique si prompte et le ton si acerbe avec ses contradicteurs, ne s'émut pourtant pas des critiques de Rigoley de Juvigny, qu'il ne nomme qu'une fois, dans une lettre à La Harpe, du 19 avril 1776 : « Je vous avoue, dit-il, que je n'ai jamais entendu parler de M. Rigoley de Juvigny, et je vous serai très obligé de m'apprendre s'il est parent de M. Rigoley d'Ogny, intendant des Postes; c'est sans doute un grand génie digne du siècle. »

Cependant Rigoley de Juvigny ne méritait ni l'indifférence de Voltaire, ni les sarcasmes

cette manière, le livre me parviendra sans même que M. de Juvigny en soit informé; car il m'en arrive très souvent, par cette même voie, soit des provinces, soit des pays étrangers, et on a assez de confiance en moi pour ne pas ouvrir les boîtes.

Je suis très persuadé d'avance qu'après la lecture de l'ouvrage, je n'aurai qu'à louer, admirer et publier hautement mon admiration, et ce ne sera, sans doute, qu'unir m'a voix à celle du public; car j'entends déjà dire que c'est un chef-d'œuvre de génie, un vrai service rendu à l'État, dont peut-être on ne profitera pas aujourd'hui, mais qui, du moins, deviendra très utile avec le temps. Vous ne pouvez donc douter du grand succès, et je suis enchanté que M. Necker ait ajouté ce laurier à sa couronne sur laquelle je graverais volontiers : *Courage et génie.*

Je dicte cette réponse à la hâte étant encore souffrant. Depuis deux mois que je suis à Paris, je ne suis sorti qu'une seule fois et j'en ai été fort incommodé ; cependant, le fond de ma santé n'est pas mauvais, et j'ai plus d'inquiétude pour la vôtre, chère bonne amie.

Votre absence me cause un vrai chagrin, d'autant plus sensible que j'ignore quand j'aurai le bonheur de vous revoir. Le temps me pèse et me paraît trop long dans ce séjour de Paris; je compte, dès les premiers beaux jours du mois de mars, regagner ma solitude de Montbard (1), où j'aurai, du moins, la tranquillité nécessaire pour penser et être à moi assez pour être à vous tout entier, mon adorable amie.

BUFFON.

(Archives de Coppet. — Communiquée par la baronne de Staël.)

de Rivarol. On lui doit des œuvres critiques et littéraires et de bonnes éditions. Il a édité, en 1772, la *Bibliothèque française* de Lacroix du Maine et celle de Duverdier (6 vol. in-4°), et, en 1787, *la Décadence des lettres et des mœurs depuis les Grecs et les Romains jusqu'à nos jours*, et a donné une édition complète des œuvres de Piron.

Un de ses amis, peut-être Guéneau de Montbeillard, voulant le venger des attaques des philosophes, a écrit au-dessous de son portrait, placé dans le cabinet de Buffon :

> De nos vieux écrivains il ranima la cendre.
> Il rappela leurs noms à la postérité.
> Par ses doctes travaux, il a droit de prétendre,
>      Comme eux, à l'immortalité.

Rigoley de Juvigny était frère de Rigoley d'Ogny, intendant général des Postes, avec lequel il habitait, et c'est grâce à lui que Buffon jouissait de la franchise postale, dont nous le voyons user, notamment pour les lettres et les envois à l'étranger.

(1) Buffon n'aima Paris que dans le temps de sa première jeunesse, bien que tout semblât l'y attirer : aux heures de jeunesse, le plaisir et le succès; dans l'âge mûr, les honneurs et la gloire.

Buffon jeune était en effet un élégant cavalier avec un beau visage, le regard franc et ouvert, les traits nobles, une taille élevée, une tournure distinguée. Il était entré dans la vie élégante par une aventure d'amour et trois duels, et était recherché des femmes et des jeunes seigneurs de son temps et déjà des gens de lettres; il avait la réputation d'un galant homme et d'une cavalier accompli.

Dans son âge mûr, Paris lui offrait toutes les satisfactions de l'amour-propre, il y jouis-

# LETTRE DLXIX

## AU BARON DE BAISSEY (1).

Au Jardin du Roi, le 14 janvier 1785.

Votre lettre, monsieur le baron, porte une heureuse empreinte, celle de

sait du prestige du rang, de la renommée et de la popularité. Il y vivait dans l'intimité des grands seigneurs, des ministres et des dignitaires de l'État, dispensateurs des places, des pensions et des grâces; les littérateurs et les savants le proclamaient leur maître; il remplissait une grande charge et était logé aux frais de l'État dans un vaste hôtel au milieu d'un superbe jardin. Il aurait dû également aimer Versailles et la cour, où il était recherché et reçu à l'égal des plus grands seigneurs avec le privilège des petites entrées de la chambre du Roi, où il était honoré, gâté, fêté, où on se plaignait de ne pas le voir et où l'appelaient la marquise de Pompadour, Louis XV, Louis XVI, Marie-Antoinette, mais où il n'est allé que cinq ou six fois par devoir ou pour les affaires du Jardin du Roi.

C'est que, dès le jour où Buffon entra dans sa grande carrière scientifique, Paris lui devint insipide, et le 22 février 1738, l'année qui a précédé sa nomination au Jardin du Roi, — il n'avait alors que trente ans, — il écrivait déjà à l'abbé Le Blanc : « Je suis charmé quand je pense que vous vous levez tous les jours avant l'aurore, je voudrais bien vous imiter ; mais la malheureuse vie de Paris est bien contraire à ces plaisirs. J'ai soupé hier fort tard et on m'a retenu jusqu'à deux heures après minuit. Le moyen de se lever avant huit heures du matin ! et encore n'a-t-on pas la tête bien nette après ces six heures de repos ! Je soupire pour la tranquillité de la campagne, Paris est un enfer, je ne l'ai jamais vu si plein et si fourré. » Trois ans avant cette lettre, en 1735, il avait préparé sa retraite sur une montagne couronnée par une vieille forteresse qu'il s'était fait céder par Louis XV ; avait métamorphosé les ruines en terrasses, avenues, jardins et bosquets, et placé au sommet comme un phare son cabinet de travail.

Désormais Buffon fuira le bruit, la dissipation, les distractions, les plaisirs de Paris ; il se dérobera à ses assujettissements et aux devoirs que son séjour lui impose ; regrettera le temps qu'il y perd et n'y passera plus que les quelques mois nécessaires à ses affaires et pour remplir les devoirs de sa place, et chaque fois qu'il quittera Paris pour retourner à Montbard on recueillera dans sa correspondance les témoignages de sa satisfaction. Il écrit le 28 novembre 1777 à M^me Daubenton : « Le grand mouvement de ce pays-ci me fatigue et m'ennuie. » Et précédemment, le 16 février 1750, au président de Brosses : « Vous connaissez assez Paris pour savoir que c'est le pays où on voit le moins les gens qu'on aime et le plus ceux dont on ne se soucie guère. » Il écrira de nouveau, le 15 juin 1773, à M^me Daubenton qui, à son titre de jeune femme préférait Paris à Montbard : « Ma santé est encore moins bonne ici, dans le beau Paris, que dans le vilain Montbard ; aussi j'y retournerai le plus tôt possible ; » et au président de Ruffey le 1^er mai 1775: « Je désire d'aller respirer l'air de Bourgogne qui me convient mieux que celui-ci ; » et le 5 janvier 1779 à Guéneau de Montbeillard : « Dès que l'air s'adoucira, j'irai le respirer sur la montagne de Montbard ; » et enfin dans cette lettre à M^me Necker : « Le temps me pèse et me paraît trop long dans ce séjour de Paris, et je compte dès les premiers beaux jours regagner ma solitude de Montbard. »

Dans les trois années qui vont suivre d'ici à la mort de Buffon on recueillera encore d'autres témoignages de son peu de sympathie pour Paris.

C'est à Montbard qu'il est né, c'est à Montbard qu'il a vécu, travaillé et composé l'*Histoire naturelle*; c'est à Montbard qu'il aurait voulu mourir. Il y avait préparé sa sépulture et il y repose aujourd'hui près de son cabinet de travail, dans ses jardins qu'il aimait, au sommet de cette montagne qu'éclaire un rayon de sa gloire.

(1) Déjà nommé.

la gaieté, et cette disposition de l'âme dans un âge avancé promet pour le corps la jouissance et la durée d'un bon nombre d'années.

Recevez mes remerciements de toutes les marques d'amitié que vous me témoignez, et les assurances de l'inviolable et respectueux attachement avec lequel j'ai l'honneur d'être, monsieur le baron, votre très humble et très obéissant serviteur.

LE C<sup>te</sup> DE BUFFON.

(Inédite. — Collection Nadault de Buffon.)

---

# LETTRE DLXX

## AU DOCTEUR HOUSSET (1).

Au Jardin du Roi, le 17 janvier 1785.

Je reçois, monsieur, avec toute sensibilité, les marques d'amitié que vous avez la bonté de me témoigner, et je lirai avec empressement votre ouvrage (2) dès qu'il sera publié.

Je fais aussi des vœux pour votre santé. Vous avez bien du temps devant vous pour la rétablir; cependant, à tout âge, il faut se ménager sur le travail d'esprit et même sur l'exercice du corps (3). Je ne me soutiens, à mon grand âge, que par cette compensation accompagnée d'une constante sobriété.

J'ai l'honneur d'être avec une respectueuse considération votre très humble et très obéissant serviteur.

LE C<sup>te</sup> DE BUFFON.

(Publiée en 1786 dans les *Mémoires physiologiques et d'histoire naturelle*.)

---

(1) Précédemment nommé. P. 253, note 1.

(2) Les *Mémoires physiologiques et d'histoire naturelle*, deux volumes in-8°, ont paru l'année suivante.

(3) On se rappelle ses conseils à son fils, lettres des 16 et 26 août 1783 à M<sup>me</sup> Necker et à son fils. (P. 200 et 205.)

# LETTRE DLXXI

## BILLET A MADAME NECKER.

Au Jardin du Roi, ce 28 janvier 1785.

Ma toute aimable et respectable amie, je n'eus pas le moment de vous dire hier qu'on fait une réponse à l'excellent ouvrage de M. votre mari, et que c'est le plus grand écrivain, je ne dis pas du siècle, mais du moment qu'il s'est chargé de cette besogne; vous le connaissez par les prétentions et vous le devinerez (1).

BUFFON.

(Inédite. — Communiquée par M. Grasse aîné, de La Charité-sur-Loire.)

# LETTRE DLXXII

## A GUÉNEAU DE MONTBEILLARD.

Dimanche, ce 6 février 1785.

Je vous écris, mon cher bon ami, au moment de la fête (2), afin d'en être aussi près qu'il m'est possible; séparés par l'espace, on ne peut se rapprocher que par le temps.

Comme vous ne me parlez pas de votre santé, je veux présumer qu'elle n'est pas mauvaise.

J'ai eu le plaisir de m'entretenir hier longtemps de vous avec notre ami l'abbé Berthier (3).

Mon incommodité subsiste et m'empêche d'aller en voiture sur le pavé; je garde constamment ma chambre, et j'y suis pour ainsi dire accoutumé.

(1) Nous ignorons s'il s'agit d'une des nombreuses réponses de Calonne aux écrits et aux édits de Necker dont il se montra constamment le détracteur et dont il fut le troisième successeur après Joly de Fleury et d'Ormesson. Il a écrit contre lui : *Réponse de Calonne à M. Necker* (1788), *Note sur le Mémoire remis par M. Necker au comité des subsistances* (1789), etc. Il a paru en 1787 *Correspondance de Necker avec Calonne.*

(2) La fête de Guéneau de Montbeillard, à laquelle Buffon ne manquait pas d'assister lorsqu'il était à Montbard. On sait que, de son côté, Guéneau de Montbeillard ne laissait jamais passer le 25 août, la Saint-Louis, fête de Buffon, sans la célébrer par une solennité où la musique et le chant se mêlaient à la poésie.

(3) L'abbé Joseph Berthier, physicien et philosophe, déjà nommé dans une lettre du 6 août 1779 à Guéneau de Montbeillard. (T. Ier, p. 432, note 1.)

Lauberdière (1) est, comme vous le dites, un fou que l'on sera obligé de traiter comme tel. Recommandez, je vous prie, mon affaire contre lui à l'attention de M. Le Mulier (2). Faites aussi agréer mes hommages à ma bonne amie M^me de Montbeillard et à toute votre société. Mon fils est à sa campagne, près de Fontainebleau (3).

BUFFON.

(Appartient à la baronne de La Fresnaye.)

---

## LETTRE DLXXIII

### FRAGMENT A M. MAZURE (4).

1785.

... Je vous ai toujours pressé d'envoyer des nègres ramasser dans les bois de tout, et avec la précaution nécessaire pour la maturité des graines et leur conservation.

(1) Jacques-Alexandre Chesneau de Lauberdière, fermier des forges de Buffon depuis le 1er avril 1775, avec une prorogation de bail jusqu'en 1803, que Buffon lui avait consentie le 24 décembre 1782 « en témoignage de la satisfaction que lui donnait sa bonne gestion. » (T. Ier, p. 426. note 1.) Buffon, plein de confiance dans sa capacité et sa probité, lui avait avancé 31,000 livres pour une rente de 1,550 livres, et, le 1er janvier 1784, il lui avait cédé pour 20 ans l'affouage de ses bois de Buffon, la Mairie, Rougemont, les Berges. Mais, le 18 août de la même année, Lauberdière avait vendu aux marchands de bois de Paris, à l'insu de Buffon, en se faisant remettre un pot-de-vin et en se réservant des avantages illicites, une coupe de 2,092 arpents 3 quarts des bois du comté de Buffon qu'il aurait dû consommer dans ses usines. Il avait quitté les forges pour habiter Versailles, et devait passer aux îles et y mourir insolvable au commencement de 1787. Lauberdière ne s'était pas contenté d'abuser de la confiance de Buffon et de lui faire perdre des sommes considérables, il lui avait intenté une suite de procès où l'habileté le disputait à la mauvaise foi. (Voir lettre du 1er février 1787 à M. Guérard.)

« Il y a un an, dit Hérault de Séchelles, que le directeur de ses forges lui a fait perdre 120,000 livres. M. de Buffon, depuis trois ans, avait consenti à n'en être pas payé et s'était abandonné à tous les prétextes et à tous les subterfuges dont la fraude se colorait. Heureusement, cet événement n'a point altéré sa sérénité, ni influé en rien sur sa dépense, ni sur l'état qu'il tient. Il a dit à son fils : « Je n'en suis fâché que pour vous; je voulais vous acheter « une terre, et il faudra que je diffère encore quelque temps. »

« Les malheureuses affaires de ses forges ne sont pas encore terminées, écrira, le 21 mai de cette même année, M^lle Blesseau à M^me Necker, quoiqu'il ait eu affaire à l'homme de la plus noire ingratitude. Heureusement que cela ne trouble pas son repos. »

(2) Jean Le Mulier, fils de Jean-François Le Mulier de Bressey, conseiller au Parlement de Dijon depuis le 3 mars 1761, sur la résignation de son père, député de la noblesse aux états généraux de 1789, déjà nommé. (T. Ier, p. 173, note 2.)

(3) Livry, entre Le Châtelet et Melun, canton et arrondissement de Melun (Seine-et-Marne).

(4) Joseph Mazure, greffier à Saint-Marc, île de Saint-Domingue, s'est occupé d'histoire naturelle et a envoyé à Buffon des observations, des mémoires, des échantillons et des graines.

... Il n'est pas possible que, depuis que vous êtes à Saint-Domingue, vous n'ayez pas fait et écrit diverses observations, tant sur le lieu que sur divers objets de physique et d'histoire naturelle.

BUFFON.

(Catalogues d'autographes.)

—◇—

# LETTRE DLXXIV

## A MADAME NECKER.

Jardin du Roi, ce 15 février 1785.

Mon adorable amie, je baise ces lignes tracées de votre main, j'arrose de mes larmes celles qui me peignent le triste état de votre santé.

Éloignez, s'il est possible, les idées funestes; je compte plus pour votre guérison sur la force de votre âme que sur tous les remèdes et je vous exhorte, ma tendre et très chère amie, à laisser agir la nature; une organisation aussi parfaite, un corps aussi sain, aussi bien fait, doit se rétablir de lui-même et se rétablira si votre âme commande, si cette grande âme ne s'affecte pas d'idées anticipées sur l'avenir.

Je suis plus près qu'un autre de cet avenir, je suis faible et quelquefois assez souffrant sans être malheureux; confiné dans ma chambre, je me suis accoutumé à ma prison (1).

(1) Dans les dernières années de sa vie, Buffon sortait peu, et de gros rhumes auxquels il était sujet et les crises de sa maladie l'obligeaient fréquemment à garder la chambre. Déjà, en 1779, il écrivait le 5 janvier, du Jardin du Roi, à Guéneau de Montbeillard : « Mon rhume, qui me retient depuis un mois en chambre, est diminué depuis que le froid est augmenté. » Et le 7 février 1780, à l'abbé Bexon : « Il y a plus de quinze jours que je n'ai pu sortir de la chambre. » Et au même, le 22 du même mois : « Je souffre d'être si longtemps retenu dans ma chambre. » Et le 6 février 1785 à Guéneau de Montbeillard : « Je garde constamment ma chambre et j'y suis pour ainsi dire accoutumé. » Et cette fois à M<sup>me</sup> Necker : « Confiné dans ma chambre, je me suis accoutumé à ma prison. »

Si nous ne connaissons pas l'aménagement de la chambre de Buffon au Jardin du Roi, l'inventaire dressé à Montbard après sa mort, et que nous avons cité à propos de son cabinet de travail, de sa bibliothèque et de son laboratoire, et des riches porcelaines de Saxe et de Sèvres entassées dans le dôme (*), nous a conservé la description de la chambre à coucher de Buffon à Montbard, plus intéressante à connaître que celle de son hôtel du Jardin du Roi, qui n'était pour lui qu'un pied-à-terre; car c'est en réalité à Montbard que Buffon a travaillé, qu'il a souffert et qu'il s'est immortalisé.

CHAMBRE DE FEU M. LE COMTE. — Cheminée de marbre brèche rare de différentes couleurs sur laquelle il y a une glace ou trumeau, composée de deux pièces dont la bordure est dorée et sculptée. — Deux bras de cuivre doré à doubles branches. — Un feu composé de deux chenets à doubles branches, d'une pelle à feu, de pinces et de pincettes, le tout orné de cuivre doré. — Cinq petits écrans pour tenir à la main. — Deux écrans de taffetas vert qui se meuvent dans des coulisses pratiquées dans leur monture. — Une pendule à côté de

(*) Tome I<sup>er</sup>, p. 249, note 4.

Tracassé par des affaires auxquelles je ne devais pas m'attendre, je me suis arrangé pour en supporter le poids et la perte (1) qui, quoique très con-

la cheminée soutenue perpendiculairement auprès du mur avec sa boîte de cuivre doré.

Un secrétaire en marqueterie de bois des Iles fermant à clef de même que ses petites armoires du dessous avec ses tiroirs intérieurs, son encrier, son éponge, sa boîte à poussière et sa garniture de cuivre.

Une glace d'une seule pièce surmontée d'un couronnement qui, ainsi que la bordure, est sculpté et doré. — Une autre glace composée de deux pièces dont la bordure est dorée et sculptée. — Au-dessous de cette glace, une grande table de marbre gris noir sur des consoles ou pieds torses sculptés et dorés.

Une petite table de bois à pieds de biche plaquée, ainsi que le pourtour, de bois des Iles, avec un tiroir dans lequel il y a une case pour recevoir un encrier et des plumes. — Une écritoire en marbre blanc, travaillée de manière que l'on puisse y mettre de l'encre, de la poussière et des plumes, avec une charge de même substance qui peut servir de couvercle à l'écritoire. — Une autre petite table de bois à double étage et à pieds de biche. — Six fauteuils de satin des Indes à fond blanc dont les bois sont sculptés et dorés. — Six housses de toile à carreaux qui recouvrent ces fauteuils. — Un fauteuil de maroquin rouge, de même que son coussin. — Six cabriolets de tapisserie en soie à fond blanc dont les bois sont sculptés.

Six pans de rideaux à carreaux verts et blancs devant les croisées. — Quatre pans de tapisserie de satin brodé des Indes dont les baguettes sont dorées.

Un lit à quatre colonnes tendu de satin brodé des Indes, bois de lit orné de dorures avec ses roulettes et ses sangles, rideaux verts, étoffe de cordonnet, sommier de crin couvert de toile à carreaux, deux matelas de laine couverts de futaine blanche, lit de plumes et traversin couverts de coutil de Bruxelles, une couverture neuve de mousseline piquée, une couverture de laine, une courtepointe brodée de satin des Indes pareille au lit et à la tapisserie. — Deux dessus de porte. — Deux cordons de sonnette auprès du lit.

Hérault de Séchelles, visitant à Montbard, en 1785, Buffon retenu à la chambre par une crise de sa douloureuse infirmité, nous en a laissé cette description :

« Dans sa chambre à coucher, on ne trouve que son lit, qui est, comme la tapisserie de satin blanc à bouquet de fleurs. Près de la cheminée est un secrétaire où l'on ne voit, auprès du tiroir d'en haut, qu'un livre qui est apparemment son livre de pensées ; près de son secrétaire, toujours ouvert, est le fauteuil sur lequel il est toujours assis, et, dans un coin de la chambre, est une petite table noire pour son secrétaire. »

Le secrétaire de Buffon, qui était en 1785 Humbert Bazile, a écrit dans ses Mémoires : « Les jours où M. de Buffon ne montait pas à son cabinet, une heure après son lever, Brocard, valet de chambre spécialement attaché à mon service, entrait chez moi. Je me levais et je descendais dans sa chambre. Je le trouvais assis devant son secrétaire près de la cheminée parcourant un grand nombre de petites feuilles de toutes dimensions, qu'il me remettait à copier. Puis on passait à la correspondance, qu'il dictait ou dont il me donnait le sujet ; le tout était ensuite lu, corrigé et recopié. S'il n'y avait pas de correspondance, après avoir écrit les lettres d'invitation à dîner, et pendant que M. de Buffon méditait et prenait des notes, assis à mon bureau je copiais ses manuscrits. »

Humbert Bazile, ayant voulu revoir Montbard en 1842, avant de mourir, ajoute : « Devant la porte de sa chambre, je me suis découvert et j'en ai franchi le seuil avec recueillement. Alors j'ai cru le voir m'apparaître se promenant, suivant sa coutume, la tête haute, les bras derrière le dos, plongé dans ses méditations. Je revoyais les meubles à leur place : près de la croisée, la petite table de bois noir sur laquelle j'écrivais, et entre les deux fenêtres une riche console à pieds dorés avec un marbre rare de Portor, le vaste lit à colonnes et à baldaquin avec ses draperies en gros de Naples à fleurs éclatantes, les fauteuils, les glaces, le bureau de marqueterie en forme de pupitre. Mes souvenirs étaient exacts, je n'avais rien oublié. »

(1) Son procès à Paris au Châtelet avec les demoiselles Bouillon, ses procès au Parlement de Dijon avec le marquis de La Guiche et Lauberdière.

sidérable ne me dérangera pas ; je la compenserai par l'économie ; je n'ai donc pas besoin, mon adorable amie, des secours que vous m'offrez avec tant de noblesse et tant d'empressement ; j'en suis profondément touché et je vous en remercie en vous embrassant, en baisant ces mains généreuses qui voudraient s'ouvrir pour répandre des bienfaits.

BUFFON.

Dans quelque temps, ce bon Tribout vous fera passer une autre lettre de moi.

(Inédite. — Archives de Coppet. Communiquée par le vicomte d'Haussonville.)

---

## LETTRE DLXXV

### BILLET A MADAME DE CHAZELLES LA JEUNE.

Au Jardin du Roi, ce 23 février 1785.

Si M. de Buffon pouvait sortir, il irait avec empressement voir M$^{me}$ de Chazelles qui le trouvera tous les jours, à toute heure et à l'heure qui lui plaira, si elle veut se donner la peine de venir au Jardin du Roi (1). Mille compliments très humbles et très tendres.

BUFFON.

(Inédit. — Communiqué par le comte Perrot de Chazelles.)

(1) Cette lettre est la dernière que nous connaissions de Buffon à la famille Charrault de Chazelles. La collection se complète par deux lettres de la sœur de Buffon, l'une à la belle-fille de M$^{me}$ Charrault, l'autre à M$^{me}$ Charrault.

M$^{me}$ Nadault écrit à la première le 27 juin 1785 : « Je me suis engagée, madame, avec M$^{me}$ Charrault à vous donner des nouvelles de mon frère et je m'acquitte avec empressement de ma promesse, je n'ai cependant pas à vous annoncer sa parfaite guérison ; son mal est de nature à laisser toujours des craintes de retour, il est mieux que lorsque M$^{me}$ votre mère l'a vu et nous nous flattons qu'il sera dans peu à l'état naturel. Il vous est toujours attaché, madame, vous le savez et en seriez plus convaincue si vous entendiez comme moi l'éloge qu'il fait souvent de votre personne et de votre aimable caractère. Je vous félicite, madame, du bon état de santé de vos deux jolis enfants. A leur âge, il n'y a que cela à leur souhaiter et je suis persuadée que dans la suite ils ne vous laisseront rien à désirer. »

Elle écrit à la seconde le 27 avril 1788, quatre mois après la mort de Buffon :

« Que votre lettre m'a été sensible, madame ; comme elle m'a rappelé douloureusement que l'illustre frère que je pleure vous aimait, souhaitait votre bonheur et aurait voulu contribuer à celui de tout ce qui vous appartient. Vous connaissiez, madame, à part le mérite de ce grand homme, les vertus douces qu'il portait dans la société ; vous saviez quel degré de bonheur il me procurait à Montbard, mon sort alors doit vous intéresser. Quelque bien que ce cher frère me fasse après lui, ainsi qu'à ma fille, il mérite de notre part un tribut de reconnaissance éternelle. Mais qui pourrait jamais adoucir une perte de ce genre ! Il n'aura jamais son semblable, et ceux qui, fiers de lui appartenir, le voyaient de près

# LETTRE DLXXVI

## A GUÉNEAU DE MONTBEILLARD (1).

Au Jardin du Roi, le 25 février 1785.

Combien j'eusse désiré d'être témoin de ce conflit de bonté, d'amitié, entre vous, mon bon ami, et le cher M. de Mussy (2)! Mon cœur en a été pénétré, et je ne puis assez vous exprimer ma tendre reconnaissance.

Mon chicaneur (3) vient d'appeler au Parlement de Paris de la sentence du Châtelet; ainsi, c'est à recommencer sur nouveaux frais et à subir de nouveaux tracas, car il faut d'autres procureurs et même d'autres avocats, et vous savez, mon bon ami, combien j'aime ces sortes de gens qui, dans ce pays-ci, cherchent pour la plupart à retenir et allonger les affaires et ne les voient jamais se terminer qu'avec regret (4).

Je n'ai pas encore vu M$^{me}$ de Chazelles; cependant j'espère qu'elle viendra auprès de moi ces jours-ci (5), et j'aurai la satisfaction de m'entretenir de vous, mon bon ami. Votre santé m'intéresse autant et plus que la mienne;

doivent être inconsolables. Telle est ma situation, madame, et je suis sûre, d'après la connaissance que j'ai de votre âme sensible, que vous regretterez toujours ce cher grand homme qui était votre ami plus que personne. Comptez aussi, madame, sur tous mes sentiments et faites-les agréer à M. de Chazelles, avec les remerciements que je lui dois de l'intérêt qu'il prend à ma douleur. »

(1) Cette lettre est la dernière de Buffon à Guéneau de Montbeillard, ce vieil ami de sa jeunesse, ce collaborateur désintéressé et dévoué qui allait disparaître à son tour à la fin de cette même année, le 28 novembre, après le président de Brosses, les abbés Leblanc et Bexon, Jacques Varennes, amis des premiers comme des derniers jours, et auxquels un seul devait survivre, le président de Ruffey, bien que plus âgé que Buffon d'un an. Guéneau de Montbeillard, qui était tombé dans une sombre mélancolie et avait inutilement recouru au magnétisme, disait peu de jours avant sa mort : « Buffon est venu me voir hier, il n'est pas bien lui-même, nous nous sommes embrassés, nous avons pleuré dans les bras l'un de l'autre, nos larmes se sont confondues. »

« On apprend de Semur en Auxois, rapportent les *Mémoires de Bachaumont* le 27 décembre, que M. Guéneau de Montbeillard y est mort le 28 novembre, âgé d'environ soixante-cinq ans. Il avait d'abord entrepris une *Collection académique*, qu'il fut obligé d'abandonner faute de coopérateurs. Mais ce qui le rend surtout recommandable, c'est d'avoir travaillé à la description des oiseaux de l'*Histoire naturelle* de M. de Buffon, et d'avoir si bien imité les tournures et le style de ce grand homme, que les connaisseurs ne s'aperçurent du changement que par un avertissement de M. de Buffon, empressé à rendre justice à son élève. »

(2) François Guéneau de Mussy, frère de Guéneau de Montbeillard, naturaliste comme lui, déjà nommé.

(3) Jacques Chesneau de Lauberdière, fermier de ses forges avec qui il était en procès.

(4) On trouvera plus loin l'opinion de Buffon sur les procès confirmée par l'opinion de Fénelon.

(5) Voir le billet précédent.

vous ne m'en avez pas dit un mot dans votre dernier billet, et je n'en ai eu de nouvelles que par l'abbé Berthier et M^me Daubenton.

La mienne se soutient bien, au moyen d'une vie très réglée et d'un séjour constant dans ma maison (1), avec quelques petites promenades au Jardin. Mais, depuis quatre mois que je suis à Paris, je ne suis sorti qu'une seule fois en voiture, et, m'en étant mal trouvé, j'ai renoncé à rouler sur le pavé de Paris, ce qui retarde encore mes affaires, en sorte que je ne prévois pas le terme de mon séjour ici, et je serais bien content si je pouvais retourner à Montbard sur la fin d'avril ou dans le commencement de mai.

J'ai reçu une lettre du chevalier de Buffon datée du 21, dans laquelle il me fait grande mention de vous, mon très cher bon ami. Il me parle aussi de tous les préparatifs pour la guerre (2) ; mais avec cela on est encore ici bien persuadé qu'elle n'aura pas lieu et que le tout se terminera avec de l'argent que les Hollandais donneront à l'Empereur (3). Cependant M. de Maillebois (4) part et m'a fait ses adieux hier ; il a levé une légion de trois mille hommes qui ne sera pas composée de Hollandais, mais de Suisses et d'Allemands, et de quelques officiers français pris dans le nombre de ceux qui sont réformés ou sans exercice, car le ministre ne permet à aucun des officiers employés de servir dans cette légion.

On attend sous trois semaines l'accouchement de la reine (5), et il est défendu, d'ici à ce temps, de parler chez elle de paix, de guerre, ni de rien de ce qui pourrait l'inquiéter ; et cette précaution est très sage.

Adieu, mon cher bon ami ; je vous renouvelle avec le plus vif sentiment l'assurance de mon éternel et tendre attachement. Mille amitiés et respects à

---

(1) Voir p. 264, note 2.

(2) La guerre pour de l'ouverture de l'Escaut réclamée par Joseph II à la Hollande. Cette guerre, pour laquelle l'empereur recherchait l'alliance de la France, n'eut pas lieu. Louis XVI, choisi pour médiateur entre l'Autriche et la Hollande, leur fit signer, le 10 novembre 1785, le traité de Fontainebleau ; mais l'Escaut resta fermé jusqu'à la prise d'Anvers, en 1832.

(3) Joseph II, empereur d'Allemagne, frère de Marie-Antoinette, précédemment nommé. (T. II, p. 99, note 3.)

(4) Le comte de Maillebois, lieutenant général, déjà nommé. Il était de l'intimité de Buffon. (T. 1er, p. 230, note 5.)

« Il me parla nouvelles et politique, contre son ordinaire, dit Hérault de Séchelles, ce qui lui donna occasion de me faire lire une lettre de M. le comte de Maillebois sur les événements de la Hollande. »

(5) Louis, duc de Normandie, né le 27 mars 1785, mort le 8 juin 1795, victime des mauvais traitements de son geôlier Simon, proclamé dauphin à la mort de son frère, et roi sous le nom de Louis XVII par l'émigration, la Bretagne et la Vendée, après l'exécution de Louis XVI, en 1793.

Buffon, qui avait été chargé par la confiance du roi et de la reine, de choisir la nourrice, avait jeté les yeux sur Odette Oudin, née en 1753, morte en 1851, à 98 ans, femme de François Guéneau de Mussy, ancien juge de la seigneurie de Buffon, élu aux états de Bourgogne, maire de Montbard de 1785 à 1788, neveu de Guéneau de Montbeillard, aïeul du docteur Noël Guéneau de Mussy de l'Académie de médecine, connu par son savoir et ses écrits.

notre meilleure amie (1). Donnez-moi aussi des nouvelles de votre cher fils : le mien se porte bien, mais sa jeune femme pas assez bien encore pour faire un enfant.

BUFFON.

(Appartient à la baronne de La Fresnaye.)

―◇―

# LETTRE DLXXVII

## A MADAME NECKER.

Le 10 mars 1783.

Éloigné de vous, ma noble amie, de cent cinquante lieues, déchiré par l'idée de vos souffrances, fatigué par les chicanes multipliées du plus fripon, du plus ingrat des hommes (2), je n'ai de moments doux que ceux où je m'occupe de vous, mon adorable amie; que ceux où je contemple, avec un tendre respect, le portrait de M. Necker, dont le bon Tribout m'a remis quatre gravures (3), et dont je vous remercie.

Il m'a dit avoir une occasion de vous faire passer cette lettre. J'en profite pour vous dire que, malgré la fureur de l'envie, malgré les gens puissants (4) qui la fomentent, notre grand et très grand homme doit être tranquille. La voix publique commande et commandera encore plus victorieusement dans quelque temps lorsqu'on aura eu celui de bien entendre cet ouvrage profond (5) qui demande la plus attentive méditation.

Je l'ai déjà lu deux fois, et j'avoue qu'à la première lecture je n'ai admiré que l'éloquence énergique de l'auteur, et que, sur le fond des idées, il me semblait que j'étais transporté dans une nouvelle sphère dont l'ordre, les grands rapports et leurs combinaisons m'étaient absolument inconnus. Dans le magnifique préambule de l'ouvrage, je crois avoir reconnu quelques traits de l'âme et du style de ma noble amie ; et, à la seconde lecture, j'ai commencé de saisir les rapprochements des différents objets, la dépendance

---

(1) *Notre meilleure amie*, c'est l'inimitable femme de Guéneau de Montbeillard, la tendre, constante, délicate et dévouée amie de Buffon, de sa femme et de son fils.

(2) Chesneau de Lauberdière.

(3) Un journal du temps donne cette description du portrait gravé de Necker, que Buffon avait placé dans son cabinet de travail : « Il est dans l'attitude d'un penseur, mais sa physionomie n'est pas exempte de la morgue et de la dureté que lui reprochent ses détracteurs. A sa droite est une écritoire et un livre manuscrit relatif à ses opérations ; à sa gauche, son chiffre ; à ses pieds, une guirlande de fleurs et une corne d'abondance, emblèmes du succès de ses travaux. »

(4) Le contrôleur général Calonne, qui avait pris à cœur de combattre Necker et de détruire tout ce qu'avait fait son administration.

(5) *De l'administration des finances de la France.* (P. 258, note 1.)

des causes et des effets, et la sublime ordonnance des pensées qui toutes tendent directement au bien public.

Oui, ce livre durera plus que la monarchie; car il peut servir de règle à l'administration des finances dans tout empire et pour tout souverain qui voudra le bonheur de ses peuples; non seulement M. Necker, mais sa mémoire sera à jamais comblée de bénédictions. Je lui dois bien des remerciements de ce qu'il a eu la bonté de dire de moi; j'en suis très reconnaissant, et je vous supplie, ma noble amie, de lui faire agréer tous mes sentiments de dévouement et d'admiration.

Je m'estime un peu moi-même; mais je proteste que j'estime encore plus M. Necker, tant par le génie que par le talent de le réaliser sur ce qu'il y a de plus important pour le bonheur de l'humanité (1).

BUFFON.

(Archives de Coppet. — Communiquée par la baronne de Staël.)

(1) Dans cette lettre, toute remplie de l'éloge de son mari, Buffon oublie d'entretenir M^me Necker de ce qui intéresse le plus une amie si constamment compatissante à ses maux : sa santé. Mais, à quinze jours d'intervalle, le 24 mars, M^lle Blesseau se charge de réparer cet oubli :

« Il me faudrait, madame, une petite portion de votre très grand esprit pour pouvoir vous répondre d'une manière convenable.

» M. de Buffon a lu plusieurs fois la lettre que vous m'avez fait l'honneur de m'écrire et il disait toujours qu'il l'admirait davantage. J'ai pleuré moi-même de votre extrême bonté pour moi et je vais vous faire, madame, le détail de sa situation et de sa santé, qui se soutient toujours bonne; il a même repris de l'embonpoint. Il continue toujours son savon tous les matins; il boit une tasse de boisson bien chaude par-dessus pour faire fondre le savon, qui est les deux tiers d'eau-de-vie et le tiers de lait, et cela, le soir avant que de se coucher, et le matin en se levant, pour faire fondre le savon qu'il prend le matin, parce qu'il resterait trop longtemps sur son estomac.

» M. de Buffon a passé l'hiver aussi bien qu'il était possible de le désirer; il n'a eu nulle incommodité, pas même du rhume; il ne rend plus de gravier, mais il y a toujours la poudre des graviers, cela prouve que le savon les dissout. Je crois être persuadée que, s'il l'interrompait, les maudits graviers se reformeraient comme auparavant. Je vous prie donc, madame, d'être tranquille sur la santé de M. de Buffon, qui est bien meilleure que quand vous l'avez quitté. Il en reçoit même des compliments de ses amis; cependant, il ne sort point de son cabinet; il ne peut pas aller en voiture qu'il n'en soit incommodé; il fait trop froid pour se promener au jardin; il est donc forcé de rester et d'employer la plus grande partie de son temps avec ses procureurs et ses avocats, dont, heureusement pour le temps qu'il avait perdu, il vient d'avoir un peu de satisfaction. Il a gagné un procès au Châtelet, et deux au Parlement; mais cela n'est pas encore fini; les deux derniers laissent des queues pour après Pâques; il croit cependant retourner à sa campagne dans le mois de mai, où il espère avoir l'honneur et le plaisir de vous recevoir.

» Il vous remercie beaucoup au sujet du remède dont vous avez la bonté d'envoyer le détail; mais, se trouvant bien de son régime et de son savon, il n'y changera rien.

» Il me parle tous les jours de vous, madame, il en parle à tous ses bons amis. Il a eu une vraie joie lorsqu'il a vu, dans votre lettre, que votre santé allait en mieux; il a dit que jamais votre âme ne s'était mieux portée qu'en dictant cette lettre et que cela lui donnait toute espérance pour le rétablissement du corps.

» Sans cesse, on parle du livre de M. Necker, jusque dans nos antichambres; les uns l'admirent, les autres le bénissent, et j'entends souvent M. de Buffon dire que c'est un ouvrage

# LETTRE DLXXVIII

## A M. CHARBONNEL.

Au Jardin du Roi, ce 15 mars 1785

J'aimerais assez que M. de Palaiseau (1) ou M. Courtautin (2) fussent chargés l'un ou l'autre du rapport de mon affaire. Je les connais assez peu, et je ne connais point les autres ; cependant, si vous en connaissiez vous-même un auquel vous ayez plus de confiance, je vous laisse absolument le maître de choisir, et souvent ce choix est très important. Je ne puis mieux m'en rapporter qu'à votre excellent discernement.

J'ai une affaire bien plus importante et dans laquelle je vous prierai de même de vouloir bien occuper pour moi. Le sieur Chesneau de Lauberdière, fermier de ma terre et locataire de mes forges de Buffon, ne payant pas ses fermages depuis trois ans (3), j'ai été forcé de faire saisir ses effets et de me pourvoir en résiliation de son bail. Cela vient d'être jugé définitivement par sentence du bailliage de Semur de laquelle le sieur Chesneau de Lauberdière s'est rendu appelant au Parlement de Dijon, et en même temps il me suscite ici chicane sur chicane, pour tâcher d'amener cette affaire au Parlement de Paris ; il est donc intéressant pour moi de faire confirmer au Parlement de Dijon cette sentence du bailliage de Semur, et par conséquent de relever par anticipation l'appel.

J'ai écrit à M. Labbé fils, mon procureur à Semur, de ne pas perdre de temps

excellent. Tout le monde lui demande aussi des nouvelles de votre santé, madame, car vous êtes chérie du monde entier.

» Vous avez la bonté de me demander des nouvelles de ma santé ; elle est toujours languissante et je ne puis manger sans être incommodée ; cependant, je vais toujours et je tâche que M. de Buffon ne manque pas de services. J'ai fait lire à M<sup>me</sup> de Buffon l'article de votre lettre où vous marquez de l'intérêt pour elle ; elle m'a chargée de ses respects et de ses remerciements pour vous ; c'est une fort aimable jeune femme et dont M. de Buffon, son papa, est de plus en plus content. Nous avons encore trois degrés de froid aujourd'hui ; il vous conseille, madame, de ne pas quitter encore le séjour de Montpellier.

» Je suis la plus humble de vos servantes, et je vous chéris, madame, plus que je ne pourrais aimer ma mère.

« BLESSEAU. »

(1) Philippe Barbuot de Palaiseau, conseiller au Parlement de Dijon, depuis le 18 juin 1751, sur la résignation de Pierre-Anne Chesnard de Layé. (T. 1<sup>er</sup>, p. 242, note 2.)

(2) Jean-Philibert Courtautin de Surjoux, né le 16 mars 1739, conseiller au Parlement le 8 janvier 1779, a exercé sa charge avec distinction jusqu'à la suppression de la magistrature et est mort en 1807.

(3) « M. de Buffon, depuis trois ans, avait consenti à n'en être pas payé, et s'était abandonné à tous les prétextes et à tous les subterfuges dont la fraude se colorait. » (Hérault de Séchelles, cité p. 263, note 2.)

à relever cet appel et je lui ai en même temps marqué que c'était vous, monsieur, que je désirais avoir pour défenseur dans cette affaire; j'espère que vous voudrez bien en accepter la commission et me donner des nouvelles marques de votre amitié en suivant cette procédure avec toute la célérité que vous pourrez y mettre.

Je vous renouvelle les sentiments de ma reconnaissance et ceux de toute la confiance et de l'attachement avec lequel j'ai l'honneur d'être, monsieur, votre très humble et très obéissant serviteur.

Le C<sup>te</sup> de Buffon.

(Inédite. — Bibliothèque de Dijon, fonds Baudot.)

◇

# LETTRE DLXXIX

## A MADAME DAUBENTON (1).

Au Jardin du Roi, ce 16 mars 1785.

Je vous plains mille et mille fois au delà de ce que je puis vous l'exprimer, ma très chère bonne amie. Votre oncle, que j'ai vu plusieurs fois, refuse absolument d'accepter la curatelle (2), et je crois que vous serez obligée de prendre M. Adam (3), si vous ne vous souciez pas que ce soit M. Daubenton,

---

(1) M<sup>me</sup> Daubenton, qui venait de perdre son mari, était à Semur, près de son oncle Guéneau de Montbeillard mourant, de telle sorte qu'à la tristesse que lui causaient son deuil et les plus graves préoccupations d'intérêt se joignait la douleur de voir s'éteindre dans une lente et pénible agonie un oncle qui lui avait constamment témoigné une tendresse de père.

(2) Louis-Jean-Marie Daubenton, oncle paternel de la jeune veuve, celui que la Révolution a surnommé le *berger Daubenton*, ses biographes le *bonhomme Daubenton*, ses élèves le *Nestor des naturalistes*, était très égoïste et personnel et peu disposé à se charger dans sa vieillesse de devoirs de famille dont il avait été affranchi toute sa vie, n'ayant pas eu d'enfants. Cependant il finit par consentir à recueillir sa nièce et sa petite-nièce Betzy Daubenton, veuve du comte de Buffon, qui purent ainsi traverser sans être inquiétées la Terreur, à l'abri d'un nom devenu populaire dans sa paisible retraite du Jardin des Plantes. M<sup>me</sup> Daubenton avait trouvé un accroissement de ressources dans l'éducation des deux filles du baronnet sir Francis Burdett Coutts dont elle devint l'amie.

(3) C'est ce qui eut lieu en effet. M. Adam, notaire à Semur, homme très honorable, allié aux Daubenton et aux Montbeillard, prit en main les intérêts de la veuve et de l'orpheline et les conduisit avec tant de sagesse et d'habileté qu'il parvint à sauver la situation.

En 1789, Betzy Daubenton hérita d'une petite fortune de M<sup>lle</sup> Amyot, sa parente, et, le 8 juillet 1810, Marguerite Daubenton, sa tante, veuve du collaborateur de Buffon, faisait cette disposition en sa faveur :

« Je donne et lègue à M<sup>me</sup> de Buffon ma vaisselle plate en argent..., et à l'égard du surplus de mes biens, je le donne et lègue, savoir : Pour un cinquième à M<sup>me</sup> de Buffon, déjà nommée; pour un pareil cinquième, à M<sup>lles</sup> Pion; pour un autre cinquième, à M. Adam, chirurgien (1). A l'égard de la recette, rien n'est plus difficile, parce qu'elle se trouve dans le nombre des retraites promises aux anciens employés ; sans cela, nous l'aurions déjà obtenue pour M. Guérard (2) qui en aurait partagé les émoluments avec vous. Mais les fermiers généraux s'y refusant absolument, il ne me reste que le moyen de la faire demander par M. le prince de Condé, et j'ai pressé M. d'Amezaga (3) de lui lire ma lettre pour l'engager à écrire à M. le Contrôleur général (4) et lui demander cette place pour M. Guérard. Le

notaire à Semur ; et enfin, pour les deux autres cinquièmes restants, aux descendants de M. Daubenton, chirurgien à Montbard. »

Nous avons publié dans la 1re édition de cette correspondance des lettres de Daubenton, de Mme Daubenton et de sa fille et du notaire Adam (t. II, p. 513). Nous nous bornerons à citer ici deux passages des lettres de la mère et de la fille.

Mme Daubenton écrit de Semur à M. Adam : « Votre qualité de curateur vous donne celle de protecteur et de père de mon enfant... Mme Nadault m'a écrit que vous avez la bonté de vous charger de faire soigner ses oiseaux et son petit chien ; c'est étendre la complaisance bien loin... Le triste état de mon oncle, avec lequel je suis seule ici, ne me permet pas de le quitter. »

« Maman me lit toutes vos lettres, monsieur, lui écrit de son côté, le 31 décembre 1788, Betzy Daubenton, âgée de 13 ans, et je vois avec bien de la reconnaissance l'intérêt que vous voulez bien prendre à nous. Cet intérêt, qui m'inspire un véritable attachement, me prouve ce que maman me dit bien souvent qu'on n'a pas tout perdu tant qu'il nous reste des amis. Vous vous donnez bien de la peine pour moi et je ne puis rien faire pour vous. Je vous dois peut-être plus que vous ne pensez, car sans vos bons soins qui tranquillisent maman, je ne sais si elle aurait résisté à tous ces troubles... Après avoir passé toute l'année dans la dissipation qui m'amusait, mais qui me fatiguait, je suis presque étonnée de me voir plus heureuse dans notre jolie solitude, où j'entends bien du bruit sans en faire ; je cours à la fenêtre pour voir passer les traîneaux qui m'amusent beaucoup. J'aimerais bien aller dedans ; mais je me console en songeant que les beaux messieurs qui sont si aises de courir là-dedans ont plus froid que moi. Voilà comment je me distrais de tous nos chagrins. Hier, j'ai brûlé mon bonnet, et je me suis trouvée bien heureuse de ce que ce n'était pas mes cheveux, et de ce qu'il m'est resté de quoi faire une paire de manchettes... Maman ne vous écrira pas cette fois-ci, parce que j'ai voulu avoir ce plaisir toute seule. Si vous voyez mon ancienne amie Sophie Nadault (*), dites-lui que je l'aime toujours bien et que, quoique j'aie bien des amis ici, je ne l'oublie pas... Comment se porte mon petit ami votre chien ? Se souvient-il de moi, *M. Azolin ?* je l'ai bien mené promener ; il fallait lui laisser sa robe par ce grand froid, pauvre petit ! »

(1) La généalogie des Daubenton, dressée par Georges-Louis Daubenton, désigne ainsi ce membre de la famille, cousin germain du collaborateur de Buffon :

« Jacques Daubenton, fils de Pierre et de Françoise Guérard, maître en chirurgie à Montbard, a épousé Edmée Grand, fille de Charles Grand, bourgeois de Montbard. »

(2) Edme-Charles Guérard, greffier de la justice de paix, secrétaire de la mairie de Monbard en 1797, père du savant paléographe Benjamin-Edme-Charles Guérard, de l'Institut, professeur à l'École des chartes, conservateur des manuscrits à la Bibliothèque royale, précédemment nommé. (T. 1er, p. 235, note 4.)

(3) Le marquis d'Amezaga, familier de la Maison de Condé, déjà nommé.

(4) Charles-Alexandre de Calonne, contrôleur général des finances depuis deux ans, successeur de Louis-François-de-Paule Lefèvre d'Ormesson, précédemment nommé, p. 242, note 3.

(*) Mère de M. de Mongis, magistrat et écrivain, ancien procureur général à Dijon, conseiller à la cour d'appel de Paris, membre du Conseil municipal de la Seine ; — et du général Guiod, général de division, conseiller d'État, commandant en chef de l'artillerie pendant le siège de Paris, grand-croix de la Légion d'honneur, cités à la fin de ce volume.

docteur (1), de son côté, a écrit à M. le comte de Vergennes ministre (2) et à M. d'Angiviller (3), pour demander la même chose au Contrôleur général. Il nous reste donc encore une lueur d'espérance, et je ne négligerai aucune des ressources qui pourront se présenter.

Je satisferai à mon cœur en cherchant à vous servir; mais vous devriez écrire à M. d'Amezaga pour le remercier, ainsi qu'à M. de Tolozan qui sollicite vivement pour vous (4), et leur exposer à tous deux votre triste situation et le dérangement affreux dans lequel votre mari (5) a laissé ses affaires.

Je ne puis aujourd'hui vous en dire davantage, et je crois n'avoir pas besoin de vous assurer, ma chère bonne amie, du tendre et très vif intérêt que je prendrai toute ma vie à ce qui peut vous toucher.

Le C<sup>te</sup> de Buffon.

(Collection Nadault de Buffon.)

(1) Titre sous lequel Buffon désigne habituellement son ancien collaborateur Louis-Jean-Marie Daubenton, docteur en médecine de la Faculté de Reims depuis 1741.

(2) Charles Gravier de Vergennes, ministre des affaires étrangères depuis 1774, président du conseil des finances depuis 1783, fils d'un maître des comptes de Bourgogne et de Charlotte Chevignard de Charodon, déjà nommé, prenait dans les actes officiels les titres suivants : baron de Velferding, d'Uchon et de Saint-Eugène, seigneur de Bordeaux, Saint-Symphorien de Marmagne, Pont-de-Vaux, Marly, Bornault et autres lieux, conseiller du Roi en tous ses conseils, commandeur de ses ordres, chef du conseil royal des finances, conseiller d'État d'épée, ministre secrétaire d'État au département des affaires étrangères. (Voir sa notice t. II, p. 38, note 3.)

(3) Survivancier de Buffon.

(4) Jacques-François de Tolozan, maître des requêtes, intendant du commerce, déjà nommé, figure en 1783 comme ami au mariage du fils de Buffon, et signe, le 30 août 1782, comme son mandataire l'acte d'échange avec l'abbaye de Saint-Victor pour l'achèvement du Jardin du Roi. (T. I<sup>er</sup>, p. 364, note 4, et t. II, p. 116 et 162, note 1.)

(5) Georges-Louis Daubenton, filleul de Buffon, né le 29 septembre 1739, marié le 25 février 1772 à Anne-Marie-Madeleine-Marguerite-Bernarde Boucheron, mort le 24 février précédent, à quarante-six ans. L'exploitation de ses pépinières avait englouti sa fortune et l'inquiétude que lui donnait le mauvais état de ses affaires hâta sa fin ; sa veuve restait sans ressources, avec une fille unique. Buffon, après avoir facilité l'arrangement des affaires de Daubenton, fit obtenir une recette à sa veuve. En lui s'est éteinte la descendance mâle de cette ancienne maison, originaire de la petite ville d'Aubenton en Picardie (*), dont plusieurs membres ont porté ainsi orthographié un nom auquel l'illustration du collaborateur de Buffon a fait attribuer une orthographe différente. Cette maison remonte par des documents authentiques plus haut que le XIII<sup>e</sup> siècle, et a donné à la politique et à l'Église le confesseur de Philippe V; une branche, fixée à Montbard dès 1350, a fourni des officiers au duc de Bourgogne, un chambellan de Philippe le Hardi en 1378, des administrateurs, des savants, des élus aux états généraux de la province et une série de maires à la ville de Montbard.

Les vieux arbres qui perdent leurs branches ne poussent plus de rejetons.

(*) Aubenton, chef-lieu de canton, arrondissement de Vervins (Aisne), 1,500 habitants.

# LETTRE DLXXX

## A M. TRIBOLET (1).

Au Jardin du Roi, ce 17 mars 1785.

Je reçois, monsieur, votre lettre du 14 de ce mois et l'avis que vous voulez bien me donner au sujet du chemin d'Avallon à Montbard.

Je vous prie de remercier M. Antoine (2) de son attention et de sa complaisance à me communiquer ses projets. Je le solliciterai vivement pour que le chemin passe à Buffon ; car, bien qu'un peu plus long, il sera bien plus beau qu'en passant d'un autre côté, et, indépendamment des motifs particuliers qui m'engagent à désirer que ce chemin arrive au pont de Buffon, je suis assuré qu'il fera plus d'honneur à M. Antoine et qu'il coûtera moins à la province, et même, si cet habile ingénieur trouvait que cela pût faire quelque difficulté, j'en parlerais ici à M. le prince de Condé (3) et à MM. les Élus (4). Au reste, je ne regretterai pas les bois qu'il faudra peut-être arracher dans ceux de la terre de Quincy dont je suis actuellement propriétaire, parce que toutes les oppositions sont levées (5), et je ferai volontiers ce

---

(1) La suscription de la lettre porte : « A M. Tribolet, entrepreneur des ponts et chaussées, à Buffon. » Il y était précédemment marchand de bois. C'était une vieille relation ; car Buffon lui écrivait seize ans auparavant, le 17 décembre 1769 : « Je suis très sensible, monsieur, à l'envoi que vous m'avez bien voulu faire de votre chevreuil, qui est très beau et qui certainement sera très bon. Recevez-en, si vous voulez bien, tous mes remerciements. S'il y avait ici, monsieur, quelque occasion de vous obliger, je serais fort aise de pouvoir vous y être bon à quelque chose.

Étienne-Joseph Tribolet, d'une ancienne famille de Buffon, est cité par Buffon dans le livre-manuel de ses revenus pour la location de la halle de Buffon ; il était très dévoué à ses intérêts.

(2) Pierre-Joseph Antoine, né le 13 juin 1730, mort le 2 mars 1814. Elève de l'école des ponts et chaussées en 1751, sous-ingénieur de la province de Bourgogne en 1753, ingénieur en 1782, ingénieur en chef en 1790 ; membre de la Commission des sciences et arts de l'an III, professeur d'architecture à l'École des beaux-arts en 1809 ; auteur d'un recueil d'architecture et de la *Navigation de Bourgogne*, 1 vol. in 4o, 1774.

(3) Louis-Joseph de Bourbon, prince de Condé, chef de l'émigration, précédemment nommé.

(4) La commission des élus des états généraux, qui administrait la province dans l'intervalle de trois ans entre chaque session, était dans la triennalité de 1784 à 1787 : pour le clergé, l'abbé de La Farre, doyen de la Sainte-Chapelle, vicaire général du diocèse de Dijon, abbé commendataire de l'abbaye royale de Lieoues ; pour la noblesse, le comte de Chastellux, chevalier d'honneur de Madame Victoire, etc. ; pour le tiers, Noirot, maire de Châlon-sur-Saône.

La dernière loi des conseils généraux a rétabli ce contrôle permanent de l'administration par les délégués des conseils électifs dans l'intervalle des sessions.

(5) Les oppositions des créanciers du vicomte de La Rivière, dont le grand train de maison avait absorbé la belle fortune.

sacrifice pour concourir au bien public. Cependant il me semble que M. Antoine pourrait profiter des belles routes qui sont dans ces bois pour n'en pas faire de nouvelles; mais je laisse le tout à sa prudence et à sa discrétion.

Nos chicaneurs (1) sont bien malades et bien près de mourir sous les paperasses de leurs chicanes; car j'espère que toute affaire sera finie dans quelque temps d'ici, et vous ne reverrez jamais Lauberdière à la forge. N'y laissez pas rentrer son commis ni les forgerons; surtout ne donnez d'argent ni aux uns ni aux autres.

Je vous renouvelle ma reconnaissance de tous vos bons soins et suis, avec un très sincère attachement, monsieur, votre très humble et très obéissant serviteur.

LE C<sup>te</sup> DE BUFFON.

J'oubliais, monsieur, de vous marquer que je ne trouve pas trop cher le charroi de la mine à 18 livres (2), et que même si vous ne trouvez pas assez de charretiers à ce prix de 18 livres vous pouvez leur en donner 20, et vous ferez bien, en effet, de la faire toute venir avant le 1<sup>er</sup> mai.

(Inédite. — Communiquée par le curé de Rougemont et Buffon.)

—⌇—

# LETTRE DLXXXI

## A M. CHARBONNEL.

A Paris, au Jardin du Roi, ce 20 mars 1785.

J'ai reçu hier, monsieur, les pièces que vous avez bien voulu m'envoyer et je les ai remises ce matin à M. Lambert, mon procureur au Parlement de Paris, qui prendra le *pareatis* nécessaire pour assigner ensuite Chesneau de Lauberdière à son domicile à Versailles. Je compte bien témoigner à M. de Nogent (3) tous mes sentiments de reconnaissance de l'intérêt qu'il prend à ma très malheureuse affaire; mais je vous prie de le remercier d'avance et de lui dire combien je suis sensible à cette marque de sa bonne amitié.

(1) Lauberdière et sa femme, née Anne-Nicole Le Roux, personnellement engagée au second bail des forges de Buffon reçu par M<sup>e</sup> Favier, notaire à Paris, le 23 septembre 1777. (Lettres du 8 avril 1779, à M. Rigoley, et du 1<sup>er</sup> février 1787, à M. Guérard.)

(2) Le minerai d'Étivey, qui avait donné lieu au procès entre Buffon et le marquis de La Guiche.

(3) Jacques-Philibert Guénichot de Nogent, conseiller au Parlement de Dijon en même temps que son fils, Pierre-Jacques-Barthélemy, conseiller le 9 janvier 1786, mort sur l'échafaud révolutionnaire le 20 avril 1794, déjà nommé. (T. II, p. 154, note 2.)

Au reste, j'ai gagné hier mon procès contre mon ingrat chicaneur ; la sentence du Châtelet qui me renvoie à mes juges naturels et dont il avait appelé au Parlement de Paris a été confirmée. Ainsi je suis bien le maître de faire vendre non seulement les fourrages, mais encore tous les autres effets saisis dans mes forges sur ledit Lauberdière, d'autant plus que j'ai donné caution et que la sentence du bailliage de Semur peut s'exécuter par provision ; mais il faut que vous observiez, monsieur, que le sieur Lauberdière a paru seul dans le bail en vertu duquel j'ai obtenu cette sentence à Semur et que par conséquent l'assignation que nous donnerons ici ne sera qu'à lui seul et non à sa femme qui ne paraît pas dans ce bail. Il faut mettre les points sur les I avec un tel chicaneur.

Je vous prie de me croire avec autant de confiance que d'attachement, monsieur, votre très humble et très obéissant serviteur.

LE C<sup>te</sup> DE BUFFON.

Je viens, monsieur, de recevoir une réponse de M. Lambert, mon procureur au Parlement de Paris, au sujet de l'assignation qu'il va faire donner à Lauberdière, et vous verrez qu'en effet il ne faut pas faire assigner sa femme qui n'a pas paru dans le premier bail passé par-devant M<sup>e</sup> Guérard, notaire à Montbard, et qui ne s'est rendue solidaire avec son mari que pour un second bail passé par-devant les notaires de Paris ; c'est sur cela que notre chicaneur voulait attirer le fond de la contestation au Châtelet ou au Parlement de Paris, ce que nous devons éviter avec le plus grand soin. Il ne faudra donc agir que contre Lauberdière seul au Parlement de Dijon et ne pas parler de sa femme quant à présent.

(Inédite. — Bibliothèque de Dijon, fonds Baudot.)

◇

# LETTRE DLXXXII

## A M. DUPLEIX DE BACQUENCOURT (1).

Au Jardin du Roi, le 20 mars 1785.

J'ai été très fâché, monsieur, de ce que vous n'avez pas insisté hier pour

(1) Jean-Marie Dupleix de Bacquencourt, intendant de la province de Bourgogne de 1774 à 1780, précédemment nommé, actuellement conseiller d'État, compris dans la conspiration dite des prisons et dans la fournée des cent quarante-sept condamnés du Tribunal révolutionnaire exécutés en trois jours. Il monta sur l'échafaud le 9 juillet 1794 (21 messidor an II), la veille de l'exécution du fils de Buffon. (T. I<sup>er</sup>, p. 292, note 1 et à la fin de ce volume.)

entrer; ma porte n'était certainement pas fermée pour vous (1), et j'aurais été très aise de vous entretenir.

Notre affaire des terrains nécessaires au Jardin du Roi est sur le point de finir. J'espère que j'aurai incessamment l'arrêt du Conseil conforme à ma demande ; après quoi, il n'y aura plus que les formalités ordinaires à remplir, en obtenant des lettres patentes, etc.

Je crois, monsieur, que votre bonne volonté aura influé sur celle de M. de Saule (2), et qu'on me débarrassera, de manière ou d'autre, de cinquante paysans qui seraient chacun autant de petits seigneurs, possesseurs en franc fief de quelques perches de terrain dans ma terre de Buffon, ce qui serait absurde et ne peut pas exister (3). J'attendrai votre retour pour savoir ce que je puis faire enfin pour satisfaire la Régie, contre laquelle je suis très décidé à plaider, si elle m'imposait des conditions qui ne fussent pas acceptables.

Recevez, monsieur, avec vos anciennes bontés, les assurances du sincère et respectueux attachement que je vous ai voué, et avec lequel j'ai l'honneur d'être, monsieur, votre très humble et très obéissant serviteur.

Le C<sup>te</sup> DE BUFFON.

(Collection Chasles, de l'Institut.)

❖

# LETTRE DLXXXIII

## A MADAME DAUBENTON.

Au Jardin du Roi, ce 20 mars 1785.

Soyez un peu plus tranquille, ma chère bonne amie. Vous aurez la petite recette des crues, que je ne croyais pas qu'on pût donner à une femme, et que dans cette même idée ma sœur (4) m'avait demandée pour son fils (5).

---

(1) On a vu (p. 96, note 1) qu'il en était autrement pour le comte de Tressan.

(2) Collègue de Dupleix de Bacquencourt au conseil d'État, dit alors conseil du Roi.

(3) Les lettres patentes érigeant la terre de Buffon en comté conféraient à Buffon dans sa seigneurie tous les droits féodaux sur le sol et les individus, avec haute, basse et moyenne justice. Buffon, strict observateur de la loi et des coutumes, réclamait la réforme de ce qu'il considérait comme un abus ; mais sa correspondance témoigne que, loin de se montrer jaloux de ses privilèges nobiliaires et d'être comme Montyon un seigneur féodal, despote, exigeant et dur, il employait sa grande fortune et son crédit à secourir les pauvres, à venir en aide aux cultivateurs gênés, à faire travailler les ouvriers et à assurer le sort de tous ceux qui l'entouraient.

(4) M<sup>me</sup> Nadault.

(5) Jean-Benjamin-François-Edme Nadault, abbé de la Sainte-Chapelle de Dijon, abbé commendataire d'autres abbayes, né le 12 juillet 1771, fusillé à vingt-deux ans, le 4 novem-

Soyez bien sûre que je n'ai cessé de m'occuper de vos intérêts, et que j'ai déjà des espérances d'obtenir quelque chose, tant sur la place de maire (1) que sur la recette du greffe (2). Ainsi, prenez courage, mon enfant, rappelez auprès de vous votre gentille Betzy; vous la soignerez mieux, même pour sa santé. Tâchez d'éloigner, s'il est possible, la nomination de son curateur (3); il est essentiel, dans la circonstance présente, de ne le pas nommer de sitôt.

Adieu, chère amie, vous serez peut-être plus heureuse que vous ne l'avez jamais été.

Le C<sup>te</sup> DE BUFFON.

(Collection Nadault de Buffon.)

—◇—

# LETTRE DLXXXIV

## A M. DE REPAS.

Au Jardin du Roi, 13 avril 1785.

Je reçois, monsieur, vos lettres du 8 et 9 courant, et je m'empresse d'y répondre pour vous prier de ne rien changer à la requête et à l'assignation que j'ai eu l'honneur de vous envoyer (4), et d'en suivre les fins à l'échéance des délais; car je ne veux point signifier de désistement à cette femme (5), quoique je ne sois pas bien sûr d'avoir sa ratification que, cependant, j'ai pu laisser à Montbard dans mes papiers. Mais quand même je n'aurais pas cette ratification, je ne veux point me départir de l'assignation telle qu'elle est donnée, car :

1° Cette femme se croit si bien dans le cas d'être assignée, qu'elle offre de tenir la forge si son mari en est renvoyé.

bre 1793, en Vendée, après la bataille de Fougères, frère de Benjamin-François-Georges-Alexandre Nadault, filleul de Buffon, magistrat, né le 23 décembre 1780, mort le 24 décembre 1866, à quatre-vingt-six ans, dont il sera parlé à la fin ce volume.

(1) Une pension sur la province ou la cassette du roi pour reconnaître les services gratuits rendus par Georges-Louis Daubenton, son père, pendant seize ans, et par six de ses ancêtres successivement maires de Montbard de 1670 à 1776.

(2) Une autre pension comme veuve et petite-fille de deux *subdélégués de l'intendance de Bourgogne à la résidence de Montbard.*

(3) La lettre du 16 mars à la même (p. 272) nous a appris que Louis-Jean-Marie Daubenton n'ayant pas consenti à accepter la charge de subrogé-tuteur de sa petite-nièce, M<sup>me</sup> Daubenton s'était adressée à M. Adam, notaire à Semur, allié aux familles Daubenton et Guéneau de Montbeillard, homme excellent, pour qui cependant Buffon, qui écrit à cette date à M<sup>me</sup> Daubenton : « Je crois que *vous serez obligée* de prendre M. Adam, » et le 20 mars « Tâchez d'éloigner, s'il est possible, la nomination du curateur, » ne paraît pas très chaud.

(4) Dans l'affaire Lauberdière.

(5) Anne-Nicole Leroux, femme de Jacques-Alexandre Chesneau de Lauberdière.

2° Toutes les quittances de fermage que je leur ai données sont au nom du mari et de la femme ; ils les ont produites ici au Parlement, et elle veut s'en faire un titre pour régir la forge. Cette prétention est chimérique, et je ne vous en parle, monsieur, que pour vous faire voir qu'elle se croit bien assignée et qu'elle n'élèvera point de difficultés sur cela.

3° Cette femme est commune en biens avec son mari, et dès lors il faudra bien qu'elle contribue aux payements qui me seront adjugés.

4° Enfin il faut la laisser venir, et dans le cas où elle prétendrait n'avoir aucune part aux baux faits par son mari, on lui démontrera qu'elle a ratifié le premier et principal bail des forges du 1er août 1777, par le second bail devant les notaires de Paris; et, si tout cela n'était pas suffisant, nous en serons quittes alors pour déclarer que je n'insiste pas sur les condamnations qui pourraient être décernées contre elle, et que je m'en tiens aux condamnations prononcées contre son mari.

Mais, quant à présent, monsieur, je vous prie de ne rien changer à l'assignation (1) et d'en user telle qu'elle est, et il faut aussi que vous ayez la bonté de parafer tous les renvois de la requête, et de la laisser absolument telle que je vous l'ai renvoyée.

M. Guérard (2), mon procureur fiscal à Montbard, a besoin de l'arrêt du Parlement de Dijon pour faire vendre les fourrages qui sont dans mes forges; je lui ai écrit de vous demander cet arrêt ou une expédition que je vous serai obligé de lui envoyer le plus promptement que vous pourrez.

Il est bien singulier qu'il ne soit pas question du sieur de Lauberdière parmi les créanciers de Chevalier, car j'ai vu moi-même entre les mains de Lauberdière pour 46 ou 47,000 livres de billets à son profit dudit Chevalier-Courtois; et il pourrait y avoir ici de la friponnerie, comme en beaucoup d'autres choses. A l'égard du sieur Rochet, je crois qu'en effet il n'est réellement créancier que d'une somme de 16,000 livres, puisqu'il est hors d'état de payer ces effets de 21,000 livres, dont je pense néanmoins qu'il faut faire la saisie par opposition, parce qu'indépendamment des immeubles de Rochet, on assure que ses parents viendront à son secours.

Je connais le mérite de M. l'avocat Charbonnel, et je suis persuadé que ma cause contre M. de La Guiche sera très bien entre ses mains. Je suis très tranquille sur cela et je vous prie de l'être aussi, monsieur, car je ne veux pas d'autre avocat que M. Charbonnel.

(1) Buffon, qui avait fait ses études de droit, ainsi qu'en témoigne le curieux document publié à la p. 2 du t. 1er de ce recueil, et qui joignait à ses études juridiques un haut bon sens, rédigeait lui-même ses contrats dont beaucoup sont entièrement écrits de sa main; il dirigeait également ses affaires contentieuses, qu'il ne remettait à ses avocats et procureurs que lorsque le temps lui manquait pour s'en occuper.

(2) Charles-Antoine Guérard, notaire royal, procureur au bailliage de Montbard, oncle du paléographe Guérard, déjà cité.

Vous ferez bien d'écrire à M. de Marmont (1) qui, j'espère, ne refusera pas l'attestation que vous lui demandez; il s'agit de soutenir, dans ma cause, que le droit de tirer de la mine accordé au fourneau le plus voisin n'est qu'un droit de préférence et non pas un droit exclusif; et si, par malheur, le Parlement de Dijon en juge autrement, j'aurai droit de me pourvoir au Conseil; car c'est chose d'administration publique, qui intéresse l'État, et sur laquelle le Conseil doit interpréter l'ordonnance. Néanmoins, il faut faire tout ce que nous pourrons pour obtenir justice au Parlement de Dijon.

Je me recommande toujours avec toute confiance à votre amitié et à vos bons offices, en vous priant d'être persuadé de ma reconnaissance et du véritable attachement avec lequel j'ai l'honneur d'être, monsieur, votre très humble et très obéissant serviteur.

LE C<sup>te</sup> DE BUFFON.

(Inédite. — Collection Nadault de Buffon.)

—◇—

# LETTRE DLXXXV

## A ANDRÉ THOUIN.

Montbard, le 25 mai 1785.

J'ai reçu vos mémoires de dépenses, moncher monsieur Thouin, avec l'état de situation de nos travaux.

La grande et longue sécheresse nous fait ici beaucoup de tort ainsi qu'à vous; cependant nous avons eu un petit orage hier avec de la pluie, ce qui fait espérer qu'on en aura d'autre incessamment.

Tous nos ouvrages de maçonnerie iraient bien sans ces maudites carrières (2) qui seules coûtent autant que tout le reste; néanmoins, il faut en venir à bout, et j'ai écrit à M. Verniquet (3) que, s'il était nécessaire, nous augmenterions encore le nombre des ouvriers pour cet objet.

(1) Jules-Frédéric Viesse de Marmont, capitaine au régiment de Hainaut, fondateur, à Châtillon-sur-Seine, à peu de distance de Montbard, de forges auxquelles son fils, Auguste-Frédéric-Louis de Marmont, maréchal de France, a donné un développement considérable en y ajoutant d'autres créations industrielles dans lesquelles il a englouti sa fortune.

Le maréchal de Marmont, duc de Raguse, né le 20 juillet 1774, mort le 2 mars 1852, membre de l'Académie des sciences en 1816, auteur de *Voyages* et de *Mémoires*, a pris part à toutes les guerres du Consulat et de l'Empire, en Égypte, en Italie, en Allemagne, en Espagne, en France, a gagné des batailles, pris des villes, s'est illustré par des actions d'éclat et figure dans la galerie des Bourguignons illustres qui ont continué dans ce siècle les traditions d'une province féconde en grands hommes.

(2) Ces carrières, qui dépendaient des Catacombes, avaient provoqué l'année précédente sous l'hôtel de Buffon au Jardin du Roi des éboulements qui avaient nécessité de longs et coûteux travaux de consolidation. (Voir la correspondance de Buffon avec Thouin, année 1784.)

(3) Architecte du Jardin du Roi, déjà nommé. (T. II, p. 36, note 1.)

Pressez aussi l'ouvrage qui est à faire au laboratoire de chimie, afin qu'on ne soit pas obligé de retarder le cours public (1), et, comme votre bâtiment doit être actuellement couvert ou à peu près, faites achever votre escalier et construire les voûtes. L'ouvrage de la nouvelle galerie est le moins pressé de tout.

Je vois par votre compte que vous avez payé 600 livres à compte de la fourniture des arbres verts (2); mandez-moi si nous devons encore beaucoup à tous nos fournisseurs d'arbres. Il faudrait, dans tous les cas, les faire attendre jusqu'à ce que je puisse vous remettre de nouveaux fonds, sur la fin de juin ou au commencement de juillet.

Je ne sais si l'arrêt du Conseil, pour l'acquisition du terrain des fiacres et des maisons Lelièvre, etc., a été expédié et envoyé à M. Lenoir; vous me feriez plaisir de vous en informer et de voir M. de La Chapelle si vous avez occasion d'aller à Versailles.

Ma santé est à peu près telle qu'elle était à Paris, et je ne la soutiens qu'en continuant les mêmes petits remèdes et le même régime.

Ayez soin de la vôtre; j'y prends tout intérêt, et c'est avec satisfaction que je vous renouvelle les sentiments de l'estime qui vous est due et de tout mon attachement.

Le C<sup>te</sup> de Buffon.

(Bibliothèque du Muséum.)

—◇—

# LETTRE  DLXXXVI

## AU MÊME.

Montbard, ce 10 juin 1785.

Je reçois, mon très cher monsieur Thouin, votre lettre du 8 de ce mois, et je vous remercie beaucoup des démarches que vous avez faites et de toutes les peines que vous avez prises pour joindre M. de La Chapelle et me donner des nouvelles certaines de l'expédition de notre arrêt.

Je ne doute pas que le cher M. Lenoir ne m'aide de toute sa bonne volonté. Cependant, si vous jugiez qu'il fût nécessaire de le presser, je lui écrirais dans quelque temps, et, si je ne le fais pas à présent, c'est parce que j'imagine

---

(1) Nous aimons à relever au cours de la correspondance de Buffon la manifestation répétée des trois sentiments qui ont inspiré sa vie : la passion de l'étude, sa bienfaisance, son grand amour du bien public.

(2) Pour la grande butte du Jardin du Roi sur laquelle devait s'élever plus tard le belvédère. La collection du Jardin des Plantes comprend la série complète de la famille des conifères de tous les climats.

que l'affaire peut aller toute seule et que ce serait peut-être l'importuner prématurément.

J'ai aussi été très satisfait en lisant l'exposé que vous m'avez fait de la situation de nos travaux; je vois que le Jardin est actuellement fermé et que les grilles sont entièrement achevées dans cette partie. Vous savez que je destine la grille qui était au bout de la terrasse sur la rivière à être transportée pour fermer la nouvelle cour de l'Intendance. Il faut donc prévenir le sieur Mille de travailler à la continuation de cette grille, afin que cette cour puisse être fermée.

Comme j'ai donné des lettres de correspondant à M. l'abbé Mongez (1), chanoine de Sainte-Geneviève qui accompagne M. de La Pérouse (2) dans son voyage autour du monde, vous me ferez plaisir de lui remettre, ou à M. le comte de Lacépède (3), qui est son ami, une liste des plantes et graines que vous pouvez désirer (4).

Bonjour, mon très cher monsieur Thouin. Ma santé est passablement bonne, et je jouis un peu de mes jardins. Je serais même assez content de

---

(1) Jean-André, abbé Mongez, génovéfain, physicien, né en 1751, mort en 1788, a écrit un *Manuel du Minéralogiste* et divers mémoires qui lui ont valu une présentation à l'Académie des sciences. Il s'embarqua en 1785 avec La Pérouse en qualité de savant et d'aumônier, et partagea le sort de l'expédition. Il était neveu de l'abbé Grozier, un des plus ardents contradicteurs de Buffon. Son frère, l'abbé Antoine Mongez, génovéfain comme lui, né en 1747, mort en 1835, archéologue et écrivain, de l'Académie des inscriptions en 1785, conservateur du Cabinet des antiques en 1796, membre du Tribunat en 1799, administrateur de la Monnaie en 1804, un des promoteurs de la réforme monétaire.

(2) « On ne sait pas au juste, rapportent les *Mémoires de Bachaumont* aux 4 mai et 18 août 1785, quelle route tiendra M. de La Pérouse dans son voyage autour du monde; il aura une escadre de plusieurs bâtiments. Il déclare que le Roi s'y intéresse beaucoup, que c'est Sa Majesté qui a conçu le plan et doit diriger sa marche... M. de La Pérouse a appareillé de Brest le premier de ce mois pour son voyage autour du monde. Bien des gens mettent en doute sa capacité, et prétendent que M. de L'Angle, capitaine du second bâtiment, serait plus propre pour l'expédition. »

Jean-François Galaup de La Pérouse, né en 1741, mort en 1788, capitaine de vaisseau en 1780, s'est signalé dans la guerre d'Amérique par la destruction des établissements anglais de la baie d'Hudson. Choisi par Louis XVI pour un voyage d'exploration autour du monde, dont le roi avait tracé avec lui l'itinéraire, il était parti de Brest le 1er août 1785, avec les frégates *la Boussole* et *l'Astrolabe*; mais, depuis les nouvelles signalant la présence en 1788 de l'expédition à Botany-Bay, on avait cessé d'en recevoir. Plusieurs voyages de recherche avaient été entrepris sans succès, lorsque le capitaine anglais Dillon, en 1827, et Dumont d'Urville l'année suivante, reconnurent que l'expédition avait péri sur les îles de Vanikoro; la relation du voyage de La Pérouse a été publiée en 1797 en 4 volumes in-4°.

(3) Le comte de Lacépède, depuis quelque temps déjà en rapport avec Buffon pour l'histoire des cétacés et des serpents, précédemment nommé. (T. II, page 150, note 2; voir aussi p. 294, note 2.)

(4) A sept jours d'intervalle, le 17 juin, Buffon écrira à Thouin : « Je suis très satisfait de ce que vous avez bien voulu prendre la peine d'instruire nos voyageurs pour l'avantage du Jardin du Roi. Mandez-moi aussi quand vous comptez commencer votre cours de botanique. »

Buffon, qui avait étudié la botanique à Angers avec Berthelot du Paty et qui avait été reçu dans la classe de botanique à l'Académie des sciences, répétait souvent « qu'il avait appris trois fois cette science, mais qu'il l'avait trois fois oubliée. »

mon jardinier Saunier (1); mais il voudrait mettre mon jardin à l'entreprise; il me demande 1,800 livres par an, c'est trop. Cependant je lui en ai offert 1,600, et je crois qu'il y a du bénéfice pour lui, et, s'il n'accepte pas ces 1,600 livres, il continuera sur le pied qu'il est actuellement,

Le C<sup>te</sup> DE BUFFON.

(Bibliothèque du Muséum.)

## LETTRE DLXXXVII

### A MADAME NECKER.

Montbard, 1<sup>er</sup> juillet 1785

Je ne vous verrai donc qu'à mon retour à Paris !

Ah! mon adorable amie, que ce prolongement d'absence est cruel à mon cœur; je comptais fermement que de Lyon à Paris vous ne prendriez pas d'autre route que celle de Montbard, et je ne me console de m'être trompé qu'en pensant que vous y comptiez aussi et que cela n'a pas dépendu de votre volonté (2).

Je vous adore si sincèrement que je crois être sûr que vous m'en savez gré; je vous aimerai toute ma vie et même dans l'autre et pour l'éternité, si, comme je le désire, votre opinion est meilleure que la mienne.

Avec quelle finesse de tact, avec quelle grâce vous me donnez cette leçon de philosophie dans votre dernière lettre. Elle contient en quatre pages plus d'un volume de sublime morale; chaque ligne est un axiome, et toujours le sentiment exquis et qui précède la profonde pensée.

Oui, divine personne, vous êtes tout esprit et toute âme; plus le corps est affaibli, plus votre tête a de force. Les deux substances sont donc bien distinctes chez vous, tandis que chez moi elles n'en font qu'une.

Je sens les facultés de l'esprit décroître avec celles du corps, et voilà le fondement de la différence de nos opinions (3); la tendresse de cœur est la seule qui me paraisse augmenter au lieu de diminuer, car je vous aime d'autant plus que je languis ou souffre davantage; mais je ne puis vous l'exprimer avec la même énergie. Mon pauvre individu surchargé par l'âge, affaibli par une incommodité habituelle, se consume encore en mouvements

---

(1) Second jardinier de Buffon, sous les ordres de Daucher, jardinier en chef, précédemment nommé.

(2) Au lieu de revenir par la Bourgogne, M<sup>me</sup> Necker avait pris la route du Bourbonnais.

(3) Voir, sur la religion de Buffon, t. I<sup>er</sup>, p. 264, note 2, et à la fin de ce volume.

forcés pour des procès (1), des affaires malheureuses (2) et surtout par les regrets d'une aussi longue absence, et mes inquiétudes sur votre santé qui m'est plus chère que la mienne (3).

Votre tendre amitié fait toute la douceur de ma vie; je ne serai pas heureux tant que vous ne vous porterez pas bien, tant que je ne vous verrai pas; combien de sentiments n'aurai-je pas à vous offrir sans compter ceux de la reconnaissance pour les secours d'argent que j'aurais accepté si j'en avais eu besoin; mais j'ai reçu et placé dans une terre la dot de ma belle-fille (4); je viens de vendre les meubles du château de cette terre, ils m'étaient inutiles et j'en ai tiré onze mille livres; ainsi j'ai plus d'argent qu'il ne m'en faut pour la vie d'anachorète que je mène ici.

(1) Ses procès avec le marquis de La Guiche, les demoiselles Bouillon et Lanberdière, fermier de ses forges.

(2) Notamment l'affaire de la Société pour l'épuration du charbon de terre, où il perdit une somme importante.

(3) Buffon, uniquement préoccupé de la santé de M^me Necker, oublie encore de lui parler de la sienne; mais, comme précédemment, M^lle Blesseau avait pris soin d'y suppléer en écrivant à M^me Necker, un mois auparavant, le 21 mai :

« J'ai eu des inquiétudes sur la santé de M. le comte de Buffon, qui a eu une effusion de sang, mais pourtant sans gravité, avant son départ de Paris; cependant il a fait le voyage assez heureusement dans une voiture très douce et à petites journées. Il est actuellement assez bien reposé; mais il ne monte pas encore à sa tour. Il continue l'usage du savon et des émulsions.

» Il a reçu une lettre de vous, madame, qu'il a lue et relue nombre de fois, et qu'il trouve si belle qu'il la lit tous les jours. Il ne sait pas, madame, où vous êtes actuellement, et il dit que vous ne pouvez pas retourner à Paris sans passer par Montbard. Ce serait pour M. de Buffon le plus grand plaisir de vous recevoir, madame, ainsi que M. et M^lle Necker.

» Les malheureuses affaires de ses forges ne sont pas encore terminées; quoiqu'il ait eu affaire à l'homme de la plus noire ingratitude qui soit au monde, heureusement que cela ne trouble pas son repos et qu'il a repris la sérénité de son caractère et sa gaieté ordinaire.

» On lui a remboursé la dot de M^me sa belle-fille, et tout de suite il l'a placée dans l'achat d'une terre qui tient à celle de Buffon. On va vendre les meubles du château de cette terre dont il n'a pas besoin. »

(4) On a vu, page 228, note 1, au contrat de mariage du fils de Buffon du 4 janvier 1784, que la dot en argent de Marguerite-Françoise de La Motte de Bouvier de Cepoy était de 400,154 livres. Cependant il résulte du testament notarié de Buffon, du 4 décembre 1787, et d'un codicille du 6 février 1788, que son fils n'avait reçu que 200,000 livres. Nous n'avons retrouvé aucun acte ni document de famille justifiant du payement des 200,154 livres restant dues.

« Je veux et entends, dit Buffon dans de son testament, que les 200,000 livres que j'ai reçues à compte sur la dot de M^me de Buffon soient affectées spécialement sur les fonds qui m'appartiennent et qui forment les cinq huitièmes de la valeur du privilège de l'*Histoire naturelle* et de tous les volumes qui en font ou feront partie, montant à plus de 300,000 livres, ce qui est plus que suffisant pour le remboursement de ladite dot, le cas échéant. En conséquence, j'engage mon fils à faire emploi des fonds qui proviendront de ce privilège, jusqu'à concurrence de 200,000 livres en acquisitions de contrats sur les États de Bourgogne ou autres à titre de remploi des deniers dotaux de ladite dame de Buffon, afin que le surplus de mes biens soit déchargé de toute affectation relative aux créances de ladite dame pour les 200,000 livres que j'ai reçues de sa dot. » (Voir lettre du 7 novembre 1784 à M^me Guéneau de Montbeillard, t. II, p. 254, note 4.)

Voilà un beau cadeau en porcelaine (1) du prince Henri avec des cuillers d'or; vous lirez et me renverrez sa lettre qui est ingénieuse et sensible (2).

Adieu, mon adorable amie, pardonnez ma très mauvaise écriture.

BUFFON.

(Inédite. — Archives de Coppet. — Communiquée par le vicomte d'Haussonville.)

―◆―

# LETTRE DLXXXVIII

## A MARMONTEL (3).

Monthard, 8 juillet 1785.

Monsieur,

Je ne reçois qu'aujourd'hui, à ma campagne en Bourgogne, le billet daté du 30 juin, par lequel je vois que le sort est tombé sur moi pour devenir Directeur de l'Académie française.

Il ne m'est pas possible, monsieur, de m'acquitter des fonctions de cette place; ma mauvaise santé et mon grand âge ne m'ont pas permis de fréquenter les Académies, ni même de sortir de chez moi. J'ose donc supplier l'Académie de me dispenser désormais de subir le sort, n'étant plus en état de remplir les devoirs de directeur ou de chancelier.

Il ne me reste qu'assez de forces pour admirer les productions de nos confrères; et c'est avec toute satisfaction que je viens de lire les discours très

(1) Le déjeuner en porcelaine de Saxe du prince Henri, représentant l'histoire du cygne, est aujourd'hui à Coppet avec les lettres de Buffon à M^me Necker, en vertu de cette autre disposition de son testament :

« Je prie ma très respectable et plus chère amie, M^me Necker, d'agréer le legs que je prends la liberté de lui faire du déjeuner de porcelaine qui m'a été donné par le prince Henri de Prusse. »

(2) « Il ouvrit un tiroir, dit Hérault de Séchelles, et me montra une lettre magnifique du prince Henri. » Buffon avait déjà reçu l'année précédente une autre lettre du prince dont il cite, dans sa lettre du 20 septembre 1784 à M^me Necker, un passage également rapporté par Hérault de Séchelles (p. 251). Il a existé d'autres lettres du prince à Buffon; mais elles sont du nombre de celles qui ne nous sont point parvenues. (Voir sur la visite du prince Henri à Buffon, à Montbard, t. I^er, p. 186, note 3, et t. II, p. 240 et 244, notes 4 et 1, et lettre à M^me Necker du 25 août 1784, p. 247, et à la fin de ce volume.

(3) Jean-François Marmontel, de l'Académie française depuis 1783, secrétaire perpétuel depuis 1784 en remplacement de d'Alembert, déjà nommé (t. I^er, p. 69, note 1). Le ton de cette lettre est une nouvelle manifestation du peu de sympathie que Buffon ressentait pour Marmontel, bien qu'il le rencontrât dans l'intimité du salon de M^me Necker.

bien écrits et grandement pensés de M. l'abbé Morellet (1) et de M. le marquis
de Chastellux (2).

J'ai l'honneur d'être avec un respectueux attachement, monsieur, votre
très humble et très obéissant serviteur.

Le C<sup>te</sup> de Buffon.

(Inédite. — Communiquée par le docteur Desbarreaux-Bernard, archiviste de l'Académie de Toulouse.)

---

# LETTRE DLXXXIX

## A ANDRÉ THOUIN.

Montbard, le 12 juillet 1785.

Je vois par votre seconde lettre, mon cher monsieur Thouin, que vous avez
maintenant remis à M. Guillemin (3) toutes les pièces nécessaires pour le
contrat de rétrocession (4); je serai bien satisfait s'il ne perd pas de temps
pour terminer enfin cette affaire, et je voudrais bien faire d'avance un ca-

---

(1) Le discours prononcé par l'abbé Morellet à sa réception à l'Académie française, où il
avait été élu l'année précédente à la place de l'abbé Millot.

André, abbé Morellet, philosophe, polémiste et traducteur, né le 7 mars 1727, mort le
12 janvier 1819, lié en Sorbonne avec Turgot et Loménie, contrôleurs généraux des finances,
qui ont eu l'un et l'autre recours à ses conseils. Il s'était formé à la lecture de Buffon et
de Locke. A sa sortie de la Bastille, à la suite de son pamphlet contre Palissot (*), détention pendant laquelle il s'honora en refusant la faveur d'une promenade journalière pour ne
pas en priver un autre prisonnier, il fréquenta le salon du baron d'Holbach, dont il combattait l'athéisme, et fut reçu dans l'intimité de M<sup>me</sup> Geoffrin et de M<sup>me</sup> Necker. Lié avec
Malesherbes, d'Alembert, Diderot, Rousseau, Voltaire, qui l'avait surnommé l'abbé *Mord-
les*, Franklin, et Marmontel, il lui fit épouser dans un âge avancé une nièce, dont la jeunesse et la vertu assurèrent le bonheur de ses derniers jours.

Avec ses pamphlets contre Palissot et Le Franc de Pompignan, ses polémiques sur la
question des grains en faveur de Necker et ses courageux écrits politiques avant et après
la Révolution, l'abbé Morellet a donné des traductions du *Manuel des Inquisiteurs* (1762),
et du *Traité des délits et des peines*, de Beccaria, en 1766, qui a eu sept éditions en six
mois, des traductions de romans italiens et anglais, et en 1718 quatre volumes de *Mélanges
de littérature et de philosophie*, et des Mémoires publiés en 1821. Directeur de l'Académie
française en 1792, il fut élu au Corps législatif en 1807.

(2) François-Jean, marquis de Chastellux, voisin et ami de Buffon, déjà plusieurs fois
nommé, notamment tome II, page 245, note 1. Son discours comme directeur de l'Académie
française pour la réception de l'abbé Morellet.

(3) Notaire royal au Châtelet.

(4) Le contrat par lequel Buffon cédait au Roi au prix coûtant et sans réclamer l'intérêt
de ses avances les terrains qu'il avait achetés en son nom pour l'agrandissement du Jardin.

(*) T. I<sup>er</sup>, p. 114, note 3.

deau (1) à ces messieurs, auxquels elle a donné et donnera encore beaucoup de travail et de soin.

J'ai écrit à M. Verniquet que les ouvrages de serrurerie étant fort avancés et le mur du sieur Mille achevé, il ne nous convenait plus qu'il eût sa forge dans l'intérieur du Jardin (2), et qu'il fallait lui dire de la transporter ailleurs ou de faire travailler chez lui les ouvrages qui nous restaient à faire, d'autant que ses compagnons se sont permis de faire dans le Jardin des dégâts qui mériteraient punition. Voilà plusieurs motifs de nous défaire de ces gens, dont nous n'avons que faire.

J'ai toujours été surpris que vous m'ayez envoyé les tailles des fournisseurs (3); vous savez, mon très cher monsieur Thouin, que je m'en rapporte entièrement à vous, et que je n'ai nul besoin de ces sortes de pièces justificatives, que je vous prie instamment de ne point envoyer dans la suite.

Ma santé se rétablit peu à peu ; mais j'ai souffert pendant trois semaines des douleurs continuelles et très vives; et cependant je n'ai rendu qu'un gros gravier et quelques petits avec beaucoup de sable. Voilà trois ans que le mois de juin m'est fâcheux, car mon premier accident m'est arrivé le 1er de juin il y a deux ans, le second au 19 de mai de l'année dernière, et le troisième au 18 juin de cette année (4). Ainsi la chaleur de la saison influe sur cette incommodité, qui me donnera probablement du relâche du moins pour quelque temps.

Pressez autant que vous pourrez notre affaire chez M. Lenoir, et témoignez-lui en toute occasion la reconnaissance infinie que nous lui devons de tout ce qu'il a fait pour le Jardin du Roi.

Donnez-moi ausssi des nouvelles de M. de Faujas de Saint-Fond et de ce

(1) Si Buffon tenait à être servi vite et bien, on le voit, par contre, constamment empressé à reconnaître avec générosité les services rendus, tantôt par des augmentations d'appointements, des gratifications et pensions, et tantôt par des cadeaux de bijoux, dons de plantes et objets de curiosité provenant des doubles du Cabinet du Roi. Et on le vit souvent, comme cette fois, reconnaître d'avance des services à rendre.

(2) « En entrant dans le Jardin par la place de la Pitié, — dit un contemporain, Humbert Bazile, — au pied de la butte, à gauche, sur laquelle on a placé un gnomon, d'où part une bombe à midi, qui sert à régler les horloges de la ville, il y avait une forge volante où des ouvriers étaient occupés à façonner les grilles du Jardin avec les fers envoyés des forges de Buffon. A droite était la demeure des frères Thouin et de M. Van-Spaëndonck. L'enceinte du Jardin du Roi était encore habitée par M. de Buffon, qui occupait seul l'hôtel de l'Intendance, et par M. Daubenton, qui avait, au premier étage du bâtiment des collections, un petit appartement attenant au Cabinet d'histoire naturelle. »

(3) Petite planchette de bois sur laquelle certains fournisseurs marquent leurs livraisons par une entaille.

(4) Buffon, qui ne s'inquiétait jamais de sa santé, écrivait à Thouin le 20 du même mois : « Ma santé va de mieux en mieux ; cependant, depuis mon dernier accident, je n'ai pas encore osé monter en voiture, et j'espère qu'avec du ménagement je serai en état de retourner à Paris, comme je le projette, sur la fin d'octobre. »

que vous ferez de ses fourneaux (1) que je crois qu'il est temps de détruire.

Adieu, mon très cher monsieur Thouin, soyez toujours bien assuré de toute mon estime et de mon attachement.

LE C<sup>te</sup> DE BUFFON.

(Bibliothèque du Muséum.)

◇

# LETTRE DXC

## A FAUJAS DE SAINT-FOND.

Montbard, le 1<sup>er</sup> août 1785.

Vous aviez bien voulu, monsieur, me promettre de me donner de vos nouvelles, et même de passer quelques jours à Montbard; je devrais donc vous gronder de ne m'avoir pas donné signe de vie depuis mon départ; mais l'amitié pardonne tout, et je serai content si vous vous arrêtez auprès de moi en allant en Dauphiné (2).

Vous voulez bien que je vous recommande avec confiance M. Camper, qui vous remettra ma lettre. C'est le fils du célèbre Camper (3), l'un des huit associés étrangers de l'Académie des sciences. Vous le trouverez très instruit et très honnête. Il vient de passer huit jours avec moi, et j'en ai été fort satisfait à tous égards. Il a mieux vu que M. Deluc (4) tous les volcans du bas

(1) Bien que Faujas de Saint-Fond ne fût pas encore officiellement attaché au Jardin du Roi, Buffon, qui l'admettait de plus en plus dans son intimité, en avait mis les locaux et laboratoires à sa disposition, pour lui permettre de se livrer à ses expériences sur les minéraux, notamment les minerais de fer, et sur les eaux minérales.

(2) Pour se rendre de Paris à Taulignan, dans la Drôme, son pays d'origine.

(3) Pierre Camper, naturaliste et anatomiste, né à Leyde le 11 mai 1722, mort le 7 avril 1789. Élève de Boerhaave, a professé en même temps la philosophie, la médecine, la chirurgie, l'anatomie, la botanique, et a attaché son nom à une foule de découvertes consignées dans des traités sur la médecine, la chirurgie et la physiologie. Il est considéré comme le fondateur de l'anatomie comparée et de la paléontologie.

Conseiller d'État en Hollande, correspondant de l'Académie des sciences de Paris en 1785, il a beaucoup voyagé et s'est lié avec presque tous les savants de l'Europe, notamment avec Buffon, qui le cite avec éloge dans l'*Histoire naturelle*, et avec Daubenton, dont il disait « qu'il ignorait lui-même de combien de découvertes il était l'auteur. »

Les volumes des *Suppléments* renferment une lettre scientifique de Camper à Buffon en 1785, et le chevalier de Buffon écrivait, le 22 avril 1787, à M<sup>me</sup> Necker : « M. de Buffon s'est déterminé, par le conseil de M. Camper, médecin hollandais de grande réputation, à faire usage de l'eau de chaux; on la coupe avec le lait, et il continuera de la prendre ainsi tant que son estomac n'en souffrira pas. »

Adrien-Gilles Camper s'est occupé d'histoire naturelle, comme son père, et a publié plusieurs de ses ouvrages.

(4) Guillaume-Antoine Deluc, né à Genève en 1729, mort le 26 janvier 1812, frère et compagnon de voyage du physicien André Deluc, s'est adonné comme lui à l'étude de l'histoire naturelle, a visité, en 1756 et en 1757, le Vésuve, l'Etna, l'île de Vulcano, et en

Rhin, et j'ai cru pouvoir lui promettre que vous lui laisseriez voir votre belle collection volcanique.

Apprenez-moi aussi, je vous prie, si vous êtes toujours content de nos ministres au sujet de vos expériences (1) et si vous vous êtes arrangé avec M. Verniquet pour l'estimation des matériaux de votre fourneau.

J'ai l'honneur d'être, avec une sincère estime et un respectueux attachement, monsieur, votre très humble et très obéissant serviteur.

LE C<sup>te</sup> DE BUFFON.

(Appartient à M. de Faujas de Saint-Fond.)

---

# LETTRE DXCI

## A ANDRÉ THOUIN.

Montbard, le 9 août 1783.

Je suis extrêmement satisfait, mon cher monsieur Thouin, de la manière dont vient de se terminer cette grande et longue affaire qui complète mes projets pour la perfection du Jardin du Roi (2). Je sens non seulement tout

a rapporté une riche collection de matières volcaniques, dont il a publié le catalogue raisonné. Son frère et lui sont fréquemment cités par Buffon. Il a paru en 1793, à La Haye, un volume in-8° ayant pour titre : *Défense de M. de Buffon contre les attaques injustes et indécentes de MM. Deluc et Le Sage.*

(1) Buffon ne s'était pas contenté de mettre à la disposition de Faujas de Saint-Fond les locaux et laboratoires du Cabinet du Roi, il lui avait fait obtenir des missions scientifiques et des subventions de l'État. En 1797, le conseil des Cinq-Cents, sur la proposition de Dubois des Vosges, qui avait invoqué le témoignage de Buffon, vota à Faujas de Saint-Fond, pour le même objet, une indemnité de 25,000 francs.

(2) Ce fut, en effet, seulement au mois d'août 1783, que furent terminées les nombreuses formalités pour l'acquisition des terrains nécessaires à l'agrandissement du Jardin du Roi. L'opération était double : d'un côté, Buffon échangeait avec les moines de Saint-Victor des biens de mainmorte; de l'autre, il rétrocédait au Roi des terrains au prix auquel il les avait achetés sans se faire indemniser de ses pertes d'intérêt. Mais, pour que l'abbaye consentît à un échange et que le Roi achetât, bien des formalités étaient nécessaires près de l'autorité ecclésiastique, devant le Conseil, la Chambre des comptes et le Parlement. Les lettres patentes consacrant l'œuvre de Buffon sont d'avril 1782, enregistrées au Parlement le 28 juin. On les trouve, ainsi que les contrats avec le Roi et l'abbaye de Saint-Victor, aux pages 522 et suivantes du tome II de la première édition de la *Correspondance.* Ces documents, qui sont comme l'acte de naissance du Jardin des Plantes et du Muséum, ont un caractère historique et sont intéressants à consulter à cause des considérations sur lesquelles ils s'appuient. En effet, bien qu'on soit encore séparé de quatre ans de 1789, le mouvement des esprits est déjà si considérable que les décisions souveraines ont cessé d'être motivées sur la gloire personnelle du prince et l'intérêt de sa couronne pour ne plus s'appuyer que sur des considérations d'intérêt public et d'humanité. Les lettres patentes de 1782,

ce que je dois à la bonne volonté de M. Lenoir, de M. Guillemin et de M. Spire, mais aussi tout ce qui est dû à votre zèle, à votre activité et à votre intelligence; c'est aussi à la considération que méritent votre caractère et vos talents, qu'est due l'espèce de distinction avec laquelle M. Lenoir a cru devoir vous traiter en vous faisant signer avec lui. Je lui en sais très bon gré, et vous pouvez l'en assurer en le remerciant; c'est un excellent homme, pour lequel je conserverai toute ma vie la plus respectueuse estime et la plus tendre amitié (1).

A l'égard des petits cadeaux, je croirais être mesquin, après toutes les peines que s'est données et que se donnera encore M. Guillemin, si je ne lui offrais qu'une boîte de dix louis; il faudrait, mon cher monsieur Thouin, faire mettre mon portrait (2) sur une boîte d'or. Celle en écaille vous coûterait cinq louis, et celle d'or pourrait vous en coûter vingt. Il ne faut pas que cette différence vous arrête. A l'égard de M. Spire, vous lui donnerez de même mon portrait sur une boîte à gorge et cercles d'or, la plus belle que vous pourrez trouver en ce genre, et enfin les trois louis aux valets de chambre et le reste comme vous l'indiquez. Nous aurons ensuite à récompenser M. Boursier (3); mais ce sera lorsqu'il me donnera l'état des frais,

après avoir proclamé « le degré de célébrité auquel sont arrivés le Cabinet d'histoire naturelle et le Jardin des Plantes..., par les soins et les connaissances profondes du Sr comte de Buffon, auquel le feu Roi, notre très honoré seigneur et aïeul, en avait confié l'intendance dès l'année 1739; enfin l'importance dont ils sont pour le progrès des sciences et des arts, » ajoutent : « Nous avons spécialement fixé notre attention sur notre Jardin royal des Plantes, qui, par l'instruction qu'il présente et les secours qu'il fournit aux pauvres..., est devenu un dépôt universel utile à l'humanité entière... Nous avons porté nos regards sur l'accroissement inespéré, et cependant réalisé, depuis sept à huit ans, du nombre des plantes étrangères porté à plus du double; sur l'augmentation procurée à la culture des plantes vulnéraires consacrées au besoin des pauvres, sur la formation de deux nouvelles écoles des plantes employées dans la médecine et dans les arts; sur l'établissement d'une pépinière de jeunes arbres et d'un bouquet de grands arbres, afin d'assurer la multiplication des arbres étrangers et de leur permettre de se naturaliser dans nos climats, tous avantages spécialement dus aux soins et à la vigilance du Sr comte de Buffon. »

Ces lettres patentes, qui rendent justice au dévouement, au désintéressement et à la bonne administration de Buffon, attestent officiellement, après ce que nous avons dit de la pépinière qu'il dirigeait en Bourgogne et des plantations de ses jardins de Montbard, qu'il a fait de l'acclimatation et de la naturalisation bien avant Daubenton, à qui cependant on en a seul rapporté tout l'honneur.

(1) Le lieutenant général de police Lenoir, précédemment cité (T. II, p. 20, note 2), assistait comme ami, le 4 janvier 1784, au mariage du fils de Buffon avec la fille du marquis de Cepoy.

(2) Son portrait en grisaille, par Paul-Joseph Sauvage. (T. Ier, p. 221, note 1.)

(3) Amable Boursier, successeur de Me Aubert, notaire du 5 décembre 1783 au 5 janvier 1810, date de sa mort; homme prudent, instruit, sage et éclairé, rédacteur du testament de Buffon et du contrat de mariage de son fils, mêlé aux négociations relatives à l'achèvement du Jardin du Roi et à toutes les affaires de Buffon pendant les six dernières années de sa vie, et, après sa mort, aux graves difficultés dans lesquelles le noble désintéressement du père avait plongé le fils.

Amable Boursier a eu pour successeur Me Debierre, qui a transmis son étude à Me Pascal, aujourd'hui remplacé par Me Tansart.

et, comme sa quittance sera au bas de cet état, je pourrai passer cette dépense dans mes comptes sans la porter sous une autre dénomination, comme nous le ferons de celles des articles de MM. Guillemin, Spire, etc.

Il faudra prendre incessamment possession du terrain de MM. les entrepreneurs des voitures (1); on doit nous donner copie de leur contrat de vente, et je crois qu'il faudrait comprendre cet objet avec les autres dans les lettres patentes.

J'ai écrit à M. Verniquet de faire cesser les travaux des carrières dès que les bâtiments seraient en sûreté et de remettre à un autre temps ce qui reste à faire sous la cour, et il faudrait porter une partie de ces ouvriers à construire le mur qui sépare votre terrain du mien. M. Verniquet me presse de lui donner des ordres pour le rétablissement du mur de la terrasse qui donne sur le terrain des nouveaux convertis (2). Je voudrais bien, s'il était possible, différer cette réparation jusqu'à l'année prochaine; car notre dépense pour cette année est déjà bien considérable, et je ne pourrais y subvenir au delà de ce que je vous ai marqué. Je compte que M. Lucas vous remettra incessamment 12,000 livres; c'est tout ce qu'il m'est possible d'avancer d'ici à mon retour (3), à moins que par les bontés de M. Lenoir je ne puisse obtenir une partie du remboursement de la dépense faite dans les carrières. Pressez, je vous prie, M. Verniquet de m'en envoyer le mémoire, afin que je puisse former cette demande.

Recevez, avec autant de plaisir que j'ai à vous en assurer, les sentiments de mon estime et de mon attachement.

Le C<sup>te</sup> DE BUFFON.

(Bibliothèque du Muséum.)

—◇—

# LETTRE DXCII

## A FAUJAS DE SAINT-FOND.

Montbard, le 15 août 1785.

Je n'ai reçu, mon très cher monsieur, votre lettre du 8 qu'hier 14, et je m'empresse de vous faire ma réponse et mes remerciements, pour qu'ils puissent vous parvenir avant votre départ de Paris.

(1) L'hôtel de Magny et ses dépendances.

(2) Les *nouveaux convertis*, ce sont les moines de Saint-Victor, qui avaient enfin pris le parti de la soumission après leur longue résistance à Buffon et leur révolte contre l'abbé Delaulne à qui ils reprochaient d'avoir trahi leurs intérêts.

(3) Buffon continuait à employer sa propre fortune à l'agrandissement du Jardin du Roi. Lorsqu'il s'agissait du Jardin, il ne comptait plus, empruntait et multipliait les envois d'argent à Lucas, à Thouin, à l'architecte Verniquet.

Je vois, par le détail que vous avez la bonté de me faire, combien j'ai d'obligations à votre amitié au sujet de cette malheureuse affaire des charbons, dont je crois que M. de La Chapelle ne se serait pas tiré sans votre secours, et je suis persuadé qu'il sera comme moi très reconnaissant du service que vous nous avez rendu. Cependant, je crains que l'affaire ne soit pas terminée (1), puisque vos gros et lourds financiers n'ont pas encore donné l'argent qu'ils ont promis. Vous me ferez bien plaisir, mon cher monsieur, de m'écrire un mot lorsqu'on aura passé l'acte; et même j'oserais vous conseiller de ne pas quitter Paris que cela ne soit fait. C'est quelques jours de plus que vous sacrifierez à cette bonne œuvre, ou plutôt à votre amitié pour nous, et je suis persuadé que ces jours ne coûteront rien à votre belle âme.

Ensuite vous viendrez à Montbard, après avoir vu les mines du Vivarais et de Mont-Cenis (2). Je serai enchanté non seulement de vous recevoir, mais de vous posséder le plus longtemps que vous pourrez m'accorder. J'avais eu l'honneur de vous écrire il y a quinze jours, et j'avais remis ma lettre à M. Camper, fils du célèbre anatomiste Camper, l'un des huit associés étrangers de l'Académie des sciences. J'avais mis votre adresse rue Thévenot, mais, comme vous avez changé de demeure et que vous ne me parlez pas de M. Camper dans votre lettre, je soupçonne que la mienne ne vous a pas été rendue. Cependant ce jeune homme, qui est plein d'âme et d'amour pour les sciences, désirait infiniment faire votre connaissance; il demeure rue de Tournon, chez un fripier, vis-à-vis l'hôtel de Laval, et je suis persuadé qu'il vous cherche peut-être sans pouvoir vous trouver.

Comme M. de Lacépède a bien voulu se charger de me faire quelques extraits sur le magnétisme et l'électricité (3), je vous serais très obligé, mon

---

(1) L'affaire n'était pas terminée en effet et Buffon devait y perdre près de 40,000 livres. Nous l'avons déjà vu se préoccuper du sort de cette Compagnie, fondée en 1780 dans un intérêt public, sous le patronage de Necker et de l'argent qu'il y avait mis. (T. II, p. 59, note 4.)

Le *Livre manuel* de Buffon, déjà cité, renferme cette mention pour l'année 1787 : « Il m'est dû, par MM. Leschevin, La Chapelle et autres associés de la Compagnie de l'épurement du charbon de terre, la somme de 12,000 livres que je leur ai prêtée; de plus, ayant cédé, par acte du 10 avril 1784, la part que j'avais dans la Société d'épurement et pour laquelle j'avais fourni une somme de 27,275 livres, la Compagnie s'est obligée à me les rembourser. » Soit en tout une perte de 39,275 livres plus que doublée par les frais et des versements isolés. Buffon, qui aimait à donner, n'aimait pas à perdre, et cette perte d'argent, jointe à celle que venait de lui faire éprouver le fermier de ses forges, lui fut extrêmement sensible. « Il aimait l'argent, dit le P. Ignace, parce qu'il en connaissait le prix et qu'il savait bien l'employer. Il disait : « Avec de l'argent, on a le moyen de faire » des heureux, et l'homme de bien doit toujours le vouloir. »

(2) L'ancienne province du Vivarais, aujourd'hui département de l'Ardèche.

Mont-Cenis, arrondissement d'Autun, au centre du bassin houiller de Saône-et-Loire, dont les principaux points d'exploitation sont Blanzy, Monceaux, Le Creuzot, Montchanin, Longpendu, Épinac, etc.

(3) Après la retraite de Daubenton et la mort de Guéneau de Montbeillard et de l'abbé

cher monsieur, si vous aviez la bonté de lui confier l'ouvrage qui contient le recueil d'expériences faites à Harlem (1), cela vous dispenserait d'apporter ici ce livre dont M. de Lacépède saura tirer ce qui peut m'être utile pour mon travail sur l'aimant.

Les ministres ont fait ce qu'ils devaient en vous faisant accorder par le Roi une honnête pension (2), et à l'égard de la place de commissaire (3) je crois qu'il est bon et même utile pour l'État que vous l'exerciez pendant un an ou deux, et, malgré votre noble désintéressement, s'il se présentait une place qui pût nous rapprocher (4), je ne souffrirais pas que ce fût sans émoluments.

Comptez, je vous supplie, sur ma bonne volonté et sur les sentiments du tendre attachement et de toute l'estime que vous méritez, et avec lesquels j'ai l'honneur d'être, mon très cher monsieur, votre très humble et très obéissant serviteur.

Le C<sup>te</sup> de Buffon.

(Appartient à M. de Faujas de Saint-Fond.)

Bexon, les deux derniers collaborateurs de Buffon furent Lacépède et Faujas de Saint-Fond, avec cette différence que, tandis que Faujas a beaucoup donné à Buffon pour son *Histoire des minéraux* sans jamais s'en prévaloir, Lacépède, à qui Buffon avait remis un très grand nombre de mémoires et matériaux, a profité du trouble apporté par la maladie dans les dernières années de celui qu'il a nommé son maître pour conserver ces documents et le travail même de Buffon, et les faire paraître sous son nom de Lacépède et se présenter comme choisi par Buffon pour continuer son œuvre, tandis qu'il avait désigné Faujas de Saint-Fond (*). C'est ainsi et par une sorte d'abus de confiance que Lacépède a pu se dire le successeur et le continuateur de Buffon.

Le premier ouvrage de Lacépède, un mémoire sur l'électricité paru dans le *Journal de physique* en 1778, l'avait mis en rapport avec Buffon, alors occupé de son *Traité de l'aimant.*

« M. de Buffon, dit Hérault de Séchelles, s'est toujours beaucoup fait aider; on lui communiquait des observations, des expériences, des mémoires, et il combinait tout cela avec la puissance de son génie. J'en ai trouvé une fois la preuve dans le peu de papiers qu'il avait laissés dans un carton; je vis un mémoire sur l'aimant auquel il travaille, envoyé par le comte de Lacépède, jeune homme plein d'ardeur et de connaissances. » (Voir sur Lacépède t. II, p. 450 et 284, notes 2 et 1.)

(1) Encore un témoignage de la libéralité avec laquelle Buffon prêtait ses livres à ses amis et à ses collaborateurs.

(2) Cette pension était uniquement due, comme toutes les faveurs obtenues par les personnes de l'entourage de Buffon, à son crédit et à son intervention directe et pressante près des ministres. En félicitant Faujas, il oublie de se nommer.

(3) L'emploi de commissaire du Roi pour les mines, dont Buffon avait obtenu la création en faveur de Faujas avec un émolument de 4,000 livres.

(4) L'affectueuse sollicitude de Buffon et sa sympathie pour Faujas firent naître cette occasion dès le commencement de l'année 1787. (Voir la lettre de Buffon à Faujas du 17 janvier.)

(*) Voir la protestation du 1<sup>er</sup> avril 1788 dans la lettre au baron de Breteuil du 13 février.

# LETTRE DXCIII

## A ANDRÉ THOUIN.

Montbard, le 31 août 1785.

Mon cher monsieur Thouin, vous faites toujours très bien tout ce vous faites et peut-être trop bien les choses qui me regardent, car je comptais payer séparément les cadeaux qu'il était convenable de faire; mais je ne changerai rien à l'honnête disposition que vous avez prise, et je vois par votre arrêté qu'il ne nous reste plus que 14,310 livres 15 sous 11 deniers, ce qui me paraît bien court pour toute la dépense que vous serez obligé de faire d'ici à mon retour, c'est-à-dire jusqu'au commencement de novembre.

J'espérais que M. Lenoir pourrait nous aider en faisant passer sur les fonds destinés à la dépense des carrières le mémoire de M. Verniquet. Mais vous verrez par la lettre ci-jointe de M. Guillaumot (1) que ce dernier n'a pas voulu allouer ce mémoire, et je pense qu'il n'y a que vous qui puissiez les concilier et faire réussir cette affaire en en rendant compte directement à M. Lenoir. Il a toute confiance en vous, et je suis persuadé qu'il vous croira de préférence à M. Guillaumot, qui ne met ici des obstacles que parce que je ne l'ai pas employé. Vous savez néanmoins que cela a d'abord été mon intention, et qu'il y a quatre ans qu'il s'était chargé de ces réparations, mais qu'au lieu de les avoir faites solidement ses ouvriers n'ont fait que masquer par de la terre amoncelée tous les endroits périlleux, au lieu de les avoir soutenus par de forte et bonne maçonnerie (2), et c'est cette seule raison qui m'a forcé à employer M. Verniquet dont M. Guillaumot paraît ici jaloux mal à propos. Je le répète, vous êtes prudent et très avisé, vous seul pouvez terminer cette grande affaire avec succès.

Je suis aussi bien persuadé que vous ne négligerez pas l'obtention de nos lettres patentes; c'est encore de nouvelles démarches pénibles et peut-être dispendieuses.

J'ai vu dans l'exposé des travaux un article que je n'entends pas bien. Vous dites que *la partie du mur qui doit séparer mon terrain du vôtre, qui est de 16 toises de long sur 18 pouces de large et 12 pieds de haut, y compris chaperon et fondation, a été faite par les ouvriers de Thouin.* Mais, mon cher monsieur Thouin, je ne prétends pas qu'il vous en coûte un

(1) Jean-Baptiste Guillaumot, architecte de la ville de Paris.
(2) Une lettre du 5 août 1781 au même renferme la même plainte.

sol pour cette construction, et, par conséquent, il faut porter sur votre état de dépense ce que vous avez payé à vos ouvriers.

Recevez les assurances sincères de tout mon attachement.

Le C<sup>te</sup> de Buffon.

(Bibliothèque du Muséum.)

---

# LETTRE DXCIV

## AU MÊME.

Montbard, le 8 septembre 1785.

Il semblait, mon très cher monsieur Thouin, lorsque je vous ai écrit ma dernière lettre, que je prévoyais l'heureux succès de vos représentations auprès de M. Lenoir, et je suis très content du prompt effet de sa bonne volonté. Comme je dois à M. Verniquet une somme de 1,950 livres, je vous prie de la lui compter, en retirant la reconnaissance que je lui en ai donnée. Il ne vous restera donc que 8,050 livres des 10,000 livres que vous avez reçues. Vous joindrez cette somme de 8,050 livres à ce que vous avez entre les mains et je pense qu'avec ce supplément vous pourrez payer les fournisseurs jusqu'à ce jour et faire achever les travaux des carrières sous les bâtiments du Cabinet.

Nous nous en tiendrons là ; car il faut laisser faire à M. Guillaumot le travail sous la cour et le jardin, comme M. Verniquet en est convenu avec lui pour diminuer la mauvaise humeur de sa jalousie. J'écris la même chose à M. Verniquet, en le priant de toujours se concerter avec vous.

Je suis persuadé que vous n'oublierez pas de remercier de ma part M. Spire du service qu'il vient de nous rendre (1), et dont je n'ai pu lui parler dans la lettre que je vous ai adressée pour lui. J'écrirai à M. Lenoir, si vous le jugez convenable, pour obtenir le second et troisième payement (2) ; je ne puis guère m'adresser à M. de Crosne (3), n'ayant pas l'avantage d'être en relation avec lui.

---

(1) La satisfaction de Buffon pour un payement restreint et longtemps différé sur des avances considérables témoigne quelle difficulté il y avait à obtenir de l'argent du Trésor, et à quel point il était, dès lors, sciemment imprudent en continuant à engager sa propre fortune dans une entreprise d'intérêt public.

(2) Lenoir, dont on a entendu Buffon se louer dans sa correspondance avec Jean-Charles-Pierre Thouin et qu'il nomme *son ami*, avait quitté, le mois précédent, la direction de la police.

« M. Lenoir, rapportent les *Mémoires de Bachaumont* du 11 août 1785, quitte décidément la police aujourd'hui. M. de Crosne s'est fait recevoir au Parlement ce matin, et, suivant l'usage, M. le doyen de la grand'chambre a été l'installer au Châtelet. »

(3) Louis Thiroux de Crosne, né le 14 juillet 1736, mort sur l'échafaud le 29 avril 1793, fils d'une femme qui a laissé un nom dans les lettres, avocat général au Châtelet, maître

Je vous fais tous mes remerciements, en vous assurant de ma satisfaction et de tout mon attachement.

Le C<sup>te</sup> de Buffon.

(Collection Chasles de l'Académie des sciences.)

## LETTRE DXCV

### AU MÊME.

Montbard, le 3 octobre 1785.

Je vous envoie ci-joint, mon cher monsieur Thouin, la lettre que j'écris à M. Guillemin et dont j'ai fait copier ci-dessus la teneur ; je vous prie de ne pas perdre de temps à la lui remettre et à conférer avec lui pour que vous puissiez me rendre compte du parti qu'il prendra et qui déterminera celui que je prendrai moi-même.

Nous avons eu ici le même ouragan qu'à Paris ; il a rompu plusieurs de mes arbres et a dépouillé les autres de leurs fruits, en sorte qu'il ne reste ni

des requêtes, rapporteur en cette qualité du procès des Calas dont Voltaire s'était fait l'avocat ; intendant de Lorraine en 1775, et de Rouen de 1775 à 1785. Il n'avait consenti à succéder au lieutenant de police Lenoir qu'à la condition de commencer près de lui l'apprentissage de sa nouvelle charge qu'il exerça jusqu'en 1789, où il fut remplacé par Bailly. Il a continué l'œuvre commencée par Lenoir de la translation du cimetière des Innocents dans les Catacombes.

Le 17 décembre 1777, alors qu'il était intendant de Rouen, il avait signalé à Necker l'admirable dévouement du pilote Boussard, de Dieppe, qui s'était jeté par trois fois tout habillé la nuit dans une mer en furie, avait porté un grelin à un sloop naufragé et avait sauvé tout l'équipage.

Necker avait écrit au pilote :

« Brave homme, je n'ai su qu'avant-hier, par M. l'Intendant, l'action courageuse que vous avez faite le 31 août, et hier j'en ai rendu compte au Roi qui m'a ordonné de vous en témoigner sa satisfaction et de vous annoncer de sa part une gratification de 1,000 livres et une pension annuelle de 300 livres. Continuez à secourir les autres quand vous le pourrez, et faites des vœux pour votre bon Roi qui aime les braves gens et les récompense (*).

Louis XVI voulut voir le pilote. Boussard vint à Versailles où il se rencontra avec Franklin. Le roi, qui ne pouvait le créer ni chevalier de Saint-Louis ni chevalier de Saint-Michel, lui remit une médaille en or à son effigie ; ce fut la première médaille de sauvetage attachée par un Roi de France sur la poitrine du premier sauveteur.

On pardonnera cette digression au fondateur d'une Société de sauvetage et de sauveteurs

(*)          Cette lettre au pilote est-elle de Necker ? Oui.
             C'est un point qu'on ne peut débattre.
             Qui gouverne comme Sully
             Doit écrire comme Henri Quatre.

                              (Sedaine.)

pommes ni poires sur tous les arbres en plein vent, ni même sur ceux qui sont en buisson.

Enfin, après dix-sept jours d'insomnie et de douleurs cruelles qui ne m'ont pas permis de jouir d'un instant de repos ni de sommeil, j'ai rendu tout à la fois six graviers dont deux sont plus gros que des balles de pistolet, et ce n'est que cette nuit, le surlendemain de ma délivrance, que j'ai commencé à jouir d'un peu de sommeil par quart d'heure (1); et je me trouve déjà moins faible, mais j'ai maigri assez considérablement pendant ces trois semaines de douleurs atroces et continuelles. J'espère néanmoins, quoique les irritations soient encore bien vives, que j'aurai la force de les souffrir et que, reprenant du sommeil, le grand ébranlement des nerfs se calmera (2).

C'est toujours avec plaisir que je vous réitère, mon très cher monsieur Thouin, tous mes sentiments d'amitié, d'estime et d'attachement.

LE C<sup>te</sup> DE BUFFON

(Bibliothèque du Muséum.)

—♦—

# LETTRE DXCVI

## AU MÊME.

Montbard, le 17 octobre 1785.

J'ai reçu votre lettre avec les états de dépense, mon très cher monsieur Thouin. Je vois qu'après avoir payé au sieur Mille les 2,000 livres qui lui sont dues suivant ma reconnaissance, il ne vous restera guère que pour satisfaire au payement de la quinzaine courante, et tout au plus de la suivante (3). Je vois d'ailleurs que nous ne pouvons pas obtenir un second acompte sur la dépense des carrières, à moins que M. Verniquet ne fournisse le mémoire de cette dépense comme il a été convenu chez M. Guillemin. J'écris donc par ce même ordinaire très pressamment à M. Verniquet de ne pas perdre un moment à fournir ce mémoire et je vous prie de le suivre de si près qu'il ne pourra s'y refuser.

Vous sentez, mon cher monsieur Thouin, que je ne puis pas faire l'affaire de ma rétrocession avant que celle des carrières soit terminée, et, dans la vérité, je manquerais absolument de fonds, et je serais forcé, comme je

---

(1) Voir p. 243, note 2, et à la fin de ce volume.

(2) Voir sur cette crise les lettres qui suivent, du 30 octobre, de son fils à M<sup>me</sup> Necker, et du 4 novembre, de M<sup>me</sup> Nadault à Faujas de Saint-Fond. (P. 301 et 303.)

(3) Nous avons fait remarquer que Buffon réglait chaque quinzaine les dépenses ordinaires et extraordinaires du Jardin du Roi et qu'il ne laissait aucun compte en retard.

le marque à M. Verniquet, de faire cesser au Jardin du Roi tous les travaux de maçonnerie (1).

Au reste, je suis très satisfait de l'exposé que vous m'en avez fait, et je vois que vous dirigez tout pour la plus haute perfection et la plus grande économie.

Je ne suis pas encore remis du cruel assaut que j'ai souffert ; je me lève souvent avant quatre heures du matin, ne pouvant pas regagner du sommeil et ne dormant encore que par quart d'heure, mais cela ne m'étonne pas après avoir passé dix-huit nuits et dix-huit jours sans fermer l'œil. Cependant je reprends mes forces, et je commence à aller beacoup mieux.

Faites-moi le plaisir de me donner des nouvelles de ce mémoire de M. Verniquet dès qu'il l'aura mis en ordre ; vous savez qu'il faut que ce soit de concert avec M. Guillaumot auquel, s'il fait des difficultés, vous feriez bien de rendre compte du nombre d'ouvriers qu'on a été obligé d'employer pour tirer les terres de ces malheureux souterrains.

Recevez les assurances de tous mes sentiments d'estime et d'attachement.

LE C<sup>te</sup> DE BUFFON.

(Bibliothèque du Muséum.)

—◇—

# LETTRE DXCVII

## AU MÊME.

Montbard, ce 26 octobre 1785.

Je reçois votre lettre et vos papiers, mon très cher monsieur Thouin, le tout rédigé avec votre exactitude ordinaire. Je vois avec regret qu'il ne vous reste plus que 2,992 livres 9 sous 3 deniers et qu'il ne m'est pas possible de vous en donner davantage, car j'ai épuisé toutes mes ressources (2), et je me trouve forcé de vous prier de faire cesser tous les travaux de maçonnerie à la fin de cette semaine, sauf à les reprendre lorsque nous pourrons obtenir de l'argent, soit sur la dépense des carrières, soit sur ce qui m'est dû pour ma rétrocession (3). Car, quoique mes avances soient très

(1) Ce n'était pas la première fois que Buffon, à force de multiplier ses avances, en arrivait à manquer absolument d'argent. Mais, quelles que soient les appréhensions qu'il manifeste dans sa correspondance avec Thouin et Verniquet, jamais les dépenses du Jardin ni les traitements des professeurs ne restèrent un seul jour en souffrance, et pas une seule fois les travaux ne furent interrompus.

(2) *J'ai épuisé toutes mes ressources,* grand mot à retenir sous la plume d'un homme public sacrifiant sa fortune à l'intérêt de l'État.

(3) La rétrocession au Roi des terrains que Buffon avait achetés en son nom personnel, rétrocession qui avait lieu au prix auquel il les avait payés, malgré une plus-value considérable acquise par l'embellissement du quartier et le percement d'une rue.

considérables, je voudrais pouvoir continuer, mais je ne le puis aujourd'hui, à moins de faire un nouvel emprunt d'argent, ce que je voudrais éviter (1).

J'ai écrit par le dernier ordinaire à M. Verniquet de ne pas perdre un instant à finir ses mémoires, et si, comme vous me le marquez, il les remet demain ou après à M. Guillaumot, vous pourrez peut-être obtenir quelque acompte en exposant notre état de pénurie (2); mais je crains que ce M. Guillaumot ne nous retarde encore et ne discute avec M. Verniquet. Il faut donc, mon cher M. Thouin, que vous soyez la pierre angulaire entre ces deux hommes, et que vous fassiez entendre à M. Guillaumot qu'il a fallu vider tous les souterrains des carrières et que cela a coûté peut-être autant que la maçonnerie. Vous ferez bien de voir en même temps M. Guillemin et le prier de parler à M. Guillaumot, afin qu'il ne fasse pas de mauvaises difficultés.

Je ne suis pas encore bien remis du cruel assaut que j'ai essuyé, et je vois qu'il ne me sera pas possible d'aller à Paris avant trois semaines (3); car je souffre encore et mon sommeil est interrompu huit ou dix fois par nuit; cependant mes forces reviennent, et je me trouverais en tout assez bien, si mes nerfs n'étaient pas ébranlés au point de ne pouvoir reprendre mes occupations ordinaires (4).

(1) A douze jours d'intervalle, il écrivait à Thouin : « Si nous ne pouvons rien tirer du Trésor royal ni des fonds des carrières, je suis déterminé à emprunter 8,000 ou 10,000 livres; mais ce sera le plus tard que nous pourrons, parce que vous sentez qu'il faut payer des intérêts. »

(2) Buffon en était réduit aux expédients.

Nous nous plaisons à insister, les preuves en main, sur cette manière peu ordinaire d'agir d'un homme en place qui avançait sans compter à l'État toutes les sommes nécessaires à l'entretien et à l'agrandissement du Jardin, sauf à en demander ensuite le remboursement, qui nécessitait de nombreuses formalités, se faisait toujours attendre et n'avait lieu que partiellement et par de faibles acomptes; autrement, en présence de la pénurie du Trésor, l'argent eût manqué non seulement pour l'embellissement et l'agrandissement du Jardin, mais aussi pour les dépenses de culture et d'entretien, pour l'achat des collections, les appointements des professeurs et les gages des employés.

Cette manière d'agir de Buffon, qui devait le constituer, à sa mort, créancier de l'État de 315,959 livres 27 sols 15 deniers, que l'État n'a pas payés, remontait aux premiers temps de son administration, comme l'établissent les lettres patentes de juillet 1772 qui, en érigeant ses terres en comté, prennent soin de rappeler : « Les soins infatigables qu'il s'est donnés pour former le cabinet d'histoire naturelle et les dépenses très considérables qu'il a personnellement faites dès ce temps pour cet objet. » (Voir t. Ier, page 204.) Cependant, Buffon savait le Trésor épuisé et était, depuis vingt-cinq ans, le témoin attristé des expédients des contrôleurs généraux pour éluder la dette de l'État. Mais c'était inutilement que sa famille et ses amis cherchaient à mettre un terme à sa générosité. Il avait résolu de doter son pays d'un établissement scientifique digne de la France, et rien ne lui a coûté pour atteindre son but; il se gênait, il se privait, et lorsqu'il était à bout de ressources, il empruntait; noble et patriotique désintéressement si peu ordinaire aux gens en place, qui a causé la ruine de la grande fortune de Buffon, mais qui est un des plus nobles traits de son caractère et restera l'éternel honneur de sa vie.

(3) Buffon ne put quitter Montbard qu'à la fin de novembre.

(4) Son fils, qui était accouru à Montbard, écrivait, le 30 octobre, à Mme Necker :

« ... Quoiqu'il y ait encore beaucoup d'excitation et même de fréquentes convulsions, papa a cependant plus de tranquillité et même quelques instants de repos. Il avait été seize nuits

Dites à M. Dombey (1), que je lui fais mon compliment, et que je serai très enchanté de le voir peu de jours après mon arrivée.

sans fermer l'œil, et enfin, la nuit dernière, il a reposé un peu pour la première fois ; cependant le sommeil n'a pas été bon, car il s'est relevé plusieurs fois et n'a dormi que fort peu. Il est actuellement huit heures du soir, la journée a été assez bonne ; il est couché depuis une heure et est assez tranquille.

» La mort de M. Thomas l'a infiniment affligé ; il n'a pu, dans le premier moment, vous exprimer toute sa douleur, mais il me charge de vous dire combien il ressent la perte que vous faites d'un ami si vertueux, si chéri et si digne de l'être (*).

» Tous les médecins et chirurgiens, même celui que j'ai fait venir de Dijon, s'accordent à dire qu'il n'y a aucun danger, ni prochain ni lointain ; il dit lui-même que le fond de sa santé est bon et qu'il sent bien qu'il n'est pas malade ; il se promène tous les jours un peu, et nous espérons tous que le repos, la bonté des aliments et, plus que tout cela, la force de son tempérament qui est excellent, lui rendront avant peu toute sa force et sa bonne santé ; il compte toujours se rendre à Paris dans le même temps, si sa santé le lui permet, ce qui me paraît hors de doute.

» M. Hérault de Séchelles, qui vient d'être nommé avocat général, lui ayant demandé la permission de venir passer quelque temps à Montbard, papa avait répondu qu'il le verrait avec plaisir ; mais c'était avant de tomber malade. M. Hérault est arrivé ce matin, papa le voit de temps en temps, lorsque son état le lui permet, et je tâche de le suppléer et de tenir compagnie, de mon mieux, à ce jeune magistrat, qui prévient beaucoup en sa faveur et qui est fort aimable et très instruit. Il a lu avec admiration, madame, la lettre que vous avez bien voulu m'écrire, et tous ceux qui la verront partageront ce sentiment.

« Il n'y a pas d'ange au ciel qui puisse écrire comme M^me Necker, me disait ce soir papa ; » personne au monde n'a autant de noblesse de style, de chaleur, de sensibilité et d'agré- » ment ; il se fait gloire d'être votre ami, et rien ne lui paraît au-dessus d'un titre si doux. »

Le jour où Buffon, rétabli, put de nouveau gravir les terrasses de ses jardins, son fils le conduisit au pied du rocher sur lequel s'élève la tour de l'Aubespin, et lui fit voir une colonne avec cette inscription :

EXCELSAE TURRI, HUMILIS COLUMNA
PARENTI SUO, FILIUS BUFFON
1785

Buffon fut ému jusqu'aux larmes, et, pressant son fils entre ses bras, il lui dit : « Mon » fils, votre piété filiale vous portera bonheur. »

A peine de retour à Paris, le jeune comte de Buffon recevait de M^me Necker, toujours préoccupée de la santé de son père, le billet suivant :

« M^me Necker est pénétrée de la plus vive reconnaissance pour toutes les marques d'attention qu'elle a reçues de M. de Buffon, et pour les lettres pleines d'esprit, de grâce et de sensibilité qu'il lui a écrites ; elle envoie savoir de ses nouvelles et de celles du grand homme qu'il vient de quitter et le prie instamment de lui faire l'honneur de venir dîner à Saint-Ouen dans la semaine. M^me Necker désire avec passion d'entretenir M. de Buffon sur la santé de M. son père, et elle le prie de lui permettre qu'elle lui communique le mariage de M^lle Necker avec M. l'ambassadeur de Suède. Elle prend la liberté d'en faire part aussi à M^me de Castera et à M^me de Buffon. M^me Necker vient d'en écrire à Montbard, ne voulant pas manquer de donner cette marque de respect à M. le comte de Buffon, elle a adressé sa lettre à M^me Daubenton afin d'éviter tout ce qui pourrait donner de l'embarras au malade sublime dont elle s'occupe sans cesse. »

(1) Joseph Dombey, botaniste, naturaliste et voyageur, né à Mâcon en 1742, mort en

(*) On lit dans le *Voyage à Montbard* de Hérault de Séchelles fait cette même année : « Il en vint, un moment après, à la mort du pauvre M. Thomas, pour me faire lire une lettre que son fils avait reçue de M^me Necker, lettre étrange où M^me Necker paraît déjà consolée de la perte de son ami, malgré l'emphase et l'enthousiasme qu'elle met à la décrire... M^me Necker, mettant en parallèle ses deux amis, dit en parlant de M. Thomas : *L'homme de ce siècle* ; et, en parlant de M. de Buffon : *L'homme de tous les siècles.* » (Voir sur Thomas, t. 1^er, pages 129 et 155, note 1.)

Il est bien juste de porter sur le compte du Roi les deux murs de clôture dont vous me parlez. Vous mériteriez au delà de cette petite faveur par le zèle et l'assiduité que vous mettez à la perfection de son Jardin (1). Je vois que votre logement est presque entièrement achevé; cependant je ne vous conseillerais pas de l'habiter tout de suite si les mortiers et les plâtres ne sont pas bien secs.

Adieu, comptez toujours sur tous les sentiments de mon estime et de mon attachement.

Le C<sup>te</sup> de Buffon.

(Bibliothèque du Muséum.)

---

# LETTRE DXCVIII

## A FAUJAS DE SAINT-FOND.

Paris, le 7 décembre 1783.

Je n'ai pu, monsieur, répondre dans son temps à la lettre pleine d'amitié que vous m'avez adressée à Montbard; mais ma sœur a dû vous témoigner ma sensibilité en vous rendant compte de l'état de ma santé (2), qui m'a per-

---

1792 dans les prisons de Montserrat, en Espagne. Chargé, en 1777, par Turgot, à la demande de de Jussieu et de Condorcet, d'un voyage d'exploration au Pérou, en compagnie de savants espagnols; il envoya, de 1777 à 1785, au Cabinet du Roi, en sa qualité de médecin-botaniste, correspondant du Cabinet, titre que lui avait conféré Buffon, un riche herbier qui y est toujours et d'importantes collections qui n'arrivèrent pas toutes à destination à cause de la jalousie des autorités espagnoles, jalousie qui empêcha Dombey de publier *la Flore du Pérou*, continuée par L'Héritier dont un assassinat mystérieux interrompit la publication, et qui ne parut à Madrid que longtemps après la mort de Dombey. Il s'est signalé dans ses voyages par des actes de courage, de dévouement, de désintéressement et d'humanité près des peuples chez lesquels il séjournait.

Le 17 juin, quatre mois avant cette lettre, Buffon écrivait à André Thouin : « Sauriez-vous des nouvelles de M. Dombey, dont je n'ai plus entendu parler, non plus que des caisses qu'il avait *annoncées*. »

« M. Dombey, médecin-botaniste du Roi, — rapportent les *Mémoires de Bachaumont* du 11 décembre, — est arrivé le 9 octobre du Pérou et du Chili, où il était allé il y a près de dix ans; il a rapporté une quantité d'objets précieux d'histoire naturelle dans les trois règnes, dont il a rendu compte à l'Académie royale des sciences, en qualité de son correspondant, et il va les déposer au Cabinet du Roi. »

(1) Buffon, toujours prêt à s'effacer pour faire valoir ses collaborateurs et ses auxiliaires, écrivait à Thouin, le 17 août : « Certainement la perfection du Jardin vous sera due plus qu'à moi. »

(2) M<sup>me</sup> Nadault avait écrit, en effet, à Faujas de Saint-Fond, le 4 novembre :

« Rassurez-vous, monsieur : *le Mercure* est, en effet, un menteur, et un menteur désobligeant. Se peut-il que les jours de mon frère, précieux à tout l'univers, — j'ose le dire quoique je sois sa sœur, — soient à la discrétion d'un sot nouvelliste!...

» Grâce au ciel! il n'a pas même été en danger, et son mal n'a été autre chose qu'une violente atteinte de gravier dont il a été attaqué peu de temps après votre départ de Mont-

mis de revenir à Paris, néanmoins à très petites journées et avec de grandes précautions, car je ne puis rouler sur le pavé sans douleur, et je suis forcé de me tenir chez moi.

M. de La Chapelle est venu me voir hier; l'affaire des charbons n'est pas encore entièrement terminée. Nous désirons tous les deux que vous reveniez à Paris le plus tôt qu'il vous sera possible, et il vous prie en grâce de passer par Mont-Cenis, pour examiner la qualité du charbon et savoir s'il peut fournir du bitume.

J'attends aussi de vous, mon cher monsieur, l'article en addition que je veux imprimer sur le charbon de terre, d'après vos belles expériences. Si vous retardez seulement quinze jours à nous revenir, ayez la bonté de m'adresser cet article avec votre réponse, sous le couvert de M. Rigoley de Juvigny, conseiller honoraire au Parlement de Metz (1), à l'intendance des Postes à Paris. Je prends la liberté de vous faire cette instance, parce que l'imprimerie me presse et que je ne voudrais pas l'arrêter.

C'est avec la plus grande satisfaction que je vous reverrai, monsieur, et que je vous renouvelle aujourd'hui les sentiments de toute l'estime et du véritable attachement avec lequel j'ai l'honneur d'être, monsieur, votre très humble et très obéissant serviteur.

Le C<sup>te</sup> DE BUFFON.

(Communiquée par M. de Faujas de Saint-Fond.)

bard. Il a souffert des irritations terribles, sans rétention cependant, pendant trois semaines, après lesquelles il a rendu six graviers dont deux surtout, à quatre faces, étaient gros comme des dés de bassinet. Nous espérions de cet horrible accouchement un soulagement total; cependant, les grandes et constantes douleurs, l'insomnie, la sensibilité physique de notre cher malade, tous ces incidents réunis ont prolongé le mal en attaquant le système nerveux. Ce n'a donc été que le temps, le calme et le régime qui ont pu ramener l'état naturel où nous commençons à le revoir; il mange à table depuis quinze jours; il est rendu à la société... Son départ pour Paris n'est pas fixé; il veut assurer son rétablissement parfait avant que d'oser monter en voiture, malgré la structure pleine d'art de la sienne (*). Nous gagnons à ce retard le bonheur de le voir chaque jour, et vous qui savez mieux que personne que ses vertus sociales surpassent, s'il est possible, son rare mérite, vous comprendrez qu'il emporte tout notre bonheur en nous quittant... Le bonheur d'appartenir à M. de Buffon se présente à moi chaque jour sous bien des aspects divers, et j'ai toujours compté pour beaucoup l'honneur de connaître chez lui des personnes d'un mérite distingué... Nous venons d'avoir ici, pendant le plus grand mal de mon frère, M. Hérault de Séchelles... Il est presque unique qu'à son âge de vingt-six ans, il soit possible de réunir autant de mérite naturel et acquis et un goût plus décidé pour les grandes et bonnes choses... Il a été très goûté de mon frère qui ne le connaissait pas.

» M<sup>me</sup> Daubenton me charge de tous ses compliments pour vous, et M. Nadault, de ses sentiments respectueux. »

(1) Frère du surintendant général des postes, déjà nommé. (T. II, page 258, note 2.)

(*) La voiture que lui avait fait faire M<sup>me</sup> Necker en 1783. (Voir p. 210, note 2.)

—◇—

# LETTRE DXCIX

## A M. RIGOLEY.

Au Jardin du Roi, le 4 janvier 1786.

Je vous fais, monsieur, de très sincères remerciements de toute l'attention que vous avez apportée dans votre visite de mes forges et bois (1). Je viens d'en recevoir le procès-verbal, que j'ai lu avec satisfaction. Il m'a été envoyé par M. Labbé fils (2), mon procureur à Semur, et il m'est aisé de voir que le juge aurait pu taxer vos honoraires plus haut qu'il ne l'a fait; et quelque désintéressement que vous vouliez, monsieur, mettre dans cette affaire, il ne m'est pas possible d'accepter vos offres trop obligeantes, et je ne croirai pas même que vous soyez dédommagé de la perte de votre temps par la somme de six cents livres (3), dont je joins ici la rescription à votre profit, et que je vous prie de recevoir et d'agréer comme chose qui vous est plus que due.

J'ai l'honneur de vous envoyer aussi ma procuration au sujet du sieur abbé Moleure (4), et vous trouverez de plus, monsieur, votre mémoire à M. le baron d'Ogny que j'ai communiqué à mon ami M. de Juvigny, qui m'a dit qu'il fallait lui donner une autre forme en mettant comme il suit :

*A. M. le baron d'Ogny, grand-croix, prévôt de l'Ordre de Saint-Louis, intendant général des postes de France.*

*Représente très humblement le sieur Rigoley, maître des forges et fourneaux d'Aisy, qu'en 1722 le sieur Claude Antoine Rigoley, son père, fut pourvu (5), etc.*

Le reste du mémoire est bien; et, lorsque vous me l'aurez renvoyé signé de vous, monsieur, je ferai tout ce qui dépendra de moi pour en obtenir le succès (6). Vous pouvez en être assuré, ainsi que de tous les sentiments de

---

(1) Au sujet du procès Lauberdière.

(2) Fils de l'avocat de ce nom, ami des familles Guéneau de Montbeillard et Charrault de Chazelles, mêlé aux négociations du mariage de M<sup>lle</sup> Lestre avec M. Charrault de Chazelles.

(3) Encore un des innombrables traits de la libéralité de Buffon. Il répétait souvent : « qu'il ne connaissait pas de plus grand plaisir que celui de donner. » Et ses actes étaient d'accord avec ses paroles.

(4) Voir Tome I<sup>er</sup>, page 425, note 3.

(5) M. Rigoley, qui venait de quitter les forges d'Aisy au marqnis de La Guiche, où il avait été remplacé par M. Humbert, acquéreur du château de Quincy, sollicitait l'emploi de directeur du bureau de la poste de Montbard, autrefois occupé par son père, fonction que Buffon lui fit en effet obtenir.

(6) Le succès ne se fit pas attendre : une lettre du 9 mars au même nous apprend que la nomination suivit de deux mois la demande. (P. 309 et 313.)

ma reconnaissance et du véritable attachement avec lequel j'ai l'honneur d'être, monsieur, votre très humble et très obéissant serviteur.

Le C<sup>te</sup> DE BUFFON.

(Communiquée par M<sup>me</sup> Morel.)

---

# LETTRE DC

## A. M. DE REPAS.

Au Jardin du Roi, ce 13 janvier 1786.

Je n'ai différé, monsieur, de répondre à la lettre que vous m'avez fait l'honneur de m'écrire que pour vous annoncer qu'à commencer du 1<sup>er</sup> de ce mois M. de Tolozan (1) a accordé, à notre recommandation et au mérite de M. de La Forest (2), deux cents livres d'augmentation ; ce jeune homme auquel vous vous intéressez est, en effet, nn très bon sujet, qui remplit avec assiduité ses devoirs, et je suis persuadé que ce témoignage vous fera plaisir.

Je vous fais tous mes remerciements, monsieur, de l'intérêt que vous voulez bien prendre à ma santé. Je suis toujours incommodé et assez souffrant, sans cependant être malade.

Je pense comme vous, monsieur, que Lauberdière ne se présentera pas sur l'assignation de M. de La Guiche (3), et je ne suis point fâché que nous ayons encore trois mois de répit ; car je ne puis pas louer mes forges de sitôt par les mauvaises chicanes de ce banqueroutier, qui s'est pourvu en cassation de l'arrêt que nous avons obtenu au Parlement de Dijon.

J'ai l'honneur d'être, avec toute estime et le plus véritable attachement, monsieur, votre très humble et très obéissant serviteur.

Le C<sup>te</sup> DE BUFFON.

(Inédite. — Collection Nadault de Buffon.)

(1) Jean-François de Tolozan, maître des requêtes, intendant général du commerce, déjà plusieurs fois nommé, notamment t. I<sup>er</sup>, p. 364, note 4, et t. II, p. 258, note 3.

(2) Voir t. II, p. 226, note 1, lettre au même du 3 mai 1784.

(3) A propos du procès pour l'extraction des mines d'Étivey.

---

# LETTRE DCI

## A FAUJAS DE SAINT-FOND.

Au Jardin du Roi, le 18 janvier 1786.

Vos lettres, mon très cher monsieur, sont charmantes et remplies de la plus aimable sensibilité. J'en suis bien reconnaissant, mais en même temps je suis un peu fâché de ce que vous ne revenez pas, et que vous différez encore votre retour jusqu'à la fin du mois prochain.

Vous n'imaginez pas combien ces financiers de la nouvelle compagnie (1) murmurent de votre longue absence; vous les jetez, disent-ils, dans l'inaction, vous les plongez dans l'apathie; ils croient que vous les avez abandonnés et que c'est pour votre propre compte que vous vous occupez des mines de charbon. Le bon M. Bergon (2) les a bien assurés du contraire, sans pouvoir les tranquilliser absolument; d'ailleurs, ils tiennent toujours leur argent, et ne le donneront peut-être pas de sitôt. Tâchez donc, s'il est possible, d'abréger votre séjour.

J'aime encore mieux votre personne que vos lettres, et je ne veux pas que vous en doutiez; et vous pourriez en douter si je ne vous vois aussi tôt et ensuite aussi souvent que je le désire.

Mais vous êtes donc fou, mon tout aimable ami, de vouloir me faire une redevance de vins de votre cru de l'Hermitage? Je ne vous en ai parlé que comme d'une commission pour cette année seulement, et je n'accepterai certainement ce bon vin qu'à titre de commission, en vous en remboursant le prix. Je n'ai pas besoin de cette preuve de votre généreuse amitié; je la connais depuis longtemps et j'y ai toujours été sensible; mais ceci serait un excès auquel je ne consentirai pas.

(1) La société pour l'épuration du charbon de terre s'était fusionnée avec une Compagnie près de laquelle ses fondateurs espéraient trouver un appui financier. (Voir t. II, p. 59, note 4, lettre du 25 juin 1781 à M. Leschevin, et p. 293, note 2, lettre du 15 août 1785 à Faujas de Saint-Fond.)

(2) Joseph-Alexandre Bergon, administrateur et écrivain, né en 1741, mort le 16 octobre 1824, à cette date chef de division au Contrôle général des finances et directeur de la correspondance à l'administration de l'enregistrement et des domaines; successivement avocat au Parlement de Paris, secrétaire en 1778 de l'Intendance d'Auch et de Pau, sous le baron de Boucheporn; à la Révolution intendant de la province de Bigorre; créé le 4 avril 1806 comte de l'Empire, conseiller d'État, directeur général des forêts, maintenu à la Restauration, il a composé les éloges du maréchal d'Estrées, de Clairaut, etc., et a laissé de nombreux manuscrits.

Buffon écrit à Faujas, le 5 août 1786, que « c'est un homme qu'il estime, parce qu'il a trouvé en lui le double avantage d'un esprit net et d'un cœur droit. »

Comme je n'ai reçu qu'hier votre dernière lettre, je n'ai pu m'occuper encore de ce que vous avez la bonté de m'écrire au sujet du charbon. J'en ferai certainement usage dès que j'aurai reçu la suite comme vous voulez bien me l'annoncer..

M. de La Boullaye (1) et M. Bergon viennent dîner avec moi samedi 21 ; nous vous regretterons, mais au moins j'aurai le plaisir de parler de vous selon mon cœur. M. de La Chapelle est aussi impatient que moi de vous voir arriver et tous les gens qui vous connaissent me demandent de vos nouvelles.

Le pauvre Daubenton (2), auquel M. de Lacépède (3) a succédé (4), est mort le mois dernier ; il n'a pas joui plus de dix mois de la retraite qui lui avait été accordée (5).

M. Dombey doit me remettre ces jours-ci la collection d'histoire naturelle (6)

(1) Second commis au Contrôle général des finances, descendant de l'intrépide voyageur François Le Gouz de La Boullaye.

(2) Edme-Louis Daubenton, garde et sous-démonstrateur du Cabinet du Roi, cousin germain et beau-frère de Louis-Jean-Marie Daubenton, avait pris sa retraite l'année précédente, et Buffon avait assuré son sort (*).

Il s'était retiré avec Marie-Thérèse-Adélaïde de Boutevilain de La Ferté, sa femme, à Saint-Aubin, près d'Avon, où il mourut le 12 décembre 1785. Il avait voulu être inhumé dans la pittoresque petite église d'Avon, au bout du parc de Fontainebleau, près de son ami le mathématicien Étienne Bezout. Et aujourd'hui, les touristes qui visitent le palais et la forêt peuvent lire sous le porche rustique de la petite église d'un côté l'épitaphe de Monaldeschi, assassiné par ordre de la reine Christine de Suède dans la galerie des Cerfs, et de l'autre celle d'Edme Daubenton, que les visiteurs confondent généralement avec le collaborateur de Buffon.

CY-GIT

EDME-LOUIS DAUBENTON

ANCIEN GARDE DU CABINET D'HISTOIRE NATURELLE DU ROY

DES ACADÉMIES DE NANCY ET DE PHILADELPHIE

DÉCÉDÉ, EN SA MAISON DE SAINT-AUBIN, LE 12 DÉCEMBRE 1785

AGÉ DE CINQUANTE-CINQ ANS.

PRIEZ DIEU POUR LUI.

(3) T. II, p. 150, 284, 294, note 2.

(4) Buffon récompensait avec largesse les services qu'on lui rendait tantôt par des subsides ou des gratifications et tantôt en obtenant par son crédit des places, des honneurs, des pensions. Il avait fait entrer la même année au Jardin du Roi Faujas de Saint-Fond et Lacépède, le premier comme adjoint au cabinet attaché à la correspondance, le second comme successeur d'Edme-Louis Daubenton, à l'emploi de garde sous-démonstrateur du cabinet.

(5) Retraite à laquelle il n'avait pas droit, mais que Buffon lui avait fait obtenir en y ajoutant une pension sur sa propre fortune.

(6) Les *Mémoires de Bachaumont* rendaient compte le 16 janvier, deux jours avant la date de cette lettre, de l'importance de cette collection : « M. Dombey, médecin naturaliste, envoyé au Pérou par le gouvernement sous le ministère de M. Turgot, et dont on a annoncé le retour, avant de transporter au Cabinet du Roi les objets qui lui sont destinés les fait voir chez lui. Son herbier, composé de deux à trois mille plantes, en renferme plus

(*) Voir p. 226, note 4, lettre du 11 mai 1784 à M. de La Chapelle.

qu'il a rapportée du Pérou et il m'en arrivera bientôt une autre, par M. Polony (1), de tous les minéraux du Mexique.

Adieu, mon très cher monsieur; c'est avec une véritable satisfaction que je vous réitère les sentiments de la tendre amitié et du respectueux attachement que vous méritez, et avec lesquels j'ai l'honneur d'être votre très humble et très obéissant serviteur.

Le C<sup>te</sup> de Buffon.

(Appartient à M. de Faujas de Saint-Fond.)

—◇—

# LETTRE DCII

## A M. RIGOLEY.

Au Jardin du Roi, 20 janvier 1786.

J'ai différé, monsieur, de répondre à la lettre par laquelle vous me demandez 1,000 à 1,200 queues de mine, parce que je voulais être exactement informé du prix auquel me revient cette mine toute lavée et prête à être mise au fourneau, et comme la queue me revient à 4 livres 12 sols 9 deniers, il ne m'est pas possible de vous la donner au prix de 3 livres 10 sols que vous avez offert à M. Guérard. Il est vrai qu'il vous en coûtera quelque chose pour la faire transporter de Buffon à Aisy, et tout ce que je puis faire dans l'envie de vous obliger, c'est de vous la vendre à 4 livres la queue, d'autant que je suis convenu d'avance avec les gens qui se présentent pour louer mes forges (2), qu'ils prendraient cette mine à 5 livres la queue, parce qu'il faut ajouter aux 4 livres 12 sols 9 deniers qu'elle me coûte les intérêts pendant deux ans que j'ai gardé cette mine (3) et dont en vérité je ne me défais aujourd'hui que pour vous obliger.

des deux tiers absolument ignorées. Les métaux précieux sont d'une richesse rare; les insectes sont de la plus belle conservation. Il a placé artistement ses oiseaux sur un très joli arbre artificiel. »

La collection de Dombey ne fut pas remise à Buffon.

Le botaniste L'Héritier, qui devait entreprendre sans pouvoir l'achever la publication de *la Flore péruvienne* de Dombey, l'avait emportée à Londres; mais le mécontentement de Buffon ne l'empêcha pas de venir en aide à Dombey, qui lui dut une gratification de 60,000 livres et une pension de 6,000 livres. (Voir p. 302, note 1.)

(1) Naturaliste et voyageur, correspondant du Jardin du Roi.

(2) A la place de Chesneau de Lauberdière, dont le bail avait été résilié avec des dommages et intérêts considérables au profit de Buffon, qui ne devait néanmoins rien tirer de cette créance.

(3) Nouvelle preuve de la manière pratique dont Buffon entendait les affaires, qualité qui a fait de lui un excellent administrateur de sa fortune et du Jardin du Roi.

M. Mesnard (1) doit venir dîner un de ces jours avec moi, et je traiterai alors votre affaire de la poste (2).

Je suis, monsieur, avec un sincère attachement, votre très humble et très obéissant serviteur.

LE C<sup>te</sup> DE BUFFON.

(Inédite. — Communiquée par M<sup>me</sup> Morel.)

---

# LETTRE DCIII

## AU PRÉSIDENT DE RUFFEY.

Au Jardin du Roi, le 23 janvier 1786.

Les témoignages de votre bonne amitié, mon cher Président, me seront en tout temps sensibles et précieux, et je suis bien persuadé de l'intérêt que vous avez pris à l'état malheureux où je me suis trouvé cet automne. J'ai passé dix-huit jours et dix-huit nuits sans fermer l'œil, et toujours en convulsions.

La douleur est un mal, et sans doute un grand mal, et cependant ce n'est point une maladie : car, à un peu de faiblesse près, ma santé s'est soutenue la même, et je vois avec grande satisfaction que la vôtre est encore plus ferme et qu'elle vous permet le plus libre exercice des facultés du cœur et de celles de l'esprit et de la main, car vous écrivez comme il y a quarante ans, et même avec plus de feu, surtout en parlant des troubles académiques, dont je n'entends parler qu'avec peine (3). Ce n'est pas que j'excuse Morveau (4) ni Maret (5), mais leurs parties adverses ont aussi quelque tort, et,

---

(1) Jacques Mesnard, intendant et administrateur des postes, fils d'un particulier qui avait consacré toute sa fortune à se faire élever un fastueux mausolée à Saint-Eustache.

(2) M. Rigoley n'avait pas encore quitté les forges et hauts fourneaux d'Aisy.

(3) Des dissensions étaient nées au sein de l'Académie de Dijon, dont le président de Ruffey doit être considéré comme le véritable fondateur par la fusion avec cette compagnie de la société littéraire qu'il présidait, par ses libéralités, mais surtout par le zèle constant avec lequel il l'a servie. Il s'en est occupé pendant quarante ans et lui a assuré un rang exceptionnel parmi les Académies de province. L'Académie de Dijon, née de son amour des lettres et de son initiative, est morte avec lui.

(4) Guyton de Morveau, chancelier de l'Académie de Dijon, à qui Buffon écrivait à propos des troubles qui avaient éclaté dans cette compagnie : « Tout est cabale, même dans les sciences, il y a des coteries de creuset et d'autres coteries de beaux esprits. » Précédemment nommé. (T. I<sup>er</sup>, p. 124, note 1.)

(5) Jean-Philibert Maret, né à Dijon en 1758, mort le 21 janvier 1827, fils aîné du docteur Hugues Maret, mort l'année précédente. Successivement sous-ingénieur des ponts et chaussées des états de Bourgogne, voyer de la ville de Dijon, préfet du Loiret, conseiller d'État en 1806, il a présenté en cette qualité le code de commerce au Corps législatif. Son

si vous n'étiez pas si fâché, vous pourriez peut-être les concilier. Cette bonne œuvre serait digne de vous, mon cher Président; songez que c'est un édifice que vous avez bâti, et qu'il est presque de votre honneur de ne pas le laisser tomber en ruine. Je compte retourner à Montbard au commencement de juin. Puis-je espérer que, tant pour moi que pour votre terre de Montfort, vous y viendrez dans le cours de cet été? Vous ne pouvez douter du plaisir que j'aurais à vous recevoir et à passer avec vous tout le temps que vous voudrez m'accorder.

Je ne puis vous offrir, en attendant, que mes vœux et les sentiments de l'inviolable et respectueux attachement avec lequel j'ai l'honneur d'être, mon cher Président, votre très humble et très obéissant serviteur.

BUFFON

(Appartient au comte de Vesvrotte.)

—◇—

## LETTRE DCIV

### A MADAME NECKER.

Au Jardin du Roi, ce 13 février 1786.

Voici, ma noble amie, ce que m'écrit Mᵐᵉ de Genlis au sujet des vers anglais de M. Sinclair (1), en me faisant part de l'événement qui donne à son mari (2) et à ses enfants un grand surcroît de fortune (3).

frère, Hugues-Bernard Maret, duc de Bassano, né en 1763, mort en 1839, élève du comte de Vergennes, sous l'Empire ministre des affaires étrangères, membre de l'Académie française, de celle des inscriptions, etc. (Voir t. II, p. 248, note 4.)

(1) Sir John Sinclair, agronome et homme politique, zélé défenseur des droits de l'Écosse et de l'Irlande, fondateur de la Société d'agriculture d'Édimbourg, auteur d'un cours d'*Agriculture pratique*, traduit en 1825 par l'agronome français Matthieu de Dombasle. Les biographes de sir John Sinclair ont oublié ses productions poétiques.

(2) Le comte Bruslart de Genlis, depuis marquis de Sillery, ancien officier de marine, colonel de grenadiers et ensuite capitaine des gardes du duc d'Orléans, compagnon de captivité du père de Mᵐᵉ de Genlis pendant la guerre d'Amérique.

(3) La comtesse de Genlis, *gouvernante* des enfants du duc de Chartres, venait de recevoir officiellement le titre de *gouverneur* avec tous les avantages attachés à cette charge, notamment une indemnité de 12,000 livres au baptême du fils aîné du prince, depuis Louis-Philippe.

Après avoir fait retirer l'emploi de sous-gouverneur au chevalier de Bonnard, protégé de Buffon, et l'avoir indignement calomnié dans ses mémoires, elle avait fait nommer son mari capitaine des gardes du duc d'Orléans, de telle sorte qu'avec Mᵐᵉ de Montesson, sa tante, et le chevalier Ducrest, son frère, chancelier du duc, on pouvait dire qu'elle régnait en souveraine au Palais-Royal.

Je crois vous avoir dit qu'elle m'appelle son père, depuis que le prince Henri m'a donné le même titre (1) :

« Je suis bien honorée que mon père n'ait pas trouvé fort impertinent l'auteur anglais qui s'est avisé de placer une femme après lui et M. Necker; il m'avait envoyé les vers anglais, mais je m'étais bien gardée de les montrer; ils me donnaient une place trop élevée pour que j'osasse y prétendre, et ce prétendu triumvirat me représente deux beaux chênes et un arbuste assez distingué dans son espèce, mais qui paraît d'une petitesse extrême en comparaison de deux grands arbres si imposants et si majestueux. Je voudrais que cet Anglais se fût contenté d'apprendre dans ses vers que vous m'appelez votre fille; cet éloge, car cela seul n'en est-il pas un? eût été bien plus doux pour mon cœur. »

Il me semble, mon adorable amie, que c'est déjà quelque chose que d'avoir ce sentiment, mais que c'est beaucoup de le professer hautement.

BUFFON.

Inédite. — Collection du duc de Broglie.)

—◇—

# LETTRE DCV

## A MADEMOISELLE LE MASSON LE GOLFT (2).

Au Jardin du Roi, ce 22 février 1786.

Mademoiselle,

Je reçois avec toute reconnaissance et j'ai vu avec toute satisfaction l'heureux emploi que vous avez fait de vos recherches et de vos connaissances sur la carte que vous avez eu la bonté de m'envoyer (3).

Je l'ai communiquée à quelques-uns de nos savants qui en ont jugé comme moi et qui ont pris l'adresse du libraire pour se la procurer.

----

(1) Par une conséquence naturelle, Buffon appelait M<sup>me</sup> de Genlis *sa fille*, ainsi qu'on le verra dans la lettre du 24 mars 1787, qui valut à sa vieillesse des attaques auxquelles, suivant sa coutume, il resta indifférent; dans la lettre de janvier 1780, il ne lui donne pas encore le nom de *sa fille*.

(2) Marie Le Masson Le Golft, littérateur et savant, déjà nommée. (T. II, p. 233, note 1.)

(3) M<sup>lle</sup> Le Masson Le Golft, qui avait envoyé à Buffon, en 1784, son livre de *La Balance de la nature*, venait de lui faire hommage d'une carte ou mappemonde ingénieusement combinée et ainsi décrite par un de ses biographes :

« On distingue, parmi ses ouvrages, qui supposent des connaissances toujours étonnantes dans une personne de son sexe, une *mappemonde* qui, au moyen de certains signes de convention, présente rapidement les traits caractéristiques et historiques de tous les peuples connus. Cette mappemonde aurait suffi, à elle seule, à faire une réputation à son auteur, quand même M<sup>lle</sup> Le Masson n'aurait pas eu à se prévaloir de son talent sur la peinture et de mille autres connaissances. » (*Biographie Levée*, page 69.)

Recevez tous mes remerciements, mademoiselle, avec les sentiments de la haute estime qui vous est due et ceux de respect avec lesquels j'ai l'honneur d'être, mademoiselle, votre très humble et très obéissant serviteur.

LE C<sup>te</sup> DE BUFFON.

(Inédite. — Bibliothèque de Rouen.)

—◇—

# LETTRE DCVI

## A MADAME DAUBENTON.

Au Jardin du Roi, le 9 mars 1786.

Vous pouvez, mon aimable amie, disposer de mes chevaux (1) lorsque vous irez à Beaune ; vous pouvez même prendre auprès du chevalier de Buffon (2) de l'argent pour ce voyage, supposé que les vilains créanciers vous en laissent manquer.

Je me flatte que vous m'aimez assez pour ne pas faire de façons avec moi.

Je sais bon gré à feu votre cher oncle et à votre vertueuse tante (3) de la remise qu'il vous ont faite de cette somme, qu'ils paraissaient ne vous avoir que prêtée. Elle fera bien de garder l'ouvrage sur les insectes et de ne le point envoyer à M. Mauduit (4), jusqu'à ce que je l'aie examiné ; car peut-

---

(1) Buffon avait un attelage à Paris et un autre à Montbard, et en outre des chevaux pour les relais.

(2) Frère consanguin de Buffon, second colonel du régiment des gardes-lorraines depuis le 27 avril 1783, en ce moment en congé de convalescence à Montbard, où il habitait le joli hôtel que Buffon lui avait fait construire (*). Buffon disait de son frère, le 11 mai 1784, à M. de La Chapelle : « C'est un homme sage ; » et Lacépède, dans l'introduction à l'*Histoire des serpents* : « ... M. le chevalier de Buffon, officier supérieur, distingué par ses services et connu depuis longtemps par son goût pour les sciences et les beaux-arts... »

(3) Guéneau de Montbeillard et sa femme ne le cédaient pas en générosité à Buffon, et M<sup>me</sup> Daubenton et sa fille trouvèrent constamment près d'eux un accueil empressé, une assistance désintéressée et une amitié délicate.

(4) Jean Mauduit, physicien physiologiste, précédemment nommé. (T. I<sup>er</sup>, p. 234, note 3.) Buffon écrivait, le 13 juin 1773, à Guéneau de Montbeillard, mort depuis le 28 novembre 1785 : « Je n'ai pas eu de peine à bien encourager M. Daubenton le cadet au sujet de votre ouvrage sur les oiseaux. Il y était bien disposé et nous avons pris de concert de petites mesures avec le petit Mauduit pour vous procurer par nos correspondants des notices sur les mœurs des oiseaux étrangers. » Les procédés d'Edme-Louis Daubenton vis-à-vis de Guéneau de Montbeillard avaient été bien différents de ceux de Louis-Jean-Marie Daubenton, ainsi qu'on a pu le voir tome I<sup>er</sup>, page 447, note 1. M<sup>me</sup> de Montbeillard ayant envoyé au docteur Mauduit, malgré la recommandation de

---

(*) Sa construction avait donné lieu, en 1773, à un procès entre Buffon et la ville de Montbard. (T. I<sup>er</sup>, p. 243, note 1 *in fine*.)

être y aura-t-il moyen d'en tirer meilleur parti, soit pour la gloire de notre ami, soit pour l'utilité présente.

Je suis toujours dans l'horreur des chicanes et mécontent de ma santé. Je souffre jour et nuit, sans cependant être plus mal que je ne l'étais en sortant de Montbard.

Adieu, ma bonne amie; dites-moi si vous avez écrit au docteur votre situation, et, si vous ne l'avez fait, écrivez (1) et ne vous lassez pas de vous plaindre; cela est très important.

Je vous embrasse de tout mon cœur.

BUFFON.

(Collection Nadault de Buffon.)

—◇—

# LETTRE DCVII

## A M. RIGOLEY.

Au Jardin du Roi, le 9 mars 1786.

J'ai l'honneur de vous envoyer, monsieur, le billet que je viens de recevoir de M. Mesnard, intendant et administrateur des postes, par lequel vous verrez que vous pouvez vous mettre en possession quand il vous plaira, de la direction du bureau de Montbard (2).

Comme vous m'avez témoigné, monsieur, que vous désiriez avoir mon buste (3), je l'ai commandé, et on doit me le rendre ces jours-ci. Je vous donnerai avec le même plaisir la suite de mes ouvrages qui vous manque; mais il est nécessaire que vous me marquiez le nombre des volumes que vous en

Buffon, les travaux de son mari sur les insectes, et le docteur Mauduit les lui ayant renvoyés le 1er décembre 1786 avec une lettre assez sèche publiée à la page 547 du tome II de la première édition de la *Correspondance*, ces articles ont paru, en partie, dans l'*Encyclopédie méthodique*.

(1) Louis-Jean-Marie Daubenton, que Buffon désigne dans sa correspondance sous le titre du *Docteur* pour le distinguer d'Edme-Louis, qu'il nomme *Daubenton le cadet* ou *le jeune*. On a vu que le docteur Daubenton, bien que n'ayant pas d'enfants, avait absolument refusé de se charger de la curatelle de sa petite-nièce; aussi, est-ce avec raison que Buffon, qui connaissait bien son caractère égoïste et personnel, engageait Mme Daubenton à lui écrire et à beaucoup insister sur sa situation malheureuse; ce conseil lui réussit, car Daubenton finit par se décider à appeler près de lui sa nièce et sa fille, qui trouvèrent, dans la tranquille retraite du Jardin des Plantes, un asile sûr pendant la Terreur.

(2) La demande de M. Rigoley, dont nous avons vu Buffon, dans une lettre du 4 janvier, avoir l'attention de lui donner la formule, remontait à deux mois à peine. Les protégés de Buffon n'attendaient pas longtemps.

(3) Un moulage de son buste par Houdon. Ces moulages, exécutés avec beaucoup d'art et donnés par Buffon à sa famille et à ses amis, sont aujourd'hui très rares.

possédez, et s'ils sont in-4° ou in-12, reliés ou brochés, afin que je puisse vous assortir d'une manière satisfaisante.

J'ai l'honneur d'être avec tout attachement, monsieur, votre très humble et très obéissant serviteur.

LE C<sup>te</sup> DE BUFFON.

(Communiquée par M<sup>me</sup> Morel.)

—◆—

# LETTRE DCVIII

## AU DOCTEUR HOUSSET (1).

Au Jardin du Roi, le 15 mars 1786.

Il y a déjà quelque temps, monsieur, que l'on m'a remis de votre part deux exemplaires très bien reliés de votre ouvrage *Sur les écarts de la nature* (2). J'en accepte un pour moi avec toute reconnaissance ; mais il faut que vous ayez la bonté de me dire à qui vous destinez l'autre (3).

Je n'ai tardé à vous faire réponse que pour prendre le temps de lire ce bon ouvrage ; et c'est avec satisfaction que j'ai vu la justesse de votre discernement et la précision de vos observations, qui toutes sont fort intéressantes.

Comme je vais passer la saison d'été à Montbard, je serais enchanté que vos occupations vous permissent de venir y faire un petit séjour (4) ; j'aurais le plaisir de vous témoigner de vive voix les sentiments d'estime et de considération que vous méritez, monsieur, et avec lesquels j'ai l'honneur d'être votre très humble et très obéissant serviteur.

LE C<sup>te</sup> DE BUFFON.

(Publiée par le docteur Housset.)

(1) Médecin à Auxerre, déjà nommé.

(2) Cet envoi était accompagné d'une lettre du docteur Housset du 14 février, qu'il a publiée avec la réponse de Buffon dans ses *Mémoires physiologiques*.

(3) « Je pense, répondit le docteur Housset, que vous en ferez part à M. Daubenton, votre cher ami et collègue dans l'*Histoire naturelle*, si digne de vos soins et qui a si bien profité de vos travaux. Je n'oserais pas vous prier de faire cette démarche, si vous ne m'aviez fait pressentir qu'un seul exemplaire vous suffisait. »

(4) Il faut ajouter, aux qualités généreuses de Buffon, l'hospitalité.

—◆—

# LETTRE DCIX

## A M. RIGOLEY.

Au Jardin du Roi, le 22 mars 1786.

Je vois par votre lettre, monsieur, qu'il vous manque onze volumes in-4°
de mes ouvrages. Je viens de les faire prendre chez le libraire, et je vous les
enverrai avec le buste, ou plutôt je les ferai conduire avec mes équipages
lors de mon retour à Montbard, sur la fin du mois prochain. Ces volumes ne
seront que brochés, parce que je ne connais pas la reliure des volumes précédents, et que d'ailleurs vous en avez deux qui ne sont que brochés.

M. Mesnard m'a dit que vous feriez très bien, monsieur, de vous mettre en
possession et exercice du bureau de la poste, au premier avril prochain.

J'ai l'honneur d'être, avec tout attachement, monsieur, votre très humble
et très obéissant serviteur.

LE Cᵗᵉ DE BUFFON.

(Communiquée par Mᵐᵉ Morel.)

---

# LETTRE DCX

## BILLET A MADAME NECKER.

Mars 1786.

Vous avez, ma noble amie, si fort exalté mon amour-propre hier soir, que
j'ai rêvé cette nuit ces deux vers pour le portrait (1).

> Buffoni os insigne videns mirabere, quid si
> Virtutes, nec non præcordia candida noris.

Cela n'est pas bien bon ; cependant je préférerais ce latin à la phrase tirée
de mes ouvrages.

Bonjour, mon adorable amie, depuis vingt-quatre heures je n'ai pas cessé
de penser à vous.

BUFFON.

(Inédite. — Collection du duc de Broglie.)

(1) Un des nombreux portraits de Buffon gravés à cette date; ces vers n'ont été placés
sur aucun d'eux.

---

# LETTRE DCXI

## A LA MÊME.

Au Jardin du Roi, ce 30 mars 1786.

Peu content des derniers vers latins que j'ai envoyés à ma noble amie, j'en ai rêvé quatre autres qui me paraissent moins mauvais, mais que je soumets à son jugement, mille fois plus exquis et plus sûr que le mien.

> Ingenio sublimi menteque diviniore,
> Intima naturæ victæ penetralia scrutans,
> Buffonus verbo terram et cœlos patefecit.
> Felix! nam potuit rerum dignoscere causas.

BUFFON

(Inédite. — Collection du duc de Broglie.)

---

# LETTRE DCXII

## A LA MÊME.

Ce 5 avril 1786.

Ma noble amie, ce que vous rencontrez vaut mieux que ce que j'imagine, et, puisque vous voulez louer l'éloquence et le génie, il faut substituer votre épigraphe à la mienne.

> Cedite, Romani scriptores, cedite Graii,
> Nostro Buffonio cui mens divinior atque os
> Magna sonaturum...

et finir à ces mots.

Je n'ai point du tout de regret de mes deux vers dans lesquels j'aurais voulu exprimer mes sentiments d'adoration pour vous.

Le cœur devrait parler toutes les langues, mais le latin ne m'a pas obéi et ces sentiments sont si profonds qu'il me serait même impossible de les traduire en français.

BUFFON.

(Inédite. — Collection du duc de Broglie.)

---

# LETTRE DCXIII

## A LA MÊME.

Au Jardin du Roi, 11 avril 1786. Ce mardi 5 heures du matin.

Nuit plus calme que les précédentes pendant laquelle j'ai rêvé trois vers que je veux ajouter aux deux premiers qui sont autour du portrait de mon adorable amie (1).

Angelica facie et formoso corpore Necker,
Mentis et ingenii virtutes exhibet omnes.
Fulget enim Necker miseris auxilia et opes
Suppeditans, fulget tradens hospitia sana
Ægrotis, necnon captivis ostia pandens.

(1) M<sup>me</sup> Necker avait donné son portrait à Buffon, une très belle miniature sur une boîte d'or, et il avait composé et fait graver autour du portrait les vers que rappelle ce billet.

Il avait constamment, à Paris et à Montbard, ce portrait sur sa table de travail ou dans sa chambre, ce qui faisait écrire, le 22 avril 1787, par le chevalier de Buffon à M<sup>me</sup> Necker : « Il a placé près de lui cette boîte qui rassemble votre portrait, l'esquisse de vos rares vertus et un trait du sentiment qui vous a engagé, madame, à lui en accorder la propriété; c'est le monument près duquel il pleure votre absence, et vous adresse publiquement l'hommage de cet amour dont Platon a eu la première idée et dont vous êtes le premier exemple; sentiment tout spirituel qui ne s'accorde qu'à la divinité ou aux êtres privilégiés qui en sont l'image. Mon frère m'a permis, madame, de m'associer au culte qu'il vous rend; mais je reste prosterné sur les marches du temple, tandis que les Vertus et le Génie vous couronnent ensemble dans son sanctuaire. »

Buffon, à ses derniers moments, se fit apporter le portrait de M<sup>me</sup> Necker, et ne voulant pas par une délicatesse exquise de sentiment, que ce portrait, après lui avoir appartenu, devînt la propriété d'aucun autre, il prescrivit, par son testament du 4 décembre 1787, qu'il fût remis à M<sup>me</sup> Necker après sa mort.

« On remettra aussi à M<sup>me</sup> Necker la boîte sur laquelle elle a eu la bonté de me donner son portrait. »

Mais M<sup>me</sup> Necker, qui ne le cédait pas en délicatesse à Buffon, rendit ce portrait à son fils, après avoir substitué cette inscription à l'inscription latine.

« Au fils chéri de M. de Buffon par l'amie inconsolable de son illustre père. »

Au mois d'août 1789, à une séance de la commune de Bordeaux à laquelle il avait été invité, le fils de Buffon ayant sorti de sa poche le portrait de M<sup>me</sup> Necker, on se le passa de main en main avec des témoignages de déférence et de respect, et le nom des Necker fut acclamé. (Voir t. II, page 106.)

BUFFON.

(Inédite. — Collection du duc de Broglie.)

# LETTRE DCXIV

## A LA MÊME.

Au Jardin du Roi, ce 13 avril 1786.

La nuit a été bonne, et le rhume est fort diminué et j'aurais bien désiré que mon adorable amie m'eût dit un mot de sa santé.

Je la supplie de ne pas se donner la peine de venir (1).

Mes vers ne méritent pas un remerciement. Je viens de les faire copier, et j'ai changé le dernier mot *de genio* et j'ai écrit.

Divino afflatu captivis ostia pandens.

J'en ai fait aussi quatre en français ; bons ou mauvais, les voici :

> Ce visage angélique, avec un beau corsage
> Annoncent de Necker et l'âme et le génie.
> De la Divinité, vive et fidèle image,
> Tu sus aux malheureux rendre ou donner la vie (2).

BUFFON.

(Collection du duc de Broglie.)

(1) Chaque fois que M^me Necker était informée que Buffon était souffrant, qu'il avait eu une mauvaise nuit, qu'il était obligé de garder la chambre ou seulement enrhumé, elle s'empressait d'accourir au Jardin du Roi. C'est la seconde fois que l'on entend Buffon la prier de ne pas venir.

(2) Les vers de ce billet et des précédents ont été inspirés à Buffon non par l'orgueil, mais par la crainte de voir se reproduire, à propos d'une inscription au bas de son portrait, les fâcheux incidents auxquels avait donné lieu le vers latin : *Naturam amplectitur omnem* (*), et aussi par son affection exaltée pour M^me Necker.

Si, à ces vers, on en ajoute quatre autres qui lui sont attribués, on aura les seuls vers français et latins que l'on connaisse de Buffon.

« Un soir, à Montbard, dans un jeu de société, dit Humbert Bazile, il s'approcha d'une jeune et jolie femme, prit le crayon qu'elle tenait à la main et écrivit sur ses genoux :

> Sur vos genoux, ô ma belle Émilie,
> A des couplets je songerais en vain.
> Le sentiment étouffe le génie,
> Et le pupitre égare l'écrivain.

Buffon, dont la prose a la pompe, l'harmonie, le rythme et le charme des vers, n'aimait cependant pas la poésie, excepté toutefois — a-t-on pu dire avec malice, mais avec quelque raison — les vers à sa louange. Il exceptait Horace et Racine, dont il déclamait de mémoire, de sa belle et harmonieuse voix, des morceaux entiers; mais il s'interrompait tout à coup

(*) Voir t. I^er, p. 334, note 1, lettre du 12 janvier 1777 au président de Ruffey.

# LETTRE DCXV

## A M. RIGOLEY.

Au Jardin du Roi, le 14 avril 1786.

Je reçois, monsieur, votre lettre du 10 courant, et je vous remercie de l'honnête service que vous avez bien voulu me rendre.

Je renvoie par ce même courrier le billet et le protêt à M. Guérard, notaire, en le priant d'aller lui-même à Semur pour les remettre à M. Labbé fils, mon procureur, et conférer de cette affaire avec M. Labbé avocat et M. Le Mulier (1), qui sera de retour à Semur mercredi.

Comme mon départ est assez prochain, j'ai pensé, monsieur, qu'au lieu de vous envoyer à Joigny la caisse qui contient le buste et les livres, je pourrais vous en épargner le port en la joignant à mes équipages, qui partiront par le coche d'Auxerre avec mes gens et je compte que ce sera sur la fin de ce mois ou dans les premiers jours de mai.

Je suis bien aise que vous ayez pris possession du bureau de la poste, et je crois qu'en cette qualité vous ne payez point de port; cependant, comme je n'en suis pas sûr, j'ai cru devoir contresigner cette lettre.

Recevez mes remerciements, monsieur, et tous les sentiments du véritable attachement avec lequel j'ai l'honneur d'être, monsieur, votre très humble et très obéissant serviteur.

LE C<sup>te</sup> DE BUFFON.

(Communiquée par M<sup>me</sup> Morel.)

pour dire : « C'est beau comme de la belle prose! » Cependant, La Harpe et M<sup>me</sup> Necker rapportent qu'il critiquait même les vers de son poète favori.

« M. de Buffon, dit M<sup>me</sup> Necker, critique ces deux vers de Racine :

> Le fer moissonne tout, et la terre humectée
> But à regret le sang des neveux d'Érechthée.

» Il croit que le mot *humectée* ne devait pas précéder celui de *boire*. »

« J'ai vu, en 1780, dit de son côté La Harpe, le respectable vieillard Buffon soutenir très affirmativement que les plus beaux vers étaient remplis de fautes et n'approchaient pas de la perfection de la bonne prose. Il ne craignit pas de prendre pour exemple les vers d'*Athalie*, et fit une critique détaillée du commencement de la première scène. Tout ce qu'il dit était d'un homme si étranger aux premières notions de la poésie... qu'il n'eût pas été possible de lui répondre sans l'humilier, ce qui eût été un très grand tort, quand même il ne m'eût pas honoré de quelque amitié. »

« Il est inexorable pour le style et surtout pour la poésie qu'il n'aime pas, dit Hérault de Séchelles. Il prétend qu'il est impossible d'écrire quatre vers de suite dans notre langue sans y faire une faute, sans blesser ou la propriété des termes ou la justesse des idées. Il me recommandait de ne jamais faire de vers. « J'en aurais fait tout comme un autre, me » disait-il, mais j'ai bien vite abandonné un genre où la raison ne porte que des fers; elle » en a bien assez d'autres sans lui en imposer de nouveaux. »

(1) Conseiller au Parlement de Dijon, déjà nommé. (T. I<sup>er</sup>, p. 173, note 2.)

# LETTRE DCXVI

## A ANDRÉ THOUIN (1).

Montbard, le 10 juin 1786.

J'ai reçu, mon cher monsieur Thouin, votre lettre en date du 5 courant, avec l'état des dépenses de la quinzaine échue le 3 ainsi que votre arrêté de compte, et le tout est parfaitement en règle. Comme il ne vous reste entre les mains que 225 livres 14 sous 4 deniers, j'écris à M. Lucas de vous remettre une somme de 2,400 livres pour subvenir à la dépense des deux prochaines quinzaines.

Vous avez très bien fait de donner à M. Lenoir les arbres qu'il désirait, et, lorsque vous aurez occasion d'aller le voir, je vous prie de lui renouveler les assurances de mon dévouement, et à M^me de Nanteuil (2) celles de mon tendre respect.

M. de La Millière (3), dont je vous envoie ci-joint la lettre, n'a fait aucune attention aux bonnes raisons et aux motifs que j'ai exposés dans le mémoire qui lui a été remis au sujet du pavement de notre rue (4), et je ne crois pas qu'on vienne à bout de rien obtenir de M. de La Millière, à moins que M. Lenoir ne lui en fasse parler par M. le contrôleur général (5). Il faut, mon cher monsieur Thouin, tenir quant à présent ceci secret, afin de ne pas dégoûter M. Boursier et les autres qui pourraient acquérir quelques parties de mon terrain.

(1) A peine de retour à Montbard, Buffon reprend avec Thouin cette intéressante correspondance d'affaires qui atteste son constant dévouement à la chose publique, l'importance de ses avances, l'étendue de son désintéressement et témoigne de sa merveilleuse entente des affaires et qu'il avait vraiment le génie de l'administration.

(2) Sœur du lieutenant général de police Lenoir.

(3) Antoine-Louis Chaumont de La Millière, né le 24 octobre 1746, mort le 17 octobre 1803, conseiller d'État, intendant des finances, intendant général des ponts et chaussées de 1781 à 1792.

(4) *Notre rue*, c'est la rue de Buffon percée sur les terrains achetés par Buffon pour isoler le Jardin des constructions voisines. Ces terrains qui, par l'accroissement de leur valeur, eussent représenté à eux seuls une fortune considérable ont été vendus à vil prix pendant la période révolutionnaire par le fils de Buffon pour faire honneur aux engagements de son père, créancier non payé de l'État.

Le nom de l'illustre naturaliste a été donné à Dijon à l'ancienne rue du Grand-Potet qu'il a habitée et à d'autres rues des principales villes de France. Il a encore été donné à une des plus grandes iles de l'Océanie du groupe inhabité d'Arcole, archipel Bonaparte, côte N.-N.-O. de la terre de Witt, dans la Nouvelle-Hollande ; à un des plus grands paquebots des messageries maritimes entre Le Havre et Rio de la Plata et à un nouveau chocolat édité par le confiseur-vaudevilliste Siraudin, bien que Buffon fût loin de partager les préférences de Richelieu.

(5) Charles-Alexandre de Calonne, contrôleur général des finances depuis le 3 novembre 1783. (P. 242, note 3.)

Je vous remercie de ce que vous me mandez au sujet de la visite de M. l'Archiduc (1). M. Daubenton m'a écrit qu'il était accompagné partout de M. d'Angiviller, qui aura sans doute ajouté quelques mots d'éloge à ceux que ce prince donnait à notre Jardin.

J'aime beaucoup aussi l'histoire du mari bourru, par la gaieté avec laquelle vous me la racontez.

Je pense qu'il est temps de faire travailler au mur de mon logement sur la nouvelle rue (2) et de le faire rabaisser comme nous en sommes convenus. Je vous prie d'en conférer avec M. Verniquet, qui me demande mes ordres à ce sujet. Je m'en rapporte à vous et à lui, et vous y mettrez le nombre d'ouvriers que vous jugerez nécessaire.

Quoique mon sommeil soit toujours interrompu quinze ou vingt fois par nuit, et que j'aie toujours des douleurs assez fréquentes, je ne laisse pas de conserver assez de force pour me promener matin et soir (3). Il fait ici

(1) L'archiduc Maximilien d'Autriche, frère de l'empereur Joseph II et de Marie-Antoinette, surnommé à Versailles l'*Archi-Bête* à cause de sa gaucherie, malgré le soin qu'avait eu Marie-Antoinette, lors de son premier voyage en France en 1775, de lui envoyer à Vienne des maîtres de manières et des maîtres à danser.

L'archiduc était allé rendre visite au Jardin du Roi à Buffon qui lui avait fait hommage d'un exemplaire richement relié de l'*Histoire naturelle*, que le prince n'avait pas voulu accepter *dans la crainte d'en priver son auteur;* aussi le premier mot de Joseph II entrant l'année suivante dans le Cabinet de Buffon fut qu'il venait prendre l'exemplaire de l'*Histoire naturelle* que son frère avait oublié *par mégarde* sur son bureau.

(2) La rue de Buffon.

(3) Comme Buffon ne parle que très rarement de sa santé, et qu'on s'y intéresse davantage à mesure qu'elle décline, et que la relation des pénibles épreuves auxquelles elle fut soumise et la fermeté stoïque avec laquelle il les supporta ne peuvent qu'ajouter à l'admiration qu'inspire la fermeté de son âme, nous avons saisi avec empressement chaque fois que nous l'avons pu l'occasion de compléter les indications toujours sommaires qu'il en donne.

C'est jusqu'ici le fils de Buffon, sa sœur, son frère le chevalier, M^me Daubenton, M^lle Blesseau qui en ont entretenu M^me Necker.

Les deux lettres qui suivent, écrites, l'une le 13 juin, l'autre le 31 juillet, sont du chevalier Aude (*).

(*) Joseph Aude, auteur dramatique, né le 10 décembre 1755, mort le 5 octobre 1841, à quatre-vingt-six ans, a été le familier des Necker, de Buffon au Jardin du Roi et son hôte à Montbard, sans toutefois jamais être devenu son secrétaire en titre; il a écrit sa biographie et un vaudeville sur son mariage, et il nous a paru dès lors mériter une notice d'une certaine étendue.

Le chevalier de Mouchy, romancier et familier du maréchal duc de Biron et du maréchal de Belle-Isle, correspondant de Voltaire, l'avait introduit au Jardin du Roi; il avait débuté, en 1776, à vingt et un ans, par un à-propos en vers, la *Fête des Muses*, représenté sur le théâtre de Versailles devant le roi et la famille royale. En 1781, le marquis Dominique de Caraccioli, ambassadeur de Naples en France depuis 1770, qui avait rencontré Aude au Jardin du Roi et dans le salon de M^me Necker, chez Diderot, d'Alembert et Condorcet, ayant été nommé vice-roi des Deux-Siciles, l'emmena avec lui. Mais le marquis étant devenu, en 1786, ministre des affaires étrangères à Naples, Aude, qui avait reçu le brevet de chevalier de Malte, revint en France et séjourna quelque temps à Montbard.

Il est l'auteur d'un nombre considérable de pièces de circonstance et autres jouées sur tous les théâtres de Paris, de vers publiés dans l'*Almanach des Muses* et les recueils du temps et de chansons, quelques-unes populaires, telles que *Cadet Rousselle* et *Madame Angot*. Son drame en vers, l'*Héloïse anglaise*, joué pour la première fois en 1778, et ensuite, en 1787, au théâtre Italien sous le nom de *Saint-Preux et Julie d'Etanges,* et, en 1791, aux Variétés sous le titre des *Amants anglais,* reparut encore, en 1795, au théâtre Molière sous le titre des *Amants de Philadelphie* ou l'*Héloïse américaine.*

La reconnaissance du chevalier Aude pour les Necker lui inspira, à la rentrée de Necker aux affaires, une pièce de circonstance jouée à Genève en 1788, et à Paris en 1789, et les sentiments qu'il

une sècheresse absolue, et nous épuisons l'eau de tous nos bassins et de nos puits.

Je vous réitère avec plaisir les sentiments de mon véritable attachement.

LE C<sup>te</sup> DE BUFFON.

(Bibliothèque du Muséum.)

Il écrit le 13 juin (*) :

« ... Je rends grâce au ciel de pouvoir vous donner d'assez heureuses nouvelles de la santé de M. de Buffon. M<sup>me</sup> Daubenton (**) vous en a parlé dans un moment moins favorable; M<sup>lle</sup> Blesseau ne vous a point caché l'état d'échauffement et de souffrances où les suites de son voyage l'avaient réduit (***). Je me félicite de n'avoir eu mon tour que le dernier, puisqu'il m'est réservé de pouvoir calmer vos inquiétudes.

» Ce grand homme n'est pas exempt de tribulations; mais il a, du moins, plus fréquemment, des heures de sommeil et de calme. Je lis sur son auguste front la vie et la sérénité, précieuses assurances de l'excellente constitution de son corps et de la parfaite égalité de son âme. Il a fait, avant-hier, une promenade en voiture, dont il n'eût pas été capable il y a quinze jours. Son estomac est toujours bon; il est quelquefois obligé de réprimer son appétit, non par la crainte d'une indigestion, mais de peur d'augmenter la masse de ces humeurs glaireuses qui font le tourment de ses nuits. Voilà son mal le plus obstiné et celui qui me semble aussi le plus facile à détruire ou tout au moins à diminuer, puisqu'il dépend de la qualité et de la quantité des aliments qui produisent plus ou moins de glaires; cependant les médecins n'en viennent pas à bout. Ah! pourquoi leur science n'est-elle que conjecturale? Pourquoi n'existe-t-il pas un Buffon en médecine? Il serait le confident du dieu d'Épidaure et le sauveur du confident de la Nature.

» Je viens de vous dire que ses moments de repos sont devenus plus fréquents; il faut ajouter que vous adoucissez bien souvent ses moments de souffrance; je dis trop peu, madame, il les oublie en parlant de vous; votre souvenir les suspend ou les charme. Il n'a plus qu'une pensée,

conserva toute sa vie à Buffon lui firent publier à sa mort, à Lausanne et à Lyon, la *Vie privée du comte de Buffon* (1 vol. in-8°, 141 p.), suivie d'une épître et d'une lettre en vers à la comtesse de Buffon et à M<sup>me</sup> Nadault, et d'une romance à M<sup>me</sup> Daubenton. A dix-sept années d'intervalle, en 1806, il faisait représenter au théâtre de la Montansier un vaudeville en un acte, en collaboration avec Désaugiers, le *Mariage de Buffon*, joué aussi sous le titre de : *Mariage de Buffon avec Mlle de Saint-Belin.*

Le chevalier Aude, honoré d'une lettre autographe de Frédéric II, a eu l'honneur d'être joué par Talma en 1790.

La première apparition de *Cadet Rousselle* ou *le Café des Aveugles*, sur le théâtre de la Cité, remonte au 12 février 1793. Puis viennent, de 1800 à 1823, une longue suite de pièces et vaudevilles en vers et en prose joués sur tous les théâtres de Paris : *Toulon reconquis* (1793), la *Mort du général Hoche* (1797), *Jean-Jacques au Paraclet* et les *Perruques à la mode* (1809), la *Double Intrigue* et le *Bureau de renseignement* (1810), le *Veuvage de Manon* (1823), etc. *Madame Angot au sérail de Constantinople*, un des plus grands succès du théâtre moderne qui a eu jusqu'à deux cent trente-sept représentations, sujet repris dans ces derniers temps par MM. Siraudin et Lecoq, a été jouée pour la première fois sur l'ancien théâtre Oudinot, le 21 mai 1800.

Le chevalier Aude, lié avec Dorvigny, créateur du type de *Jocrisse*, et avec l'acteur Brunet, qui jouait ses pièces, était dissipateur, prodigue et buveur, et dès le temps de son séjour à Montbard il empruntait à M<sup>me</sup> Nadault et à M<sup>me</sup> Daubenton, par des billets à longue échéance qui n'ont pas été payés, puisqu'ils sont encore entre les mains de la famille. Aussi la vie du chevalier a-t-elle été constamment besogneuse; ses dernières années se sont passées au cabaret. Ses œuvres complètes, annoncées en 1825, en 6 volumes in-8°, n'ont jamais paru.

Son frère, l'abbé André Aude, né en 1764, vicaire général de Mende et de Viviers, a laissé divers écrits ainsi qu'un homonyme, né en 1778, mort le 7 juin 1809 d'un coup de feu en Espagne, que l'on suppose neveu du chevalier, que l'on confond souvent avec lui, et qui a fait jouer des pièces dans le genre des siennes.

La vie de Joseph Aude a été écrite, en 1871, par le savant M. A. Dureau, bibliothécaire de l'Académie de médecine, et c'est avec empressement que nous saisissons cette occasion de le remercier publiquement de ses nombreuses et intéressantes communications pour les notes de cette *Correspondance.*

(*) Tandis que l'original de cette lettre porte la date du 13 juin, le chevalier Aude, en la publiant dans sa *Vie privée de Buffon* (page 28), lui a attribué la date du 6 octobre; mais la lettre qui suit du 31 juillet démontre que la véritable date de celle-ci est bien du 13 juin et non du 6 octobre.

(**) On a vu, p. 275, note 1, que l'origine de la famille Daubenton est la petite ville d'Aubenton, dans l'Aisne, et que plusieurs de ses membres en ont porté le nom ainsi orthographié.

(***) Buffon était arrivé à Montbard à la fin de mai.

qu'un sentiment, quand c'est votre nom qu'il prononce ou votre image qu'il a sous les yeux.

» Nous distinguons parfaitement ses jours de tranquillité, c'est quand nous jouissons plus longtemps, les après-dîners, du charme inaltérable de sa conversation. Sensible et bon comme la vertu, indulgent et simple comme le génie, il fait penser et parler tous ceux qui ont le bonheur de l'approcher, et la timidité la plus insurmontable est, en peu de jours, à son aise auprès de lui.

» Nous lisons souvent quelques morceaux de ses immortels ouvrages. Quel intérêt la présence de l'inventeur ajoute à ces nobles plaisirs! Nous venons de relire la première et la seconde vue de la nature... Cet homme divin jouit de nos plaisirs et nous jouissons de sa gloire; il ne déguise point la prédilection qu'il a pour ses ouvrages; paternité sublime et franche! Ah! qu'il est doux, qu'il est beau d'aimer ses enfants quand ils ont fait l'amour du monde...

» Je vous ai dit, madame, les peines et les plaisirs de M. le comte de Buffon; il me reste à vous parler d'une inquiétude de son âme. Je sais ce qu'il vous écrivit à la retraite de M. Necker; on peut l'appliquer à sa situation qui ne lui permet plus le travail. C'est un héros que le repos fatigue. Au milieu de sa gloire, il croit n'avoir pas assez fait pour les connaissances humaines... Ce génie qui n'eut point d'enfance n'a pas de vieillesse; pourquoi faut-il qu'il n'ait que ces rapports avec la nature et qu'il ne soit pas éternel et impassible comme elle!... Daignez me permettre de vous donner dans la suite exactement de ses nouvelles. »

Il écrit de nouveau le 31 juillet : « L'intéressante et malheureuse M^{lle} Blesseau est hors d'état de répondre à la lettre dont vous l'avez honorée. Elle a soutenu un assaut terrible, mais qui ne nous laisse heureusement plus d'alarmes pour sa vie. On vous avait peut-être parlé de ses souffrances et surtout de sa faiblesse; un vomissement de sang considérable a achevé de l'exténuer. Je ne prends la liberté, madame, de vous parler si longuement d'elle que parce que je suis très persuadé du prix que vous mettez à ses excellentes et rares qualités... On n'entend pas sans attendrissement cette aimable personne se plaindre d'être dans l'impossibilité de prodiguer ses services au grand homme qu'elle sert et qu'elle aime de toutes les facultés de son âme. Elle voit, elle sent qu'il n'est pas exempt lui-même de douleurs et d'insomnies, et voilà le plus grand tourment qu'elle éprouve dans la situation où son accident l'a réduite (*).

» Oui, madame, la Nature qu'il a rendue si belle ne veut pas rendre M. de Buffon mieux portant; je me trompe, je veux dire moins souffrant, car son estomac est toujours bon, sa constitution toujours forte et si elle reçoit quelque altération c'est par la seule influence d'un mal local... Les années ne sont pas sur son visage; je n'y lis jamais que la santé et le bonheur qu'il prodigue à ceux qui l'entourent.

» Ah! madame, si vous faisiez une apparition à Montbard que vous ajouteriez de sérénité et de charme à ce front auguste! Nous avons entretenu longtemps M. de Buffon de la douce espérance de vous y voir, d'après le désir que vous en avez montré dans une de vos éloquentes lettres. Nous nous félicitions tous d'avance des heureux effets de votre présence; n'abandonnez pas un projet dont la seule idée consolait ses maux...

» L'état de M. de Buffon n'est pas aussi inquiétant que vous semblez le croire ; nous ne craignons pas pour ses jours, nous n'avons même jamais eu ces alarmes désespérantes. Depuis qu'il a cessé tout remède, il jouit mieux de sa belle existence qui serait pleine et entière si le ciel n'avait voulu l'avertir ou plutôt nous montrer à nous-mêmes qu'il est homme en le faisant souffrir dans un point... Cette situation a ses moments de calme et ils sont fréquents. Dans les temps même de la crise, il peut être à la société dont il fait le charme et il en est à son tour distrait et consolé.

» J'ose le répéter, madame, il est guéri s'il a le bonheur de vous posséder à Montbard... Doublez l'enchantement en engageant M. Necker à vous accompagner. Vous craignez de lui présenter deux personnes à la fois; si cette raison est la seule qui mette obstacle au plaisir de M. de Buffon, elle doit disparaître et nous aurons le bonheur de vous voir le rendre deux fois heureux. Il souffre trop pour pouvoir s'occuper de ses travaux sublimes, il ne souffre pas assez pour ne pas recevoir les amis de son cœur, les dignes objets de son admiration. Ah! qu'il me serait doux d'avoir réussi à vous déterminer à ce voyage et à décider M. Necker à le faire avec vous. »

(*) Voir la notice de M^{lle} Blesseau, t. I^er, p. 239, note 3.

# LETTRE DCXVII

## AU MARQUIS DE CHASTELLUX (1).

Montbard, 10 juin 1786.

Je croirais sans peine, monsieur le marquis, que la vieillesse est le plus bel âge de la vie si les souffrances qui accompagnent la mienne étaient plus souvent adoucies par le souvenir de votre amitié.

Vous n'avez pas besoin de m'apprendre à distinguer l'hommage glorieux et touchant dont vous m'honorez des compliments ordinaires des gens du monde ; mais si le cœur ne se méprend jamais à l'expression d'un ami tendre il est difficile de se défendre d'un mouvement de vanité quand c'est cet ami qui nous loue et qui joint au discernement le plus fin la noblesse des expressions et l'élévation des idées.

J'ai parcouru votre ouvrage à la hâte (2), mon très illustre confrère (3), avec le projet de le relire attentivement bien pénétré du vif intérêt qu'il inspire.

Dès qu'on l'ouvre, on est avec vous, on est compagnon de votre voyage. Cette manière de raconter, ou pour mieux dire de conduire votre lecteur avec vous de journée en journée et de fixer son attention sur tout ce qui vous frappe, ne doit pas lui faire regretter de n'avoir vu que par vos yeux ce qu'il est si intéressant de voir soi-même : un peuple naissant, des mœurs nouvelles qu'il est impossible d'observer et de peindre mieux que vous.

Toutes vos réflexions sont judicieuses et profondes, tous vos aperçus étendus et délicats ; et le grand art des convenances, l'assortiment des couleurs et du ton qui conviennent à chaque objet, — mérite rare dans l'historien voyageur parce qu'il est rarement philosophe et peintre, — augmentent le charme de vos récits.

Je vais reprendre vos voyages (4), certain de vous renouveler mes remerciements après mes plaisirs.

(1) François-Jean, successivement chevalier, comte et marquis de Chastellux, de l'Académie française, ami et voisin de campagne de Buffon, plusieurs fois cité. (Voir sa notice, T. II, p. 245, note 1.)

(2) *Voyages de M. le marquis de Chastellux dans l'Amérique septentrionale, dans les années* 1780, 1781, 1782 (Paris, 1786, 2 vol. in-8°, traduits en anglais et en allemand).

(3) On rapporte que le marquis de Chastellux avait attaché plus d'importance à l'obtention du titre d'académicien qu'il ne l'eût fait pour le bâton de maréchal de France déjà une fois dans sa famille; aussi Buffon, à qui il était redevable de son élection, insiste-t-il délicatement sur un titre qu'il lui doit et qu'il porte avec lui.

(4) Le livre du marquis de Chastellux comprend : Voyage de Newport à Philadelphie, Albany, etc. ; — Voyage dans la haute Virginie, les Apalaches et au Pont-Naturel ; — Voyage dans le New-Hampshire et la haute Pensylvanie, avec des descriptions d'histoire naturelle.

Quand mes observations occupent votre pensée dans ces antiques déserts (1), l'attendrissement, la reconnaissance et l'émotion de l'amour-propre sont les seuls sentiments que j'éprouve. Douces récompenses de longs travaux !

Des suffrages tels que le vôtre dédommagent bien aisément de la foule des détracteurs, peuple ami des ténèbres, parce qu'il est incapable de porter la lumière !

Oui, mon cher et respectable ami, voilà la pauvre humanité ! Ce n'est pas que la vérité lui soit étrangère, mais on veut difficilement la reconnaître au moment où elle paraît. La médiocrité a quelque intérêt à l'obscurcir et à l'éteindre, et les hommes en général voudraient jouir d'une grande découverte sans en avoir l'obligation à personne. Il est naturel qu'ils soient plus familiarisés avec les toises de nos géomètres et les petits fourneaux de nos chimistes ; mais ces froids travailleurs disparaissent tôt ou tard sous les échafauds de la statue colossale dont vous faites une allusion qui me donnerait trop d'orgueil. Permettez-moi de m'en servir. Pour être juste, cette statue est la vérité ; les charpentes qui en cachent une partie sont un reste des ténèbres de l'ignorance ; elle ne force les hommages qu'en paraissant tout entière et en brillant de tout son éclat ; mais les hommes éclairés n'ont jamais eu besoin de cet appareil pour être justes. Voilà ce qui m'a fait aimer et distinguer en tous temps la sincérité de vos éloges. Oui, je serai fier toute ma vie des premiers sentiments, que j'ai eu le bonheur de vous inspirer. Pourrai-je oublier l'éloge sublime que vous avez eu la bonté de faire de moi dans votre livre sur la *Félicité* (2) ; c'est là que vous écrivez que j'ai créé l'Histoire naturelle et que j'ai su la faire aimer (3).

Je vous dirai, mon illustre ami, bien plus par équité que par gratitude, que personne ne sait mieux que vous attacher à son sujet ; il est impossible de ne pas aimer les pays et les peuples dont vous parlez en vous aimant

(1) Le passage auquel Buffon fait allusion est ainsi conçu :

« Ce désordre de la nature me rappela les leçons de celui qu'elle a choisi pour confident et interprète. L'image de M. de Buffon m'apparut dans ces antiques déserts ; il semblait être dans son propre domaine... Je conclus, ce que l'on ne croit pas assez en Europe, c'est que non seulement il parle bien, mais qu'il a toujours raison... J'aurai la satisfaction de confirmer, par des preuves sans réplique, ce que son génie lui avait déjà révélé ; heureux de trouver à la fois l'occasion de rendre un hommage particulier à l'homme le plus illustre de notre siècle, et celle de me glorifier de l'amitié qui nous lie, amitié déjà bien ancienne puisqu'elle date d'aussi loin que mon admiration pour ses immortels ouvrages. »

(2) Le *Traité de la Félicité publique*, en réponse aux *Entretiens de Phocion*, de l'abbé de Mably, publié en 1772, avec une deuxième édition en 1776, réimprimé en 1822 par les soins du comte Alfred de Chastellux, avec une notice sur l'auteur.

(3) Voici le passage tout entier :

« M. de Buffon a la gloire d'avoir créé parmi nous la science de l'histoire naturelle ; cette science est sortie de ses mains dans toute sa beauté, comme Minerve sortit de la tête de Jupiter. Il a su à la fois la connaître et la faire aimer. Jamais on n'a fait un plus bel emploi de l'éloquence : c'est Démosthène qui écrit les observations d'Aristote. »

encore plus vous-même. On s'arrête avec vous dans chaque hôtellerie ; j'ai regretté souvent que ce ne fût qu'une illusion, et de n'être qu'avec votre ouvrage, assez profond pour instruire. Quant au physique et au moral, il a toute la gaieté dont il est susceptible pour intéresser ceux qui n'y chercheront que l'amusement.

Voilà le résultat des idées qu'une première et rapide lecture a fait naître.

Je vais le reprendre pour être plus longtemps avec vous ; mais quelques nouveaux plaisirs que je vous doive, ils ne peuvent rien ajouter à ma reconnaissance éternelle et aux tendres respects avec lesquels j'ai l'honneur d'être, monsieur le marquis, votre très humble et très obéissant serviteur.

BUFFON.

(Ce qui suit est de la main du fils de Buffon.)

Vous mettez trop d'amabilité et de grâce dans vos comparaisons, monsieur le marquis, pour que je résiste au plaisir de vous en remercier.

Je ne ressemble nullement à l'Amour, et si vous me trouvez une sensibilité digne de lui, il n'y avait que la bonté du meilleur et du plus sublime des pères qui pût la développer dans son entier, car je lui porte toute tendresse. Je me rappelle que vous avez pris l'engagement avec moi de venir faire de jolies promenades à Montbard si vous traversiez notre Bourgogne ; oh ! oui, faites ce voyage, vous serez reçu avec joie et amitié. Papa et *sa petite Bourguignonne* (1) vous y invitent plus que jamais.

(Inédite. — Appartient au comte de Chastellux.)

(1) La jeune comtesse de Buffon en ce moment à Montbard avec sa mère et son mari, au sujet de laquelle M<sup>lle</sup> Blesseau écrivait de Paris, le 24 mars 1785, à M<sup>me</sup> Necker : « C'est une fort aimable jeune femme dont M. de Buffon, son papa, est de plus en plus content ; » et le chevalier Aude, dans sa lettre du 13 juin (*) : « Il y a encore un charme bien doux pour M. de Buffon dans son agréable retraite, c'est la présence de M<sup>me</sup> la comtesse de Buffon, si digne d'être aimée de son auguste papa par la tendresse qu'elle a pour lui et par la touchante et rare union des qualités du cœur et de l'esprit jointes à ce que la jeunesse et les grâces ont de plus séduisant et de plus doux. »

Elle avait déjà passé à Montbard l'automne de 1784, et Buffon écrivait le 20 septembre à M<sup>me</sup> Necker : « Je suis très content d'elle, et je l'aime déjà beaucoup. Elle n'a point d'airs et beaucoup de candeur ; sa mère lui a rendu les plus tendres soins, et j'ai vu peu de filles aimer autant leur mère. » Mais Buffon, qui n'a qu'un fils unique, laisse percer dans sa correspondance avec M<sup>me</sup> Necker, Guéneau de Montbeillard et sa femme, son impatience de voir sa belle-fille donner un héritier à son nom. Et il dit, dans sa lettre du 20 septembre : « Ma belle-fille, sans être grosse, a été fort incommodée de maux de tête et d'estomac ; » et à M<sup>me</sup> Guéneau de Montbeillard, le 7 novembre : « Ma petite belle-fille est toujours dans un état de langueur qui me fait peine, mais je ne crois pas qu'elle imite de sitôt les procédés de M<sup>me</sup> de Chazelles. » Et le 25 février 1785 à Montbeillard : « Mon fils se porte bien, mais sa jeune femme pas assez bien encore pour faire un enfant. »

Le comte de Buffon ayant quitté sa femme et son père pour regagner son régiment, il

(*) Publiée par le chevalier Aude, dans sa *Vie de Buffon*, sous la date du 6 octobre 1786, et dont il a retranché ce passage sans doute à cause des événements qui avaient, en 1787, séparé la comtesse de Buffon de son mari. (Voir p. 324.)

résulte d'une lettre de la marquise de Castera, du 20 juin 1786, qu'il y aurait déjà eu durant ce séjour à Montbard une première explication entre les époux : « Ma fille, qui m'écrit tous les courriers, me mande recevoir de vos nouvelles et vous écrire exactement : c'est beaucoup ; vous vous êtes séparés d'une manière si fâcheuse qu'elle pouvait faire croire que votre correspondance ne serait pas très suivie. Son beau-père la traite avec bonté et amitié et elle me paraît satisfaite de son séjour à Montbard. »

Elle lui écrit de nouveau le 7 juillet : « Votre père a donné à ma fille une fête charmante, il la comble d'amitiés et de bontés. Elle sera à Paris les premiers jours d'août. »

Buffon avait en effet donné le 1er juillet une fête d'adieu à sa belle-fille, dans ses somptueux jardins.

« La noblesse des environs et le peuple de Montbard, dit Humbert Bazile, y avaient été conviés. Les arbres, les boulingrins, les terrasses, ce modeste cabinet où M. de Buffon a écrit ses immortels ouvrages, étaient éclairés par des verres de couleur et des pots enflammés ; la montagne était en feu. Des salles de danse, des distributions de vin et de comestibles, des jeux de mâts de cocagne et d'équilibre donnaient au parc un aspect féerique. Dans les vastes salles des tours, et à l'abri de tentes dressées sous les grands arbres, des musiciens exécutaient des mélodies. Mme de Buffon parut tard ; elle était mise avec richesse et coiffée à la Titus. Bien que la fête fût pour elle, elle parut à peine s'en apercevoir, et, passant dédaigneuse et ennuyée dans les groupes de paysans accourus pour lui rendre hommage, elle rentra de bonne heure au château. Elle donnait le bras à Mme de Damas de Cormaillon, qui, du même âge qu'elle, était pour la beauté digne de lui être comparée ; mais sa grâce et ses heureux à-propos ne firent que mieux ressortir la froideur et la maussaderie de Mme de Buffon. »

A en croire la chronique du temps, le duc d'Orléans serait venu plusieurs fois à Montbard pendant ce séjour de trois mois de la comtesse de Buffon et de sa mère sous divers déguisements, notamment celui de postillon conduisant la chaise du duc de Fitz-James, et il est permis de supposer que l'attitude maussade et distraite de la jeune femme à la fête que lui donnait son beau-père avait peut-être pour motif la présence dans la coulisse du duc d'Orléans.

Ce n'était pas au surplus la première fois que Buffon donnait des fêtes en même temps aristocratiques et populaires dans ses vastes jardins, constamment ouverts au public lorsqu'il n'était pas à son cabinet de travail.

La plus ancienne dont on ait conservé le souvenir, et dont le *Mercure* a rendu compte par la plume de Daubenton, avait été célébrée le 12 août 1736, à l'occasion de la naissance de Louis-Joseph, prince de Condé.

« Il en reçut la nouvelle, dit le *Mercure*, dimanche dernier 12 août, à sept heures du matin, et l'attachement qu'il a pour la maison de Condé le porta aussitôt à marquer sa joie par tout ce qu'on pouvait imaginer de réjouissant dans une petite ville.

» Son premier mouvement fut de rendre public l'heureux événement ; il fit transporter les canons de la ville dans les jardins du château, et on en fit trois décharges, au bruit de plusieurs tambours et d'une grande mousqueterie qu'on avait assemblée, ce qui fut répété jusqu'à dix-huit fois dans toute la matinée. Ces salves parurent si extraordinaires dans tous les villages des environs, que la plupart des paysans vinrent à la ville, croyant que ce fût l'arrivée du prince ou la publication de la paix.

» Sur le midi il fit rassembler tous les instruments de la ville et des environs, qui dans ce pays, où le goût de la musique ne prévaudra jamais sur celui du vin, ne laissèrent pas cependant que de fournir trois troupes de plusieurs instruments chacune. On en plaça une partie au château, et le reste devant son habitation, qui est, comme vous le savez, dans l'endroit le plus apparent et le plus fréquenté de la ville, et tout le peuple s'y assembla pour danser en très grand nombre.

» A cinq heures, on disposa par une fenêtre, au haut de la grande porte, une fontaine de vin, et cet article ne fut ni le moins plaisant ni le moins goûté ; elle coula abondamment et sans discontinuer jusqu'à près de minuit, et le bon jus provoqua mainte fois les acclamations de : *Vive le Roi, Leurs Altesses Sérénissimes et le Prince nouveau-né !*

» Grand souper ensuite, où se trouva ce qu'il y avait de mieux à la ville. La compagnie était nombreuse ; aussi fallut-il plus d'une table. On y a bu en vrais Bourguignons.

» A l'entrée de la nuit, la maison fut illuminée sur toute sa façade avec tout ce qu'on put rassembler de torches, flambeaux, lampions, pots de goudron ; on employa jusqu'aux creusets du laboratoire. Après le souper, on fit devant la maison un essai du feu d'artifice. Sur le perron que vous connaissez, autour de la porte était une illumination singulière composée de soleils et de lances à feu. On tira ensuite des grenades et quelques fusées, et on jeta par les fenêtres partie des desserts au peuple, quantité de fruits qu'on avait rassemblés et une fournée entière d'échaudés. Les acclamations redoublèrent ; jugez aussi si l'on s'y battit ! Sur les dix heures, la compagnie monta au château. Elle était précédée de tous les instruments, et suivie de toute la ville en si grand nombre, qu'on eût grande peine à garantir les jardins de l'affluence. Le feu était disposé sur un belvédère que vous n'avez pas encore vu, mais que vous pouvez juger propre à la chose, puisqu'il est en vue de la ville et des beaux vallons dont vous avez paru si charmé. Là s'élevait encore une estrade qui soutenait en son milieu une haute pyramide, autour de laquelle était rangé tout l'artifice, que l'on avait préparé plusieurs semaines auparavant, dans l'attente de l'heureuse nouvelle. Il réussit si bien, que j'aurais grande envie de vous le décrire ; imaginez un grand nombre de longues et belles fusées, étoiles, aigrettes, grenades, soleils, lances et pots à feu, en un mot tout l'art que vous nous connaissez sur cet article. Il dura plus d'une heure, au bruit des canons et de la mousqueterie, au son de tous les instruments et d'un plus grand nombre d'échos, après quoi le bal et la collation terminèrent la fête, que l'on célébra encore le lendemain d'aussi bon cœur, mais un peu moins bruyamment. »

« Il est souvent arrivé à M. de Buffon, raconte de son côté le P. Ignace, de donner des réjouissances publiques. »

La plus mémorable est celle qui eut lieu à l'occasion de la convalescence de Louis XV.

Après s'être occupé lui-même de ce qui était de nature à réjouir les seigneurs des environs, ses invités, et les bourgeois de la ville, il s'était dit : « Voyons maintenant ce qu'on peut faire pour le peuple ? Car il ne faut pas seulement lui donner un spectacle des yeux. » Il fit alors acheter un bœuf gras, un veau de deux ans et un de six mois. Dans le corps du bœuf on mit le veau de deux ans, dans le veau de deux ans celui de six mois, dans le veau de six mois un mouton gras, dans le mouton gras un agneau, dans l'agneau une poule, et on fit rôtir le tout sur l'esplanade du château devant un grand feu qui se découvrait au loin. Il fit distribuer du pain à discrétion et six futailles de vin, et fit jeter des gâteaux et de l'argent par les fenêtres ; le lendemain, il répandit d'abondantes aumônes. »

La dernière fête donnée dans les jardins de Montbard a eu lieu le 8 octobre 1865, lors de l'inauguration de la statue de Buffon par une souscription nationale et des fontaines publiques dont le petit-neveu de Buffon, l'ingénieur Nadault de Buffon, a doté sa ville natale en refusant avec un noble désintéressement la juste rémunération de ses travaux.

# LETTRE DCXVIII

## AU CHEVALIER DE BRUN DE BEAUMES (1).

Montbard, le 28 juillet 1786.

J'ai reçu, monsieur, la lettre et les vers (2) que vous avez eu la complaisance de m'adresser ; on y remarque aisément votre goût pour les lettres et votre admiration pour les sciences. L'hommage dont vous m'honorez est beaucoup trop flatteur.

Mais en en retranchant ce que votre politesse exagère, j'y trouverai encore assez de charmes pour mon amour-propre et des droits suffisants à la reconnaissance que vous m'inspirez.

J'ai vu dans votre aimable lettre la candeur et l'exaltation d'une tête ardente et d'une âme sensible. Vos bonnes qualités, monsieur, me donnent peut-être le droit de vous faire une observation sur vos vers ; j'y trouve plus d'idées et de chaleur que d'élégance et de facilité. L'un vaut bien l'autre, me direz-vous ; mais c'est ce qu'il faut vous efforcer de réunir un jour. Je ne me permets cet avis que parce que vous me semblez pouvoir le mettre utilement en pratique.

Cette franchise vous est un garant des sentiments d'estime et de reconnaissance avec lesquels j'ai l'honneur d'être votre très humble serviteur.

LE Cᵗᵉ DE BUFFON.

(Inédite. — Société archéologique d'Avranches.)

—◇—

# LETTRE DCXIX

## A FAUJAS DE SAINT-FOND.

Montbard, ce 5 août 1786.

Je sens vivement, mon très cher monsieur, combien je vous dois de reconnaissance de toutes les peines que vous avez prises pour mener à une

---

(1) Jean, chevalier de Brun de Beaumes, officier au Royal-Roussillon, en garnison à Givet (Ardennes). Sans doute un camarade de régiment de son fils.
(2) Des vers en l'honneur de Buffon.

bonne fin cette ennuyeuse et dangereuse affaire des charbons (1). Je dis dangereuse, non seulement pour M. de La Chapelle, mais pour moi-même, et je suis persuadé qu'il est, comme moi, très reconnaissant de tout ce que vous avez fait. Il fallait, pour réussir, toute votre activité, votre droiture et vos lumières, et je suis persuadé que l'ami Bergon (2) aura concouru à faire avec vous quelque chose pour moi dans cette occasion. Je vous parle de lui, parce que c'est un homme que j'estime et dans lequel j'ai trouvé le double avantage d'un esprit net et d'un cœur droit.

M. de La Chapelle est aussi un de ces hommes dont on peut faire un ami. Je n'ai pas reçu de ses nouvelles depuis mon séjour à Montbard, ou plutôt il ne m'a rien écrit sur cette affaire des charbons, et je voudrais savoir s'il est content. Pour moi, je serai très satisfait si on me rend, comme vous me le faites espérer, les 12,000 livres que j'ai prêtées, sauf à perdre vingt-sept autres mille livres que j'avais fournies, comme intéressé dans cette affaire. Je sens que c'est à vous seul que j'en aurai l'obligation et je vous en remercie d'avance, en vous assurant du désir que j'ai depuis longtemps et que j'aurai toujours de faire quelque chose qui puisse vous être agréable ou utile. Je ne puis vous répondre positivement de ce qu'il serait possible de faire ; je m'en expliquerai avec vous à mon retour, et j'ai tout lieu de croire que je pourrai vous satisfaire, supposé que vous-même ne portiez pas trop haut vos espérances qu'il faut proportionner à ma quittance.

Ce sera vers la fin d'octobre ou au commencement de novembre que je retourne à Paris. Je compte que j'aurai l'honneur et le plaisir de vous y voir plus souvent que dans votre dernier séjour. Je serai très aise aussi de faire connaissance avec vos chers enfants (3). Je m'intéresse à tout ce qui vous touche, parce que je vous estime beaucoup et que je vous aime très sincèrement.

Le C<sup>te</sup> de Buffon.

Voudriez-vous, mon cher monsieur, me faire le plaisir de rendre un petit

(1) Ce que nous avons dit de la Société des charbons montre que Buffon se faisait illusion lorsqu'il remerciait Faujas « d'avoir mené à une bonne fin cette ennuyeuse et dangereuse affaire, » qui était loin d'être terminée. Voir notamment la lettre précédente au même du 18 janvier.

(2) Voir sa notice, t. II, p. 308, note 2.

(3) De son mariage avec Marie-Marguerite Richon Desmarets (*), Faujas de Saint-Fond avait eu quatre enfants, trois fils et une fille :

Alexandre-Balthazar Aymard de Faujas de Saint-Fond, né le 16 novembre 1773, mort en 1832, maréchal de camp en 1824, chevalier de Saint-Louis et de la Légion d'honneur, gouverneur de la Guadeloupe, correspondant de Buffon ;

Louis-Barthélemy et Claude Bernard, militaires, et Marie-Marguerite, artiste de mérite.

Le géologue avait deux sœurs et trois frères, tous trois militaires, un chevalier de Saint-Louis ; une branche de cette famille s'est établie à Florence.

(*) T. II, p. 197, note 2.

service à un homme auquel je m'intéresse et dont je vous envoie le mémoire ci-joint? Si j'étais à Paris, je prierais M. Bergon de s'y intéresser. L'objet est si petit et la demande si juste, que j'en espère le succès.

(Appartient à M. de Faujas de Saint-Fond.)

--◇--

# LETTRE DCXX

## A VERNIQUET (1).

Montbard, 18 septembre 1786.

Je vous remercie, monsieur, de la manière obligeante avec laquelle vous vous êtes prêté aux affaires de M^me Daubenton (2). J'adopte votre projet pour parvenir à lui faire avoir une pension sur la recette de Montbard; mais je désirerais que cette même recette fût au nom du sieur Guérard (3), auquel je prends le même intérêt. Il a d'ailleurs plus d'un titre pour y prétendre. Voici comment :

En 1783, il fut nommé à l'entrepôt de Semur en Auxois, et M^me Guérard, sa femme, qui est connue de madame votre épouse, eut l'honneur d'en faire ses remerciements à M. d'Ormesson, alors contrôleur général (4), qui furent très bien accueillis. Mais, malheureusement pour lui, vingt-quatre heures après, M. d'Ormesson donna sa démission de sa place, de sorte qu'il ne fut pas possible de rien obtenir pour le sieur Guérard. M. de Tolozan et M. Daubenton, oncle du sieur Guérard, se réunirent à moi pour solliciter de nouveau, et vous trouverez ci-joint, monsieur, une copie de la lettre de M. de Colonia (5) à M. de Tolozan qui est satisfaisante.

A la mort de M. Daubenton, receveur des gabelles à Montbard, nous demandâmes sa place pour le sieur Guérard, qui consentait à donner une pension à la veuve; elle fut refusée par la raison que cette place était de la

---

(1) Architecte du Jardin du Roi, précédemment nommé. (Tome II, page 36, note 2.)

(2) Buffon, qui avait généreusement libéré M^me Daubenton et sa fille d'une créance de 2,700 livres contre la succession de Georges-Louis Daubenton leur mari et père, témoigne une fois de plus de la bonté de son cœur par le zèle avec lequel il ne cessera pas de s'occuper de leurs affaires jusqu'à ce qu'il ait assuré leur sort.

(3) Frère du notaire de Buffon à Montbard.

(4) Louis-François de Paule Lefèvre d'Ormesson, contrôleur général en 1783, précédemment nommé. (P. 217, note 1.)

(5) François de Colonia, alors premier commis au contrôle général des finances, conseiller d'État, écrivait à M. de Tolozan le 31 mars 1784 : « L'intérêt que vous accordez au sieur Guérard et les égards que mérite M. Daubenton dont il est le neveu me font désirer de pouvoir contribuer au succès de sa demande. »

classe des retraites; mais on promit qu'à la première occasion, on ferait passer celui qui y est nommé à une autre, sauf à affecter cette dernière place aux retraites par remplacement de la recette de Montbard. Vous pourrez le voir par la copie d'une seconde lettre de M. de Colonia adressée à M. Daubenton *le 3 juin 1785* (1). Il y a plus, c'est qu'il m'a été assuré que cet arrangement était arrêté au bureau des fermes, le tout en date du 12 juin 1785.

Voilà des raisons très valables, monsieur, pour présenter le sieur Guérard au lieu de M. Ferré; je désirerais de tout mon cœur qu'elles fussent adoptées pour le bien de M<sup>me</sup> Daubenton et du sieur Guérard auquel je m'intéresse également; et vous m'obligerez infiniment si vous voulez bien vous y prêter.

Mais quel que soit l'événement de cette négociation, je n'en serai pas moins reconnaissant du zèle très obligeant que vous avez la bonté de mettre dans cette affaire à ma recommandation. Je vous prie seulement, monsieur, que le tout soit secret entre nous.

Mes honneurs bien sincères à M<sup>me</sup> de La Grange (2) et à ses parents. Je compte retourner à Paris sur la fin du mois prochain, et vous renouveler à tous les sentiments du sincère et respectueux attachement avec lequel j'ai l'honneur d'être, monsieur, votre très humble et très obéissant serviteur.

Le C<sup>te</sup> DE BUFFON.

(Inédite. — Communiquée par M. A. Sébille.)

(1) On lit dans la seconde lettre de M. de Colonia à Daubenton : « J'ai été bien charmé, monsieur, de pouvoir contribuer à vous procurer cette marque des égards dus à votre mérite personnel et aux services que vous rendez au gouvernement. »

(2) Edme Verniquet avait épousé, en 1763, Marie Lambert, sa parente, dont il a eu trois enfants. Un seul avait survécu, Marie-Madeleine Verniquet, née en 1765, morte en 1853; mariée en 1785 à Emmanuel Gaudin de La Grange, directeur général des fermes, divorcée et remariée le 9 vendémiaire an III à Gentil de Chavagnac, homme de lettres, collaborateur de Désaugiers. Verniquet avait donné en dot à sa fille 300,000 livres, et il résulte d'une lettre de Buffon à la comtesse de Brionne que la fortune de Verniquet pouvait s'élever à cette date à 750,000 livres. M<sup>me</sup> de Chavagnac est morte à quatre-vingt-huit ans, dans sa jolie terre de Prangins, sur le lac de Genève, achetée en 1827 du roi Joseph, et dont le prince Napoléon a racheté une partie.

# LETTRE DCXXI

## AU PRÉSIDENT DE RUFFEY.

Montbard, le 23 septembre 1786.

Vous m'avez fait un sensible plaisir, mon cher et ancien ami, de me donner des nouvelles de votre santé. Je suis bien aise qu'elle se soutienne mieux que la mienne, dont le mauvais état m'a empêché de vous répondre promptement.

Mais combien ce que vous me dites de l'Académie me chagrine! Qu'il est fâcheux de voir une telle scission dans une société qui ne peut remplir le but de son institution que par l'union de ses membres, et qui périra nécessairement si la communion fraternelle qui doit régner entre eux est rompue!

M. de Morveau (1) peut avoir quelques torts; mais n'y aurait-il pas contre lui une animosité un peu trop grande de la part de l'Académie? Ne mettrait-on pas un peu trop de chaleur dans tout ce qui le concerne? Je crois, par exemple, que le logement qu'il réclame lui est dû (2). Dans toutes les Académies, le secrétaire est logé, et il se sert ou dispose à son gré de l'appartement qui lui est destiné. Pourquoi l'Académie de Dijon aurait-elle un usage contraire à celui de toutes les autres?

Je crois encore que M. de Morveau, beaucoup plus connu que M. Caillet (3), qui peut avoir du mérite, mais dont j'ignorais le nom, avait plus de droits que lui à la place de secrétaire (4).

Quant aux quatre mille livres dont vous parlez, il faut savoir de quelle

(1) Le chimiste Guyton de Morveau, plusieurs fois nommé. (Notice t. I<sup>er</sup>, note 1.)

(2) Le D<sup>r</sup> Maret, secrétaire perpétuel de l'Académie de Dijon pendant vingt ans, mort le 11 juin 1785, n'était pas encore remplacé. Guyton de Morveau était sur les rangs; mais on lui trouvait des prétentions trop élevées, particulièrement pour le logement et le chiffre de l'indemnité.

(3) Jacques Caillet, professeur de poésie au collège des Godrans, membre de l'Académie de Dijon depuis le 15 février 1781.

(4) Guyton de Morveau et Caillet étaient les deux candidats entre lesquels se partageaient les suffrages; mais, afin d'éviter de nouveaux désaccords, on nomma deux secrétaires perpétuels, Jacques Caillet pour les belles-lettres, et Pierre Jacotot, professeur de philosophie au collège des Godrans, pour les sciences.

Pierre Jacotot, né en 1755, mort en 1821, bibliothécaire de l'École polytechnique en 1792, proviseur du lycée de Dijon en 1809 et recteur de l'Académie qu'il a dotée d'un cabinet de physique et de chimie et d'un observatoire. On a de lui des écrits estimés et un *Cours de physique expérimentale* et de *chimie* (1801).

Guyton de Morveau eut, comme compensation du titre de secrétaire perpétuel, celui de chancelier de l'Académie.

manière elles ont été données par les états (1) afin de se conformer aux vœux des donateurs.

Je ne peux donc rien prononcer là-dessus, parce que j'ignore la forme de la donation.

Au reste, mon cher et ancien ami, vous qui prenez à cœur les intérêts de l'Académie, je vous invite de tout mon pouvoir à rétablir autant qu'il sera en vous la paix dans cette compagnie. Ce sera le meilleur usage que vous puissiez faire de l'influence que vous devez nécessairement y avoir.

Votre santé d'ailleurs en ira mieux, et cette seconde circonstance est le premier motif du conseil que je vous donne.

Adieu, mon cher et ancien ami (2), je vous remercie de toutes les pièces de vers que vous m'avez envoyées, et je vous embrasse de tout mon cœur comme je vous aime.

Le C<sup>te</sup> DE BUFFON.

(Appartient au comte de Vesvrotte.)

⸻◇⸻

# LETTRE DCXXII

## A ANDRÉ THOUIN.

Montbard, le 18 octobre 1786.

Vous avez très bien fait, à votre ordinaire, mon cher monsieur Thouin, en donnant à M<sup>me</sup> de Matignon (3) les arbustes et les plantes pour la serre chaude de M. le baron de Breteuil, et je suis persuadé qu'ils seront fort aises d'avoir été servis aussi promptement.

Je donnerai volontiers à M. Leblond (4) des lettres de correspondant,

(1) Presque à chacune de leurs sessions, les états accordaient une subvention à l'Académie. Celle de 1774 avait servi à la création d'un cours public et gratuit de chimie et de minéralogie et à l'entretien d'un laboratoire de matière médicale. Guyton de Morveau, alors avocat général au Parlement, en avait été nommé professeur et l'avait inauguré le 28 avril 1776.

(2) Cette lettre est la dernière que nous connaissions de Buffon à son vieil ami d'enfance le président de Ruffey, alors que ce recueil commence par une lettre au même de Buffon à 22 ans. Cette amitié de cinquante-sept années, attestée par près de 100 lettres, et qui ne s'est ni détendue ni démentie un seul jour, est une nouvelle preuve de l'invariable fidélité de Buffon à ses amitiés de jeunesse.

(3) M<sup>me</sup> de Matignon, fille du baron de Breteuil, veuve du dernier descendant mâle des maréchaux de Goyon de Matignon, comte de Gacé, mort à Naples en 1773. La branche des Matignon ducs de Valentinois subsiste.

(4) Jean-Baptiste Leblond, naturaliste-voyageur, né le 2 décembre 1747, mort le 15 août 1815, n'avait que vingt et un ans lorsqu'il commença ... voyages; il a exploré l'Orénoque, Cayenne, la Guyane française, la Nouvelle-Grenade et le Pérou, et a écrit : *Observations sur la fièvre jaune* (1805), *Voyages aux Antilles et dans l'Amérique méridionale* (1813), *Descrip-*

lorsque je serai de retour à Paris (1). Vous pouvez, en attendant, lui remettre la liste des plantes et graines que vous désirez qu'il nous envoie pour le Jardin.

Il ne faut pas négliger non plus l'affaire de M. Lhéritier (2), afin que le ministre d'Espagne n'ait plus aucune plainte à faire.

Le sieur Régnier désirerait savoir dans quel temps il serait nécessaire

*tion de la Guyane française* (1814). Commissaire du Roi aux colonies, il avait formé une riche collection qu'il a généreusement remise au Muséum.

J.-B. Leblond est le dernier correspondant du Jardin du Roi dont Buffon parle dans sa correspondance. Le D$^r$ Arthur, conseiller et médecin du Roi à Cayenne, cité dans ce recueil en 1742, 1747 et 1751 (t. I$^{er}$, pages 47, 50 et 75), un des premiers correspondants de Buffon, a, comme Leblond et près d'un demi-siècle avant lui, étudié la Guyane française, dont il se proposait d'écrire l'histoire et sur laquelle il a laissé neuf volumes de documents conservés à la Bibliothèque nationale. Il avait fondé, près de Cayenne, une plantation cultivée par trente noirs, et il s'y occupait d'acclimatation et de naturalisation sous la direction de Buffon.

Leblond et le D$^r$ Arthur figurent au nombre des savants qui ont servi la science, mais que l'histoire a récompensés par l'oubli.

(1) Le retour de Buffon à Paris fut encore retardé par la maladie.

Il écrivait trois semaines auparavant, le 23 septembre, au président de Ruffey : « Je suis bien aise que votre santé se soutienne mieux que la mienne, dont le mauvais état m'a empêché de vous répondre promptement. » Et M$^{me}$ Necker répondait le 4 novembre aux lettres du chevalier Aude des 13 juin et 31 juillet : « ...Mes alarmes ont redoublé depuis quelques jours. On m'avait annoncé le retour de M. de Buffon pour la fin du mois; mais je n'ai plus reçu de ses nouvelles, et, après avoir vainement envoyé au Jardin du Roi, on vient enfin de me dire qu'un nouvel accident n'a pas permis à M. de Buffon de se mettre en route... Je me rappelle ce temps heureux où M. de Buffon me présentait sans cesse son âme paisible en parfaite harmonie avec son corps, comme son génie avec sa vertu, et je le compare à ce combat douloureux qu'il soutient aujourd'hui, combat dont il sort plus sublime aux yeux du spectateur étranger, mais dans un état qui déchire le cœur sensible de ses amis... L'image de ce grand homme dans la souffrance se place au-devant de toutes mes pensées, et, quand je prends la plume, elle fixe seule mes regards, comme un spectre qui remplit tout l'espace et qui couvre jusqu'à mon papier. » (Publiée par le chevalier Aude dans la *Vie privée du comte de Buffon*, p. 24.)

(2) Dombey avait, l'année précédente, confié au botaniste Lhéritier sa riche collection d'histoire naturelle rapportée du Pérou. Esclave de sa parole, il n'avait rien voulu publier avant le retour des naturalistes espagnols, ses compagnons de voyage, et il en attendait l'avis pour remettre sa collection au Jardin du Roi ; mais le ministre d'Espagne, avisé que Lhéritier préparait secrètement la publication de la partie botanique du voyage de Dombey, s'en plaignit au baron de Breteuil, qui, pour mettre fin à l'incident, invita Buffon à exiger la remise des collections de Dombey. A cette nouvelle, Lhéritier les emballa de nuit et les emporta à Londres où il fit venir le peintre de fleurs Redouté, et s'entoura de dessinateurs et de graveurs, et travailla quinze mois à la *Flore du Pérou*, que ni Dombey ni lui ne devaient cependant voir paraître. En effet, Dombey était mort misérablement huit années auparavant dans les prisons du Montserrat, et Charles-Louis Lhéritier de Brutelle, né en 1746, et qui, avant d'être botaniste, avait débuté par un office de procureur du Roi à la maîtrise des eaux et forêts et une charge de conseiller à la Cour des aides en 1775, mourut à son tour en 1800, frappé d'un coup de sabre à la porte de sa maison par un meurtrier inconnu. Parmi les ouvrages de Lhéritier, tous écrits en latin, se trouve la *Flore de la place Vendôme*, donnant le catalogue des fleurs, herbes et plantes qu'il y avait observées en entrant et en sortant de son bureau. Sa bibliothèque botanique était la plus riche connue avec celle de Bancks; membre de l'Académie des sciences et de l'Institut, Cuvier a prononcé son éloge. (Voir pages 302 et 308, notes 1 et 2.)

d'aller à Paris pour placer sa mécanique (1). Mais comme elle est entièrement achevée, nous pourrions peut-être le dispenser de ce voyage; c'est l'avis de M. Verniquet, et j'attendrai le vôtre avant de rien faire dire au sieur Régnier, qui serait bien aise de jouir de la petite gloire de son ouvrage.

Adieu, mon très cher monsieur Thouin, c'est toujours avec une égale satisfaction que je vous renouvelle les sentiments de mon estime et de mon attachement.

Le C<sup>te</sup> DE BUFFON.

(Bibliothèque du Muséum.)

—◇—

# LETTRE DCXXIII

### A FAUJAS DE SAINT-FOND.

Au Jardin du Roi, le 17 janvier 1787.

Arrivez, mon cher monsieur, du moins aussitôt que les belles oranges, que je ne veux savourer qu'avec vous; arrivez, pour vous rapprocher de moi (2), et parce que votre affaire, dont j'ai déjà parlé, exige votre présence, et qu'elle ne peut se terminer sans prendre langue avec vous (3). Ne tardez donc pas, je vous en prie, et soyez bien persuadé de tous les sentiments d'estime et du véritable attachement avec lesquels j'ai l'honneur d'être, monsieur, votre très humble et très obéissant serviteur.

Le C<sup>te</sup> DE BUFFON.

(Inédite. — Communiquée par M. de Faujas de Saint-Fond.)

(1) Edme Régnier, né à Semur, inventeur du dynamomètre, du méridien sonnant, etc., premier conservateur du Musée d'artillerie, précédemment nommé (page 196, note 2). La machine qu'il avait inventée consistait dans un système aussi ingénieux que commode pour alimenter les réservoirs et bassins du Jardin du Roi.

(2) Ce rapprochement était depuis longtemps désiré par Faujas, qui avait voué un attachement et un dévouement sans bornes à Buffon, et par Buffon, qui appréciait chaque jour davantage les qualités solides et sérieuses du savant avec qui il était en rapport depuis 1777. A compter de ce jour, Faujas ne quittera plus le Jardin du Roi, où il deviendra un des familiers de Buffon, possédant toute sa confiance, et nous le verrons bientôt mêlé au drame domestique qui attristera les dernières années de Buffon, et chargé par lui, à la veille de sa mort, de la négociation déliate pour obtenir que sa survivance soit rendue à son fils.

(3) La nomination de Faujas de Saint-Fond comme adjoint au Cabinet du Roi, attaché à la correspondance, dont le développement considérable justifiait la création de cet emploi. Buffon, qui lui écrivait le 16 août 1785 : « S'il se présentait une place qui pût nous rapprocher, je ne souffrirais pas que ce fût sans émoluments, » y avait attaché des appointements de 6,000 livres.

# LETTRE DCXXIV

## A MONSIEUR GUÉRARD.

Au Jardin du Roi, ce 17 janvier 1787.

Je reçois votre lettre, monsieur, en date du 12 de ce mois et j'approuve la vente que vous avez faite des 1,523 queues de mines lavées et non lavées déposées dans ma grande forge et pour le prix desquelles vous m'avez envoyé les deux traites de M. Rigoley à mon ordre; ainsi je regarde cette affaire comme consommée, en recommandant seulement que les voituriers de M. Rigoley n'enlèvent rien autre chose que de la mine dans ma forge.

M^me Guéneau de Montbeillard doit, monsieur, vous avoir fait remettre dès le 15 de ce mois 2,600 livres à compte d'un remboursement qu'elle me fait, et je crois qu'elle vous aura fait remettre en même temps les intérêts de cette somme de 2,600 livres depuis le jour que je la lui ai prêtée; vous voudrez bien garder cet argent de M^me Guéneau, et, comme j'aurai à payer dans le mois prochain une somme de 10,000 livres en plus pour les bois que j'ai achetés de la succession Jobert, je compte d'abord employer à ce payement l'argent qu'a dû vous remettre M^me Guéneau, et vous pourrez prendre auprès de M. Salga tout le surplus de l'argent nécessaire, lorsqu'il faudra payer le prix de cette acquisition.

Il faut aussi que vous ayez la bonté de payer 150 livres le 9 février prochain à M^lle de Ciel pour une année de sa rente viagère qui échoit ledit jour 9 février, et dont vous m'enverrez la quittance. Vous avez bien fait, monsieur, de prévenir M. Guiot qu'ayant déposé l'argent dès le jour de la passation du contrat, je ne prétendais pas payer d'intérêts de cette somme de 1,000 livres, qu'il n'a tenu et qu'il ne tient encore qu'à M^mes de Coraill de recevoir, en donnant quittance, et vous ferez alors le bail de la maison, comme j'en suis convenu.

On vient d'apporter le chevreuil que vous m'avez envoyé par la diligence (1); il ne pèse tout emballé de sa paille que 21 livres et néanmoins il est porté sur la feuille de la diligence, pour 9 liv. 8 s. de port, tandis que dans le vrai la diligence ne doit faire payer que 3 ou 4 s. la livre tout au plus. Il faudra donc dans la suite prendre la précaution de faire peser le gibier à Montbard

---

(1) On a plusieurs fois parlé, au cours des notes de cette correspondance, de la renommée des chevreuils de Montbard, assez grande pour que Buffon en envoyât à Louis XV. Il en élevait en liberté dans ses jardins.

avant de le mettre à la diligence afin qu'ils ne le surtaxent pas, car le port de ce chevreuil revient à plus de 9 s. la livre (1).

Je suis, monsieur, avec le plus sincère attachement, votre très humble et très obéissant serviteur.

Le C<sup>te</sup> DE BUFFON.

(Inédite. — Collection Nadault de Buffon.)

—◇—

# LETTRE DCXXV

## A LA COMTESSE DE GENLIS (2).

Au Jardin du Roy, le 21 mars 1787.

Ma noble fille, je viens de lire votre nouvel ouvrage (3) avec tout l'empressement de l'amitié et cette curiosité qui se renouvelle à chaque article d'un livre fait de main de maître.

(1) Buffon administrait son ménage comme ses affaires et celles du Roi.

(2( La comtesse de Genlis, précédemment nommée (*), portait à cette date le nom de marquise de Sillery. Elle venait de mettre en musique l'ode de Lebrun et l'avait chantée en s'accompagnant de la harpe devant Buffon, qui n'avait pu retenir ses larmes.

(3) *La Religion considérée comme l'unique base du bonheur et de la véritable philosophie*, pour servir à l'éducation des enfants de S. A. R. M<sup>gr</sup> le duc d'Orléans, ouvrage dans lequel on expose et où on refute les principes des philosophes modernes, par M<sup>me</sup> la marquise de Sillery, ci-devant M<sup>me</sup> la comtesse de Genlis, 1 vol. in-8°, 1787; 2<sup>e</sup> édition, même année, suivi des *Preuves de la religion ou pièces tirées de l'Ecriture sainte*, imprimées la même année à Genève. M<sup>me</sup> de Genlis a aussi publié la même année un *Livre d'heures*.

« Le bon roi David, écrit Grimm, avait commmencé par jouer de la harpe; il finit par être un héros et qui plus est un prophète. M<sup>me</sup> la marquise de Sillery a débuté dans le monde comme le Prophète-Roi. Eh bien, serait-ce une raison pour ne pas lui pardonner aujourd'hui d'aspirer au titre glorieux de *mère de l'Église*. »

« On parle beaucoup, rapportent les *Mémoires de Bachaumont*, d'une lettre du comte de Buffon à M<sup>me</sup> la marquise de Sillery, sans doute à l'occasion du nouvel ouvrage qu'elle vient de publier. Il paraît que cette lettre, imprimée à l'imprimerie polytype, a couru, ce qui a fâché M<sup>me</sup> de Sillery qui s'en est plainte et a adressé de vifs reproches au sieur Hoffmann, directeur de cette imprimerie. On ne peut éclaircir l'anecdote qu'après avoir lu la lettre qui cause tant de tracasseries et de rumeurs. » (24 avril 1787.)

La lettre de Buffon à M<sup>me</sup> de Genlis fit en effet beaucoup de bruit, et Rivarol la chansonna dans une parodie du *Songe d'Athalie*, signée de Champcenetz, attribuée à Grimod de La Reynière et dédiée au marquis du Crest, frère de M<sup>me</sup> de Genlis, chancelier du duc d'Orléans.

« La mode des satires et des libelles, dit La Harpe, se soutient toujours parce que tout le monde veut avoir de l'esprit et que c'est la façon la plus aisée de s'en passer en le remplaçant par la méchanceté. M. de Champcenetz, qui a déjà été enfermé deux ou trois fois pour sa mauvaise conduite et ses pamphlets satiriques, n'a pas été dégoûté de ce noble métier par les punitions qu'il lui a attirées. Il a répandu un petit écrit qui contient une parodie du *Songe d'Athalie* avec des notes. Cette parodie, insipide et grossière, est en partie contre M<sup>me</sup> de Sillery et contre M. de Buffon. Les honnêtes gens ont été indignés de voir outrager

(*) T. I<sup>er</sup>, p. 308, note 3, et t. II, p. 1.

Prédicateur aussi persuasif qu'éloquent (1), lorsque vous présentez la Religion et toutes les vertus avec le style de Fénelon et la majesté des livres inspirés par Dieu même, vous êtes un ange de lumière ; et lorsque vous descendez aux choses du monde, vous êtes la première des femmes et la plus aimable des philosophes.

J'ai lu avec attendrissement les éloges dont vous me comblez, et j'accepte avec bien de la reconnaissance cette place que vous avez créée pour moi seul (2). Mais j'en rends l'hommage tout entier à cette amitié qui fait ma gloire et le désespoir de mes rivaux.

un vieillard octogénaire, un homme qui fait l'honneur de la Nation et qui, dans ce moment, lutte contre la mort.

« C'est le comble de l'infamie ! »

> C'était dans le repos du travail et de la nuit,
> L'image de Buffon devant moi s'est montrée
> Comme au Jardin du Roi pompeusement parée.
> Ses erreurs n'avaient point abattu sa fierté :
> Même il usait encore de ce style apprêté
> Dont il eut soin de peindre et d'orner son ouvrage
> Pour éviter des ans l'inévitable outrage.
> Tremble, ma noble fille et trop digne de moi ;
> Le parti de Voltaire a prévalu sur toi ;
> Je te plains de tomber dans ses mains redoutables,
> Ma fille !... En achevant ces mots épouvantables,
> L'histoire naturelle a paru se baisser,
> Et moi je lui tendais les mains pour la presser.
> Mais je n'ai plus trouvé qu'un horrible mélange
> De quadrupèdes morts et traînés dans la fange,
> De reptiles, d'oiseaux et d'insectes affreux
> Que Bexon et Guéneau se disputaient entre eux

Nous avons publié, p. 560, t. II de la 1re édition de la *Correspondance*, la mordante réponse de Rulhières.

« Rivarol, dit M. de Lescure dans l'étude qu'il lui a consacrée, ne pardonnait pas à Buffon son crédit dans deux salons avec lesquels il était en guerre, le salon de Saint-Ouen et celui du Palais-Royal... C'est ainsi que Buffon expia le double tort qu'il s'était donné aux yeux de Rivarol, en écrivant à Mme de Genlis sur son ouvrage de réaction religieuse, cette lettre du 21 mai 1787... et cette autre lettre, la dernière qu'il ait écrite, adressée à Mme Necker quatre jours avant sa mort. »

(1) Mme de Genlis ayant dit dans un de ses livres : « J'ai soixante ans et je suis *homme de lettres*, » le journaliste Hoffmann, ancien directeur de l'imprimerie polytype, le spirituel auteur des *Rendez-vous bourgeois*, soutint dans le *Journal des Débats* que Mme de Genlis était bien réellement un homme. « En 1782, dit-il, Mme de Genlis fut nommée non pas gouvernante, mais gouverneur d'un prince ; le père, qui lui donna ce titre mâle, s'y connaissait bien et il aurait bien dû se laisser gouverner lui-même par cet aimable pédagogue. » Si on veut une autre preuve, l'illustre Buffon écrivait à la prétendue Mme de Genlis, le 21 mars 1787 : « *Prédicateur* aussi persuasif qu'éloquent. » Un sexe avoué par *l'homme de lettres*, confirmé par un prince et vérifié par un naturaliste, ne peut être contesté. »

(2) La Harpe reproche à Mme de Genlis son admiration exaltée pour Buffon : « Il ne faut pas l'en croire, dit-il, dans ses jugements littéraires toujours dictés par la passion et l'esprit de parti. Et certes personne ne croira sur sa parole que M. de Buffon, dont le défaut est précisément d'avoir un style trop uniforme, soit beaucoup plus varié que Voltaire... Tout ce qu'elle nous apprend, c'est qu'elle n'aime pas du tout Voltaire et qu'elle aime beaucoup M. de Buffon. »

Lorsque vous avez peint certains prétendus philosophes (1), vous n'avez pas échappé un seul des traits qui les caractérisent; vous avez joint la finesse des couleurs à la vigueur du pinceau, et vous avez mis dans l'ombre tout ce qui doit y être.

Voilà, mon adorable et noble fille (2), ce que je pense de votre ouvrage.

Je vous en félicite avec cette sincérité et cette tendre et respectueuse affection que je vous ai vouées pour la vie.

Le C<sup>te</sup> DE BUFFON.

(Publiée par Grimm.)

—◇—

# LETTRE DCXXVI

### A M. LAMBERT (3).

Au Jardin du Roi, 10 mai 1787.

M. de Buffon a reçu la lettre (4) que M. Lambert lui a fait l'honneur de

(1) L'ouvrage de M<sup>me</sup> de Genlis est une attaque violente contre Voltaire, les philosophes, l'*Encyclopédie* et Condorcet qui s'en montra très affecté, et une critique directe et personnelle de plusieurs écrivains dont elle ne ménage ni le caractère ni les écrits.

(2) M<sup>me</sup> de Genlis ayant appelé Buffon *son père* après que le prince Henri de Prusse lui eut donné ce nom, Buffon par un juste retour la nommait sa fille, titre qu'elle rappelle d'une manière touchante dans un billet écrit à son fils le 16 avril 1788, cité avec d'autres de la même dans les notes de la première édition de la *Correspondance*, t. II, p. 346 :

« Souffrez, monsieur, que mes regrets et mes pleurs se mêlent aux vôtres. Celle que ce grand homme honora du nom de sa fille, et qui a pour vous l'attachement d'une sœur, a le droit de pleurer avec vous. Quand vous le pourrez, venez me voir un moment, mandez-moi le jour et l'heure, je serai seule. Vous trouverez un cœur aussi profondément touché que le vôtre. Nous parlerons de vos affaires. Peut-être, par M<sup>me</sup> de Montesson, ma tante, pourrais-je ne vous y être pas inutile. »

Dans un autre billet, elle ajoute : « Qu'elle le prie de compter à jamais sur elle comme sur la sœur la plus tendre, et qui partage du fond de l'âme tous ses intérêts. »

(3) Charles-Guillaume Lambert, conseiller honoraire au Parlement de Paris, maître des requêtes, un instant contrôleur général des finances cette même année, déjà cité avec Turgot dans une lettre du 3 juin 1780 à M<sup>me</sup> Necker, où Buffon se plaint de ses procédés. (T. II, p. 18, note 2.)

(4) Buffon répondait à une lettre de M. Lambert du 5 mai :

« Monsieur, dans une lettre à la marquise de Sillery, vous dites, en parlant des philosophes : « Vous n'avez pas *échappé* un seul des traits qui les caractérisent. »

« Plusieurs gens de lettres prétendent que le mot *échappé* n'est pas correct, parce que, suivant l'Académie, ce verbe est neutre, et qu'il ne régit l'accusatif que lorsqu'il signifie *éviter*.

« J'ai soutenu et parié le contraire, non seulement sur votre autorité, mais encore parce que j'imagine qu'*échapper* peut se prendre quelquefois pour *manquer*, *oublier*, qui sont également des verbes actifs. Cependant, étant convenu de nous en rapporter à la décision de M. de Wailly, grammairien, j'ai perdu et payé, et j'ose interrompre un temps précieux pour lui écrire. Il convient qu'il n'a jamais étudié la grammaire (1); mais il pense qu'un verbe neutre peut quelquefois devenir actif, surtout quand il sert à bien exprimer une pensée.

Il est vrai que cela n'est pas du ressort de la grammaire, qui ne s'est jamais occupée que des mots, comme on le voit par une infinité de livres qui n'expriment rien, quoique très correctement écrits.

M. de Buffon remercie M. Lambert de toutes les honnêtetés qu'il veut bien lui dire à ce sujet, et il l'invite à ne plus parier sur sa parole, parce qu'il est toujours dangereux de plaider devant des juges pour qui la forme est tout, et le fond très peu de chose (2).

Le C<sup>te</sup> de Buffon.

(Tirée d'une brochure ayant pour titre : *Le comte de Buffon*, publiée sans nom d'auteur à Amsterdam, en 1788, in-8° de 185 pages.)

vous prier de me dire si je dois persister, ne pouvant soupçonner que ce soit une faute de copiste ou d'impression.

« Je me glorifierais bien sûrement du tort que l'on m'a donné, s'il pouvait m'être commun avec le premier écrivain de notre siècle... »

Buffon écrivait à Mme Necker le 19 février 1778 : « Les traits de cette amitié particulière dont vous m'honorez me sont si glorieux que je n'en *échappe* aucun. » (T. Ier, p. 381.)

Le Dictionnaire de l'Académie (6e édition) donne raison à Buffon en admettant qu'*échapper* est quelquefois verbe actif, bien qu'en général ce verbe soit plutôt neutre.

(1) « M. de Buffon, dit Mme Necker, ne pouvait rendre raison d'aucune des règles de la langue française, et cependant c'est un de nos premiers écrivains ; ce n'est pas cette métaphysique du langage inventée par les hommes dont il est instruit, mais il n'a pas mis un mot dans ses ouvrages dont il ne puisse rendre compte. »

D'Alembert, qui aimait à trouver Buffon en faute, ayant pris au hasard un passage de l'*Histoire naturelle*, chercha à rendre la pensée avec la même force en changeant les mots ; mais il dut reconnaître que le mot propre avait constamment été employé et qu'on ne pouvait lui substituer avantageusement aucun synonyme.

Cette précision du style, jointe à la richesse de l'expression et à la variété des images, Buffon les doit à la profonde connaissance de son sujet, car il n'écrivait qu'après l'avoir longtemps médité, et à sa patience à corriger sans cesse ; maître de l'idée, il polissait la forme à loisir. Il dit dans la description de la gazelle : « C'est pour la troisième fois que j'écris leur histoire. »

« Quand M. de Buffon écrit, dit encore Mme Necker, il tâche de généraliser ses idées ; il se demande, après un premier travail : « Tout homme d'esprit trouverait-il et avouerait-« il ces pages ? » Car certainement les premières idées qui se présentent sur un sujet se sont offertes ou s'offriraient sans peine à une intelligence commune, mais elles ne sont pas suffisantes pour l'homme de génie ; aussi M. de Buffon déchire presque toujours ce qu'il a écrit d'un premier jet, afin de voir son sujet plus en grand, et il reprend la plume après cette nouvelle méditation... »

Et plus loin :

« Quand on a une idée, disait M. de Buffon, il faut la considérer longtemps, jusqu'à ce qu'elle rayonne, c'est-à-dire qu'elle se présente clairement à nous et environnée d'images, d'accessoires, de conséquences, etc. ; on écrit ensuite. Mais si votre style vous paraît aussi négligé que celui de la conversation, il faut écrire une seconde fois, une troisième, etc., jusqu'à ce que la pensée soit exprimée avec toutes les couleurs dont elle est susceptible. »

(2) Buffon, qui eut le malheur d'avoir de nombreux procès, adressait le même reproche aux magistrats qu'à la grammaire.

# LETTRE DCXXVII

## AU COMTE DE BUFFON,

CAPITAINE DE REMPLACEMENT DANS LE RÉGIMENT DE CHARTRES
[INFANTERIE] (1).

Au Jardin du Roi, le 22 juin 1787.

M. de Faujas, par amitié pour moi et pour vous, mon cher fils, a bien
voulu vous porter mes ordres, auxquels il faut vous conformer.

(1) Lorsque nous avons publié pour la première fois, en 1860, cette belle lettre de Buffon, pleine de fermeté et de dignité, nous l'avons accompagnée d'extraits de la correspondance de M^me de Buffon, de sa mère, de son mari et du duc d'Orléans.

Nous nous contenterons de rappeler ici qu'après un mariage conclu le 4 janvier 1784,
sous les plus heureux auspices, entre un jeune homme de moins de vingt ans et une jeune
fille de seize ans et demi déjà admirablement belle, au lendemain de l'aurore d'un bonheur que peint le fils de Buffon dans une charmante lettre à Guéneau de Montbeillard (*),
cette union n'avait pas tardé à être troublée, bien que, pendant les trois ans et demi qu'elle
a duré, le fils de Buffon ait été presque constamment séparé de sa femme. En effet, jamais
le régiment de Chartres n'avait été si longtemps éloigné de Paris dans des garnisons sur
la frontière que depuis que le comte de Buffon y était capitaine.

Pendant que le mari était à sa garnison, la jeune femme menait une vie élégante et
mondaine.

Elle était, en 1785, du voyage de Dampierre, chez le duc de Luynes, voyage dont
sa mère rendait compte à son gendre le 6 août :

« On mène ici la vie active que vous connaissez. La chasse, des déjeuners à l'île et au
jardin anglais, prennent la grande partie de la matinée. L'après-midi, le jeu..... Ma fille
joue au billard ; ses succès ne sont pas grands, mais elle fait de l'exercice et perd peu
d'argent. La société est assez considérable ; M. le duc d'Orléans est ici depuis deux jours. »

« M. et M^me de Luynes, écrit à son tour la jeune femme le 11 septembre, m'ont parlé
de vous, ainsi que M. le duc d'Orléans qui y a passé quelques jours ; je l'ai revu depuis
à Paris, et il m'a fait votre éloge. »

Elle lui dit dans une autre lettre : « Il y a quelques jours que M. le duc d'Orléans est
venu faire une visite à maman ; en sortant de chez elle, il est monté chez moi.... Il n'a fait
que parler de vous et de la satisfaction qu'il avait de votre conduite. Il m'a demandé la
permission de revenir, ce que je n'ai pas hésité de lui accorder, bien sûre que vous l'approu-
veriez.

« Je ne l'ai pas revu. »

Ce sont les seules fois que l'on entende la mère et la fille parler du duc d'Orléans.

Mais, à certains jours, la femme coupable a comme des appréhensions. Le désir inquiet
de connaître la pensée de son mari et de savoir ce qu'elle doit craindre lui fait écrire le
21 mars 1787 : « M. de Simiane s'est tué à Aix ; on dit que c'est pour mettre fin à un malheur qu'il ne pouvait plus supporter, celui de n'être pas aimé de sa femme ; cependant il y
avait dix ans qu'il ne s'en portait pas plus mal, et cela est bien fou ou bien bête ! »

Ce ton léger, ce demi-persiflage sent la peur.

Suivant Humbert Bazile, ce serait Buffon qui aurait été averti le premier ; mais, d'après le

(*) T. II, p. 228, note 1, et pour la lettre entière, t. II, p. 493 de la première édition de la *Correspondance*.

1° L'honneur vous commande avec moi de donner votre démission et de sortir de votre régiment pour n'y jamais rentrer.

2° Vous quitterez tout de suite, en disant que les circonstances vous y obligent, et vous ferez cette même réponse à tout le monde sans autre explication.

témoignage de la marquise de Boufflers, ce serait le jeune officier, qui, prévenu à sa garnison par ses amis de Versailles, serait revenu à l'improviste et aurait tout découvert.

« M. de Buffon ainsi que son fils, dit Humbert Bazile, ignoraient que M<sup>lle</sup> de Cepoy et sa mère avaient accompagné le duc d'Orléans en Angleterre, qu'elles étaient les reines du Palais-Royal et qu'elles exerçaient un grand empire sur l'esprit du prince..... M<sup>me</sup> de Buffon n'aimait pas son mari lorsqu'elle l'épousa, l'absence le lui fit oublier. Comme celui-ci se plaignait sans cesse à son père de l'indifférence de sa femme...., M. de Buffon la fit venir et lui parla en père... Il ne fut pas satisfait de l'entretien... Il en eut un second, et lui parla cette fois avec une sévérité que tempérait cependant sa bonté habituelle; il prononça les mots de repentir et d'oubli; mais l'attitude de M<sup>me</sup> de Buffon fut telle qu'il la conduisit à la porte de son cabinet en lui disant qu'elle n'était plus sa fille, et, à compter de ce jour, il ne la revit plus. »

Le 15 juillet 1787, trois semaines après le scandale et la noble lettre de Buffon à son fils, la marquise de Boufflers, alors comtesse de Sabran, écrivait au chevalier de Boufflers :

« J'ai été voir cette après-midi M. de Buffon au Jardin du Roi. J'ai trouvé ce célèbre vieillard bien affligé de l'esclandre que sa belle-fille vient de faire dans le monde pour M. le duc d'Orléans.

» Il était seul, et soit le besoin de parler de son chagrin, soit la confiance que je lui ai inspirée, il m'a conté toute sa déplorable histoire, qui est vraiment incroyable.

» Il aimait tendrement sa belle-fille (*), qui est aimable et d'une très jolie figure, de manière qu'il en est beaucoup plus affecté qu'elle ne mérite. Cette petite femme a perdu la tête tout d'un coup, et, soit vanité ou amour, elle est devenue folle de M. le duc d'Orléans, au point de s'afficher publiquement pour être sa maîtresse. Le pauvre mari était absent depuis un an, se reposant tranquillement sur la fidélité de sa femme et s'occupant moins d'elle que de son métier dans la place de colonel que lui avait donné M. le duc d'Orléans, vraisemblablement pour en être moins importuné. Mais, un beau matin, il se met en tête de venir surprendre sa femme. Il arrive; tout frémit à sa vue, tout prend la fuite, femmes et valets; la dame du logis fut la plus interdite, et, ne pouvant pas se contraindre, elle le reçut si mal, qu'enfin elle lui ouvrit les yeux; mais il n'y voyait qu'à demi parce qu'il ne savait pas encore à qui s'en prendre. Il va trouver son père, il pleure, il gémit; le père n'en savait pas davantage. Ils ne furent pas longtemps dans cette incertitude. De retour chez lui, il trouva M. le duc d'Orléans établi comme dans son ménage.....

» Il retourne en poste à son régiment pour y faire ses adieux..... Il a rendu pareillement la dot de sa femme, et s'en est séparé pour toujours, n'exigeant pas qu'elle fût dans un couvent et la laissant à sa mère, qui ne vaut pas mieux qu'elle à ce qu'il paraît, puisqu'elle était la confidente de toute cette intrigue.

« A présent, te voilà aussi bien instruit que moi de cette histoire. J'aurais voulu avoir assez d'esprit pour te l'écrire avec toute la chaleur et l'énergie que M. de Buffon a mise à me la raconter. Il m'a attendrie jusqu'aux larmes, et je suis sûre qu'il t'aurait fait le même effet, car tu as parfois le cœur assez bon; le malheur, c'est que tu ne l'écoutes pas toujours. »

Le 13 juin, la marquise de Castera écrivait à son gendre :

« M<sup>me</sup> de Buffon comptait, mon fils, se retirer au couvent; elle s'en occupait et c'était mon désir. Mais cette démarche a fait sensation dans le public, et sa famille et ses amis ont *exigé* d'elle d'y renoncer. En conséquence, elle reste dans la maison tant qu'elle ne sera pas louée, et alors ma fille habitera avec moi le pied-à-terre que je me choisirai. Voilà ce

(*) Voir p. 328, note 1.

3° Vous n'irez point à Spa, et vous ne viendrez point à Paris avant mon retour.

4° Vous irez voyager où il vous plaira, et je vous conseille d'aller voir votre oncle à Bayeux; vous le trouverez instruit de mes motifs.

qu'il y a de plus raisonnable, ce que j'ai décidé de concert avec mes parents, et dont j'ai cru devoir vous avertir. »

Dans cette froide lettre dictée par les convenances, on ne sent pas monter la honte au front de la mère ni le repentir au cœur de la fille.

Quoi qu'il en soit, le jour où Buffon a la certitude que son fils est trahi, que l'honneur de son nom est en péril, et que sa belle-fille est la maîtresse du premier prince du sang, il n'hésite pas. Bien que malade, il écrit de sa main à son fils, d'une écriture dont la fermeté contraste avec les caractères des lettres précédentes, cette belle, cette noble lettre du 22 juin, pleine de dignité, de fermeté et de grandeur, qui restera l'éternel honneur de la mémoire de Buffon.

« Quelle noble lettre du père à son fils, au premier éclat qui lui en arrive, — dit Sainte-Beuve dans l'étude qu'il a consacrée, en 1860, à la *Correspondance* de Buffon (*), — quelle suite rigide de prescriptions sans réplique! Le père de famille antique et presque romain se lève ici de toute sa hauteur et commande avec l'autorité de ses cheveux blancs. Tout ce que cette admirable lettre a d'impérieux est puisé dans la tendresse même, dans l'amour paternel le mieux entendu, qui n'est pas séparable du sentiment de l'honneur et de la dignité..... En suivant à la lettre de tels ordres, le fils de Buffon ne courut risque ni d'avoir à rougir de l'éclat de celle qui portait son nom, ni encore moins de paraître en profiter. »

Un autre grand esprit, Villemain, qui a consacré à Buffon une des pages les plus éloquentes de son *Cours de littérature*, nous écrivait après avoir lu cette lettre encore inédite : « Cette admirable lettre, si éloquente dans sa précision, témoigne que Buffon et son fils entendaient l'honneur comme nous autres bourgeois nous l'entendons. *Feu votre femme*, dit Buffon! Elle était morte pour lui parce qu'elle était devenue la maîtresse d'un prince du sang royal. »

« Cette lettre, dit à son tour M. de Lescure, se termine par un mot cornélien : *Feu votre femme*, appliqué à l'épouse vivante, mais indigne et coupable, qui, aux yeux de son illustre beau-père, avait perdu plus que la vie avec l'honneur et était retranchée de la société des honnêtes gens par le jugement du chef de la famille outragée. »

Cependant on était dans un siècle d'une tolérance excessive, au lendemain des grandes fortunes faites par les favorites sous Louis XIV, la Régence et Louis XV, fortunes dont avaient profité sans scrupule les plus vieilles Maisons de France. Mais Buffon ne composait pas avec l'honneur, et la maîtresse du duc d'Orléans, la favorite du premier prince du sang, était bien morte à tout jamais pour son fils et pour lui.

En effet, à compter de ce jour, on ne l'entendit plus jamais prononcer le nom de celle qu'il avait appelée sa fille.

Après l'éclat et la rupture, M^me de Buffon avait quitté l'hôtel de son mari, rue Verte, mais pour s'éloigner seulement de quelques pas; car elle prit, — on ignore pour quel motif, — un appartement à l'angle de la même rue, rue Bleue.

C'est rue Verte que son mari fut arrêté pour être conduit à l'échafaud; c'est rue Bleue que sont adressées les lettres de Philippe-Égalité à la citoyenne Cepoy.

Trois ans après la mort de Buffon, le 28 juillet 1791, en vertu d'un jugement arbitral homologué le 10 août par le juge de paix du II^e arrondissement, elle avait fait prononcer sa séparation, et le fils de Buffon lui avait répondu le 14 janvier 1793 en faisant prononcer son divorce.

Mais, dès 1788, M^me de Buffon avait jeté le masque, et, après avoir fait avec le duc d'Orléans plusieurs voyages en Angleterre, où elle tenait sa table et dirigeait sa maison, elle avait pris ostensiblement au Palais-Royal, au Raincy, au parc Monceaux, dont elle affectionnait le séjour, la situation de favorite en titre. Cette jeune et jolie femme, douée

(*) *Causeries du lundi*, année 1861, t. XIV, p. 335.

5° Ces démarches honnêtes et nécessaires, loin de nuire à votre avancement, y serviront beaucoup.

6° Conformez-vous en entier pour tout le reste aux avis de M. de Faujas, qui vous fera part de toutes mes intentions et vous remettra vingt-cinq louis de ma part; et si vous avez besoin des trois mille livres que vous devez recevoir le 4 août, je les donnerai à M. Boursier dès à présent.

d'un caractère ardent et aventureux, d'un esprit aimable et enjoué et d'une merveilleuse beauté, n'avait pas tardé à conquérir sur l'esprit irrésolu du Prince une influence prépondérante qui a contribué à l'éloigner de la cour et à le jeter dans la démagogie.

Les sentiments hostiles de M<sup>me</sup> de Buffon pour le roi et la reine éclatent dans une lettre à Lauzun, écrite le 20 août 1792, au lendemain de la journée du 10 août, sept jours après l'incarcération de la famille royale (*).

«... Si nous connaissions, dit-elle, de l'esprit au roi, nous pourrions prendre son insouciance pour du courage. Il se promène dans son jardin, en calculant combien de pieds carrés en tel sens ou en tel autre; il mange et boit bien et joue au ballon avec son fils..... Il y a, selon le relevé des sections de Paris, six mille cinq cents personnes de péries dans la journée du 10. Le complot de la cour était atroce et gauche comme à l'ordinaire..... Les plus enragés aristocrates sont furieux contre le roi, de ce qu'ils se sont laissés couper le col pour lui, et que bravement il s'en est allé trouver les députés, trop heureux que l'Assemblée ait bien voulu lui permettre de manger et de dormir au milieu d'elle..... On doit demain guillotiner au Carrousel..... La ci-devant princesse (de Lamballe) est sans femme de chambre; elle se soigne elle-même; pour une personne qui se trouve mal devant un *oumard* en peinture, c'est une rude position! (**)..... J'ai été hier à l'Opéra, les aboyeurs étaient occupés de mon seul service; j'avais le vestibule pour moi, et Roland, mon domestique, faisait promenade solitairement dans le couloir; cependant la salle était comble. On ne voit pas une belle dame dans les rues. Je roule cependant avec mon cocher, qui chatouille les lanternes de Paris avec son chapeau. Sulau a été *expédié* dans l'affaire du 10..... La fourberie de La Fayette prouvera en faveur du plus franc et du moins ambitieux des citoyens, notre ami Philippe..... J'espère tout de cette crise pour le bonheur et la santé de mon ami. On n'en parle pas même en bien. C'est très heureux; il a, je crois, une conduite parfaite, et j'espère qu'un jour on saura l'apprécier. »

L'importance du rôle politique de M<sup>me</sup> de Buffon aux premières heures de la Révolution est attestée par Talleyrand, Mirabeau, Lauzun, Lamarck, le vicomte de Noailles, Laclos, Ducrest, par les mémoires de Brissot et de miss Elliott et les pamphlets du temps dont un, la *Jacobinéide* (***), en vers avec gravures, a eu jusqu'à trois éditions la même année.

L'ambition avait-elle fait place dans cette âme ardente à l'entraînement de la passion ou de la vanité, et M<sup>me</sup> de Buffon aurait-elle rêvé de devenir, après M<sup>me</sup> de Montesson, l'épouse morganatique du premier prince du sang, ou même, grâce aux lois du temps, la femme légitime du chef de la branche cadette substituée avant 1830 à la branche aînée?

Ce qu'il y a de certain, c'est que la comtesse de Buffon a été le premier et le dernier

(*) Cette lettre a été publiée pour la première fois en 1859, par MM. de Goncourt, dans leur *Histoire de MarieAntoinette*, p, 350. Cependant le *Figaro* du 26 juillet 1884 l'a donnée comme provenant d'un Recueil de documents inédits sur la Révolution imprimé seulement à 105 exemplaires pour un bibliophile étranger, et a annoncé que toute l'édition est partie pour la Russie.

(**) On rapporte que la comtesse de Buffon, se trouvant près de Philippe-Égalité le jour où le peuple promenait dans la rue, au bout d'une pique, la tête sanglante et défigurée de la princesse de Lamballe se serait évanouie en s'écriant : « Ma tête sera promenée ainsi. » Elle figurait dans le groupe que Philippe-Égalité, par une fantaisie dans le goût du jour, avait fait peindre sans têtes. Il satisfaisait à tous ses caprices, et, un jour, les marchands de la rue Saint-Honoré virent avec stupeur passer une chasse à courre et tous les chiens, piqueurs et équipages du duc d'Orléans poursuivre, au milieu des embarras de voitures et des piétons, jusqu'au Palais-Royal, où M<sup>me</sup> de Buffon l'attendait, un cerf lancé le matin dans le bois de Vincennes.

(***) La *Jacobinéide*, poëme héroi-comi-civique, par l'auteur de la *Chronique du manège*, des *Saluts jacobites*, de la *Constitution en vaudeville*, etc., avec gravures, Paris, 1792, in-8° et in-12.

Vous savez qu'il doit remettre quinze cents francs dans ce même temps à *feu votre femme*.

Ce sont là, mon très cher fils, les volontés absolues de votre bon et tendre père.

LE C^to DE BUFFON.

(Collection Nadault de Buffon.)

amour de Philippe-Égalité; c'est que cette jeune et jolie femme, qui eut du moins la vertu rare du désintéressement et dont la faute n'accrut pas la fortune, a su fixer un prince inconstant et débauché.

Il l'aima vraiment et profondément; il n'aima qu'elle.

Il lui écrivait du Fort-Saint-Jean, le 1er septembre 1793, deux mois avant sa mort : « Que je vous aime et que je vous estime! Vous ne pouvez pas vous faire une idée du calme que répand dans mon âme de vous lire et de savoir où vous êtes... Pourquoi vous refuserait-on de vous laisser m'entendre vous dire que rien au monde n'est comparable à la tendresse que j'ai pour vous... quelque lieu que j'habite, quelque fortune que j'aie, pourvu que ce soit avec vous, chère et bien-aimée Fanny... Adieu, bien respectable amie, adieu... Adieu, chère amie, que je vous aime! (*) »

Le dénouement de l'aventure de M^me de Buffon a été un double échafaud.

Le duc d'Orléans, arrêté le 6 avril 1793, y est monté bravement le 6 novembre; le fils de Buffon, arrêté le 19 février 1794, est mort avec le même courage le 10 juillet (22 messidor an II), dix-sept jours avant le 9 thermidor qui eût été le salut.

Après cette double et sanglante catastrophe, la comtesse de Buffon, tour à tour désignée sous les noms de la citoyenne Cepoy et de la citoyenne Buffon, et sous les prénoms d'Agnès dans les pamphlets du temps et de Fanny par son amant, ne fut, on ignore par quelle protection mystérieuse, ni arrêtée ni même inquiétée pendant la Terreur.

Le silence se fait autour d'elle et elle ne reparaît plus qu'en 1798, à Rome, où elle épouse, le 14 septembre, Raphaël-Julien Renouard de Bussière, commissaire des guerres près l'armée d'Italie, mort le 15 septembre 1804, dont elle a eu un fils, le baron Jules Edmond de Bussière, né le 13 juillet 1804, successivement ambassadeur en Saxe, à La Haye et à Naples, pair de France avant 1848.

La bru de Buffon est morte le 15 mai 1808, à moins de quarante ans (**); elle avait adopté, le 26 brumaire an II, Paul-Élie, probablement fils du duc d'Orléans, né le 5 septembre 1791, mort en Espagne, sur le champ de bataille, au service de l'Angleterre.

Nous renvoyons le lecteur qui désirerait en connaître davantage sur ce drame intime et douloureux des derniers jours de la vie de Buffon à ce que nous avons publié dans la première édition de cette *Correspondance* (t. II, p. 563 à 579), et au livre de M. de Lescure : *L'amour sous la Terreur*.

---

(*) On trouvera la lettre du duc d'Orléans, page 574, t. II, de la première édition de la *Correspondance*.

(**) Beffroy de Regny, auteur du *Dictionnaire nécrologique des hommes et des choses*, sous le pseudonyme du *Cousin Jacques*, termine ainsi la biographie du fils de Buffon : « Le lecteur voudrait peut-être que je dise un mot de sa femme.

— Non, non, non... »

# LETTRE  DCXXVIII

## A MALESHERBES (1).

Au Jardin du Roi, le 12 juillet 1787.

Monseigneur,

Recevez, je vous prie, tous les remerciements que je vous dois, du vif intérêt que vous avez eu la bonté de prendre à la position de mon fils.

Je viens d'écrire à M. le maréchal de Ségur (2), en le priant de rendre compte au Roi du sacrifice volontaire que mon fils fait aujourd'hui par hon-

(1) Guillaume de Lamoignon de Malesherbes, qui avait quitté depuis onze ans le ministère avec Turgot, avait consenti, au commencement de 1787, après l'assemblée des notables, à rentrer au Conseil comme ministre sans portefeuille, situation qu'avait également Amelot de Chaillou. Malesherbes se retira définitivement à la convocation des états généraux.

Il répondit à Buffon le 27 juillet, et à son fils le 5 août :

« Je m'empresse, monsieur, de vous faire passer la réponse que M. le maréchal de Ségur m'a adressée pour me prévenir du replacement de M. votre fils.

» C'est avec bien du plaisir que j'ai appris la justice qui lui est rendue dans cette circonstance, et je ne doute pas que M. le maréchal ne vous en ait également fait part sur-le-champ.

» J'ai l'honneur d'être, avec un très inviolable attachement, monsieur, votre très humble et très obéissant serviteur.                    » MALESHERBES. »

« Il est flatteur, monsieur, de se trouver au rang de ceux qui se sont intéressés au sort de M. votre père et au vôtre. Cependant, je suis obligé de lui certifier que mes bons offices ne lui étaient pas nécessaires; ce serait faire tort au ministre, que cette affaire concernait, de croire que vous ayez eu besoin auprès de lui de ma recommandation.

» Quel est celui qui ne s'honorerait pas d'être l'ami de M. de Buffon? et qui ne se serait pas fait gloire de vous tirer de la triste situation où la noblesse de votre façon de penser vous avait réduit? Le Roi lui-même n'avait pas besoin d'être excité par ses ministres, et c'est de la part de M. votre père une trop grande modestie de croire qu'il doive quelque chose au zèle de ses amis. »

(2) Le ministre de la guerre écrivait de son côté :

« Versailles, le 22 juillet 1787.

« J'ai mis sous les yeux du Roi, monsieur, la lettre que vous m'avez fait l'honneur de m'écrire au sujet de M. votre fils, ci-devant capitaine de remplacement dans le régiment d'infanterie de Chartres. L'intention de Sa Majesté n'étant point qu'il quitte son service, elle a bien voulu le nommer à une place de capitaine de remplacement dans le régiment de cavalerie de Septimanie.

» J'ai l'honneur de vous en informer, et je profite avec plaisir de cette occasion de vous assurer de l'estime et de la considération avec lesquelles je suis très parfaitement, monsieur, votre très humble et très obéissant serviteur.                    « Le maréchal DE SÉGUR. »

Philippe-Henri, marquis de Ségur, né le 20 janvier 1724, mort le 8 octobre 1801, signalé par ses faits d'armes et sa bravoure, couvert de glorieuses blessures, amputé d'un bras à la bataille de Laufeld, en 1747; gouverneur de la Franche-Comté, ministre de la guerre de 1780 à décembre 1787, maréchal de France en 1781, créateur du corps de l'État-Major.

neur; et ce sacrifice est grand, car il perd la promesse du grade de colonel (1). Je n'ai pas craint de demander au ministre un équivalent, et en attendant on pourrait l'employer dans l'état-major des troupes qu'on rassemble à Givet (2).

Daignez, Monseigneur, appuyer ma prière; rien ne me sera plus glorieux que votre recommandation, et l'on sentira que c'est la vertu même qui, par votre bouche, plaide aujourd'hui la cause de l'honneur (3).

Je suis avec autant de dévouement que de respect,

Monseigneur,

Votre très humble et très obéissant serviteur.

BUFFON.

M. le comte de Mercy (4), ambassadeur de l'empereur, qui a des bontés

(1) Ce passage permet de relever l'erreur de la comtesse de Boufflers, parlant dans sa lettre du 15 juillet (p. 345), de la place de colonel du régiment de Chartres, que le duc d'Orléans aurait donnée au jeune comte de Buffon. « vraisemblablement pour n'en pas être importuné. » Il s'agissait seulement de la promesse, déjà bien extraordinaire, de ce grade élevé faite à un capitaine de remplacement âgé de vingt-trois ans, avancement qui néanmoins ne se fût certainement pas fait attendre si Buffon et son fils eussent consenti à fermer les yeux.

(2) On armait sur la frontière. Le cabinet de Versailles paraissait décidé à soutenir le parti français dans les Pays-Bas, et à envoyer une armée aux Hollandais révoltés contre leur stathouder; mais le duc de Brunswick entra en Hollande et rétablit le stathouder avant que la France eût pris un parti.

Quatre mois avant l'éclat, le 27 mars, la comtesse de Buffon écrivait à son mari : « Je me suis informée, selon votre désir, de savoir s'il y aura un camp et si la Reine ira. Le bruit est ici le même que chez vous que le camp aura lieu certainement, et il paraît possible que la Reine s'y rende. »

Dix jours avant la lettre de Buffon à Malesherbes, son fils écrivait de Salins, le 2 juillet, à Faujas de Saint-Fond : « Vous et moi, nous ignorions que, quatre jours après ma démission, il y aurait une armée assemblée pour entrer dans les Pays-Bas. Vous sentez bien que si j'avais su entrer en campagne, car le régiment de Chartres est employé, je n'aurais jamais donné ma démission. Il y va de mon honneur si je ne fais pas cette guerre... Je mourrais de chagrin à la pensée que l'on pût me croire un poltron. »

(3) C'était bien, en effet, la vertu plaidant la cause de l'honneur, et cette expression dans la bouche de Buffon s'adressant à Malesherbes revêt un singulier caractère de grandeur et de dignité. Celui qui écrit est un philosophe et un sage, un savant illustre et populaire, une des gloires les plus pures de notre pays, un vieillard de quatre-vingts ans dont les cheveux blancs ont reçu un outrage fièrement relevé; celui à qui il s'adresse est le vertueux Malesherbes, l'ami sincère de la liberté, pour la seconde fois ministre du malheureux Louis XVI, demain son courageux défenseur et son compagnon d'échafaud.

Cette lettre de Buffon à Malesherbes est le noble et touchant épilogue du douloureux drame domestique qui a attristé ses derniers jours.

(4) Léopold, comte de Mercy-Argenteau, fils du feld-maréchal de ce nom, né en 1723, mort le 25 août 1794, ambassadeur d'Autriche en France de 1785 à 1789, et ensuite en Angleterre, fit avorter les négociations entre la cour et Mirabeau en persuadant à Marie-Antoinette qu'elle ne devait compter que sur son frère, l'empereur Joseph II. Ministre d'Autriche à Londres, il y devint le fauteur de la première coalition contre la France.

pour moi, a prévenu la Reine (1) sur ma demande et l'a trouvée favorablement disposée.

(Collection Nadault de Buffon.)

–◇–

# LETTRE DCXXIX

## A FAUJAS DE SAINT-FOND.

Montbard, le 9 août 1787.

Votre lettre datée du 3 a été retardée, mon très cher monsieur, et ne m'est arrivée qu'aujourd'hui 9, quoique mon fils en ait reçu une de vous de plus nouvelle date.

M. Thouin ni M. Lucas n'ont actuellement d'argent, parce qu'on a retardé au trésor royal un payement de 20,000 livres (2), que je devais recevoir dès le 25 juillet. Je vous adresse donc directement un billet de caisse pour les mille livres que vous désirez, et vous voudrez bien m'en envoyer quittance sur une feuille de papier assez grande et conçue dans les termes suivants :

*J'ai reçu de M. le comte de Buffon la somme de mille livres pour les premiers six mois de cette année 1787 de mes appointements, comme chargé des Correspondances du Cabinet du Roi. A Paris, ce      août 1787.*

Mon fils est bien impatient de recevoir son brevet (3); il est désespéré que vous partiez sitôt, et il craint, peut-être avec raison, qu'après votre départ

(1) Marie-Antoinette, fille de Marie-Thérèse, née en 1755, morte, à trente-huit ans, le 16 octobre 1793, sur l'échafaud, populaire pour son courage, son dévouement à Louis XVI et son martyre. Sa vie a été écrite par MM. de Goncourt, de Viel-Castel et de Lescure; M. Feuillet de Conches, connu par sa riche collection d'autographes, a publié la correspondance de Marie-Antoinette et de Louis XVI.

(2) A cette date, Buffon en était arrivé à un chiffre considérable d'avances. On en trouvera le montant exact à la note 4 de la lettre du 23 septembre 1787 à André Thouin, qui suit.

(3) Le fils de Buffon, démissionnaire du régiment de Chartres le 23 juin, avait été replacé, à un mois d'intervalle, le 22 juillet, comme capitaine au régiment de Septimanie (cavalerie) sans avoir eu à subir les délais et un stage imposés par la hiérarchie militaire. La promptitude avec laquelle il rentra dans l'armée et un rapide avancement témoignent de l'approbation donnée par le Roi à sa conduite et de l'unanimité de l'opinion publique à applaudir à la fière indépendance et la noble attitude du père et du fils. Nous avons publié, aux pages 392 et 581 du tome II de la première édition de la *Correspondance*, des pièces et lettres et, notamment, la correspondance du marquis de Nicolaï, colonel du régiment d'Angoumois, avec le jeune officier, correspondance qui fait honneur à son caractère et à sa conduite.

Sa réintégration comme capitaine de remplacement au régiment de Septimanie est du 22 juillet 1787, et moins de neuf mois après, le 4 avril 1788, onze jours avant la mort de son père, dont ce fut la dernière joie, il était promu, à vingt-quatre ans, major en second du régiment d'Angoumois. (Voir p. 375.)

on ne lui laisse attendre ce brevet encore du temps. Cependant il ne peut pas se présenter à son régiment sans ce titre (1).

Si vous pouviez aussi, mon cher monsieur, faire encore un effort auprès de ces financiers pour me faire payer les 12,000 livres qu'ils me doivent (2), cela viendrait bien à propos dans les circonstances présentes (3). Enfin, s'il

(1) Le fils de Buffon écrivait de son côté, le 27 juillet, à Faujas : « Je n'ai encore que la lettre du ministre qui annonce mon remplacement, et je ne puis joindre sans avoir mon brevet; car, sans brevet, on ne reçoit jamais un officier dans les troupes du Roi. »

(2) La Société pour l'épuration du charbon de terre.

(3) La correspondance de Buffon qui précède et les lettres qui vont suivre jusqu'à sa mort montrent un homme constamment gêné, obligé de recourir à des expédients et à des emprunts et qui demande cette fois à Faujas de Saint-Fond comme un pressant service de « hâter un payement de 12,000 livres qui viendraient bien à propos. »

Cependant, tous ses biographes ont fait mention de sa grande fortune considérablement accrue par l'exercice de grandes charges pendant une longue période de temps, par des pensions et le produit de l'*Histoire naturelle*.

Nous aurions pu parler de la fortune de Buffon lorsqu'il écrivait, le 1er septembre 1766, au président de Brosses en lui annonçant son départ du Jardin du Roi pour céder la place aux collections : « Je suis content de ma fortune quoique assez médiocre. » Mais nous avons préféré attendre pour en donner le relevé authentique d'après des documents qu'aucun biographe n'a eus jusqu'ici à sa disposition que cette fortune, fruit de cinquante années de gloire, de labeurs et d'économie et d'une sage administration, eût atteint à son apogée; et cela d'autant plus qu'à cette date elle est déjà menacée de ruine et qu'on va pouvoir rapprocher du revenu de l'opulent seigneur de Montbard le bilan de sa dette (*).

Au commencement de 1787, Buffon avait, suivant sa coutume, relevé article par article, sur le carnet qu'il dressait de sa main chaque année, l'état de ses revenus et de ses charges.

En voici le résumé à l'article *Revenus*.

| | Livres. | Sols. | Deniers. |
|---|---|---|---|
| La seigneurie de Buffon qui comprenait des terres arables, moulins, prés et vignes, rapportait | 4,346 | » | » |
| Les terres de Rougemont, les Berges, les Arrans, Aisy, Nogent, Quincy et autres | 4,759 | » | » |
| Les biens patrimoniaux de Buffon à Montbard, consistant en maisons, étangs, moulins, prés et vignes | 3,124 | » | » |
| Les bois sur les territoires de Montbard, Buffon, les Arrans, Touillon, Lucenay, Étivey, avec les forêts de Chaumour, du grand et du petit Jailly | 22,854 | 6 | 8 |
| Les forges, au sujet desquelles Hérault de Séchelles écrivait en 1785 qu'il y employait quatre cents ouvriers, qu'il en sortait annuellement huit cents milliers de fer, et « qu'elles ont dû beaucoup l'enrichir, » lui eussent rapporté annuellement, à partir de 1787, si le bail Lauberdière eût été exécuté | 26,500 | » | » |
| Ses droits seigneuriaux à Montbard, Buffon, Quincy, Rougemont et sur d'autres territoires, et qui comprenaient une redevance sur l'octroi de la porte Saint-Pierre de Dijon, donnaient un produit annuel moyen de | 3,704 | 5 | 8 |
| Diverses rentes | 3,261 | 10 | » |
| Chaque volume de l'*Histoire naturelle* était acheté par Panckoucke à raison d'un volume par an | 12,000 | » | » |

Les émoluments de la charge d'intendant du Jardin du Roi et les pensions que la faveur

(*) Voir note 4 de la lettre du 23 septembre à André Thouin.

vous était possible de venir à Montbard depuis Roanne, vous combleriez nos vœux ; M^me Nadault le désire autant que mon fils, supposé qu'il soit encore ici.

de Louis XV et de Louis XVI, d'accord avec l'opinion publique, y avait ajoutés représentaient un chiffre de 28,880 livres, que Buffon énumère ainsi sur son carnet :

|  | Livres. | Sols. | Deniers. |
|---|---|---|---|
| « Les appointements de ma place d'intendant du Jardin et Cabinet du Roi sont de 6,000 livres, et se payent par six mois chez M. Matagon, premier commis de M. l'administrateur des domaines et bois de Paris. Le sieur Lucas est chargé du recouvrement...... | 6,000 | » | » |
| » Il m'a été accordé par le Roi, après trente-cinq ans de service, 3,000 livres en supplément de mes appointements, par une ordonnance sur le Trésor royal dont il faut, tous les ans, solliciter l'expédition. | 3,000 | » | » |
| » Il m'a été accordé par le Roi une pension de 6,000 livres, dont 4,000 sont reversibles à mon fils, et qui me sont payées au Trésor royal. Le sieur Lucas est chargé de ce recouvrement...................... | 6,000 | » | » |
| » J'ai une pension en qualité de trésorier de l'Académie des sciences de 3,000 livres par an. L'année 1786 m'est due ..................... | 3,000 | » | » |
| » Le Roi a eu la bonté de m'accorder sur sa cassette une pension de 800 livres par an, laquelle se paye d'avance et par quartiers de 200 livres chacun ........................................... | 800 | » | » |
| » Le Roi m'a accordé une gratification annuelle de 4,000 livres sur la caisse du commerce qui se paye chez M. de L'Étang par six mois sur ma simple quittance.................................... | 4,000 | » | » |
| » Il m'est dû par le Roi une rente viagère sur ma tête et sur celle de mon fils de 5,600 livres par an payable par six mois, pour la maison que j'ai vendue à Sa Majesté par contrat reçu Doillot, notaire, rue Saint-Thomas-du-Louvre, à Paris, auquel il faut s'adresser pour faire les quittances ........................................ .......... | 5,600 | » | » |
| » Il m'est dû sous le nom de mon fils, en sa qualité de gouverneur de Montbard, une rente viagère sur sa tête de 480 livres, qui se paye par semestre. M. Perrin, payeur des rentes, rue de la Vieille-Boucherie, est chargé de ce recouvrement............................ | 480 | » | » |
| Si on ajoute au chiffre de 28,880 livres, pour les appointements et pensions de Buffon, le produit de ses autres revens, on a un revenu total de.................................................... | 109,489 | 2 | 4 |

Il faut ajouter à ces chiffres la valeur considérable du château et des jardins de Montbard, des terrains de la rue de Buffon à Paris, de la bibliothèque de Buffon et des riches mobiliers de Montbard, de Livry et de Paris, comprenant des objets d'art d'un grand prix, les médailles d'or de Catherine II et les précieuses porcelaines de Saxe et de Sèvres, présents de souverains, rangées dans le dôme (*), dont le prix de vente à Montbard, en pleine Terreur, a dépassé 200,000 francs. Il résulte d'actes, inventaires et contrats déposés dans les études des notaires de Buffon à Paris et à Montbard et de documents de famille que l'ensemble des valeurs mobilières et immobilières qu'il n'a pas porté à son carnet de compte parce qu'elles n'étaient pas productives de revenus se serait élevé à 1,800,000 francs.

Ce qui permet de conclure que cette fortune, que Buffon trouvait médiocre en 1766, était en réalité fort belle et « qu'il avait lieu en effet d'en être satisfait. »

Nous ne croyons pas utile d'énumérer ici les charges et dépenses de Buffon, inscrites par lui avec le même soin sur le « Livre manuel de ses charges annuelles, tant pour les

(*) On en a trouvé l'inventaire, t. I^er, p. 150, note 4.

Ma santé est un peu meilleure depuis quelques jours (1). Je prends du caillé (2) trois fois par jour, et je bois très peu de vin (3); mais le sommeil n'est pas encore revenu, et les douleurs, quoique supportables, sont continuelles.

Adieu, je vous embrasse du meilleur de mon cœur.

Le C<sup>te</sup> de Buffon.

(Communiquée par M. de Faujas de Saint-Fond.)

---

## LETTRE DCXXX

### A ANDRÉ THOUIN.

Montbard, le 12 septembre 1787.

J'ai reçu, mon cher monsieur Thouin, vos lettres avec les mémoires et pièces justificatives, ainsi que ceux de l'emploi du temps, que vous exposez avec une si grande clarté qu'il me semble être présent à vos travaux. Je vois que, malgré l'augmentation des ouvriers, notre nouvel amphithéâtre n'avance guère. C'est cependant l'objet le plus essentiel et sur lequel il faut porter toutes nos forces.

Suivant votre dernier arrêté du 9 courant, il vous reste entre les mains 5,212 livres 19 sols 10 deniers, et j'envoie par ce même ordinaire huit bil-

gages de ses domestiques que pour les redevances, rentes, impôts, etc. (*) » bien qu'elles fussent considérables par suite de son train de maison, des aumônes qu'il distribuait abondamment, des pensions qu'il faisait, et des pertes d'argent qu'il avait éprouvées dans ses forges, dans la Société du charbon et d'autres affaires; mais ces charges n'étaient rien encore auprès de la dette écrasante contractée pour le Jardin du Roi, et qui a causé sa ruine.

(1) Buffon était arrivé de Paris depuis douze jours, ainsi que nous l'apprend cette phrase de la lettre plus haut citée de son fils : « Mon père est arrivé aujourd'hui, vendredi 27 juillet, à deux heures et un quart, assez bien portant et pas très fatigué. Il a assez bien soutenu la route. »

Ce séjour de Buffon à Montbard, qu'il prolongera pendant quatre mois jusqu'au commencement de décembre, sera le dernier.

(2) Nous avons cité, page 229, note 3, un passage de la biographie de Buffon, par son frère le chevalier, rapportant que Buffon, qui ne croyait pas à la médecine, était cependant assez disposé, en présence de ses cruelles souffrances, à recourir aux remèdes. C'est ainsi qu'on le voit successivement faire usage de la limonade, presque aussitôt abandonnée; des eaux de Contrexeville, indiquées par l'abbé Bexon; du savon, des émulsions, du lait, du pareira brava, de l'eau de chaux conseillée par Camper, et cette fois du lait caillé. Ce sera le dernier remède dont essayera Buffon.

(3) Il écrivait le 1<sup>er</sup> mai 1771 à Guéneau de Montbeillard : « Je ne bois pas une bouteille de vin par jour. » (Tome I<sup>er</sup>, p. 265, note 5.)

(*) Nous renvoyons aux carnets eux-mêmes, que nous avons publiés en 1863, p. 81 à 112, dans le volume de *Buffon, sa famille, ses collaborateurs et ses familiers.*

lets de 1,000 livres à M. Lucas avec ordre de vous les remettre ; cela fait en tout 13,212 livres 19 sols 10 deniers, ce qui sera suffisant pour la prochaine quinzaine, dont l'échéance est au 23 de ce mois. Cependant, vous aurez peut-être à payer les quatre bateaux de pierre meulière que M. Verniquet demande ; mais ce serait pour la quinzaine suivante, et je ne laisserai pas manquer de l'argent nécessaire, quoique je sois forcé d'emprunter, car voici ma position actuelle :

1° Je suis en avance d'environ 40,000 livres du restant de ce qui m'est dû pour l'hôtel de Magny ;

2° Mon état de dépense sur mon plumitif, depuis le 1er de janvier, monte à 81,367 livres 18 sous 5 deniers ;

3° Il m'est dû par le Roi le montant de l'ordonnance que M. de La Chapelle devait faire expédier de 92,380 livres.

Cela fait en tout une somme de 213,747 livres 18 sous 5 deniers, sans compter les 13,212 livres 9 sous 10 deniers que vous avez entre les mains (1).

Je vous prie donc instamment, mon cher monsieur, de choisir votre jour pour aller à Versailles voir M. de La Chapelle et lui dire que j'ai attendu jusqu'ici des nouvelles de l'ordonnance qu'il avait bien voulu vous promettre d'expédier promptement, que j'ignore si cette ordonnance a été expédiée et envoyée en finance, et que je le supplie de n'y pas perdre de temps ; car, entre nous, j'en aurais grand besoin, et peut-être l'ordre du payement au Trésor royal sera-t-il encore plus difficile et plus long que l'expédition de l'ordonnance.

Vous voudrez bien me dire en confiance si je serai obligé de faire solliciter le principal ministre (2) pour être payé de mes avances. Quoi qu'il en soit, je m'arrange ici pour faire passer à Paris tout l'argent que vous pourrez dépenser, quand même vous augmenteriez encore le nombre de vos ouvriers ; ainsi, pressez les travaux autant qu'il vous sera possible, surtout ceux du nouvel amphithéâtre, car j'ai fort à cœur que cet édifice soit construit avant le mois de janvier.

Je n'attendrai pas cette mauvaise saison pour me rendre auprès de vous, et je compte pouvoir faire le voyage sans inconvénient vers le 20 du mois prochain.

Adieu, mon très cher monsieur, mille amitiés et mille remerciements de tous vos bons soins.

Le C<sup>te</sup> DE BUFFON.

(Bibliothèque du Muséum.)

(1) C'était une somme de 226,960 livres 8 sous 3 deniers dont Buffon était à ce moment à découvert.

(2) Le cardinal Étienne-Charles de Loménie de Brienne, né en 1727, mort en 1794, successivement évêque de Condom, archevêque de Toulouse et de Sens ; contrôleur général des finances en remplacement de Calonne, et premier ministre du commencement de 1787 au 25 août 1788 ; renversé du pouvoir par les états généraux, comme Calonne l'avait été par l'assemblée des notables.

# LETTRE DCXXXI

## AU MÊME.

Montbard, ce 23 septembre 1787.

Je vous suis très obligé, mon très cher monsieur Thouin, de la diligence que vous avez mise à prendre des informations auprès de M. de La Chapelle. Il m'aurait épargné quelques inquiétudes (1) s'il m'eût instruit plus tôt de l'envoi de mon ordonnance en finance, et comme je l'ignorais et que je craignais de manquer d'argent pour la continuation de nos grands travaux, j'ai emprunté 30,000 livres (2), que M. Lucas vous remettra le 29 ou le 30 de ce mois. Cela nous donnera le temps de solliciter le payement de l'ordonnance (3).

Nous sommes actuellement arrivés à 55,000 livres de dépense depuis mon départ, savoir : 11,000 livres que je vous avais laissées en partant, 4,000 livres d'un billet à mon ordre, 18,000 livres remises par M. Lucas venant du Trésor royal, ce qui fait déjà 37,000 livres; ensuite 10,000 livres en billets de caisse et ensuite 8 autres mille livres en mêmes billets, ce qui fait en tout 55,000 livres; et, en y ajoutant les 30,000 livres que M. Lucas vous remettra le 29 ou le 30 de ce mois, cela fera 85,000 livres (4), ce qui sera

---

(1) On comprend que Buffon s'inquiétât, car le désintéressement n'exclut pas la prévoyance.

(2) Ses emprunts se multipliaient, mais les travaux ne chômaient pas et la satisfaction qu'il en ressentait lui faisait fermer les yeux sur l'étendue de ses sacrifices et le péril de la situation.

(3) Il avait affaire pour ses remboursements au ministre de Paris et au Contrôleur général des finances, de telle sorte que, lorsqu'il était parvenu à grand'peine, à force de patience, de démarches, de réclamations, de temps et de soins, à vaincre les difficultés, les obstacles et les retards près du ministre de la Maison du Roi, il lui fallait recommencer près du second; et là, les difficultés augmentaient, parce qu'il ne s'agissait plus cette fois de simples formalités administratives, mais d'un payement à faire par une caisse vide ; c'est ce qui lui faisait écrire le 12 septembre à Thouin : « Peut-être l'ordre de payement au trésor royal sera-t-il encore plus difficile et plus long que l'expédition de l'ordonnance. »

(4) Le détail de ces 85,000 livres ne comprend aucun des articles formant le chiffre de 226,960 livres 7 sous 3 deniers mentionné dans la précédente lettre à Thouin. De telle sorte qu'à cette date du 23 septembre 1787, six mois avant la mort de Buffon, l'État lui était redevable de 315,960 livres 8 sols 3 deniers, somme qu'il s'était procurée au moyen d'emprunts donnant lieu à de lourds intérêts dont il ne demandait pas à l'État de lui tenir compte. Ses sacrifices d'argent remontaient à son entrée au Jardin du Roi ; on les trouve officiellement constatés dans les lettres patentes du 45 juillet 1772 érigeant sa terre en comté, et qui mentionnent, à son honneur, comme un nouveau titre à la faveur qu'il recevait, « les

peut-être suffisant d'ici à la fin de l'année. Mais, quand même cette somme ne suffirait pas, je trouverai le moyen d'ajouter tout ce qui sera nécessaire pour ne pas suspendre l'activité des travaux ; car j'ai surtout fort à cœur d'achever le nouvel amphithéâtre, et j'ai écrit à M. Verniquet d'en accélérer

dépenses très considérables qu'il avait personnellement faites pour le Jardin et le Cabinet du Roi (*). »

« Il avait, dit M^{lle} Blesseau, le plus grand désintéressement, car il avançait jusqu'à 100,000 livres à la fois pour le Jardin, sans réclamer à l'État aucun intérêt de ses avances.»

« Il empruntait de toutes mains, à sa famille, à ses amis, à des financiers, et jusqu'à des artisans et ouvriers par petites et grosses sommes, dans la crainte d'être obligé d'interrompre les travaux du Jardin du Roi. » Il écrit le 18 juin 1782 à l'abbé Bexon, en lui exprimant son regret de ne pouvoir venir en aide à Panckoucke, victime d'une banqueroute : « Je suis fâché de n'être pas dans la possibilité de l'aider ; mais les dépenses du Jardin du Roi absorbent non seulement tous mes fonds, mais me forcent à emprunter ; » et le 26 octobre 1785 à Thouin : « J'ai épuisé toutes mes ressources ; cependant, quoique mes avances soient très considérables, je voudrais pouvoir continuer, mais je ne le puis à moins de faire un nouvel emprunt. »

« Jusqu'au dernier jour, — dit *le Mercure* du 26 avril 1788, — M. de Buffon a conservé une tête libre, une présence d'esprit parfaite et l'amour des devoirs qu'il s'était imposés. Dans la matinée du 15, il donna encore des ordres pour les travaux du Jardin du Roi, et remit à cet effet 18,000 livres à M. Thouin. »

Sur le carnet de comptes de Buffon, on relève ces mentions, qui pourraient servir d'épitaphe à sa tombe.

|  | Livres. | Sols. | Deniers. |
|---|---|---|---|
| « Il m'est dû par le Roi une somme de 91,506 livres 7 sols 3 deniers pour mon remboursement des avances que j'ai faites pendant l'année 1783 pour mouvement de terres et culture du Jardin et pour l'entretien du Cabinet, ainsi que pour les appointements et gages des gens qui y sont attachés, suivant les mémoires et pièces justificatives remises à M. de La Chapelle, le 7 janvier 1786, pour obtenir une ordonnance de remboursement .................................... | 91,506 | 7 | 3 |
| » Il m'est dû par le Roi la somme de 90,219 livres 15 sols 5 deniers pour mon remboursement des avances que j'ai faites pendant l'année 1785 pour les constructions tant à l'intérieur du Jardin qu'à l'extérieur, pour l'ouverture et le prolongement de la rue qui communique du faubourg Saint-Victor au quai Saint-Bernard, suivant les mémoires et pièces justificatives présentés à M. le baron de Breteuil et à M. de La Chapelle le 7 janvier 1786 pour obtenir une ordonnance de cette somme.................... | 90,219 | 15 | 5 |
| » Il m'est dû par le Roi, pour construction, maçonnerie et serrurerie au Jardin du Roi pendant l'année 1786, 95,588 livres 5 sols 2 deniers, dont j'ai acquitté et soldé les mémoires de dépense et que j'ai envoyé, avec l'original de l'état, par M. Verniquet, le 7 janvier 1787, à M. de La Chapelle pour obtenir une ordonnance de remboursement de cette somme ..................................... | 95,588 | 5 | 2 |
| » Il m'est dû par le Roi 69,029 livres, suivant l'état qui en sera présenté le 30 avril 1786 avec les mémoires et pièces justificatives... | 69,029 | » | » |
| » Il m'est dû, sur les fonds des carrières, la somme de 46,437 livres 11 sols 8 deniers............................................ | 46,437 | 11 | 8 |

(*) T. I^er, p. 204, note 1.

la construction autant qu'il serait possible ; et vous me ferez plaisir de lui renouveler sur cela mes instances et d'y tenir la main.

Au reste, je ne tarderai pas plus de trois semaines à retourner auprès de

|  | Livres. | Sols. | Deniers. |
|---|---|---|---|
| » Il m'est dû par le Roi la somme de 75,770 livres que j'ai avancée pour la culture du Jardin et l'entretien du Cabinet du Roi pendant l'année 1786, et dont je remettrai l'état, ainsi que les pièces justificatives des dépenses, à M. le baron de Breteuil pour obtenir une ordonnance de remboursement. ».................................. | 75,770 | » | » |

Il résulte de ces mentions du carnet de Buffon qu'il avait avancé, pour l'année 1786, 468,550 livres 19 sols 6 deniers.................. 468,550 19 6

Voici le décompte de l'année 1787 :

| | Livres. | Sols. | Deniers. |
|---|---|---|---|
| « Il m'est dû par le Roi une somme de 92,380 livres que j'ai avancée pour les nouvelles constructions et acquisitions pendant les six premiers mois de l'année 1787, dont j'ai envoyé l'état de dépense, ainsi que les pièces justificatives, à M. de La Chapelle pour obtenir une ordonnance de remboursement. ............................... | 92,380 | » | » |
| » Il m'est dû par le Roi une somme de 95,683 livres 9 sols 6 deniers que j'ai avancée pour les travaux de maçonnerie et fournitures de matériaux, depuis le 1er juillet jusqu'au 5 décembre, et dont j'ai envoyé le mémoire quittancé à M. de La Chapelle................... | 95,683 | 9 | 6 |
| » Il m'est dû sur les fonds des carrières la somme de 17,437 livres 11 sols 8 deniers, à compte de laquelle M. de Crosne a expédié une ordonnance de 10,000 livres, qui doit être payée le 15 avril 1787. | 17,437 | 11 | 8 |
| » Il m'est dû par le Roi une somme de 44,430 livres 18 sols 9 deniers que j'ai avancée pour l'entretien du Jardin et Cabinet du Roi, et dont j'ai remis l'état, ainsi que les pièces justificatives, à M. de La Chapelle le 12 mai 1787. ».............................. | 44,430 | 18 | 9 |

Les avances de Buffon pour l'année 1787 s'élevaient donc à....... 246,931 19 11

Ce même carnet de 1787 donne le relevé de ses emprunts, de ses billets et de leurs échéances, et les règlements avec les entrepreneurs et fournisseurs, maçon, charpentier, couvreur, menuisier, serrurier, peintre, plombier, vitrier, poêlier, fumiste, carreleur, etc., avec cette formule uniforme : *Il faudra payer à un tel telle somme, à telle date.*

L'échéance du menuisier dépasse 60,000 livres : « Courant de septembre 1789, il faudra payer à M. Dumas, menuisier, la somme de 62,003 livres 4 sols 8 deniers, suivant ma reconnaissance. »

On rencontre sur ce même état, à côté de billets de 400 et 700 livres au profit d'artisans et de cultivateurs, une créance de 67,498 livres au nom de l'architecte Verniquet qui, ayant de la fortune, imitait la générosité de Buffon ; une autre créance de 85,750 livres, au nom du notaire Boursier ; une autre de 31,350 livres, au nom de l'éditeur Panckoucke ; une autre de 26,216 livres, au profit du marquis de Saint-Belin, beau-frère de Buffon, etc. Les échéances s'échelonnaient de juin 1788 à octobre 1790 pour le chiffre total de 285,420 livres.

Quatre mois après la mort de Buffon, le 21 août 1788, le chevalier de Buffon écrivait à son neveu :

« Affaire du Trésor royal ; voilà le plus difficile ! Vous savez que nous avons reçu 40,000 livres pour solde de la première ordonnance. Il vous reste dû par le roi la somme de........................................................,.... 66,576 l. 4 s. 11 d.

Plus, pour l'acquisition de l'hôtel de Magny, restant de compte... 37,790 l. 5 s.

Plus, pour les avances faites par votre père pour le Jardin, amphithéâtre et cabinet du Roi............................................... 125,801 l. 4 s.

Total..................... 230,167 l. 10 s. 11 d.

vous, et je me réjouis d'avance de vous revoir et de vous renouveler de vive voix tous les sentiments d'estime et d'attachement que vous méritez et que je vous ai voués.

LE C<sup>te</sup> DE BUFFON.

(Bibliothèque du Muséum.)

« J'ai vu MM. Gogeard et Bergon, qui m'ont reçu très poliment, mais ne m'ont point donné d'argent, pas même promis. »

Ce n'était qu'une partie de la dette, et à deux années d'intervalle l'État était encore débiteur de 315,960 livres 8 sols 3 deniers avec les intérêts.

Le fils de Buffon écrivait en effet le 20 juillet 1790 au président de l'Assemblée nationale :

« Depuis le 15 avril 1788, je n'ai touché aucun intérêt de ces 315,000 livres, et j'en ai payé de considérables pour les sommes que mon père a empruntées afin d'être en état de subvenir aux avances qu'il était obligé de faire pour les travaux du Jardin du Roi. »

Il écrivait le 11 septembre au premier ministre, cardinal de Brienne, contrôleur général des finances :

« Depuis la mort de mon père, je n'ai touché aucun intérêt des avances immenses qu'il a faites sur sa fortune pour l'établissement qui lui était confié et dont j'attends encore le remboursement. »

A ce moment, la situation du fils de Buffon était telle que M<sup>me</sup> Necker lui faisait écrire, le 1<sup>er</sup> mars 1790, « qu'elle avait fait prier M. Boursier (son notaire) de passer chez elle afin de voir s'il y aurait quelque moyen de *venir au secours* du fils de M. de Buffon. »

La même lettre ajoute : « M<sup>me</sup> Necker a fait tout ce qui a dépendu d'elle.....; mais l'Assemblée nationale vient d'ordonner par un décret que le payement de l'arriéré sera suspendu jusqu'à nouvel ordre. »

« Qui connaît mieux que moi, monsieur, dit encore M<sup>me</sup> Necker dans une autre lettre du 15 août 1790, le désintéressement de M. votre père et tout ce qu'il vous coûte !

» Qui sait mieux que moi tout ce que mon affection pour vous a eu à souffrir par l'impossibilité où m'ont mise les décrets de l'Assemblée nationale d'obtenir le remboursement du prêt le plus noble et le plus patriotique qui ait jamais été fait, et par un homme dont le nom avait assez illustré la nation pour qu'il crût déjà avoir beaucoup fait pour elle. »

Le chevalier de Buffon, biographe de son frère (*), ajoute son témoignage à ceux de M<sup>lle</sup> Blesseau et de M<sup>me</sup> Necker :

« Lorsqu'il ne lui manquait plus que de l'argent, ce moteur victorieux de toutes les entreprises, il n'hésitait pas d'engager sa fortune, son crédit, toutes ses ressources ; et voilà comment il a enrichi ou plutôt entièrement formé le Cabinet d'histoire naturelle, qui n'offrait encore qu'une collection peu nombreuse et peu intéressante en 1739, quand il fut honoré de la place d'intendant du Jardin du Roi. Voilà comment il a agrandi, décoré et abondamment doté de toutes les plantes de l'univers ce jardin, dont le terrain, auparavant resserré dans un trop petit espace, ne pouvait recevoir qu'une faible partie de celles qui sont nécessaires pour une véritable école de botanique. »

La dette de l'État envers la famille de Buffon n'a jamais été payée, et il a fallu que le fils de Buffon vendît à perte, dans un temps de discrédit, pour faire honneur aux engagements de son père, des immeubles et des terrains qui eussent acquis avec le temps une valeur considérable, et Buffon, fondateur du Jardin des plantes et du Muséum d'histoire naturelle, qui remerciait en 1783 le baron de Breteuil *au nom de la Nation*, aurait pu inscrire dans son testament du 4 décembre 1787 un legs à la *Nation* de plus de 300,000 livres.

Ce patriotique désintéressement, qui a causé la ruine de la famille de Buffon, ne s'élève-t-il pas à la hauteur des plus nobles vertus civiques ?

On va voir que si Buffon a payé de sa fortune la fondation du Muséum d'histoire naturelle et du Jardin des plantes, elle a valu à sa mémoire des attaques injustes et lui a coûté la vie.

(*) Voir t. II, p. 635 de la première édition de la *Correspondance*.

# LETTRE DCXXXII

## AU MÊME.

Montbard, ce 27 septembre 1787.

Je vois, par l'exposé net et circonstancié que vous me faites de la situation de nos travaux, mon cher monsieur Thouin (1), que ces malheureuses fondations ne sont pas encore partout à niveau de terre (2), et je crois que j'arriverai (3) avant que ce bâtiment soit exhaussé de quelques pieds.

(1) Cette lettre est la dernière de ce recueil de Buffon à André Thouin.

La Bibliothèque du Muséum en possède un très grand nombre qui nous ont été communiquées avec le plus bienveillant et le plus gracieux empressement par M. Desnoyers, de l'Institut, bibliothécaire du Muséum. Elles sont toutes relatives à la grande entreprise de Buffon, mais nous n'avons cru devoir publier que les principales, bien suffisantes pour justifier de la noblesse des sentiments du fondateur du Muséum d'histoire naturelle et du Jardin des Plantes et de l'étendue de son désintéressement.

(2) Buffon ne se préoccupait pas seulement d'agrandir les bâtiments et d'étendre le Jardin; il avait projeté d'en faire un foyer intellectuel où d'éminents professeurs enseigneraient, avec éclat, les sciences naturelles à de nombreux élèves destinés à devenir à leur tour des maîtres.

C'est dans ce but qu'il a fait construire le grand amphithéâtre dont l'achèvement était devenu à ce point l'objet de ses préoccupations que, dans chacune de ses dernières lettres à Thouin, il lui renouvelle la même recommandation presque dans les mêmes termes.

Il lui écrit le 12 septembre: « Je vois que, malgré l'augmentation des ouvriers, notre nouvel amphithéâtre n'avance guère. *C'est cependant l'objet le plus essentiel et sur lequel il faut porter toutes nos forces...* Quoi qu'il en soit, je m'arrange ici pour faire passer à Paris tout l'argent que vous pourrez dépenser quand même vous augmenteriez encore le nombre de vos ouvriers; pressez les travaux, *surtout ceux du nouvel amphithéâtre,* car j'ai fort à cœur qu'il soit construit avant le mois de janvier. » Il lui écrit le 23 septembre: « Comme je craignais de manquer d'argent pour la continuation de nos grands travaux, j'ai emprunté 30,000 livres... cela fera 85,000 livres, ce qui sera peut-être suffisant d'ici à la fin de l'année. Mais, quand même cette somme ne suffirait pas, je trouverai le moyen d'ajouter tout ce qui sera nécessaire pour ne pas suspendre l'activité des travaux, car *j'ai surtout fort à cœur d'achever l'amphithéâtre.* » Et cette fois : « Je vois que ces malheureuses fondations ne sont pas encore partout à niveau de terre, et que j'arriverai avant que ce bâtiment soit exhaussé de quelques pieds; *c'est cependant là qu'il faut porter toutes nos forces,* afin que les cours des écoles ne soient point interrompus et qu'on puisse faire cet hiver les leçons d'anatomie dans le nouvel amphithéâtre. »

On dirait, à voir cette recrudescence d'activité et cette fiévreuse impatience, que Buffon, qui mourra dans sept mois, a le pressentiment de sa fin.

(3) Il est malade, affaibli par une crise ; ses médecins et ses amis lui conseillent le repos et s'unissent pour le détourner de s'exposer à la fatigue de plus en plus grande que lui cause la voiture; ils le supplient de retarder son retour de Montbard à Paris. Mais Buffon n'écoute rien et part pour ne plus revenir.

« Il pensait, — dit M<sup>lle</sup> Blesseau, qui l'accompagnait dans ce voyage — que les travaux du Jardin du Roi seraient plus vite achevés s'il était sur les lieux et présent tous les jours. Il disait, pour expliquer la précipitation de son retour à Paris, qu'il fallait que l'am-

C'est cependant là, mon cher monsieur, qu'il faut porter toutes nos forces, afin que les cours des écoles ne soient point interrompus, et qu'on puisse faire cet hiver les leçons d'anatomie dans ce nouvel amphithéâtre.

Je vous remercie de nouveau de tous vos bons soins, et je vous prie de porter en dépense les frais de vos voyages à Versailles pour M. de La Chapelle, et à Passy pour M. Gojard (1).

Soyez sobre, je vous supplie, à déférer aux demandes que mon fils pourrait vous faire, connaissant trop votre bonne volonté dont il pourrait abuser (2), comme on vient d'abuser de la mienne dans les réparations de l'hôtel de Magny (3), où ces messieurs me disaient qu'il n'y avait que pour huit ou

phithéâtre fût fini promptement, qu'il ne voulait pas faire attendre le public pour les leçons. C'est en faisant ce voyage précipité pour faire exécuter ses ordres, qu'il a hâté sa fin.

« C'est, hélas ! ce beau jardin qui a causé sa mort. »

De telle sorte qu'après avoir payé de sa fortune la fondation du Muséum d'histoire naturelle et du Jardin des Plantes, Buffon l'a payée de sa vie.

(1) Antoine Gojard, premier commis au contrôle général des finances ; membre cette même année, avec les conseillers d'État Magon, de La Balluc et Le Normand, d'un comité nommé par le contrôleur général Lambert, pour étudier les difficultés financières du moment et rechercher le moyen d'y remédier.

(2) Le fils de Buffon faisait une grande dépense, et, après la mort de son père, il en voulut quelque temps à M. Nadault, au chevalier de Buffon et au marquis de Saint-Belin, ses oncles, qui lui avaient reproché sévèrement ses prodigalités, à propos de la grande dépense de la garniture en perles fines d'une selle d'apparat. Ce serait le mécontentement de cette réprimande qui l'aurait déterminé à disposer, dès le 23 novembre 1790, au détriment de la famille du sang, de tous ses biens en faveur d'Élisabeth-Georgette-Betzy Daubenton, qui n'était pas encore sa femme.

(3) Après la ruine et la mort de Buffon, causées par son désintéressement, son dévouement à la chose publique et son patriotisme, il restait son honneur.

Mais à peine sa tombe était-elle fermée, que sa mémoire était odieusement attaquée par un sieur Verdier, maître de pension, ancien locataire de l'hôtel Magny, que Buffon avait acheté le 10 juin, quatre mois seulement avant la date de cette lettre, au prix de 60,000 livres, pour y loger les professeurs.

Verdier avait touché une indemnité que Buffon avait fixée avec sa libéralité ordinaire bien au delà de ce qui était dû. Cependant Verdier l'avait attaqué devant le Conseil en se plaignant notamment de la violation des privilèges de l'Université dont il était membre ; sa demande avait été rejetée.

Après les moyens légaux, il eut recours aux pamphlets et adressa en mai 1790 au président de l'Assemblée nationale et fit distribuer un mémoire ayant pour titre :

« Au Roi et aux représentants de la Nation. Dénonciation contre M. le baron de Breteuil, ex-ministre et contre le sieur de La Chapelle, son premier commis au bureau de la maison du Roi ; contre M. Leclerc, comte de Buffon, ancien intendant du Jardin royal des Plantes de Paris ; et contre le sieur Verniquet, architecte du même jardin ; contre M. Leclerc, comte de Buffon, seul héritier de son père. Sur l'exspoliation des voisins du Jardin royal des Plantes de Paris, et sur les déprédations des deniers du Roi lors de l'agrandissement de ce Jardin. »

« Il vient de paraître un libelle contre la mémoire de M. votre père et contre ceux qui l'ont secondé, écrit le 12 juillet 1790 Verniquet au fils de Buffon. Il est du sieur Verdier ; il l'a fait signer à Delaune, marchand de vin, et à la veuve Piquenard (*). Comme ces libellistes suivent avec le plus grand acharnement cette affaire à l'Assemblée nationale, et que

(*) Il existe encore dans le quartier du Jardin des Plantes, au n° 1 de la rue Linné, un charcutier du nom de Piquenard.

dix jours d'ouvrage à leurs appartements. Laissez aussi cette fenêtre que demande M. Lucas ; je verrai à mon retour ce qui pourra se faire ! Ne changez rien, je vous prie, d'ici à ce temps.

C'est toujours avec les mêmes sentiments d'estime et d'attachement que je suis, mon cher monsieur, votre très affectionné serviteur.

LE C<sup>te</sup> DE BUFFON.

(Bibliothèque du Muséum.)

---

# LETTRE DCXXXIII

## A M. AMELOT (1).

Au Jardin du Roi, le 15 décembre 1787.

Monseigneur,

Permettez-moi d'avoir l'honneur de vous représenter que MM. de l'Imprimerie royale ont toujours été autorisés à prendre pour le gouvernement trois cent cinquante exemplaires de chaque volume d'histoire naturelle que

je les ai rencontrés sollicitant le comité des rapports, j'ai cru qu'il était pressant d'y répondre (*) et j'ai composé le mémoire que j'ai l'honneur de vous soumettre. »

Le fils de Buffon envoya, le 20 juillet, le mémoire de Verniquet au président de l'Assemblée nationale en l'accompagnant d'une lettre où on lit :

« Mon père aurait pu, en cédant au Roi ses terrains, en demander le même prix que lui avaient payé différents particuliers auxquels il en avait vendu ; ce prix s'est élevé jusqu'à 33 livres la toise. Mais mon père, préférant l'agrandissement du Jardin du Roi à son propre intérêt, a cédé ces terrains au modique prix de 10 livres la toise.

» Et on lui reproche d'avoir gagné à ce marché !

» Il a acheté l'hôtel de Magny 60,000 livres ; il l'a cédé au Roi au même prix, quoique certainement il valût davantage, et n'a point gagné les deux tiers à cette revente, comme le prétend le sieur Verdier.

» Il faut que la calomnie soit bien atroce pour oser attaquer la mémoire d'un homme qui s'est conduit ainsi. »

« Les libelles sont aujourd'hui à la mode, écrivait le 4 août le chevalier de Buffon à son neveu, et celui du sieur Verdier ne m'a point surpris ; mais cette affaire doit vous appeler à Paris puisqu'il s'agit de l'honneur de votre père. »

M<sup>me</sup> Necker écrit à son tour, le 25 août 1790 : « J'ai à peine ouï parler du libelle ; ce genre d'infamie est devenu aujourd'hui aussi commun, aussi lucratif et aussi peu réprimé que les vols sur les grands chemins. Tous les jours on attaque M. Necker de cette manière, et on appelle les assassins contre lui dans le temps même où il se sacrifie tout entier pour le bien public. »

Après la mort tragique du fils unique de Buffon, en 1794, Verdier n'en continua pas moins à poursuivre la grande mémoire de Buffon jusqu'en 1797, bien que ce nom illustre ne fût plus alors porté que par une veuve de dix-huit ans.

(1) Amelot de Chaillou, en remettant en avril 1783 le portefeuille du ministère de Paris au baron de Breteuil, avait conservé le titre de ministre d'État avec entrée au Con-

(*) Nous avons publié cette lettre en entier dans la 1re édition de la *Correspondance*, t. II, p. 592.

j'ai publié, et à me donner quatre-vingt-six autres exemplaires également
de chaque volume, cinquante-six en feuilles et trente reliés.

MM. de l'Imprimerie royale m'ayant fait attendre plus de deux ans, Monseigneur, l'impression de mes derniers volumes de minéraux (1), je me dé-
terminai l'été dernier à faire imprimer ailleurs qu'à l'Imprimerie royale le
cinquième volume de ces mêmes minéraux qui traite de l'aimant et qui
paraît déjà depuis plusieurs jours. J'adoptai d'autant plus aisément ce parti
par le moyen duquel j'ai eu au bout de trois mois un ouvrage dont je n'aurais
joui qu'après deux ou trois ans, que ce nouveau volume renferme un très
grand nombre d'observations importantes et de la plus grande utilité pour la
sûreté de la navigation.

MM. de l'Imprimerie royale refusent maintenant, Monseigneur, de prendre
comme à l'ordinaire trois cent cinquante exemplaires et de m'en donner
quatre-vingt-six, attendu que je n'ai pas employé leurs presses.

J'ose espérer, Monseigneur, que le changement auquel j'ai été forcé par
les retards que j'ai éprouvés à l'Imprimerie royale n'influera pas sur la
grâce que le gouvernement m'a toujours accordée ; et j'ai l'honneur de
vous supplier de vouloir bien faire parvenir vos ordres à MM. de l'Imprimerie royale, afin qu'ils soient autorisés de nouveau à prendre pour le
gouvernement trois cent cinquante exemplaires (2) et à me donner quatre-
vingt six-autres exemplaires, cinquante-six en feuilles et trente reliés, tant

seil, et il a fait partie en cette qualité du ministère de Loménie de Brienne, jusqu'en 1788,
avec Malesherbes, également ministre sans portefeuille, et il résulte de cette lettre que certaines attributions du ministère de Paris, notamment l'Imprimerie royale, en auraient été
détachées pour être conservées à Amelot de Chaillou.

(1) On a entendu Buffon se plaindre fréquemment dans sa correspondance avec l'abbé
Bexon des retards de l'Imprimerie royale, qui en était arrivée à ne livrer qu'une feuille
par semaine, et lui faire part de son intention de s'adresser à une autre imprimerie.
(Tome II, p. 141.)

(2) Le directeur de l'Imprimerie royale, Anisson Dupeyron, ne dut pas conseiller au
ministre d'accueillir la proposition de Buffon ; car il lui écrivait huit jours auparavant, le
7 décembre :

« M. de Buffon venant, par des arrangements particuliers et différents, de faire imprimer
à ses frais chez un imprimeur de l'Université le tome V des Minéraux, pour la suite de son
*Histoire naturelle*, j'ai l'honneur de vous proposer de m'autoriser à réimprimer ce volume,
au nombre de 350 exemplaires pour être remis dans le dépôt du Roi, et faire suite aux
précédents. Par ce moyen, cette suite de 35 volumes ne souffrira pas d'interruption,
et complétera l'édition uniforme du Louvre.

» Cette réimpression sera finie en six semaines. J'aurai l'honneur de vous observer
qu'elle ne pourra porter aucun préjudice à l'auteur, puisque l'édition de ce volume ne sera
faite qu'au nombre des 350 exemplaires du dépôt, et que la distribution en est toujours
faite gratuitement. D'ailleurs, cette réimpression ne peut être qu'avantageuse aux intérêts du
Roi, en ce que les 350 exemplaires lui coûteront bien moins cher que le Roi ne les lui paye
par mes mains, et dont je compte ensuite avec le libraire, qui les verse dans les siennes.

» Cette proposition a principalement pour objet qu'une aussi belle collection soit toute
faite à l'Imprimerie royale et ne soit pas dégradée par des types étrangers. »

L'édition de l'Imprimerie royale ne comprenant pas le cinquième volume des Minéraux,
il en résulte que le ministre ne crut pas devoir faire droit à la demande d'Anisson Dupeyron.

du volume sur l'aimant qui vient de paraître que des autres volumes que je publierai dans la suite, quelque presse que je préfère d'employer pour la plus prompte publication de mes ouvrages.

Agréez la reconnaissance et le respect avec lesquels je suis, Monseigneur, votre très humble et très obéissant serviteur.

LE C<sup>te</sup> DE BUFFON.

(Inédite. — Archives nationales.)

## LETTRE DCXXXIV

### A M. BOURSIER (1).

Au Jardin du Roi, ce 18 décembre 1787.

J'ai reçu, monsieur, votre lettre, qui m'apprend la mort du sieur de Lauberdière (2). Cette nouvelle n'est pas bien satisfaisante pour moi, ayant espéré qu'il se mettrait en état de réparer les torts qu'il m'a faits (3). Je ne croirai jamais qu'il ait passé dans les Iles les mains vides (4), surtout après les fonds immenses qu'il avait de moi et ceux qu'il avait empruntés de toutes mains en Bourgogne. Qu'est devenu aussi son mobilier, qui n'était pas peu considérable?

Vous m'excitez à la commisération envers sa veuve, mais sans m'offrir rien, ni me donner la moindre assurance. Croyez-vous de bonne foi qu'il me soit agréable de perdre la totalité de mon dû, prêt d'argent (5), fermages et

(1) Amable Boursier, dit Boursier *Junior*, notaire de Buffon à Paris, déjà nommé, t. II, p. 293, note 3.

(2) Jacques-Alexandre Chesneau de Lauberdière, ancien fermier des forges de Buffon, mort le 25 octobre précédent.

(3) Voir t. I<sup>er</sup>, p. 423, note 3, lettre du 8 avril 1779 à Rigoley; t. II, p. 163, lettre du 25 octobre 1782 à Trécourt, et lettre du 6 février 1785 à Guéneau de Montbeillard, p. 263, note 2.

(4) Nous nous sommes demandé, sans avoir pu toutefois vérifier le fait, si Chesneau de Lauberdière, qui appartenait à une bonne famille, n'était pas parent du comte de Lauberdière, aide-maréchal général des armées pendant la guerre d'Amérique, qu'avait servi Larose, le valet de chambre de confiance de Buffon. (Voir p. 109, note 2, lettre du 7 mai 1782 de Buffon à son fils).

(5) En dehors des fermages arriérés, des dîmes seigneuriales de sa terre de Buffon et d'autres produits dont il avait abandonné la perception au fermier de ses forges, Buffon lui avait prêté 61,000 livres ainsi relevées à son *Livre-manuel* pour l'année 1787: « Il m'est dû par les sieurs et dame Chesneau de Lauberdière un principal de rente perpétuelle de 30,000 livres aux arrérages de 1,500 livres, par contrat passé devant Guérard, notaire à Montbard. Reçu la première année, après quoi le sieur de Lauberdière a cessé ses payements par sa faillite.

« Il m'est dû par les mêmes un autre principal de rente au capital de 31,000 livres aux arrérages de 1,550 livres payables par semestres, suivant contrat passé à Paris par-devant M<sup>e</sup> Boursier le jeune. »

« Cette rente n'a point été payée attendu la faillite du sieur Lauberdière. »

autres objets? Car c'est ce que votre lettre semble annoncer. Je veux bien, dans la circonstance, me prêter à quelques sacrifices, si toutefois je vois plus de bonne foi qu'on ne m'en a montré ci-devant, et si on me donne un état au vrai des ressources de la succession et de ce que possède la veuve (1).

Indépendamment du mobilier, je sais qu'il y a des biens-fonds de part et d'autre. J'exige donc, monsieur, avant tout, de savoir ce que l'on est disposé de faire pour s'acquitter envers moi, et les sûretés que l'on m'offrira. Je présume que vous avez pourvu à la conservation de ce que le défunt a laissé, soit en France, soit dans le lieu où il est décédé.

La réponse que j'attends de vous sur tous ces points me décidera sur le parti que je croirai devoir prendre.

LE C<sup>to</sup> DE BUFFON.

(Étude Tansard, notaire à Paris.)

—◇—

# LETTRE DCXXXV

## A M. GUÉRARD (2).

Du 26 décembre 1787.

Quoique je n'aie pas encore reçu votre réponse, monsieur, j'ai fait des réflexions qui me déterminent à joindre les bois de Quincy à la ferme de cette terre, et je crois que vous ne le désapprouverez pas. Ainsi faites-la publier avec les bois, et tâchez de la faire monter le plus haut que vous

---

(1) Anne-Nicole Le Roux, femme de Jacques-Alexandre Chesneau de Lauberdière, personnellement engagée comme ayant figuré en nom au contrat du 23 décembre 1777 et au renouvellement du 24 décembre 1782.

Le 5 juillet 1788, M<sup>e</sup> Boursier écrivait au fils de Buffon :

« La position de M<sup>me</sup> de Lauberdière est très malheureuse, étant dans la plus grande misère et à la charge d'une famille peu fortunée. Le désordre des affaires de son mari, dont elle est la victime, la laisse sans aucune ressource. Son désistement du bail ne tient à rien et vous sera donné. Le tort irréparable que vous a fait son mari ne doit point détourner d'elle les marques de bonté que vous êtes disposé à lui donner, mais qu'elle n'ose réclamer. M. Le Roux, beau-frère de cette dame, homme très délicat, qui traite dans ce moment cette affaire avec M. votre oncle, l'a prié de vous exposer ses besoins et ses malheurs. Je n'ai rien fixé avec M. votre oncle au sujet de l'indemnité, il m'a dit qu'il désirait que je vous engageasse à la porter à 24,000 livres. Cette bonne œuvre vous assurera votre tranquillité et la reconnaissance la plus touchante de M<sup>me</sup> de Lauberdière et de sa famille. »

Le dernier fermier des forges de Buffon fut un sieur Quesnel, dont la gestion paraît n'avoir pas été plus heureuse que celle de Lauberdière. « Il avait cependant la réputation d'un galant homme avec une fortune bien réelle, écrit M<sup>e</sup> Boursier au comte de Buffon le 11 mai 1790 ; il n'y a pas six mois, vous vouliez lui vendre vos forges moyennant une rente. Je ne peux concevoir comment, en aussi peu de temps, il aurait pu déranger ses affaires à l'entreprise de vos forges. »

Quoi qu'il en soit, l'entreprise des forges de Buffon, qui lui avait coûté des sommes considérables, fut une mauvaise spéculation.

(2) Notaire de Buffon à Montbard, déjà nommé.

pourrez. Je vous donne le bénéfice que je vous ai promis tout au moins jusqu'au temps où votre état de fortune pourra devenir bien meilleur.

A l'égard de la terre de Rougemont (1), comme j'ai quelque intention de la vendre, il ne faut pas en faire publier la ferme qui d'ailleurs est assez en règle ; mais vous pouvez, monsieur, faire publier aussi la ferme des terres de Buffon (2) et des prés qui environnent les forges (3). Je m'en rapporte à vous pour cette opération ; mais souvenez-vous de ne pas comprendre dans la ferme de Quincy les fonds provenant de Tribolet. C'est la seule chose qu'il faille excepter de tout ce qui m'appartient à Quincy (4). Vous me ferez

(1) Petite ville très ancienne sur la hauteur qui domine le cours de l'Armançon, le village et les forges de Buffon, avec une ancienne abbaye, une belle église gothique dont la flèche élancée se découvre au loin, et le tombeau d'un chevalier du moyen âge à cheval couvert de son armure.

(2) Je possède une très belle carte coloriée du temps donnant, sous le titre de *Carte illustrée du comté de Buffon*, le plan des villages, hameaux, métairies, terres, prés, vignes et bois du comté, ses produits seigneuriaux, son administration et sa justice.

Les églises de Quincy, Rougemont et Buffon portent encore à demi effacés les *litres* funèbres qui y ont été placés à la mort de Buffon, seigneur du pays. A la Révolution, son fils les avait fait recouvrir d'un enduit que le temps a fait disparaître.

Les litres étaient de longs rubans peints en noir, coupés de distance en distance par les armoiries du seigneur, dont on entourait extérieurement à sa mort, en signe de deuil, l'enceinte des églises de sa seigneurie.

(3) Buffon écrivait encore, le 18 janvier, à son notaire de Montbard : « S'il se présente un bon fermier pour les terres et forges de Buffon, vous pourrez donner à ce fermier le pavillon où logeaient les commis avec une halle pour grange et une écurie ; vous renverrez ensuite l'homme que nous payons pour garder la forge. »

A cette date, les forges de Buffon n'avaient pas encore été relouées. Elles ne l'ont été depuis que dans des conditions ruineuses pour leurs propriétaires, et elles n'ont réellement marché et produit que du vivant de Buffon. Elles sont aujourd'hui converties en usines à ciment ; le *ciment de Buffon*, fabriqué à peu de distance des lieux où le ciment romain a été découvert, lutte avantageusement sur nos marchés avec ceux de Vassy, de Grenoble et de Portland.

(4) Buffon, seigneur de Quincy et Rougemont en même temps que de Montbard et Buffon, ajoutait à ses qualifications nobiliaires de comte de Buffon et vidame de Tonnerre, celles de vicomte de Quincy et marquis de Rougemont.

A la Révolution, les habitants de ces deux communes payèrent d'ingratitude le fils de leur bienfaiteur et menacèrent de le dénoncer s'il ne quittait pas son nom de Buffon.

On lit dans une notification signifiée par huissier, le 9 décembre 1790, à Montbard, dont il était maire, que : « Conformément à la délibération de l'Assemblée administrative du département de la Côte-d'Or du 17 novembre au matin, concernant les armoiries et les fourches patibulaires ; conformément aux décrets de l'auguste Assemblée nationale du 19 juin : Il est notifié à M. Leclerc, propriétaire d'un domaine à Quincy : 1° que tous actes quelconques où ledit Sᵣ Leclerc prendra le nom de Buffon seront invalidés comme n'étant pas son nom de famille, et il lui est enjoint de se conformer au décret ci-dessus. 2° Que ledit sieur Leclerc fera ôter, sous huitaine, les cordons noirs et armoiries qu'il a fait mettre tant au dedans qu'au dehors de l'église de Quincy..... 4° Enfin que nous, susdits et soussignés, déclarons formellement au dit Sᵣ Leclerc que si, sous huitaine, il ne se conforme pas au contenu de la présente notification, nous le dénoncerons au pouvoir judiciaire comme rebelle aux décrets et invoquerons la loi afin qu'il soit puni comme réfractaire. »

Le fils de Buffon n'avait pas attendu cette signification pour se mettre en règle avec les décrets ; car, ainsi qu'il le mentionne dans la lettre par laquelle il la dénonce au président de l'Assemblée nationale, « en s'étonnant de se voir disputer en France un nom qui a

plaisir de me marquer si vous avez eu des nouvelles de M. Labourayé, et où en est actuellement cette affaire de Tribolet. Je vous prie aussi d'avoir l'œil aux ouvriers qui peuvent travailler pour moi; M^me Nadault n'étant chargée que de Dauché (1) et des Jardins, et envoyez-moi la balance de votre recette et de votre dépense.

Ma convalescence va bien doucement; mais cependant de mieux en mieux.

honoré le pays, » « dès qu'il avait eu connaissance de l'arrêté sur les armoiries et les fourches patibulaires, il avait envoyé des ouvriers effacer tous les écussons des armes de son père autour des églises où on les avait peints à sa mort, et il avait également fait enlever les litres noirs qui régnaient autour des églises, et même d'anciennes armes que ni son père ni lui n'y avaient fait placer. »

Toutefois, il ne put pas se résoudre à quitter le nom de Buffon, et, dès le commencement de 1790, le 13 janvier, il avait adressé au président de l'Assemblée nationale une lettre (*) où on lit : « J'ai toujours considéré l'abolition des titres de noblesse comme une conséquence nécessaire de la Révolution, et j'en étais tellement persuadé qu'ayant été nommé par mes concitoyens électeur à l'Assemblée électorale du département de la Côte-d'Or, j'ai fait, à la vérification des pouvoirs, supprimer tous les titres qu'on m'avait donnés sur le procès-verbal de l'Assemblée primaire et dans tous les différents emplois que j'ai remplis comme colonel de la garde nationale de Montbard, général de l'armée confédérée des trois départements formant ci-devant la province de Bourgogne. Par ce décret, je me trouverais obligé de quitter un nom qui m'est plus cher que la vie..... Le nom de Buffon, que mon père a toujours porté et qu'il a tant illustré, est devenu pour moi la partie la plus chère de mon patrimoine; je dois tout à ce nom si justement célèbre, et cependant, comme c'est le nom d'un village, je suis forcé de l'abandonner ou d'en prendre un autre.....

» Le moment où l'Assemblée nationale a placé dans la salle de ses séances le portrait de Franklin sera celui où le fils unique de Buffon obtiendra de continuer à porter le nom d'un père aussi illustre par ses talents que par ses vertus.

» C'est à l'abri de sa mémoire, de sa réputation et de sa gloire que je place ma demande...

» Les titres, les armes, je les quitte sans regret, mais il m'est impossible de renoncer à ce nom. »

Sa démarche reçut l'approbation de M^me Necker, qui lui écrit le 15 avril 1790 : « J'ai reçu monsieur, avec attendrissement et reconnaissance les nouvelles preuves de votre respect filial pour votre excellent et sublime père. La lettre que vous avez écrite au président de l'Assemblée honore également vos talents et votre caractère moral. »

A compter de ce jour, le fils de Buffon ne s'appela plus que Leclerc Buffon, et sa seconde femme Daubenton Buffon.

Il se fit illusion jusqu'à sa dernière heure sur le prestige qu'avait pu conserver, aux heures sanglantes de la Révolution, le grand nom de Buffon; mais ce sera en vain qu'il l'invoquera près de l'accusateur public, devant le tribunal révolutionnaire, et qu'il le jettera dédaigneusement au peuple du haut de l'échafaud.

(1) Dauché, jardinier en chef de Buffon, déjà nommé (t. 1^er, p. 276, note 2).

Les jardins de Montbard, par leur étendue et leur développement sur quatorze terrasses, et par le goût de Buffon pour les fleurs, qu'il mêlait partout à la verdure et que l'on retrouvait jusque sous l'ombre des grands arbres; par les immenses potagers qui en dépendaient en s'étageant au midi sur sept terrasses du sommet jusqu'au pied de la colline, nécessitaient les soins d'une escouade de jardiniers et d'aides jardiniers (**). Si l'histoire n'a pas conservé le nom du jardinier de Buffon comme celui du jardinier de Boileau, Dauché, qui a fait les honneurs des jardins de Montbard à toutes les illustrations contemporaines, les princes Henri et de Gonzague, Grimm, Helvétius, Diderot, Jean-Jacques, les Necker, le marquis de Chastellux, M^me de Staël, M^me de Genlis, etc., et qui en avait conservé des

(*) On trouvera les documents relatifs à cette affaire, et la lettre du fils de Buffon au président de l'Assemblée nationale du 1^er janvier, aux pages 400 et 501 de la 1^re édition de la *Correspondance*.

(**) T. I^er, p. 23, note 1, et t. II, p. 103, note 4.

On dit le pauvre M. de Mussy, bien malade, donnez-m'en des nouvelles.

Je suis, monsieur, avec tout attachement, votre très humble et très obéissant serviteur.

LE C<sup>te</sup> DE BUFFON.

(Inédite. — Communiquée par M<sup>me</sup> Judith Guérard.)

-◇-

## LETTRE DCXXXVI

### AU MÊME (1).

Au Jardin du Roi, ce lundi 7 janvier 1788.

J'ai reçu votre dernière lettre, monsieur, qui est parfaitement bien détaillée; et après y avoir fait réflexion, je préfère, pour bien des raisons, de vous donner la terre de Quincy en simple régie. Je suis bien persuadé que vous la ferez valoir mieux que personne, et vous pouvez compter sur le même bénéfice de 1,000 livres. Donc je regarde cette affaire comme terminée. Vous laisserez la jouissance du château et du parc au Père Ignace (2), et vous disposerez de tout le reste.

anecdotes qu'il aimait à raconter, n'en était pas moins le personnage le plus considérable de la maison de Buffon avec son cuisinier. C'était au surplus un excellent jardinier, qui a apporté des innovations heureuses dans la décoration des jardins, et dont André Thouin, le plus illustre des jardiniers du temps, faisait grand cas.

Il est piquant de trouver, à la fin de la vie de Buffon, M<sup>me</sup> Nadault, sa sœur, chargée de la direction et de la surveillance de ses jardins dont Benjamin-Edme Nadault avait été, en 1735, aux côtés de Buffon, le dessinateur et l'architecte.

(1) Nous avons publié ces trois dernières lettres d'affaire de Buffon, âgé de quatre-vingt-un ans, en proie à la dernière crise d'une douloureuse maladie, qui va amener sa mort, afin de témoigner combien jusqu'à sa dernière heure sa tête est restée ferme et libre et son esprit lucide, de manière à lui permettre de conduire ses affaires avec la même exactitude, le même soin et le même détail qu'auparavant (*).

(2) Le château de Quincy, avec son parc, ses futaies et ses vastes prairies arrosées par l'Armançon, était une somptueuse résidence, bien autrement confortable et agréable que l'antique maison seigneuriale de Buffon dont le P. Ignace avait fait son presbytère. Mais il continua cependant à demeurer à Buffon, parce que l'habitude est une seconde nature, et il n'ira au château de Quincy que pour surveiller les chiens de race du comte de Buffon et les chevaux de sang qu'il y faisait élever dans ses vastes pâturages.

M<sup>me</sup> de Buffon écrivait de Montbard à son mari à son régiment, les 11, 23 juin et 14 juillet 1786 : « Je voudrais bien savoir si vous désirez avoir avec vous un lévrier que vous avez donné au P. Ignace pour vous le faire élever. J'ai payé en votre nom plusieurs mois de nourriture pour lui et ses camarades, qui sont morts entre les mains du révérend capucin. Je crois que vous feriez bien de laisser votre lévrier encore six mois à Quincy... J'imagine que dans la semaine, il y a souvent des chevaux et des gens de M. le prince de Lambesc (**) qui vont de Paris en Flandre; chargez quelques-uns de ses palefreniers de vous le conduire. »

(*) Voir p. 357 la citation du *Mercure* du 26 avril 1788.

(**) Charles-Eugène de Lorraine, duc d'Elbeuf, prince de Lambesc, né en 1751, mort en 1825, proche parent de Marie-Antoinette, colonel du Royal-Allemand et feld-maréchal autrichien en 1796; connu par la charge du 13 juillet 1789 aux Tuileries, suivie de son acquittement au Châtelet.

A l'égard des terres de la forge de Buffon, vous pouvez les affermer et y joindre le grand jardin de la forge, ce qui pourra faire une petite augmentation sur le bail.

Il ne faut pas vous laisser manquer d'argent; prenez-en près de M. Salgat si vous en avez besoin, et pressez mes mauvais débiteurs (1) en leur envoyant des huissiers s'il est nécessaire.

Vous pouvez vendre le cheval blanc cinq louis d'or; mon fils persiste à dire qu'il en vaut plus de dix, mais je suis persuadé qu'il se trompe.

Ma santé va bien doucement en mieux, mais cependant je n'en suis pas inquiet.

Soyez assuré, monsieur, des sentiments d'estime et d'attachement avec lesquels je suis votre très humble et très obéissant serviteur.

LE C<sup>te</sup> DE BUFFON.

(Inédite. — Communiquée par M<sup>me</sup> Judith Guérard.)

—◇—

# LETTRE DCXXXVII

## AU BARON DE BRETEUIL (2).

Le 13 février 1788.

Je supplie monseigneur le baron de Breteuil d'écouter et de croire M. de Faujas sur tout ce qu'il lui dira de ma part, au sujet des papiers qui me concernent.

Je proteste que je n'ai jamais donné ni signé de démission, et le Bon du Roi donné par Louis XV fait voir qu'il ne devait être question de survivance qu'après mon décès (3).

(1) La liste des mauvais débiteurs de Buffon, dressée après sa mort par le notaire Boursier, constituait une créance de plus de 100,000 livres à ajouter aux 316,000 livres que lui devait l'État.

(2) Louis-Auguste Le Tonnelier, baron de Breteuil, successeur d'Amelot de Chaillou, ministre de Paris depuis le 10 janvier 1783. (T. II, p. 177, note 1.)

(3) Lorsque, en 1771, afin de calmer le juste mécontentement de Buffon d'avoir vu enlever par une intrigue de cour sa survivance à son fils, on l'avait comblé de dignités et d'honneurs en érigeant sa terre en comté, en lui donnant les grandes et petites entrées de la chambre, en lui élevant une statue de son vivant, on n'était pas cependant parvenu à lui ôter la pensée qu'un jour on reviendrait sur ce qu'il considérait comme un procédé injuste, ou même que son survivancier, d'un âge assez avancé, ne priverait pas longtemps son fils d'un poste qu'il considérait comme son légitime héritage.

D'un autre côté, il se souvenait de l'assurance que lui avaient donnée, en 1771, les premiers commis au nom du ministre, qu'on n'avait substitué le comte d'Angiviller à son fils qu'afin d'empêcher la réunion de la charge d'intendant du Jardin du Roi à celle de premier médecin, parce que cette « charge devait être considérée comme un bien substitué dans sa

On peut dire avec vérité que tout est faux dans les deux exposés.

J'assure M. le baron de Breteuil de toute ma confiance et de mon plus tendre respect.

Le C<sup>te</sup> DE BUFFON.

(Inédite. — Communiquée par M. de Faujas de Saint-Fond.)

famille tant qu'il y en aurait de capables de la remplir, et que le comte d'Angiviller ne l'avait acceptée que pour la transmettre à son fils, et que c'était le plus sûr moyen de lui conserver une place à laquelle il était destiné par son nom. »

Buffon avait conservé la lettre du comte d'Angiviller du 1<sup>er</sup> mai 1771, s'engageant personnellement à transmettre sa survivance à son fils et faisant habilement valoir la grande différence d'âge qui existait entre le fils de Buffon et lui (*).

C'est dans ces conditions qu'à la veille de sa mort, la présence de son fils dont un généreux sacrifice à l'honneur avait retardé sinon compromis l'avenir militaire, la reconnaissance des tendres soins dont il l'entourait, la préoccupation de son avenir, avivèrent les regrets de Buffon et réveillèrent ses espérances et qu'il tenta un suprême effort pour obtenir que son fils lui fût donné comme successeur, ou tout au moins que la survivance du comte d'Angiviller lui fût assurée. Mais, dès ses premières démarches, Faujas de Saint-Fond avait reconnu que ni le ministre, ni ses premiers commis, ni le comte d'Angiviller n'avaient pris au sérieux les engagements de 1771.

Cependant, le fils de Buffon écrit le 1<sup>er</sup> avril au baron de Breteuil :

« Monseigneur,

» M. l'archevêque de Sens n'est point à Paris, et il m'est impossible, dans des moments où mon père est aussi malade, de le quitter et d'aller à Versailles.

» J'ai donc l'honneur de vous envoyer les deux papiers relatifs à la survivance du Jardin du Roi; vous en ferez, monseigneur, ainsi que de la lettre que vous a écrite mon père (**), l'usage que vous croirez convenable.

» Je suis bien sûr que l'amitié que vous avez toujours eue pour mon père et la supériorité de vos lumières vous feront prendre le parti que je dois suivre. »

Le même jour avait été rédigée au Jardin du Roi une protestation envoyée par ordre de Buffon à Versailles :

« Aujourd'hui premier avril mil sept cent quatre-vingt-huit, sur les six heures du soir, à la réquisition de M<sup>gr</sup> Georges-Louis Leclerc, chevalier, comte et seigneur de Buffon, de l'Académie française et de celle des sciences à Paris, intendant du Jardin et du Cabinet du Roi, demeurant à Paris, à l'hôtel de l'intendance dudit Jardin, rue du Jardin-du-Roi, paroisse Saint-Médard, les conseillers du Roi, notaires au Châtelet de Paris soussignés, se sont transportés audit hôtel de l'intendance du Jardin du Roi, où étant, a comparu par-devant lesdits notaires mondit sieur comte de Buffon, trouvé par lesdits notaires dans sa chambre à coucher, au premier étage dudit hôtel, ayant vue sur le jardin, dans son lit, malade de corps, sain d'esprit, mémoire et jugement, ainsi qu'il est apparu auxdits notaires par ses discours et entretiens.

» Lequel a dicté aux notaires soussignés ce qui suit :

« Je déclare aussi juridiquement qu'il m'est possible, que le *Bon du Roi* de ma survivance, ayant été donné le six janvier mil sept cent soixante et onze, je n'avais pas encore été malade jusqu'à ce jour, et que je ne suis vraiment tombé malade que le onze février suivant; que, depuis ce temps, je n'ai pas laissé de faire la plus forte moitié de mes ouvrages, et il est évident que S. M. Louis XV ayant mis au bas de la demande du comte d'Angiviller *Bon pour après la mort du sieur de Buffon*, n'avait point intention que cette

---

(*) Voir t. II, p. 202.

(**) La lettre du 13 février 1788 au baron de Breteuil, qui précède de plus d'un mois celle du fils de Buffon du 1<sup>er</sup> avril.

» survivance fût donnée avant ma mort, d'autant que *ledit sieur d'Angiviller promet la*
» *remettre au fils dudit sieur de Buffon au cas qu'il en soit digne.*

» Eh bien, aujourd'hui son père l'en trouve digne, et il espère des bontés de Sa Majesté
» qu'après cinquante ans de services, elle ne permettra pas que cette survivance tombe en
» d'autres mains que les siennes.

» Je déclare en outre n'avoir jamais fait de demande de survivancier ni donné de démis-
» sion de ma place d'intendant du Jardin du Roi et du Cabinet d'histoire naturelle, et qu'il
» est impossible que l'on puisse en représenter une.

» Je supplie Sa Majesté d'avoir égard au vœu que je fais en ce moment et de permettre
» que mon fils administre, d'après les conseils et les instructions que je lui ai donnés, la
» place d'intendant du Jardin du Roi, sous les auspices et les ordres de M. le baron de
» Breteuil. C'est à ce ministre et à son amour pour les sciences, que l'on doit en grande
» partie le haut degré de perfection auquel est arrivé l'établissement dont je suis chargé
» depuis tant d'années, et qui attire dans la capitale une foule d'étrangers de toutes les
» nations.

» Je prie monseigneur le baron de Breteuil de vouloir bien charger, à ma recommanda-
» tion et à ma demande, M. Faujas de Saint-Fond de la continuation de mes ouvrages pour
» l'Histoire naturelle du Cabinet du Roi, si ma santé ne me permet pas de les suivre (*). »

» Ce fut ainsi fait et dicté par mondit sieur comte de Buffon auxdits notaires et ensuite
à lui relu par l'un desdits notaires, son confrère présent, à Paris en la chambre ci-devant
désignée, les jour et an que dessus, et a ledit seigneur comte de Buffon signé la minute
demeurée à M. Boursier, l'un des notaires soussignés. »

Le même jour, le marquis de La Billarderie, dont on a fréquemment entendu Buffon citer
le nom comme celui d'un ami, et que son frère le comte d'Angiviller s'était substitué, écrivait à son fils :

« Le 1er avril 1788, à minuit.

» J'ai écrit hier à mon frère, monsieur, comme je vous l'avais promis. N'ayant pas reçu
sa réponse, j'ai pris le parti d'aller ce matin à Versailles. Je n'ai pu le voir que tard, et j'arrive ce soir à onze heures.

» Je ne me suis pas trompé en vous prévenant de sa délicatesse sur ce qui est affaire
d'argent. Il m'a dit qu'il ne s'était pas cru susceptible d'une pareille offre, et qu'il ne se

(*) Pendant sa longue carrière scientifique, Buffon ne voulut jamais consentir à donner des éditions
corrigées de l'*Histoire naturelle*, dans la crainte, disait-il, d'imposer une dépense au public. Il s'était
contenté de tenir l'ouvrage au courant des progrès et des découvertes de la science dans des volumes
de suppléments, qui paraissaient concomitamment avec la suite de l'*Histoire naturelle* et où il insérait
ses rectifications.

Mais il résulte de ce document et des communications de son frère que Buffon aurait eu à la fin de
sa vie le projet de donner une édition de l'*Histoire naturelle* refondue, corrigée et classée dans un
ordre méthodique, et qu'il aurait songé à confier ce travail au chevalier de Buffon, dont il appréciait
le jugement et l'intelligence et qui écrivait à Bernard d'Héry : « Votre ouvrage est à peu près dans
l'ordre où Buffon l'aurait placé lui-même s'il eût vécu. Il avait le projet de refondre en entier la
*Théorie de la terre* avec les *suppléments* et d'élaguer les erreurs par le moyen de cette refonte. Il m'avait
choisi pour son collaborateur ; j'avais commencé sous ses yeux cet ouvrage, mais à sa mort j'ai trouvé
le fardeau au-dessus de mes forces et j'y ai renoncé. » Le chevalier de Buffon a également fait part de
ce projet à Panckoucke, à Plassans et à son neveu, à qui il écrivait le 23 septembre 1788 : « J'ai instruit
M. Panckoucke de mon projet pour abréger l'*Histoire naturelle* conformément aux vues de votre père
sous les yeux duquel j'en ai commencé un volume. Il vous fera part de mes plans dont la réalisation
n'aura lieu qu'autant que vous voudrez bien en agréer les conditions que Panckoucke n'a trouvées
contraires ni à ses intérêts ni aux vôtres. » Et le 2 juillet 1789 : « ... J'ai été infiniment mécontent de
Panckoucke relativement à l'abrégé de l'*Histoire naturelle*. Il n'a rien voulu conclure et son refus a
été prononcé d'une manière si désobligeante que, sans ma considération pour vous, je l'aurais mal-
traité, et que sans cette même considération j'aurais bientôt trouvé le moyen de me passer de lui et
de le faire repentir de l'impertinence et de la malhonnêté de ses procédés. »

Dans cet acte solennel du 1er avril, dicté à trois notaires quinze jours avant sa mort, et qui a tous
les caractères d'un testament, Buffon fait connaître sa dernière volonté en désignant Faujas de Saint-
Fond. Toutefois Faujas ne devait pas plus que le chevalier réaliser les intentions de Buffon, car il
avait été prévenu par Lacépède en possession d'un volume prêt à être imprimé et qui s'était fait
remettre secrètement tous les manuscrits de Buffon. Aussi avons-nous eu raison de dire, à la page 294
de ce volume, que Lacépède a commis un véritable abus de confiance en trompant la bonne foi du
fils de Buffon pour s'emparer des papiers de son père et en se présentant au public comme le successeur que s'était choisi Buffon.

pardonnerait jamais s'il avait été capable de balancer un instant à la refuser; je m'y attendais d'autant plus que ma manière de penser est toute semblable.

» Il m'a ajouté qu'il a déjà fait des démarches assez fortes pour obtenir que je lui fusse substitué, et qu'il ne pouvait rien changer à ses dispositions.

» Quant à moi, monsieur, ma tendre amitié pour M. votre père, et celle que j'ai pour vous depuis votre enfance, vous assurent des soins que je me donnerai pour vous obtenir ma survivance si nous avons le malheur de perdre M. votre père, et je compte assez sur votre amitié pour me flatter que, dans ce cas, vous me souhaiterez d'aussi longs jours que j'en désire à mon respectable ami. »

Mais, dans la semaine qui suivit, la situation fut entièrement modifiée, et le fils de Buffon écrit de nouveau, le 7 avril, au baron de Breteuil.

« Monseigneur,

» J'ose vous prier de vouloir bien ne faire aucun usage de l'acte que je vous ai remis de la part de mon père, concernant la survivance de l'intendance du Jardin du Roi. Je n'ai fait en cela qu'exécuter sa volonté positive, et je n'ai aucune part à l'acte qu'il a dicté.

» La démission qui existe dans vos bureaux, monseigneur, me persuade que mon père a eu une absence de mémoire qu'il n'est pas étonnant d'avoir après une maladie aussi longue.

» Enfin je vous demande, monseigneur, de vouloir bien regarder cet acte comme non avenu et d'ordonner qu'il me soit renvoyé.

» J'ai écrit à M. l'archevêque de Sens pour lui faire la même prière, et j'espère qu'il voudra bien avoir égard à ma demande. »

Il avait écrit, en effet, le même jour au cardinal de Brienne, premier ministre :

« Monseigneur,

» Lorsque je vous ai remis à Versailles l'acte qu'a dicté mon père et les pièces relatives à la survivance du Jardin du Roi, j'eus l'honneur de vous assurer que je ne faisais que suivre ses ordres positifs, et que je m'en remettais, monseigneur, à vos bontés et à tout ce qu'il vous plairait de décider.

» Maintenant, monseigneur, j'ose vous supplier de ne faire aucun usage ni de l'acte ni des autres papiers que j'ai eu l'honneur de vous laisser, et de vouloir bien ordonner qu'ils me soient rendus.

» Il existe, paraît-il, une démission de mon père de laquelle je n'avais jamais entendu parler. Je la respecte, et je ne veux plus faire aucune démarche relative à cette affaire. »

Ce que nous avons pu recueillir sur cet épisode des derniers jours de Buffon se complète par les documents suivants :

C'est d'abord une lettre du 28 mai d'André Thouin à M<sup>lle</sup> Blesseau :

‹ Le matin du départ de M. de Buffon pour son régiment, je me rendis chez lui, car il partait sans me voir. Il me fit des amitiés, mais avec un peu de gêne; il me tira à part et me dit :

« A propos, mon cher ami, mon oncle et moi avons cru devoir signer devant deux » notaires un acte par lequel nous déclarons qu'il existe une démission de mon père, et que » c'est par un défaut de mémoire occasionné par sa maladie et ses souffrances qu'il a déclaré » le contraire. »

L'oncle du jeune officier, le chevalier de Buffon, lui écrivait de son côté, le 19 juillet :

« L'histoire de l'acte de votre père contre M. d'Angiviller a bien gâté vos affaires..... A l'égard de la survivance, nos premières démarches doivent être vis-à-vis de M. de La Billarderie. J'ai depuis longtemps le projet de lui pousser une botte, mais je n'ai pas encore trouvé l'occasion; je la chercherai si bien qu'enfin elle se présentera. M. de Breteuil n'a pas le projet de l'accorder à d'autres, et nous serons avertis; un certain M. de Gouffier a le projet de demander l'adjonction; mais je ne crois pas que le ministre la lui accorde. Il faut laisser un peu refroidir sur l'acte, qui a produit un très mauvais effet, avant que de faire des démarches ouvertes; l'essentiel est de veiller à ce qu'on ne l'accorde point à d'autres. Je ne crois pas que dans le moment où vous avez des prétentions sur la survivance du Jardin du Roi et tant que vous les aurez, vous deviez vendre la bibliothèque de votre père. »

# LETTRE DCXXXVIII

## A MADAME DE MONTBEILLARD.

Le 14 février 1788.

J'emploie, madame, mes premières forces pour vous remercier de toutes les marques d'intérêt et d'amitié que j'ai reçues de vous, et j'attends avec impatience les secondes (1) pour avoir l'honneur d'aller vous en témoigner ma

Trécourt, secrétaire de Buffon, écrit à son tour, le 26 septembre, à M<sup>lle</sup> Blesseau :

« Quoi! la démission de M. de Buffon de la place d'intendant du Jardin est annoncée dans un numéro de la *Gazette de France* du mois de mai 1771 (*), il ne fait point de réclamation contre cette annonce; la même chose est répétée dans les provisions de son successeur, M. de Buffon garde encore le silence, et vous voulez cependant qu'il n'ait point eu de part à tout cela et qu'il l'ait ignoré!

» Vous avez même l'air de penser que M. de Buffon n'a point donné sa démission et que celle du mois de décembre 1771, que vous dites écrite de ma main et signée de lui, est une pièce supposée parce qu'il n'en a pas approuvé l'écriture?

» Si la pièce dont il s'agit est écrite de ma main et qu'elle ne porte pas la véritable signature de M. de Buffon, moi et son successeur nous sommes les plus criminels des hommes, puisqu'il sera dès lors évident que j'aurai fabriqué la démission, et que M. d'Angiviller aura consenti à une pareille turpitude! »

« Cette malheureuse affaire, écrivait enfin le 7 juin M<sup>me</sup> Necker au fils de Buffon, tombera absolument, et je n'ai rien aperçu jusqu'à présent qui démente mon opinion. Quant à la manière dont l'acte est conçu, comme il est actuellement irrévocable, il serait superflu d'écrire sur ce sujet.

» Quoique le nom de M. votre père soit continuellement dans toutes les bouches, il s'y trouve toujours joint à un tel sentiment d'admiration pour son génie, et de reconnaissance pour ses travaux, qu'il serait impossible, monsieur, sans se faire mépriser, d'oser hasarder la moindre critique. »

Il résulte de ces documents et de ceux publiés t. I<sup>er</sup>, p. 202, note 1, que la survivance de Buffon lui a été enlevée par une intrigue de cour, presque par un acte de violence, alors que la maladie le mettait hors d'état de défendre ses droits, mais que dès ce temps des engagements moraux avaient été pris vis-à-vis de lui, et que Buffon, qui s'en est souvenu à son lit de mort, a protesté.

(1) Le chevalier de Buffon dit en donnant l'emploi de la journée de travail de son frère : « Telle a été la distribution constante de tous les jours de sa vie, soit à la campagne, soit à Paris, à l'exception des trois derniers mois, pendant lesquels ses infirmités l'ont obligé de se refuser aux visites et aux entretiens que la diminution de ses forces ne lui permettait plus de soutenir. »

Cependant Buffon, qui supportait stoïquement la douleur, en se plaignant seulement du temps qu'elle lui faisait perdre pour le travail, dans une lettre du 15 décembre 1787, parle au ministre Amelot « des ouvrages qu'il publiera dans la suite, » et entretient, les 26 décembre et 7 janvier le notaire Guérard, « de sa convalescence qui va doucement, mais cependant de mieux en mieux, » et « de sa santé qui va bien doucement en mieux, mais dont il n'est pas inquiet, » et il écrit cette fois deux mois avant de mourir à M<sup>me</sup> de

(*) Voir t. I<sup>er</sup>, p. 203.

reconnaissance, en vous priant d'être convaincue du prix que j'attache aux tendres sentiments que vous voulez bien m'accorder (1).

Voici de l'argent, madame, que je vous renvoie avec autant de plaisir que vous avez bien voulu mettre d'honnêteté à l'attendre.

BUFFON.

(Bibliothèque de Semur.)

—◇—

# LETTRE DCXXXIX

## A MADAME NECKER (2).

Au Jardin du Roi, le 11 avril 1788.

Ah! la superbe introduction (3).

Ce ne sont point de vains arguments, mais des vérités constantes, que l'auteur développe avec une force qui n'appartient qu'à lui.

Montbeillard, « qu'il emploie ses premières forces pour la remercier et qu'il attend les secondes pour aller lui témoigner sa reconnaissance. »

Ce fut la mort qui vint dans l'intervalle.

Buffon se faisait-il illusion ou cherchait-il à faire illusion aux autres, ou bien avait-il en lui cette confiance et cette foi invincibles qui ont été jusqu'à la fin un des caractères de son génie?

La mort a emporté son secret.

(1) Les deux dernières lettres de ce recueil, qui en comprend 639, sont adressées à deux femmes, l'une à M$^{me}$ de Montbeillard, la douce, intelligente et dévouée compagne de son collaborateur, que Buffon connaît depuis trente-huit ans (*), la garde-malade volontaire de sa femme, la seconde mère de son fils; l'autre à M$^{me}$ Necker, l'amie tendre et sensible des derniers jours, l'amie préférée à toutes les autres, le témoin attendri de ses derniers moments (**). Buffon a écrit ces deux lettres, l'une un mois, l'autre cinq jours avant sa mort; de telle sorte que l'on peut dire que c'est son cœur qui a vécu le dernier.

(2) Cette lettre, dictée par Buffon à son fils cinq jours avant sa mort, est la dernière lettre de Buffon.

Il n'a rien dicté, ni écrit, ni signé depuis.

On lit au commencement : « Mon père me dicte, madame, ce qu'il voudrait bien être en état de vous écrire de sa main. »

Et à la fin : « J'ai présenté la plume à papa et il a encore eu la force de signer. Il m'a fait appeler après dîner et m'a dicté sans hésiter. Il y a seize jours qu'il est malade et vous avez vu vous-même hier au soir son état. Mes larmes coulent si abondamment que je ne puis continuer ! »

Ce mot du fils de Buffon émut profondément M$^{me}$ Necker et elle lui écrivit aussitôt de sa main :

« Comment vous rendrais-je, monsieur, toutes les impressions que nous avons reçues hier, l'étonnement, la douleur, la tendresse, mille sentiments réunis sont entrés dans nos cœurs comme par torrents. L'aurions-nous pu croire que ce grand homme, que dis-je, cet homme sans pareil eût ajouté à notre admiration et que ce fût au milieu de ses souffrances

(*) C'est dans une lettre à l'abbé Leblanc du 21 mars 1750, que le nom de Guéneau de Montbeillard apparaît pour la première fois dans la correspondance de Buffon.

(**) La première lettre de Buffon aux Necker est du 17 novembre 1773.

Y a-t-il, en effet, aucun ordre social dans lequel le Souverain et son Peuple ne doivent être de même opinion religieuse, quelle que soit cette religion? Et notre grand homme, plus attaché à la sienne, a eu toute raison de la

après une longue maladie qu'il se montra plus sublime encore que lui-même, car il offre seul une mesure digne de lui. Il me semble que je succombe sous le poids de cette merveille qui me paraît une sorte de rêve!

« Mais, hélas! tous ces mouvements cèdent bientôt la place aux angoisses qui me dévorent. Comment a été cette nuit si redoutée? J'ouvre vos lettres avec effroi; croyez cependant, monsieur, que votre piété filiale est une consolation pour moi. »

Elle lui écrira à quelques jours d'intervalle pour lui annoncer son rapide et brillant avancement. Ce fut la dernière joie de Buffon; elle lui vint de M^me Necker :

« Vous êtes major en second, monsieur (*), je le sais depuis deux jours, mais c'est encore un secret, je n'ai pas même aujourd'hui la permission de vous le dire. Aussi n'en parlez absolument qu'à votre sublime père... C'est une nouvelle obligation que vous lui avez.

» Votre respect filial vous a bien servi dans l'opinion publique. J'ai fait copier votre billet, celui qui accompagnait cette ravissante lettre sur l'ouvrage de M. Necker et tout le monde a lu ce billet aussi avec attendrissement. Si j'étais capable de quelque mouvement de joie, cet événement me l'eût donné. Redoublez de soins s'il est possible auprès de ce lit de douleur, et que vos vertus vous rendent digne du nom que vous portez. »

Elle lui écrit après la mort de son père :

« Ah, monsieur! que peuvent être pour vous tous les biens de ce monde comparés à celui que vous avez perdu; j'espère que vous n'oublierez jamais tous les grands devoirs que votre nom vous impose et que vous me pardonnerez d'user encore du droit, hélas! que je n'ai plus, d'amie de votre sublime père. »

La dernière lettre de Buffon fit sur l'esprit de M^me Necker une impression dont on retrouve la trace dans une de ses lettres à M^me Nadault.

« Je vous envoie une copie de la lettre qu'il m'a écrite quelques jours avant de cesser de vivre. Vous jugerez, madame, que votre sublime frère est entré tout entier dans le tombeau et que la vieillesse, la maladie, la mort même combattant à la fois contre sa belle âme, n'ont pu l'ébranler ni la faire reculer. »

La grande douleur que causa à M^me Necker la mort de Buffon se manifeste en termes émus et éloquents dans ses lettres à son fils, à M^me Nadault, à M^lle Blesseau. La perte d'aucun de ses autres amis, Thomas, Moultou, ne lui a arraché de tels accents, et cette affection exaltée d'une femme de la valeur de M^me Necker, l'étendue de ses regrets sont encore un suprême, précieux, touchant et délicat hommage à la mémoire de Buffon.

Elle écrivait à son fils sous le coup de la terrible nouvelle :

« Ah! monsieur, vous avez tout perdu! Et moi, que pourrai-je vous dire? ma douleur est affreuse!

» J'avais pour ami cet homme unique par la puissance de la pensée jointe à la sensibilité, à la bonté, à des vertus aussi sublimes que son génie.

» Vous aviez pour père et pour le meilleur des pères celui dont le nom vivra autant que le monde. Il vivra pour la gloire, mais il ne vivra plus pour nous.

» Oh mon Dieu! daigne recevoir dans ton sein celui dont les vertus te rendirent un si bel hommage! Daigne entretenir son enfant unique dans les principes nobles et purs dont il reçut un si bel exemple, principes qui sont gravés dans son cœur et qui, seuls, peuvent honorer encore en particulier une mémoire illustre qui sera chère à toutes les Nations!

» Je ne sais ce que j'écris; je ne sais ce que je pense! Tout m'avertit qu'il n'est plus, et je le cherche encore dans les objets qui lui furent chers et qui ont été témoins de ses derniers moments. Il me sera doux de vous voir dès que votre affliction vous permettra de sortir, si je puis trouver quelque douceur au milieu de l'amertume dont mon âme est inondée.

» Je ne puis continuer sans excéder mes forces. Le séjour de Paris m'étant odieux, je ne

(*) Voir page 351, note 3.

donner pour exemple, en disant même comment il a été conduit, après le vide des affaires, à des spéculations plus élevées.

Je puis lui promettre, en effet, trois sortes d'immortalités : la première, celle dont il ne doute pas, et qui, par un élan sublime, porte son âme dans cette immensité dont elle est propre à faire partie; la seconde immortalité sera celle que l'histoire donnera à M. Necker, comme administrateur regretté

tarderai pas à me rendre à Saint-Ouen. Je n'ai pu cesser un instant de me déchirer le cœur depuis la perte horrible que nous avons faite; vous jugez donc bien, monsieur, que toutes mes pensées errent autour des objets qui furent chers à mon sublime ami. J'envoie savoir de vos nouvelles; M. Necker a été vous chercher hier. Pour moi, je ne tarderai pas à partir pour la campagne, car il me semble que l'air qui m'environne retentit encore de gémissements. »

Le jour même de la mort, le 16 avril, elle écrit à M<sup>lle</sup> Blesseau :

« ... J'aurais voulu vous aller voir, mais jamais je n'approcherai, je crois, de ce séjour si délicieux autrefois, et devenu pour moi un objet de terreur.

» La plume s'échappe de mes mains. Je me propose d'aller à la campagne incessamment pour chercher quelque distraction à ma douleur; mais le suisse de ma maison de Paris me fera parvenir vos lettres au moment même. »

Quelques jours après, elle adressait à M<sup>me</sup> Nadault cette autre lettre, qu'elle a tenu à conserver dans ses *Mélanges:*

« Votre écriture, madame, ce cachet noir à présent terrible pour moi, mille souvenirs douloureux qui sont venus m'assaillir à la fois, m'ont fait ouvrir votre lettre avec une sorte de terreur.

» Cependant il faut tout l'étourdissement où j'ai été plongée pour que je n'aie pas cherché quelque soulagement en vous écrivant la première. L'impression que vous m'avez laissée était celle d'une digne sœur de M. de Buffon; je ne dois rien ajouter de plus.

» La terre vient de le perdre, cet homme qui était entré si avant dans les secrets du Créateur! Le siècle vient d'être privé de son plus bel ornement. Et si cette mort dépouille ainsi l'univers de sa gloire, que devons-nous penser, vous et moi, madame, qui entretenions avec lui les plus touchantes et les plus flatteuses relations!

» Avant de connaître M. de Buffon, je n'avais encore vu qu'une portion de ce monde; à présent, ce grand homme n'est plus et ma curiosité est éteinte. Et pouvais-je penser qu'il eût déjà atteint le terme de sa vie! Tout en lui m'avait fait oublier notre néant, et c'est encore dans ce lit funèbre où les forces lui manquaient pour souffrir et pour parler qu'il en retrouvait pour aimer et pour penser. L'empreinte des plus grandes idées était sur sa physionomie. La mort et l'Immortalité semblaient s'y rencontrer ensemble, et il ne paraissait occupé, dans les intervalles de ses douleurs, que de la grande circonstance où il se trouvait... Sa grande âme, qui semblait faite pour exister seule, s'était cependant attachée à tous ceux qui avaient pu en approcher. Il m'est doux de vous entendre retracer avec tant de charmes toutes ses vertus particulières; je les avais pénétrées sans en connaître les détails, et j'ai toujours goûté près de lui le plaisir inexprimable d'unir la morale au génie, et les dons du ciel à ceux de la terre. »

Le souvenir de cette agonie fut longtemps présent à la pensée de M<sup>me</sup> Necker, et Buffon était déjà mort depuis plusieurs mois qu'elle écrivait dans son journal : « M. de » Buffon, dans les derniers jours de sa vie, disait encore des choses fort tendres qui sem- » blaient sortir du fond de son tombeau. Le spectacle de ses douleurs sera présent à jamais » à mon cœur et à ma pensée. Il m'a montré jusqu'au néant des grands talents. L'homme » n'est rien : Dieu est tout, et c'est dans son sein qu'il faut chercher un refuge contre sa » propre pensée. » (Le vicomte d'Haussonville, *Salon de M<sup>me</sup> Necker*, t. I<sup>er</sup>, p. 332.)

(3) Buffon, alité et mourant, venait de se faire lire l'introduction du livre de Necker *sur l'Importance des Opinions religieuses*, paru avec cette épigraphe : *Pristinis orbati muneribus, hæc studia renovare cœpimus, ut et animus molestiis hac potissimum re levaretur, et prodessemus civibus nostris qua re cumque possemus.* CICÉRON (1 vol. in-8°, 500 p.).

de la Nation entière (1), et enfin la troisième immortalité de mon éloquent ami sera celle d'un écrivain qui n'a pas eu de modèle, et dont le cœur et l'âme se réunissent pour le bonheur des hommes.

Cette partie m'a d'autant plus touché, qu'il y réunit les vertus de sa sublime amie, que je n'ai cessé de respecter et d'admirer comme un don divin, et dont elle seule avait été favorisée par le Souverain Être.

BUFFON (2).

(Publiée dans les *Mélanges* de M<sup>me</sup> Necker.)

(1) Buffon, qui ne devait pas voir le retour de Necker aux affaires, mais qui l'avait prévu et l'attendait avec impatience, faisait écrire le 6 mai 1787, à M<sup>me</sup> Necker, par le chevalier de Buffon :

« Madame, sur le bruit qui s'est répandu du retour de M. Necker, j'ai couru de la part de mon frère à votre hôtel... Je suis revenu tristement au Jardin du Roi rapporter cette mauvaise nouvelle à mon frère qui y a été d'autant plus sensible qu'il s'était livré aux plus douces espérances sur le bruit répandu parmi tout ce qu'il y a de plus grand à Versailles et à Paris. Tous vos amis se sont rendus à votre porte avant-hier et hier, vous en avez encore acquis de nouveaux, et jamais la réputation de M. Necker n'a été plus brillante que dans ce moment. Il jouit, — dit M. de Buffon, — de la gloire due au génie, aux vertus du cœur et aux éminentes qualités de l'âme... Il prolongera son séjour à Paris autant qu'il lui sera possible pour vous y voir de retour... et prendre part au triomphe de son illustre et respectable ami. »

(2) « On ne peut voir sans émotion, au bas de cette lettre, dit le vicomte d'Haussonville, tracé en caractères à la fois distincts et tremblants le nom, l'illustre nom de Buffon. »

# CONCLUSION

Nous avons donné, sous forme d'*Appendice*, à la fin de la première édition de cette correspondance des documents alors inédits sur les derniers moments et les funérailles de Buffon. Nous avons publié l'acte de décès, le procès-verbal d'inhumation et le testament ; nous y avons joint des lettres de M<sup>me</sup> Necker au fils de Buffon, à M<sup>me</sup> Nadault, sa sœur, à M<sup>lle</sup> Blesseau, et deux biographies écrites sous l'impression du premier moment avec la vivacité et la sensibilité du premier souvenir et l'émotion vive et cuisante des premiers regrets par le chevalier de Buffon et M<sup>lle</sup> Blesseau (1). Il existait une autre biographie de Buffon, écrite dans le même temps par le Père Ignace, biographie que nous n'avons pas publiée parce que nous ne la connaissions pas alors ; mais dont nous avons donné de nombreux extraits dans ces notes, et que l'on trouvera à l'appendice de ce volume.

La correspondance de Buffon renferme l'histoire journalière et intime de sa vie écrite par lui, avec cette différence que l'homme qui publie ses Mémoires se pose à loisir de la manière qui lui est la plus favorable, tandis qu'une correspondance familière c'est la vérité.

Nous donnerons pour conclusion aux deux volumes de la seconde édition de *la Correspondance annotée de Buffon* quelques documents nouveaux sur ses derniers instants, sur le sort de son fils, de sa fortune, de sa famille et de son nom.

Ce sera comme une épitaphe après le récit d'une noble et glorieuse carrière utile au pays et renfermant le haut enseignement de ce que peuvent la volonté, la persévérance. le travail, la probité et la fermeté unies à l'indépendance et à la dignité du caractère.

Lorsque Buffon dictait à son fils, le 11 avril 1788, sa dernière lettre à M<sup>me</sup> Necker, son état était déjà tellement grave que depuis le 1<sup>er</sup> avril on désespérait de le sauver.

André Thouin écrivait à cette date : .

« La maladie de M. de Buffon est effrayante pour les suites. Cependant, les médecins font tout ce qu'ils peuvent pour nous tranquilliser. Ils prétendent le sauver ; Dieu veuille qu'ils disent vrai ! Mais nous commençons à désespérer. »

---

(1) T. II, p. 611 à 644 de la première édition de la *Correspondance inédite et annotée de Buffon.*

Les docteurs Portal (1) et Retz (2) qui le soignaient avaient commencé depuis le 3 avril à rendre publics les bulletins de santé.

« Jardin du Roi, 3 avril. — La nuit n'a pas été mauvaise, les forces de M. de Buffon se soutiennent. Il donne tous les jours de nouvelles preuves d'une vigueur d'esprit propre à faire augurer favorablement de celle du corps. »

« 8 avril. — M. le comte de Buffon est toujours très faible, il a peu dormi; il a cependant été levé pendant une heure et demie. »

« 9 avril. — L'état de M. le comte de Buffon n'empire pas; il semble, au contraire, que les forces s'accroissent. »

« 11 avril. — M. le comte de Buffon a eu de la fièvre pendant la nuit, sa tumeur à la joue ne se dispose pas à la suppuration; il ne s'est pas levé ce matin. »

Mme Necker voulut assister aux derniers moments de Buffon, malgré l'impression pénible et profonde que sa nature aimante, délicate, nerveuse et sensible en devait ressentir.

« Lorsqu'elle connut que l'état de Buffon était désespéré (3), sa tendresse n'hésita pas. Elle quitta sa propre maison et vint s'installer au Jardin du Roi.

(1) Antoine, baron Portal, né le 5 juillet 1742, mort le 23 juillet 1832 à quatre-vingt-dix ans. Docteur en médecine de la Faculté de Montpellier en 1764, appelé à Paris en 1766 par Lieutard et Senac, médecins du Roi, nommé en 1768 médecin du dauphin; successivement membre de l'Académie des sciences en 1769, professeur de médecine au Collège royal (Collège de France) en 1778, et d'anatomie au Jardin du Roi où Buffon l'avait appelé dès 1777, et à la Restauration, en 1815, premier médecin de Louis XVIII; créateur, en 1820, de l'Académie de médecine succédant à la Société royale et à l'Académie de chirurgie supprimées par la Convention. Il en fut le président jusqu'à sa mort, et a fondé le prix qui porte son nom.

Médecin de la haute société, très répandu dans le monde, Portal n'en a pas moins trouvé le loisir d'écrire : en 1768, un *Précis de chirurgie pratique*, 2 vol.; une *Histoire de l'anatomie et de la chirurgie*, 1770, 6 vol.; et de 1779 à 1824, *Observations sur la rage, la phtisie, le rachitisme, l'hydropisie*, et de nombreux *Mémoires* sur la médecine, l'anatomie et la chirurgie. Il s'est fait, en 1767 et 1774, par reconnaissance pour Lieutard et Senac, ses premiers protecteurs, l'éditeur de l'*Historia anatomico-medica* du premier, et du *Traité de la structure du cœur*, du second.

(2) Vincent Retz, né en 1758, mort en 1810, successivement médecin à Arras, et de la marine à Rochefort, et par la protection de La Fayette médecin ordinaire du Roi par quartier, membre de l'Académie de médecine et de celle de Dijon, a écrit : *Recherches anatomiques, pathologiques et juridiques sur les empoisonnements*, 1784, *Sur les maladies de la peau et l'électricité humaine*, 1785; en 1786, *Lettre sur le secret de M. Mesmer, Mémoires sur les phénomènes du mesmérisme, Précis sur les maladies épidémiques* (1788), et, en 1790, *Instructions sur les maladies les plus communes au peuple français*.

Il paraîtrait, d'après le passage suivant d'une lettre du 5 septembre 1788 du notaire Boursier au fils de Buffon, que le docteur Retz se serait montré exigeant pour le règlement de ses honoraires. « J'ai vu le sieur Retz, qui persiste à vous demander 1,578 livres pour ce qui lui reste dû pour ses visites et soins auprès de M. votre père, qu'il calcule au prix de 6 livres par visite et 24 par nuit, comme M. votre père était dans l'usage de les lui payer. Je crois, monsieur le comte, qu'il faut vous débarrasser de cet homme, qui est répandu dans des maisons où vous êtes connu, telles que celle de M. le baron de Staël. »

Buffon, qui avait été soigné, dans sa grave maladie de 1771, par deux médecins en vogue, les docteurs Lory et Deschenetz (tome Ier, p. 198, note 2), a pareillement reçu, dans sa dernière maladie, les soins de deux médecins à la mode, aussi savants qu'habiles.

(3) Le vicomte d'Haussonville *Salon de Mme Necker*, t. Ier, p. 330.

« Que de bonté ! lui dit Buffon en la voyant entrer. Vous venez me voir mourir.
» Quel spectacle pour un cœur sensible ! »

· » Elle s'installa à son chevet qu'elle ne devait plus quitter, et, surmontant les
répugnances d'une nature faible et nerveuse, elle assista cinq jours durant à son
agonie, qui fut affreuse.

» Lorsque l'excès de la souffrance baignait d'une sueur froide tout le corps de
Buffon, c'était la main de M^me Necker qui essuyait son front, et elle lui rendait
les soins intimes qu'une fille aurait pu rendre à son père. Parfois, lorsque ses
terribles spasmes lui laissaient quelque repos et lorsque M^me Necker s'approchait
de son lit pour lui rendre quelque service, Buffon lui prenait les mains et lui
disait : « Je vous trouve encore charmante dans un moment où on ne trouve plus
» rien de charmant. »

» M^me Necker a laissé de cette agonie un récit simple, sobre, pathétique,
comme tout ce qui est profondément senti. Dans ce récit écrit jour par jour, on
devine que ce qui préoccupe surtout M^me Necker, ce sont les sentiments que
Buffon exprimera au moment de sa mort. Elle a passé sous silence les témoignages
de reconnaissance qu'il lui prodiguait ; mais elle note les moindres circonstances
qui attestent que c'est dans la plénitude de son intelligence et de sa liberté que
Buffon a parlé et agi. Aussi ce dut être une grande joie pour son âme pieuse que
de l'entendre, d'une voix forte et claire, prononcer ces mots :

« Je déclare que je meurs dans la religion où je suis né, et atteste que je crois
» publiquement en Jésus-Christ, descendu du ciel sur la terre pour le salut des
» hommes ; je demande qu'il daigne veiller sur moi et me protéger, et je déclare
» publiquement que j'y crois. »

» Elle donne ensuite des preuves de l'impatience avec laquelle Buffon, crai-
gnant toujours d'expirer dans quelque convulsion de souffrance, demandait qu'on
lui administrât les sacrements. »

Nous avons donné t. 1^er, p. 263, à propos de la religion de Buffon, un extrait
du journal de son agonie rédigé par M^me Necker.

On y lit encore :

« Dimanche 13 avril. — Même état d'accablement. »

« Lundi 14 avril. — Même situation. »

« Mardi 15 avril. — A sept heures du soir, la sueur de la veille l'ayant encore
affaibli, il a été pris tout à coup par des nausées et des douleurs dans la vessie
qui ne lui laissaient aucun repos ; il tremblait et suait en même temps de tous ses
membres. Dans moins d'une heure et demie, il a mouillé trois chemises. Ses forces
semblaient renaître avec le mal ; il aidait à passer la chemise qu'on lui changeait.
Il demandait presque à chaque moment à boire, tantôt de l'eau, un bouillon ou quelques
gouttes de vin d'Alicante, disant sans cesse : « J'étouffe ! » On le soulevait sur son
lit, et, au milieu de ces terribles angoisses de la mort, je l'ai entendu dire : « A-t-on
» fait quelque chose pour mon fils ? »

« Vers les neuf heures et demie du soir, cet état d'angoisse se soutenant, il
portait constamment la main vers la vessie et je l'ai entendu dans un mouvement
d'impatience prononcer ces mots : « Sors donc, vilaine pierre ! Sors donc !... »

« Ce terrible spasme de la mort s'est ensuite calmé en partie, mais il lui est resté
une suffocation excessive. Sa respiration était fréquente et gênée ; son corps glacé

était réchauffé à l'aide de linges chauds. Il a encore trouvé la force de se soulever à l'aide de ses deux bras et il a bu trois cuillerées à bouche de vin d'Alicante. Puis le pouls a diminué graduellement, sa bouche est demeurée ouverte ; les extrémités se refroidissaient ; il a serré plusieurs fois la main de M^me Necker et de M^lle Blesseau ; la respiration devint presque insensible, et, à minuit quarante, il a rendu le dernier soupir. »

Humbert Bazile ajoute :

« Il a pressé la main de ses amis, a remercié ses gens de leur attachement à son service et a fait approcher son fils qui, les larmes aux yeux, a recueilli ses dernières paroles : « Mon fils, ne quittez jamais le chemin de la vertu et de l'honneur, c'est le seul moyen d'être heureux. »

Le chevalier de Buffon résume ainsi les impressions que lui ont laissées les derniers jours et la mort de son frère :

« Philosophe dans ses écrits, philosophe dans les moments les plus heureux et les plus brillants de sa vie publique et privée, philosophe dans sa conduite journalière, philosophe dans les attaques scientifiques qui lui furent suscitées et qu'il dédaigna, philosophe dans la douleur, il a supporté avec une constance rare les souffrances aiguës d'une longue et cruelle maladie ; il a envisagé de sang-froid et sans murmures le dépérissement de ses forces physiques en s'en consolant par la conservation de ses facultés morales qui ne se sont éteintes qu'avec lui... Le sommeil l'avait abandonné pendant les trois dernières années de sa vie. Le dégoût de tous les aliments survint ; il voyait sa destruction prochaine, non pas avec cette indifférence stoïque qui répugne à la nature, mais avec résignation sans s'étonner ni se plaindre. Il dicta ses dernières dispositions avec tranquillité ; les mouvements de son âme ne troublèrent pas la liberté de son esprit. Il s'occupa de ses affaires, de celles du Jardin et du Cabinet du Roi et des détails concernant ses ouvrages, jusqu'au jour qui a précédé celui de sa mort. Enfin, dans un marasme absolu, après avoir rempli exemplairement les derniers devoirs de la religion, il expira le 16 avril, laissant à sa famille, à ses amis, à l'humanité le modèle de toutes les qualités, de tous les talents et de toutes les vertus. »

Buffon étant mort à minuit quarante minutes, le 16 avril 1788, l'autopsie et l'embaumement du corps eurent lieu le même jour dans la matinée :

« Aujourd'hui 16 avril 1788, au Jardin du Roi, hôtel de l'Intendance, nous, docteurs en médecine et maître en chirurgie soussignés, Portal, Retz et Girardeau (1), avons assisté et procédé à l'ouverture du corps de M. le comte de Buffon, décédé la veille et avons trouvé ce qui suit :

« ..... La vessie d'un volume quatre fois plus grand ou environ que dans l'état naturel..... Il y avait dans ce viscère une trentaine de pierres de la grosseur d'un gros pois et une douzaine d'autres plus petites d'une dureté pareille à celle de la pierre à fusil dont quelques-unes étaient logées dans les cellules de la membrane ; le reste flottait dans la capacité..... »

La *Gazette de la Santé* ajoute :

« On a trouvé dans la vessie cinquante-six calculs, les uns de la grosseur d'un pois, les autres de celle de petites fèves ; quelques-uns étaient enkystés. Réunis ensemble, ils ont pesé deux onces et demie. »

« A l'ouverture du cadavre, on a trouvé cinquante-sept pierres dans la vessie, trente de cristallisées en triangle et pesant ensemble deux onces et six gros. Toutes les autres parties étaient parfaitement saines ; le cerveau s'est trouvé d'une capacité un peu plus grande que celle des cerveaux ordinaires. »

(Le Mercure du 26 avril.)

Deux pierres ont été données au savant Van Mussem de Harlem, deux à Daubenton, quatre à M. Lucas, six au chirurgien qui a fait l'autopsie.

Buffon avait légué son cœur à Faujas de Saint-Fond, le collaborateur, l'ami de ses derniers jours, celui qu'il avait solennellement désigné au ministre pour continuer son œuvre. Mais son fils n'ayant pas voulu se dessaisir de cette pieuse relique, disparue avec toutes les autres dans la tourmente révolutionnaire, remit en échange à Faujas le cerveau ou plutôt le cervelet de Buffon.

Il est renfermé dans une urne de cristal avec cette inscription : *Cervelet de Buffon, préparé à la manière des Égyptiens.* L'urne de cristal était dans une urne d'or qui a disparu.

___

(1) Étienne Girardeau, docteur en médecine, maître en chirurgie de la Faculté de Paris, membre de la Société royale de chirurgie, connu par une grande habileté de main et des publications estimées sur son art.

L'embaumement de Buffon a coûté 1,000 livres, ainsi que l'établit le reçu suivant :

« Je soussigné, chirurgien en chef en survivance des maisons de l'Hôpital général, membre du collège et de l'Académie royale de chirurgie, reconnais avoir reçu de M. Lucas la somme de 1,000 livres pour l'ouverture du corps de feu M. le comte de Buffon, embaumement, dépenses des aromates, frais particuliers et honoraires.

» Dont quittance à Paris, ce 24 avril 1788.

» GIRARDEAU. »

En 1870, le cerveau de Buffon, à défaut de sa dépouille, a été déposé suivant le vœu de Cuvier et des professeurs du Muséum (1) dans le socle de sa statue avec cette inscription :

LE CERVELET DE BUFFON
OFFERT AU MUSÉUM
PAR MM. FAUJAS DE SAINT-FOND
ET NADAULT DE BUFFON
A ÉTÉ DÉPOSÉ DANS CE PIÉDESTAL
LE 17 OCTOBRE 1870

La mort de Buffon a eu tous les caractères d'un malheur public.

Les boutiques du quartier Saint-Victor s'étaient fermées, des groupes stationnaient dans les rues et une foule sympathique, silencieuse et recueillie s'était portée dès le matin aux abords du Jardin du Roi où ne tardèrent pas à arriver les courriers de Versailles et la file des voitures des ministres, des dignitaires de l'État et des grands officiers de la couronne.

Les résidents des cours étrangères rendirent compte de la mort de Buffon à leurs souverains ; et si nous n'avons pu nous procurer les dépêches diplomatiques des ministres de Russie et de Prusse à Catherine II et à Frédéric II, correspondants de Buffon, nous devons à l'obligeance de M. le marquis Godefroy de Virieu la communication de la dépêche encore inédite qu'adressait le 20 avril 1788 le bailli de Virieu, ministre de Parme (2), à son souverain l'infant don Ferdinand, petit-fils de Philippe V et de Louis XV, beau-frère de Marie-Antoinette.

« M. de Buffon, écrit le ministre, est mort vendredi 16 avril, à deux heures du matin. On a fait l'après-dîner l'ouverture du cadavre, et on a trouvé dans la vessie quarante pierres. Les médecins lui avaient conseillé, il y a plus de dix ans, de se faire opérer en l'assurant que l'opération serait heureuse. Mais ni leurs conseils ni les prières de ses amis, à qui ses souffrances déchiraient l'âme, n'avaient pu l'y déterminer... Aussi a-t-il souffert longtemps des douleurs cuisantes, depuis un an surtout. Il avait perdu le sommeil au point de ne pouvoir fermer les yeux

(1) Il résulte d'une délibération des professeurs du Muséum, du 11 janvier 1800 (11 nivôse an VIII), « qu'il serait fait des démarches auprès du gouvernement pour que le corps de Daubenton, qui avait vécu plus d'un demi-siècle dans l'enceinte du Muséum, fût inhumé au Jardin des Plantes... et que le corps de Buffon fût transporté et déposé près de celui de Daubenton, et qu'il reçût une sépulture et un monument analogues. » Cette délibération avait été portée au ministre de l'intérieur qui y avait donné son assentiment immédiat, et Lacépède pouvait dire le jour des obsèques : « Vous avez voulu conserver religieusement parmi vous la cendre de Daubenton et la rapprocher de celle de l'homme fameux dont il partagea et les jeux de l'enfance et les travaux de l'âge mûr et la gloire de la vieillesse auguste ; Daubenton ! Buffon ! vous serez réunis dans la tombe comme dans nos pensées et dans nos cœurs. » Fourcroy, directeur du Muséum, ajoutait : « Nos vœux appelleront l'ombre du peintre de la nature et nous la placerons près de la sienne. »

(2) Jean Loup de Virieu, né en 1730, mort en 1807, gouverneur militaire de l'infant don Ferdinand, élève de Condillac et de Kéralio, bailli et chargé d'affaires de l'ordre de Malte en France, ministre de Parme à Paris du 15 mars 1788 au 21 octobre 1793, a laissé, sur les événements des premiers jours de la Révolution, une correspondance diplomatique comprenant trois cents rapports conservés aux archives de Parme, dont le marquis de Virieu, son petit-fils, prépare en ce moment la très intéressante publication.

que quelques minutes, ce qui lui fit dire un jour : « Je commence presque à croire
» que le sommeil n'est pas nécessaire à la vie des animaux. »

« Un Capucin de Montbard, petite ville de Bourgogne dans l'Auxois, qu'il pria
de faire venir auprès de lui (1) pour remplir les derniers devoirs d'un catholique,
a raconté après la mort de Buffon une anecdote que l'opinion qu'on avait de ce
philosophe et quelques endroits de ses écrits détruiraient si toute autre personne
que ce digne et respectable vieillard l'avait racontée. Il a dit que M. de Buffon allait
tous les ans le trouver dans la semaine sainte, et, après avoir fait ses Pâques dans
l'église des Capucins, s'en retournait à Paris. Il faisait ce voyage depuis quarante
ans (2). »

Les obsèques eurent lieu à Paris, le 18 avril 1788, avec une imposante solennité, au milieu du deuil public et d'un immense concours de peuple qu'on ne devait plus revoir qu'aux funérailles de Mirabeau.

« Sa pompe funèbre, rapporte le *Mercure* du 26 avril, a eu un éclat rarement
accordé à la puissance...

» Tel était le prestige de ce nom célèbre que plus de vingt mille spectateurs
dans les rues, aux fenêtres et sur les toits, attendaient le cortège avec cette curiosité que le peuple réserve aux princes ! »

« Vous vous souvenez, Messieurs, de la pompe de ses funérailles, disait à trois
mois d'intervalle Vicq-d'Azyr dans l'*Éloge* de Buffon. Vous y avez assisté... avec
ce cortège innombrable de personnes de tous les rangs, de tous les états qui suivaient en deuil au milieu d'une foule immense et consternée. »

Suivant la volonté de Buffon qui avait voulu reposer à Montbard, son corps y
fut rapporté.

Dans les villes et les villages que l'on traversait, on sonnait les cloches et le
clergé et les habitants venaient à la rencontre du convoi ; de toutes parts les paysans accouraient sur les routes.

Après quatre jours d'une marche en quelque sorte triomphale, la dépouille
de Buffon arriva à Montbard où les populations venues de vingt lieues à la ronde
l'attendaient depuis plusieurs jours et où eut lieu l'inhumation en présence de son
fils, de MM. Nadault et de Saint-Belin ses beau-frères et neveu.

A la Révolution, la sépulture de Buffon fut violée ainsi que l'atteste ce curieux
document :

« Liberté, Égalité, Fraternité.

» Comité d'Instruction publique.

» Paris, ce 4 ventôse, an deuxième de la République une et indivisible.

» Citoyens,

» Le Comité a été instruit que la commune de Montbard s'est emparée du cercueil de plomb dans lequel étaient renfermés les restes de Buffon.

(1) Le P. Ignace était arrivé en poste ; les relais avaient été doublés, et il avait fait la
route si vite que son cabriolet de poste avait été brisé. Les dépenses de la poste et de « la
réparation du cabriolet du Capucin » figurent aux comptes des funérailles de Buffon, aux
pages 113 à 127 du volume sur *Buffon, sa famille, ses collaborateurs et ses familiers*.

(2) Ce fait est inexact ; voir tome 1er, p. 263, les documents authentiques que nous
avons recueillis sur la religion de Buffon.

» Cet acte, auquel elle s'est cru autorisée pour l'exécution littérale de la loi, pourrait être interprété défavorablement par les malveillants, qui cherchent chaque jour de nouveaux prétextes pour calomnier notre sublime Révolution ; l'enlèvement de ce plomb, destiné à foudroyer des hordes de Barbares, pourrait être présenté comme une violation des cendres d'un homme que l'Europe compte parmi ses plus célèbres Naturalistes.

» C'est à la commune à prévenir la calomnie.

» Le comité vous invite, en conséquence, à placer sur la tombe de Buffon, avec quelque solennité, une simple pierre qui prouvera le respect que vous avez pour sa mémoire. »

La commune de Montbard se contenta de placer le corps dans un cercueil de sapin sur deux chevalets de bois, et on rescella le caveau.

La dépouille de Buffon est encore aujourd'hui dans le caveau de sa chapelle à Montbard, entre son père, sa femme, une fille morte en bas âge, son oncle par alliance, l'avocat général Jean Nadault de l'Académie des sciences, et sa bru, Georgette Daubenton, seconde femme de son fils (1).

La sépulture de Buffon a pour seule épitaphe une plaque de cuivre de 11 centimètres sur 16 fixée aux débris du cercueil, et où le graveur fait naître par erreur à Dijon Buffon, enfant de Montbard :

Ici repose
GEORGES-LOUIS LECLERC, COMTE
DE BUFFON, NÉ A DIJON LE 7
SEPTEMBRE 1707, DÉCÉDÉ AU JAR-
DIN DU ROI LA NUIT DU 15 AU 16
AVRIL 1788, A MINUIT QUARANTE MINUTES

**REQUIESCAT IN PACE**

L'éloge de Buffon a été prononcé à l'Académie française par Vicq-d'Azyr, le 25 novembre 1788, et le 16 à l'Académie des sciences par Condorcet (2), devant le prince Henri de Prusse, qui avait tenu à rendre ce suprême hommage à la mémoire de celui qu'il était venu visiter à Montbard, en 1784, et qu'il avait honoré du nom de père (3). D'autres éloges ont été lus le 28 novembre par Bressonnet, devant la Société royale et centrale d'Agriculture de France, et devant l'Académie de Dijon, la Société royale de Londres, les Académies de Berlin, Saint-Pétersbourg,

(1) En vertu de cette disposition de ses deux testaments des 12 juillet 1844 et 9 novembre 1850 : « Je veux être enterrée à Montbard dans le caveau de ma chapelle ; si je décède à Paris ou partout ailleurs qu'à Montbard, je désire que ma dépouille mortelle y soit ramenée. »

(2) « On a trouvé l'éloge de M. de Buffon par M. le marquis de Condorcet rempli d'esprit et de beautés ; on a admiré le parallèle entre Aristote et le Pline français fait avec beaucoup d'art, et on a surtout relevé le but que M. de Condorcet s'était proposé en parlant de la femme de M. de Buffon, qui le préféra, à cause de son savoir, à tant d'autres dont la jeunesse et les agréments extérieurs auraient séduit toute autre femme. »

(*Dépêche déjà citée du 17 novembre 1788 du bailli de Virieu.*)

(3) Voir t. II, p. 240 et 244, notes 4 et 1. et p. 247 et 251, et t. 1er, p. 186, note 3.

et toutes les Académies et Sociétés savantes dont Buffon était membre; il existe aussi un éloge par d'Alembert.

A près d'un siècle d'intervalle, en 1878, l'éloge de Buffon a été mis au concours par l'Académie française, et le prix a été partagé entre MM. Hémon, professeur au lycée de Rennes, et Michaut, mort avant d'avoir reçu la couronne que l'Académie a déposée sur sa tombe (1).

Mais le plus bel éloge de Buffon, au-dessus des éloges académiques et des éloges officiels, et le plus touchant hommage rendu à sa grande mémoire se trouvent dans la douleur de M^me Necker, de M^me Nadault, sa sœur, de sa famille, de ses amis et de toutes les personnes attachées à son service, dans l'universalité des regrets et l'unanimité de la louange.

Il y a bientôt un siècle que Buffon est mort; mais le temps n'a fait qu'ajouter à sa grande renommée.

Si le xviii^e siècle a surtout admiré dans Buffon le philosophe, le penseur et l'écrivain, fondateur au détriment de sa propre fortune d'un de nos grands établissements d'enseignement national, le xix^e siècle, après avoir commencé par méconnaître le savant, en est arrivé à saluer unanimement en lui le précurseur de toutes les grandes découvertes modernes, et la science contemporaine vérifie chaque jour par l'expérience l'exactitude de ce que Buffon a avancé avec la seule intuition du génie qu'il nommait la *Vue de l'esprit*. Lacépède, Cuvier, Geoffroy Saint-Hilaire, Villemain, Henri Martin, Sainte-Beuve, Flourens dans ses travaux sur Buffon, le savant M. Chevreul, né deux ans avant la mort de Buffon, bientôt centenaire, dans son discours prononcé le 8 octobre 1865 devant la statue de Montbard, M. le docteur de Lanessan, dans la savante introduction placée comme un majestueux frontispice en tête de la nouvelle édition des œuvres complètes de Buffon, ont proclamé les éclatants services rendus par l'illustre savant à la science moderne et à l'humanité.

Mais toute la gloire de Buffon devait être impuissante à protéger son fils.

Pendant que la Convention protestait contre la violation de sa cendre à Montbard et qu'à Paris, en pleine Terreur, sa statue restait debout et respectée au Jardin des Plantes, la Révolution tranchait la tête à son fils (2).

(1) Parmi les concurrents évincés, au nombre de vingt-cinq, se trouvait l'arrière-petit-neveu de Buffon, éditeur en 1860 de la première édition de sa *Correspondance inédite et annotée*, auteur de nombreuses biographies et études sur notre grand naturaliste.

(2) Après la mort tragique du fils unique de Buffon sans enfant légitime, il ne restait plus pour représenter la famille du sang que la descendance de Catherine-Antoinette Leclerc, née à Buffon le 29 mai 1746, morte le 18 avril 1832 à quatre-vingt-six ans. Elle avait épousé le 24 juillet 1770, avec dispense de parenté, Benjamin-Edme Nadault, conseiller au Parlement de Dijon, son cousin germain, d'une ancienne famille du Limousin qui remonte à Jehan Nadault, docteur ès lois en 1206 et a fourni des branches dans la Marche, le Berry, la Touraine, la Saintonge, l'Aunis, les colonies et aux États-Unis (*).

Le père de Buffon, Benjamin-François Leclerc, conseiller au Parlement de Bourgogne, avait eu d'un premier mariage, contracté le 9 avril 1706 avec Anne-Christine Marlin, cinq enfants, trois garçons et deux filles. Mais l'aînée des sœurs de Buffon était morte à vingt

(*) L'histoire de cette maison a été écrite par l'abbé Leclerc dans le nobiliaire du Limousin, et par MM. Albrier et Desvoyes.

Ce fils unique, dont l'enfance et l'adolescence s'étaient écoulées dans le bien-être et l'opulence, à l'abri de la tendresse et de la gloire paternelles, a eu une destinée funeste.

A son bonheur perdu, au scandale qu'avait fait une femme indigne autour d'un nom illustre, s'étaient ajoutées les plus graves difficultés d'argent, nées d'un patriotique mais imprudent désintéressement.

ans, le 28 novembre 1731, sans avoir été mariée; la seconde, Jeanne Leclerc, née le 17 octobre 1710, était morte à son tour le 2 mars 1781 à soixante-onze ans, supérieure des Ursulines de Montbard. De ses deux frères tous deux religieux, Jean-Marc Leclerc, né le 17 octobre 1708, était mort le 22 janvier 1734 à vingt-six ans, prieur de Flacey; et Charles-Benjamin Leclerc, né le 22 juillet 1712, successivement prieur et vicaire général de Citeaux, abbé du Rivet, était mort le 13 novembre 1783 à soixante-onze ans.

Le conseiller Leclerc n'avait eu de son second mariage avec Antoinette Nadault, sa parente, le 30 décembre 1732, que deux enfants, M^me Nadault, et Pierre-Alexandre Leclerc, chevalier de Buffon, né à Buffon le 23 juin 1734, maréchal de camp, collaborateur à la *Collection académique* et à l'*Encyclopédie*, chevalier de Saint-Louis et de la Légion d'honneur, mort à Montbard, sans avoir été marié, le 23 avril 1825, à quatre-vingt-onze ans.

M^me Nadault, sœur de Buffon, a eu trois enfants.

L'aîné, Jean-Benjamin-François-Antoine Nadault, abbé de la Sainte-Chapelle de Dijon, titulaire d'autres bénéfices ecclésiastiques, né le 12 juillet 1772, mort le 4 novembre 1793, pendant la guerre de Vendée, fusillé à vingt-deux ans sur une lande de Bretagne, au lendemain de la bataille de Fougères, où il avait été fait prisonnier, en invoquant inutilement, lui aussi, le nom de Buffon. Musicien précoce, doué d'un talent extraordinaire sur le violon, il avait exécuté à douze ans, dans la Sainte-Chapelle de Dijon, devant le prince de Condé et les États, un motet avec un succès dont les journaux du temps rendirent compte.

Jeanne-Louise-Antoinette-Sophie Nadault, née le 30 septembre 1773, morte le 27 novembre 1840, a eu d'un premier mariage Jean-Antoine de Mongis, procureur général à Dijon, avocat général et conseiller à la cour d'appel de Paris, conseiller municipal de la Seine, conseiller général de l'Aube, officier de la Légion d'honneur et de l'Instruction publique, auteur d'une traduction de Dante en vers français qui a eu deux éditions, de discours, de pièces de théâtre et de deux volumes de mélanges, né le 25 janvier 1802, mort à soixante-dix-sept ans le 21 mars 1879, en laissant deux filles, la comtesse de Brémond d'Ars et la comtesse de Contades-Gizeux; le fils du second mariage de Sophie Nadault, Adolphe-Simon Guiod, général de division, conseiller d'État, commandant en chef l'artillerie de l'armée de Paris pendant le siège, grand-croix de la Légion d'honneur, né le 5 octobre 1805, est mort le 23 mai 1884 à soixante-dix-neuf ans sans avoir été marié. Son père, colonel de cuirassiers, commandeur de la Légion d'honneur à 28 ans, avait été tué en chargeant à la tête de son régiment à Eylau.

Le second fils de la sœur de Buffon, Benjamin-François-Georges-Alexandre Nadault, filleul de Buffon, magistrat, chevalier de la Légion d'honneur, né à Montbard le 23 décembre 1780, mort le 24 décembre 1867, à quatre-vingt-six ans, après avoir été pendant plus de trente ans juge de paix du canton de Montbard et avoir obstinément refusé tout avancement dans la magistrature. Il était vénéré dans la contrée, et, à l'inauguration de la statue de Buffon à Montbard, le 8 octobre 1865, les représentants du gouvernement et les députations de l'Académie française, de l'Académie des sciences et des Sociétés savantes, se faisant les interprètes du sentiment public, ont tenu à honneur de lui rendre visite en corps et en uniforme.

Benjamin-François-Georges-Alexandre Nadault a eu de son mariage du 22 septembre 1802 avec Agathe-Charlotte Petit de Cruzil, fille d'un gouverneur des pages du comte d'Artois, colonel de cavalerie, chevalier de Saint-Louis, et d'Agathe-Hélène-Victoire Duchesne de Bressy, dame d'atours de la comtesse de Provence, deux enfants:

Benjamin-Hippolyte Nadault de Buffon, né à Montbard le 2 février 1804, mort le 18 juin 1880 à soixante-seize ans, autorisé le 20 janvier 1835 à ajouter à son nom celui de Buffon,

Un instant l'infortuné jeune homme put croire que son sort allait changer.

Il avait embrassé avec ardeur les idées de la Révolution, et à Montbard ses concitoyens l'avaient acclamé maire et colonel de la garde nationale, et l'avaient nommé électeur à l'Assemblée électorale du département de la Côte-d'Or. Il avait reçu une ovation à Bordeaux (1), et avait commandé comme général à Dijon, en 1789, l'armée de la première fédération des quatre départements de l'ancienne province de Bourgogne, fédération dont il avait refusé la présidence; à Paris, il avait été élu colonel de la 6e légion.

En même temps qu'il recueillait les témoignages éclatants de la confiance et de l'estime de ses concitoyens et du public, des ovations à Montbard, Dijon, Paris, Bayonne et Bordeaux, d'enivrants succès d'amour-propre et la popularité, il avait rencontré, pour lui faire oublier les amères déceptions de son premier rêve, l'amour d'une toute jeune fille d'une remarquable beauté et d'une grande intelligence, Betzy Daubenton, alors âgée de dix-sept ans, et l'avait épousée en pleine Terreur, le 2 septembre 1793 (2).

son grand-oncle paternel, ingénieur en chef des ponts et chaussées, ingénieur directeur du service hydraulique, professeur à l'école, membre de la Société centrale d'agriculture de France et de l'Académie des sciences de Turin, officier de la Légion d'honneur, etc., inventeur et savant, introducteur en France de la science des irrigations et du colmatage, auteur de nombreux ouvrages et traités sur les irrigations, les eaux de source, l'agriculture, le colmatage et le limonage, l'hydraulique agricole, etc., et du grand projet de l'assainissement et de la fertilisation de la Crau et du Delta du Rhône par le colmatage, projet reconnu d'utilité publique par la loi du 9 août 1881 (*), actuellement en voie d'exécution.

Agathe-Henriette-Joséphine Nadault, née le 17 juin 1809, mariée le 12 avril 1834 à Jean-Baptiste-Auguste Fleury de Vergoncey, magistrat démissionnaire en 1830, neveu du président Riambourg, président de chambre à la cour d'appel de Dijon, auteur d'écrits philosophiques.

De son mariage, contracté le 18 janvier 1830 avec Stéphanie-Napoléon Bertrand de Boucheporn, filleule de Napoléon III et de la grande-duchesse Stéphanie de Bade, petite-fille du dernier intendant de la Corse, ancien avocat général au parlement de Metz, ami de Turgot, à la veille de devenir ministre de Louis XVI. fille d'un préfet du palais de Napoléon Ier, chevalier de Saint-Louis et de la Légion d'honneur, receveur général de la Haute-Marne, et de la sous-gouvernante des enfants de Hollande, institutrice de Napoléon III, Benjamin-Hippolyte Nadault de Buffon a eu deux enfants :

Renée-Louise-Betzy Nadault de Buffon, née le 19 novembre 1834, mariée le 19 septembre 1854 à Honoré Aloys Peting de Vaulgrenant, neveu du cardinal Caverot, archevêque de Lyon.

Alexandre-Henri Nadault de Buffon, né le 16 juin 1831, ancien avocat général, président de chambre honoraire à la cour d'appel de Rennes, officier de la Légion d'honneur et de l'Instruction publique, auteur d'ouvrages de droit et de jurisprudence, de morale et d'économie sociale.

(1) Voir t. II, p. 106 de ce volume. On trouvera le détail complet de la réception du fils de Buffon à Bordeaux à la page 402 du tome II de la 1re édition de la *Correspondance*.

(2) Son divorce avec sa première femme remontait au 14 janvier; mais, dès le 23 novembre 1790, par un testament authentique reçu Me Boursier, notaire à Paris, il avait institué pour sa légataire universelle Élisabeth-Georgette-Betzy Daubenton, institution confirmée par un second testament olographe fait à Montbard le 20 mars 1791 :

« Je donne et lègue tous mes biens meubles et immeubles, généralement quelconques dont je puis disposer, à Mlle Élisabeth-Georgette-Betzy Daubenton, fille mineure de feu M. Dau-

(*) On lit dans l'exposé des motifs de la loi à la Chambre des députés : « Depuis plusieurs siècles le projet de rendre à la culture les vastes contrées marécageuses, malsaines et infertiles de la Crau, a plus d'une fois sollicité les esprits généreux et hardis... Il y a vingt ans, un membre éminent du corps des ponts et chaussées, M. Nadault de Buffon, entreprenait de compléter l'œuvre inachevée. »

Mais ce rêve d'amour devait être de courte durée et avoir un sanglant réveil.

Arrêté le 30 pluviôse an II, sur une dénonciation anonyme, il avait fait arrêter son dénonciateur qui était encore en prison quand il mourut; il n'avait pas eu de peine en effet à démontrer l'inanité de l'accusation; mais il n'en avait pas moins été envoyé à la prison du Luxembourg, de là à la Conciergerie, et impliqué dans l'affaire dite de la *Conspiration des prisons ou des princes*.

Sa jeune femme, qui errait en deuil autour de la prison en réclamant son mari à ses geôliers, à ses juges et à ses bourreaux, avait vainement adressé le 7 ventôse au Comité de Salut public un mémoire démontrant l'évidence de la calomnie signé des deux noms illustres de Daubenton, Buffon (1).

Vainement, de son côté, le fils de Buffon jettera le 20 messidor, de la prison de la Conciergerie, ce cri suprême à Fouquier-Tinville, l'accusateur public : « Le fils de Buffon, auteur de l'*Histoire naturelle*, demande à te parler et ne conçoit pas pourquoi il est ici... Il a été arrêté il y a quatre mois et demi par suite d'une affaire où il a fait arrêter un citoyen qui voulait trafiquer de sa liberté; ce citoyen est en prison depuis ce temps, mais Buffon y est aussi... Cependant les statues des rois sont en poudre et celle de son père est encore debout au Jardin National, où le peuple reconnaissant la voit tous les jours (2). »

Inscrit le dernier sur la liste des cent cinquante-sept accusés que Dumas, le féroce président du tribunal révolutionnaire, voulait juger en une fois, il comparut le 22 messidor.

La liste avait été partagée en trois *fournées*, et le 19, soixante accusés avaient été condamnés et exécutés le même jour.

Le surlendemain 21, le tribunal avait expédié une nouvelle liste de cinquante en prononçant deux acquittements et quarante-huit condamnations immédiatement suivies de l'exécution.

A la dernière audience du 22 messidor, qui comprenait quarante-sept accusés, le président Dumas et l'accusateur public Fouquier-Tinville, sans doute fatigués par les séances des jours précédents, s'étaient fait remplacer par Scellier et le substitut Royer. Les jurés, eux aussi, étaient fatigués, car cette fois ils prononcèrent huit acquittements sur quarante-sept, dont celui du général Baraguay-d'Hilliers. Le fils du procureur général La Chalotais était assis aux côtés du fils de Buffon, et la veille avait comparu l'ancien intendant de Bourgogne, ami de son père, Dupleix de Baquencourt. Sur la liste du premier jour figuraient les noms des Fénelon, Levis, Nicolaï, etc.

benton, maire de Montbard, et de M^me Boucheron Daubenton; à l'effet de quoi je nomme et institue ladite demoiselle pour mon héritière principale et ma légataire universelle.

« Je donne et lègue à M. Nadault, cy-devant conseiller au Parlement de Dijon, mon oncle, une pension annuelle et viagère de 2,400 livres, et à M^me Boucheron, veuve de M. Daubenton, à son décès maire de Montbard, pareille somme de 2,400 livres de pension annuelle et viagère.

« Je lègue à M. Leclerc, chevalier de Buffon, mon oncle, maréchal des camps et armées de France, une somme de 6,000 livres une fois payée. »

(1) On trouvera ce mémoire à la page 225 du volume sur *Buffon, sa famille, ses collaborateurs et ses familiers*.

(2) La lettre d'où nous extrayons ce passage a été publiée par M. Wallon dans son *Histoire du Tribunal révolutionnaire*, t. IV, p. 451.

DAUBENTON

ÉLISABETH GEORGETTE BETZY

3ème Comtesse et Bru de Buffon

1775 – 1852

Imp. O. Chardon

Devant le tribunal, le fils de Buffon avait protesté de son civisme, aucun témoin n'avait déposé contre lui ; mais tout devait être inutile.

Le jugement de condamnation était rédigé d'avance avec la formule exécutoire, et il suffisait au président de biffer chaque fois sur la minute les noms des acquittés. Rendu à quatre heures le 22 messidor, neuf jours avant le 9 thermidor, notifié à cinq, le jugement recevait son exécution le soir même à sept heures sur la place de Vincennes, ancienne place du Trône. On exécutait dans ce quartier de Paris depuis que les boutiquiers du faubourg Saint-Honoré et du quartier de la Madeleine, redoutant une épidémie par suite des émanations du sang répandu, ne permettaient plus les exécutions place de la Révolution.

Le fils de Buffon monta sur l'échafaud le dernier des trente-neuf, suivant l'ordre de la liste, et le dernier des cent cinquante-sept victimes des trois journées.

Il y monta avec fermeté, le pied ne lui glissa pas dans le sang, et, avant de se livrer aux exécuteurs, il se tourna vers la foule et prononça d'une voix forte et la tête haute ces seules paroles :

« Citoyens, je me nomme Buffon. »

Ses restes furent jetés avec ceux des cent cinquante-sept condamnés, dans la chaux vive, dans les fosses creusées dans le jardin de l'ancien couvent de Picpus (1) et son nom se lit aujourd'hui dans la chapelle sur les plaques de marbre consacrées aux victimes.

Il laissait une veuve de dix-huit ans et un fils naturel, Jean-Baptiste-Louis-Victor Delignon, fils de sa sœur de lait Françoise Delignon (2), né à Châtillon-sur-Seine (Côte-d'Or) le 3 juillet 1790, mort le 24 septembre 1821, à trente et un ans, capitaine de cavalerie en retraite, chevalier de la Légion d'honneur, ancien aide de camp de Junot, duc d'Abrantès, son compatriote et son compagnon d'enfance. Il avait été admis par un arrêté du premier consul du 5 septembre 1800 (18 fructidor an VIII) au Prytanée militaire de La Flèche, sous le nom de Buffon (3).

(1) En présence de cette inhumation sommaire dans la fosse commune des suppliciés, on ne lira pas sans émotion l'expression de la dernière volonté du fils de Buffon dans ses deux testaments des 23 novembre 1790 et 20 mars 1791 :

« Je veux et ordonne que, quel que soit le lieu où je décéderai, mon corps soit rapporté à Montbard, pour être déposé dans le caveau de ma chapelle, auprès des cendres de mon père. »

(2) On lit dans le même testament : « Je donne et lègue à la femme Delignon, ma nourrice, 300 livres de rente et pension viagère payables par quartier et d'avance. Je veux que son logement lui soit conservé dans ma maison de Montbard pendant sa vie, ou qu'il lui soit payé, pour lui en tenir lieu, une somme de 50 livres, à son choix. »

(3)                              ARRÊTÉ.

Paris, 18 fructidor an VIII.

Bonaparte, premier consul de la République, le Ministre de l'Intérieur entendu,

Arrête :

ARTICLE PREMIER. — Le jeune Victor Buffon, dont le père est mort sur l'échafaud, victime du Tribunal Révolutionnaire, dans l'exercice de ses fonctions de maire de la commune de Montbard, est nommé élève du Prytanée.

ART. 2. — Le Ministre de l'Intérieur est chargé de l'exécution du présent arrêté.

BONAPARTE.

(Correspondance de Napoléon Ier. — T. IV. Lettre no 5083.)

Jean-Baptiste-Louis-Victor Delignon a eu deux fils, dont un a fait souche. Un jugement du tribunal civil de la Seine du 10 mai 1867 a interdit à sa descendance de prendre le nom de Buffon.

La veuve du fils unique de Buffon, veuve à dix-huit ans, Betzy Daubenton, dépouillée de la fortune que lui avait léguée son mari (1), dénuée de tout jusqu'au jour où un décret de la Convention du 2 mars 1795 lui accorda une somme de 15,000 livres (2), s'était retirée avec sa mère au Jardin des plantes, près de son oncle, *le berger Daubenton*.

Fidèle jusqu'à son dernier jour à la mémoire de son infortuné mari, elle ne se remaria pas pour conserver le grand nom de Buffon (3).

Et, en 1832, elle se joignit au chevalier de Buffon pour demander qu'il fût substitué au dernier représentant du sang de la famille les enfants et petits-enfants de M^me Nadault, sœur de Buffon (4), et, le 17 mai 1832, elle mourut à son château de Montbard (5), à soixante-dix-sept ans, en laissant, comme Buffon et son fils, une somme importante aux pauvres de la ville, après avoir disposé par deux testaments des 12 juillet 1844 et 9 novembre 1850 de ce qui lui restait de la fortune de son mari en faveur des deux enfants de Benjamin-Hippolyte Nadault de Buffon.

(1) Par son testament authentique, reçu M^e Boursier junior à Paris, le 23 décembre 1790, et son testament olographe refait à Montbard le 20 mars 1791.

(2) Séance de la Convention nationale, quintidi, 15 ventôse an III (2 mars 1795), présidence de Bourdon (de l'Oise).

Un membre, au nom du comité des finances, propose, et la Convention rend le décret suivant :

« La Convention nationale, après avoir entendu le rapport de son comité des finances, décrète que, sur le vu du présent décret, la Trésorerie nationale payera à la citoyenne Georgette Daubenton, veuve de Buffon, condamné, la somme de 15,000 livres, imputable sur ses reprises dotales et autres droits. »

(3) Voir t. II, p. 150, note 2, la demande en mariage que lui adresse Lacépède.

(4) On trouve au *Journal officiel* du 14 février 1819, première page, que : « M. de Buffon, ancien maréchal de camp, chevalier de Saint-Louis et de la Légion d'honneur, s'est pourvu à l'effet d'obtenir l'autorisation de transmettre le nom de Buffon à MM. Nadault, père et fils, propriétaires à Montbard, département de la Côte-d'Or, ses neveu et petit-neveu. » Et au *Bulletin des Lois*, année 1835, n° 5656, p. 31, une ordonnance du 20 janvier 1835, suivie d'un jugement du tribunal civil de Chaumont du 8 mars 1836 portant que : « Benjamin Nadault, né à Montbard (Côte-d'Or), le 2 février 1804, ingénieur des ponts et chaussées à Chaumont (Haute-Marne), est autorisé à ajouter à son nom celui de Buffon, qui est le nom de son grand-oncle paternel. »

(5) On lit dans le testament de la comtesse de Buffon du 12 juillet 1844 : « Je désire que mes légataires universels conservent la maison et les jardins de Montbard, afin qu'ils restent dans la famille comme un souvenir historique. » Et avant elle, le fils de Buffon, son mari, avait déjà inscrit dans son testament du 23 novembre 1790 : « J'engage ma légataire à habiter quelques fois ma maison de Montbard et à entretenir les jardins qui en font l'agrément. »

Le château de Montbard et les jardins plantés par Buffon sont sortis depuis trente et un ans de la famille que le désintéressement de Buffon, créateur avec sa propre fortune du Jardin des Plantes et du Muséum d'histoire naturelle, a privée des ressources nécessaires à l'entretien de cette résidence historique.

Le château de Montbard, vendu le 5 novembre 1853 par M. Henri Nadault de Buffon et sa sœur à M. Desgrand, ancien négociant à Messine, marchand de soufre du Vésuve, est passé entre les mains de M^me Roux, sa fille, est de nouveau en vente.

« J'institue pour mes légataires universels... M. Henri et M<sup>lle</sup> Elisabeth-Betzy Nadault de Buffon, enfants mineurs de M. Benjamin Nadault de Buffon, ingénieur en chef des ponts et chaussées à Paris.

» Je désire, en leur donnant cette preuve d'affection, témoigner ainsi et de l'attachement que j'ai pour eux et leur père, et de la reconnaissance que je conserverai jusqu'à mon dernier soupir de la tendresse et des bontés dont j'ai été comblée par mon mari, voulant que le reste de la fortune qu'il m'avait léguée retourne à ceux de sa famille qui portent maintenant son nom. »

M. Alexandre-Henri Nadault de Buffon, arrière-petit-neveu de l'illustre naturaliste, ayant perdu son fils unique en bas âge le 24 août 1868, le grand nom de Buffon s'éteindra avec lui.

# APPENDICE ET ERRATA

## APPENDICE

Trois personnes de l'intimité de Buffon, son frère, la femme chargée de la direction de sa maison, le capucin curé du village de Buffon, ont laissé un récit de sa vie rédigé dans les premiers jours qui ont suivi sa mort, à un moment où la douleur avivait leurs souvenirs.

Le chevalier de Buffon, alors colonel des gardes lorraines, écrivait le 19 juillet 1788 à son neveu : « MM. de Condorcet et de Vicq-d'Azyr, qui doivent prononcer l'éloge de votre père, le premier à l'Académie des sciences, et le second à l'Académie française, m'ont demandé des notes. J'y travaille et je suis fort avancé. Je les ferai copier et je vous les enverrai, ne voulant les montrer qu'après que vous les aurez lues, que vous y aurez donné votre agrément et que vous y aurez joint vos réflexions et vos observations sur ce que j'aurais pu oublier ou sur ce que vous désireriez que l'on y ajoutât. »

De son côté, M<sup>lle</sup> Blesseau, s'adressant au géologue Faujas de Saint-Fond, collaborateur de Buffon, désigné par lui dans l'acte du 1<sup>er</sup> avril 1788 pour continuer l'*Histoire naturelle*, et qui, prenant sa mission au sérieux, voulait placer en tête de la suite des œuvres de Buffon une histoire de sa vie, lui écrivait le 12 juin 1781 : « Je me ferai un devoir, monsieur, de vous communiquer les choses les plus intéressantes que j'ai pu remarquer pendant vingt ans que j'ai eu le bonheur de passer près de M. de Buffon... Le P. Ignace me charge de vous dire qu'il se fera, de son côté, le plus grand plaisir de vous procurer ce que vous désirez relativement à la vie de feu M. le comte de Buffon, et qu'il a déjà commencé à recueillir les choses les plus dignes d'être révélées. »

Le P. Ignace, qui est une physionomie originale de l'entourage intime de Buffon, n'a été oublié par aucun de ses biographes. Hérault de Séchelles et le chevalier Aude nous ont fait son portrait. Il a vécu pendant trente-cinq ans dans l'intimité de Buffon qui l'aimait et lui donnait toute sa confiance, et personne n'était mieux à même que lui d'en parler avec connaissance, indépendance et vérité.

Dans le même temps, un voisin de Buffon, initié à toutes les intimités de sa vie, M. Godard de Semur, avocat au parlement de Paris, ami de Guéneau de Montbeillard, introducteur d'Hérault de Séchelles à Montbard, envoyait au *Journal de Paris* (1) un récit où il donne, sur les premières années de Buffon, sur sa vie intime, ses habitudes et ses derniers moments, des détails certainement authentiques, puisqu'ils émanent d'un compatriote et d'un contemporain. Enfin un ouvrage (2) écrit par Dugas de Bois-Saint-Just, que Buffon cite dans sa *Correspondance*, ajoute sur son enfance, son adolescence, sa jeunesse et les habitudes de sa vie, des détails d'autant plus intéressants que les premières années de Buffon sont les moins connues, et qu'il arrive pour lui, comme pour tous les grands hommes, que ce que la curiosité publique désire surtout connaître, ce sont les débuts de leur vie alors qu'elle était encore obscure.

Nous avons publié aux pages 627 et 638 du second volume de la première édition de la *Correspondance* inédite et annotée de Buffon l'intéressante et éloquente biographie rédigée par son frère et la touchante notice envoyée par M<sup>lle</sup> Blesseau à Faujas de Saint-Fond; si nous n'y avons pas joint le récit du P. Ignace, c'est parce qu'il nous était alors inconnu.

Nous avons réuni ici ces quatre biographies intimes et authentiques de Buffon, afin qu'elles forment comme la justification des pages qui précèdent, et pour ne rien omettre de ce qui peut servir à le montrer tel qu'il fut, et non tel que l'ont tour à tour peint de fantaisie ses panégyristes et ses détracteurs, et pour faire luire la vérité d'une manière définitive et désormais irréfutable sur la grande et intéressante physionomie d'un homme qui fut une des gloires populaires les plus pures de notre pays, un génie utile à l'humanité.

———

I

ESSAI SUR LES QUALITÉS MORALES ET LA VIE PRIVÉE<br>DE M. LE COMTE DE BUFFON<br>PAR LE CHEVALIER DE BUFFON, SON FRÈRE.

Georges-Louis Leclerc, comte de Buffon, trésorier perpétuel de l'Académie des sciences, de l'Académie française, de la Société d'agriculture, des Académies de Dijon, Auxerre et Nancy, de la Société royale de Londres, des Académies d'Édimbourg, Pétersbourg, Berlin, de l'Institut de Bologne et des Arcades de Rome, est né à Montbard, en Bourgogne, le 7 septembre 1707.

On ne peut citer de son enfance ni même de son adolescence que des traits communs à tous les enfants nés avec de l'esprit naturel; il suffit de dire que ses forces physiques

_________

(1) Numéros des 3 et 4 mai 1788.

(2) *Paris, Versailles et les provinces au* XVIII<sup>e</sup> *siècle.* (Voir p. 415 de ce volume.)

se développèrent de très bonne heure, et qu'on aperçut bientôt en lui les premiers traits de ce grand caractère qu'il a si noblement déployé dans ses ouvrages, comme dans toutes les actions importantes de sa vie.

Son éducation ne fut pas négligée; cependant il n'eut ni gouverneur ni ce grand nombre de maîtres employés dans l'éducation d'aujourd'hui. Il fit ses études au collège des jésuites de Dijon sans supériorité marquée; mais Euclide devint bientôt son livre de préférence : il l'étudia seul, le comprit et se passionna pour l'étude de la géométrie et de l'algèbre; il y donnait des nuits entières, et c'est à cette époque que l'on peut fixer son goût décidé pour les sciences, et le premier développement de cette intelligence supérieure qui, depuis, imprima sur ses ouvrages le sceau du philosophe.

M. Leclerc de Buffon, son père, conseiller au parlement de Bourgogne, le destinait à la magistrature; mais son goût pour les études abstraites, et son caractère qui le portait au désir de ne dépendre que de lui-même, l'éloigna d'un état dont toutes les fonctions exigent une assiduité forcée et un genre de travail qui répugnait à son esprit.

Le comte de Buffon, doué par la nature d'un tempérament ardent, d'une mémoire parfaite et d'une trempe d'esprit très vigoureuse, partagea les premières années de sa jeunesse entre les dissipations de son âge et les études les plus abstraites; mais, dès ce temps, il ne regardait le plaisir que comme un repos et une distraction nécessaire; toujours maître de lui-même, et bien différent en cela de la plupart des jeunes gens, c'était son amour pour le travail qui l'arrachait au plaisir.

Ce fut en employant ainsi les premières années d'une jeunesse qui annonçait une maturité précoce, que se forma, par la ressemblance des goûts et du caractère, une liaison intime entre le jeune Buffon et le lord Kingston, Anglais, accompagné par un gouverneur d'un rare mérite (M. Hinckman); le lord était son compagnon de plaisir, l'instituteur son ami d'étude. Il fit avec eux plusieurs voyages, et entre autres celui d'Italie. Ce fut dans cette contrée qui rassemble tous les grands phénomènes de la nature et toutes les merveilles des beaux-arts, que les ressorts de son esprit commencèrent à se déployer, et que ses idées s'étendirent à la vue des vastes et magnifiques tableaux qui s'offraient à ses yeux. Il revint en France, fut reçu à l'Académie des sciences en 1733, à vingt-six ans, et bientôt il prouva qu'il était digne de cette faveur par sa traduction des *Fluxions* de Newton, par celle de la *Statique des végétaux* de Hales, et par plusieurs mémoires qu'il donna successivement à l'Académie, jusqu'au moment où il se livra tout entier à la composition de l'*Histoire naturelle*.

On ne peut lire ce bel ouvrage sans reconnaître l'homme de génie et d'un grand caractère.

Cependant le comte de Buffon, bien que porté de préférence pour tout ce qui lui paraissait à la plus grande hauteur de l'intelligence humaine, était tellement maître de son esprit, qu'il élevait ou abaissait à volonté au niveau de son sujet; mais il était toujours plus content d'avoir à traiter ceux qui le mettaient à portée de déployer toutes les puissances de son génie.

Occupé sans cesse à mettre l'ordre nécessaire dans les plus grandes idées, il n'était pas moins ami de l'ordre même dans les plus petites choses; il ne s'environnait point de cette quantité de volumes qui sont plutôt l'appareil du savant que celui de la science, et l'on ne vit jamais d'autre papier que son propre manuscrit sur le bureau où il a écrit l'histoire du globe, depuis l'époque de sa formation jusqu'à celle où il a annoncé les derniers moments de la nature vivante.

Il a composé les morceaux les plus sublimes de son ouvrage à Montbard, en Bourgogne. Il s'enfermait non dans un cabinet d'étude, mais dans un vaste jardin qu'il avait rendu aussi agréable qu'utile, en forçant la nature à produire sur des rochers ce qui croît dans les plus fertiles vallons. La fraîcheur du matin, le chant des oiseaux, le spectacle magnifique du soleil levant, l'aspect d'un beau jour, le pittoresque de la situation répandaient dans son âme cette sérénité sans laquelle on ne peut jouir de toute l'étendue de ses facultés ; il se promenait en réfléchissant longtemps et profondément à ce qu'il voulait écrire : il se remplissait, il se nourrissait, pour ainsi dire, des merveilles de la nature ; ses idées s'élevaient jusqu'à l'enthousiasme. Alors il prenait la plume, écrivait quelques lignes, et retournait à sa promenade et à ses méditations.

Quelques personnes ont prétendu qu'il avait le travail difficile, quoique assurément il ne soit pas possible de voir dans l'ouvrage les efforts pénibles de l'ouvrier. Il est vrai qu'il y a tels discours qu'il a corrigés et retouchés, au point de les faire transcrire jusqu'à douze et quinze fois. Cette infatigable sévérité de sa plume avait si profondément gravé dans sa mémoire les plus beaux passages de son livre, qu'il les récitait sans y changer un seul mot, trente ans après les avoir composés.

Ce que l'on appelle facilité de travail est une disposition dangereuse dont bien des gens abusent, et que l'on pourrait plutôt appeler facilité d'être content de soi-même. Le comte de Buffon, bien éloigné de ce défaut, était, non seulement difficile, mais rigide lorsqu'il se jugeait, et cette habitude contractée avec lui-même le conduisait naturellement à juger les autres avec une égale rigueur.

Aucun homme n'a mieux connu que lui le prix du temps, aucun homme n'a employé plus constamment ni avec un zèle plus uniforme tous les moments de sa vie.

A la campagne, il se levait très matin, se retirait aussitôt dans ses jardins et y restait enfermé jusqu'à une heure après midi : alors il revenait dans sa maison, recevait sa compagnie et se mettait à table, où volontiers il restait longtemps, non qu'il aimât la table pour les mets dont on la couvre, mais il s'y délassait de ses profondes méditations par des conversations très gaies, très simples, quelquefois même triviales, dans lesquelles il se mettait à la portée des esprits les plus bornés, avec la sérénité la plus douce. Sa bonhomie était une sorte de phénomène aux yeux de ceux qui, croyant ne voir en lui qu'un philosophe contemplatif, et qui, ne connaissant pas sa sociabilité, sa simplicité dans le cours ordinaire de la vie, étaient fort étonnés de se trouver à son niveau.

Au sortir de table, il passait encore quelque temps avec sa compagnie ; et faisait lire, quand cela convenait à la société, les écrits qu'il était prêt de donner à l'impression, et ne dédaignait point les réflexions et même les objections des personnes les moins savantes ; il suffisait qu'elles eussent du goût naturel et un certain degré d'intelligence, pour qu'il les écoutât avec une singulière complaisance, et particulièrement sur tout ce qui ne leur paraissait pas être rendu avec la plus grande clarté.

Après quoi, il visitait ses constructions, auxquelles il employait toujours un très grand nombre d'ouvriers, se renfermait ensuite pour se faire rendre compte des détails de sa maison, voir ses gens d'affaires et s'occuper de sa correspondance ; il ne soupait point et se couchait de très bonne heure, pour obtenir un sommeil qui n'en durait jamais plus que quatre ou cinq.

A Paris, son temps était distribué à peu près de même. Il se levait toujours très matin, travaillait avec ses coopérateurs, réglait les affaires concernant sa place d'intendant du Jardin et du Cabinet du Roi. Il recevait les savants qui l'honoraient de leur confiance, et les personnes distinguées que sa grande réputation attirait auprès de lui ; sa conversation, toujours proportionnée aux personnes avec lesquelles il s'entretenait, lui captivait leur attention et leur reconnaissance ; il accordait volontiers, après dîner, à la société tout le temps qu'elle paraissait désirer, quelquefois même exiger, par le grand intérêt qu'il savait donner à ses discours. Il finissait sa journée en s'occupant de ses affaires particulières ou en causant familièrement avec ses plus intimes amis.

Telle a été la distribution constante de tous les jours de sa vie, soit à la campagne, soit à Paris, à l'exception des trois derniers mois, pendant lesquels ses infirmités l'ont obligé de se refuser aux visites et aux entretiens que la diminution de ses forces ne lui permettait plus de soutenir.

M. de Buffon avait de l'aversion pour les disputes scientifiques ou littéraires. Il les regardait comme un abus de la science, comme une guerre d'amour-propre et d'entêtement, comme un mauvais emploi du temps : il cédait promptement, pour peu qu'il doutât de son opinion; mais, quand il la croyait bien fondée, il prenait le ton décisif, non pour parler en maître, ni avec l'espoir de convaincre, mais pour mettre fin à une controverse dont il n'espérait aucun fruit. L'orgueil blessé n'interprétait pas toujours favorablement le motif qui dictait ses expressions; mais ce ton tranchant, que l'on ne permet pas aux hommes d'un mérite ordinaire, n'était pas messéant à un homme de la trempe de M. de Buffon et on doit du moins lui pardonner de n'avoir pu quelquefois se refuser au sentiment de sa supériorité.

Il avait un tact sûr pour juger les hommes qu'il avait intérêt de connaître, et ce talent est bien prouvé par le choix qu'il a fait de tous les savants qui ont présidé et qui président aujourd'hui aux différentes écoles du Jardin du Roi, de MM. Daubenton et comte de Lacépède, gardes et démonstrateurs du cabinet d'Histoire naturelle. M. Daubenton fut le premier coopérateur de l'*Histoire naturelle*, et M. de Lacépède s'est acquis, par ses premiers succès, le droit de la continuer. M. Guéneau de Montbeillard a marché avec gloire dans la carrière où M. de Buffon n'a jamais fait un grand pas sans rechercher son suffrage et il ne lui a manqué, pour prendre place au rang des savants les plus distingués, que l'ambition d'y prétendre.

M. de Buffon n'avait point le vain désir de paraître universel, et ses amis n'ont pu se tromper sur la mesure de ses prétentions; ils lui ont souvent entendu dire qu'il s'en fallait beaucoup qu'il pût écrire une lettre aussi bien qu'une femme spirituelle (1).

Il a déclaré plus d'une fois qu'il n'avait jamais pu faire de vers, par la difficulté de s'astreindre à la rime, et de s'assujettir à compter des syllabes. Il eût pu, sans doute, en contracter l'habitude; mais, occupé sans relâche de la perspective de l'univers, cherchant dans les détails de tous les êtres qui l'habitent à ne saisir que les rapports essentiels, et peignant tout en grand, il s'éloignait trop des choses de pur agrément, pour les considérer autrement que comme un homme qui, placé dans un lieu très élevé, voit décroître et disparaître les petits objets en raison de leur distance.

En 1763, les portes de l'Académie française lui furent ouvertes par un suffrage unanime, et la couronne académique fut posée sur la tête du philosophe par l'acclamation générale dès qu'il eut prononcé son discours de réception.

Il était tellement sévère sur le style — et il en avait bien acquis le droit, — que peu d'ouvrages lui paraissaient être écrits dans le degré de perfection dont il avait conçu l'idée et donné tant d'exemples; il regardait M. de Voltaire comme l'un des plus beaux esprits qui eussent jamais paru, louait sa prose et ses vers; mais cet homme célèbre n'a jamais pardonné à M. de Buffon de lui avoir refusé la qualité de philosophe et de poète, et d'avoir dit qu'il y avait plus de philosophie et de poésie dans quatre pages de certains ouvrages de J.-J. Rousseau que dans tous ceux de M. de Voltaire. C'est d'après le jugement que M. de Buffon avait porté de ce grand écrivain, qu'il avait établi entre le génie et l'esprit, entre le poète et le versificateur, cette différence qui n'a pu flatter que très peu de personnes.

M. de Buffon était d'un accès facile, et son cœur s'ouvrait volontiers à la confiance; on peut même assurer qu'il portait jusqu'à l'excès cette qualité de l'âme, qui contrastait singulièrement en lui avec un caractère fier, une volonté ferme et souvent absolue; il

---

(1) On a vu, par sa *Correspondance*, que c'était M^me Nadault surtout qu'il chargeait habituellement de ce soin.

regardait la défiance comme un sentiment ignoble ; tout ce qui s'offrait à lui sous les dehors de la vérité le séduisait, et, tandis que le mensonge veillait quelquefois pour le tromper ou pour lui nuire, son cœur se reposait dans une douce et tranquille sécurité, vertu dont l'usage est dangereux dans un siècle où règne l'égoïsme.

L'estime et la considération générale ont été le seul but de son ambition ; il n'a jamais désiré de plus grande place que celle qu'il occupait au Jardin du Roi. Louis XV, après l'avoir appelé à Fontainebleau pour le consulter sur l'amélioration de la forêt de cette résidence royale, lui proposa de le nommer à la surintendance de toutes les forêts de ses domaines, et l'honneur de travailler seul avec Sa Majesté. L'offre était éblouissante ; mais M. de Buffon, ayant demandé vingt-quatre heures pour réfléchir, refusa une place qui lui aurait attiré beaucoup d'ennemis, sans un grand avantage pour le bien de l'État, et qui l'aurait arraché à ses occupations favorites. Le Roi parut d'abord mécontent de ce refus, mais il voulut bien ensuite en approuver le motif et gratifier M. de Buffon d'une pension qu'il n'avait point sollicitée.

Avec le droit de se prévaloir de ses vastes connaissances et de sa célébrité, il n'en estimait pas moins l'homme qui n'était pas savant, lorsqu'il reconnaissait en lui une tête bien organisée, un sens droit, de la justesse dans les idées et le raisonnement. En accordant volontiers de l'esprit à tous, il distinguait, dans chaque individu, son degré d'ouverture ou d'élévation, qui, peut-être, est moins un don de la nature qu'il ne dépend de la position où l'on se trouve, de l'état qu'on a embrassé, du concours des circonstances, des rapports avec les personnes, et des occasions d'exercer les facultés de l'esprit et de l'âme. Personne enfin n'était sans esprit à ses yeux ; il avait même l'art de le trouver, quand il lui importait de le découvrir, chez ceux qui, par timidité ou peu d'habitude de le mettre en évidence, en montraient ou s'en croyaient même beaucoup moins qu'ils n'en avaient réellement. Tel homme à qui la réputation de M. de Buffon en avait imposé, et qui ne l'avait approché qu'avec la timidité inspirée par le sentiment de son infériorité, est sorti d'auprès de lui plus content de lui-même, et, par conséquent, charmé du philosophe qui l'avait aidé à se voir en possession d'un bien dont il n'avait pas encore connu la valeur ni l'usage.

Les femmes ont prétendu qu'il n'a pas bien parlé de l'amour.

Il l'a peint d'un seul coup de pinceau, tel qu'il paraît aux yeux d'un philosophe avare de son temps, et d'un peintre qui, profondément occupé des grands effets de son tableau, ne songe pas à s'en détourner pour quelques touches accessoires.

Mais sa mémoire n'a pas besoin de justification auprès de cette belle moitié du genre humain. Il épousa, en 1752, M<sup>lle</sup> de Saint-Belin, qui lui apporta en dot la naissance, la jeunesse, la beauté, l'esprit et toutes les vertus. Pouvait-il rendre à l'amour un hommage plus éclatant, qu'en formant par amour, à l'âge de cinquante ans, ces liens pour lesquels il avait jusque-là peu déguisé son éloignement ? Les femmes lui rendirent plus de justice : il fut adoré de la sienne. Il n'en a eu que deux enfants, une fille morte en bas âge, et le jeune comte de Buffon, major en second du régiment d'Angoumois.

La musique faisait sur M. de Buffon l'effet qu'elle produit sur tous les hommes dont les sens sont exquis et l'âme facile à émouvoir. Une symphonie brillante et majestueuse lui semblait l'image de ses plus sublimes spéculations ; une romance, tout air tendre chanté avec expression par une voix touchante, faisait couler ses larmes ; il n'avait cependant pas étudié la musique ; mais, sans connaître les règles de l'art, on sait entendre son langage quand on est doué de la sensibilité physique et morale, qui est un des plus beaux dons de la nature.

Il aimait la magnificence, non par ostentation, mais par goût, parce qu'il y trouvait quelque chose de grand, et qu'il aimait tout voir en grand. Il était toujours vêtu noblement.

Sa maison de Montbard est vaste et richement meublée; il eût même porté plus loin la magnificence, s'il ne se fût fait une loi de fixer sa dépense au-dessous de son revenu. Exact dans le gouvernement de ses affaires domestiques, il ne manquait pas de mettre quelque somme en réserve, et l'économie jouait sagement son rôle, au moment où il faisait une dépense qui semblait surpasser ses moyens. Mais avait-il besoin d'un terrain pour agrandir ou embellir ses jardins; il en payait la convenance avec une libéralité qui tenait de la profusion, ce qui, pourtant, n'était en lui que noblesse de caractère jointe au désir vif d'accomplir son projet. C'est ainsi qu'il a attiré le rossignol et la fauvette dans des lieux qui, depuis plusieurs siècles, n'étaient habités que par des oiseaux de nuit ou par des oiseaux de proie; c'est ainsi qu'en environnant ce château d'une triple terrasse, il a tracé de faciles et riantes avenues jusqu'à la cime, auparavant presque inaccessible, de l'antique monument où il a composé l'histoire de l'univers.

M. de Buffon réunissait toutes les qualités qui caractérisent le vrai philosophe. Considéré du côté des sciences, nul homme ne fut doué d'une métaphysique plus saine ni d'une logique plus parfaite. Son intelligence vaste et lumineuse embrassait tous les rapports, éclairait toutes les faces des objets soumis à ses méditations; nul homme n'a eu plus que lui le plus grand nombre d'idées possible sur le même sujet; il a aperçu, il a annoncé, il a deviné plusieurs grands faits de la nature, dont l'existence encore inconnue a été prouvée par des découvertes postérieures de plus de vingt ans à ses prédictions : c'est dans l'étendue de ses vues, dans la richesse de son imagination, dans la netteté de ses idées, c'est dans la trempe de son âme qu'il faut chercher la source de cette noblesse de style, de cette chaleur, de cette clarté d'expressions si justement admirées dans ses ouvrages. Quand il avait à peindre des objets plus rapprochés des regards de l'homme, alors habile à saisir toutes leurs nuances, à les distinguer, à les faire valoir, à les tirer de l'obscurité où la nature avait, pour ainsi dire, pris plaisir à les cacher, son style toujours varié, toujours propre au sujet, embellissait, ennoblissait ses modèles sans altérer la vérité des portraits; et c'est ainsi que, dans la description des animaux, il est descendu de l'éléphant à la souris, de l'aigle au roitelet.

M. de Buffon, considéré relativement à ses qualités morales et à sa vie privée, était encore un vrai philosophe.

Il vivait heureux.

Il avait pour principe que tout homme doit et peut être l'instrument de son bonheur. Quand on veut, disait-il, être content de son existence, il faut d'abord regarder au-dessous de soi, ne lever ensuite les yeux plus haut qu'avec beaucoup de circonspection, être constant dans l'état qu'on a embrassé, en remplir les obligations avec zèle et une probité sévère, être conséquent dans sa conduite publique et privée, ne point s'affliger des préférences que d'autres n'obtiennent quelquefois que par des moyens dont l'homme honnête dédaigne de se servir, et surtout ne point ouvrir son cœur au poison de cette basse jalousie qui condamne l'homme au supplice continuel de n'être jamais content de lui-même ni des autres.

Né riche, M. de Buffon avait augmenté sa fortune par son travail et par l'effet naturel du crédit que lui donnait sa réputation; il a joui pendant sa vie d'une célébrité dont les plus grands hommes n'ont presque jamais été honorés que dans leur tombeau. Sa santé a été parfaite jusqu'à l'âge de soixante-quinze ans, précieux avantage qu'il tenait d'une complexion forte, dont jamais il n'abusa : il réunit ces trois moyens de bonheur, et, mettant ses principes en action, il en profita dans toute leur étendue. Jamais homme, en effet, ne fut plus calme, plus serein que lui dans tous les instants de sa vie, et cette triste affection de l'âme, que l'on appelle humeur, si incommode pour soi-même et si désagréable pour les autres, lui était absolument étrangère.

Cependant, la contrariété lui déplaisait extrêmement; mais il savait apaiser, par la promptitude de la réflexion, la vivacité de son caractère. Un seul instant le rendait calme et doux; alors il cherchait à ramener à lui les personnes de tous états qui le gênaient dans l'exécution de ses projets, à se les concilier par la persuasion, à tirer tout le parti possible des circonstances; mais il ignorait absolument l'art odieux de l'intrigue, qui n'agit que par des voies méprisables. C'est par la force et la justesse de ses raisonnements, par des vues utiles et clairement présentées, enfin par cet ascendant que donne toujours l'éloquence animée par la vérité, que M. de Buffon gagnait la confiance de ses contradicteurs et venait à bout de surmonter les obstacles qu'on lui opposait. Lorsqu'il avait amené son plan jusqu'à ce point, et qu'il ne lui manquait plus pour l'achever que l'argent, ce moteur victorieux de toutes les entreprises, il n'hésitait pas d'engager sa fortune, son crédit, toutes ses ressources; et voilà comment il a enrichi ou plutôt entièrement formé le Cabinet d'histoire naturelle, qui n'offrait encore qu'une collection peu nombreuse et peu intéressante en 1739, quand il fut honoré de la place d'intendant du Jardin du Roi. Voilà comment il a agrandi, décoré et abondamment doté de toutes les plantes de l'univers ce Jardin, dont le terrain, auparavant resserré dans un trop petit espace, ne pouvait recevoir qu'une faible partie de celles qui sont nécessaires pour l'établissement d'une véritable école de botanique.

Bienfaisant par caractère, et par amour pour toute action qu'il jugeait noble ou essentiellement utile, M. de Buffon donnait beaucoup, non par ces actes dont la publicité diminue le mérite, mais en secret, et toujours avec connaissance des besoins qu'il voulait alléger. Sa famille trouvait en lui un parent généreux; ses amis, un ami attentif et prévenant; les pauvres qui n'étaient pas coupables de leur propre infortune, ceux que leurs infirmités mettaient hors d'état de travailler, recevaient de sa part des consolations et des secours donnés avec ces précautions qui épargnent l'humiliation à la misère et ne lui imposent pas même la loi de la reconnaissance. Il n'a fait qu'un seul acte où sa bienfaisance et sa générosité dussent éclater aux yeux du public, mais après sa mort seulement, et lorsqu'il n'aurait plus de remerciements à en recevoir. Par son testament, il distribue de fortes sommes en rentes viagères, et un capital considérable dont les diverses destinations ont été déterminées par l'estime, par l'amitié, par les sentiments de gratitude que des services assidus et dévoués excitent dans un cœur bienfaisant.

On a dit que M. de Buffon aimait la louange; mais pourquoi serait-il défendu à la philosophie de respirer quelquefois avec plaisir l'encens que la divinité aime à voir brûler sur ses autels?

Il respectait la religion et il en remplissait toutes les pratiques dont il devait l'exemple. Il ne se permit jamais un seul mot qui pût donner une opinion défavorable de la sienne. On peut assurer de plus que, dans tous les points qui intéressent la société, ses obligations et ses usages, la morale de M. de Buffon fut très épurée, qu'il la porta même jusqu'au scrupule, et qu'il s'interdit sévèrement tout ce qui pouvait porter atteinte aux propriétés de toute espèce, qu'il respecta toujours comme sacrées.

En un mot, philosophe dans ses écrits, philosophe dans les moments les plus heureux et les plus brillants de sa vie publique et privée, philosophe dans sa conduite journalière, philosophe dans les attaques littéraires qui lui furent suscitées et qu'il dédaigna de repousser, le comte de Buffon a soutenu avec intrépidité l'épreuve sous laquelle tant d'âmes fortes et courageuses ont succombé. Il fut philosophe dans la douleur.

Il a supporté avec une constance rare les souffrances aiguës d'une maladie longue et cruelle; il a envisagé de sang-froid et sans murmurer le dépérissement successif et journalier de ses forces physiques, s'en consolant par la conservation de ses facultés morales, qui ne se sont éteintes qu'avec lui. Il avait essayé quelques moyens de soulagement qui lui avaient été conseillés; l'inutilité des remèdes ne parut ni l'étonner ni l'affliger. Le sommeil l'avait abandonné pendant les trois dernières années de sa vie. Le dégoût de tous aliments survint; il voyait sa destruction prochaine, non pas avec cette indifférence stoïque qui répugne à la nature, mais avec courage et résignation, sans s'étonner ni se plaindre. Il dicta ses dernières dispositions avec tranquillité ; les mouvements de l'âme ne troublèrent point la liberté de l'esprit ; il s'occupa de ses affaires, de celles du Jardin et du Cabinet du Roi, et des détails concernant ses ouvrages, jusqu'au jour qui a précédé celui de sa mort. Enfin, dans un marasme absolu, après avoir rempli exemplairement les derniers devoirs de la religion, il expira le 16 avril 1788, à une heure du matin, laissant à sa famille, à ses amis, à l'humanité entière, un précieux souvenir de toutes les qualités, de tous les talents, de toutes les vertus dont le souverain Maître de la nature l'avait doué pour en pénétrer les secrets, les dévoiler et les publier dans toute leur magnificence.

II

VIE DE M. LE COMTE DE BUFFON<br>PAR M<sup>lle</sup> BLESSEAU, GOUVERNANTE DE SA MAISON.

M. le comte de Buffon travaillait dans son pavillon ; il coucha dans le vieux château des ducs de Bourgogne jusqu'à son mariage. Dans sa jeunesse, il travaillait quatorze heures par jour ; fatigué de sa journée, se défiant du sommeil, il avait un frotteur à qui il ordonnait de venir l'éveiller tous les matins à une heure fixe ; avec ordre, s'il ne se levait pas, de le traîner en bas de son lit. Le frotteur était payé tous les matins pour cette chose-là, et si M. de Buffon résistait et que le frotteur le laissât se rendormir, le payement qu'il devait avoir était perdu, ce qui l'engageait le lendemain à ne pas manquer de l'éveiller et de le tirer de force dans sa chambre.

Depuis quarante ans, M. de Buffon se levait en été à cinq heures, se faisait accommoder très promptement et montait à son château à sept heures ; à neuf heures, un domestique lui apportait son déjeuner, il descendait à une heure trois quarts ou quelquefois à deux heures et il dînait. Lorsqu'il avait du monde dont la conversation lui plaisait, il restait une partie de l'après-midi avec sa compagnie ; quand il s'en trouvait avec qui il ne pouvait pas converser ou qui l'ennuyaient, à trois heures, au plus tard trois heures et demie, M. de Buffon remontait à son château et travaillait jusqu'à huit heures ; il ne soupait pas et se couchait tous les jours à dix heures.

Quand on a dit que M. de Buffon prenait plaisir à apprendre des nouvelles de son perruquier, cela est faux ; la personne qui l'a dit (1) n'a vu M. de Buffon que très peu, cela le prouve : car, s'il avait été à portée de connaître la vérité, il aurait vu que la toilette de M. de Buffon était bientôt faite, car, bien qu'il fût de la plus grande propreté, ce temps-là l'ennuyait, et lorsqu'il ne se trouvait près de lui personne avec qui il pût parler, il appelait son secrétaire qu'il faisait lire ou écrire sous sa dictée. Pendant qu'il s'habillait, il ne perdait aucun instant, et quand il lui venait quelque idée, tout le temps que sa toilette durait, il était occupé à penser ; quand il était libre, il se levait et allait l'écrire à son secrétaire. Il avait dans un tiroir une feuille courante où plusieurs fois dans la journée il inscrivait toutes ses idées, et le lendemain, il l'emportait à son pavillon. Quand il voyageait, il était toujours occupé à penser ; il prenait des notes et le soir, arrivé à l'auberge, il les mettait au net. Fort souvent, étant dans un salon avec ses convives, il sortait pour aller écrire quelque idée qui lui était venue tout d'un coup.

(1) Allusion à un passage de l'article du *Journal de Paris* des 4 et 6 mai 1788, par l'avocat Godard de Semur, anecdote contre laquelle ont également protesté le P. Ignace et Humbert Bazile.

Il préférait Montbard à Paris, parce qu'il disait qu'il était impossible d'avoir des idées suivies à Paris, au lieu qu'à Montbard, son château lui plaisait infiniment par la grande tranquillité qui y régnait, et dont il était sûr que personne ne viendrait l'interrompre.

De plus, le grand plaisir dont il jouissait à sa campagne était d'employer deux à trois cents pauvres manouvriers à travailler dans son château à des ouvrages de pur agrément, et de faire ainsi du bien à de pauvres gens qui, sans lui, seraient restés très malheureux. Fort souvent, les après-midi, il s'amusait à les voir travailler et prenait plaisir à se faire rendre compte des plus misérables, disant que c'était une manière de faire l'aumône sans nourrir les paresseux, et que c'était une grande satisfaction pour lui de soulager tant de pauvres qui autrement seraient dans la misère. Il faisait en outre beaucoup d'aumônes cachées, car il avait grande pitié des pauvres malades et des vieillards et recommandait sans cesse qu'on ne les oubliât pas. Lorsqu'on lui faisait des remerciments de la part des personnes qui avaient reçu ses bienfaits, il répondait : « Je n'ai pas de plus grand plaisir que lorsque je trouve l'occasion de faire le bien. » Il ajoutait en répandant des larmes d'attendrissement : « Je sais bon gré à ceux qui ont l'attention de me signaler le soulagement que je puis procurer aux malheureux, car je suis en état de les secourir, et c'est un bonheur pour moi ; on ne peut pas mieux placer l'argent de ses aumônes que de l'employer à faire travailler. » Combien M. de Buffon n'a-t-il pas dit de fois que, pour que tous les pauvres fussent heureux, il faudrait que tous les seigneurs passassent quatre à cinq mois dans leurs terres pour s'occuper à les faire travailler à bien des choses qui périclitent et que cela empêcherait qu'ils ne fussent aussi malheureux.

Il est impossible d'avoir l'âme plus sensible et plus belle et plus compatissante que lui. Avec la plus grande équité, le caractère toujours égal et l'âme sereine, si quelque chose lui faisait de la peine, ou que quelqu'un eût dit ou fait une chose qui lui déplût, il le lui disait ou l'en faisait avertir aussitôt, et voilà tout ce qu'il en faisait, à moins que le cas ne fût grave ; pour lors, M. de Buffon montrait la fierté de son caractère, qui était de la plus grande fermeté et de la plus grande vérité, franchise et équité. Il était affable avec simplicité ; il avait l'âme généreuse donnant d'une manière noble ; pour ne point embarrasser les personnes qu'il honorait de ses bienfaits, il avait l'air de faire croire que c'était l'obliger infiniment que de vouloir bien consentir à accepter de sa main. A bien des personnes, il en marquait sa reconnaissance en leur disant : « Ce serait me priver d'un grand plaisir que de m'ôter celui de vous être utile ; pensez donc que ce n'est rien pour moi et que c'est beaucoup pour vous ; ma fortune me met au-dessus de tout le bien que je puis faire et je vous sais un gré infini de n'avoir pas refusé mon bienfait : car c'est une grande jouissance pour moi que de pouvoir faire le bien. »

Il n'y a presque pas une famille honnête dans cette ville à laquelle il n'ait rendu des services importants. L'intérêt des pauvres ne lui a pas été moins cher ; il leur en a donné des preuves dans les temps de disette qu'on a éprouvée pendant bien des années, et surtout le 8 décembre 1767, à la suite d'une révolte occasionnée par la cherté des grains (1). M. de Buffon fit alors acheter une grande quantité de blé à quatre livres le boisseau, puis il le fit distribuer au prix de cinquante sous au peuple, et gratuitement aux plus malheureux.

Il avait le plus grand ordre pour sa fortune, avec le plus généreux désintéressement, car il avançait jusqu'à cent mille livres pour l'embellissement du Jardin du Roi, sans se faire payer aucun intérêt, et il n'acceptait que celui de l'argent qu'il était obligé d'emprunter. Quand on lui faisait des représentations, il répondait qu'il avait adopté pour son second fils le Jardin et le Cabinet du Roi ; que c'était son plus grand plaisir que de pouvoir contribuer à l'embellissement du Jardin ; et qu'il donnait volontiers une partie de sa fortune pour aider à ce qu'il soit fini plus promptement.

---

(1) L'émeute dite *la guerre des farines,* sous le ministère de Turgot.

Hélas! c'est ce beau jardin qui a causé sa mort.

En voulant faire un voyage trop précipité pour faire exécuter ses ordres et surveiller l'achèvement des travaux, il a hâté sa fin.

Il pensait que les ouvrages seraient plus tôt achevés lorsqu'il serait présent tous les jours; il disait à ses amis, pour justifier la précipitation de ce voyage, qu'il ne voulait pas faire attendre le public pour les leçons, et qu'il fallait que l'amphithéâtre fût fini promptement.

Au mois de février 1771, M. de Buffon eut une maladie qui le conduisit à l'extrémité, mais la force de son excellent tempérament fit qu'il s'en tira heureusement : c'est le temps où on lui donna un survivancier sans qu'il en sût rien; temps aussi où le Roi érigea en comté sa terre de Buffon et la Mairie pour lui et les siens, et où il obtint les grandes et les petites entrées chez le Roi. Mais sa modestie et sa simplicité étaient si grandes que, depuis ce temps, il n'est allé que trois fois à Versailles : la première pour faire ses remerciements au Roi, les deux autres pour présenter deux discours comme directeur de l'Académie française.

Depuis la réception de M. Bailly, il ne voulut plus rentrer à l'Académie, parce que M. le comte de Tressan, qui lui avait promis sa voix, lui avait manqué de parole et l'avait donnée à un autre. M. de Buffon avait d'autant plus le droit d'y compter, que le comte de Tressan disait partout qu'il était son ami depuis quarante-cinq ans.

M. de Buffon avait beaucoup d'admirateurs, mais peu de véritables amis; il répétait souvent : « Les amis vrais et sincères sont bien rares. » Mais aussi savait-il les choisir. « Une seule parole quelquefois en conversation, disait-il, dévoile l'âme d'une personne que l'on ne connaîtrait pas. » Lorsqu'il avait dit qu'il aimait, on pouvait y compter; c'était une amitié sûre et vraie, que rien ne pouvait ébranler. Il disait : « La véritable amitié, pour être durable, doit être fondée sur l'estime. » Quand il trouvait l'occasion d'obliger ses amis, son cœur était doublement satisfait.

La prospérité de la ville de Montbard a également été l'objet de sa constante attention. Les dépenses considérables qu'il a faites pour son embellissement ne sont ignorées de personne, et il n'a jamais hésité à sacrifier ses propres fonds pour la commodité publique. Lorsqu'il a rebâti sa maison, il l'a rétrécie de dix pieds de largeur sur une longueur de plus de vingt pieds, pour rendre l'entrée d'une rue plus large; d'autres rues ont pareillement été élargies, nivelées et pavées à ses frais. C'est M. de Buffon qui a fait faire le chemin qui conduit à la grande route; ses dépenses pour les deux chemins qui conduisent à la paroisse ne sont pas moins considérables.

En un mot, il n'y a pas un endroit de cette ville qui ne représente des monuments de sa bienfaisance, de sa libéralité et de son attachement pour le lieu où il est né.

## III

NOTICE SUR LA VIE PRIVÉE DE M. LE COMTE DE BUFFON

PAR LE R. P. IGNACE BOUGOT, CAPUCIN, DESSERVANT DE LA PAROISSE DE BUFFON

Adressée à Faujas de Saint-Fonds.

Buffon, le 14 mai 1788.

Je reçois votre lettre, monsieur et le meilleur ami du plus grand des hommes; je vous pleurais n'ayant point eu de vos nouvelles ainsi que l'affligée demoiselle Blesseau, fille aussi honnête que respectable.

Vous me pressez, monsieur. Je ne veux pas perdre un instant pour vous satisfaire. Oui, vous étiez le meilleur de tous ses amis. Mon cœur s'attendrit en vous le disant.

Il faudra toute votre intelligence et votre savoir pour lire ces feuilles éparses et en mauvais ordre; mon perroquet a mis le petit cahier que j'avais fait, ou plus tôt que je faisais, en morceaux pendant la messe que je le quittai pour aller à l'église. Mais à bon entendeur il faut peu de mots et beaucoup de vérité; vous n'aurez, monsieur, que celles sur lesquelles vous pourrez absolument compter.

Lorsque vous m'enverrez vos mémoires, vous voudrez bien les faire contresigner; nos lettres sont franches mais sans enveloppe. Vous aurez un bien mauvais canevas; mais vous devez par vous-même, monsieur, en avoir un bien excellent qui est l'amitié véritable qu'il vous avait vouée et de laquelle, malgré vos envieux, il ne s'est jamais départi. Vivez, monsieur, vivez longtemps pour servir la gloire de cet homme immortel, mais qui n'habite plus au milieu de nous.

J'avais écrit à madame Necker en lui envoyant un chevreuil en l'absence de M. de Buffon qui était en Angleterre pour lui demander la permission de placer à Buffon avec décence ce cœur (1) fait pour être le modèle de tous ceux qui ont existé et existeront. Elle m'a fait la réponse la plus digne de cette célèbre femme en m'accordant ce que M. de Buffon m'avait ordonné de lui demander, mais ce que hélas il paraît ne plus vouloir et je crois que c'est parce qu'il met en vente cette superbe maison de Montbard et sa terre de Buffon. Je ne fais plus que verser des larmes et je n'ai plus que la ressource de me consoler par le souvenir de l'amitié que son grand homme de père a eue pour moi. Je connais votre prudence et je vous demande, monsieur, de ne pas me citer, car j'ai le cœur trop malade.

Je vous quitte malgré moi et je vous assure du respect que je vous ai voué et avec lequel j'ai l'honneur d'être, monsieur,

Votre très humble et obéissant serviteur,

F. IGNACE BOUGOT, capucin.

J'ai mis sur les feuilles que j'ai ramassées comme j'ai pu le numéro au-dessus de chaque page.

Il y avait vingt-cinq ans que M. de Buffon connaissait M. Guéneau de Montbelliard; mais ce n'est que huit ans après leur connaissance qu'ils se sont liés de la plus étroite amitié et depuis environ treize ans ils ont travaillé ensemble. Vous connaissez les éloges qu'il fit de cet ami lorsqu'il le pria de travailler avec lui.

C'est, monsieur, au retour de ses voyages d'Angleterre et d'Italie qu'il a fait la merveilleuse création de ses immenses et superbes jardins d'où il a enlevé plus de 80,000 tombereaux de butin. Le tout ne formait auparavant qu'un cahos informe et il a employé quarante années à leur donner leur aspect actuel, qui fait l'admiration des curieux et des étrangers; création qu'il a entreprise, plus encore pour faire travailler les malheureux que pour la gloire d'avoir attaché son nom à de si superbes ouvrages. Pendant environ vingt ans il n'a cessé de me dire : « Hélas! Ignace, je ne sais pour qui je travaille; mon fils ne m'aimera pas assez pour entretenir mes jardins. Qui sait? » disait-il encore.

C'est la vérité qui prend elle-même soin de faire connaître les actions éclatantes des grands hommes.

En fut-il un, monsieur, qui mérita mieux ses soins que le second auteur de la nature que l'Europe entière pleure encore et regrettera dans les siècles à venir.

(1) Il semble résulter de ce passage que le cœur de Buffon, dont Faujas de Saint-Fond était légataire et qu'il avait remis à son fils en échange du cerveau du naturaliste, aurait été donné par celui-ci à Mme Necker.

On aime à connaître les grands hommes dès leur berceau et à les suivre ensuite dans le cours de leur vie.

J'ai, monsieur, des anecdotes que vous ne serez pas fâché d'apprendre, car un ami tel que vous fait cas des moindres détails, et je ne prétends pas vous rapporter les grands traits de sa vie, faits pour lui ériger un monument éternel.

Voici ce que je dois dire à sa louange et à celle de mes père et mère, avec lesquels il a passé quelques années de sa vie. Il y a cinquante ans que je les entends parler de lui avec les éloges les plus marqués, et trente-huit que j'ai passés près de lui dans une intimité si digne de ce grand homme, qu'il a daigné m'honorer dans ses savants et immortels ouvrages du titre d'ami.

En 1749, j'ai été pour la première fois prêcher le carême à Montbard : il avait alors trente-huit ans (1), et ce fut à cette époque heureuse pour moi qu'il m'honora de sa confiance le jeudi saint. Il fit avec édification ses Pâques et distribua lui-même au sortir de la messe que je lui avais dite 6 louis d'or, puis, se tournant de mon côté en m'en donnant 2 : « Achevez, me dit-il, mon révérend père, ma petite distribution, et dites à ces malheureux que je serais fâché d'engourdir leurs bras par mon aumône, qu'ils aillent près de mon intendant demander de l'ouvrage, il leur payera leur journée entière. Venez, mon révérend père, ajouta-t-il, on doit faire Pâques avec son curé. »

Voilà, monsieur, la première époque de sa bonté pour moi.

Je dois, avec la vérité que je me dois à moi-même, vous assurer que, pendant les trente-huit années que j'ai passées avec lui, chaque fois que je me suis présenté à ce grand homme, il m'a toujours accueilli d'une manière nouvelle et de plus en plus satisfaisante. C'était chaque fois une nouvelle faveur qu'il m'accordait, et chacune de mes nombreuses visites était marquée par une nouvelle preuve d'amitié, et ce rare et nouveau talent m'a toujours frappé et étonné.

Les heures de son travail étaient marquées et jamais je n'avais le droit de les interrompre que le dimanche à midi que j'allais l'avertir pour venir à la messe que je lui disais, et à laquelle il assistait régulièrement, surtout après qu'il eut fait édifier une chapelle à côté de l'église paroissiale, où il fit ériger son tombeau et celui de sa cent fois spirituelle et noble compagne, Mlle de Saint-Belin, d'une des premières et anciennes Maisons de la Bourgogne, à laquelle il a fait passer des années de délices.

Sa beauté et celle de son âme, jointe à l'esprit qui est le partage des personnes de son sexe, l'ont fait admirer et apprécier de son savant mari, à ce point qu'il lui lisait des morceaux entiers de ses ouvrages. Elle louait ses idées et lui en donnait de nouvelles, qu'il avait grand soin de recueillir. Mais elle a malheureusement prématurément terminé une carrière à peine commencée, puisque, au grand regret de son célèbre époux, elle est morte en 1769, à trente-huit ans, regrettée de tous ceux qui la connaissaient.

Hélas! ce fut moi qui ai reçu son dernier soupir!

J'en annonçai la nouvelle à M. de Buffon. Quoiqu'il s'attendît à cet immense malheur, le moment où je le lui annonçai lui fit tomber trois gouttes de sang, et il murmura : « Mme de Buffon n'existe donc plus! » Elle m'avait expressément ordonné d'exiger pour dernière grâce de son époux qu'il partît pour Paris au moment même de sa mort, ce qu'il fit par déférence pour sa dernière volonté, après m'avoir chargé de la faire inhumer avec toute la pompe funèbre due à sa naissance, à son nom et à son rang.....

L'année qui précéda la mort de la comtesse de Buffon, il survint une cherté de grain si grande qu'ils ne s'occupaient l'un et l'autre que du soin de nourrir les pauvres de la ville de Montbard. M. de Buffon avait envoyé de tous côtés acheter du blé à n'importe

(1) Le P. Ignace se trompe de quatre ans, car Buffon, né le 7 septembre 1707, avait alors quarante-deux ans.

quêl prix et, pendant les trois mois que dura la grande cherté, il le faisait conduire abondamment au marché et le faisait livrer au même prix qu'il était avant la grande cherté et distribuer pour rien aux pauvres.

Pour aider les malheureux, il employait chaque jour au moins deux cents ouvriers tout en répétant : « Hélas! je sais que les ouvrages que je fais ne seront peut-être jamais entretenus par mon fils, mais si je donne l'aumône aux misérables j'en fais des paresseux, et en les faisant travailler, j'en fais des gens utiles à l'État. »

Il ne bornait pas là ses actions de bienfaisance; mais il avait dans sa maison une personne digne de toute sa confiance et à laquelle, à son décès, il en a donné des preuves proportionnées à sa générosité. Il lui laissait l'entière liberté de faire, de son côté, d'abondantes aumônes, et de temps à autre il l'envoyait à M. son curé pour le charger de distribuer, à son tour, aux pauvres honteux de la paroisse ses aumônes secrètes.

Voici, monsieur, un trait de sa bienfaisance :

Un jeune doctrinaire de Noyer vint un jour à Buffon sans me connaître, mais en sachant que j'avais l'accès libre auprès de ce grand homme, et il me pria de le présenter à M. de Buffon pour lui faire accepter la dédicace d'un petit exercice qu'il faisait au collège de la ville. Nous arrivâmes un peu tard à Montbard. M. de Buffon était déjà monté à son laboratoire, d'où il ne descendit qu'à midi. Ayant alors aperçu un cheval qu'on promenait, il s'informa à qui il appartenait. On lui répondit que le cheval, qui était malade à l'auberge, appartenait à un jeune homme qui était avec le P. Ignace. Il ordonna à son palefrenier de le mettre à son écurie, mais le cheval tomba mort en entrant. Arrivé à son appartement, M. de Buffon demande à me voir, ainsi que la personne qui était avec moi, qui, en entrant, lui demanda la grâce de recevoir la dédicace d'un exercice de cinquième qu'il devait faire au collège de Noyer. Il fut honorablement accueilli. M. de Buffon lui témoigna qu'il était très sensible à l'honneur qu'il voulait bien lui faire, et qu'il acceptait avec reconnaissance. Il lui parla ensuite de son collège et de sa manière d'enseigner; et lui trouva, selon sa coutume, de l'esprit, et dit qu'il connaissait les devoirs de son état, et que c'est une science que tout le monde n'a pas.

Après cette conversation, M. de Buffon se lève, s'approche du Noyent et lui dit : « Il vous est arrivé, monsieur, un petit accident; votre cheval a péri dans mes écuries, » et il ajouta en lui présentant six louis d'or enveloppés dans du papier : « Voilà, monsieur, une petite somme qui n'est rien pour moi et qui peut être quelque chose pour vous. Je vous demande pour toute reconnaissance de me dire si vous croyez votre cheval assez payé. » Or le cheval était de louage et ne valait pas la moitié de la somme. M. de Buffon le fit dîner et l'invita à coucher, mais il refusa. Il me chargea de le mener à son château de Buffon, où je demeure, et de le faire reconduire le lendemain dans ma voiture à Noyer, ce que je fis. Il reçut une lettre de remerciement du jeune homme telle qu'il la méritait. Il m'en fit part et me remit encore huit louis d'or pour les lui faire passer.

Il était bon, accueillant et hospitalier, mais il aimait à savoir qui il recevait.

Un jour, en arrivant chez lui au sortir de son laboratoire, il entre au salon d'assemblée et y trouve un inconnu, d'état assez honnête, qui l'appelle par son nom en lui disant qu'il n'avait pas voulu passer sans le voir et lui demander sa soupe.

Surpris d'un tel début, M. de Buffon lui répond : « Monsieur, je ne donne ma soupe qu'à mes amis ou aux personnes qu'ils me présentent.

— Mais monsieur je manque d'argent et j'attends des nouvelles pour en recevoir. »

Alors M. de Buffon sonne sa cloche et fait venir son valet de chambre à qui il remet deux louis d'or : « Conduisez, lui dit-il, monsieur à l'auberge et ordonnez que l'on y ait soin de lui jusqu'à la concurrence de ces deux louis d'or; » puis, se tournant vers l'inconnu : « Si vous ne recevez pas de nouvelles, monsieur, faites-m'en avertir. » Ce qu'il n'osa faire. Mais quelque temps après, M. de Buffon envoya demander à l'auberge ce qu'il était devenu : l'aubergiste répondit qu'il n'avait reçu aucune nouvelle, ce qui le chagrinait beaucoup. Sur ce rapport, M. le comte de Buffon lui envoya quatre autres louis pour lui permettre de continuer sa route sans même lui demander son nom.

Voilà ses propres expressions : « Il est si bon, mon cher Ignace, de faire le bien ! la gloire est pour celui qui donne, la confusion pour celui qui reçoit. On n'a vraiment l'occasion de savoir apprécier l'argent que lorsqu'on apprend à le donner. »

Donnant un jour à M. son fils les principes de la véritable sagesse, il lui dit : « Ne vous en écartez jamais, mon fils ; la voie de la vertu est la seule estimable. Apprenez dans vos jeunes ans à pratiquer le bien pour ne plus jamais cesser de le faire. Ne comptez pas ce que vous donnez, mais sachez toujours ce que vous pouvez faire. » Il ajoutait : « Mon fils, il faut qu'un homme bien né distribue chaque année une partie honnête de son revenu sans qu'il sache à qui il donne ; et bien donner, c'est de donner en grand et dans le silence. »

Un marchand de fer, qui s'était rendu insolvable par sa mauvaise conduite, ne put lui payer une somme assez considérable qu'il lui devait. « S'il n'était que malheureux, dit le grand homme, j'aimerais à adoucir sa peine ; mais, s'il est malheureux, c'est parce qu'il mérite de l'être, et je ne le fais poursuivre qu'en raison de sa mauvaise conduite. » Mais d'autres créanciers l'ayant fait emprisonner, on proposa un accommodement à M. de Buffon, et le fils de son débiteur, ecclésiastique (1), se rendit à Montbard, et il fut reçu par ce grand homme, qui lui trouva de l'âme et lui acquitta une partie de la dette de son père et lui donna plusieurs années pour payer, en se contentant de son engagement, bien qu'il ne jouît encore d'aucun bien de l'Église ; il lui dit les choses les plus honnêtes et l'engagea à toujours respecter son père.

« Comment, monsieur l'abbé, êtes-vous venu ?

— Un fils qui vient implorer la bonté d'un seigneur tel que vous, monsieur, doit venir à pied. »

M. de Buffon touché de sa réponse lui donna 6 louis d'or.

« — Acceptez, monsieur, cette petite somme pour vous en retourner. La vertu mériterait une plus grande récompense. »

Il était dans le moment à sa toilette et il dit à celui qui le coiffait : « Cette action ne devrait pas avoir eu de témoins, mais je l'ai faite en votre présence afin que vous sachiez dans votre état même combien on est glorifié dans le plus petit bien que l'on peut faire. »

Voici le moment de contredire une anecdote rapportée dans le *Journal de Paris* (2).

J'ai eu pendant trente-huit ans l'honneur de faire société avec cet homme immortel, et j'ai vu et reconnu le contraire.

Il se faisait, dit ce journal, coiffer par un perruquier de la ville de Montbard, afin d'en apprendre les nouvelles qu'il inventait quand il n'en savait pas.

Il est vrai de dire que le valet de chambre de M. de Buffon ne l'a pas toujours coiffé ; mais il est faux qu'il préféra un perruquier de la ville pour en savoir les anecdotes. Pendant le long espace de temps que j'ai eu l'honneur de le connaître, j'étais exact à me rendre deux ou trois fois la semaine à l'ordre qu'il m'avait donné, et mon heure était précisément celle de sa toilette. Je le trouvais toujours avec un manuscrit à la main, qu'il ne quittait qu'à mon arrivée. Il m'entretenait des affaires qui l'intéressaient et j'avais moi-même une multitude de choses à lui dire sur celles qu'il avait eu la bonté de me confier. Il avait grand soin de me recommander de ne lui parler que de choses de nature à l'intéresser et de ne jamais rien dire en présence de son coiffeur, en observant que toutes les fausses nouvelles ne viennent que de pareilles gens.

(1) L'abbé Claude Moleure.
(2) Voir page 413 de ce volume.

Il restait généralement une heure à sa toilette, qu'il considérait comme un délassement. Personne à son âge n'était plus recherché que lui, et il fallait qu'il fût bien malade pour passer un jour sans se faire accommoder. Uni, correct, propre et recherché dans ses habits et sa parure, il y mettait toujours le même temps qu'il employait à lire ou à rêver, s'il n'avait personne qui l'intéressât assez pour converser.

Personne ne rendait aux femmes un hommage plus délicat et plus recherché.

Il aimait surtout les jolies et savait dédommager les laides par les hommages qu'il leur rendait et auxquels il s'en tenait en croyant assez les honorer. Il avait la vue très basse; mais, à son premier coup d'œil, il décidait de leur beauté, et son génie profond savait bientôt apprécier leurs bonnes qualités.

Jamais on ne lui a entendu mal parler d'une femme.

Dans les premières années de son long travail, il habitait une ancienne tour dans ses jardins de Montbard, où il jouissait de toute la liberté si recherchée par les hommes, et se délassait dans la conversation des personnes selon son cœur, à qui il accordait des soirées qui, sans aucun témoin, lui paraissaient, et à celles avec lesquelles il les passait, de courte durée. Son curé, qui demeurait à côté de ses très recherchés jardins, l'ayant aperçu un jour avec une jolie personne, crut remplir les obligations de son ministère en révélant le secret de cette promenade délicieuse. M. de Buffon, instruit de l'indiscrétion de son pasteur, envoya chercher un grand nombre d'ouvriers et leur commanda d'élever un mur d'une grande hauteur qui masqua la vue du curé, avec le défi de rapporter désormais ce qui se passerait dans ses jardins.

Louis XV, dont il était singulièrement estimé et protégé, instruit de ses grands soins à enrichir le riche cabinet dont il est le créateur, lui accorda tout ce qui était en double dans ce cabinet; mais M. de Buffon refusa, en disant que l'Europe croirait qu'il se serait enrichi aux dépens du Roi, et que personne ne voudrait croire que c'était un don de Sa Majesté. Que l'on saurait qu'il avait un riche cabinet, mais que peu de monde saurait que c'était un bienfait du Roi.

C'est le contraire qui a eu lieu, car ce cabinet est surtout riche des dons qui ont été faits à M. de Buffon par MM. les voyageurs et savants du royaume et autres.

Je tiens ces anecdotes de lui-même.

Personne n'a été plus délicat que lui sur sa manière d'apprécier ce qui devait être rapporté à la gloire du monarque ou à la sienne, et personne n'eût été plus opulent que lui s'il se fût seulement contenté d'accepter ce qui lui était personnellement offert.

Cependant il aimait l'argent parce que, disait-il, on fait avec de l'argent, quand on le veut, des heureux, et l'homme de bien doit toujours le vouloir.

Exact à se faire payer, mais plus exact à payer les autres, il employait chaque matinée du dimanche à régler les mémoires de sa maison, dont il voyait avec exactitude tous les détails. L'ordre admirable qu'il y mettait égalait celui de la personne à qui il avait donné sa confiance. Chaque année, lors de son départ pour Paris, il faisait avec elle la visite de ses appartements pour savoir ce qui manquait ou ce qui devait être remplacé. Aussi sa maison faisait-elle l'admiration d'un chacun ; les riches mêmes venaient la voir, et s'en retournaient émerveillés de l'avoir vue. Rien ne lui coûtait, pourvu que tout fût en ordre. D'un seul coup d'œil il retirait tout ce qui lui paraissait superflu, et il ne revenait jamais de Paris qu'il n'en rapportât nombre d'étoffes pour rafraîchir ses appartements, qu'il décorait avec une si noble simplicité qu'elle équivalait au luxe.

Il avait la plus grande exactitude de voir, avec la personne dans laquelle il avait placé sa confiance, ses dépenses journalières, et il disait souvent que celui qui ne sait pas compter apprend chaque jour à manger son bien et ensuite celui des autres.

Sa superbe maison de Montbard a été bâtie pendant trente ans; il achetait les maisons voisines, et, lorsque le propriétaire mourait, il prenait possession de sa maison et poursuivait l'exécution du plan qu'il avait depuis longtemps arrêté. Il était dans l'habitude de payer les choses à sa convenance au moins le double de leur valeur. Aussi chacun désirait-il d'avoir des héritages dans son voisinage et pouvant lui convenir. Il fixait lui-même le prix et, lorsque le vendeur était pauvre, il se faisait un délicat plaisir de lui remettre bien au delà de la somme convenue. S'il faisait si fréquemment des acquisitions à sa convenance, c'était surtout pour le plaisir d'enrichir ceux qui lui vendaient et d'occuper des malheureux qu'il aimait à faire subsister du fruit de leur labeur.

Il lui est souvent arrivé de faire des réjouissances publiques surtout à la convalescence de Louis XV qui le comblait des témoignages de sa bienveillance.

Les fêtes qu'il donnait faisaient l'étonnement du voisinage, et chacun venait admirer l'ordre et le goût qu'il mettait dans les décorations les plus recherchées et les plus galantes. Tous les seigneurs des environs se rendaient avec empressement à ses invitations pour le seul plaisir de lui faire compliment sur son bon goût et sa galanterie.

Après avoir pourvu lui-même à tout ce qui pouvait réjouir et satisfaire les grands et les citoyens de sa ville : « Voyons à présent, se dit-il, ce que l'on peut faire pour le peuple. Car il serait fâcheux de ne lui offrir qu'un beau spectacle qui ne réjouit que ses yeux. » Il donna des ordres pour faire acheter un bœuf d'une grosseur énorme, un veau de deux ans, un de six mois, un mouton très gros, un agneau et une poule. Dans le corps du bœuf, il fit mettre le veau de deux ans ; dans celui de deux ans celui de six mois ; dans le corps du mouton, on y mit l'agneau. Le tout ensemble forma un spectacle curieux et nouvellement inventé. Il ordonna six futailles de vin dans la ville de Montbard, avec une distribution considérable de pain. Il fit jeter de l'argent et des gâteaux par les fenêtres; après quoi il dit : « J'espère maintenant que tout le monde sera content. » Son vœu fut dépassé, car cette belle fête eut lieu avec un ordre admirable au milieu de la joie universelle. Le lendemain, il fit encore distribuer une abondante aumône aux plus pauvres du lieu.

Louis XV ayant été informé de cette fête, qui n'avait pas de précédents, l'en remercia avec une grande effusion de cœur.

Après quoi M. de Buffon se concentra dans son laboratoire pour jouir de lui-même et du bonheur du travail.

Il lui fallait de la société. Mais il savait lui préférer l'étude et la recherche de la science la plus sublime, et jamais il ne quittait son laboratoire qu'à ses heures marquées, et personne n'avait le droit d'y pénétrer que lui.

Au sortir de son sérieux travail, vous l'eussiez pris pour quelqu'un qui venait s'instruire auprès des autres. Avec lui, tout le monde avait de l'esprit, et je ne lui ai jamais entendu traiter personne d'ignorant. Il disait au contraire : « Il sait tout ce qu'il doit savoir dans son état. » Il mettait chacun à la portée de ce qu'il devait avoir appris et ne demandait jamais que des choses auxquelles on pût répondre; par sa noble simplicité, il inspirait à ses interlocuteurs une espèce d'amour-propre qui les rendait contents d'eux-mêmes et leur faisait croire qu'ils avaient instruit en quelque chose le grand homme à cause de l'attention avec laquelle il les avait écoutés. Alors la confiance qu'il leur inspirait faisait qu'ils se retiraient émerveillés de ses bontés, et leur satisfaction n'avait d'égale que l'émotion qu'ils avaient ressentie en entrant chez lui. Chacun se glorifiait de l'honneur d'avoir été félicité par un si grand homme, et le quittait en disant : « Sa grande bonté à me recevoir a promptement calmé ma crainte. » Il faisait grand cas des plus petits talents, qu'il savait apprécier pour apprendre à les faire acquérir.

Il faisait amitié à tous ceux qu'il recevait, mais il n'aimait pas tout le monde et disait : « Vivre avec ceux que l'on aime est le bonheur des vrais amis, mais ceux qui cherchent à en avoir un grand nombre sont certains d'être trompés. L'amitié n'est pas l'ouvrage d'un jour et ceux qui se font des amis avec une trop grande facilité les abandonnent de même. Il en avait de bien vrais et de bien cultivés. M. de Varenne était un des

plus anciens; M. de Puligny, M. d'Ogny, M. Diderot, M. Dalembert, M. de La Condamine (1) qu'il assista à ses derniers moments. Jamais ami n'a reçu des marques d'amitié
d'un mourant aussi frappantes que celle que lui donna ce flambeau des sciences avant de
s'éteindre; notre grand homme me répétait avec effusion de cœur tout ce que M. de La
Condamine lui avait dit avant d'expirer. Il vous aimait aussi, monsieur, et disait de vous
qu'il pouvait compter sur la droiture et la franchise de votre âme.

Il avait dans sa maison un domestique ancien qui avait servi M. son grand-père,
M. son père et qui lui était singulièrement attaché. Un jour, les autres domestiques, jaloux
de la faveur dont celui-ci jouissait près de son maître, portèrent contre lui des dénoncia-
tions malheureusement trop fondées. Il était établi à Montbard et allait coucher chaque
soir à sa maison, qu'il avait soin de décorer chaque fois de quelque chose de nouveau
enlevé à la maison de son maître. On en prévint M. de Buffon : « Hélas! dit-il, c'est une
vieille habitude qu'il a prise, et il lui en coûterait trop de se corriger à son âge. »

Le grand monde et les grands hommes sont également sujets aux attaques des contradicteurs et des envieux. Lorsque leurs critiques lui parvenaient, il y jetait un coup d'œil
et disait : « On fait trop d'honneur aux jaloux et aux méchants en leur répondant; » et,
pour montrer le peu de cas qu'il en faisait, il les jetait au feu.

M. de Buffon avait vingt-huit ans lorsqu'il a voyagé en Angleterre, et avant ce voyage
il avait fait celui d'Italie.

Oui, monsieur, pendant son séjour en Angleterre chez milord Kingston, son célèbre
ami, il a reçu deux coups d'épée, à la cuisse et un léger au bras, dans un duel avec un
cousin de ce milord. Il a su se faire admirer en Angleterre comme en Italie, où il m'a dit
avoir été plusieurs fois reçu par le pape, et lorsqu'il voulait me faire manger gras : « J'ai,
Ignace, la permission pour moi et quarante de mes amis; vous en êtes un. »

Vous connaissez les détails de la visite de l'empereur et de celle du prince Henri, qui
a respecté son fauteuil de travail dans sa tour de Montbard.

Il se voyait vieillir sans alarme et proportionnait ses promenades à son âge; dans les
dernières années de sa vie, elles avaient lieu près de ses appartements, et il disait, en
désignant les vieux arbres de ses terrasses : « Voilà où je me reposerai lorsque je ne
pourrai pas aller plus loin. »

La veille de son dernier départ pour Paris, il me fit appeler pour m'entretenir de ses
dernières volontés et me demanda ce que je voulais qu'il fît pour moi; il fut pénétré des
bons sentiments que je lui témoignai, et je ne le quittai qu'après qu'il m'eut assuré
qu'il n'ajouterait rien aux bienfaits dont il m'avait comblé depuis bien des années.

Vous connaissez les circonstances de mon mille fois triste voyage, ce qu'il me dit à
mon arrivée, les marques frappantes de sa religion, et sa profession de foi qu'il fit spon-
tanément pour m'honorer moi-même, étant bien assuré que je ne la lui aurais pas fait faire.

Je me tais, monsieur, et je vous laisse deviner l'étendue du deuil de mon cœur!

---

(1) D'Alembert et La Condamine, tous deux de l'Académie française et de l'Académie
des sciences, le philosophe Diderot, le Bourguignon Jacques Varenne, successivement
greffier en chef des états de Bourgogne et receveur général des finances des états de Bretagne, dont le nom rappelle les premières luttes entre les parlements et le pouvoir; Claude-
Denis Rigoley de Puligny, né le 5 mai 1742, mort le 2 décembre 1769 à vingt-sept ans,
premier président de la cour des comptes de Dijon à seize ans et demi, conseiller au parlement du 23 février 1763 jusqu'à sa mort, en 1769; Claude-Jean Rigoley, baron d'Ogny,
comte de Mismont, de la même famille que le précédent, né le 12 octobre 1725, mort le
10 avril 1793, conseiller au parlement de Dijon du 28 mai 1745 jusqu'en 1763, intendant
général des postes en 1770, frère de Rigoley de Juviguy, tous nommés dans les notes de
la *Correspondance.*

# IV

ARTICLE NÉCROLOGIQUE SUR BUFFON PARU VINGT JOURS APRÈS SA MORT
DANS LE JOURNAL DE PARIS DES 3 ET 4 MAI 1788.

Un grand homme vient de mourir, et votre journal, qui est presque toujours le premier monument où se déposent les regrets publics, reste muet. Il semble qu'on n'ose pas encore se persuader de la réalité de la perte que les lettres et les sciences viennent de faire, et que l'on a besoin d'un peu de repos avant de se livrer à l'éloge de M. de Buffon.

Ce silence est respectable, car il ne peut être que celui de l'admiration, et personne ne devrait, peut-être, le garder plus longtemps que moi. Mais permettez à un homme qui a eu le bonheur de vivre quelque temps dans la société intime de M. de Buffon ; qui, dès son enfance, a été lié et l'est encore avec la plupart de ses amis ; qui, à différentes reprises, a vécu avec lui loin de Paris et a pu l'observer à loisir (1), de faire connaître au public quelques détails intéressants sur la vie de ce grand homme.

Je ne vous parlerai pas de ses ouvrages ; ils ont parcouru tout l'univers, sont lus et admirés partout, et ils vont d'ailleurs être loués par toutes les Académies du monde qui se sont fait un honneur de l'adopter pour un de leurs membres.

Mon intention est seulement de vous entretenir de quelques faits qui pourraient être inconnus du public.

Georges-Louis Le Clerc, comte de Buffon, est né à Montbard, en Bourgogne, le 7 septembre 1707. M. Le Clerc, son père, était conseiller au Parlement de Dijon, et le fils était destiné au même état. Mais les sciences captivèrent de bonne heure son esprit, et jamais il n'a eu d'autre ambition que celle de les cultiver exclusivement.

C'est au collège de Dijon qu'il fit ses études. Né avec un tempérament robuste et un caractère vif et bouillant, il avait une ardeur incroyable pour le travail et pour le plaisir. Dès ses plus jeunes années, et lors même qu'il était écolier, il se passionna pour la géométrie ; cette passion fut telle qu'il ne pouvait point se séparer des *Éléments* d'Euclide, dont il portait toujours un exemplaire avec lui, et qu'en jouant à la paume avec ses camarades il lui arrivait souvent d'aller se cacher dans un coin ou de s'enfoncer dans quelque allée solitaire pour ouvrir son livre et tâcher de résoudre le problème qui le tourmentait. Un jour, entraîné par son goût extraordinaire pour le mouvement, il monta sur un clocher, en descendit ensuite avec une corde nouée, s'écorcha douloureusement les mains qui glissaient sur cette corde, mais ne s'aperçut pas du mal qu'il s'était fait, tant il était préoccupé d'une proposition de géométrie qu'il n'avait pu résoudre et qui se présenta tout à coup à son esprit au moment où il descendait. Ces traits et beaucoup d'autres de cette espèce annonçaient tout ce que serait M. de Buffon.

... Il a traduit du latin les *Fluxions*, de Newton, et de l'anglais, la *Statique des végétaux*, de Hales. Ce commerce qu'il avait entretenu avec des Anglais, la connaissance profonde qu'il avait de la plupart de leurs ouvrages lui inspirèrent le désir de faire un voyage en Angleterre ; il n'y resta que trois mois. C'est à ce voyage en Angleterre et à son voyage d'Italie que se sont bornés les voyages de M. de Buffon. Il n'avait pas encore vingt-cinq ans.

A sa majorité, il se mit en possession des biens qu'il tenait de la succession de sa mère et dont la valeur était d'environ 300,000 livres. Je parle de ce fait qui, au premier coup d'œil, paraît indifférent, afin d'avoir l'occasion d'observer que si, en général, la for-

(1) M. Godard de Semur, avocat au parlement de Paris. (Voir p. 393.)

tune endort tant de jeunes gens, en qui le besoin de se créer une existence eût développé le germe des talents, elle accroît aussi et double, pour ainsi dire, les forces de ces hommes extraordinaires dominés par la passion de la gloire en concentrant cette passion exclusive dans l'unique objet qu'ils se proposent. Voltaire était né, comme M. de Buffon, avec de la fortune, et ces deux grands hommes du siècle exempts d'un côté de toutes ces peines d'esprit que la pauvreté ou une médiocrité excessive entraîne après elles, de l'autre ayant la faculté d'avoir un secrétaire qui, en écrivant sous leur dictée, en copiant leurs manuscrits et en leur épargnant toutes les recherches fastidieuses, abrégeait considérablement leurs travaux, ont eu l'avantage commun de pouvoir se livrer tout entiers aux objets de leurs méditations, de ne jamais être rebutés par des détails fatigants et ennuyeux, et de faire, en un mot, ce que d'autres, peut-être avec le même génie, mais sans les mêmes moyens, n'auraient pu exécuter qu'avec une vie double de la leur. On peut juger de la ressource prodigieuse qu'il est possible de trouver dans un secrétaire intelligent, lorsqu'on saura que celui de M. de Buffon était obligé pour le suivre de travailler dix heures par jour ; et ce trait seul donne une idée de l'ardeur avec laquelle il travaillait lui-même.

Cette ardeur était portée à un degré vraiment inconcevable.

M. de Buffon aimait le plaisir ; il recherchait avidement la société des femmes ; mais tous ses goûts étaient subordonnés à sa passion pour la gloire. Le nombre des heures qu'il consacrait au travail était fixé ; c'étaient à peu près quatorze heures par jour, et rien ne l'a jamais écarté un seul jour de ce plan de vie. Quelquefois il dérobait au sommeil le temps qu'il n'avait pas voulu enlever aux sciences ; mais un domestique chargé de l'éveiller tous les jours à la même heure avait ordre de l'arracher de son lit, quelque résistance que fît le maître.

C'est à Montbard que M. de Buffon aimait surtout à demeurer, parce que c'est là qu'il travaillait autant qu'il le désirait. A Paris, les détails de l'administration du Cabinet et du Jardin du Roi, les devoirs à rendre et à recevoir, absorbaient une partie de son temps. Mais à Montbard, dès cinq heures du matin, on le voyait monter à un pavillon au sommet de ses vastes jardins ; et dès qu'il y était, il n'était plus permis à qui que ce fût d'en approcher, pas même à ses jardiniers.

C'est devant ce pavillon que Jean-Jacques s'est jeté à genoux en baisant avec transport le seuil de la porte. C'est ce pavillon que le prince Henri, qui voulut y entrer lors de son voyage en France, appelait le *berceau de l'Histoire naturelle.*

Et, en effet, c'est de cette retraite solitaire que sont sorties ces belles pages qui vivront autant que le sujet qui les a inspirées. C'est là qu'ont été composées ces *Epoques de la nature,* ouvrage de quatorze années de méditations, où l'on admire, peut-être sans en adopter tous les résultats, les plus étonnantes conceptions de l'esprit humain ; c'est là enfin qu'a été composé le magnifique *Discours sur le style,* prononcé lors de sa réception à l'Académie française. M. de Buffon était à Montbard lorsque son prédécesseur mourut ; il y reçut une lettre du secrétaire perpétuel de l'Académie, par laquelle on l'engageait à se mettre sur les rangs pour la place vacante, mais il ne vint à Paris qu'au moment de s'asseoir parmi ses nouveaux confrères.

Je reviens au pavillon dont j'ai parlé.

Des murailles nues, un grand fauteuil de cuir noir, un secrétaire et, sur le secrétaire, une plume, de l'encre et du papier : voilà tout ce que j'y ai vu.

M. de Buffon avait à quelque distance de ce pavillon, toujours au milieu de ses jardins, un autre cabinet où étaient déposés ses manuscrits.

Il se promenait du pavillon au cabinet et du cabinet au pavillon, et il passait quelquefois une matinée entière à composer une seule phrase de ses ouvrages. Ce n'est pas qu'il eût le travail difficile ; mais il était pour lui-même d'une extrême sévérité, et il croyait que ce n'est qu'avec le temps qu'on peut parvenir à la perfection de la pensée et du style.

Aussi lui ai-je entendu dire souvent que le génie n'est qu'une plus grande aptitude à la patience, — mot encourageant qui rappelle cette réponse de Newton, à qui l'on demandait comment il avait découvert son système : « En y pensant toujours. »

Quand M. de Buffon avait achevé un ouvrage, il le mettait de côté pendant un temps considérable, faisait en sorte de l'oublier et, lorsqu'il croyait y être parvenu, il se le faisait lire par quelqu'un de ses amis capable de l'entendre. Il veillait à ce que la copie de cet ouvrage fût bien faite ; et si le lecteur hésitait quelque part, M. de Buffon était par cela même averti qu'il manquait quelque chose au développement de sa pensée ou à la clarté de son style, parce qu'il disait que tout ce qui est clair doit se lire aisément, et il faisait une croix à ce passage pour le revoir et le corriger. Il avait encore une autre manière de juger ses ouvrages. Lorsqu'on les lui lisait, il priait son lecteur de traduire en d'autres mots certains morceaux dont la composition lui avait beaucoup coûté ; alors, si la traduction rendait fidèlement le sens qu'il s'était proposé, il laissait le morceau tel qu'il était ; pour peu, au contraire, que l'on s'en écartât, il revoyait le passage, cherchait ce qui pouvait nuire à sa clarté et le corrigeait. Ces lectures et ces corrections se faisaient quelquefois dans un cercle d'amis, et rien n'était plus intéressant.

D'autres fois aussi, il corrigeait de cette même manière les ouvrages qu'un grand nombre d'auteurs soumettaient à sa critique. Mais il n'avait pas le temps de les revoir en entier, comme il n'avait pas celui de lire tous ceux qu'on lui envoyait imprimés. A l'égard de ceux-ci, il se bornait ordinairement à lire la table des chapitres pour voir ceux qui étaient les plus intéressants et en faire la lecture. Depuis plus de quinze années, il y a peu d'ouvrages qu'il ait lus autrement, à l'exception peut-être du *Compte rendu* de M. Necker et de l'*Administration des finances*, qu'il a lus plusieurs fois et dont il parlait avec enthousiasme. Ses auteurs favoris, parmi ceux qui n'existent plus, étaient Fénelon, Montesquieu et Richardson.

L'un de ses meilleurs amis était M. Guéneau de Montbeillard, qu'il a eu le malheur de perdre quelque temps avant sa mort, homme d'un mérite supérieur qui, par ses nombreuses connaissances et son inflexible probité, avait un grand ascendant sur lui. J'ai connu peu d'hommes dont la conversation fût plus animée, plus gaie, plus spirituelle que celle de M. de Montbeillard.

Celle de M. de Buffon, au contraire, était extrêmement simple, rarement animée, mais quelquefois très gaie. On y remarquait surtout une bonhomie qui le rendait cher à tous ceux qui le connaissaient.

Voici quelques détails minutieux en apparence, dans lesquels je vais entrer et que l'on me pardonnera, car ce n'est pas ce qu'il y a de moins intéressant dans la vie d'un grand homme.

Jamais M. de Buffon n'a voulu que son valet de chambre le coiffât ; il était bien aise d'avoir à Paris le perruquier du quartier et à Montbard celui de la ville, qu'il questionnait, avec qui il causait et dont les propos le divertissaient pendant le temps de sa toilette. Elle était fort longue, c'était pour lui une occasion de délassement ; tous les jours sans exception ses cheveux étaient passés au fer sans que jamais ils en aient été altérés, et assez souvent il lui est arrivé de les faire friser jusqu'à deux et trois fois dans un jour lorsque le vent les avait dérangés. Il avait pour principe que tout homme doit s'efforcer, autant qu'il est en lui, d'avoir un extérieur qui prévienne en sa faveur.

Je lui ai aussi entendu dire qu'il aurait mauvaise opinion d'un jeune homme dont la première passion n'aurait pas été l'amour, parce que c'est le premier effort de la sensibilité qui se porte ensuite à d'autres objets.

C'est à table, où il restait longtemps, qu'on avait le plaisir de l'entendre à son aise ; et on n'en sortait presque jamais sans avoir recueilli quelques mots heureux ou quelque idée profonde qui lui était échappée ; car, je le répéterai, personne n'apportait dans la société une bonhomie égale à la sienne.

Il aimait la louange; il se louait quelquefois lui-même, mais c'était d'une manière si franche et si peu nuisible aux autres, dont il ne dépréciait jamais les talents, qu'on lui savait gré en quelque sorte d'une franchise aussi rare. Comment, d'ailleurs, un homme qui avait été comblé de tant d'honneurs, à qui l'on avait érigé une statue, avec lequel une grande souveraine avait voulu être en correspondance en lui envoyant d'abord toutes les médailles frappées sous son règne, que les souverains enfin ne manquaient jamais de visiter, soit lorsqu'ils venaient à Paris, soit lorsqu'ils passaient à Montbard; comment un tel homme, qui semblait être le centre unique où correspondaient tous les savants de l'univers, aurait-il pu se défendre d'un secret penchant pour la louange? Pardonnons à tous ces génies privilégiés ce penchant naturel ; louons les même autant qu'ils le désirent; c'est un bien faible impôt pour les jouissances qu'ils nous procurent.

Voyez si ce trait d'amour-propre offense quelqu'un et n'honore pas plutôt le caractère de M. de Buffon.

Un de ses principes, c'était qu'en général les enfants tiennent de leur mère leurs qualités intellectuelles et morales; et, lorsqu'il l'avait développé dans la conversation, il en faisait sur-le-champ l'application à lui-même, en faisant un éloge pompeux de sa mère, qui avait, en effet beaucoup d'esprit, des connaissances assez étendues, une tête bien organisée, et dont il aimait à parler souvent.

Son père avait pour lui un respect presque religieux. Un jour, après avoir lu dans les *Vues de la Nature* cette éloquente invocation à l'Être Suprême qui termine la première, il rencontre son fils et, dans le premier transport de son admiration, il se jette à ses genoux.

J'aurais bien d'autres choses à dire et d'autres anecdotes à raconter sur cet homme immortel; mais les bornes de votre journal m'avertissent que j'en ai peut-être déjà trop dit; et je ne parlerai plus que d'un de ses plus constants attachements, celui qu'il avait voué au père Ignace Bougot, capucin, qu'il était parvenu à faire nommer curé de Buffon. Cette liaison a duré plus de cinquante ans.

Pendant les séjours que M. de Buffon faisait à Montbard, le P. Ignace ne manquait jamais de venir deux fois par semaine dîner avec son ami; et M. de Buffon, quand il se portait bien, allait à son tour dîner chez le P. Ignace. En un mot, c'était le P. Ignace qui avait toute sa confiance. Aussi, quand il est accouru à Paris dans les derniers moments qui ont précédé la mort de ce grand homme, M. de Buffon, qui depuis plusieurs jours ne parlait presque plus, a repris ses forces en voyant son ancien ami. Après s'être entretenu quelque temps avec lui, il a commencé à lui faire d'une voix élevée, et sans s'inquiéter des spectateurs, la confession de toute sa vie et a été le premier à lui parler des devoirs de la religion qu'il a tous remplis en présence de plusieurs personnes.

Son père avait vécu quatre-vingt-treize ans ; son grand-père quatre-vingt-sept, et il aurait pu fournir une aussi longue carrière s'il eût eu assez de confiance dans la médecine pour consentir à une opération que cinquante-six pierres qu'on lui a trouvées dans la vessie après sa mort rendaient indispensable.

Il laisse un fils unique dont je ne citerai qu'un trait, qui suffit à son éloge.

A Montbard, au milieu des jardins, il y a, auprès du pavillon et du cabinet dont j'ai parlé, une tour fort élevée qui s'aperçoit de très loin. M. de Buffon fils, se trouvant à Montbard, il y a deux ans, et voulant s'acquitter envers son père par un hommage public, fit placer au pied de cette haute tour une colonne fort basse sur laquelle sont gravés ces mots:

EXCELSÆ TURRI

HUMILIS COLUMNA

PARENTI SUO

FILIUS — BUFFON

# V

NOTICE SUR BUFFON

Extraite de *Paris, Versailles et les Provinces au XVIII<sup>e</sup> siècle.*

ANECDOTES SUR LA VIE PRIVÉE DE PLUSIEURS MINISTRES, ÉVÊQUES, MAGISTRATS...

PAR UN ANCIEN OFFICIER AUX GARDES (1).

M. de Buffon passait au collège pour un esprit très borné. Il semblait regarder avec stupidité la gaieté de ses camarades, qui ne lui avaient jamais vu faire qu'une espièglerie. Son préfet, qui redoutait les mouches, s'enfermait dans sa chambre, pendant les grosses chaleurs de l'été, sans autre jour que ce qu'il lui en fallait absolument pour lire et écrire, afin de les éviter. Le jeune Buffon en ramassait dans un cornet de papier et les soufflait par le trou de la serrure dans la chambre du préfet.

Le fils de milord Kinston, étant venu faire un séjour à Dijon, son gouverneur, homme du plus grand mérite, vit habituellement le jeune Buffon chez son élève, qui s'était lié avec lui, et sut démêler son génie sous l'écorce grossière dont il semblait enveloppé. Il demanda à ses parents de le lui confier pendant ses voyages, qui devaient durer encore deux ans. Ceux-ci se trouvèrent trop heureux qu'un homme aussi distingué voulût bien se charger de dégrossir un enfant aussi matériel, dont ils ne pensaient pas qu'on pût tirer aucun parti ; et M. de Buffon, après deux ans d'absence, reparut avec ces talents sublimes qui ont immortalisé son nom. A cette époque, il se trouva d'autant plus à même de se livrer à son goût pour la littérature et l'histoire naturelle, qu'ayant perdu sa mère, il hérita, à sa majorité, de trois cent mille livres. Il prit un secrétaire, qu'il employait depuis six heures du matin jusqu'à six heures du soir, et lui-même travaillait souvent quatorze heures par jour, quoiqu'il aimât le plaisir et particulièrement la société des femmes.

Pour n'être point interrompu dans ses occupations, quand il était à Montbard, il se retirait dans un pavillon isolé, où, dès qu'il y était, il était défendu de laisser approcher qui que ce fût ; ses jardiniers eux-mêmes avaient ordre de s'en éloigner. C'est ce même pavillon où le prince Henri de Prusse demanda à entrer en passant à Montbard pendant son voyage en France, et qu'il appela le *berceau de l'Histoire naturelle.*

La simplicité de la conversation de M. de Buffon aurait étonné ceux qui ignoraient causer avec le célèbre auteur de l'*Histoire naturelle,* et faisaient mieux apprécier, à ceux qui le connaissaient particulièrement, l'étendue de ce génie qui, aussi éloigné du pédantisme de la science que des sottes vanités sociales, avait l'art précieux de se mettre à la portée de tout le monde et de faire valoir les personnes avec lesquelles il s'entretenait sur les objets les plus communs, en les écoutant avec un intérêt qui, à leurs yeux, les élevait au-dessus d'elles-mêmes.

Un trait qui caractérise en même temps sa modestie, sa bonhomie et l'étendue de ses lumières, c'est la réponse qu'il fit à quelqu'un qui, désirant avoir des renseignements sur

(1) Jean-Louis-Marie Dugas, marquis de Bois-Saint-Just, né en 1743, mort en 1820, successivement officier et diplomate, cité dans la *Correspondance* de Buffon. La première édition de son livre en 1809, en deux volumes in-8°, a été suivie la même année d'une seconde, et d'une autre en 1811 et 1817, en trois volumes in-8°, où ont été supprimées des anecdotes scandaleuses sur Necker. Il y a eu d'autres éditions.

un homme qu'il s'agissait d'employer, lui demanda : « Est-ce un homme d'esprit ? —Vous m'embarrassez par cette question, dit M. de Buffon, je n'ai jamais trouvé personne bête. » Il ne se doutait pas que, par son art de mettre tous ceux qui l'approchaient sur l'objet qui leur plaisait le plus, et surtout par le talent si rare d'écouter, c'était lui-même qui donnait à chacun l'esprit qui le faisait valoir.

M. de Buffon ne s'est jamais abaissé à répondre aux critiques que l'on faisait de ses ouvrages, son génie était trop au-dessus de ces puérilités littéraires; mais il avait la petite manie, qui cependant n'était connue que de sa société intime, d'être extrêmement flatté des éloges qu'on lui adressait. Il la portait jusqu'à admirer et vouloir qu'on admirât avec lui les vers les plus plats, lorsqu'ils étaient à sa louange. Il se louait quelquefois lui-même, mais d'une manière si franche et si peu sensible aux autres, dont il ne dépréciait jamais les talents, qu'on ne pouvait lui en savoir mauvais gré.

Cet homme célèbre, qui, malgré la vie sédentaire du cabinet et son activité au travail, a poussé sa carrière jusqu'à l'âge le plus avancé sans en éprouver les infirmités, avait un système particulier pour sa santé. Il prétendait que le froid était la première cause de presque toutes les maladies, et consultait fréquemment le thermomètre pour maintenir toujours son appartement dans un degré égal de chaleur.

---

# ADDITIONS ET ERRATA

**Addition au tome I<sup>er</sup>, page 57, note 4.** — Dans la lettre du 30 mai 1748, par laquelle Buffon annonce à Gabriel Cramer la prochaine publication des premiers volumes de son ouvrage qui paraîtront l'année suivante en 1749, nous nous sommes contenté de citer le programme de l'*Histoire naturelle* signé des noms de Buffon et Daubenton, publié cette même année dans le *Journal des Savants*, page 639; mais ce document est d'une telle importance pour l'histoire de la grande vie scientifique de Buffon, que nous croyons intéressant de le reproduire ici, bien qu'on le trouve à notre première édition de la *Correspondance* annotée de Buffon, et que M. le docteur de Lanessan l'ait inséré dans de sa *Biographie*.

C'est le premier et audacieux manifeste du génie de Buffon, et si le plan était tellement vaste et disproportionné aux forces humaines que plus de soixante ans d'un travail opiniâtre, l'énergie de la volonté, l'impulsion du génie, ne lui ont pas permis de le remplir, on n'en doit pas moins admirer la hardiesse de la conception.

Voici ce programme :

« On imprime à l'Imprimerie royale, par ordre du Roi, l'*Histoire naturelle générale et particulière, avec la description du Cabinet du Roi.*

Cet ouvrage, qui a été fait suivant les vues et par les ordres de M. le comte de Maurepas, en partie par M. de Buffon et en partie par M. Daubenton, l'un et l'autre également chers à la république des lettres et membres des plus illustres Académies de l'Europe, sera divisé en quinze volumes in-4°.

Les neuf premiers embrassent le règne animal.

Le premier volume, qui est déjà imprimé, contient :

1° Une préface qui roule sur l'établissement du Jardin royal et sur le Cabinet d'histoire naturelle.

2° Un discours sur la manière d'étudier et de traiter l'histoire naturelle.

3° Un second discours qui comprend l'histoire et la théorie de la terre.

Le deuxième volume, l'histoire des animaux, des végétaux, des minéraux ; l'histoire naturelle de l'homme considéré comme animal ; les mœurs qui lui sont naturelles, suivant les différentes races et les différents climats, et la description des pièces d'anatomie du Cabinet du Roi.

Les troisième et quatrième volumes, l'histoire des animaux quadrupèdes.

Le cinquième volume, l'histoire des quadrupèdes amphibies et des poissons cétacés.

Le sixième volume, la description et l'histoire de tous les poissons de mer, de lac et de rivière.

Le septième volume, l'histoire et la description des coquillages, des crustacés et des insectes de la mer.

Le huitième volume, l'histoire des reptiles, des insectes et des animaux microscopiques.

Le neuvième volume, l'ornithologie.

Les dixième, onzième et douzième volumes, le règne végétal.

On verra, dans le dixième, un système de végétation et un traité d'agriculture.

Le treizième volume, un discours sur la formation des pierres et des minéraux, qu'on a composé pour servir de suite à l'histoire de la terre, la description et l'histoire des fossiles, des pierres figurées et des pétrifications.

Le quatorzième volume, l'histoire des terres, des sables, des pierres communes, des cailloux, des pierres précieuses, avec une méthode simple, naturelle, invariable, pour connaître les pierres précieuses. Cette belle partie de l'histoire naturelle sera traitée avec soin : la collection de ces pierres, soit transparentes, soit opaques, qui est au Jardin du Roi, est extrêmement riche. On tâchera de rendre l'ouvrage digne de la matière.

Le quinzième volume, l'histoire des sels, des soufres, des bitumes et de tous les minéraux qu'on tire du sein de la terre. »

**Rectifications au tome I<sup>er</sup>, page 114, note 7.** — Dans notre première édition, nous avions confondu Jean-Baptiste de Mirabaud avec l'économiste Victor Riquetti de Mirabeau, *l'Ami des hommes*, père du grand orateur.

Nous nous sommes rectifié, page 114, note 7.

A ce que nous avons dit, nous ajouterons ce qui suit :

Jean-Baptiste de Mirabaud, né en 1675, mort le 24 juin 1760, étranger à la famille des Riquetti de Mirabeau, oratorien, après s'être signalé par sa bravoure à la bataille de Steinkerke, fut le précepteur des filles de la duchesse d'Orléans, et le secrétaire de ses commandements. Elu à l'Académie française le 28 septembre 1726, et son secrétaire perpétuel en 1742, il a eu Watelet pour successeur et d'Alembert pour panégyriste.

Il est l'auteur d'une bonne traduction de la *Jérusalem délivrée* du Tasse en 1724, et d'une autre, de mérite égal, celle de *Roland furieux* de l'Arioste en 1741. Il a fait imprimer en 1751 un livre original : *le Monde, son origine et son antiquité*. Le *Système de la Nature* du baron d'Holbach, qui est comme l'Évangile de l'athéisme, a paru sous son nom en 1770 après sa mort.

La *Biographie Michaud*, édition de 1821, désigne par erreur Buffon comme ayant succédé en juillet 1760 au fauteuil de J.-B. de Mirabaud, à l'Académie française, tandis qu'il en faisait partie depuis 1753, ayant été élu le 1<sup>er</sup> juillet à la place de l'archevêque de Sens, Languet de Gergy, et reçu le 25 avril suivant. A cette date de 1760, il a prononcé l'éloge de Mirabaud en recevant Watelet, son successeur.

« Il eut pour successeur à l'Académie, dit l'auteur de l'article, Buffon, qui nous a laissé de J.-B. de Mirabaud ce portrait magnifique : A quatre-vingt-six ans, il avait encore le feu de la jeunesse et la sève de l'âge mûr ; une gaieté vive et douce, une sérénité d'âme, une aménité de mœurs qui faisaient disparaître la vieillesse et ne la laissaient voir qu'avec cette espèce d'attendrissement qui suppose bien plus que du respect. Libre de passions et sans autres liens que ceux de l'amitié, il était plus à ses amis qu'à lui-même. Il a passé sa vie dans une société dont il faisait les délices, société douce quoique intime, que la mort seule a pu dissoudre. Ses ouvrages portent l'empreinte de son caractère ; plus un homme est honnête, et plus ses écrits lui ressemblent. Mirabaud joignit toujours le sentiment à l'esprit, et nous aimons à le lire comme nous aimions à l'entendre ; mais il avait si peu d'attachement pour ses productions, il craignait si fort et le bruit et l'éclat, qu'il a sacrifié celles qui pouvaient contribuer le plus à sa gloire. »

**Additions au tome Iᵉʳ, page 29, note 2, et page 140, note 2.** — Il a été plusieurs fois question, dans les notes de cette *Correspondance*, des rapports de Buffon avec Rousseau, et de l'hommage un peu théâtral rendu par Rousseau au cabinet de travail de Buffon à Montbard. Si Buffon n'aima jamais Voltaire, malgré sa flatteuse lettre *à Voltaire Iᵉʳ* (t. Iᵉʳ, p. 271), il se montra au contraire un admirateur convaincu du génie de Rousseau et lui fut constamment sympathique jusqu'à la publication de ses *Confessions* (t. Iᵉʳ, p. 140).

La lettre du 13 octobre 1765, la seule qui nous soit parvenue de Buffon à Rousseau, lui a été écrite dans le temps de ses plus grands revers, alors qu'il était condamné à Paris et à Genève, expulsé de France et de Suisse, poursuivi par les lâches sarcasmes de Voltaire ; nous la compléterons par les passages qui suivent de la correspondance de Rousseau, relative à Buffon.

Jean-Jacques écrit de Motiers-Travers, le 14 novembre 1764, à M. d'Ivernois : « Je suis fort touché de ce que vous me marquez de la part de M. et de Mᵐᵉ de Buffon. Je suis bien aise de vous avoir dit ce que je pensais de cet homme illustre avant que son souvenir réchauffât mes sentiments pour lui, afin d'avoir tout l'honneur de la justice que j'aime à lui rendre, sans que mon amour-propre s'en soit mêlé. Ses écrits m'instruiront et me plairont toute ma vie. Je lui crois des égaux parmi ses contemporains en qualité de penseur et de philosophe ; mais en qualité d'écrivain, je ne lui en connais point : c'est la plus belle plume de son siècle ; je ne doute pas que ce ne soit là le jugement de la postérité. Un de mes regrets est de n'avoir pas été à portée de le voir davantage et de profiter de ses obligeantes invitations ; je sens combien ma tête et mes écrits auraient gagné dans son commerce. Je quittai Paris au moment de son mariage ; ainsi je n'ai point eu le bonheur de connaître Mᵐᵉ de Buffon ; mais je sais qu'il a trouvé dans sa personne et dans son mérite l'aimable et digne récompense du sien. Que Dieu les bénisse l'un et l'autre de vouloir bien s'intéresser à ce pauvre proscrit ! Leurs bontés sont une des consolations de ma vie : qu'ils sachent, je vous en supplie, que je les honore et les aime de tout mon cœur. »

Il écrit, dans une autre lettre du 21 décembre 1764 à Panckoucke (1) :

« Je suis sensible aux bontés de M. de Buffon, à proportion du respect et de l'estime que j'ai pour lui ; sentiments que j'ai toujours professés et dont vous avez été témoin vous-même. Il y a des amis dont la bienveillance mutuelle n'a pas besoin d'une correspondance expresse pour se nourrir, et j'ai osé me placer avec lui dans cette classe-là. Si c'est une illusion de ma part, elle est bien pardonnable et justifiée par la cause qui la produit.

« Je ne le mets point dans une distribution d'exemplaires, sachant bien qu'il me

---

(1) Le nom de Rousseau est cité dans une lettre de Buffon à Guéneau de Montbeillard du 5 décembre 1771 (t. Iᵉʳ, p. 212) : « Je pense absolument comme vous au sujet de Jean-Jacques, et j'écrirai en conséquence à Panckoucke.

mettrait dans celle des siens ; et que, comme il n'y a point de proportion dans ces choses-là, je n'aime point donner un œuf pour avoir un bœuf. »

Il écrit le 31 janvier 1765, de Motiers-Travers, à Annisson-Dupeyron :

« ... Voici enfin la lettre de M. de Buffon, de laquelle je suis extrêmement touché. Je veux lui écrire, mais la crise horrible où je suis ne me le permettra pas de sitôt. Je vous avoue cependant que je n'entends pas bien le conseil qu'il me donne de ne pas me mettre à dos M. de Voltaire. C'est comme si l'on conseillait à un passant, attaqué sur un grand chemin, de ne pas se mettre à dos le brigand qui l'assassine. Qu'ai-je fait pour m'attirer la persécution de M. de Voltaire ? et qu'ai-je à craindre de pire de sa part ? M. de Buffon veut-il que je fléchisse ce tigre altéré de mon sang ? Il sait bien que rien n'apaise ni ne fléchit jamais la fureur des tigres. Si je rampais devant Voltaire, il en triompherait sans doute, mais il ne m'en égorgerait pas moins ; des bassesses me déshonoreraient et ne me sauveraient pas. Monsieur, je sais souffrir ; j'espère apprendre à mourir ; et qui sait cela n'a pas besoin d'être lâche. »

Rousseau écrit de nouveau, le 7 février de la même année, à M. d'Ivernois :

« ... Je ne digère point que M. de Buffon suppose que c'est moi qui m'attire la haine de Voltaire ! Eh ! qu'ai-je donc fait pour cela ? Si l'on parle trop de moi, ce n'est pas ma faute. Je me passerais d'une célébrité acquise à ce prix. Marquez à M. de Buffon tout ce que votre amitié pour moi vous inspirera et, en attendant que je sois en état de lui écrire, parlez-lui, je vous supplie, de tous les sentiments dont vous me savez pénétré pour lui. »

**Rectification au tome I<sup>er</sup>, page 268, note 2.** — C'est par erreur qu'en parlant de la manufacture de glaces fondée en 1759 à Rouelle, près de Châtillon-sur-Seine, par le chimiste Bosc d'Antic, sous les auspices de Buffon, et que dirigeait en 1774 M. Allut, nous l'avons présenté comme le frère d'Antoine Allut, tandis qu'il s'agissait d'Antoine Allut lui-même, et il y a, en conséquence, lieu de rectifier ainsi sa notice.

Antoine Allut, né en 1743, mort le 25 juin 1794 sur l'échafaud révolutionnaire, se fit connaître tout jeune par son goût pour la science et d'importants travaux. Lorsqu'il commença à collaborer à l'*Encyclopédie*, il n'avait pas vingt ans. On cite parmi ses écrits les plus remarqués un *Mémoire sur les glaces coulées*.

Buffon, qui l'avait connu à Paris dans la Société des encyclopédistes et chez Panckoucke, et qui appréciait son savoir, son énergie et son activité, l'avait appelé en Bourgogne, pour diriger la manufacture de glaces de Rouelle, le jour où Bosc d'Antic, dont l'inconstance égalait la science, l'eut abandonné.

La correspondance de Buffon témoigne de la grande intimité de ses relations avec M. et M<sup>me</sup> Allut, qui devinrent fréquemment ses hôtes à Montbard.

Antoine Allut, devenu veuf, se lia d'une si étroite amitié avec sa sœur, femme d'une intelligence remarquable qu'il la suivit à Paris et ensuite à Uzès, lorsqu'elle se fut mariée à un riche industriel de cette ville, M. Verdier. De savant, Antoine Allut se fit alors avocat. Nommé procureur de la commune d'Uzès en 1790, élu député du Gard à l'Assemblée légis-lative, son caractère humain et doux autant qu'élevé et généreux lui fit désapprouver les abus de la Révolution. Dénoncé comme fédéraliste, il paya de sa tête sa courageuse indépendance.

On doit à un membre de sa famille, Scipion Allut, des poésies et des mélanges et une traduction inachevée des *Lettres de lord Chesterfield*.

M<sup>me</sup> Verdier a consacré à la mort de son frère une touchante et éloquente élégie.


**Additions au tome I<sup>er</sup>, pages 340 et 406.** — La lettre de Buffon du 25 avril 1778, au géologue Faujas de Saint-Fond, la quatrième de ce recueil, a été publiée par Faujas dans la première édition de son principal ouvrage sur *les Volcans éteints du Vivarais et du Velay*, page 298. Buffon figure parmi les souscripteurs et Faujas de Saint-Fond a fait précéder sa lettre de l'avertissement suivant :

« Je joins ici une réponse de M. le comte de Buffon à la lettre que j'ai eu l'honneur de lui adresser sur le beau et singulier courant de laves des environs de Villeneuve-de-Berg, qui a circulé à travers plusieurs bancs calcaires. J'aurais dû peut-être me faire une délicatesse d'imprimer cette réponse, à cause des choses trop flatteuses et trop pleines de bonté que ce célèbre naturaliste a bien voulu m'y dire, et que je ne dois regarder que comme une marque d'encouragement, faite pour redoubler mon application, afin de mériter un suffrage aussi honorable : mais, outre qu'on doit recueillir soigneusement tout ce qui part de la plume de cet homme illustre, c'est que cette lettre tenait encore de trop près à un point important d'histoire naturelle pour que j'eusse pu me permettre d'y faire le moindre changement. »

Cet avertissement est accompagné de la lettre de Faujas à Buffon, lettre qui commence ainsi :

« Il y a quelque temps, monsieur, que j'ai envoyé à M. le comte de La Billarderie d'Angiviller, inspecteur et ordonnateur général des bâtiments du Roi, une belle collection des matières volcaniques du Vivarais et du Vélay ; j'avais eu l'honneur de le prier de vous la communiquer, parce qu'elle renfermait divers objets propres à vous intéresser, et plus curieux encore que ceux que j'adressai au Cabinet du Roi, il y a deux ans. »

**Addition au tome II, page 19.** — Bien qu'on rencontre fréquemment dans la correspondance de Buffon des allusions au ministère de Turgot, à ses idées, à ses tentatives et à ses réformes, son nom n'y est cependant cité que deux fois, d'abord dans le *post-scriptum* d'une lettre du 3 juin 1780 à M^me Necker, et ensuite dans une lettre à Thouin du 9 février 1781. Cette circonstance nous a fait négliger sa notice ; nous réparons cet oubli.

Anne-Robert-Jacques Turgot, baron de l'Aulne, né le 10 mai 1727, mort à cinquante-quatre ans le 20 mars 1781, était fils d'Étienne Turgot, prévôt des marchands de 1727 à 1740, à qui on doit la belle fontaine de Bouchardon, rue de Grenelle-Saint Germain. Il appartenait à une ancienne maison originaire d'Écosse qui aurait fourni un saint en l'an 1045 et dont les membres se sont tous distingués dans la robe et l'épée. Son premier écrit, en 1748, est une lettre à Buffon à la suite de la lecture du programme de l'*Histoire naturelle*, lettre qu'il a complétée plus tard par un discours sur le même sujet, il avait alors vingt et un ans ; son second ouvrage est un discours sur les *Progrès du genre humain*, prononcé l'année suivante, en décembre 1749, pendant qu'il était prieur de Sorbonne. Il s'y était lié avec Loménie de Brienne, l'abbé Morellet, son panégyriste, et Dupont de Nemours ; mais, ayant bientôt abandonné l'état ecclésiastique, il devint le 30 décembre 1752 conseiller laïque au Parlement de Paris et l'année suivante, le 28 mars 1753, maître des requêtes. Auteur d'articles remarquables dans l'*Encyclopédie* sur l'économie politique, les finances et le commerce, soutenu par les économistes, les encyclopédistes et les philosophes, ce fut à Limoges, dont il devint intendant le 8 août 1761 et où il resta douze ans, qu'il commença sa réputation. On recueille dans sa correspondance à cette date avec son ami Bertrand de Boucheporn, ancien avocat général au Parlement de Metz, successivement intendant de la Corse, d'Auch et de Pau, désigné pour un ministère, d'intéressants exposés de son programme économique. Appelé au ministère de la marine, le 20 juillet 1774, à l'avènement de Louis XVI, il ne conserva son portefeuille qu'un mois, mais n'en contribua pas moins à la grande impulsion donnée alors à notre marine ; Louis XVI a honoré, à sa demande, par de riches présents, les services qu'a rendus l'illustre Euler dans son livre de la *Science navale* aux navigateurs de tous les pays.

Contrôleur général des finances pendant moins de deux ans, du 24 avril 1774, en remplacement de l'abbé Terray, au 4 mai 1776, où il eut pour successeur l'incapable Cluguy, il s'était mis à l'œuvre avec une ardeur que n'avaient pu ralentir ni le mécontentement des classes privilégiées, ni les intrigues de cour, ni les oppositions des financiers et des parlements ; mais il devait bientôt succomber dans cette lutte inégale à la suite d'une émeute fameuse et de ses ardentes polémiques avec Necker, soutenu par Condorcet, après avoir seulement obtenu la libre circulation des grains et la suppression de la corvée et des jurandes, presque aussitôt rétablies.

Turgot, qui a entrepris un nombre considérables d'ouvrages, a touché à toutes les sciences, à toutes les questions économiques et sociales et a entrevu et projeté toutes les réformes que ni lui ni Necker n'ont pu cependant accomplir et que la Révolution devait seule réaliser.

Sa modestie et son désintéressement égalaient son grand amour du bien public ; il avait refusé une élection à l'Académie française en ne s'en trouvant pas digne et avait seulement consenti à accepter en 1776 de faire partie de l'Académie des inscriptions. Il est le fondateur de la Société royale de médecine et de la Société nationale et centrale d'agriculture de France.

Turgot avait deux frères ; l'aîné, président à mortier au Parlement de Paris, et le second, Étienne-François Turgot, marquis de Soumont, maréchal de camp, gouverneur de la Guyanne française en 1764, nommé dans la *Correspondance de Buffon* (1).

Un membre de cette famille a été ministre des affaires étrangères sous le second Empire.

**Rectification au tome II, page 56, note 1.** — Dans la lettre du 15 mai 1781 à M. Hébert, nous avons désigné M^me de Saint-Marc comme *sa parente*, tandis qu'elle était en réalité sa fille, ainsi que cela résulte de ce passage de la lettre de Buffon au même du 30 juin 1782, page 123 : « M^me de Saint-Marc doit être accoutumée à recevoir des éloges, mais je ne crains pas de dire à son cher papa qu'elle les mérite autant par son caractère et son esprit que par sa figure charmante. »

(1) Lettre de Buffon à son fils du 27 mai 1782, t. II, p. 112, note 3.

# TABLE

---

## LETTRES

DU SECOND VOLUME PAR ORDRE CHRONOLOGIQUE

### Année 1780

## Année 1781

## Année 1781.

## Année 1782



## — 1783 —

## Année 1784

## Année 1785



## — 1786 —



## — 1787 —

## Année 1787



FIN DE LA TABLE DU SECOND VOLUME

Paris. — Imp. V<sup>e</sup> P. Larousse et C<sup>ie</sup>, rue Montparnasse, 19.

# TABLE ALPHABÉTIQUE

DES

## CORRESPONDANTS DE BUFFON



II.

## D



## F



## G





## H



## I



## J



## L



## M

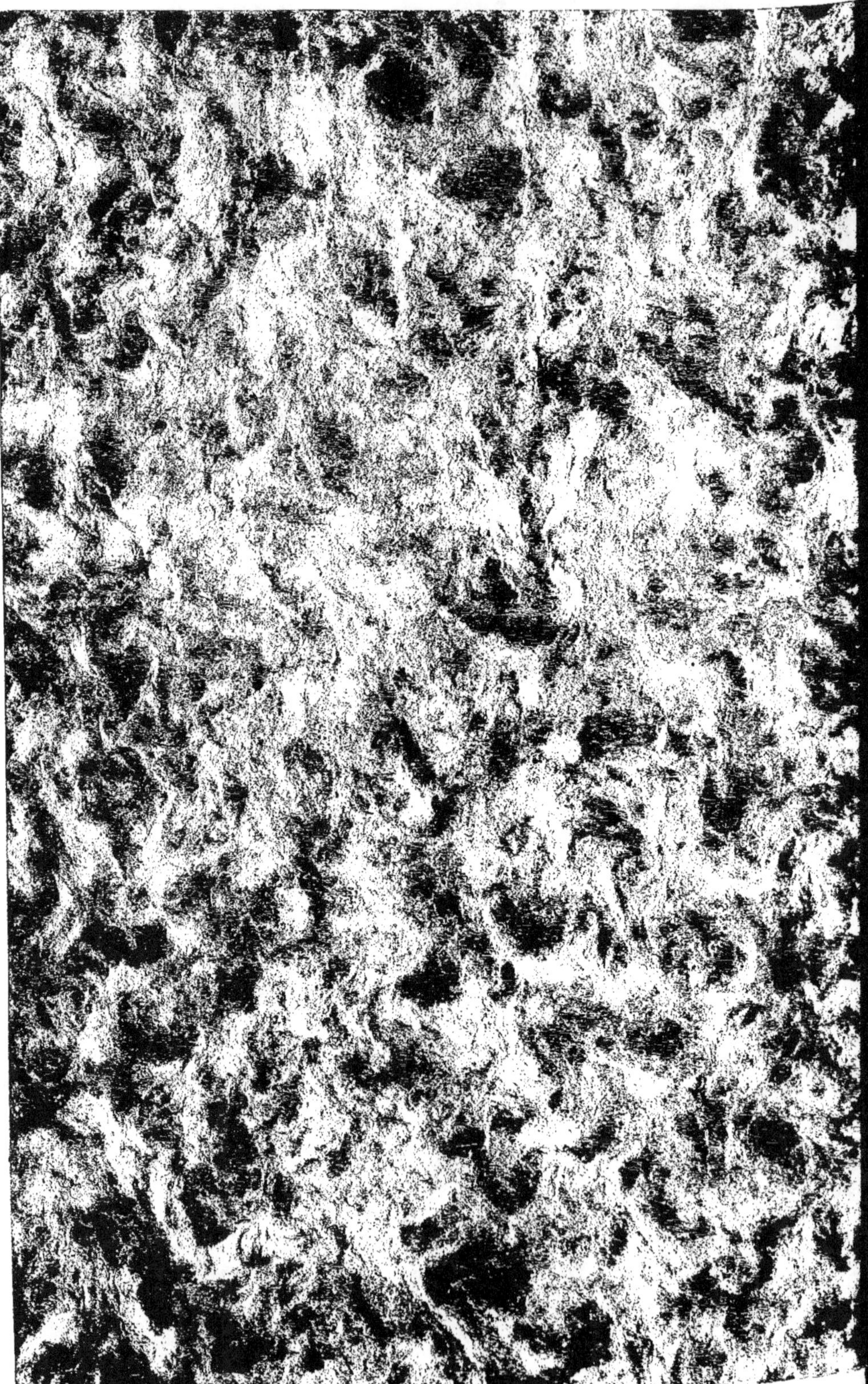

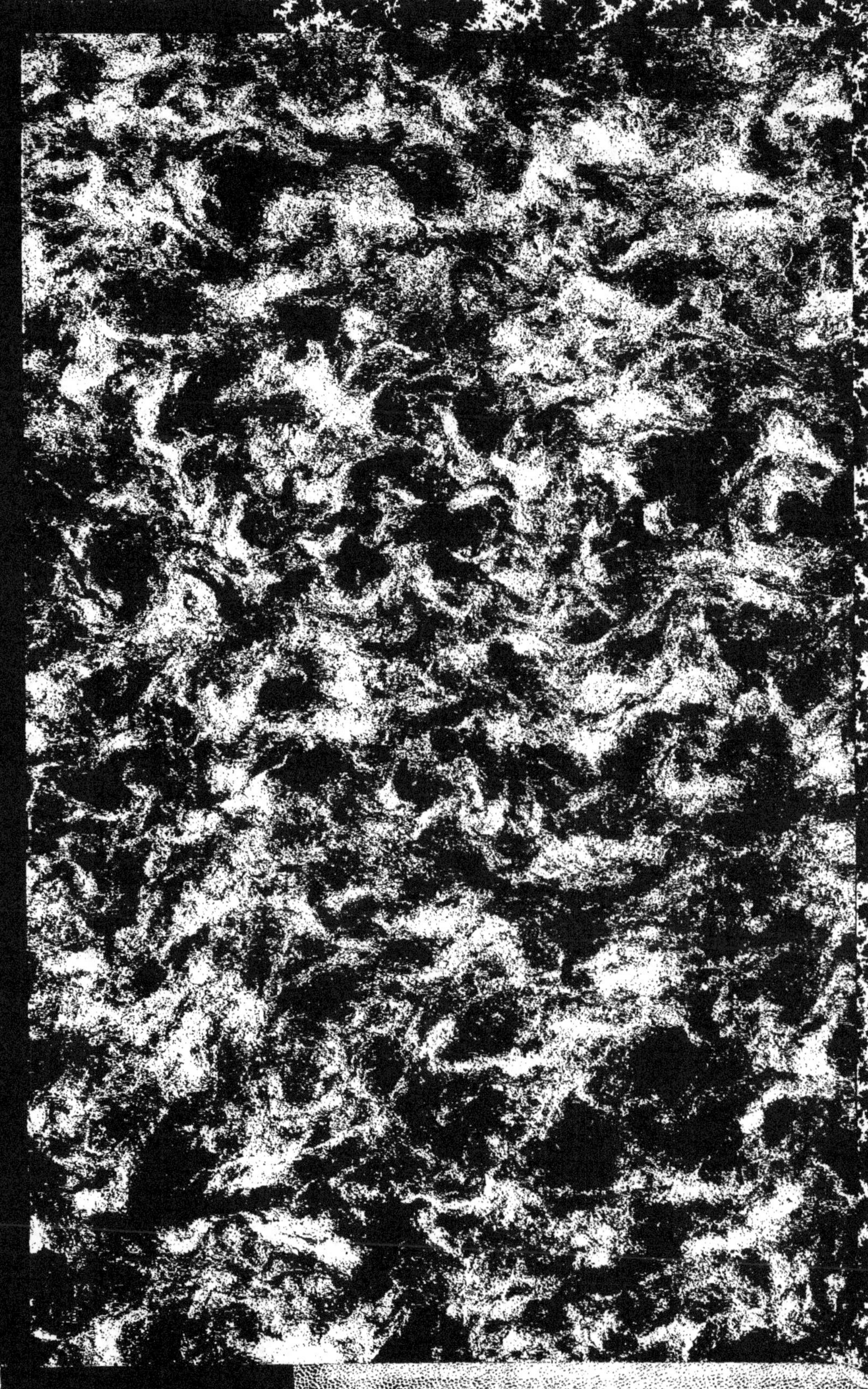

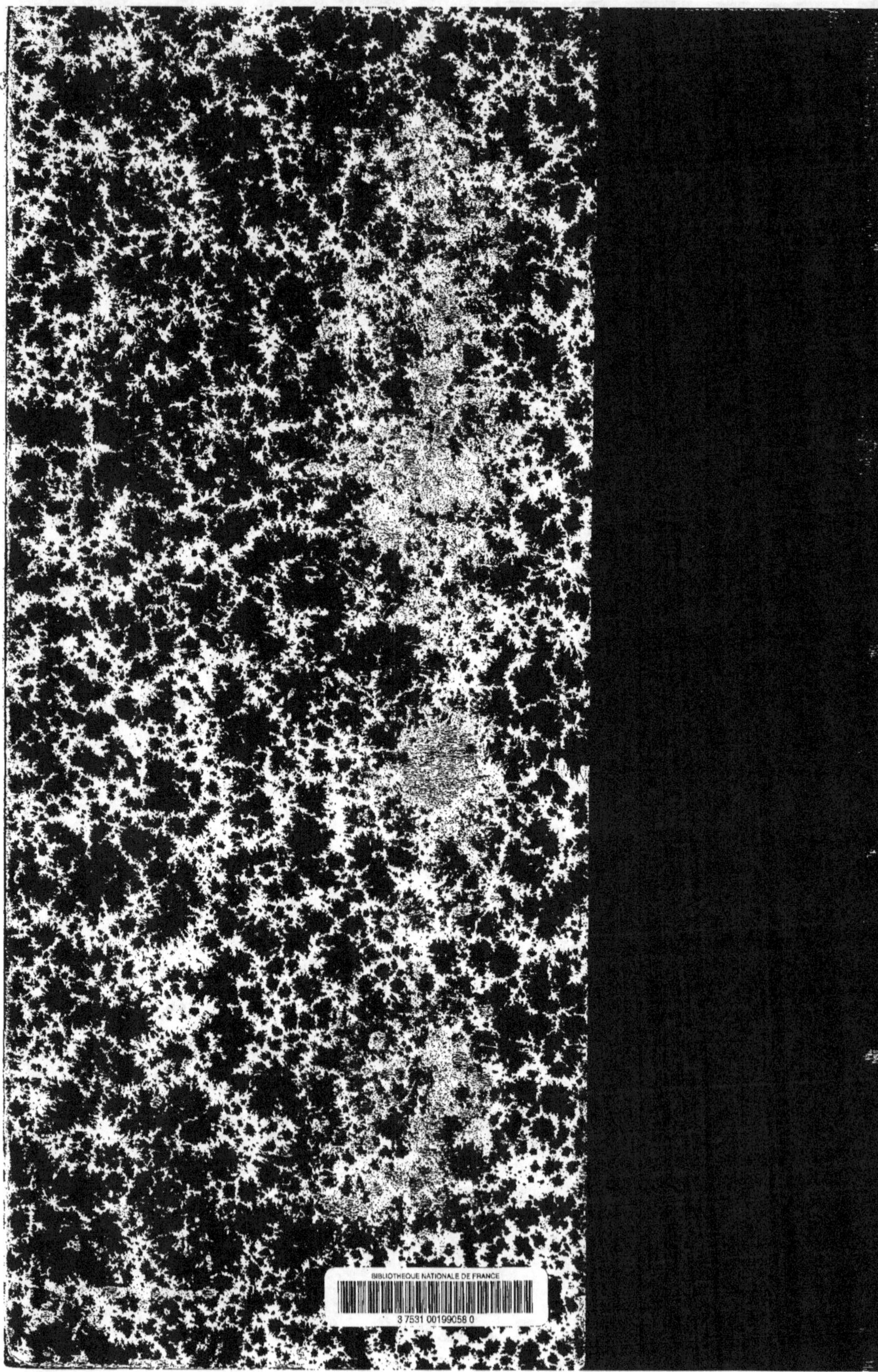